Berechnungen, Konstruktionsgrundlagen und Bauelemente spanender Werkzeugmaschinen

Von

Dr. F. Koenigsberger

Dipl.-Ing., M. I. Mech. E., M. I. Prod. E., Mem. ASME

Mit 473 Abbildungen

Springer-Verlag

Berlin / Göttingen / Heidelberg

1961

ISBN 978-3-642-48994-5   ISBN 978-3-642-92816-1 (eBook)
DOI 10.1007/978-3-642-92816-1

Vorwort

Der unaufhaltsame technische Fortschritt in der Entwicklung von Herstellungsverfahren, Werkzeugen, Werkstoffen, Meßinstrumenten und Steuergeräten spornt den Konstrukteur und Hersteller von Werkzeugmaschinen und den Betriebsmann, der über ihren Einsatz in der Werkstatt entscheidet, an, höhere qualitative und quantitative Leistungen mit geringerem Aufwand zu erzielen.

Die sich daraus ergebende Entwicklung kennt kein Anhalten und gönnt dem Beschauer keinen Augenblick der Ruhe, in dem der Stand der Dinge gewissermaßen im Bilde festgehalten werden kann. Ein Buch, das sich mit den Beschreibungen der Konstruktionen bekannter Maschinenarten, wie Dreh-, Fräs-, Bohrmaschinen usw., zu irgendeinem Zeitpunkte ihrer Entwicklung eingehend befaßt, kann daher nur von historischem Interesse sein, da die Gefahr besteht, daß beschriebene Konstruktionen bereits veraltet sein können, wenn die Korrekturfahnen aus der Druckerei kommen.

Außerdem zeigt sich heute eine Tendenz, in der Mengenherstellung von den üblichen Bauformen der Universalmaschinen abzugehen und für bestimmte Zwecke brauchbare Kombinationen von Schnitt- und Vorschubeinheiten in Maschinenfließreihen, auf zweckmäßigen Grundplatten, Betten od. ä. einzusetzen und Einzweckmaschinenaggregate zu schaffen, deren Einzelteile nach Bedarf wieder getrennt und zu anderen Aggregaten zusammengesetzt werden können. Von der Konstruktion der Werkzeugmaschine als untrennbarem Ganzen kommt man damit zur Konstruktion der Baueinheit, wie sie verschiedene Firmen bereits seit Jahren in dem sogenannten Baukastensystem für ihre eigene Produktion eingeführt haben, und wie sie jetzt in VDI-Richtlinien (Abb. I, S. VI/VII)[1] festgelegt worden ist.

Für die Arbeit an diesem Buche erschien es daher berechtigt und zweckmäßig, anstatt eine Besprechung ganzer Werkzeugmaschinen zu bringen, sich mit den Grundgedanken und Erwägungen für die Konstruktion der Bauelemente zu befassen, die für die Herstellung spanender Maschinensätze wichtig sind. Diese Bauelemente sind außerdem nicht wie ganze Maschinen radikalen grundsätzlichen Änderungen unterworfen. Das kann z. B. an der Steuerung der Brown & Sharpe-Automaten gezeigt werden, deren Entwicklung zwar immer höhere Geschwindigkeiten und Arbeitsgenauigkeiten erzielt hat, deren Grundzüge jedoch heute noch die gleichen wie vor 60 Jahren sind.

Die Erwägungen grundsätzlicher Fragen der statischen und dynamischen Steifigkeit, der Arbeitsgeschwindigkeiten und ihrer Normung, der zur Verfügung stehenden Getriebearten, der Handbedienung bzw. der selbsttätigen Steuerung sind weitgehend anwendbar und nicht immer nur auf eine bestimmte Maschinenbauart beschränkt. Das gleiche gilt für Probleme, die bei der Konstruktion der Werkzeugmaschinenelemente, der Betten und Gestelle, der Führungen und Lager, der Arbeitsspindeln, der Antriebe für Schnitt- und Vorschubbewegungen und der Steuerelemente auftreten.

Außer diesen, ausschließlich dem Werkzeugmaschinenbau angehörenden Fragen, muß der Werkzeugmaschinenkonstrukteur auch noch Probleme mehr allgemein technischer Natur bearbeiten, die sich auf so verschiedene Gebiete wie Hydromechanik, Kinematik, Regeltechnik, Elektrotechnik, Festigkeitslehre, Maschinenelemente u. a. erstrecken.

Derartige Probleme, die sich nicht speziell auf den Werkzeugmaschinenbau beziehen, wie z. B. die Berechnung und Konstruktion von Kupplungen, Zahnrädern, Riemen- und

---

[1] WOLLENHAUPT, J.: Die Konstruktion der Baueinheiten für Werkzeugmaschinen nach VDI 3270 bis 3275. Werkstatttechnik, März 1959.

Kettentrieben, von Gleitlagern, von Regelkreisen und Steuermechanismen als solchen u. a., sind in diesem Buch indessen nicht behandelt worden; hierzu sei der Leser auf das reichhaltige Schrifttum verwiesen, das in Fußnoten weitgehend angegeben ist.

Das Buch ist nämlich nicht als Nachschlagewerk gedacht, das dem Konstrukteur vollständige Anweisungen für möglichst viele Berechnungen und genaue Beschreibungen von zahlreichen Konstruktionsausführungen sozusagen mundgerecht vorsetzt. Es soll vielmehr dem Studierenden Grundlagen übermitteln und ihn zum Quellenstudium und selbständigen Denken anregen. Es gibt wohl wenige Konstruktionsprobleme, die nicht mit Hilfe eines eingehenden Studiums der einschlägigen Literatur oder durch Heranziehen sachverständiger Beratung gelöst werden können. Dieser Weg kann aber nur beschritten werden, wenn der Konstrukteur die Existenz und das Wesen eines Problems klar erkennt, und das ist oft viel schwieriger! Daher werden typische, dem Werkzeugmaschinenbau eigene Probleme analysiert und Methoden zur Inangriffnahme ihrer Lösung besprochen. Auf diese Weise kann in einem engen Rahmen ein umfangreicheres Gebiet erfaßt werden, als es mit Hilfe einer großen Anzahl ins einzelne gehender Beschreibungen ausgeführter Konstruktionen und Berechnungsbeispiele möglich wäre.

Eine gewisse Kenntnis der Bearbeitungsarten (Drehen, Fräsen, Bohren usw.) ist zur Beurteilung der jeweilig gegebenen Bedingungen wichtig. Das einleitende Kapitel enthält daher eine kurze Übersicht über die auftretenden Arbeitsbedingungen und eine Besprechung der grundsätzlichen Anforderungen, die der Betriebsingenieur an spanende Werkzeugmaschinen stellen muß.

Da es nicht die Absicht des Verfassers war, eine reine Beschreibung oder Erklärung der Bauarten und Arbeitsweisen der verschiedenen in der Werkstatt verwendeten Werkzeugmaschinen zu geben, ist eine solche allgemeine Kenntnis der verschiedenen Maschinen vorausgesetzt.

Ebenso wie allerdings das Konstruieren nicht allein aus Büchern, sondern auch durch zusätzliche Erfahrung in der Praxis des Konstruktionsbüros gelernt werden muß, so können die auftretenden Probleme und ihre Lösungen nicht völlig isoliert und ohne erstklassige Beispiele erfolgreicher Konstruktionsausführungen von Elementen und ganzen Maschinen dargelegt werden. Der Verfasser ist daher den zahlreichen Firmen im In- und Ausland, die ihre Unterlagen in größeren Mengen, als in dem Buch verwendet werden konnten, bereitwillig zur Verfügung gestellt haben, zu großem Dank verpflichtet.

Auch seinen Kollegen in dem Manchester College of Science and Technology, insbesondere Dr. M. M. BARASH, Herrn J. P. MABON, Dr. J. K. ROYLE und Dr. J. SKORECKI, die ihn mit Rat und Tat unterstützt haben, sei hier bestens gedankt.

Das Interesse und einen großen Teil seiner Kenntnis auf dem Gebiete des Werkzeugmaschinenbaues verdankt der Verfasser seinem verehrten Lehrer, Professor Dr.-Ing. G. SCHLESINGER, mit dem er in späteren Jahren nicht nur beruflich, sondern auch persönlich eng verbunden war. Es ist ihm deshalb eine besondere Freude, zum Schluß seiner Schwiegermutter, Frau Professor SCHLESINGER, und seiner Frau für ihre unermüdliche Hilfe bei der Vorbereitung und Durchsicht des Manuskriptes seinen herzlichen Dank auszusprechen.

Herrn Professor Dr.-Ing. Dr.-Ing. E. h. O. KIENZLE, Hannover, ist der Verfasser für sein freundliches Interesse und seine wertvollen Anregungen zu großem Danke verpflichtet.

Stockport (England), im Mai 1960

Franz Koenigsberger

Inhaltsverzeichnis

I. Einleitung

II. Hauptteil

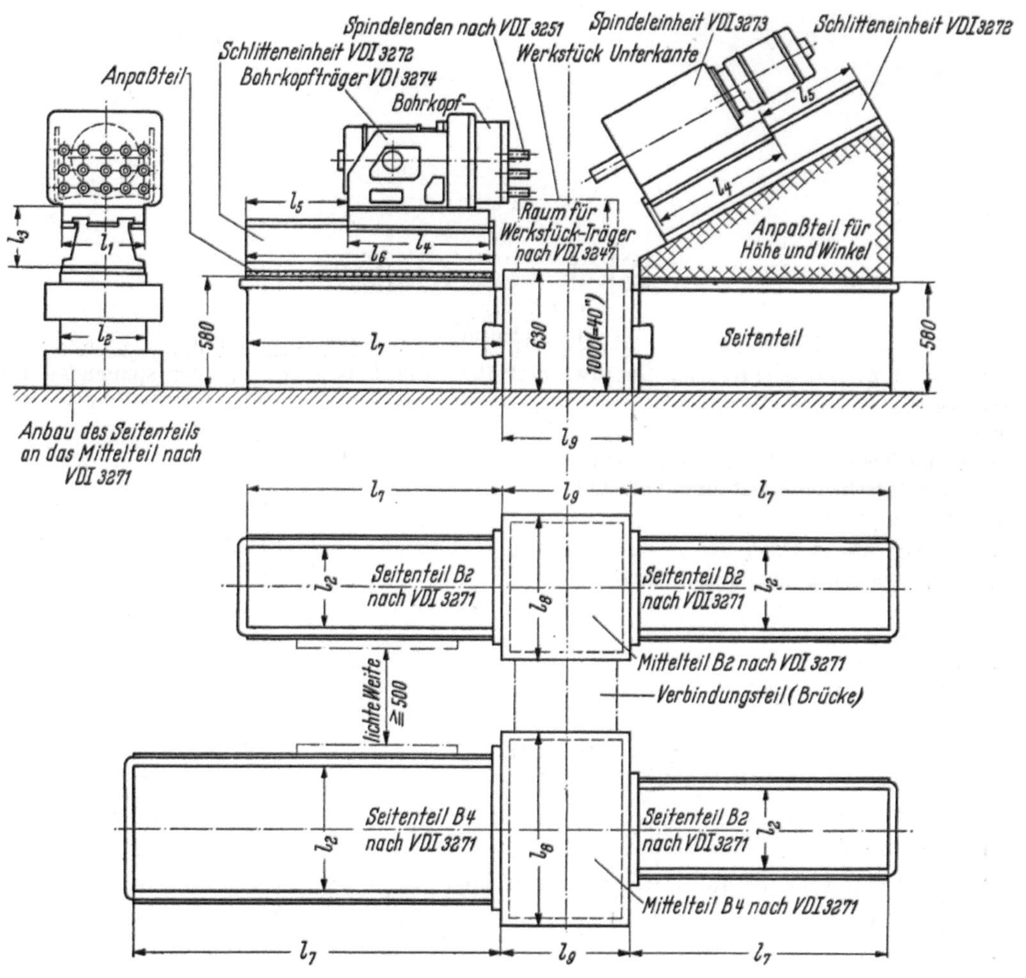

Hauptanschlußmaße

Größe	l_1 Nennbreite	l_2 St-Breite	l_3 Se-Höhe	l_4 Se-Länge	l_5 Se-Hub	l_6 Se-Führg.	l_7 St-Länge	l_8 Mt-Länge	a	l_9 b	c
B 1	320	340	280	560	400	1000	1050	630	450	630	800
B 2	400	420	320	710	500	1250	1300	710	450	630	800
B 3	500	520	320	900	500	1450	1500	850	450	630	800
B 4	630	650	350	1120	630	1800	1850	1000	450	630	800

Abb. I a. Übersicht

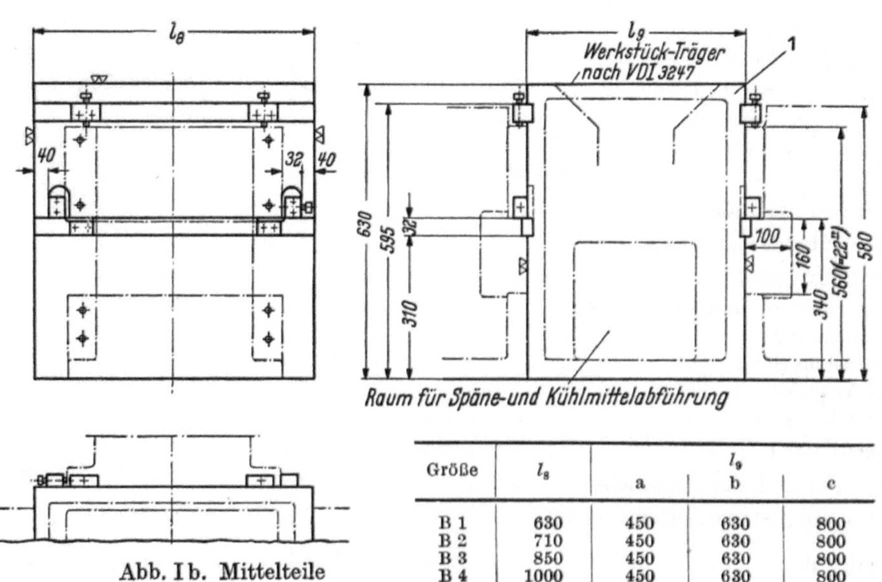

Abb. I b. Mittelteile

Größe	l_8	a	l_9 b	c
B 1	630	450	630	800
B 2	710	450	630	800
B 3	850	450	630	800
B 4	1000	450	630	800

Abb. I a u. b. Baueinheiten für Werkzeugmaschinen, Baumerkmale und Anschlußmaße

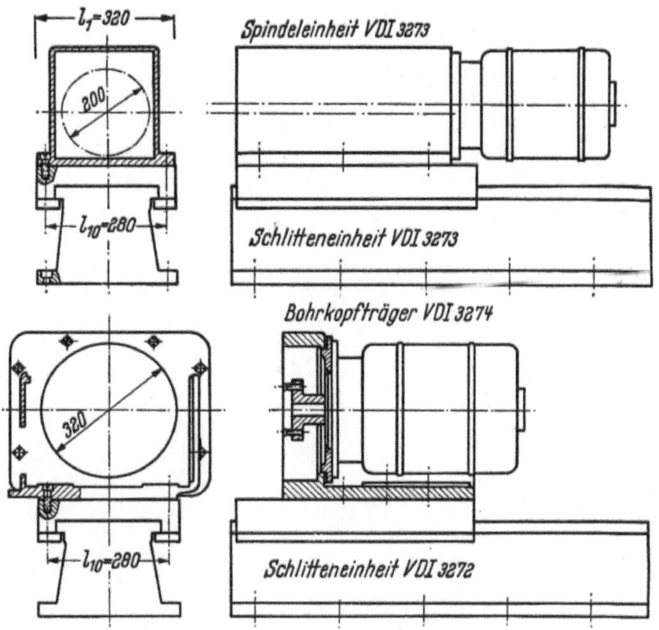

Abb. I c. Befestigung der Spindeleinheit VDI 3273 und des Bohrkopfträgers VDI 3274
auf der Schlitteneinheit VDI 3272

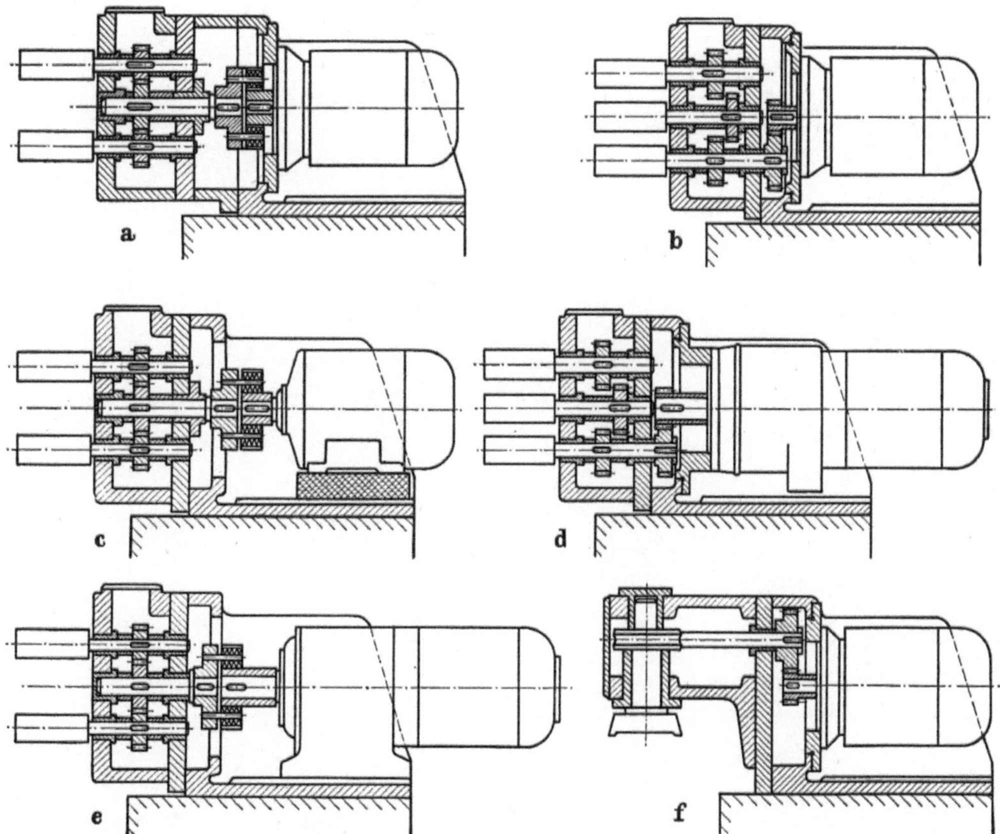

Abb. I d. Sechs verschiedene Ausrüstungen des Bohrkopfträgers VDI 3274. Antrieb durch a) Flanschmotor
und Kupplung; b) Flanschmotor und Stirnräder; c) Fußmotor und Kupplung; d) Getriebemotor in
Flanschausführung und Stirnräder; e) Getriebemotor in Fußausführung und Kupplung; f) Fräskopf
(Sonderausführung)

Abb. I c u. d. Baueinheiten für Werkzeugmaschinen

A. Berechnungsunterlagen (Kräfte, Geschwindigkeiten und Leistungen bei der spanenden Bearbeitung)

Der Zerspanungsvorgang beruht auf zwei Relativbewegungen zwischen dem Werkzeug und dem zu bearbeitenden Werkstoff. Während bei der *Schnittbewegung*, d. h. der Relativbewegung zwischen Werkzeugschneide und Werkstoff, eine der eingestellten Schnittiefe entsprechende Werkstoffmenge in Form von Spänen vom Werkstück abgetrennt wird, muß die *Vorschubbewegung* nach jedem vollendeten Schnitt neuen Werkstoff vor die Werkzeugschneide bringen.

Bei manchen Verfahren, z. B. beim Hobeln und Stoßen, muß die Arbeit nach jedem Schnitthub, bevor der nächste beginnen kann, unterbrochen und frischer Werkstoff vor die Werkzeugschneide gebracht werden, während beim Drehen, Bohren, Rundschleifen und Fräsen die Schnitt- und Vorschubbewegungen gleichzeitig und ohne Unterbrechung ausgeführt werden können. Beim Räumen ist dagegen keine Vorschubbewegung vorhanden; jede Werkzeugschneide (Zahn) führt nur einen Arbeitshub aus, und frischer Werkstoff wird dadurch vor die Schneide gebracht, daß jeder Zahn um einen dem Vorschub entsprechenden Betrag tiefer als der vorhergehende schneidet (Abb. 1).

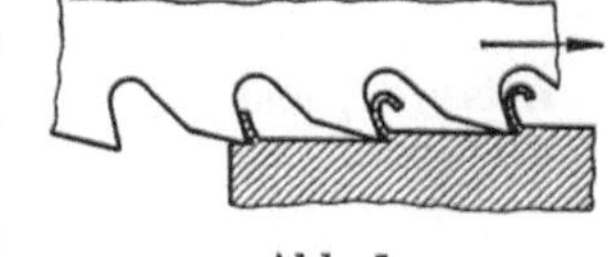

Abb. 1

Die verschiedenen Werkzeugmaschinen müssen die für die jeweiligen Bearbeitungsverfahren erforderlichen Bewegungen erzeugen, wobei sowohl Schnitt- als auch Vorschubbewegungen entweder dem Werkzeug oder dem Werkstück zugeordnet werden können (Tab. 1).

Die Kenntnis der bei den verschiedenen Verfahren der spanenden Bearbeitung auftretenden Kräfte und Geschwindigkeiten ist eine unentbehrliche Grundlage für die Bemessung der kraftübertragenden Elemente, für die Leistungsbestimmung der Arbeitsmotoren, kurz für den Entwurf der Werkzeugmaschinen. Während indessen das Interesse des Forschers, und zu einem gewissen Grade das des Werkzeugherstellers, auf die Vorgänge bei der Zerspanung und die Gesetzmäßigkeit der Einflüsse verschiedener Veränderlichen (Werkzeug, zerspanter Werkstoff, Schnittbedingungen usw.) gerichtet sein muß,[1] genügt es für den Konstrukteur der Werkzeugmaschine, die Einflüsse der verschiedenen Faktoren größenordnungsmäßig zu verstehen und die für seine Konstruktionsarbeit als Unterlagen notwendigen Forschungsergebnisse zu kennen.

Der dem Schneidvorgang durch Verformungs- und Reibungskräfte geleistete Widerstand wirkt als *Schnittkraft* auf Werkzeug (Aktion) und Werkstück (Reaktion). Die verschiedenen Teile der Maschine (Gestell, Schlitten, Werkstück- und Werkzeugträger usw.) müssen den dadurch hervorgerufenen Beanspruchungen gewachsen sein, und die Antriebselemente müssen die entsprechenden Kräfte und Drehmomente mit den erforderlichen Geschwindigkeiten übertragen können.

---

[1] Die Fragen der Zerspanungsforschung, die Probleme der Werkzeuge und Werkstoffe, der Spanbildung und der Bearbeitbarkeit sind u. a. in M. KRONENBERG: Grundzüge der Zerspanungslehre, 2. Aufl., Bd. I. Berlin/Göttingen/Heidelberg: Springer 1954; E. BRÖDNER: Zerspanung und Werkstoff, 2. Aufl. Essen: Girardet 1950, und F. SCHWERD: Spanende Werkzeugmaschinen, Berlin/Göttingen/Heidelberg: Springer 1956, eingehend behandelt.

Tabelle 1

Art der Bearbeitung		Schnittbewegung $\longrightarrow$	Vorschubbewegung $-\,-\to$
Drehen		Werkstück	Werkzeug
Bohren		Werkzeug	Werkzeug
Rundschleifen		Werkzeug	Werkstück (*a*) und Werkzeug (*b*) oder Werkstück (*a + b*)
Fräsen		Werkzeug	Werkstück
Hobeln (I) und *Stoßen (II)*		Werkstück (*I*) Werkzeug (*II*)	Werkzeug (*I*) Werkstück (*II*)

Ganz allgemein besteht eine hyperbolische Beziehung zwischen *Schnittgeschwindigkeit v*, d. h. Relativgeschwindigkeit der Schnittbewegung zwischen Werkzeugschneide und Werkstück, und Standzeit T (Lebensdauer) der Werkzeugschneide zwischen Anschliffen (Abb. 2). TAYLOR hat diese Beziehung durch die Gleichung $v \times T^y = C_T$ ausgedrückt, wobei y eine von den Werkstoffen des Werkstückes und des Werkzeuges abhängige Größe ist[1] und die sogenannte TAYLOR-Konstante C_T als Schnittgeschwindigkeit für eine Minute Standzeit gilt. Dazu ist zu bemerken, daß der Einfluß des Spanquerschnittes in der TAYLOR-Gleichung nicht berücksichtigt ist, so daß verschiedenen Spanquerschnitten verschiedene Werte von C_T zuzuordnen sind.[2]

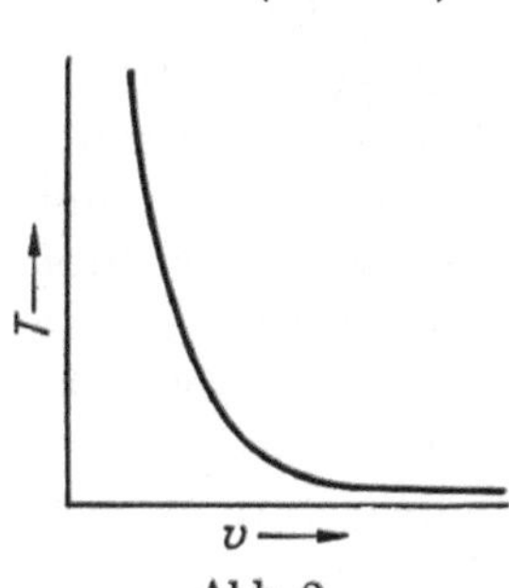

Abb. 2

Zulässige Schnittgeschwindigkeiten sind von den Werkstoffeigenschaften des Werkzeuges und Werkstückes, der Werkzeugform, den Schnittbedingungen (z. B. mit oder ohne Kühlung) und dem Spanquerschnitt abhängig. Beim Einsatz eines Werkzeuges in der normalen Produktion ist die Standzeit die Summe aller Zeiten, in denen das Werkzeug geschnitten hat, bevor es angeschliffen werden muß. Zur Bestimmung einer wirtschaftlichen Schnittgeschwindigkeit muß man außerdem die Standzeit zu der nach erfolgter Abstumpfung erforderlichen Zeit für Ausspannen, Anschliff und Wiedereinspannung des Werkzeuges ins Verhältnis setzen; die zu wählende Standzeit eines Werk-

---

[1] Siehe O. KIENZLE: Tabellenblatt für 42 Werkstoffe, Nr. B 106, Blatt 4, Technische Hochschule Hannover, Lehrstuhl für Werkzeugmaschinen, 15. Sept. 1947.

[2] Siehe M. KRONENBERG: Grundzüge der Zerspanungslehre, 2. Aufl., Bd. I. Berlin/Göttingen/Heidelberg: Springer 1954.

zeuges (60 Minuten, 240 Minuten oder 480 Minuten werden oft als zweckmäßig empfohlen, s. S. 7) hängt also nicht nur von technischen, sondern auch von wirtschaftlichen Erwägungen ab.

Der Einfluß des *Vorschubes*, der zusammen mit der Schnittiefe den Spanquerschnitt bestimmt, kann sich — je nach dem Bearbeitungsverfahren — auf die Arbeitszeit, die Oberflächengüte, die Standzeit und die Schnittkraft erstrecken.

Um dem Betriebsmann und dem Konstrukteur brauchbare Arbeitsunterlagen zur Verfügung zu stellen, sind sogenannte Richtwerte aufgestellt worden. So hat z. B. für das Drehen der Ausschuß für wirtschaftliche Fertigung das Betriebsblatt AWF 158, in dem Schneidenwinkel, Schnittgeschwindigkeiten, spezifische Schnittkräfte usw. bei Einsatz verschiedener Werkzeuge und Werkstoffe angegeben sind, herausgegeben. Mit der immer stärker werdenden Verwendung von Werkzeugen mit Hartmetallschneiden, insbesondere für die Bearbeitung von legierten Stählen, sind diese Richtwerte heute nur noch bedingt gültig. Da die Aufstellung neuer Richtwerte indessen von den Ergebnissen weitläufiger Arbeitsprogramme abhängt, deren Ergebnisse noch nicht vorliegen, da also keine derartig zusammenfassende Darstellung der verschiedenen Verhältnisse vorlag[1] und da außerdem die in AWF 158 angegebenen Werte zumindest größenordnungsmäßig einen Einblick in die vorherrschenden Verhältnisse übermitteln, sind diese Werte in den folgenden Betrachtungen mehrfach verwendet worden. Neuere Richtwerte, die auf Grund der im Gange befindlichen Forschungsarbeiten von Zeit zu Zeit zur Veröffentlichung gelangen werden, können dann ohne Schwierigkeit sinngemäß in Berechnungen und Konstruktionsarbeiten verwendet werden.

Solche neuen Richtwerte sollten auch die Bearbeitungsmethoden mit außerordentlich hohen Schnittgeschwindigkeiten und Vorschüben[2] sowie den Einsatz der keramischen Schneidwerkstoffe berücksichtigen, bei denen die Größenordnungen der bisher verwendeten Werte außerordentlich gesteigert werden. So sind z. B. für die Bearbeitung von Stahl Schnittgeschwindigkeiten von 400 bis 800 m/min verwendet worden. Außer der durch die Möglichkeit hoher Arbeitsgeschwindigkeiten bei gleicher Standzeit bedingten Leistungssteigerung kann bei Einsatz der keramischen Schneidwerkstoffe wegen der geringen Abnutzung der Schneidkante eine höhere Maßgenauigkeit des Werkstückes erzielt werden.

Untersuchungen, die sich sowohl auf die Eigenschaften der keramischen Schneidwerkstoffe als auch auf die günstigsten Arbeitsbedingungen und Schnittleistungen beziehen, sind in vielen Ländern im Gange.[3] Schwierigkeiten ergeben sich, besonders beim Fräsen, durch die verhältnismäßig geringe Festigkeit unter stoßartiger Beanspruchung, die nicht nur rein mechanischer, sondern auch thermischer Art ist.[4] Hier kann z. B. die Steifigkeit der Werkzeugmaschine unmittelbar die Leistung der Werkzeuge beeinflussen.

1. Drehen

a) Schnittkraft

Die auf das Werkzeug wirkende *Schnittkraft P* kann zweckmäßig in drei in den folgenden Richtungen wirkende Komponenten zerlegt werden (Abb. 3):

1. Tangential zur gedrehten Oberfläche und im rechten Winkel zur Drehachse, d. h. in Richtung der Schnittgeschwindigkeit. Diese Komponente ist die Hauptschnittkraft

---

[1] Zur Schnittkraftbestimmung s. O. KIENZLE u. H. VICTOR: Spezifische Schnittkräfte bei der Metallbearbeitung. Werkstattstechnik u. Maschinenbau, Mai 1957.

[2] Siehe z. B. die im Jahre 1957 in Rußland erschienenen Bücher von MOZHAER u. SABOMOTINA und von REZNIKOW sowie Veröffentlichungen in Stanki i Instrument usw.

[3] Siehe z. B. die Veröffentlichungen des Aachener Laboratoriums für Werkzeugmaschinen und Betriebslehre (Prof. Dr.-Ing. H. OPITZ), C. AGTE, R. KOHLERMANN u. E. HEYMEL: Schneidkeramik. Berlin: Akademie-Verlag 1959, und H.-J. RANDHAHN: Weitere Fortschritte auf dem Gebiet der Oxyd-Karbid-Schneidkeramik und deren Anwendung. Industrie-Anz., 5. Januar 1960.

[4] SCHMIDT, A. O., I. HAM, W. I. PHILIPS u. G. F. WILSON: Ceramic and Carbide Tool Performance Tests, A. S. M. E. paper No. 56-A-218, und E. J. KRABACHER: Performance and Wear Characteristics of Ceramic Tools, C. I. R. P., September 1958.

P_1 (kg), die zusammen mit der Schnittgeschwindigkeit v (m/min) die Nettoleistung des Arbeitsspindelantriebes bestimmt.

2. Parallel zur Drehachse, d. h. in der Vorschubrichtung. Diese Komponente ist die Vorschubkraft P_2, die zusammen mit der Vorschubgeschwindigkeit die Nettoleistung des Vorschubantriebes bestimmt.

3. Radial zur gedrehten Oberfläche, d. h. in Richtung der Tiefenzustellung. Diese Komponente ist die Abdrängkraft P_3.

Wie schon NICOLSON im Jahre 1903[1] beobachtet hatte, ist die Schnittkraft selbst bei einfachen Dreharbeiten nicht konstant, sondern pulsiert. Diese Schnittkraftschwingungen werden sowohl auf die Elastizität von Werkzeug, Werkstück und Maschine und die dadurch bedingten Änderungen der Schnittiefe, der Schneidenwinkel und der Relativgeschwindigkeit zwischen Werkzeug und Werkstück als auch auf die Art der Spanbildung zurückgeführt.[2] Eine harte Stelle im Werkstück kann z. B. elastische Verformungen in Werkzeug, Werkstück und Maschine erzeugen und dadurch eine

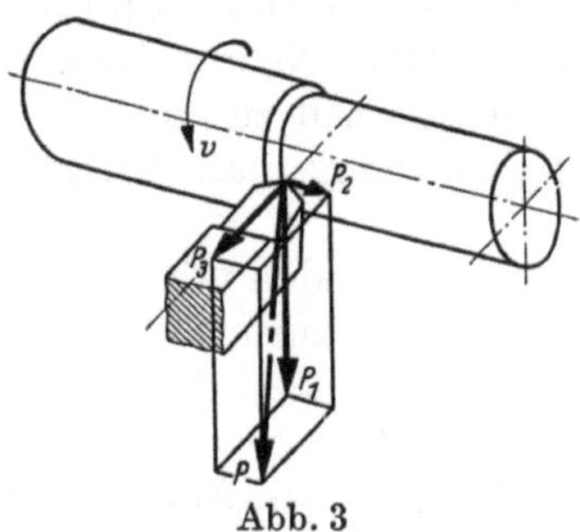

Abb. 3

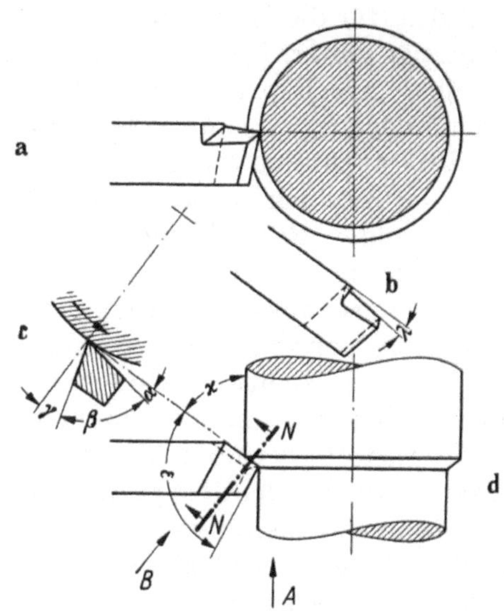

Abb. 4a—d. Winkel am Drehwerkzeug
a) Ansicht in Richtung Pfeil A; b) Ansicht in Richtung Pfeil B; c) Schnitt N—N; d) Draufsicht

α Freiwinkel,	ε Spitzenwinkel,
β Keilwinkel,	$\varkappa$ Einstellwinkel,
γ Spanwinkel	λ Neigungswinkel

Schwingungserscheinung einleiten. Obwohl die Amplituden der dadurch auftretenden Kraftschwankungen erheblich werden können,[3] ist es für die Arbeit des Konstrukteurs meistens zulässig, insbesondere für die Leistungsberechnung der Antriebselemente, die Größe der Schnittkräfte beim Drehen als konstant anzunehmen. Indessen ist es oft wichtig, die Frequenz der Kraftschwankungen zu kennen und zu berücksichtigen, da Resonanzerscheinungen in der Maschine unbedingt verhütet werden müssen. KRONENBERG[4] gibt auf Grund eigener und anderer Forschungsarbeiten Frequenzen von 80

---

[1] NICHOLSON, J. T.: Report on Experiments with Rapid Cutting Steel Tools. The Manchester Association of Engineers, Oktober/November 1903.

[2] ARNOLD, R. N.: Mechanism of Tool Vibration in Cutting of Steel. Proc. Instn. Mech. Engrs., London 1946. — DOI, S.: On the Chatter Vibrations of Lathe Tools. Mem. Fac. Engng., Nagoya, September 1953. — EISELE, P. T., u. R. F. GRIFFIN: Schwingungserscheinungen auf gedrehten Oberflächen. Industrie-Anz., 4. Mai 1956. — KELENDZERIDZE, B. G.: Einfluß der mechanischen Eigenschaften der Metalle auf die Entstehung der Schwingungen beim Drehen. Industrie-Anz., 30. November 1956. — KRONENBERG, M.: s. Fußn. 2, S. 2. — Evaluating and Testing Machine Tools. The Tool Engr., Januar 1956. — SHAW, M. C., u. W. HÖLKEN: Über selbsterregte Schwingungen bei der spanenden Bearbeitung. Industrie-Anz., 6. August 1957. — TLUSTY, I., u. M. POLACEK: Die Theorie der selbsterregten Schwingungen bei der Zerspanung und die Stabilitätsberechnung der Werkzeugmaschinen. Industrie-Anz., 5. April 1957. — TOBIAS, S. A., u. W. FISHWICK: Eine Theorie des regenerativen Ratterns. Maschinenmarkt, 1956 — The Chatter of Lathe Tools Under Orthogonal Cutting Conditions. A. S. M. E. 1957.

[3] OPITZ, H.: Leistungsmessungen an Werkzeugmaschinen. Z. VDI, 1937, Nr. 3, S. 61.

[4] KRONENBERG, M.: Grundzüge der Zerspanungslehre, s. Fußn. 2, S. 2.

bis 200 Hertz (Schnellstahlwerkzeuge), 100 bis 2000 Hertz (Hartmetallwerkzeuge) bei der Bearbeitung von Stahl und 600 bis 5000 Hertz bei der Bearbeitung von Rotguß an.

Die folgenden Faktoren beeinflussen die Größe der Schnittkraft und ihrer Komponenten:

1. Die Eigenschaften des zu bearbeitenden Werkstoffes,
2. die Größe und Zusammensetzung (Schnittiefe und Vorschub) des Spanquerschnittes,
3. die Form der Werkzeugschneiden, insbesondere die Winkel an der Schneide (Abb. 4) und in geringerem Maße der Werkstoff des Werkzeuges,
4. die Schnittgeschwindigkeit.

Zu 1. Als Werkstoffkennziffer wird oft der spezifische Schnittdruck k_s angenommen, d. h. die Schnittkraft je Einheit des Spanquerschnittes (kg/mm²). Obwohl sich diese Kennziffer mit dem Spanquerschnitt ändert (s. u.), werden für Überschlagsrechnungen oft Faustwerte angegeben,[1] mit deren Hilfe die Größenordnung des spezifischen Schnittdruckes k_s als Vielfaches der Zerreißfestigkeit k_z bestimmt werden kann. (DUBBEL gibt $k_s = 3$ bis $5 \, k_z$).

Zu 2. Der spezifische Schnittdruck fällt mit wachsendem Spanquerschnitt $(a \cdot s)$. Dagegen steigt er leicht mit wachsendem Verhältnis $a : s$, da die wirksame Länge der

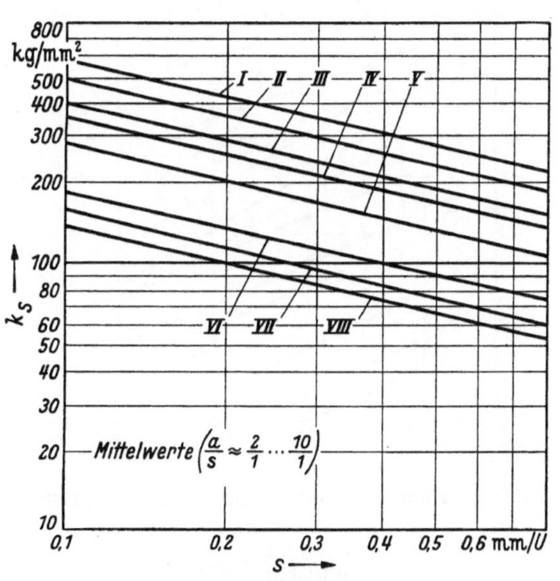

Abb. 5a. Spezifische Schnittwiderstände

I Legierter Stahl bis 180 kg/mm²,
II Legierter Stahl bis 100 kg/mm²,
III Kohlenstoffstahl bis 60 kg/mm²,
IV Stahlguß und Kohlenstoffstahl bis 50 kg/mm²,

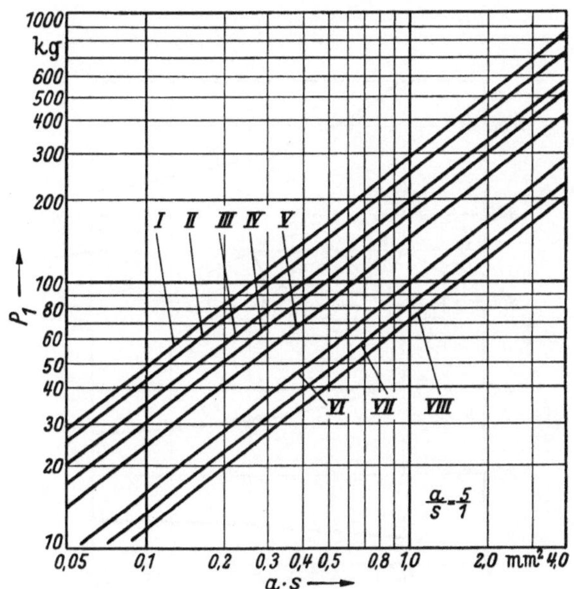

Abb. 5b. Hauptschnittkräfte

V Gußeisen 200 bis 250 Brinell,
VI Gußeisen bis 200 Brinell,
VII Messing 80 bis 120 Brinell,
VIII Aluminium-Legierung

Schneidkante größer wird und die Späne dünner werden. Indessen können aus den Richtwerten für spezifische Schnittdrucke,[2] die für $a : s = 2 : 1$ bis $a : s = 10 : 1$ gelten (Abb. 5a), Werte für die Hauptschnittkraft abgeleitet werden (Abb. 5b).

Zu 3. Die Schnittkraftkomponenten P_1, P_2, P_3 sowie ihr Verhältnis $(P_1 : P_2 : P_3)$ sind durch die Schneidenwinkel beeinflußt. Da mit wachsendem Einstellwinkel $\varkappa$ und bei gegebenem Spanquerschnitt $(a \cdot s)$ die Spandicke h größer und die Spanbreite b kleiner wird (Abb. 6), die Späne also kürzer und dicker werden, fällt der spezifische

---

[1] Siehe M. KRONENBERG: Grundzüge der Zerspanungslehre, s. Fußn. 2, S. 2. — DUBBELS Taschenbuch für den Maschinenbau, 11. Aufl. Berlin/Göttingen/Heidelberg: Springer 1956.

[2] Betriebsblatt AWF 158 (s. S. 3).

Schnittdruck.[1] Daher sinken dann auch die Hauptschnittkraft P_1 und die Schaftkraft P_3, indessen ist ein leichter Anstieg der Vorschubkraft zu beobachten (Abb. 7).[2] Mit wachsendem Spanwinkel sinken außerdem die Schnittkräfte, während sich die Wärmeabfuhr verschlechtert. Zu beachten ist ferner, daß bei zu kleinem Einstellwinkel und Spanwinkel Rattern eintreten kann. Allerdings wächst mit fallendem Spanwinkel die Belastbarkeit der Werkzeuge schneller als die Schnittkraft.[2] Der Einsatz von Werkzeugen mit negativem Spanwinkel bringt oft Vorteile, besonders bei der Bearbeitung schwer zerspanbarer Werkstoffe, wobei allerdings viel höhere Leistungen der Antriebselemente und

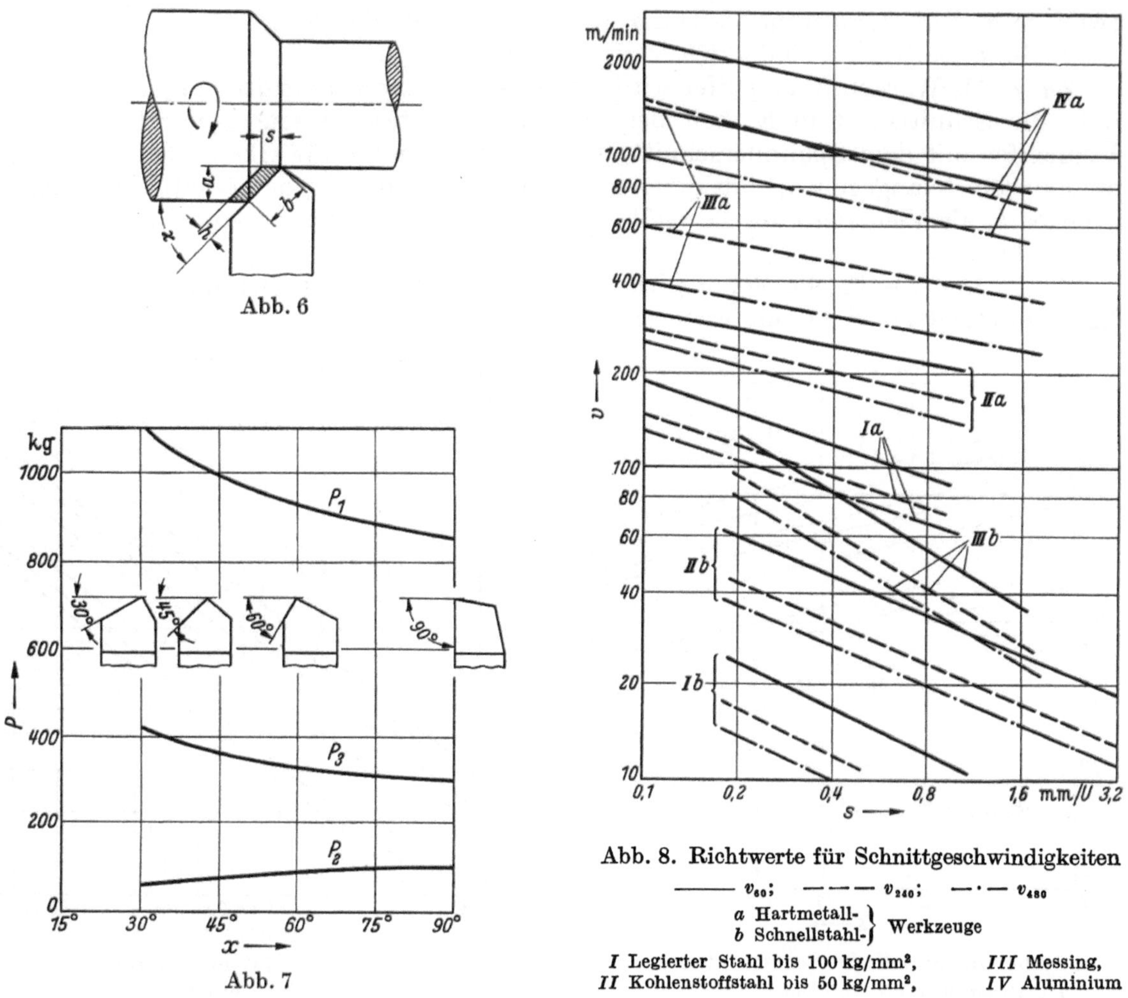

Abb. 6

Abb. 7

Abb. 8. Richtwerte für Schnittgeschwindigkeiten

v_{60}; — — — v_{240}; — · — v_{480}

a Hartmetall- } Werkzeuge
b Schnellstahl- }

I Legierter Stahl bis 100 kg/mm²,   III Messing,
II Kohlenstoffstahl bis 50 kg/mm²,   IV Aluminium

größte Starrheit der Werkzeugmaschine erforderlich sind. Während die Schaftkraft P_3 allgemein als etwa $0,3\ P_1$ angenommen wird, ist die Vorschubkraft P_2 stärker von den verschiedenen Schnittbedingungen beeinflußt und schwankt zwischen $0,15\ P_1$ und $0,5\ P_1$.

Zu 4. Während bei niedrigen Schnittgeschwindigkeiten (unterhalb etwa 80 m/min) die Schnittkraft mit wachsender Schnittgeschwindigkeit fällt, bleibt sie oberhalb 80 m/min (bei Hartmetallen oberhalb etwa 100 m/min) praktisch konstant.

---

[1] KIENZLE, O.: Die Bestimmung von Kräften und Leistungen an spanenden Werkzeugen und Werkzeugmaschinen. Z. VDI, 1952, S. 299. — KIENZLE, O., u. H. VICTOR: Zerspanungstechnische Grundlagen für die kräftemäßige Berechnung und den Einsatz von Drehbänken, Hobelmaschinen und Bohrmaschinen. Werkstattstechnik u. Maschinenbau, Juni 1956.

[2] Nach G. SCHLESINGER: Die Werkzeugmaschinen. Berlin: Springer 1936.

b) Schnittgeschwindigkeit und Vorschub

Um die Werkzeugmaschine wirtschaftlich ausnutzen zu können, werden bei Arbeiten mit Schnellstahlwerkzeugen im allgemeinen Schnittgeschwindigkeiten empfohlen, die eine Standzeit von 60 Minuten gewährleisten, während für Hartmetallwerkzeuge 240 Minuten als Standzeit zugrunde gelegt werden.

Für Dreharbeiten auf Revolverbänken und Automaten ist es vorteilhaft, mit Standzeiten von 240 oder 480 Minuten zu arbeiten. Abb. 8[1] zeigt Richtwerte für Schnittgeschwindigkeiten in Abhängigkeit vom Vorschub. Die Schnittiefe hat auf die empfohlene Schnittgeschwindigkeit für Werte von $a < 5$ mm nur geringen Einfluß. Für höhere Werte von a sollte man die empfohlenen Werte um 10 bis 20% herabsetzen. Die in Abb. 8 angegebenen Schnittgeschwindigkeiten gelten für einen Einstellwinkel $\varkappa = 45°$. Für größere Winkel sind die Schnittgeschwindigkeiten mit Hilfe eines Umrechnungsfaktors (Tab. 2)[2] zu verringern.

Tabelle 2. *Umrechnungstafel für Schnittgeschwindigkeiten bei verschiedenen Einstellwinkeln*

	Umrechnungsfaktor für v_{60} v_{240} v_{480} bei einem Einstellwinkel von		
	45°	60°	90°
Schnellstahl bei Zerspanung von Stahl und Stahlguß	1,0	0,80	0,66
Schnellstahl bei Zerspanung von Gußeisen	1,0	0,89	0,72
Schnellstahl bei Zerspanung der übrigen Werkstückstoffe . .	1,0	0,96	0,90
Hartmetall bei Zerspanung sämtlicher angegebener Werkstückstoffe	1,0	0,96	0,90

2. Bohren[3]

Das Werkzeug ist im allgemeinen der Spiralbohrer.[4] Spiralsenker, Reibahlen und Gewindebohrer, die wie der Spiralbohrer Schnitt- *und* Vorschubbewegung ausführen, können indessen auch als Bohrwerkzeuge angesehen werden.

Der Schneidvorgang an den Hauptschneiden (a, Abb. 9, 10) ähnelt grundsätzlich dem des Drehens.[5] Der Spanwinkel des Spiralbohrers ist durch den Drallwinkel ein für allemal festgelegt. Da der Drallwinkel nach der Mitte des Bohrers hin abnimmt, wird auch der Spanwinkel vom Umfang nach der Bohrerseele zu kleiner. Der wirksame Wert des Spanwinkels γ hängt außerdem noch von dem Steigungswinkel ϱ der Schnittrichtung S ab (Abb. 10) $\left(\tan\varrho = \dfrac{s}{\pi d}\right)$, wobei s der Vorschub je Umdrehung und d der Durchmesser des Bohrers ist. Das gleiche gilt für den Freiwinkel α, der außerdem durch den Hinterschliffwinkel η bestimmt ist. Dem Einstellwinkel des Drehstahles entspricht der Spitzenwinkel ($\varepsilon = 2\varkappa$).

Die Durchdringungslinie der beiden Freiflächen (f, s. Abb. 10), die hinterschliffen sind (der Hinterschliffwinkel wächst vom Umfang des Bohrers auf die Mitte zu von etwa 6° auf etwa 20°),

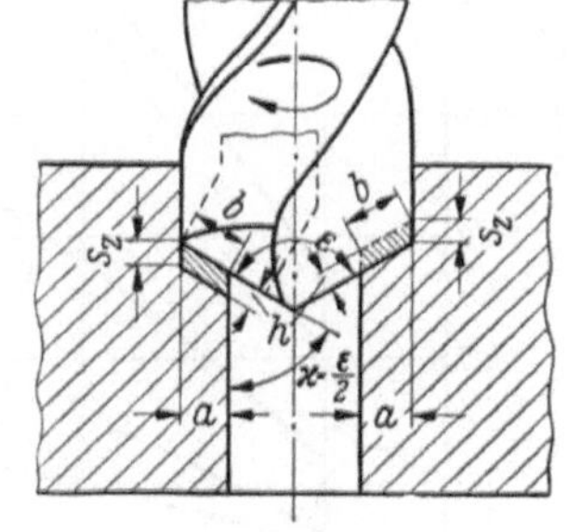

Abb. 9

ist die Querschneide, die um den Winkel $\varphi \approx 55°$ bis 60° gegenüber den Hauptschneiden geneigt ist. Die Länge der Querschneide hängt von der Seelenstärke des Bohrers ab.

---

[1] Nach AWF 158 (s. S. 3).

[2] Aus AWF 158 (s. S. 3).

[3] Siehe DINNEBIER: Bohren, 4. Aufl. 1949 (Werkstattbuch 15) u. Senken und Reiben, 4. Aufl. 1950 (Werkstattbuch 16). Berlin/Göttingen/Heidelberg: Springer.

[4] Der Spitzbohrer ist wohl kaum noch als Normalwerkzeug in modernen Werkstätten zu finden.

[5] KIENZLE, O., u. H. VICTOR: s. Fußn. 1, S. 6.

Die Seele wird aus Festigkeitsgründen von der Spitze nach dem Schaftende hin um etwa 10% stärker. Da die Axialkraft (s. u.) mit wachsender Querschneide zunimmt, sollte die Querschneide eines durch öfteres Schleifen verkürzten Bohrers „angespitzt" werden.

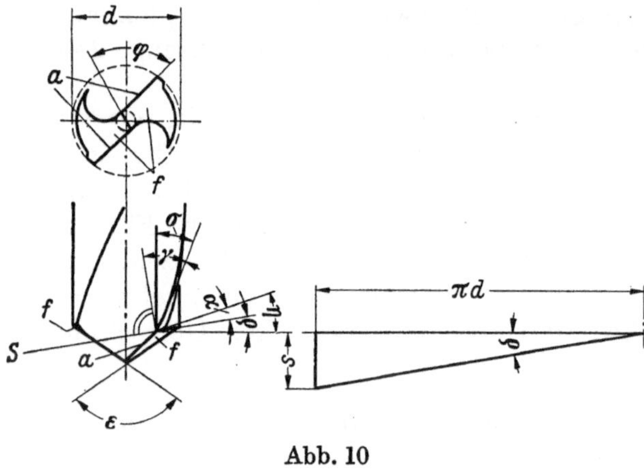

Abb. 10

Der Drallwinkel eines Spiralbohrers läßt sich durch Umschleifen nicht ändern. Außerdem ist die Nutenform des Bohrers dem Drallwinkel entsprechend derart konstruiert, daß die Hauptschneide, die Durchdringungslinie von Hinterschleiffläche und Spanfläche eine Gerade ist. Obwohl nunmehr eine Änderung des Spitzenwinkels durch Umschleifen möglich ist, würde eine solche Änderung die Form der Hauptschneide ungünstig verändern. Um mit brauchbaren Schneidenwinkeln zu arbeiten, müssen also zur Bearbeitung verschiedener Werkstoffe die zweckentsprechenden Bohrer verwendet werden. Einen Universalbohrer für alle Werkstoffe gibt es nicht!

a) Schnittkräfte

Die Schnittkräfte werden zweckmäßig in ein Drehmoment M und eine Axialkomponente (Vorschubkraft P) zerlegt. Falls der Bohrer allerdings durch falschen Anschliff unsymmetrisch schneidet, kann dazu noch eine Radialkomponente auftreten, die die Maschine und besonders die Bohrspindellagerung ungünstig belastet. Die Größe der oben genannten Kräfte hängt ab von:

1. Eigenschaften des zu bohrenden Werkstoffes,

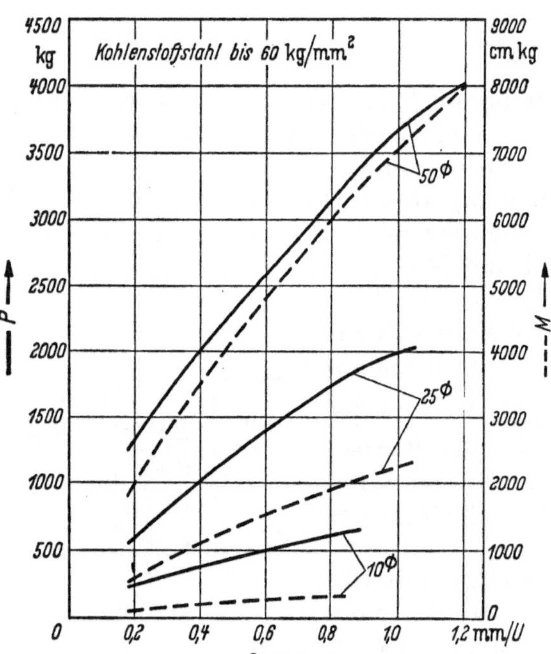

Abb. 11. Drehmomente und Vorschubkräfte beim Bohren von Kohlenstoffstahl bis 60 kg/mm²

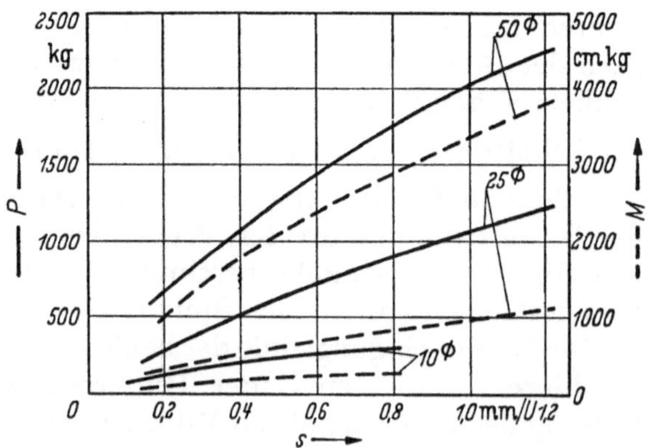

Abb. 12. Drehmomente und Vorschubkräfte beim Bohren von Grauguß

2. Form des Bohrers (Durchmesser, Schneidenwinkel, Länge und Lage der Querschneide),

3. Spanquerschnitt (Bohrerdurchmesser, Vorschub),

4. Schnittbedingungen (Lochtiefe, Kühlung).

Zu 1. Da sich der wirksame Spanwinkel über die Länge der Hauptschneide ändert (s. o.), ist es schwer, ohne Angabe des Bohrerdurchmessers auch nur Faustwerte für den spezifischen Schnittwiderstand verschiedener Werkstoffe anzugeben, da dieser von der Größe des Spanwinkels abhängt.

Zu 2 und 3. Die Größe des Spanquerschnittes ist durch Bohrerdurchmesser d und Vorschub s gegeben ($d \cdot s$). Mit wachsendem Drallwinkel fallen die Kräfte. Mit kleiner werdendem Spitzenwinkel fällt die Vorschubkraft, während das Drehmoment steigt, da die Hauptschneide bei gleichem Durchmesser länger und die Späne bei gleichem Vorschub dünner werden. Bei einem Querschneidenwinkel von 55° bis 60° werden die Kräfte am niedrigsten. Der Einfluß des Hinterschliffwinkels auf die Kräfte ist vernachlässigbar.

Durch richtiges „Anspitzen" der Querschneide kann die Vorschubkraft um 33% verringert werden, und auch das Drehmoment sinkt. Abb. 11 bis 12 zeigen Drehmomente und Vorschubkräfte für einige Werkstoffe und verschiedene Arbeitsbedingungen.

Mit wachsendem Bohrerdurchmesser[1] steigt die Vorschubkraft geradlinig, das Drehmoment quadratisch. Dagegen steigen die Kräfte mit wachsendem Vorschub nicht geradlinig, sondern weniger stark an. Wenn eine große Bohrung durch mehrere kleinere vorgebohrt werden soll, ist es vom Standpunkt der Kräfteverteilung günstiger, mit kleinerem Durchmesser und hohen Vorschüben zu arbeiten als umgekehrt.

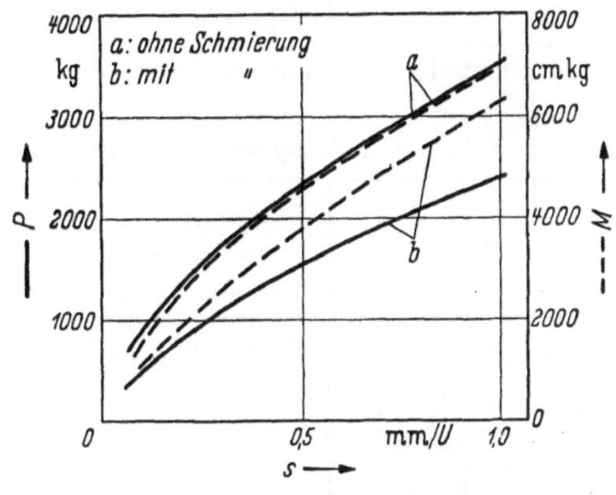

Abb. 13

Drehmomente und Vorschubkräfte beim Bohren von Kohlenstoffstahl bis 60 kg/mm² mit einem 50 mm ⌀-Bohrer mit und ohne Schmierung

Zu 4. Die Reibung der Fasenschneide in der Bohrung sowie die Spanabfuhr tragen zur Erhöhung der Schnittwiderstände bei, und die Größe der Kräfte und Momente wird nicht nur von der Lochtiefe, sondern auch von der Kühlung und Schmierung beeinflußt (Abb. 13).[2]

Im Vergleich zur Bohrarbeit mit dem Spiralbohrer ins Volle sind die beim Senken, Reiben und Gewindebohren auftretenden Drehmomente und Vorschubkräfte (in Abwesenheit der Querschneide) kleiner. Daher sind die beim Bohren mit dem Spiralbohrer auftretenden Kräfte und Momente für den Konstrukteur der Bohrmaschine entscheidend. Indessen müssen die Schnittgeschwindigkeiten, insbesondere für Reiben und Gewindebohren, berücksichtigt werden (s. Tab. 5 u. 6).

b) Schnittgeschwindigkeit und Vorschub

Da die Schnittgeschwindigkeit nach dem Umfang des Bohrers hin zunimmt, ist die äußerste Bohrerecke am meisten gefährdet, und hier stumpft auch der Bohrer zuerst ab. Aus Gründen der Wirtschaftlichkeit werden für Spiralbohrer hohe Standzeiten angestrebt. Diese hängen außer von der Schnittgeschwindigkeit noch von der Lochtiefe (Abführung der Reibungswärme, Späneabfuhr), dem Bohrerdurchmesser (an großen Bohrern können höhere Standzeiten festgestellt werden), dem Vorschub und den Werkstoffeigenschaften ab. Die für verschiedene Werkstoffe und Bohrerdurchmesser empfohlenen Schnittgeschwindigkeiten und Vorschübe sind in Tab. 3 angegeben. Die Tabellen 4 bis 6 zeigen entsprechende Werte für Senken, Reiben und Gewindeschneiden.

---

[1] SCHLESINGER, G.: Bohren und Senken. Werkstattstechnik, 1932, S. 473.
[2] Siehe Fußn. 2, S. 6.

Tabelle 3. *Schnittgeschwindigkeiten und Vorschübe beim Bohren ins Volle mit Schnellstahlwerkzeugen*[1]

Werkstoff	Schnitt-geschwindig-keit[2] m/min	Vorschub in mm/U											
		Bohrerdurchmesser in mm											
		5	6,3	8	10	12,5	16	20	25	31,5	40	50	63
Grauguß	28 bis 18	0,16	0,18	0,2	0,22	0,25	0,28	0,32	0,36	0,4	0,45	0,5	0,56
Kohlenstoffstahl bis 70 kg/mm² . .	28 bis 25	0,11	0,12	0,14	0,16	0,18	0,2	0,22	0,25	0,28	0,32	0,36	0,4
Messing, Rotguß, Bronze	56 bis 35	0,12	0,14	0,16	0,18	0,2	0,22	0,25	0,28	0,32	0,36	0,4	0,45
Leichtmetall . . .	160 bis 125	0,16	0,18	0,2	0,22	0,25	0,28	0,32	0,36	0,4	0,45	0,5	0,56

Tabelle 4. *Schnittgeschwindigkeiten und Vorschübe beim Senken mit Schnellstahlwerkzeugen*[1]

Werkstoff	Schnitt-geschwindig-keit[3] m/min	Vorschub in mm/U											
		Werkzeugdurchmesser in mm											
		5	6,3	8	10	12,5	16	20	25	31,5	40	50	63
Grauguß	20 bis 16	0,25	0,28	0,28	0,32	0,32	0,36	0,36	0,4	0,4	0,45	0,45	0,5
Kohlenstoffstahl bis 70 kg/mm² .	22	0,36	0,36	0,4	0,4	0,45	0,45	0,5	0,5	0,56	0,56	0,63	0,63
Messing, Rotguß, Bronze.	32	0,36	0,36	0,4	0,4	0,45	0,45	0,5	0,5	0,56	0,56	0,63	0,63
Leichtmetall . . .	80 bis 63	0,25	0,28	0,28	0,32	0,32	0,36	0,36	0,4	0,4	0,45	0,45	0,5

Tabelle 5. *Schnittgeschwindigkeiten und Vorschübe beim Reiben mit Schnellstahlreibahlen*[1]

Werkstoff	Schnitt-geschwindig-keit[3] m/min	Vorschub in mm/U											
		Werkzeugdurchmesser in mm											
		5	6,3	8	10	12,5	16	20	25	31,5	40	50	63
Grauguß	12,5 bis 10	0,8	0,8	0,9	0,9	1,0	1,0	1,12	1,12	1,25	1,25	1,4	1,4
Kohlenstoffstahl bis 70 kg/mm² .	8 bis 6	0,4	0,45	0,5	0,56	0,63	0,71	0,8	0,9	1,0	1,12	1,25	1,4
Messing, Rotguß, Bronze	14	0,8	0,8	0,9	0,9	1,0	1,0	1,12	1,12	1,25	1,25	1,4	1,4
Leichtmetall . . .	25	0,8	0,8	0,9	0,9	1,0	1,0	1,12	1,12	1,25	1,25	1,4	1,4

Tabelle 6. *Schnittgeschwindigkeiten beim Gewindeschneiden mit Schnellstahlgewindebohrern*[1]

Werkstoff	Schnittgeschwindigkeit in m/min	
	kleine Gewindebohrer-durchmesser	große Gewindebohrer-durchmesser
Grauguß	9	6,3
Kohlenstoffstahl bis 70 kg/mm² .	8	6,3
Messing, Rotguß, Bronze	14	10
Leichtmetall . . .	25	18

[1] Nach DUBBELs Taschenbuch für den Maschinenbau, 11. Aufl. Berlin/Göttingen/Heidelberg: Springer 1956.

[2] Höhere Werte für kleinere, niedrigere Werte für größere Bohrerdurchmesser.

[3] Höhere Werte für kleinere, niedrigere Werte für größere Werkzeugdurchmesser.

3. Fräsen

Im Vergleich mit anderen Bearbeitungsverfahren zeichnet sich der Fräsvorgang dadurch aus, daß das sich drehende Werkzeug (der Fräser) eine Anzahl Schneiden besitzt, von denen jede nur über einen Teil ihres Umlaufes schneidet und über den Rest sozusagen leer läuft. Die sich daraus ergebenden Auswirkungen auf Schnittkraftschwankungen, Werkzeug-, Werkstück- und Maschinenschwingungen, Güte der gefrästen Oberfläche usw. muß sich der Konstrukteur stets vor Augen halten.

Im allgemeinen steht die Fräserachse fest, während die Vorschubbewegung dem Werkstück zugeordnet ist.

In bezug auf das Werkstück beschreiben die auf dem Umfang des Fräsers angeordneten Schneiden Flächen, die der Form einer verkürzten Zykloide folgen (Abb. 14), während die auf der Stirnfläche angeordneten Schneiden ebene Flächen beschreiben. Wenn die auf dem Fräserumfang angeordneten Schneiden die herzustellende Fläche bearbeiten, spricht man vom Walzenfräsen, wenn die herzustellende Fläche von den auf der Stirnfläche angeordneten Schneiden bearbeitet wird, vom Stirnfräsen.

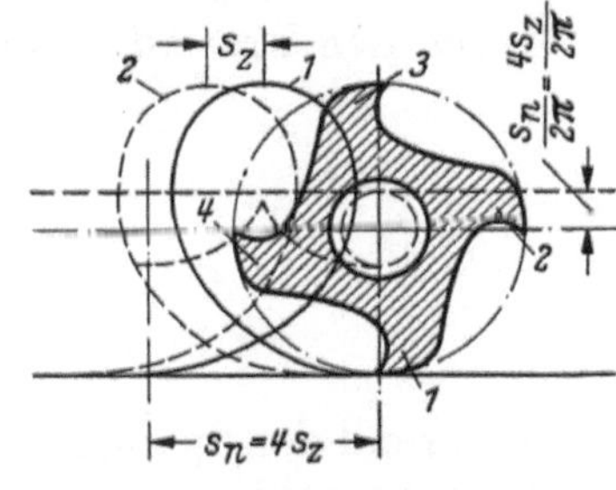

Abb. 14

s_n Vorschub je Umdrehung;
s_z Vorschub je Zahn

a) Spanquerschnitt

Der vor jedem Fräserzahn liegende Spanquerschnitt ändert sich während des Schnittes entsprechend einer kommaförmigen Kurve (Abb. 15), wobei zu betonen ist, daß das „Komma" nicht etwa der dem Schnittvorgang widerstehende Spanquerschnitt, sondern die Umhüllungskurve der wechselnden Spandicke ist. Während die Schnittbreite je Zahn eines geradlinigen Fräsers konstant ist (Abb. 16), ändert sie sich beim Arbeiten mit schraubenförmigen Fräserschneiden, zumindest während eines Teiles des Schneidvorganges (Abb. 17). Es ist allerdings möglich, daß unter bestimmten Bedingungen die Gesamtschnittbreite, d. h. die Summe der Schnittbreiten aller gleichzeitig im Eingriff befindlichen Schneiden, konstant bleibt.

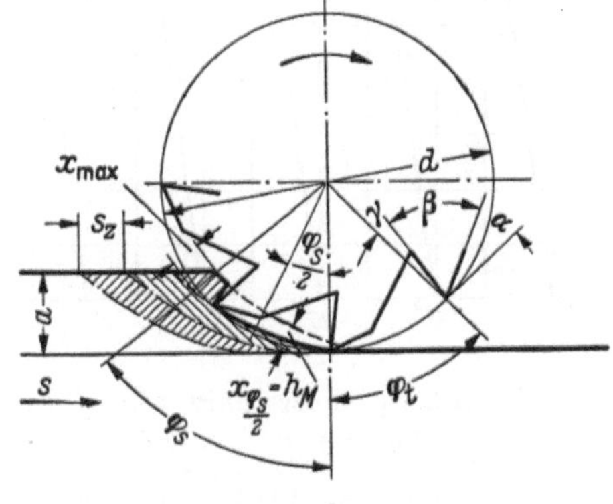

Abb. 15

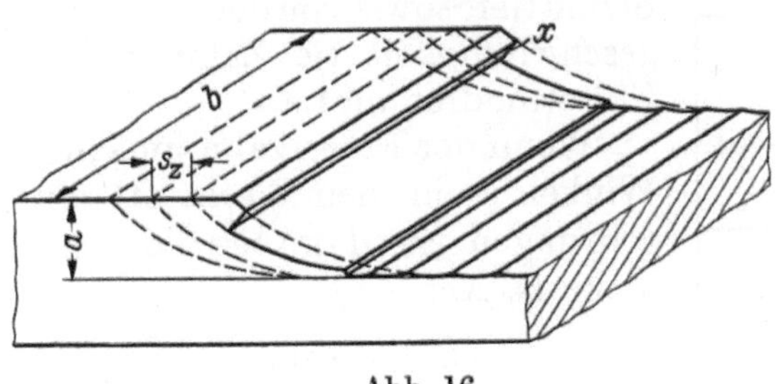

Abb. 16

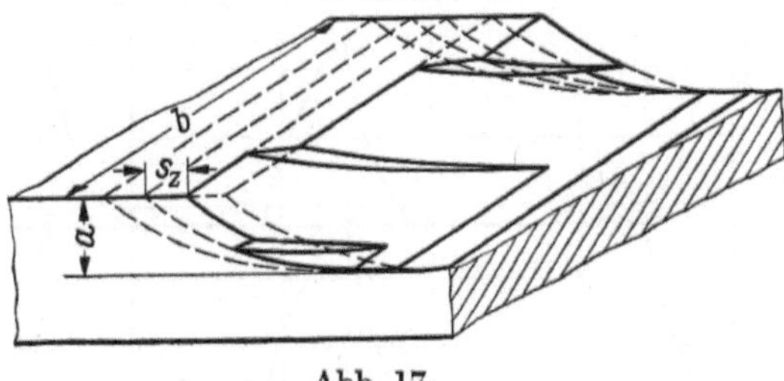

Abb. 17

Je nach den Schnittbedingungen (Schnittiefe, Vorschub je Zahn usw.) kann jede Schneide ihren Schnitt vor Eintritt der nächsten Schneide vollenden, oder es können sich die Schnitte mehrerer Schneiden gewissermaßen überlagern. Die Größe des in jedem Augenblick wirksamen Gesamtspanquerschnittes und die entsprechenden periodischen Veränderungen des Schnittwiderstandes hängen daher von den jeweiligen Schnittbedingungen ab.

Der Drehungswinkel des Fräsers zwischen dem Eintritt von zwei aufeinanderfolgenden Zähnen in das Werkstück kann gleich dem Teilwinkel der Fräserzähne angenommen werden $\left(\varphi_t = \dfrac{360}{z}\,,\ \text{s. Abb. 15}\right)$, wobei z die Zähnezahl des Fräsers ist. Der Schnittbogenwinkel, d. h. der Umdrehungswinkel, während dessen jeder Fräserzahn im Eingriff bleibt, ist durch den Fräserdurchmesser d und die Schnittiefe a bestimmt:

$$\cos\varphi_s = \frac{\dfrac{d}{2} - a}{\dfrac{d}{2}} = 1 - \frac{2a}{d}\,.$$

b) Schnittkraft

Während der Spanquerschnitt und damit der Schnittwiderstand bis zu einem Höchstwert steigt und scharf abfällt, wenn eine geradlinige Schneide aus dem Werkstück heraustritt (Abb. 18), kann der Höchstwert beim Arbeiten mit schraubenförmigen Schneiden für eine gewisse Zeit konstant bleiben, da der Schneidvorgang sich gewissermaßen parallel zur Fräserachse verschiebt (s. Abb. 17). In diesem Falle verlaufen die Schnittkräfte in Abhängigkeit von der Fräserumdrehung entsprechend den in Abb. 19 bis 20 gezeigten Kurven. Der Gesamtschnittwiderstand kann in eine konstante und eine schwingende Komponente, die einander überlagert sind, zerlegt werden. Es ist auch möglich, die Schnittbedingungen so zu wählen, daß die resultierende Gesamtschnittkraft praktisch konstant bleibt (Gleichförmigkeitsfall) (Abb. 21).

Die Kraftverhältnisse in der Fräsmaschine werden also nicht nur von Schnittiefe, Schnittbreite und Vorschub, sondern auch von der Form und den Abmessungen des Fräsers und von der Schnittgeschwindigkeit beeinflußt.

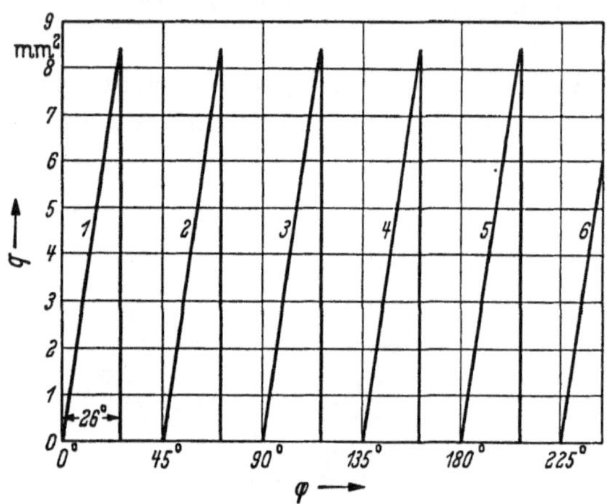

Abb. 18. Spanquerschnitt beim Fräsen

Fräserdurchmesser	d	100 mm,
Zähnezahl	z	8,
Schnittgeschwindigkeit	v	20 m/min,
Vorschub	s	100 mm/min,
Schnittiefe	a	5 mm,
Schnittbreite	b	100 mm

Der jeweilige Schnittwiderstand hängt von den Eigenschaften des zu bearbeitenden Werkstoffes, der Form und den Abmessungen des Fräsers, der Schnittbreite und der Schnittiefe sowie von der Vorschubgeschwindigkeit (je Zahn und je Fräserumdrehung) ab.

Wenn der Fräserzahn um einen Winkel φ in den Werkstoff eingedrungen ist, dann ist die Spandicke (s. Abb. 15)

$$x = s_z \cdot \sin\varphi,$$

wobei s_z der Vorschub je Zahn ist.

Bei einer minutlichen Drehzahl des Fräsers n ist der Vorschub je Minute

$$s = n \cdot z \cdot s_z$$

und

$$x = \frac{s}{n \cdot z} \cdot \sin\varphi.$$

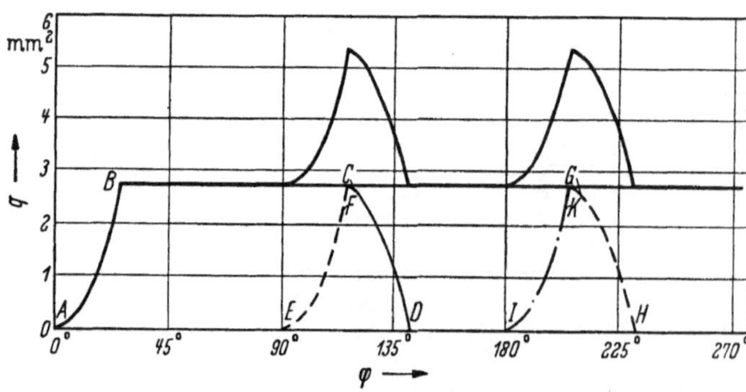

Abb. 19

d	100 mm,	s 100 mm/min,
z	4,	a 5 mm,
δ	45°,	b 100 mm,
v	20 m/min,	

$ABCD$ ——— Zahn 1; $EFGH$ —— Zahn 2; IK usw. —·— Zahn 3;
——— Gesamtquerschnitt

Die größte Spandicke ist dann

$$x_{\max} = \frac{s}{n \cdot z} \cdot \sin \varphi_s$$

(s. Abb. 15).

Mit

$$\sin \varphi_s = \frac{2 \sqrt{a(d - a)}}{d}$$

erhält man

$$x_{\max} = \frac{s}{n \cdot z} \cdot \frac{2 \sqrt{a(d - a)}}{d} .$$

Selbst beim Fräsen mit geraden Zähnen und damit konstanter Schnittbreite ist die Schnittkraft und damit die Schnittleistung nicht der Schnittiefe verhältnisgleich, da der spezifische Schnittwiderstand nicht konstant ist und sich mit wechselndem Spanquerschnitt ändert.

Es hat sich indessen als möglich erwiesen,[1] das mittlere Drehmoment sowie die mittlere Leistung am Fräser mit Hilfe eines auf die Mittenspandicke h_M, d. h. die Spandicke in der Mitte des Eingriffbogens $\left(\text{Winkel } \dfrac{\varphi_s}{2}\right)$, bezogenen Schnittwiderstandes k_M zu bestimmen, da die Schnittkraft bei diesem Schnittbogenwinkel dem Mittelwert der über den Eingriffsbogen veränderlichen Schnittkraft angenähert gleich ist.[2]

Die Mittenspandicke ist

$$h_M = \frac{s}{n \times z} \cdot \sin \frac{\varphi_s}{2} .$$

Da beim Fräsen mit Walzenfräsern a/d klein ist, kann man annäherungsweise setzen[1, 3].

$$h_M = \frac{s}{n \cdot z} \cdot \sqrt{\frac{a}{d}} .$$

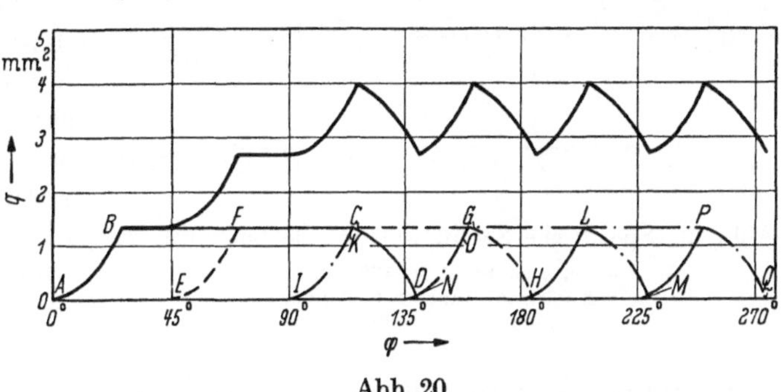

Abb. 20

d 100 mm,	s 100 mm/min,
z 8,	a 5 mm,
δ 45°,	b 100 mm
v 20 m/min,	

$ABCD$ ——— Zahn 1; $EFGH$ ——— Zahn 2; $IKLM$ —·— Zahn 3; $NOPQ$ ·—·— Zahn 4 usw.; ——— Gesamtquerschnitt

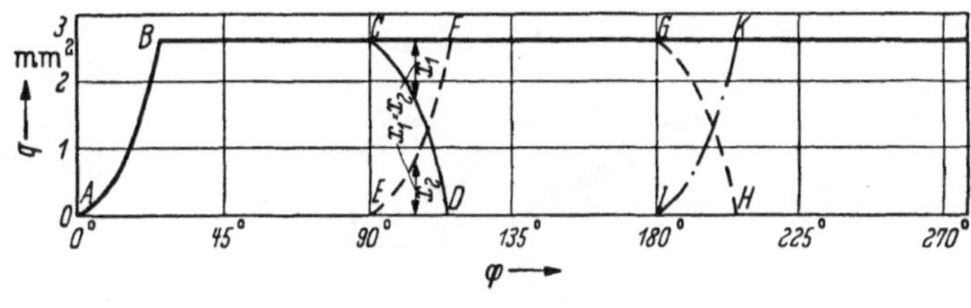

Abb. 21

$ABCD$ ——— Zahn 1; $EFGH$ ——— Zahn 2; IK usw. —·— Zahn 3; ——— Gesamtquerschnitt

Abb. 19—21. Spanquerschnitte beim Fräsen

Abb. 22[4] zeigt die spezifischen Schnittwiderstände einiger Werkstoffe in Abhängigkeit von der Mittenspandicke und für gebräuchliche Spanwinkel des Fräsers.

Wenn der für gewisse Schnittbedingungen s, n, z, a, d anzunehmende spezifische Schnittwiderstand mit Hilfe von h_M bestimmt ist, dann läßt sich die mittlere Schnitt-

---

[1] SCHLESINGER, G.: Rechnungsgrundlagen zur Ermittlung des Leistungsbedarfs bei Walzenfräsern. Werkstattstechnik, 1931, S. 409.

[2] SALOMON, C.: Die Theorie des Fräsvorganges. Z. VDI, 1928, S. 1619.

[3] Siehe auch R. WEILENMANN: Beitrag zur Berechnung des Leistungsbedarfs beim Fräsen. Werkst. u. Betr., Mai 1957.

[4] Nach DUBBELS Taschenbuch für den Maschinenbau, 11. Aufl. Berlin/Göttingen/Heidelberg: Springer 1956. — WEILENMANN, R.: s. Fußn. 3. — PHILIPP, H.: Messungen und Beobachtungen beim Fräsen im Gegenlauf. Werkst. u. Betr., Jan. 1957.

leistung am Fräser mit Hilfe des minutlich zerspanten Volumens ($a \cdot b \cdot s$) wie folgt berechnen;

$$N_M = \frac{k_M \times a \cdot b \times s}{6\,120\,000} \quad [\text{kW}]$$

(a, b in mm, s in mm/min, k_M in kg/mm²)

Die mittlere Umfangskraft am Fräser (Tangentialkraft P_T) ergibt sich daraus als

$$P_{TM} = \frac{N_M}{v} \times 6120 \quad [\text{kg}] \ (v \text{ in m/min})$$

und das mittlere Drehmoment als

$$M_M = \frac{P_{TM} \times d}{20} \quad [\text{cmkg}] \ (d \text{ in mm}).$$

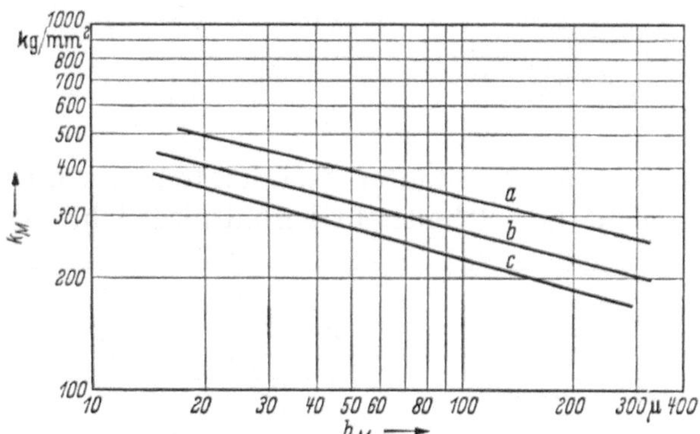

Abb. 22. Spezifische Schnittwiderstände beim Fräsen

a Legierter Stahl $\approx$ 100 kg/mm²,
b Kohlenstoffstahl $\approx$ 60 kg/mm²,
c Grauguß $\approx$ 200 Brinell

Die obige Gleichung für N_M erweckt den Eindruck, daß die mittlere Schnittleistung der Schnittiefe und dem Vorschub verhältnisgleich sei, daß sie, mit anderen Worten, von der Größe des zerspanten Volumens abhänge, ganz gleich, ob dieses durch großen Vorschub und kleine Schnittiefe oder umgekehrt erzeugt werde. Das ist aber nicht der Fall, da der spezifische Schnittwiderstand mit wachsender Mittenspandicke fällt und diese ihrerseits von der Größe des Vorschubes und von der Quadratwurzel der Schnittiefe abhängt. Die Schnittleistung ist daher geringer, wenn mit kleiner Schnittiefe und großem Vorschub gearbeitet wird.

Die Bestimmung der Mittenspandicke ermöglicht es dem Konstrukteur indessen nicht, die auftretenden Höchstkräfte, denen die Festigkeit und die Starrheit der Maschine angepaßt sein müssen, genau zu bestimmen. Für den Fall normaler Schnittbedingungen kann die höchste Umfangskraft am Fräser schätzungsweise als

$$P_T = 1{,}2 \text{ bis } 1{,}8 \times P_{TM}$$

angenommen werden.

Die an der schraubenförmigen Fräserschneide (Drallwinkel δ) wirkende Schnittkraft P kann entweder in Komponenten in Richtung der Hauptabmessungen des Fräsers (Tangentialkomponente, Umfangskraft P_T, Radialkomponente P_R und Axialkomponente P_A, Abb. 23 a) oder in Komponenten in Richtung der Hauptbewegungen des Frästisches (Längs-, Quer- und Senkrechtrichtung: Horizontalkomponente, Vorschubkraft P_H, Vertikalkomponente P_V und Axialkomponente P_A, Abb. 23 b) zerlegt werden. Mit

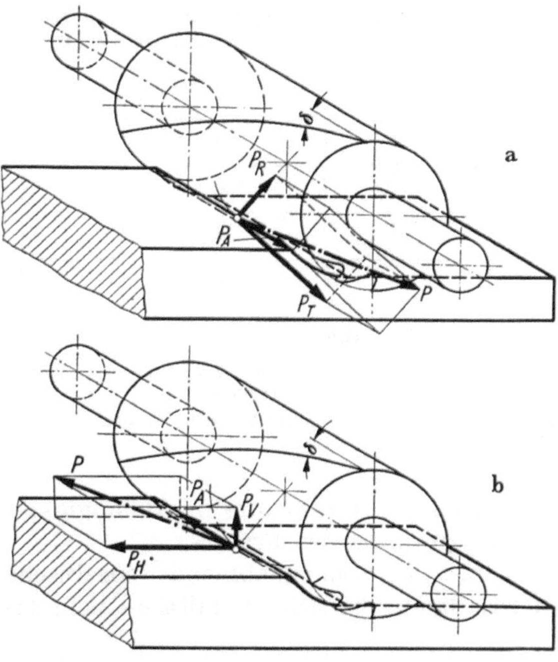

Abb. 23a u. b. Aufteilung der Schnittkräfte. a) auf die Fräserschneide wirkend; b) auf das Werkstück wirkend

Ausnahme der Leistungsbestimmung des Antriebes (s. o.) ist es für den Konstrukteur der Maschine von Vorteil, die Kraftkomponenten in Richtung der Hauptbewegungen des Fräsmaschinentisches zu kennen. Dabei ist natürlich auch zu bedenken, daß nicht nur die Kraftkomponenten an einer Schneide, sondern auch die Summe der an allen gleichzeitig im Eingriff befindlichen Schneiden wirkenden Kräfte berücksichtigt werden müssen. Die Komponente in Richtung des Vorschubes beträgt etwa 90% der Schnittkraft, so daß es zulässig ist, zum Zwecke der Berechnung der Maschine $P_H = P$ zu setzen.

Die Größe der Schnittkraftkomponenten hängt ab von:

a) Form und Abmessungen des Fräsers: Durchmesser, Zähnezahl und Schneidenwinkel (Drallwinkel δ, Spanwinkel γ und Freiwinkel α),

b) Eigenschaften des zu bearbeitenden Werkstoffes,

c) Schnittbedingungen: Frästiefe, Fräsbreite, Schnittgeschwindigkeit (minutliche Drehzahl), Vorschub (pro Minute, je Zahn oder pro Umdrehung des Fräsers).

Die Wahl des Fräsers und die Festlegung der Schnittbedingungen hängt von Erwägungen (Genauigkeit und Güte der bearbeiteten Oberfläche, Produktivität, Kosten usw.) ab, die der Konstrukteur nicht ohne weiteres vorherbestimmen kann. Er muß aber die im allgemeinen zu erwartenden ungünstigsten Belastungen der Maschine beurteilen können, um darauf seine Entwürfe und Berechnungen aufzubauen. Dabei muß er bedenken, daß die Höchstwerte der drei Schnittkraftkomponenten nicht immer gleichzeitig auftreten, und daß nicht nur die Natur des Fräsvorganges selbst, sondern auch der oft vorkommende Fräserschlag periodische Schwankungen dieser Kräfte erzeugen.

Die Einflüsse einiger der oben erwähnten Größen sowie die bei den üblichen Schnittbedingungen und Werkstoffen auftretenden Schnittkraftkomponenten gehen aus Abb. 24 bis 26 hervor. Empfohlene Schnittgeschwindigkeiten sind in Tab. 7 angegeben.

Da der spezifische Schnittwiderstand mit wachsender Spandicke abnimmt und die Kräfte nicht im Verhältnis des Vorschubes, sondern weniger stark ansteigen (s. Abb. 24 bis 26), ist es vorteilhaft, mit hohen Vorschüben je Zahn zu arbeiten. Das kann u. a. durch Verwendung hoher Vorschübe und niedriger Schnittgeschwindigkeiten oder durch Einsatz von Fräsern mit kleiner Zähnezahl erreicht werden.

Da die Zähne solcher Fräser stärker ausgebildet werden können als die von Fräsern mit hoher Zähnezahl, schadet es nicht, daß die Belastung je Zahn mit fallender Zähnezahl steigt. Niedrige Schnittgeschwindigkeiten haben außerdem den Vorteil längerer Standzeiten, was mit Rücksicht auf die erheblichen Anschleifkosten des Fräsers von Bedeutung ist. Auch die Frequenz der Kraftschwankungen fällt mit der Drehzahl und der Zähnezahl des Fräsers.

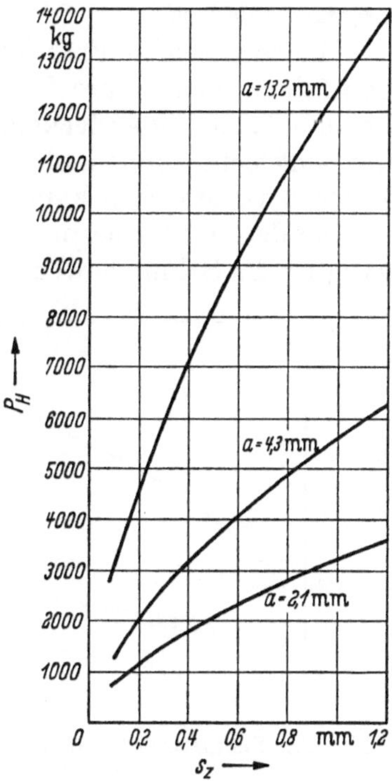

Abb. 24
Waagerechtkomponente P_H der Schnittkraft beim Fräsen von Kohlenstoffstahl bis 70 kg/mm²

Fräserdurchmesser 110 mm,
Zähnezahl 11,
Schnittbreite 125 mm,
verschiedene Schnittiefen

Tabelle 7. *Schnittgeschwindigkeiten (m/min) für Fräser unter Voraussetzung starrer Werkstücke und stabiler Fräser*

Werkstoff	Schnellstahlschneiden	Hartmetallschneiden
Kohlenstoffstahl bis 60 kg/mm² .	16 bis 32	50 bis 125
Grauguß	10 bis 16	40 bis 63
Leichtmetalle . .	200 bis 400	400 bis 630

Obwohl unter den oben angegebenen Bedingungen ein günstiges Verhältnis zwischen Schnittkraft und zerspantem Volumen erzielt wird, wachsen die Absolutwerte der Kräfte. Die Maschine sowie die auf ihr verwendbaren Fräsdorne und Fräser müssen daher in der Lage sein, die daraus entstehenden Belastungen aufzunehmen.

Mit wachsendem Drallwinkel fällt der Ungleichförmigkeitsgrad

$$\left(\text{Verhältnis } \frac{\text{Höchstschnittkraft}}{\text{Kleinstschnittkraft}}\right).$$

Dagegen wachsen aber die Schnittkräfte (besonders die Axialkomponente) und der Leistungsbedarf.

Mit wachsender Frästiefe steigen zwar die Gesamtkräfte, aber die Kraftschwankungen fallen, da mehrere Schneiden gleichzeitig im Eingriff sind und sich die auf sie wirkenden Kräfte überdecken. Allerdings ist dabei zu beachten, daß bei großer Frästiefe die Senkrechtkomponente P_v Saugen und Rattern verursachen kann.

Bei dem bisher besprochenen Fräsvorgang ist die Schnittbewegung des Walzen-

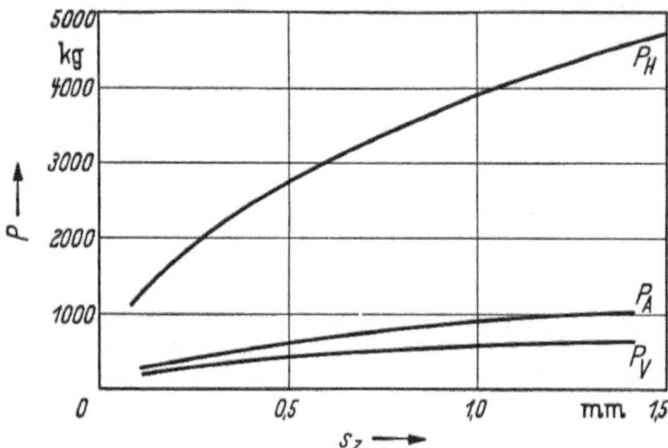

Abb. 25. Schnittkraftkomponenten beim Fräsen von Grauguß

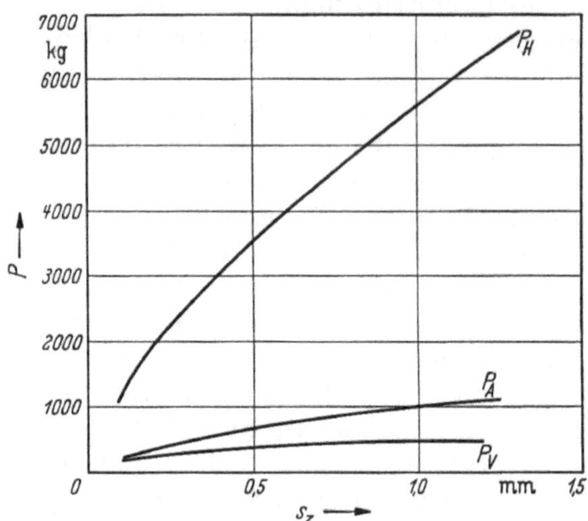

Abb. 26. Schnittkraftkomponenten beim Fräsen von Kohlenstoffstahl bis 70 kg/mm²

Fräserdurchmesser	110 mm,	Schnittbreite	125 mm,	Fräserdurchmesser	110 mm,	Schnittbreite	125 mm,
Zähnezahl	11,	Drallwinkel	25°	Zähnezahl	11,	Drallwinkel	25°
Schnittiefe	4 mm,			Schnittiefe	4 mm,		

fräsers der Vorschubbewegung entgegengesetzt gerichtet (Gegenlauffräsen, Abb. 27). Vorteilhafte Ergebnisse können oft durch Fräsen im Gleichlauf (Abb. 28) erzielt werden, wenn Schnittbewegung und Vorschub gleichgerichtet sind.

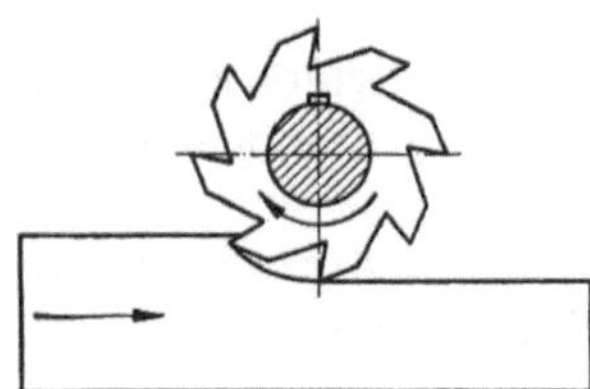

Abb. 27. Gegenlauffräsen

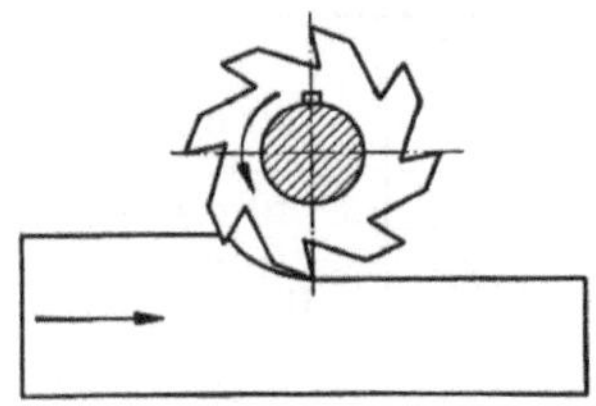

Abb. 28. Gleichlauffräsen

Während im Gegenlauf zu Beginn jedes Schnittes eine unendlich dünne Spandicke abgehoben werden muß, so daß die Schneide oft drückt und reibt anstatt zu schneiden, beginnt der Schnitt beim Gleichlauf mit einer größeren Spandicke und daher günstigeren Schnittbedingungen. Außerdem drückt der Fräser das Werkstück gegen seine Auflagefläche und arbeitet nicht gegen die Spannelemente, was besonders bei der Bearbeitung dünner und biegsamer Werkstücke, die schwer festzuspannen sind, wichtig sein kann.

Dagegen besteht die Gefahr, daß die in Richtung der Vorschubbewegung auf das Werkstück wirkende Vorschubkomponente der Schnittkraft den Maschinentisch mitreißt, sobald im Tischantrieb oder in den Führungen der geringste tote Gang auftritt. Dadurch kann für einen Augenblick die Vorschubgeschwindigkeit und damit die Schnittkraft stark erhöht und der Fräserzahn überlastet werden. Wenn dann der Fräser auf das Werkstück heraufklettert (climb milling), kann der Fräsdorn verbogen und Fräser und Maschine können erheblich beschädigt werden. Zum Gleichlauffräsen dürfen daher nur sehr starke Maschinen mit Vorrichtungen zum Ausgleich jedes toten Ganges in Antrieb und Führungen verwendet werden.

c) Fräsen mit Messerköpfen

Für die Erzeugung ebener Flächen gewinnt das Stirnfräsen, insbesondere mit Messerköpfen, an Bedeutung. Im Gegensatz zu der aus Zykloidenflächen zusammengesetzten walzengefrästen Fläche (s. S. 11) ist die stirngefräste Fläche eben, da sie sich aus ebenen Flächenteilen, die von den Stirnschneidkanten beschrieben werden, zusammensetzt. Auch vom Standpunkt der Werkzeuginstandhaltung hat der Fräskopf mit auswechselbaren Schneidmessern Vorteile. Allerdings muß der Messereinstellung große Sorgfalt gewidmet werden, insbesondere wenn die Messer einzeln und nicht im Messerkopf selbst eingespannt angeschliffen werden.

Grundsätzlich gelten beim Stirnfräsen die gleichen Überlegungen wie für das Arbeiten mit Walzenfräsern,[1] obwohl sich die Größenverhältnisse der drei Kraftkomponenten (senkrecht, längs und quer) und damit die Belastungsverhältnisse der Maschine entsprechend der unterschiedlichen Achsenlage des Fräsers zur Werkstückoberfläche ändern.

Der Schnittiefe a beim Walzenfräsen entspricht beim Stirnfräsen die Breite der gefrästen Fläche. Das Verhältnis a/d und der Schnittbogenwinkel φ_s (s. S. 11) können deshalb beim Stirnfräsen erheblich größer werden, als es beim Walzenfräsen möglich ist, und die für kleine Werte von a/d gültige vereinfachte Gleichung für die Mittenspandicke (s. S. 13) gilt nicht mehr.

Auch der Abstand der Fräsermittellinie von der Mittellinie der gefrästen Fläche muß bei Bestimmung der Kraftverhältnisse berücksichtigt werden.

Wenn der Fräserdurchmesser nicht viel größer als die Fräsbreite ist, können die Verhältnisse gegebenenfalls denen des Gleichlauffräsens (s. o.) ähneln, und die Konstruktion der Maschine muß den dabei auftretenden Arbeitsbedingungen angepaßt werden.

Wenn der Fräserdurchmesser erheblich größer als die Fräsbreite gewählt werden kann, dann ist die Spandicke beim Schneideneintritt nicht, wie im Falle des Walzenfräsens, unendlich klein, und die Leistung kann dadurch stark erhöht werden. Die Verhältnisse beim Eintritt der Schneiden in das Werkstück beeinflussen außerdem nicht nur die Schneidhaltigkeit des Werkzeuges,[2] sondern auch die Belastung der Werkzeugmaschine.

4. Schleifen

Der Schleifvorgang ähnelt dem des Fräsens insofern, als ein umlaufendes Werkzeug (die Schleifscheibe) mit einer großen Anzahl auf den Umfang verteilter Schneiden die Schnittbewegung ausführt, während die Tiefenzustellung und der Vorschub, je nach Bauart der Schleifmaschine, von dem Werkzeug oder dem Werkstück ausgeführt werden. Obwohl auch beim Schleifen zerspant wird, unterscheidet sich der Schleifvorgang grundsätzlich von dem des Drehens oder Fräsens, deren Größenverhältnisse, Schnittbedingungen und Schneidenwinkel von denen des Schleifens völlig verschieden sind.[3] Als Schneiden wirken die Kanten der Schleifkörner, die durch die Bindung zusammengehalten werden. Als Schleifmittel werden natürlicher und künstlicher Korund (Aluminiumoxyd), Schmirgel, Siliziumkarbid und Borkarbid verwendet. Sie werden durch mineralische, vegetabilische und keramische Bindemittel zusammengehalten. Die Eigenart der Scheiben wird durch die Körnung [Anzahl der Siebmaschen auf einen Zoll (engl.), durch die ein Korn hindurchgeht] und die Härte der Bindung (Widerstand gegen Aus-

---

[1] ONGAR, N., u. R. FLECK: Schnittkräfte und -leistungen beim Fräsen. Industrie-Anz., 5. August 1955. — WEILENMANN, R.: Beitrag zur Berechnung des Leistungsbedarfs beim Fräsen. Werkst. u. Betr., Mai 1957. — BENDIXEN, I.: Leistungsbedarf beim Fräsen mit Messerköpfen. Werkst. u. Betr., Mai 1957.

[2] KRONENBERG, M.: Analysis of Initial Contact of Milling Cutter and Work in Relation to Tool Life. Trans. ASME, 1946, S. 217.

[3] SALJÉ, E.: Produktivitätssteigerung und neuzeitliches Schleifen. Industrie-Anz., 11. u. 18. Januar 1957.

brechen der Körner) bestimmt. Die Struktur der Scheibe ist außerdem noch durch das Verhältnis der Schichtstärke des Bindemittels zur Korngröße beeinflußt.

Obwohl die Schleifscheibe sich sozusagen selbst scharf erhält, indem die Schnittkraft an einem Korn, dessen Kanten abgestumpft sind, derart ansteigt, daß sie die Festigkeit des Bindemittels überwindet und das Korn ausbricht, ist es notwendig, die Scheiben von Zeit zu Zeit mit einem Diamanten abzuziehen, um ihre Rundlaufgenauigkeit zu erhalten. Um unerwünschte Schwingungserscheinungen zu verhüten, müssen die Schleifscheiben statisch und dynamisch ausgewuchtet werden.

Ganz allgemein erfordert das Schleifen harter Werkstoffe weiche Schleifscheiben und umgekehrt. Indessen müssen die Abmessungen der Scheibe sowie die Schleifbedingungen bei der Wahl der Scheibe berücksichtigt werden.[1]

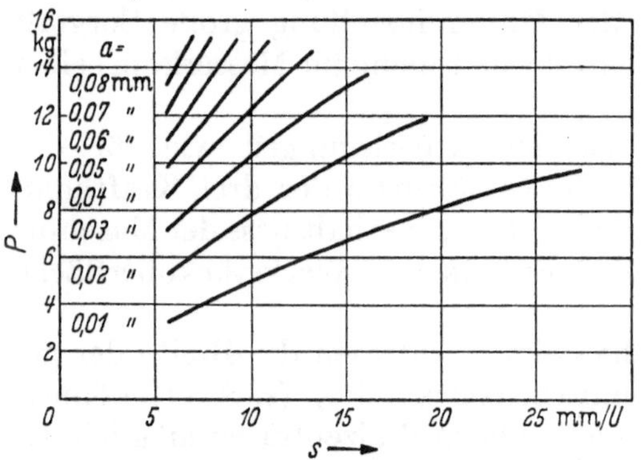

Abb. 29. Tangentialkräfte beim Rundschleifen von 65 kg/mm² Stahl (a = Beistellung) (nach KURREIN, s. Fußn. 1, S. 19)

a) Schleifkräfte

Die eigentlichen Schleifkräfte (Schnittkraftkomponenten) sind verhältnismäßig klein und daher vom Standpunkt der Festigkeit und Starrheit der Schleifmaschine von untergeordneter Bedeutung. Dagegen müssen die Verformungen des Werkstückes, insbesondere beim Rundschleifen, beachtet werden.

Im Gegensatz zum Drehen ist beim Schleifen mit Ölemulsionskühlung die radial wirkende Komponente P_3 1,6- bis 2,4mal so groß wie die Tangentialkomponente P_1, und beide Komponenten steigen mit wachsender Schleifzeit an.[2] Beim Kühlen mit Schleiföl ist die Tangentialkomponente kleiner und steigt kaum mit wachsender Schleifzeit. Das Verhältnis P_3/P_1 ist daher größer als beim Kühlen mit Ölemulsion und steigt mit wachsender Schleifzeit erheblich.[2]

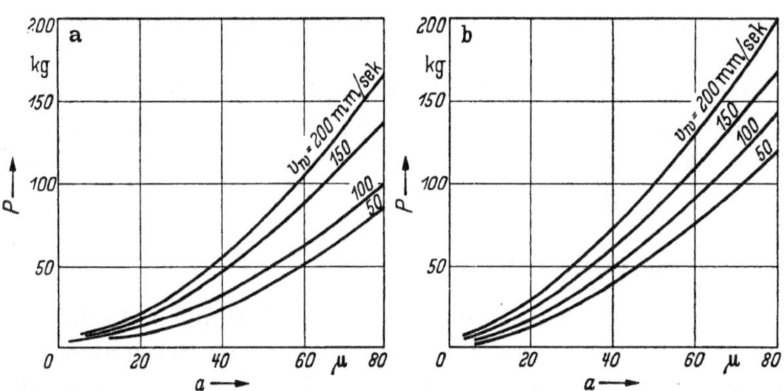

Abb. 30a u. b. Tangentialkräfte beim Flachschleifen (Seitenschliff) (nach KRUG, s. Fußn. 2, S. 19). a) St 37.21; Naß-Schliff mit Schleifscheibe Ek weiß 30 I Ke; b) GG 12; Naß-Schliff mit Schleifscheibe SiC dunkel 30 I Ke

Werkstückbreite: 2 × 50 = 100 mm,
Umfangsgeschwindigkeit der Schleifscheibe: v_s = 30 m/sek,
Werkstückgeschwindigkeit: v_w,
Spantiefe: a

Für die Leistung der Maschine ist die Tangentialkraft an der Schleifscheibe maßgebend. Ganz allgemein steigt beim Rundschleifen der vor den Schleifkörnern liegende mittlere Momentanspanquerschnitt q_m und damit die Schleifkraft mit steigender Breite bzw. steigendem Längsvorschub, steigender Schleiftiefe, mit wachsender Umfangsgeschwindigkeit des Werkstückes und fallender Umfangsgeschwindigkeit der Scheibe, da

$$q_m = \frac{a \cdot s \cdot v_w}{(v_s + v_w)}$$

ist.

---

[1] Siehe E. BRÖDNER: Zerspanung und Werkstoff. 2. Aufl. Essen: Girardet 1950.
[2] PAHLITZSCH, G., u. K. E. LANG: Neue Erkenntnisse aus Schnittkraftmessungen beim Außenrundschleifen. Werkstatttechnik u. Maschinenbau, Mai 1957.

Hierbei ist

a Schleiftiefe in mm, v_w Umfangsgeschwindigkeit des Werkstückes in m/min,
s Vorschub in mm/Umdr., v_s Umfangsgeschwindigkeit der Scheibe in m/min.

Abb. 29 gibt einen Begriff der beim Rundschleifen von 65 kg/mm² MS-Stahl auftretenden Tangentialkräfte.[1] Abb. 30 zeigt Tangentialkräfte, die beim Flachschleifen (Seitenschliff) auftreten.[2] Zur Schätzung der Kräfte beim Einstechschleifen kann man die Scheibenbreite dem Längsvorschub beim Rundschleifen gleichsetzen und gegebenenfalls annehmen, daß die Kräfte mit wachsender Scheibenbreite verhältnisgleich steigen.

b) Schnittgeschwindigkeit, Vorschub und Zustellung

Die Umfangsgeschwindigkeit der Scheibe ist nach oben durch Festigkeitserwägungen begrenzt. Bei mineralischer Bindung sind bis zu 15 m/sek, bei keramischer Bindung bis zu 35 m/sek zulässig. Höhere Geschwindigkeiten (bis zu 80 m/sek für Trennscheiben auf Sondermaschinen) sind für bakelitgebundene Scheiben zugelassen. Je höher die Umfangsgeschwindigkeit, desto härter wirkt die Scheibe. Zu niedrige Umfangsgeschwindigkeiten sind zu vermeiden, da sich dadurch der Verschleiß der Schleifscheibe erhöht. Die Wahl der günstigsten Umfangsgeschwindigkeit der Scheibe hängt von den Arbeitsbedingungen ab. Mit wachsender Länge des Berührungsbogens zwischen Schleifscheibe und Werkstück muß die Umfangsgeschwindigkeit der Schleifscheibe verringert werden, wie die folgenden von WHIBLEY empfohlenen Werte zeigen.[3]

Außenrundschleifen	Großer Schleifscheibendurchmesser kleiner Werkstückdurchmesser	~30 m/sek
	Schleifscheibendurchmesser kleiner als Werkstückdurchmesser(Walzenschleifen)	~25 m/sek
Flächenschliff mit Tellerscheibe		~20 m/sek
Innenrundschleifen		~18 m/sek

Beim Rundschleifen müssen Längsvorschub und Umfangsgeschwindigkeit des Werkstückes aufeinander abgestimmt sein.

Im allgemeinen wählt man einen Längsvorschub von $\frac{2}{3}$ der Scheibenbreite je Umdrehung des Werkstückes, weil sich dann der Verschleiß auf die Mitte der Umfangsfläche der Scheibe konzentriert. Bei zu kleinem Vorschub tritt der stärkste Scheibenverschleiß an den Kanten auf.

Bei zu hoher Umfangsgeschwindigkeit des Werkstückes und dem daraus folgenden hohen Momentanspanquerschnitt tritt hoher Scheibenverschleiß auf. Ist dagegen die Umfangsgeschwindigkeit zu niedrig, so wirkt sich die dadurch hervorgerufene örtliche Erwärmung und Verformung des Werkstückes ungünstig auf die Arbeitsgenauigkeit aus.

Für das Außenrundschleifen von Stahl empfiehlt WHIBLEY[3] als allgemeine Faustregel eine durchschnittliche Umfangsgeschwindigkeit von etwa 15 m/min. BRÖDNER[4] erwähnt für das Schlichten von Stahl niedrigere Geschwindigkeiten (6 bis 10 m/min), dagegen für das Außenrundschleifen von Messing Geschwindigkeiten bis zu 20 m/min und von Aluminium bis zu 70 m/min.

---

[1] Nach M. KURREIN: Die Messung der Schleifkraft. Werkstatttechnik, 1927, S. 585.

[2] Nach H. KRUG: Die Schnittkräfte beim Flachschleifen. Werkstatttechnik und Maschinenbau, Januar/Februar 1957. — Für Schnittkräfte, die beim Umfangschliff und leichten Schnitten auftreten, s. E. R. MARSHALL u. M. C. SHAW: Forces in Dry Surface Grinding. Trans. ASME Bd. 74 (1952).

[3] WHIBLEY, R. J. McL.: Precision Grinding. Modern Workshop Technology, herausgegeben von H. WRIGHT BAKER, 2. Bd. Cleaver-Hume Press 1950.

[4] BRÖDNER, E.: s. Fußn. 1, S. 18.

Für das Innenschleifen von Stahl empfiehlt WHIBLEY[1] bis zu 40 m/min und für das Flachschleifen Werkstückgeschwindigkeiten von 10 bis 12 m/min (Schruppen) und 6 bis 7 m/min (Schlichten).

Die Spantiefe (Zustellung) hängt von den Arbeitsbedingungen ab und kann zwischen 0,005 und 0,05 mm schwanken.

5. Hobeln und Stoßen

Der Schneidvorgang, die Arbeitsbedingungen und die Werkzeuge sind denen des Drehens sehr ähnlich, und die Schnittkräfte folgen den gleichen Gesetzen. Für die Konstruktion der Maschinen sind allerdings die Schnittkräfte nicht allein entscheidend.

Die Eigenart des Hobel- oder Stoßvorganges liegt in der hin- und hergehenden Bewegung (Arbeitsgang und Rücklauf). Die Unterbrechung des Schneidvorganges nach jedem Arbeitshub und die während des Rücklaufes erfolgende ruckweise Vorschubbewegung, die daraus folgende stoßartige Belastung des Werkzeuges und der Werkzeug und Werkstück tragenden Elemente sowie der je nach dem Antriebsmechanismus (hydraulisch, Ritzel oder Schnecke und Zahnstange, Kurbelschleife usw.) mehr oder weniger gleichförmige Geschwindigkeitsverlauf der bewegten Teile sind von großer Bedeutung. Die zu wählende Schnittgeschwindigkeit ist oft nicht durch die Standzeit des Werkzeuges, sondern, ebenso wie die Rücklaufgeschwindigkeit, durch die dynamischen Probleme der Antriebselemente bedingt (s. S. 128).

6. Räumen[2]

Während des Arbeitshubes führt die durch das Werkstück hindurch oder (beim Außenräumen) an dem Werkstück entlang gezogene Räumnadel einen geradlinigen Schnitt aus, um dann im leeren Rückgang wieder in ihre Anfangsstellung zurückzukehren. In dieser Hinsicht ähnelt das Räumen dem Hobeln und Stoßen. Dagegen erfolgt der Vorschub nicht durch Zustellung des Werkstückes oder des Werkzeuges, sondern durch die Hintereinanderschaltung zweckmäßig gestufter Werkzeugschneiden (s. Abb. 1). Während des Arbeitshubes muß aber die Summe der Schnittwiderstände aller jeweils vor den Schneiden gleichzeitig liegenden Spanquerschnitte überwunden werden. Da die Summe dieser Spanquerschnitte sich je nach Stufung, Teilung und Räumlänge ändert, ist die Gesamtschnittkraft nicht über den ganzen Hub konstant. In dem Beispiel (Abb. 31) ist L die Räumlänge, l die Länge des Anschnittes und l' die Länge, während der der Gesamtspanquerschnitt konstant bleibt, d. h. während der die größte, der Raumlänge L und der Teilung t entsprechende, Anzahl Schneiden im Eingriff ist. Da die Schneiden im allgemeinen arithmetisch gestuft sind, sind die Spanquerschnitte und damit die Belastungen aller Schneiden ungefähr gleich. Die auf die Räumnadel wirkende Zugkraft verläuft dann entsprechend Abb. 32. Mit zweckmäßig konstruierten Räumnadeln und guter Schmierung ist die für den Konstrukteur der Maschine maßgebende Höchsträumkraft

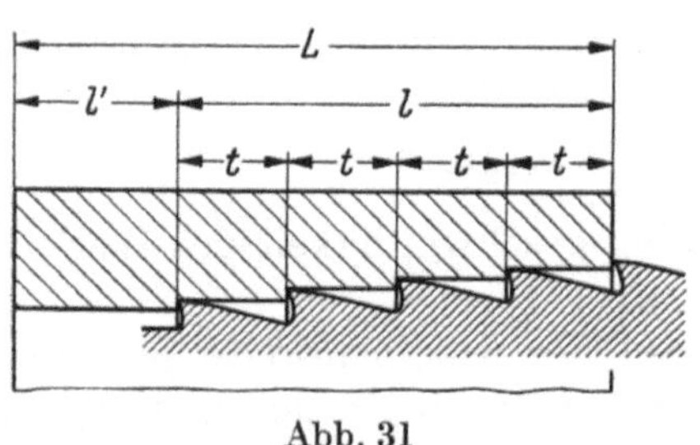

Abb. 31

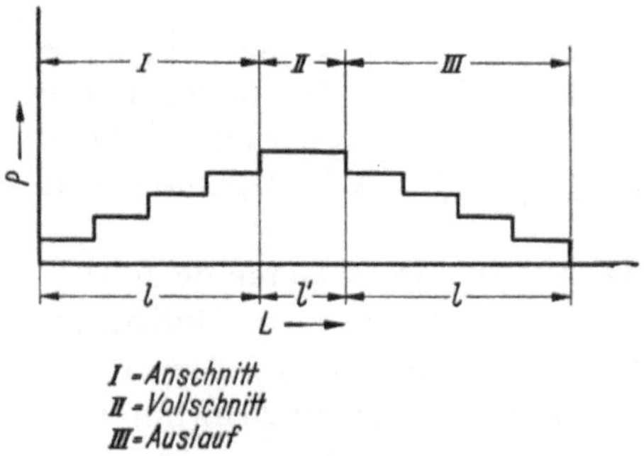

Abb. 32

$$P = k \cdot k_s \cdot a \cdot b \cdot \frac{l}{t},$$

---

[1] WHIBLEY, R. J. McL.: s. Fußn. 3, S. 19.
[2] Siehe auch Broaching Machine Design Analysed. Machinist, 27. November 1948.

wobei

k Koeffizient zur Berücksichtigung der Reibung (1,1 bis 1,3),
k_s spezifische Schnittkraft (kg/mm²),
a Spandicke je Zahn (mm),
b Spanbreite (mm),
l Länge des Anschnittes (mm),

t Schneidenteilung (mm),
l/t höchste Anzahl Schneiden, die gleichzeitig im Eingriff sein kann, wobei der Gesamtwert von l/t auf die nächst höhere ganze Zahl abzurunden ist.

BRÖDNER[1] gibt die folgenden Werte für spezifische Schnittwiderstände und Schnittgeschwindigkeiten an.

Spezifische Schnittwiderstände (Spantiefe 0,25 mm)

Stahl	200 bis 280 kg/mm²,	Silumin	100 kg/mm²,
Gußeisen	180 kg/mm²,	Elektron	45 kg/mm².

Bei einer Spantiefe von etwa 0,1 mm sind diese Werte um etwa 30 % zu erhöhen.

Schnittgeschwindigkeiten für das Räumen von Stahl

Innenräumen	4 bis 6 m/min,
Außenräumen	7 bis 10 m/min.

Die niedrigeren Werte sind für größere Schnittlängen anzusetzen.

Für eine genauere Bestimmung der Kräfte beim Räumen, insbesondere beim Außenräumen, gibt NALCHAN[2] folgende Formeln an:

Die Zugkraft ist

$$P = 1{,}15\, \Sigma\, b\,(C_1\, a^{0,85} + C_2\, k - C_3\, \gamma - C_4\, \alpha) \quad [\text{kg}]$$

und die Abdrückkraft (im rechten Winkel zu P)

$$P_a = 1{,}15\, \Sigma\, b\,(C_5\, a^{1,2} - C_6\, \gamma - C_7\, \alpha) \quad [\text{kg}],$$

wobei

b Spanbreite (mm),
k Anzahl der Spanbrechernuten,
γ Spanwinkel (°),

α Freiwinkel (°),
a Spandicke je Zahn (mm) ist.

Tab. 8 zeigt einige der von NALCHAN angegebenen Werte der Konstanten C_1 bis C_7 für russische Stähle.

Tabelle 8

Werkstoff[3]	C_1	C_2	C_3	C_4	C_5	C_6	C_7
Stahl 20 . .	115	0,060	0,20	0,12	55	0,018	0,045
Stahl 35 . .	160	0,080	0,24	0,13	125	0,053	0,090
Stahl 45 . .	220	0,108	0,32	0,14	215	0,081	0,117

B. Allgemeine Anforderungen an die Werkzeugmaschine

Die Werkzeugmaschine im Fabrikbetrieb muß folgende Anforderungen erfüllen:

1. Formgenauigkeit, Maßgenauigkeit und Oberflächengüte der auf der Maschine bearbeiteten Werkstücke müssen durchweg zuverlässig und — soweit möglich — unabhängig von der Handfertigkeit des Bedienungsarbeiters innerhalb festgelegter Toleranzen liegen.

2. Arbeitsgeschwindigkeit und Spanleistung müssen nicht nur dem Stand der Entwicklung von Werkstoffen und Werkzeugen entsprechen und dadurch die Möglichkeit hoher Produktivität gewährleisten, sondern auch vorauszusehenden zukünftigen Anforderungen Rechnung tragen, damit die Maschinen nicht zu schnell veralten.

---

[1] BRÖDNER, E.: s. Fußn. 1, S. 18.   [2] NALCHAN, A. G.: Metallorezhushchie Stanki.
[3] Russische Stähle.

3. Um wettbewerbsfähige Arbeit zu leisten, muß die Maschine nicht nur technisch, sondern auch wirtschaftlich einen guten Wirkungsgrad aufweisen.

Zu 1. Die bei der spanenden Bearbeitung erzielte Arbeitsgüte hängt nicht nur von der Werkzeugmaschine selbst, sondern auch von anderen Faktoren ab. Als Beispiele seien genannt:

Das Werkzeug (Form und Werkstoff, Schnittwinkel, Güte der Schneidflächen), der Werkzeugträger (Steifigkeit von Fräsdorn oder Bohrstange od. ä., Güte der Werkzeugeinspannung), das Werkstück selbst und seine Aufspannung (Bearbeitbarkeit des Werkstoffes, Steifigkeit des Werkstückes und der Aufspannvorrichtung, Rundlaufgenauigkeit der Körnerspitzen usw.), die gewählten Schnittbedingungen (Schnittgeschwindigkeit, Schnittiefe, Vorschub) und die während der Arbeit auftretenden bzw. durch den Arbeitsvorgang verursachten Veränderungen der Arbeitsbedingungen (Schneidenabnutzung und Kraterbildung am Werkzeug, Temperaturänderungen in der Arbeitszone usw.).

Für den Werkzeugmaschinenkonstrukteur sind diese Faktoren insofern von Bedeutung, als er die notwendigen Vorkehrungen treffen muß, um den Einsatz bester Arbeitsbedingungen zu ermöglichen. Er kann zwar die Form, Bearbeitbarkeit und Steifigkeit des Werkstückes nicht beeinflussen, aber er kann für Steifigkeit der Aufspannorgane sorgen; er kann die Abmessungen zu fräsender Flächen oder die Durchmesser und die Tiefen zu bearbeitender Bohrungen nicht bestimmen, aber er kann Vorkehrungen treffen, daß die Größe und Steifigkeit der für bestimmte Arbeiten zu verwendenden Bohrstangen und Fräsdorne durch die Abmessungen von Werkzeug und Werkstück und nicht durch die Konstruktion der Arbeitsspindel begrenzt sind; er hat keinen Einfluß auf die Auswahl und Instandhaltung der Werkzeuge, die in seiner Maschine benutzt werden, aber er kann die Maschine so konstruieren, daß der Einsatz bestgeeigneter Werkzeuge unter den dem neuesten Stand der Entwicklung entsprechenden Bedingungen möglich ist.

Dieses Buch behandelt die Konstruktion der Werkzeugmaschine. Als Grundlage des Arbeitsplanes und der Erwägungen bezüglich Leistung, Wirkungsgrad und Arbeitsgüte der Maschinen sollen deshalb hier bestmögliche Arbeitsbedingungen der jeweilig vorgesehenen Werkzeuge, Werkzeugträger und Werkstückhandhabung vorausgesetzt werden.

a) Die *Form des bearbeiteten Werkstückes* hängt von der jeweiligen gegenseitigen Stellung der Werkzeug und Werkstück tragenden Teile der Maschine ab. Bei unbelasteter Maschine werden Abweichungen von der theoretisch notwendigen gegenseitigen Stellung der verschiedenen Teile nur durch Ungenauigkeiten in der Herstellung der Werkzeugmaschine verursacht. Ihre Größe hängt daher von der Arbeitsgüte in den Werkstätten der Herstellerfirma ab. Sobald die Werkzeugmaschine indessen zu arbeiten beginnt, d. h. unter Last läuft,[1] gewinnt die Konstruktion entscheidenden Einfluß.

Durch Belastung oder durch Erwärmung der verschiedenen Teile hervorgerufene mechanische Verformungen, Änderungen in der Dicke der Ölfilme in Lagern und Führungen usw. können die gegenseitige Stellung von Werkzeug und Werkstück beeinflussen, und der Konstrukteur muß diesen Möglichkeiten bei der Formgebung und Bemessung der Teile, beim Entwurf des Kühl- und Schmierungssystems usw. Rechnung tragen. Abb. 33 zeigt eine Auswertung einiger typischer an einer Drehmaschine durchgeführten Formänderungsmessungen unter statischer Belastung,[1] die den bei Schrupparbeiten auf dieser Drehmaschine zu erwartenden Schnittkraftkomponenten $P_1 = 1200$ kg und $P_3 = 433$ kg (s. Abb. 3) entsprach. Abb. 33a zeigt die Formänderungen und Verlagerungen, die die Maschine und das Werkstück erleiden, wenn das Werkzeug in der Mitte der Drehlänge steht. Die Biegelinien der Arbeitsspindel a und der Reitstockspindel b sind gestrichelt gezeichnet. Die strichpunktierte Biegelinie des Werkstückes d wird durch

---

[1] Kiekebusch, H.: Die Werkzeugmaschine unter Last. VDI-Forsch.-Heft Nr. 360.

„Klettern" auf die Reitstockspitze um das Maß c nach Linie e verlagert, so daß der dem Werkzeug gegenüberliegende Punkt der Werkstückmittellinie insgesamt um einen Betrag h aus seiner unbelasteten Lage vom Werkzeug zurückweicht. Die Bettführung wird durch die Komponente P_3 entsprechend der vollen Linie f verbogen und durch Verdrehung und Abbiegung der Vorderwange entsprechend der vollen Linie g weiterverlagert. Da der Werkzeugträger durch Spiel in Zustellspindel und Führungen außerdem um i zurückweicht, entfernt sich das Werkzeug von der im unbelasteten Zustand zu erwartenden Lage um k. Insgesamt wächst also unter Last der Abstand zwischen Werkzeug und Werkstückmittellinie um $(h + k)$, so daß die Formänderungen eine Vergröße-

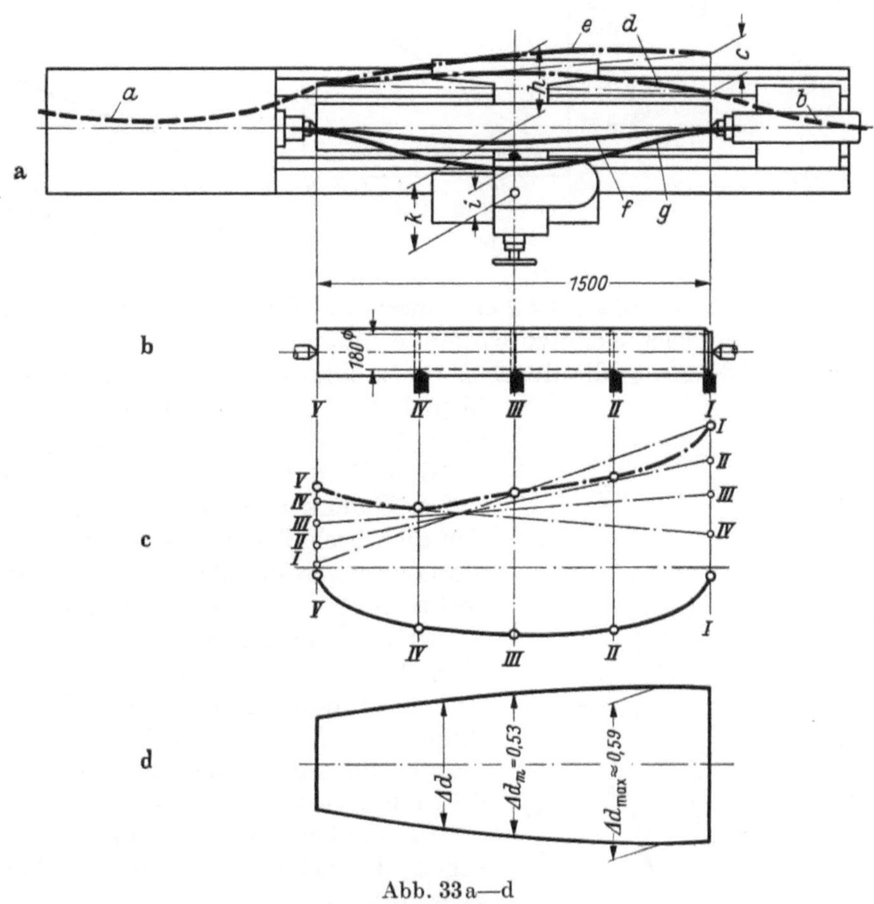

Abb. 33 a—d

rung des Werkstückdurchmessers, $\Delta d = 2 \cdot (h + k)$, verursachen. Die bei anderen Stellungen I, II, III, IV, V des Werkzeuges (Abb. 33b) auftretenden Verlagerungen und Verformungen sind der dabei zu erwartenden Kraftverteilung entsprechend geschätzt (Abb. 33c), und die sich aus der jeweiligen Durchmesserabweichung Δd ergebende Abweichung der Form des bearbeiteten Werkstückes von der verlangten zylindrischen Form ist in Abb. 33d im halben Maßstab der Abb. 33a bis c gezeigt.

Selbst bei den beim Schleifen auftretenden verhältnismäßig kleinen Kräften können die Verformungen der Körnerspitzen, des Werkstückes und des Schleifscheibenträgers oft nicht vernachlässigt werden. K. E. SCHWARTZ hat die in Abb. 34 gezeigten Verlagerungen unter einer radialen Schleifkraftkomponente von 30 kg festgestellt,[1] und H. SCHULER[2] hat die größten Abweichungen von der zylindrischen Form (Δd, Abb. 35)

---

[1] Zitiert aus E. SALJÉ: Produktionssteigerung und neuzeitliches Schleifen. Industrie-Anz., 11. u. 18. Januar 1957.

[2] SCHULER, H.: Forsch.-Heft 2, Zerspanung. Essen: Girardet 1956.

und von der Kreisform (Δk, Abb. 36) in Abhängigkeit von der Zustellung (doppelte Schleiftiefe $= 2a$) gemessen. Da die Schleifkraft mit wachsender Zustellung steigt, werden auch die Verformungen und die Abweichungen der Werkstückabmessungen größer, indessen fallen die Schleifkräfte wieder beim Schleifen mit Ausfunken, wodurch die Fehler zwar verringert, aber nicht völlig ausgemerzt werden können (gestrichelte Linien in Abb. 35, 36).

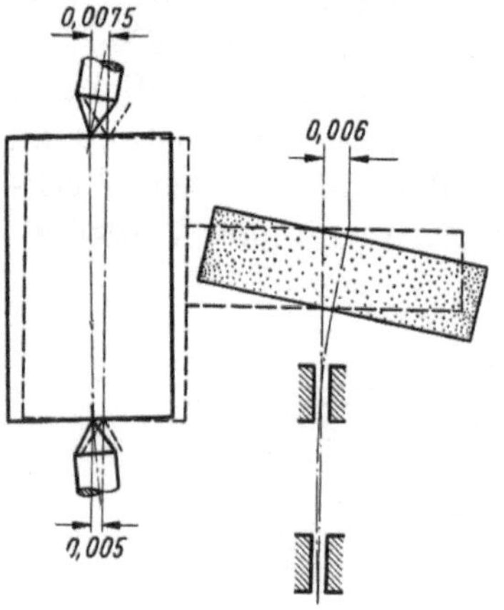

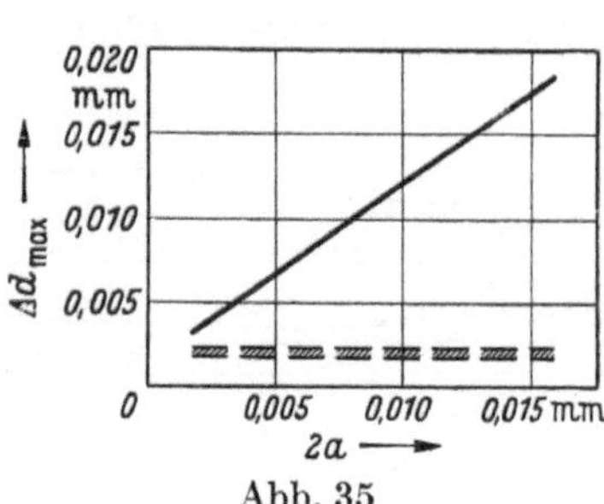

Abb. 34

Abb. 35

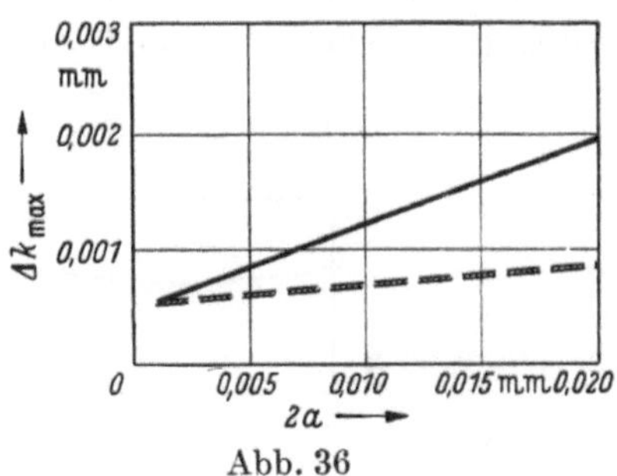

Abb. 36

Wenn bei Dreh- und Schleifarbeiten ein einseitiger Mitnehmer verwendet wird, dann pulsiert die auf die Spindelstockspitze wirkende umlaufende Querkraft P_S (Abb. 37a).[1] Der Einfluß dieser Pulsierung, die durch Einsatz eines doppelseitigen (querkraftfreien) Mitnehmers (Abb. 37b) beseitigt werden kann, ist in Abb. 35 und 36 nicht berücksichtigt.

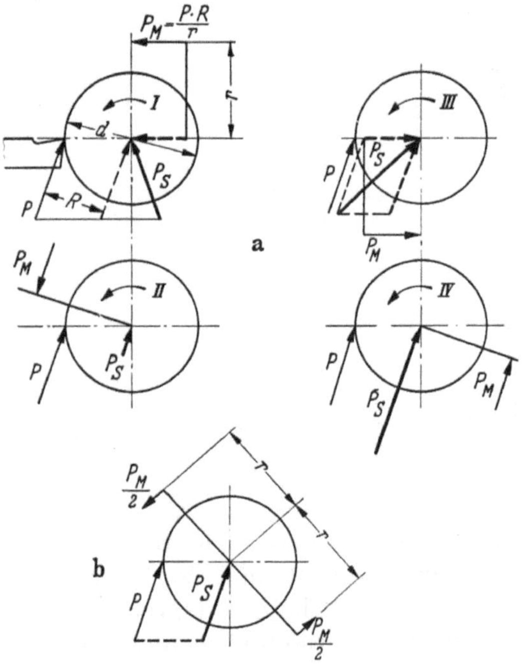

Den Einfluß der Maschinenerwärmung hat außer EISELE u. a. KRONENBERG untersucht,[2] der die durch Temperatursteigerung bedingten Verlagerungen der Arbeitsspindel einer Senkrechtfräsmaschine gemessen hat. Durch konstruktive Änderungen der Lager und sorgfältige Wahl der Schmiermittel konnte die Temperatursteigerung nach siebenstündiger Arbeit der Maschine von 17 °C auf 3 °C und damit die Formänderung von 0,10 mm auf 0,015 mm verringert werden.

In ähnlicher Weise konnte in einer russischen Untersuchung[3] der Parallelitätsfehler zwischen den geschliffenen Stirnflächen von Ringen (100 mm Durchmesser) dadurch von 0,012 mm auf 0,005 mm verringert werden, daß zum Ausgleich der Wärmeverformungen verschiedener Teile warme Luft durch den Ständer der Flächenschleifmaschine geblasen wurde.

Wenn der Konstrukteur alle obengenannten Verhältnisse in Erwägung zieht, muß er allerdings auch nicht vergessen, sich den Zweck seiner Maschine vor Augen zu halten. Die in den verschiedenen Abnahmevorschriften festgelegten, die Formgenauigkeit des

Abb. 37a u. b

---

[1] KIEKEBUSCH, H.: s. Fußn. 1, S. 22, und P. H. BRAMMERTZ: Theoretische Überlegungen über einen querkraftfreien Mitnehmer. Industrie-Anz., 5. Januar 1960.

[2] EISELE, F.: Herstellgenauigkeit der Werkstücke und hierfür erforderliche Abnahmetoleranzen der Werkzeugmaschinen. Fortschrittliche Fertigung und moderne Werkzeugmaschinen. 7. Aachener Werkzeugmaschinen-Kolloquium. Essen: Girardet 1954. — KRONENBERG, M.: Evaluating and Testing Machine Tools. Tool Engr., Januar 1956.

[3] SOKOLOW, U. N.: Stanki i instrument, 1957, H. 10.

Werkstückes betreffenden Toleranzen (Drehmaschine dreht rund oder zylindrisch, auf der Fräs- oder Hobelmaschine hergestellte Flächen sind eben oder parallel usw.) beziehen sich auf Schlichtarbeiten, und die beim Schlichten auftretenden Kräfte sind im allgemeinen nicht groß. Andererseits werden auch heute noch viele Werkzeugmaschinen zum Schruppen *und* Schlichten eingesetzt. Tab. 9 zeigt diese Verhältnisse in einer erstklassigen, mittelgroßen englischen Werkzeugmaschinenfabrik.[1]

Tabelle 9

Werkzeugmaschinen		Eingesetzt für		
Art	Anzahl	nur Schruppen	nur Schlichten	Schruppen und Schlichten
Drehmaschinen	34	2	—	32
Bohrmaschinen	12	—	12	—
Bohrwerke	19	—	—	19
Rundschleifmaschinen	6	—	6	—
Flächenschleifmaschinen	6	—	6	—
Fräsmaschinen . . . . : .	25	—	—	25
Hobelmaschinen	8	8	—	—
Waagerechtstoßmaschinen . . .	3	—	—	3
Senkrechtstoßmaschinen	2	—	—	2
Gesamtzahl	115	10	24	81
≈ %	100	9	21	70

Die Werkzeugmaschine muß also oft derart konstruiert sein, daß die beim Schlichten auftretenden Änderungen von *Lage* und *Form* innerhalb der zulässigen Grenzen liegen, wenn auch die beim Schruppen auftretenden Formänderungen und Verlagerungen in Führungen und Lagern die für Schlichtarbeiten zulässigen Toleranzen überschreiten mögen. Dabei muß besonders beachtet werden, daß die durch die Schruppkräfte verursachten Änderungen der Ölfilmstärke, insbesondere metallische Berührung der Gleitflächen, keine bleibenden Schäden in Führungs- und Lagerflächen verursachen, und daß die in den verschiedenen Teilen der Maschine auftretenden Höchstspannungen sicher unterhalb der Elastizitätsgrenze des Baustoffes liegen, so daß bleibende Formänderungen nicht auftreten können.

Eine Einschränkung der obengenannten Überlegungen muß hier allerdings erwähnt werden. Bei gewissen Schlichtarbeiten, besonders solchen, die der Verbesserung der Oberflächengüte dienen, folgt das Werkzeug oft der in einem vorhergehenden Arbeitsgang hergestellten Form des Werkstückes, und eine völlige Beseitigung etwaiger Formungenauigkeiten ist nicht möglich. In solchen Fällen muß die für den vorhergehenden Arbeitsgang eingesetzte Maschine die verlangte Form innerhalb der für das betreffende Werkstück zulässigen Genauigkeitsgrenzen herstellen.

b) *Die Maßhaltigkeit der Werkstücke*, die oft auch von den unter a) genannten Faktoren beeinflußt werden kann, hängt ferner von der Genauigkeit ab, mit der

1. die jeweilige Stellung der beweglichen Teile der Werkzeugmaschine und die Dimensionen der bearbeiteten Oberfläche gemessen und

2. die beweglichen Teile gesteuert werden können.

Die Größe einer Vorschubbewegung wird oft aus der Anzahl der Umdrehungen der Vorschubspindel bestimmt. Da diese indessen oft unter Last laufen muß und daher ab-

---

[1] H. W. Kearns & Co. Ltd., Broadheath, Manchester.

genutzt wird, so kann bald ihre Benutzung als Meßinstrument hinfällig werden. Die Trennung von Meß- und Steuerorganen, die schon seit langem in der Konstruktion von Lehrenbohrwerken durchgeführt worden ist, dringt daher heute mehr und mehr auch in andere

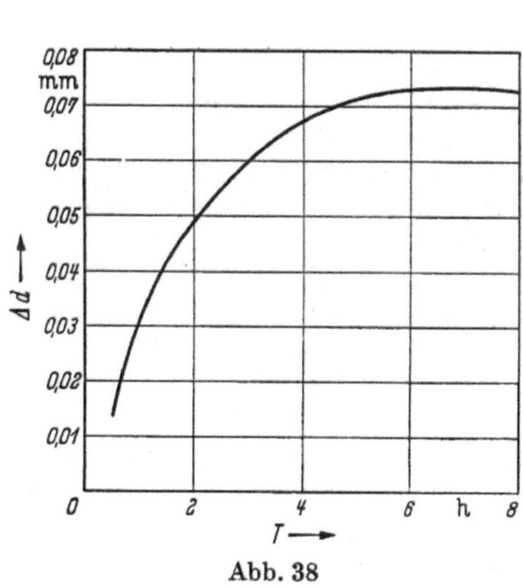

Abb. 38

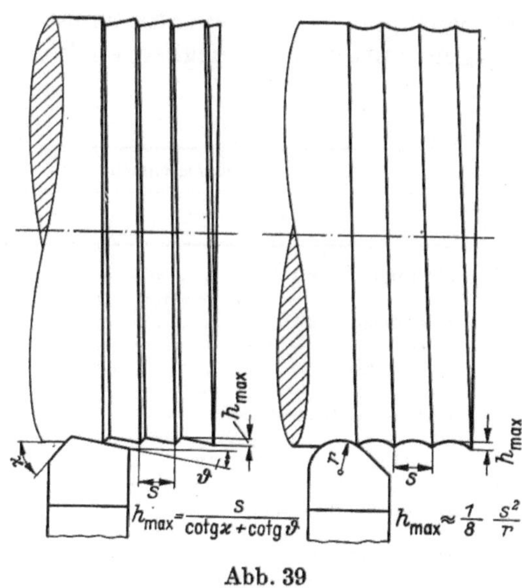

Abb. 39

Gebiete des Werkzeugmaschinenbaues ein. Aber auch bei Konstruktionen mit getrennter Vorschub- und Meßvorrichtung, z. B. mit Vorschubspindel und Noniuslehre oder mit hydraulischem Zylinder und optischem Maßstab, wird im allgemeinen nicht am Werkstück,

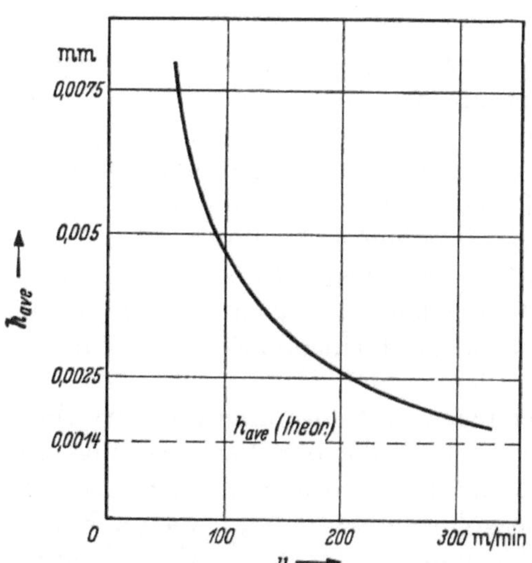

Abb. 40. Einfluß der Schnittgeschwindigkeit auf die Oberflächengüte (Plandrehen) (nach KUMAR, s. Fußn. 1, S. 27)

Werkzeug: Hartmetall, negativer Spanwinkel (−3°),

Werkstoff: 44 kg/mm² Stahl, Schnittiefe: 0,05 mm, Vorschub: 0,22 mm/U

sondern am Werkzeug- oder Werkstückträger (Tisch, Querschieber) gemessen, so daß Verformungen des Werkstückes oder Werkzeugabnutzung nicht erfaßt werden. Selbst wenn jedoch die jeweiligen genauen Abmessungen des Werkstückes und damit die Größe der für die weitere Bearbeitung notwendigen Zustell- oder Vorschubbewegung bestimmbar sind, können Abweichungen in den Führungen und in den diese Bewegungen erzeugenden Antriebselementen Arbeitsungenauigkeiten hervorrufen.

Den Einfluß der beim Arbeiten einer Rundschleifmaschine eintretenden Erwärmung auf die Maßgenauigkeit des Werkstückes hat SCHULER festgestellt.[1] Die Zustellung des Schleifspindelstockes war durch einen festen Anschlag begrenzt. Die während der Laufzeit der Maschine T durch Erwärmung hervorgerufene Änderung der relativen Lage des Anschlages zum Werkstück hatte die in Abb. 38 gezeigte Durchmesserabnahme Δd zur Folge.

c) Wie bereits früher erwähnt, hängen die Genauigkeit und Güte der auf einer Maschine bearbeiteten Oberfläche in hohem Maße von Eigenschaften des Werkzeuges, des Werkzeughalters und des Werkstückes ab. Dazu kommen, mit Bezug auf die erziel-

---

[1] SCHULER, H.: s. Fußn. 2, S. 23.

bare Oberflächengüte, die folgenden von dem Konstrukteur beeinflußbaren Faktoren in der Werkzeugmaschine selbst:

1. Die Einstellmöglichkeiten günstiger Schnittbedingungen (Schnittgeschwindigkeit, Vorschub) durch Einsatz geeigneter Spindel- und Vorschubgetriebe,

2. die Steifigkeit der Maschine als Ganzes, ihrer Bauteile (Bett, Ständer, Schlitten, Arbeitsspindel), ihrer Betriebselemente (Lager und Führungen), der Antriebsmechanismen usw.

Der rein geometrische Einfluß der Werkzeugform und des Vorschubes auf die Tiefe h der in einer gedrehten Oberfläche erzeugten Rillen ist in Abb. 39 gezeigt. Bestmögliche Oberflächen können aber nur erzeugt werden, wenn mit der dafür günstigsten, dem Werkzeug und Werkstoff angepaßten Schnittgeschwindigkeit gearbeitet wird (Abb. 40)[1] und wenn die Lager und Führungen den notwendigen Erfordernissen genügen. So kann z. B. die Exzentrizität e eines Fräsers die Geometrie der gefrästen Oberflächenform stark beeinflussen (Abb. 41).[2]

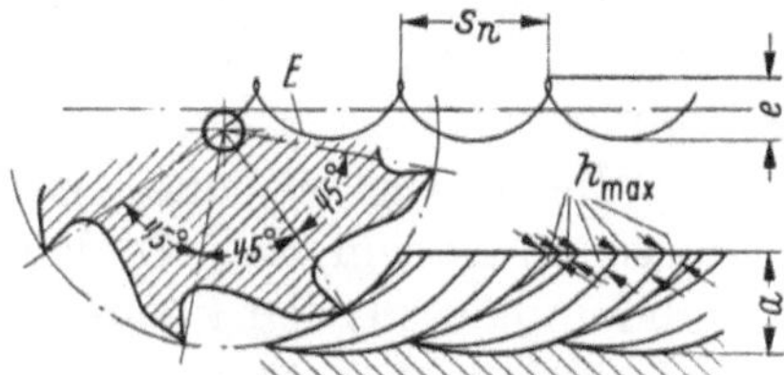

Abb. 41. Mit exzentrischem Fräser bearbeitete Oberfläche

a Schnittiefe; E von der Fräserachse relativ zum Werkstück beschriebene Kurve; e Exzentrizität des Fräsers; h_{max} größte Spandicke je Zahn; s_n Vorschub je Umdrehung des Fräsers; z Zähnezahl des Fräsers (8)

Zu den Bedingungen an der Werkzeugschneide, die den eigentlichen Schnittvorgang und den durch ihn bedingten Anteil an der Erzeugung der bearbeiteten Oberfläche beeinflussen, kommt der Anteil, den die jeweils von dynamischen Faktoren herrührenden Änderungen in der gegenseitigen Stellung von Werkzeug und Werkstück ausüben. Schwingungen der einzelnen Bauteile der Maschine in sich und relativ zueinander, Schwingungen innerhalb der Getriebe (Drehschwingungen von Zahnrädern, Dreh- und Biegeschwingungen von Wellen und Vorschubspindeln) und Schwingungserscheinungen in Führungen und Lagern können ein kompliziertes resultierendes Schwingungssystem zur Folge haben, das sich in vielartigen Formen der Oberflächenrauhigkeit und Welligkeit auswirken kann.

Die Schwingungsverhältnisse an der Werkzeugschneide und ihr Einfluß auf die Oberflächengüte sind bereits erwähnt worden (s. S. 4). Die durch Werkzeugschwingungen hervorgerufene periodische Veränderung der Schnittiefe erzeugt außerdem rein geometrisch Ungleichmäßigkeiten der Oberfläche (Abb. 42).[3]

Die heutigen Anforderungen sowohl an das Endprodukt selbst (hohe Geschwindigkeiten schnellaufender Wellen, hohe Betriebsdrücke, hohe und niedrige Arbeitstemperaturen) als auch an die Herstellung, besonders in bezug auf den Austauschbau, verlangen, daß die Konstruktion der Werkzeugmaschine allen Bedingungen, die die Arbeitsgüte beeinflussen, voll Rechnung trägt.

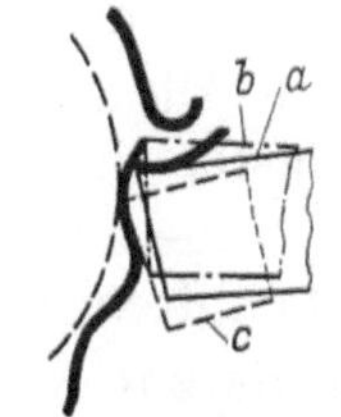

Abb. 42. Einfluß der Werkzeugschwingungen auf die gedrehte Oberfläche (nach KRONENBERG, s. Fußn. 3)

—— a Normallage des Drehmeißels; —·— b Höchstlage der Meißelschwingung; ——— c Tiefstlage der Meißelschwingung; —— Gedrehte Oberfläche

Zu 2. Die Anforderungen der Produktivität und Wirtschaftlichkeit bringen die Fragen der Arbeitsgeschwindigkeiten und der Spanleistung in den Vordergrund des Interesses. Allerdings muß hier eine vor etwa 30 Jahren von SCHLESINGER geäußerte Warnung wiederholt werden: „Es kommt nicht darauf an, wieviel Kilogramm Späne

---

[1] Nach einer im Jahre 1957 im Werkzeugmaschinenlaboratorium der Universität Manchester durchgeführten Forschungsarbeit, s. a. Sant Kumar: The effect of using constant cutting speed during facing operations on a centre lathe. The Production Engineer, Februar 1960.

[2] Aus A. J. CHISHOLM, J. M. LICKLEY u. J. P. BROWN: The Action of Cutting Tools. London: The Machinery Publishing Co Ltd. 1951.

[3] Nach M. KRONENBERG: Evaluating and Testing Machine Tools. Tool Engr., Januar 1956.

eine Maschine pro Minute macht, sondern wieviel Werkstücke. Werkzeugmaschinen werden im allgemeinen nicht für Spänefabriken hergestellt, sondern für Maschinenfabriken."[1] Die Aufgabe einer Werkzeugmaschine besteht nicht darin, eine größtmögliche Menge von Spänen in kürzester Zeit zu erzeugen, sondern darin, Werkstücke mit bestimmten Formen und Abmessungen wirtschaftlich herzustellen. Indessen wird es oft vorkommen, daß die Höhe der Spanleistung, d. h. die in kürzester Zeit zerspante Werkstoffmenge, für die Wirtschaftlichkeit der Bearbeitung gewisser Werkstücke, insbesondere im Falle von Schrupparbeiten, ausschlaggebend ist. In solchen Fällen müssen

a) die auf der Maschine erzielbaren Schnitt- und Vorschubgeschwindigkeiten den Erfordernissen und Möglichkeiten der besten verfügbaren Höchstleistungswerkzeuge entsprechen,

b) die Festigkeit und Steifigkeit der Maschinenelemente und der Maschine als Ganzes derart sein, daß die den großen Spanquerschnitten entsprechenden Schnittkräfte aufgenommen werden können,

c) die Antriebselemente (Motoren, Getriebe usw.), Lager und Führungen den durch die Größe der Schnittkräfte und die Höhe der Geschwindigkeiten bedingten Leistungserfordernissen genügen,

d) Einrichtungen für die den hohen Beanspruchungen genügende Schmierung und Kühlung der Werkzeuge vorgesehen sein,

e) Vorkehrungen zur Abfuhr der erzeugten großen Spanmengen getroffen werden.

Während die unter d) und e) genannten Punkte von dem Einsatz der notwendigen Zusatzgeräte und ihrer konstruktiven Anordnung abhängen, können die unter a) bis c) erwähnten Punkte rechnerisch erfaßt werden. Abgesehen von den Größtabmessungen der auf der Maschine bearbeitbaren Werkstücke sind die die Charakteristik einer Maschine bestimmenden Werte:

a) 1. Die für die einzusetzenden Werkzeuge und die zu bearbeitenden Werkstoffe günstigsten Schnitt- und Vorschubgeschwindigkeiten,

2. die auf der Maschine zur Verfügung stehenden Spindeldrehzahlen (bzw. Tisch- oder Schlittengeschwindigkeiten) und Vorschübe,

b) die zulässigen Höchstwerte der Schnittkräfte, die die bei der Bearbeitung der jeweiligen Werkstoffe zulässigen Spanquerschnitte begrenzen. Diese Schnittkraftwerte sind bedingt durch die Festigkeit und Steifigkeit

1. der zu bearbeitenden Werkstücke,

2. der Maschine selbst.

c) Die durch die Motoren und Getriebe übertragbaren und von Lagern und Führungen aufnehmbaren Kräfte, Drehmomente und Leistungen.

Die jeweiligen Beziehungen zwischen diesen Faktoren können in sogenannten Leistungsschaubildern, die sowohl dem Betriebsmann zur Bestimmung des günstigsten Einsatzes der Maschine in der Werkstatt dienen, als auch dem Konstrukteur bei der Entwicklung der Konstruktion helfen können, graphisch dargelegt werden.[2]

---

[1] Zitiert in A. WALLICHS: Georg Schlesinger zum Gedenken. Werkstattstechnik u. Maschinenbau, Januar 1957.

[2] SCHLESINGER, G.: Das Ausnutzungsschaubild der Werkzeugmaschinen. Werkstattstechnik, 1935, S. 199—202. — Siehe Fußn. 2, S. 6. — KIENZLE, O.: Die Bestimmung von Kräften und Leistungen an spanenden Werkzeugen und Werkzeugmaschinen. Z. VDI, 1952, S. 299—305. — KIENZLE, O., u. H. VICTOR Zerspanungstechnische Grundlagen für die kräftemäßige Berechnung und den Einsatz von Drehbänken, Hobelmaschinen und Bohrmaschinen. Werkstattstechnik u. Maschinenbau, Juni 1956, S. 283—288. — HUCKS, H.: Kenngrößen für die Leistungsfähigkeit von Großwerkzeugmaschinen. Werkstattstechnik u. Maschinenbau, April/Mai 1957, S. 161—166 u. S. 219—223.

Zum Entwurf solcher Schaubilder werden folgende Angaben benötigt:

a) Zu bearbeitende Werkstücke
 1. Werkstoffe,
 2. Größt- und Kleinstmasse.

b) Zu verwendende Werkzeuge
 1. Werkstoffe,
 2. Formen (Schneidwinkel, Abmessungen usw.),
 3. Verlangte Standzeit.

c) Spanquerschnitt
 1. Schnittiefe,
 2. Vorschub.

d) Geschwindigkeitswechselgetriebe
 1. Spindeldrehzahlen bzw. (im Falle geradliniger Bewegungen) Arbeitsgeschwindigkeiten,
 2. Vorschubgeschwindigkeiten.

e) Antrieb
 1. Leistung,
 2. Wirkungsgrad (s. S. 35).

f) Bauelemente der Maschine
 Zulässige Höchstbelastungen (Kräfte, Drehmomente) des Gestelles und der Werkzeug- und Werkstückträger.

Zu a) Aus den Angaben über die zu bearbeitenden Werkstücke lassen sich die spezifischen Schnittwiderstände und die vom Standpunkte der Werkstückfestigkeit höchstzulässigen Schnittkräfte sowie die notwendigen Abmessungen derjenigen Teile der Werkzeugmaschine bestimmen, die zur Aufnahme bzw. Abstützung der Werkstücke dienen.

Zu b) Die Angaben über die zu verwendenden Werkzeuge dienen, zusammen mit denen über die zu bearbeitenden Werkstoffe, zur Bestimmung der Schnitt- und Vorschubgeschwindigkeiten, aus denen mit Hilfe der Abmessungen von Werkzeug bzw. Werkstück die entsprechenden Spindeldrehzahlen berechnet werden können.

Zu c) Von der Größe des Spanquerschnittes (Vorschub mal Schnittiefe) hängt die Höhe der Schnittkraft ab.

Zu d) Nach Festlegung der einzusetzenden Drehzahl- bzw. Geschwindigkeitsreihen können die verlangten und verfügbaren Bedingungen kritisch verglichen werden.

Zu e) Aus den unter a) bis c) genannten Werten können die Schnittkräfte und die erforderlichen Nettoleistungen an der Werkzeugschneide und daraus, mit Hilfe des Getriebewirkungsgrades, die Motorleistungen bestimmt bzw. geprüft werden.

Zu f) Schließlich können die Festigkeit und Steifigkeit der Maschinenteile unter Berücksichtigung der obigen Verhältnisse geprüft werden.

Als Beispiele für den Entwurf und die Anwendung typischer Schaubilder, die solche Beziehungen graphisch darstellen, seien zwei Maschinen gewählt, deren Ausnutzung im Produktionsbetrieb von großer Wichtigkeit ist, nämlich:
 1. Die Drehmaschine, die grundlegende Maschine zur Herstellung von Rotationskörpern,
 2. die Fräsmaschine, die ebene Flächen herstellt.

Es sollen allerdings nicht alle möglichen Fälle erfaßt, sondern nur die für den Entwurf solcher Schaubilder geltenden Grundzüge dargelegt werden.

Zur graphischen Darstellung wird üblicherweise das doppellogarithmische System gewählt, in dem die verschiedenen Beziehungen meist als gerade Linien erscheinen. Die Koordinatenwerte sind in Normzahlen angegeben.

1. Drehmaschine

Die Bezugsgrößen sind:

a) Werkstück
 1. Werkstoffe
 2. Abmessungen:
  Drehdurchmesser d
  Drehlänge zwischen Spitzen l

b) Werkzeug
 1. Werkstoffe
 2. Schneidwinkel
 3. Standzeit

c) Arbeitsbedingungen
 1. Schnittgeschwindigkeit v
 2. Vorschub s
 3. Schnittiefe a

Aus Abb. 5a und 8 können die den jeweiligen Vorschüben s entsprechenden Werte der spezifischen Schnittdrücke k_s und der empfohlenen Schnittgeschwindigkeiten v entnommen werden, und mit Hilfe der Schnittiefe a läßt sich die Schnittkraft P_1 ermitteln.

In dem Schaubild (Abb. 43) ist oben links $s \cdot k_s$ als Funktion von s aufgetragen, und darunter ergibt $s \cdot k_s$ zusammen mit a die unter einem Winkel von $45°$ nach rechts unten verlaufenden Geraden für die Hauptschnittkraft

$$P_1 = a \cdot s \cdot k_s.$$

Rechts oben ist v als Funktion von s aufgetragen, und darunter ergibt sich aus dem Schnittpunkt der senkrechten v-Linien und der geneigten P_1-Linien die Nettoleistung

$$N = \frac{P_1 \cdot v}{60 \cdot 102} \quad [\text{kW}] \; (P_1 \text{ in kg}, v \text{ in m/min}).$$

Aus den Schnittpunkten der senkrechten v-Linien und der waagerechten s-Linien sind die (unter $45°$ von links oben nach rechts unten geneigten) $s \cdot v$-Linien konstruiert, deren Schnittpunkte mit den waagerechten a-Linien das Spanvolumen

$$V = a \cdot s \cdot v$$

ergeben.

Im unteren Teil des Schaubildes ergeben sich links aus v (senkrechte Linien) und d (waagerechte Linien) die Spindeldrehzahlen

$$n = \frac{v}{\pi d}$$

(unter $45°$ von links unten nach rechts oben geneigte Linien) und rechts aus P_1 (geneigte Linien) und d (waagerechte Linien) das am Werkstück bzw. der Arbeitsspindel wirkende Drehmoment

$$M_d = P_1 \cdot \frac{d}{2}.$$

Für die bei Schlichtarbeiten wichtige Formgenauigkeit des Werkstückes ist seine Durchbiegung in der Waagerechtebene unter der Abdrängkraft P_3 (s. S. 4) entscheidend. Obwohl die durch die Senkrechtkomponente (Hauptschnittkraft P_1) hervorgerufene Durchbiegung in der Senkrechtebene nur geringen Einfluß auf die Arbeitsgenauigkeit hat, muß sie bei den hier zur Diskussion stehenden Schrupparbeiten vom Standpunkt der Höhenstellung der Werkzeugschneide in bezug auf die Werkstückachse beachtet werden.

Diese Durchbiegung ist

$$\delta_1 = \frac{P_1 \cdot l^3}{48\,E\,I},$$

wobei

$$I = \frac{\pi d^4}{64};$$

und im Falle von Stahl, bei dessen Bearbeitung die größten Schnittkräfte auftreten, ist

$$E = 21\,000\,\text{kg/mm}^2,$$

daher

$$P_1 = \frac{48 \cdot 21\,000 \cdot \pi d^4 \delta_1}{64 \cdot l^3} = 49\,500 \cdot \delta_1 \cdot \left(\frac{d}{l}\right)^3 \cdot d:$$

Für einen kleinstzulässigen Wert des Verhältnisses $\frac{d}{l} = \frac{1}{6}$ und eine beim Schruppen als Beispiel angenommene größtzulässige senkrechte Durchbiegung des Werkstückes

$$\delta_1 = 0{,}05\,\text{mm}$$

ist die vom Standpunkt der Werkstückdurchbiegung größtzulässige Hauptschnittkraft

$$P_{1\text{W}} = \frac{49\,500 \cdot 0{,}05}{216} \cdot d = 11{,}5\,d,$$

und diese ist in der rechten unteren Ecke des Schaubildes strichpunktiert eingezeichnet.

Die Benutzung des Schaubildes sei an dem Beispiel einer Drehmaschine, die folgenden Anforderungen genügen muß, dargestellt.

a) Werkstück

1. Werkstoffe:
   Stahl bis 50 kg/mm² Festigkeit (St)
   Aluminium (Al)
2. Abmessungen:
   Größter Drehdurchmesser d_{max} = 200 mm
   Kleinster Drehdurchmesser d_{min} = 20 mm
   Größte Drehlänge zwischen
   Spitzen bei größtem Durchmesser l = 1200 mm
3. Verformung:
   Größtzulässige Verformung in
   der Senkrechtebene δ_1 = 0,05 mm

b) Werkzeug

1. Werkstoffe:
   Hartmetall (St_1 für die Bearbeitung von Stahl, Al_1 für die Bearbeitung von Aluminium) Schnellstahl (St_2 und Al_2)
2. Schneidwinkel:
   Normal (Einstellwinkel 45°)[1]
3. Standzeit:
   Hartmetall   240 Minuten
   Schnellstahl   60 Minuten

c) Arbeitsbedingungen

Die für die gewählten Werkstoffe (50 kg/mm² Stahl und Aluminium) und Werkzeuge (Schnellstahl, Standzeit 60 Minuten, und Hartmetall, Standzeit 240 Minuten) in AWF 158 (s. S. 3) angegebenen Schnittwiderstände und Schnittgeschwindigkeiten erscheinen im Schaubild (Abb. 43) oben links bzw. oben rechts als gerade Linien.

$$Vorschub \qquad\qquad Größte\ Schnittiefe$$
$$s_{max} = 1,25\ \text{mm/U} \qquad a_{max} = 5\ \text{mm}$$
$$s_{min} = 0,125\ \text{mm/U}$$

Die obigen Bezugsgrößen sind als gestrichelte Linien in das Schaubild eingetragen.

Wenn bei voller Ausnutzung des vorgesehenen Vorschubes 50 kg/mm² Stahl (St) und Aluminium (Al) mit Hartmetallwerkzeugen gedreht werden sollen (strichpunktierte Linienzüge *I* und *II*), dann können die empfohlenen Schnittgeschwindigkeiten (St_1 und Al_1) für alle Durchmesser eingesetzt werden, wenn Spindeldrehzahlen von 240 bis 21 500 U/min zur Verfügung stehen. Für die Bearbeitung mit Schnellstahlwerkzeugen (St_2 und Al_2) müßten Drehzahlen von 45 bis 5 800 U/min vorgesehen werden (Linienzüge *III* und *IV*).

Da ein Verstellbereich von $\frac{21\,500}{45} = 480$ wirtschaftlich schwer zu erreichen sein dürfte, könnte die Drehzahlreihe z. B. so entworfen werden, daß beim Bearbeiten von Stahl der größtmögliche Durchmesser mit Hartmetallwerkzeugen und beim Bearbeiten von Aluminium der kleinstmögliche Durchmesser mit Schnellstahlwerkzeugen gedreht werden kann. Der Verstellbereich wird dann $\frac{5\,800}{240} = 24$.

Wenn beim Arbeiten mit Hartmetallwerkzeugen Höchstvorschub und größte Schnitttiefe ausgenutzt werden, dann wird die Nettoschnittleistung an der Werkzeugschneide bei der Bearbeitung von Stahl (Linienzug *V*) 17 kW. Bei der Bearbeitung von Aluminium (Linienzug *VI*) ist eine Leistung von 26 kW erforderlich. Die Spanleistung bei der Bearbeitung von Stahl beträgt dabei 960 cm³/min (Linienzug *VII*).

Wenn bei der Bearbeitung von Stahl Schnittiefe und Vorschub voll ausgenutzt werden (Linienzug *V*), dann ist allerdings die Schnittkraftkomponente P_1 so groß, daß unter den anfänglich angegebenen Bedingungen nur Werkstücke mit einem Mindestdurchmesser von 58 mm bearbeitet werden können (Linienzug *VIII*), wobei ein Mindestdrehmoment von 1930 cm/kg an der Arbeitsspindel aufgebracht werden muß (Linie *IX*). Bei der Bearbeitung des Größtdurchmessers von 200 mm beträgt das Drehmoment an der Spindel 6700 cmkg (Linie *X*). Durch die oben festgelegten Durchbiegungsbedingungen des Werkstückes ist die Schnittkraftkomponente P_1 bei der Bearbeitung von Werk-

---

[1] Andere Einstellwinkel können den gegebenen Unterlagen entsprechend (s. S. 6—7) berücksichtigt werden.

stücken kleinsten Durchmessers (20 mm) derart begrenzt, daß bei größter Schnittiefe nur ein Vorschub von 0,16 mm/U zulässig wäre (Linienzug *XI*). Indessen wird die Bearbeitung einer 20 mm-Welle mit einer Schnittiefe von 5 mm wohl nie in Erwägung gezogen werden, und es ist wahrscheinlicher, daß die Schnittiefe beim Höchstvorschub auf 1,8 mm beschränkt wird (Linienzug *XII*).

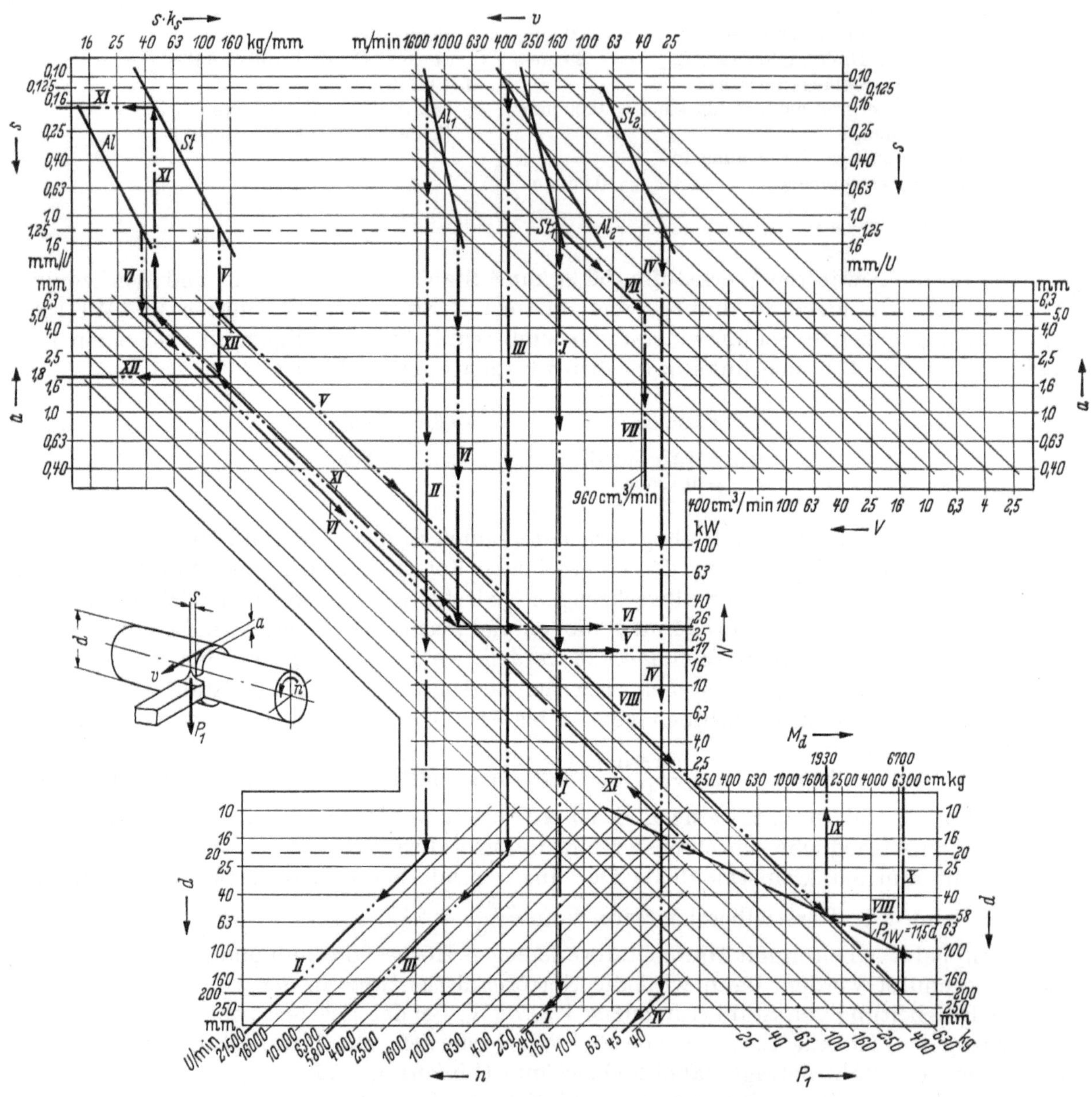

Abb. 43. Leistungsschaubild für die Drehmaschine

2. Fräsmaschine

Bei der Fräsmaschine sind die Abmessungen des Werkstückes von geringerem Einfluß auf die Ausnutzung der Maschine als die Abmessungen des Werkzeuges und besonders des Werkzeugträgers (Fräsdorn). Durch die Normung der Fräsdorndurchmesser ist die letztere Veränderliche indessen mehr oder weniger festgelegt, so daß sie aus dem auf Einfachheit zielenden Schaubild ausgelassen sei.

Die Bezugsgrößen sind daher:

a) *Werkstück*

Werkstoffe

b) *Werkzeug*
1. Werkstoff
2. Durchmesser
3. Zähnezahl
4. Schneidwinkel
5. Standzeit

c) *Arbeitsbedingungen*
1. Schnittgeschwindigkeit v
2. Vorschub s
3. Schnittiefe a
4. Schnittbreite b

Aus Tab. 7 können empfohlene Schnittgeschwindigkeiten entnommen werden. In dem Schaubild (Abb. 44) sind oben links Durchmesser d (waagerechte Linien) und Schnittgeschwindigkeit v (unter 45° von rechts oben nach links unten verlaufende Geraden) aufgetragen, so daß die senkrechten Geraden die Spindeldrehzahlen $\left(n = \dfrac{v}{\pi\,d}\right)$ darstellen. Diese werden von den von links unten nach rechts oben leicht geneigten Geraden (Zähnezahl z) geschnitten, und die von den Schnittpunkten aus von links oben nach rechts unten verlaufenden Geraden stellen das Produkt $(n \cdot z)$ dar.

Rechts oben ergeben sich aus den Schnittpunkten von Schnittiefe a (senkrechte Linien) und Durchmesser d (waagerechte Linien) die Werte $\sqrt{\dfrac{a}{d}}$ (unter 45° von rechts oben nach links unten geneigte Linien), deren Schnittpunkte mit den $n \cdot z$-Linien in der Mitte des Schaubildes die Ausgangspunkte der unter 45° von links oben nach rechts unten verlaufenden Linien, die die Werte $\dfrac{1}{n\,z}\sqrt{\dfrac{a}{d}}$ darstellen, festlegen. Die Schnittpunkte dieser Linien mit den waagerechten Linien für Vorschub s bestimmen die Lage der senkrechten Linien, die die Mittenspandicke $h_M = \dfrac{s}{n \cdot z}\sqrt{\dfrac{a}{d}}$ im Teilschaubild Mitte unten ergeben, in dem dann k_M-Werte für verschiedene Werkstoffe als Funktion der Mittenspandicke h_M (s. Abb. 22) eingetragen sind. Auf der rechten Seite sind die Schnittpunkte der senkrechten Linien für die Schnittiefe a und der waagerechten Linien für die Schnittbreite b die Ausgangspunkte für die von links oben nach rechts unten geneigten Linien (Produkt $a \cdot b$), deren Schnittpunkte mit den waagerechten Linien für den Vorschub s, die Lage der von rechts oben nach links unten geneigten Linien (Spanvolumen $V = a \cdot b \cdot s$) bestimmen. Aus den Schnittpunkten dieser Linien mit den waagerechten Linien für k_M läßt sich (senkrechte Linien) die Nettoleistung $N = a \times b \cdot s \cdot k_M$ in der rechten unteren Ecke des Schaubildes finden.

Die Benutzung des Schaubildes sei an einem einfachen Beispiel gezeigt. Ein 75 mm breites Werkstück aus Kohlenstoffstahl soll 4 mm tief mit einem achtzahnigen Fräser (Durchmesser 100 mm) mit einer Schnittgeschwindigkeit von 32 m/min und einem Vorschub von 150 mm/min abgefräst werden. Aus Schnittgeschwindigkeit und Fräserdurchmesser erhält man zunächst die Spindeldrehzahl ($n = 100$ U/min) (Linienzug *I*). Linienzug *I* ist nach rechts weitergeführt und ergibt mit dem von rechts oben kommenden Linienzug *II* für den Wert $\sqrt{\dfrac{a}{d}}$, dem Vorschub $s = 150$ mm/min und der stark ausgezogenen k_M-Linie b für Kohlenstoffstahl den Wert für k_M (rechts unten). Die senkrechte Linie für $a = 4$ mm ist nach unten weitergeführt und ergibt mit den festgelegten Werten für $b = 75$ mm und $s = 150$ mm/min das Spanvolumen $V = 45$ cm³/min (Linienzug *III*) und in der rechten unteren Ecke die Nettoschnittleistung $N = a \cdot b \cdot s \cdot k_M = 2,2$ kW (Linie *IV*).

Die Nettoschnittleistung ist dem Spanvolumen nicht verhältnisgleich, sondern hängt von seiner Zusammensetzung, insbesondere der Spandicke, ab (s. S. 14). Wenn das gleiche Volumen von 45 cm³/min mit doppelter Schnittiefe und halbem Vorschub zerspant wird, dann wächst die Nettoleistung auf 2,5 kW (Linienzug *V*, *VI* und *VII*),

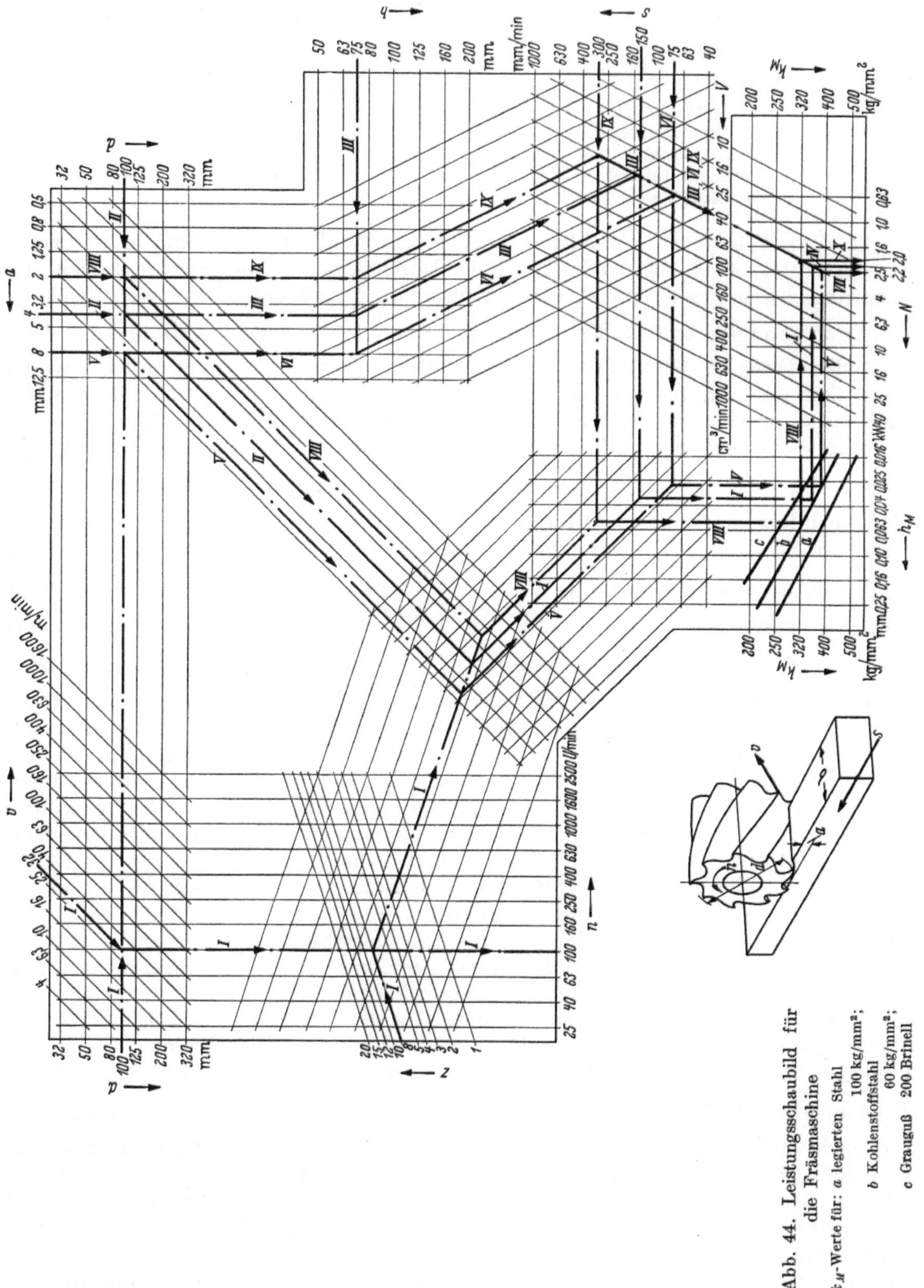

Abb. 44. Leistungsschaubild für die Fräsmaschine

k_M-Werte für: *a* legierten Stahl 100 kg/mm²; *b* Kohlenstoffstahl 60 kg/mm²; *c* Grauguß 200 Brinell

während sie bei halber Schnittiefe und doppeltem Vorschub auf 2,0 kW fällt (Linienzug *VIII*, *IX*, *X*).

Zu 3. Die Kenntnis der unter 2. genannten Nettoleistung an der Werkzeugschneide genügt nicht, um den gesamten Leistungsbedarf der Werkzeugmaschine, d. h. die Größe des Antriebsmotors, zu bestimmen.

Da

$$N_\text{brutto} = \frac{N_\text{netto}}{\eta} \quad (\eta = \text{Wirkungsgrad}),$$

ist die Kenntnis des Wirkungsgrades wichtig. SCHLESINGER[1] hatte bereits Werkzeugmaschinenbilanzen aufgestellt, aus denen der Einfluß der verschiedenen Antriebselemente auf den Gesamtwirkungsgrad ersichtlich ist. Dieser Wirkungsgrad hängt nicht nur von der Belastung der Maschine, sondern auch von der jeweils eingestellten Drehzahl ab, deren Einfluß, insbesondere bei den heute oft vorgesehenen großen Drehzahlbereichen, erheblich sein kann.

Die Vorschubleistung ist dem Produkt aus der in der Vorschubrichtung wirkenden Schnittkraftkomponente und der Vorschubgeschwindigkeit verhältnisgleich. Ihr Anteil an der Gesamtnettoleistung ist gering. Beim Drehen ist die Vorschubkraftkomponente P_2 wohl nie größer als die Hälfte der Hauptschnittkraftkomponente

$$P_2 < 0,5\,P_1,$$

und das Verhältnis von Vorschubgeschwindigkeit v_s (m/min) zu Schnittgeschwindigkeit v (m/min) dürfte wohl nie größer als 0,01 sein.

$$\frac{v_s}{v} < 0,01.$$

Das Verhältnis der Nettoleistungen ist dann

$$\frac{N_\text{Vorschub}}{N_\text{Spindel}} = \frac{P_2\,v_s}{P_1\,v} \cdot 100\%,$$
$$< 0,5 \cdot 0,01 \cdot 100,$$
$$< 0,5\%.$$

Beim Fräsen kann man die Umfangskraft der Vorschubkraftkomponente annähernd gleichsetzen, während das Verhältnis der Vorschubgeschwindigkeit s zur Umfangsgeschwindigkeit v des Fräsers mit

$$\frac{s}{v} < 0,02$$

nicht zu hoch angenommen sein dürfte. Das Verhältnis der Nettoleistungen wird dann

$$\frac{N_\text{Vorschub}}{N_\text{Spindel}} < 0,02 \cdot 100\%,$$
$$< 2\%.$$

Allerdings ist der mechanische Wirkungsgrad der üblichen Vorschubwechselgetriebe im allgemeinen so niedrig, daß das Verhältnis der Bruttoleistungen oft erheblich höher, bei der Drehbank bis 5% und bei der Fräsmaschine bis 20%, werden kann. Trotzdem wird für den Gesamtwirkungsgrad der Schnittantrieb meistens als entscheidend angesehen.

Bei Spindelantrieben mit größerem Drehzahlbereich und hoher Stufenzahl ist die erforderliche Leerlaufleistung oft sehr erheblich. Sie kann bis zu 50% der Gesamtleistung betragen.[2]

Im Werkzeugmaschinenlaboratorium des Manchester College of Science and Technology hat M. M. SADEK die Wirkungsgrade einer Produktionsfräsmaschine (Drehzahlbereich 19 bis 1700 U/min, Motorleistung 5 kW) untersucht und die in Abb. 45 und 46

---

[1] Die Werkzeugmaschinen, s. Fußn. 2, S. 6.
[2] HUCKS, H.: s. Fußn. 2, S. 28.

gezeigten Zusammenhänge festgestellt. Eine für wälzgelagerte Hauptgetriebe anwendbare analytische Beziehung haben H. STUTE und E. V. D. LINDE[1] gefunden:

$$N_{\text{brutto}} = N_{\text{Leerlauf}} + a \cdot N_{\text{netto}};$$

und da

$$\eta = \frac{N_{\text{netto}}}{N_{\text{brutto}}},$$

$$\eta = \frac{1}{\dfrac{N_{\text{Leerlauf}}}{N_{\text{netto}}} + a},$$

worin

$$a = \frac{N_{\text{brutto}} - N_{\text{Leerlauf}}}{N_{\text{netto}}}$$

im allgemeinen zwischen 1,15 und 1,25 zu liegen scheint (Abb. 47). Allerdings kann dieser Bereich bei sehr großem Drehzahlbereich noch weiter liegen. So war z. B. bei

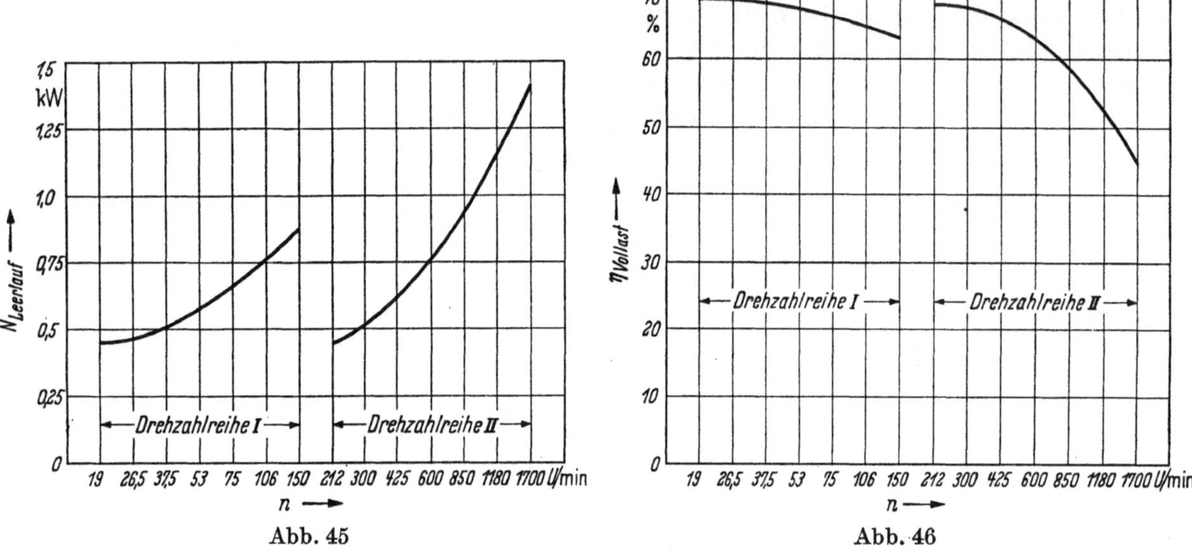

Abb. 45   Abb. 46

der oben genannten Fräsmaschine bei voller Belastung und bei höchster Drehzahl ($n = 1700$ U/min):

$$N_{\text{brutto}} = 5\,\text{kW}, \qquad N_{\text{netto}} = 2,3\,\text{kW},$$

$$N_{\text{Leerlauf}} = 1,4\,\text{kW}, \qquad a = \frac{5 - 1,4}{2,3} = 1,56.$$

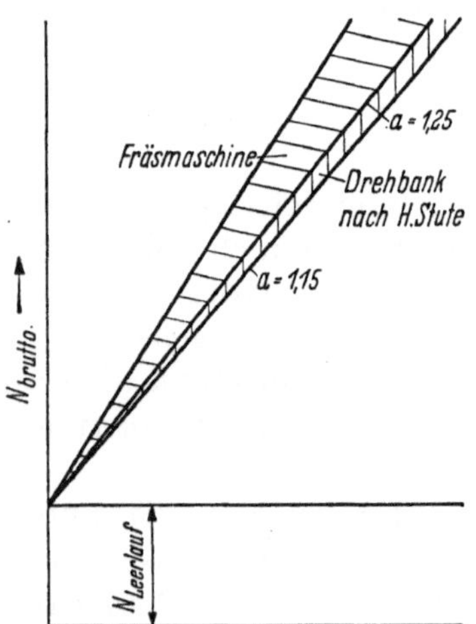

Abb. 47

Bei niedrigster Drehzahl ($n = 19$ U/min):

$$N_{\text{brutto}} = 4\,\text{kW},$$

$$N_{\text{netto}} = 2,8\,\text{kW},$$

$$N_{\text{Leerlauf}} = 0,5\,\text{kW},$$

$$a = \frac{4 - 0,5}{2,8} = 1,25.$$

Bei Maschinen mit hin und her gehender Arbeitsbewegung ist zwar die Vorschubleistung von untergeordneter Bedeutung, da die Vorschubbewegung nicht gleichzeitig mit der Schnittbewegung stattfindet. Indessen bedeuten die Rücklauf- und Umsteuerleistungen erhebliche zusätzliche Leistungsverluste. Abb. 48 zeigt den Leistungsverlauf

---

[1] STUTE, H., u. E. V. D. LINDE: Über Antriebe und Wirkungsgrade bei Werkzeugmaschinen. Industrie-Anz., 5. August 1955.

für einen Hobelmaschinenantrieb. Da die Umsteuerleistung erheblich schwankt, kann man die Bilanz der Hobelmaschine auf Grund der jeweilig geleisteten Arbeit auftragen. Für eine gegebene Hublänge kann dann der Wirkungsgrad der Maschine in Abhängigkeit von der Schnittarbeit bestimmt werden (Abb. 49). Mit wachsender Hublänge fällt der Anteil der Umsteuerverluste an der Gesamtarbeit, und somit steigt der Gesamtwirkungsgrad der Maschine. Bei einem Stößelhobler hat SCHLESINGER einen Höchstwirkungsgrad von 60% gemessen (Abb. 50)[1].

Die Werkzeugmaschine wird letzten Endes nach ihrem wirtschaftlichen Wirkungsgrad beurteilt, der nicht allein von der besten Ausnutzung der zur Verfügung stehenden Antriebsleistung, der statisch

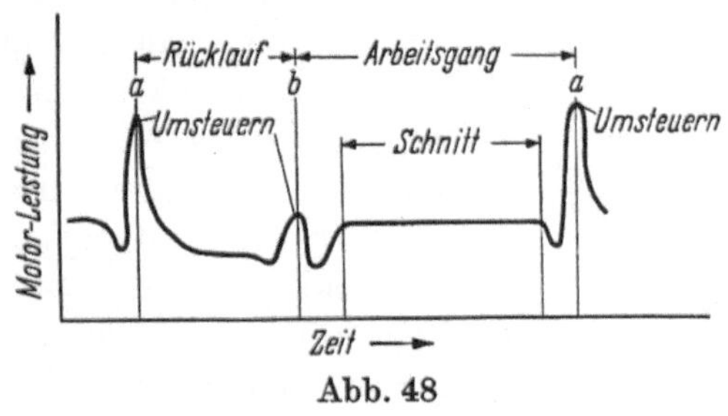

Abb. 48

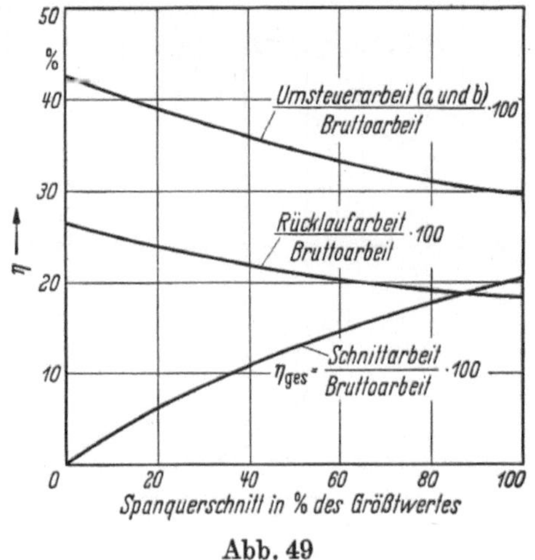

Abb. 49

und dynamischen Belastungsfähigkeit und der Leistungsfähigkeit der einzusetzenden Werkzeuge abhängt. Um den besten Wirkungsgrad der Werkzeugmaschine im Fabrikationsgang zu gewährleisten, dürfen noch folgende Punkte nicht vernachlässigt werden:

a) Der Arbeiter muß die Maschine schnell, sicher und mit geringstmöglicher Ermüdung einrichten bzw. bedienen können.

b) Instandhaltung und, wenn nötig, Reparaturarbeiten müssen ohne Schwierigkeiten und in möglichst kurzer Zeit durchführbar sein.

Zu a) Die logische Anordnung und Bewegungsrichtung

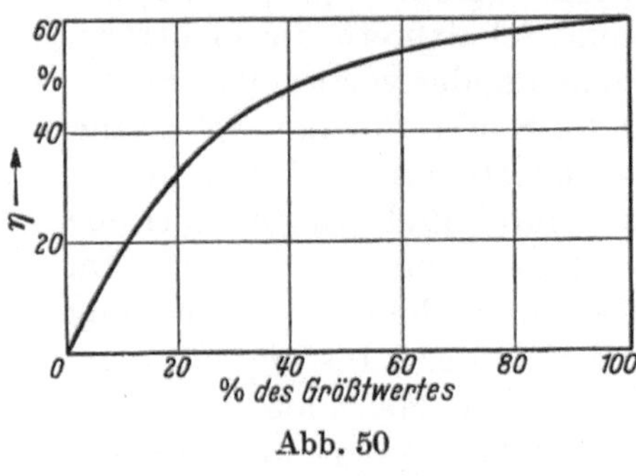

Abb. 50

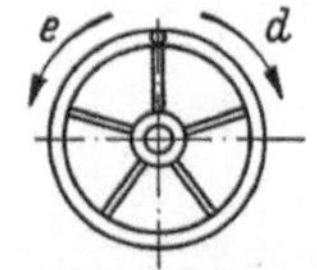

Abb. 51

der Bedienungselemente ist in der ganzen Welt eingeführt (Abb. 51). Die zur Betätigung von Hebeln und Handrädern erforderliche Kraft sollte bei Handbetätigung im allgemeinen 15 bis 20 kg nicht überschreiten. Für die häufige Betätigung von Fußhebeln werden 10 bis 15 kg, bei seltener Betätigung, bei der das Körpergewicht zu Hilfe genommen werden kann, 25 bis 30 kg und bei Hebeln, die im Sitzen betätigt werden, 4 bis 8 kg als Höchstkraft angegeben. Bei Maschinen, die von Frauen bedient werden sollen, müssen diese Werte oft noch erheblich niedriger gewählt werden. Unnötige Bewegungen und Ermüdung

---

[1] SCHLESINGER, G.: Capacity Tests on a Shaping Machine. Machinery, Lond., 30. September 1937.

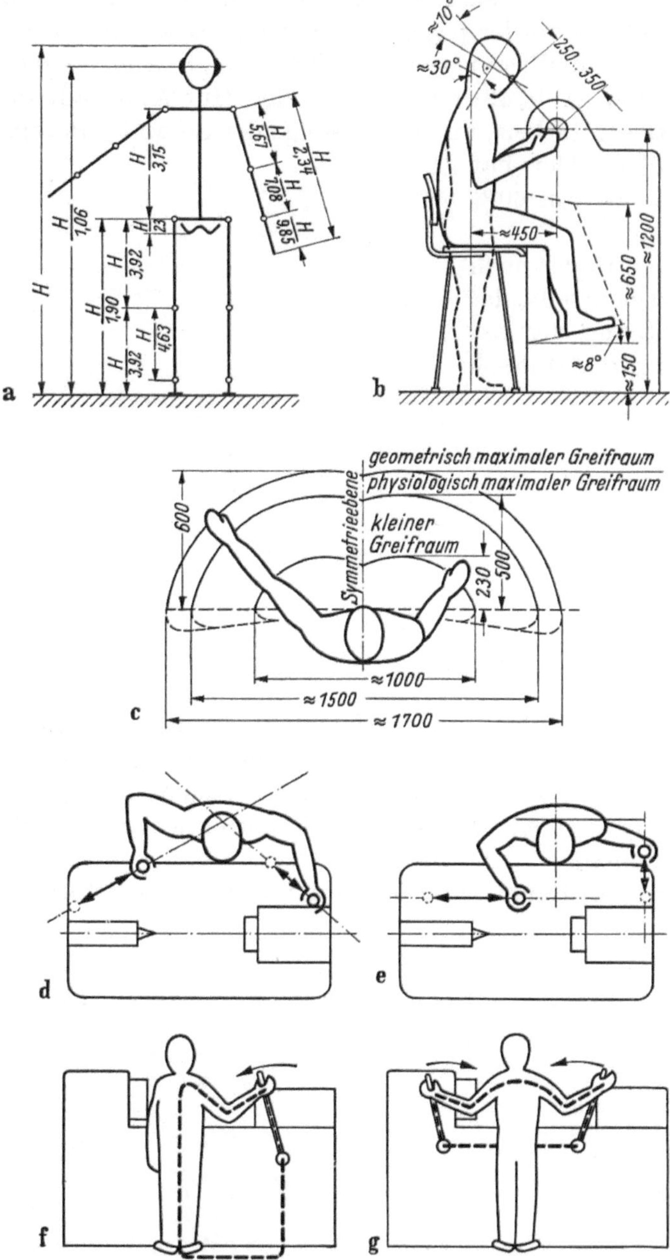

Abb. 52. a) Maßverhältnisse des menschlichen Körpers (nach
B. Schulte: Arbeitserleichterung München: Hanser 1952;
b) Normale Körperhaltung bei der Bedienung einer Maschine;
c) Der Greifraum in der Horizontalebene; d) Anordnung der
Bedienungshebel, so daß die Bedienungsbewegung auf die Körper-
längsachse gerichtet ist; e) Anordnung der Bedienungshebel, so
daß die Bedienungsbewegung achsparallel gerichtet ist; f) Auf
langem Weg durch den Körper geschlossener Kraftfluß; g) Auf
    kurzem Weg durch den Körper geschlossener Kraftfluß

werden vermieden, wenn die Anordnung von Hebeln und Handrädern der Geometrie des menschlichen Körpers angepaßt ist
(Abb. 52)[1].

Zu b) Es ist außerordentlich
wichtig, bei dem Entwurf einer
Neukonstruktion an die Möglichkeiten von Reparaturen und
Instandhaltungsarbeiten zu denken.[2] Mühe, Zeitverlust und
Produktionsverluste der Werkstatt können später stark verringert werden, wenn diejenigen
Teile, die starkem Verschleiß und
Störungen ausgesetzt sind, so
konstruiert und angeordnet werden, daß Instandhaltungsarbeiten
leicht und schnell ausgeführt
werden können. Abgesehen von
dem Wert der Vereinheitlichung
von Größen und Typen für
Schrauben und Muttern, die die
Anzahl der notwendigen Schlüs-
sel auf ein Mindestmaß beschränkt, bietet die Verwendung
baulicher Einheiten, z. B. bei
dem Einsatz von elektrischen
oder hydraulischen Steuerungen,
besondere Vorteile. Als Beispiel
sei hier die elektrische Schaltung
einer Produktionsfräsmaschine
erwähnt (Abb. 53), bei der auf
einem Schaltbrett die elektrisch
gegeneinander verriegelten Schalter (s. S. 97) für die Schaltung
und Umsteuerung der Spindel-,
Vorschub- und Eilgangantriebe
gedrungen angeordnet sind. Im
Falle einer elektrischen Störung
braucht der Instandhaltungs-
arbeiter die Maschine nicht aus
dem Arbeitsprogramm heraus-
zunehmen, während er die Fehler-
quelle festzustellen sucht. In
einer Werkstatt, in der eine
Reihe gleichartiger Maschinen arbeiten, kann er dann ein Reserve-

schaltbrett einsetzen und in Ruhe das fehlerhafte Schaltbrett untersuchen und instand
setzen, worauf es dann als Reserve für etwaige folgende Störungen zur Verfügung steht.

---

[1] Stier, F.: Sind unsere Werkzeugmaschinen dem Menschen angepaßt? Konstruktion, August 1957.

[2] Siehe H.-J. Meyer: Wünsche des Pflege-Ingenieurs an den Werkzeugmaschinen-Konstrukteur. Werkstattstechnik, November 1959.

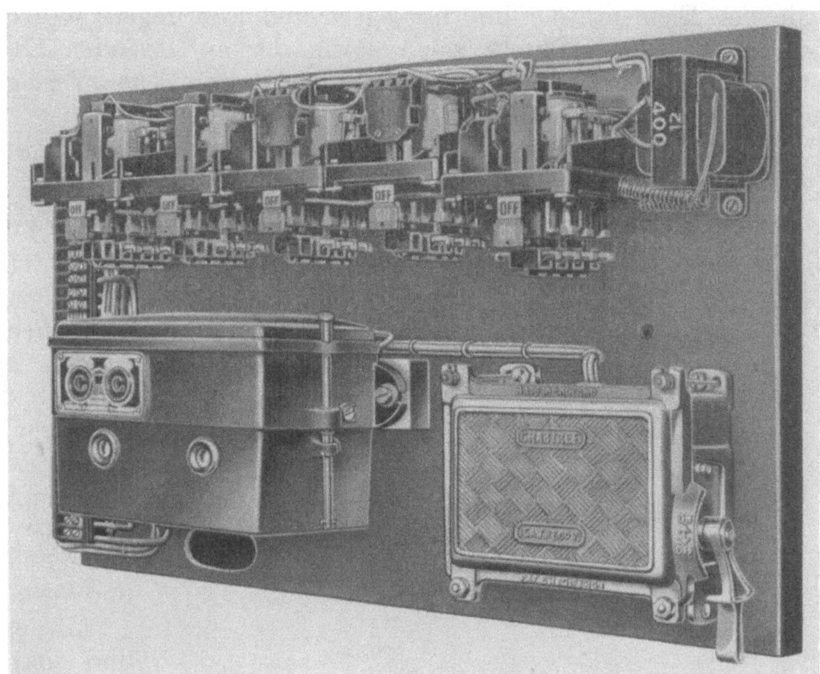

Abb. 53. Anordnung der Steuerschalter für eine Produktionsfräsmaschine (s. Abb. 133, 134) als Baueinheit
(Cooke & Ferguson Ltd., Manchester, England)

II. Hauptteil

A. Konstruktionsgrundlagen

1. Starrheit der Bauelemente und ihre Zusammenarbeit unter Last

Bei der Konstruktion spanender Werkzeugmaschinen ist die Frage der Steifigkeit (auch Starrheit genannt)[1] von größerer Bedeutung als die der Festigkeit, weil die den zulässigen Formänderungen entsprechenden Spannungen im allgemeinen weit unterhalb der für die jeweiligen Werkstoffe zulässigen Werte liegen.

Der Begriff der Starrheit als Meßgröße ist wohl erstmalig von KRUG[2] eingeführt worden, der als Einheit der Starrheit den Quotienten $\frac{\text{Belastung in kg}}{\text{Formänderung in } \mu}$ vorgeschlagen hat.

Indessen ist das Problem der Steifigkeit nicht nur eine Frage der Formänderung unter statischer Belastung, d. h. unter Einwirkung des Werkstückgewichtes und einer als statisch wirkend angenommenen Schnittkraft. Das dynamische Verhalten der Maschine unter dem Einfluß pulsierender Schnittkräfte und der bei schnellen Steuervorgängen auftretenden Trägheitskräfte ist ebenfalls von größter Bedeutung.

Es ist weiter notwendig, nicht nur die Steifigkeit einzelner Elemente, sondern auch die Gesamtsteifigkeit der von ihnen geformten Gruppen und Systeme zu untersuchen und bei der Konstruktion zu berücksichtigen. Die Gesamtsteifigkeit der Maschinenteile,

---

[1] Die Begriffe „Starrheit" und „Steifigkeit" werden im Schrifttum und im Sprachgebrauch nicht immer klar getrennt. Während Verfasser den Ausdruck Steifigkeit für das Verhältnis $\frac{\text{statische Belastung}}{\text{Formänderung}}$ und den Ausdruck Starrheit für das Schwingungsverhalten vorzieht, hat er beim Zitieren verschiedener Forschungsberichte die von den betreffenden Forschern benutzte Ausdrucksweise beibehalten.

[2] KRUG, C.: Zum Begriff „Starrheit" bei Werkzeugmaschinen. Masch.-Bau, 1927, und „Der Starrheitsgrad von Werkzeugmaschinen". Masch.-Bau, 1931.

der sie verbindenden Elemente (Ölfilme in Lagern und Führungen) und der Antriebselemente (Ölsäulen, Vorschubspindeln usw.) sowie der auftretenden Kombinationen muß derart sein, daß die resultierenden statischen und dynamischen Verlagerungen von Werkzeug und Werkstück innerhalb zulässiger Grenzen liegen.

Der Begriff „Steifigkeit" muß deshalb von folgenden Gesichtspunkten aus betrachtet werden:

    a) Statische Steifigkeit gegen Formänderung unter statischer Belastung,

    b) dynamische Starrheit, d. h. Verhalten unter Schwingungen und Trägheitskräften.

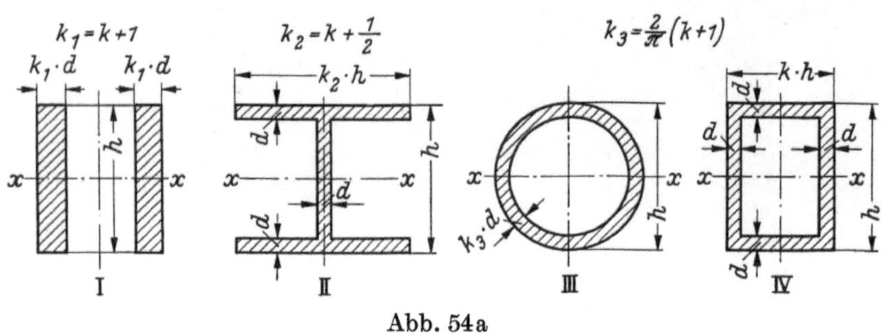

Abb. 54a

Zu a) Unter den statischen Formänderungen sind hauptsächlich diejenigen zu berücksichtigen, die durch Biegungsbeanspruchungen hervorgerufen werden, da diese Schiefstellungen und Verlagerungen der Führungselemente und damit Arbeitsungenauigkeiten der Werkzeugmaschine hervorrufen. Die solche Beanspruchungen und Formänderungen erzeugenden Kräfte sind

    1. das Gewicht verschiebbarer Teile der Maschine,

    2. das Gewicht des Werkstückes und

    3. die Schnittkraft.

Es genügt nicht, einen einzelnen Steifigkeitswert zu bestimmen. Der Wechsel der Formänderungsbedingungen, die nicht nur von der Größe und Richtung der Kräfte, sondern auch von der

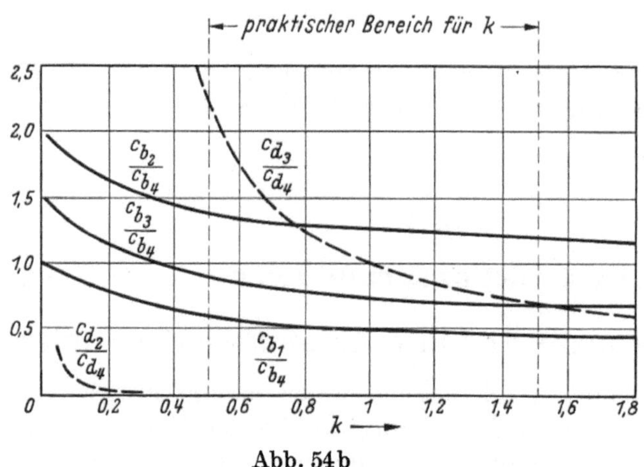

Abb. 54b

Abb. 54a u. b. Biege- und Verdrehungssteifigkeiten verschiedener Querschnitte

c_{b_1} Biegesteifigkeit   von Querschnitt I,

c_{b_2} Biegesteifigkeit   } von Querschnitt II,
c_{d_2} Verdrehungssteifigkeit }

c_{b_3} Biegesteifigkeit   } von Querschnitt III,
c_{d_3} Verdrehungssteifigkeit }

c_{b_4} Biegesteifigkeit   } von Querschnitt IV
c_{d_4} Verdrehungssteifigkeit }

jeweiligen Lage ihrer Angriffspunkte abhängen, ist wegen der dadurch bedingten Wirkung auf die Art und Größe der die Arbeitsgenauigkeit beeinflussenden Verformungen von Bedeutung. Ferner müssen die unter dem Einfluß der verformenden Kräfte stehenden Maschinenteile nicht nur als ganze Einheiten (Betten, Ständer, Schlitten usw.), sondern auch in bezug auf die Formänderungen ihrer Wandungen betrachtet werden, da z. B. die Verformung der ein Hauptspindellager tragenden Wand eines Spindelkastens die Lage der Spindel und damit die Arbeitsgenauigkeit der Maschine entscheidend beeinflussen kann.

Die das Maß der Steifigkeit bestimmende Federkonstante $\dfrac{\text{Kraft}}{\text{Formänderung}}$ ist im Falle der Biegung c_b dem Produkt aus Elastizitätsmaß E und äquatorialem Trägheitsmoment I verhältnisgleich. Im Falle der Verdrehung wird $c_d = \dfrac{\text{Verdrehungsmoment}}{\text{Verdrehungswinkel}}$ als Maß der Steifigkeit angegeben.

Werkstoff, Größe und Form eines belasteten Querschnittes beeinflussen die Steifigkeit. In Abb. 54[1] sind vier Querschnittsformen gleicher Höhe h und gleichen Flächeninhaltes, d. h. gleichen Gewichtes je Längeneinheit der Träger, verglichen.

Innerhalb eines praktischen Bereiches (0,5 bis 1,5) des Verhältnisses Breite zu Höhe, k, ist der geschlossene Kastenquerschnitt am günstigsten, da die im Vergleich zum Rohrquerschnitt etwas geringere Verdrehungssteifigkeit durch die höhere Biegungssteifigkeit mehr als ausgeglichen wird. Auch das Verhältnis freitragender Länge zur Querschnittform ist von Bedeutung und muß, insbesondere mit Bezug auf die Eigenschaften zu verwendender Werkstoffe, berücksichtigt werden. Dieses Problem wird besonders akut, wenn aus bestimmten Gründen nicht nur die Steifigkeit, sondern auch die Werkstoffbeanspruchung wichtig ist, und wenn z. B. die Frage auftaucht, ob ein Maschinenbett aus Grauguß oder aus Walzstahl als Schweißkonstruktion hergestellt werden soll.

Schon KRUG hatte darauf hingewiesen, daß die Anwendung von Walzstahl an Stelle von Gußeisen im Maschinenbau erhebliche Werkstoffersparnisse möglich macht, da das Elastizitätsmaß von Stahl beinahe das Doppelte des Elastizitätsmaßes von Grauguß beträgt und die zulässigen Zug- und Biegungsbeanspruchungen für Grauguß zwischen 30 und 60 % derjenigen für gewöhnlichen Walzstahl liegen. KRUG hatte auch gezeigt, daß bei gleicher „Werkstoffanstrengung" (voller Ausnutzung der Steifigkeit und Festigkeit des Werkstoffes) eine erhebliche Gewichtsersparnis möglich ist, wenn man z. B. im Falle eines auf Biegung beanspruchten rechteckigen Trägers einen den

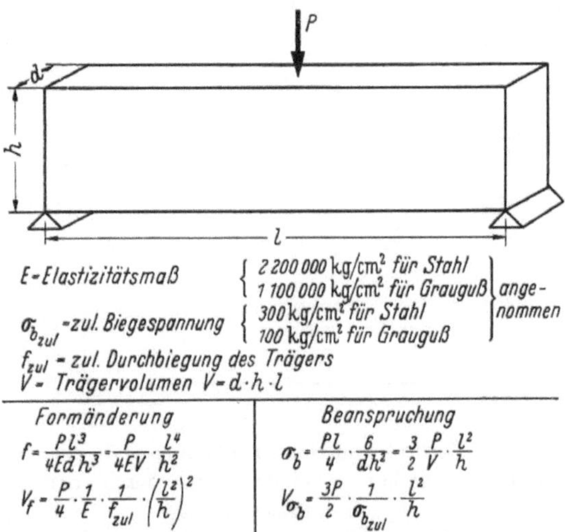

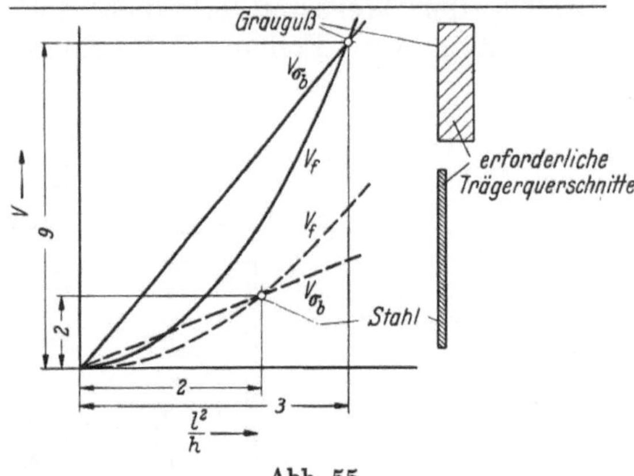

Abb. 55

mechanischen Eigenschaften des gewählten Werkstoffes entsprechenden „Gedrungenheitsgrad" (Verhältnis der Biegungshöhe zur Freilänge) wählt.

Allerdings ist das mit dem von KRUG geprägten Ausdruck „Gedrungenheitsgrad" bezeichnete einfache Verhältnis von Biegungshöhe und Freilänge nicht entscheidend. Das zeigt die Berechnung des Werkstoffbedarfes für das Beispiel eines an den Enden frei aufliegenden Trägers, der in der Mitte belastet ist (Abb. 55). Die hier gezeigten Bedingungen dürften z. B. eine vereinfachte Form des Problems der Seitenwand eines Maschinenbettes darstellen, wobei allerdings Schubbeanspruchungen und die daraus entstehenden Verformungen vernachlässigt sind. Aus der Berechnung ist ersichtlich, daß das Verhältnis der Biegungshöhe zum Quadrat der Freilänge entscheidend ist und daß dieses Verhältnis für einen gegossenen Träger ganz anders als für einen geschweißten

---

[1] Siehe F. KOENIGSBERGER: Light Weight Welded Construction im Mechanical Engineering Structures. Trans. Inst. Welding, August 1952.

42   A. Konstruktionsgrundlagen

gewählt werden muß, wenn nicht zu steif (f_zul) und nicht zu fest (σ_zul) gebaut werden soll. Es gibt für einen bestimmten Fall der zulässigen Höchstbeanspruchung und der zulässigen größten Durchbiegung für jeden Werkstoff nur einen, durch den Schnittpunkt der V_f- und V_σ-Kurven bestimmten Wert l^2/h, für den sowohl Festigkeit σ_zul als auch Steifigkeit E voll ausgenutzt sind.

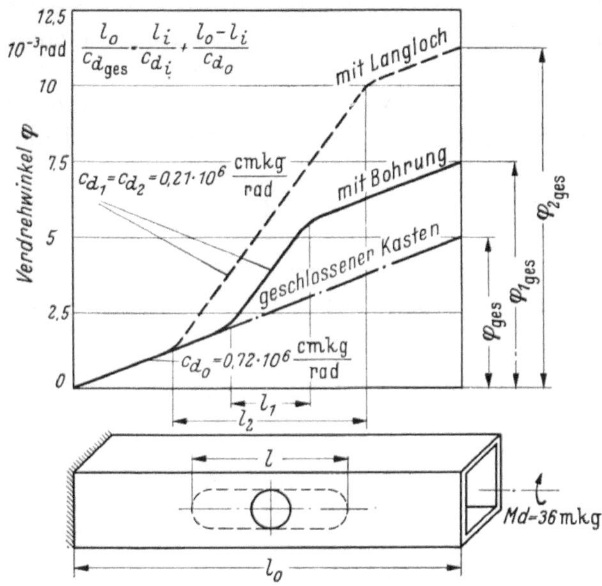

Abb. 56. Verdrehwinkel und Torsionssteife bei Kästen mit Durchbrüchen in einer Wand (nach BIELEFELD, s. Fußn. 1, S. 43)

Wenn andere Erwägungen es dem Konstrukteur nicht unmöglich machen, dieses günstigste Verhältnis l^2/h anzuwenden, dann kann die durch den Gebrauch von Stahl gegenüber Grauguß mögliche Werkstoffersparnis ihren Höchstwert erreichen, der in dem in Abb. 55 gezeigten Beispiel über 70 % betragen würde. Um jedoch diese Bedingungen zu erfüllen, muß der Stahlträger sehr dünn und hoch im Vergleich zu seiner Freilänge werden, und hier liegt die erste große Schwierigkeit. Die Höhe eines Maschinenbettes ist meist durch andere Konstruktionsbedingungen vorgeschrieben. Sehr geringe Wanddicken erfordern Versteifungsrippen, die selbstverständlich den Werkstoffverbrauch und die Arbeitslohnkosten erhöhen. Die ideale Kombination von Freilänge, Biegungshöhe und Wanddicke kann deshalb fast nie ganz erzielt werden. Indessen sollte sich der Konstrukteur den Grundsatz, Walzstahlkonstruktionen mit kleinerer Wanddicke und größerer Biegungshöhe zu entwerfen, als es bei Gußkonstruktionen üblich ist, vor Augen halten.

In der Praxis des Werkzeugmaschinenbaues wird das Verhältnis l^2/h meistens rechts von dem Schnittpunkt der V_f- und V_σ-Kurven liegen, so daß Steifigkeit und nicht Belastungsfähigkeit die entscheidende Rolle in

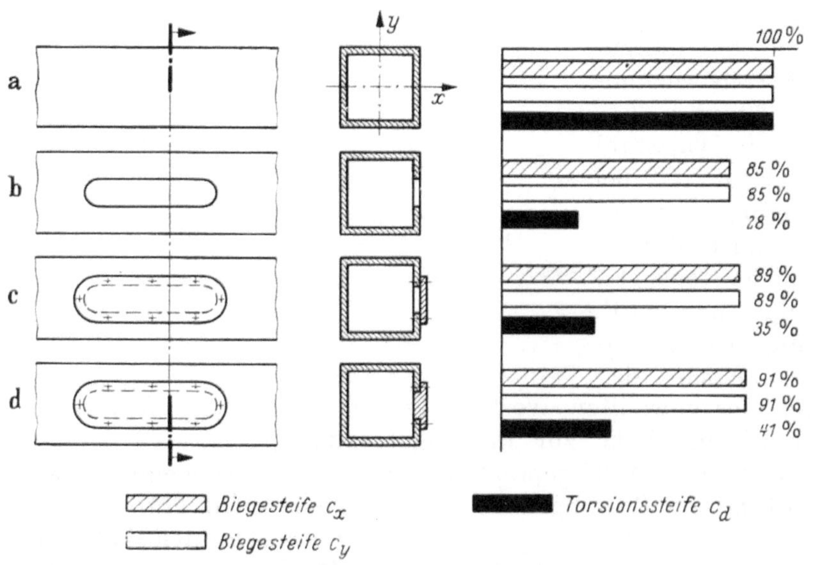

Abb. 57a—d. Statische Starrheit eines Kastenständers mit Wanddurchbruch und Abdeckplatten (nach BIELEFELD, s. Fußn. 1, S. 43)

der Bestimmung der Abmessungen und des Werkstoffverbrauches spielen. Dann wird der theoretische Werkstoffverbrauch im Falle der Stahlkonstruktion etwa die Hälfte des Werkstoffverbrauches sein, der für eine Graugußkonstruktion erforderlich wäre,

$$\left(\frac{E_\text{Stahl}}{E_\text{Gußeisen}} \approx 2 \right).$$

Es möge bei dieser Gelegenheit darauf hingewiesen werden, daß in derartigen Fällen die Anwendung von legierten Stählen hoher Festigkeit keinerlei Vorteil bringt, da die Elastizitätsmaße aller Stähle um nicht mehr als etwa $\pm 3\%$ schwanken.

Die belasteten Teile einer Werkzeugmaschine können nicht immer mit über ihre ganze Länge gleichbleibendem Querschnitt entworfen und ausgeführt werden. Der schwächende Einfluß von Durchbrüchen, insbesondere auf die Verdrehungssteifigkeit, ist bekannt. Im Werkzeugmaschinenlaboratorium der Technischen Hochschule Aachen durchgeführte Modellversuche[1] haben interessante Ergebnisse gezeitigt, die in Abb. 56 wiedergegeben sind. Es wird hier gezeigt, daß sich der Einfluß einer runden Bohrung etwa über den doppelten Bohrdurchmesser d erstreckt ($l_1 \approx 2d$, s. Abb. 56). Ein Langloch (Länge l) beeinflußt die Gesamtsteifigkeit noch stärker, da der gestörte Bereich ($l_2 = l + d$, s. Abb. 56) im Verhältnis zur Gesamtlänge größer ist. Solche Durchbrüche sind indessen in Maschinenständern und Betten oft aus Montagegründen, z. B. für Getriebe usw., unvermeidlich. Sie werden dann durch Abdeckplatten wieder verschlossen, die das Aussehen des geschlossenen Kastenquerschnittes wiederherstellen. Für solche Fälle ist das Ergebnis einer weiteren Versuchsreihe interessant (Abb. 57). Während die Reduktion der Biegesteifigkeit verhältnismäßig gering und durch Einsatz einer zweckmäßig entworfenen Abdeckplatte fast völlig aufgehoben werden kann, wird die durch die Bohrung um 72% reduzierte Verdrehungssteifigkeit selbst mit Hilfe der günstigsten Abdeckplatte nur bis auf 41% des ursprünglichen Wertes wiederhergestellt.

Der schwächende Einfluß des Durchbruches kann allerdings durch zweckentsprechende Verrippung verringert werden. Die von PETERS[2] vorgeschlagene Diagonalverrippung (Zickzackverrippung) ist einer geraden Querverrippung durch höhere Steifigkeit sowohl gegen Biegung als auch besonders gegen Verdrehung überlegen.[3]

Den Einfluß von Bohrungen und Verrippungen auf die Verformungen der Wandungen eines Kastenquerschnittes haben RESCHETOW und KAMINSKAJA[4] durch Vergleich experimenteller Messungen mit den Ergebnissen vorgeschlagener Berechnungsmethoden untersucht. Sie berechnen die Größe der Verformungen f_0 einer Kastenwand mit konstanter Wandstärke

$$f_0 = K_0 \cdot \frac{P \cdot a^2 (1 - \mu^2)}{E\, h^3},$$

wobei

P Belastung,
a halber Wert der größten Länge der zu berechnenden Wand,
E Elastizitätsmaß $\Big\}$ des Kastenwerkstoffes,
μ Querdehnungszahl

h Wandstärke der Platte,
K_0 Koeffizient, dessen Wert von den Koordinaten der Kraftangriffsstelle und von den Abmessungen der Kanten abhängt und der Tab. 10 entnommen werden kann.

Wenn eine Kastenwand durch Bohrungen unterbrochen und durch Naben und Verrippungen versteift ist, dann kann die Verformung f nach der Formel

$$f = f_0 \cdot K_1 \cdot K_2 \cdot K_3$$

angenähert ermittelt werden, wobei

f_0 Verformung der undurchbrochenen Wand,
K_1 Koeffizient, der den Einfluß der Bohrung und Nabe erfaßt, durch die die Belastung übertragen wird,

K_2 Koeffizient, der von dem Einfluß der unbelasteten Bohrungen und Naben abhängt,
K_3 Koeffizient, der durch die Verrippung bestimmt ist.

---

[1] BIELEFELD, J.: Modellversuche an Werkzeugmaschinenelementen, 7. Forschungsbericht des Laboratoriums für Werkzeugmaschinen und Betriebslehre der T. H. Aachen. Industrie-Anz., 4. Oktober 1957.

[2] Werkstattstechnik, 1920, S. 441.

[3] Zur Berechnung der Erhöhung der Verdrehungssteifigkeit s. A. WOLFF: Beitrag zur Berechnung der Verdrehungssteifigkeit von Gußkörpern. Werkstattstechnik, 1925.

[4] RESCHETOW, D. N., u. V. V. KAMINSKAJA: Untersuchungen und Näherungsrechnungen der Starrheit kastenförmiger Bauteile im Werkzeugmaschinenbau. Stanki i Instrument, 1956, referiert von J. PEKLENIK im Industrie-Anz., 1957, Nr. 2 u. 11.

Tabelle 10. *Die zahlenmäßigen Werte für Koeffizient K_0*

Die Verformungen f_0 der Platte mit den Abmessungen $2a \cdot 2b$ und der Dicke h eines offenen Kastens

$$f_0 = \frac{P \cdot a^2 (1 - \mu^2)}{E \cdot h^3} \cdot K_0$$

a) Die beanspruchte Platte $2a \cdot 2b$ ist mit vier Kanten des Kastens verbunden

Seitenverhältnis der beanspruchten Platte a : b		1 : 1								1 : 0,75					
Verhältnis der Kastenrippen a : b : c		1 : 1 : 1			1 : 1 : 0,75			1 : 1 : 0,5			1 : 0,75 : 0,75			1 : 0,75 : 0,5		
Koordinaten des Kraftangriffspunktes		1	2	3	1	2	3	1	2	3	1	2	3	1	2	3
	1′	0,18	0,24	0,18	0,20	0,28	0,20	0,21	0,31	0,21	0,13	0,18	0,13	0,13	0,20	0,13
	2′	0,24	0,35	0,24	0,28	0,44	0,28	0,31	0,50	0,31	0,21	0,30	0,21	0,22	0,33	0,22
	3′	0,18	0,24	0,18	0,20	0,28	0,20	0,21	0,31	0,21	0,13	0,18	0,13	0,13	0,20	0,13

b) Die beanspruchte Platte $2a \cdot 2b$ ist mit drei Kanten des Kasten verbunden

Seitenverhältnis der beanspruchten Platte a : b		1 : 1			1 : 0,75						1 : 0,5					
Verhältnis der Kastenrippen a : b : c		1 : 1 : 1			1 : 0,75 : 1			1 : 0,75 : 0,75			1 : 0,5 : 1			1 : 0,5 : 0,75		
Koordinaten des Kraftangriffspunktes		1	2	3	1	2	3	1	2	3	1	2	3	1	2	3
	1′	0,16	0,25	0,16	0,15	0,20	0,15	0,15	—	0,15	0,08	0,09	0,08	0,08	—	0,08
	2′	0,30	0,48	0,30	0,29	0,45	0,29	0,28	0,42	0,28	0,19	0,28	0,19	0,18	0,27	0,18
	3′	0,43	0,70	0,43	0,39	0,62	0,39	—	0,62	—	0,34	0,51	0,34	—	0,48	—
	4′	0,95	1,40	0,95	0,77	1,16	0,77	—	0,16	—	0,62	0,92	0,62	—	0,69	—

— gelenkartige Einspannung   ⌢ nichteingespannte Plattenseite

In der oben genannten Veröffentlichung sind Werte für K_1 und K_2 durch Kurven (Abb. 58) zu ermitteln. K_3 schwankt entsprechend der Art der Verrippung zwischen 0,75 und 0,9.

Der Einfluß der Anordnung zusammengesetzter Konstruktionsteile auf die Gesamtsteifigkeit einer Maschine kann an Hand des Gestelles von Radialbohrmaschinen gezeigt werden. Es handelt sich hier um zwei einander überlagerte einseitig eingespannte Träger:

1. die auf der Grundplatte durch Schrauben gehaltene Säule und
2. den an der Säule geführten Ausleger.

Die heute üblichen Konstruktionen verwenden entweder an der Säule *1* schwenkbare und axial verschiebbare Ausleger *3* (Abb. 59), oder sie sehen ein zwischengeschaltetes Rohr *2* vor, das um die Säule *1* schwenkbar angeordnet ist und auf dem der Ausleger *3* axial verschoben wird (Abb. 60). Beide Anordnungen haben ihre Vor- und Nachteile, die sowohl technischer als auch wirtschaftlicher Natur sein können. Eine einfache Nachrechnung[1] zeigt, daß in der Anordnung (Abb. 59) die größte Schiefstellung φ der Bohrspindelachse in der höchsten, die geringste Schiefstellung bei der tiefsten Stellung des Auslegers auftritt. Bei der Anordnung (Abb. 60) tritt dagegen die geringste Schiefstellung auf, wenn der Ausleger auf halber Höhe steht (Abb. 61). Diese Tatsache muß nicht nur bei der Konstruktion der Maschine, sondern auch bei ihrer Beurteilung, insbesondere bei der Durchführung von Abnahmeprüfungen, beachtet werden.

---

[1] SCHLESINGER, G., u. F. KOENIGSBERGER: Colonne unique contre colonne et douille des machines à percer radiales. Machine Mod., Juli 1936.

Neben der Steifigkeit der einzelnen Teile eines Maschinengestelles und ihrer Anordnung ist der Einfluß der sie verbindenden Elemente auf die Gesamtsteifigkeit von Bedeutung. Verbiegung von Flanschen, Dehnung von Befestigungsschrauben und Veränderungen des Spieles oder Verformung der tragenden Elemente (Kugel, Rollen oder Ölfilme) in Führungen und Lagern können hierbei eine wichtige Rolle spielen.

Die durch Unterte'lungen (Fugen) verringerte Steifigkeit eines Gestelles (Abb. 62)[1] kann durch zweckmäßige Versteifung der Flansche und durch günstige Anordnung der

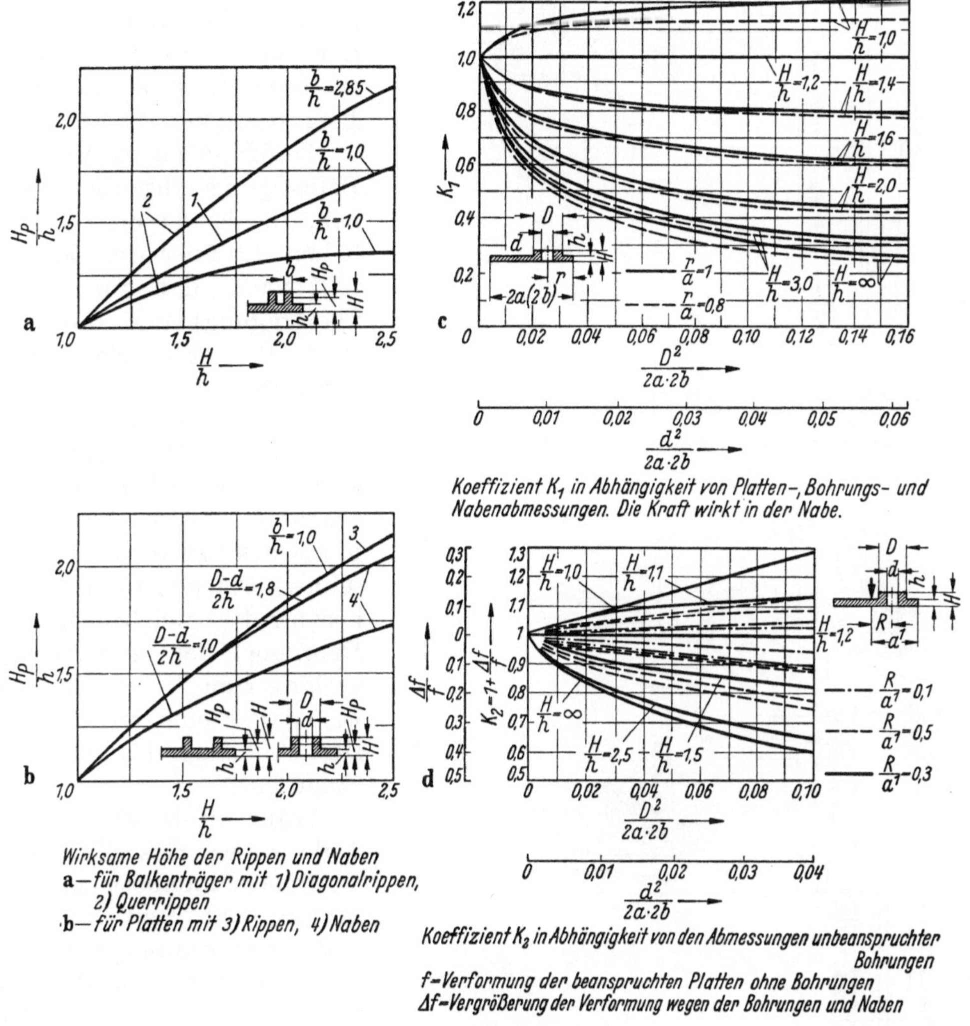

Abb. 58a—d
Ermittlung der Koeffizienten K_1 und K_2 (nach RESCHETOW und KAMINSKAJA, s. Fußn. 4, S. 43)

Verbindungsschrauben zumindest teilweise wiederhergestellt werden.[1] So ist z. B. eine Häufung von Schrauben auf der Druckseite einer auf Biegung beanspruchten Flanschverbindung ungünstiger als eine regelmäßig verteilte Anordnung, während eine gewisse Häufung auf der Zugseite günstig wirken kann. Bei auf Verdrehung beanspruchten Flanschverbindungen ist eine gleichmäßig auf den Umfang verteilte Anordnung der Schrauben am günstigsten. Im Bereich verhältnismäßig kleiner Vorspannkräfte steigt die Biegesteifigkeit der Flanschverbindung mit der Vorspannkraft stark, die Verdrehungssteifigkeit weniger. Wenn die Vorspannkraft den Mindestwert, bei dem Klaffen der

---

[1] SCHLOSSER, E.: Der Einfluß ebener verschraubter Fugen auf das statische Verhalten von Werkzeugmaschinengestellen. Werkstattstechnik u. Maschinenbau, Januar 1957.

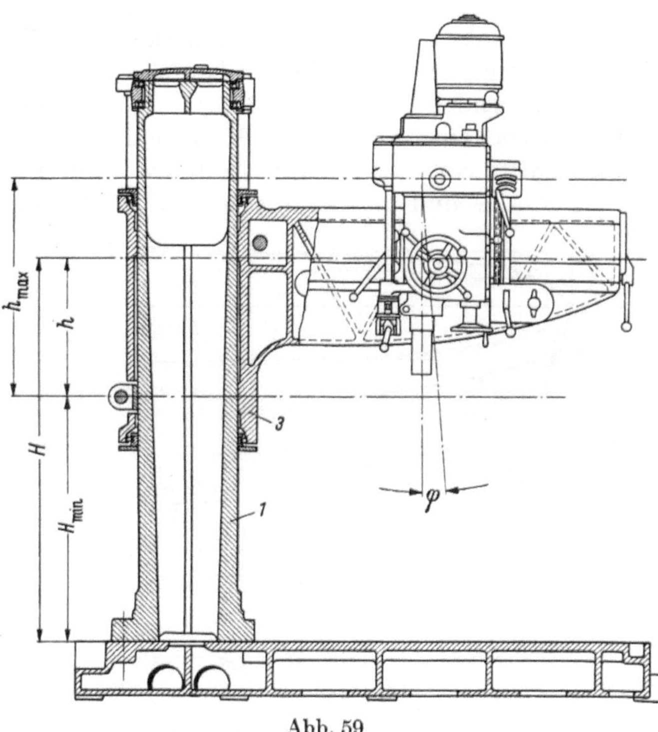

Abb. 59

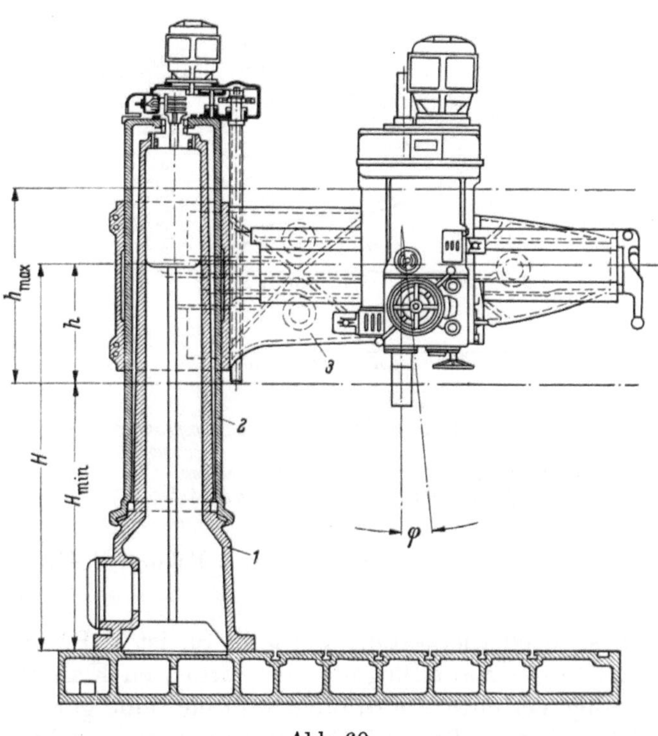

Abb. 60

Flanschen unter Vollast vermieden wird, überschreitet, kann mit weiter steigender Vorspannung nur eine geringe Erhöhung der Biegesteifigkeit und keinerlei Einfluß auf die Verdrehungssteifigkeit erzielt werden. Die Berührungsflächen der beiden Flansche sollten so groß wie möglich, eben und von hoher Oberflächengüte sein. Die Steifigkeit der Flansche trägt sehr stark zu der Biegesteifigkeit der Verbindung bei.

Durch geänderte Verteilung der Befestigungsschrauben (10 Schrauben, die besser als die ursprünglichen 12 über den Flansch verteilt waren, d. h. günstigere Kraftübertragung) und durch Versteifung des Flansches (2, 4 oder 6 Rippen) konnte die Steifigkeit eines Ständers und seiner Flanschverbindung (Abb. 63) um fast 50% erhöht werden.[1] Es ist dabei zu beachten, daß eine Verdickung des Flansches zwar eine Erhöhung seines Flächenträgheitsmomentes hervorruft, gleichzeitig aber die Dehnung der notwendigerweise verlängerten Schrauben wächst, was daher eine stärkere Tendenz zum Abheben des Flansches zur Folge hat.

Während der Konstrukteur die Teile eines Gestelles, z. B. das Drehmaschinenbett mit Spindelkasten und Reitstock, die Radialbohrmaschinengrundplatte mit Säule, Ausleger und Spindelkasten usw., so starr zu verbinden sucht, daß sie wie eine Einheit arbeiten, ergeben sich andere Probleme im Falle sich gegeneinander bewegender Teile, wie z. B. Spindeln in ihren Lagern, Schlitten auf ihren Führungen usw.

Schon KIEKEBUSCH[2] hatte die Verhältnisse an der Arbeitsspindel einer Drehmaschine untersucht. Die Spindel ist praktisch weder fest eingespannt noch kann sie als auf Schneiden frei aufliegend angenommen werden. Ihre Durch-

---

[1] BIELEFELD, J.: Starrheitsuntersuchungen an einem Werkzeugmaschinenständer unter Berücksichtigung der Modellgesetze. 7. Forschungsbericht des Laboratoriums für Werkzeugmaschinen und Betriebslehre, T. H. Aachen.

[2] KIEKEBUSCH, H.: s. Fußn. 1, S. 22.

biegung hängt daher nicht nur von ihrer eigenen Steifigkeit, sondern auch von ihrer Schiefstellung in den Lagern und damit von der Steifigkeit des Lagerkörpers (Spindelkasten), des Lagers (Lagerschale oder Kugellager) und seiner Befestigung im Lagerkörper und von der Lagerlänge und dem Spiel zwischen Spindel und Bohrung ab. In einer neueren Untersuchung stellte K. HONRATH[1] fest, daß die Hauptanteile an der Spindelverlagerung die Spindelverformung (50 bis 70%) und die Lagerverformung (50 bis 30%) sind. Wie schon KIEKEBUSCH beobachtet hatte, ist die Durchbiegungszunahme unter von Null ansteigender Belastung zunächst sehr groß und nimmt später ab (Abb. 64). Das ist wahrscheinlich darauf zurückzuführen, daß mit steigender Belastung und dadurch hervorgerufener größerer Verformung der Lagerelemente die Vollast auf die Teile des Lagers verteilt und die spezifische Belastung der einzelnen Elemente geringer wird (Abbildung 65)[1]. Vielleicht üben die Lager auch eine mehr und mehr rückbiegende Wirkung aus, so daß sich die Bedingungen von denen des frei aufliegenden zu denen des eingespannten Balkens verschieben.

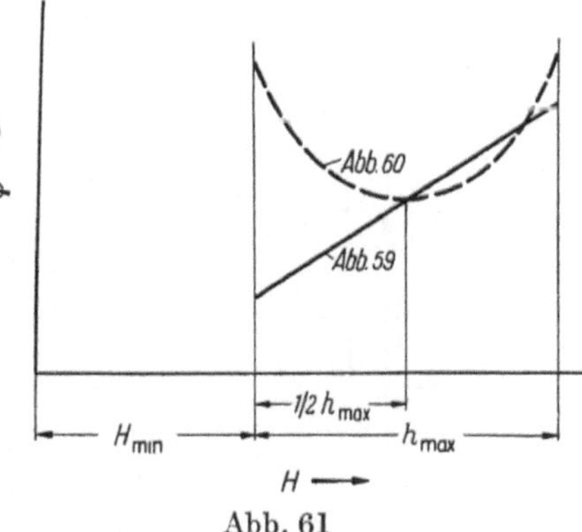

Abb. 61

Deshalb ist z. B. das Lagerspiel von Bedeutung (Abb. 66), insbesondere wenn es durch Vorspannnng gewissermaßen negativ wird. In einem durchgemessenen Beispiel (Abb. 67)[1] wurde der Anteil des auf $-15\,\mu$ vorgespannten Lagers an der Gesamtverformung von $16\,\mu$ auf $5\,\mu$ verringert. Außerdem bewirkte das versteifend wirkende Spannmoment am Lager eine Verringerung der Spindelverformung von $14\,\mu$ auf $11\,\mu$. Die Gesamtverformung

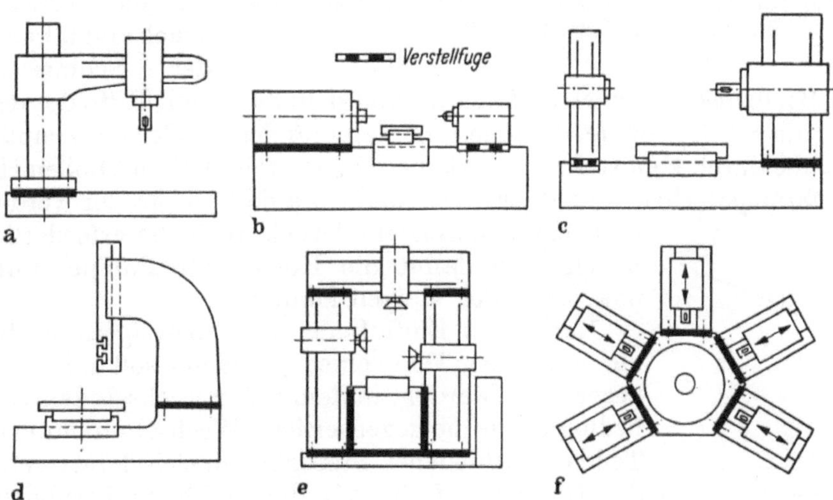

Abb. 62 a—f. Beispiele ebener verschraubter Fugen an Werkzeugmaschinengestellen. a) Radialbohrmaschine; b) Drehmaschine; c) Waagerechtbohrwerk; d) Senkrechtstoßmaschine; e) Portalfräsmaschine; f) Aufbau-Schalttisch-Bohrmaschine

an der Spindelnase ging also von $30\,\mu$ auf $16\,\mu$ herunter. Während die effektive Stützweite einer in Gleitlagern gelagerten Spindel und der rückbiegende verstärkende Einfluß der Lagerbüchsen oft nicht genau vorausgesagt werden können, läßt sich bei einer in Wälzlagern gelagerten Spindel die Biegelinie mit guter Annäherung durch das MOHRsche Verfahren ermitteln (Abb. 68).

---

[1] HONRATH, K.: Werkzeugmaschinenspindeln und deren Lagerungen. 7. Forschungsbericht des Laboratoriums für Werkzeugmaschinen und Betriebslehre, T. H. Aachen. Industrie-Anz., 4. Oktober 1957.

Auch der Abstand der zwei Lagerstellen voneinander ist wichtig. In Abb. 69[1] ist die Verformung in μ/kg am Angriffspunkt der Kraft P in Abhängigkeit von dem Verhältnis $\dfrac{\text{Lagerabstand } b}{\text{Kraglänge } a}$ aufgetragen.

Die gerade Linie stellt den Anteil der Spindelbiegung x_1 und die Hyperbel den Anteil der Lager x_2 dar. Die Summe beider Kurven gibt die Gesamtverformung, deren Minimum das günstigste Verhältnis b/a bestimmt. Während in dem angeführten Beispiel dieses Verhältnis $\dfrac{b}{a} = 3$ beträgt, hat HONRATH festgestellt, daß es allgemein zwischen 3 und 5, für lang auskragende Spindeln ungefähr bei 2 liegt.

Der Steifigkeit von Kugeln und Rollen in Wälzlagern entspricht die des Ölfilms in Gleitlagern und Führungen. Abgesehen von dem Einfluß der Ölviskosität wächst die Ölfilmsteifigkeit im allgemeinen mit dem in der Schmierschicht herrschenden Öldruck und fällt mit wachsender Schmierschichtstärke

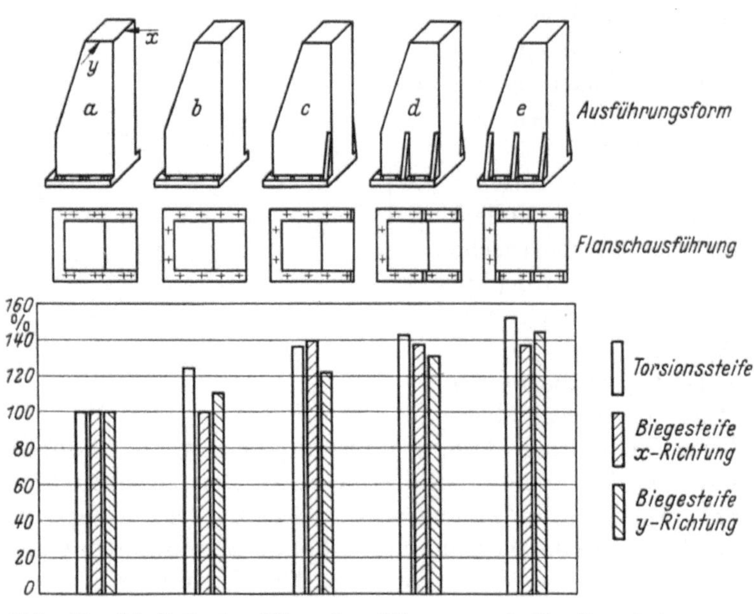

Abb. 63. Einfluß der Flanschausführung auf die Starrheit (nach BIELEFELD, s. Fußn. 1, S. 46)

(s. a. S. 251). Bei druckgeschmierten Lagern kann man daher mit Hilfe des regelbaren Öldruckes auch die Steifigkeit der Schmierschicht verändern. Allerdings muß man dabei beachten, daß die durch kleinstes Spiel erzielbare hohe Steifigkeit mit hohen Herstellungskosten der Führungsflächen bezahlt werden muß, und daß mit größer werdendem Spiel und mit wachsendem Druck auch die erforderliche Fördermenge und damit die Kosten für Pumpe, Filter, Kühler usw. erheblich steigen können.

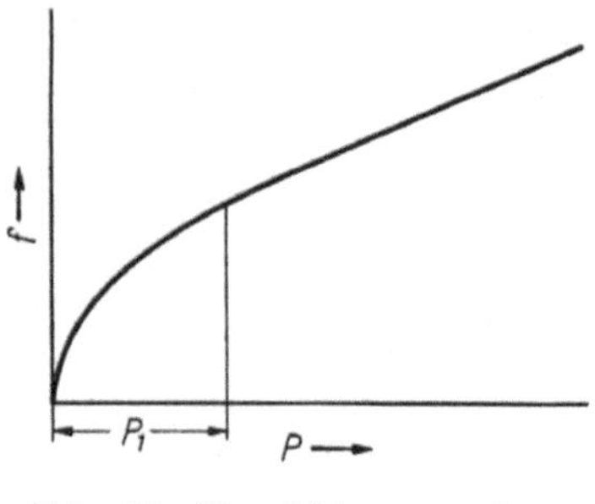

Nach dem Einfluß der sich überlagernden Steifigkeiten der einzelnen Teile einer Maschine soll nun noch ein Fall besprochen werden, in dem unter wechselnden Kraftangriffsbedingungen die gegenseitigen Wechselbeziehungen zwischen Teilen verschiedener Steifigkeiten sich derart verändern, daß der Einfluß auf die auf diesen Teilen beruhende effektive Steifigkeit nicht vernachlässigt werden darf. Das kann an dem einfachen Beispiel eines zwischen Spitzen eingespannten Werkstückes einer Drehmaschine dadurch gezeigt werden,[2] daß man den Einfluß des Wechsels in den Steifigkeitsbedingungen auf die Formgenauigkeit der Arbeit untersucht. Es seien unendlich steife Führungen des Längsschlittens und

Abb. 64. Durchbiegung einer Drehbankspindel

P An der Spindelnase wirkende Querkraft; *f* An der Spindelnase gemessene Durchbiegung; P_1 Empfohlene Vorspannung

ein unendlich steifes Werkstück angenommen, so daß nur die Verlagerung der Spitzen unter dem Einfluß einer konstanten Schnittkraftkomponente P, die sich von rechts nach links parallel zur Werkstückachse verschiebt, berücksichtigt wird (Abb. 70).

<hr>

[1] HONRATH, K.: s. Fußn. 1, S. 47.

[2] Siehe J. TLUSTY: Staticka tunost obrabecich stroju (Statische Steifigkeit der Werkzeugmaschinen). Prag: Strojnicki sbornik 1953.

Die an den Spitzen wirkenden Auflagekräfte seien

$$P_1 = P\left(1 - \frac{x}{l}\right)$$

und

$$P_2 = P\,\frac{x}{l}.$$

Die Steifigkeiten der die Spitze unterstützenden Maschinenteile seien S_1 bzw. S_2. Die Verlagerungen der Spitzen betragen dann

$$y_1 = \frac{P\left(1 - \frac{x}{l}\right)}{S_1},$$

$$y_2 = \frac{P\,\frac{x}{l}}{S_2}.$$

Die Verlagerung der Werkstückachse in bezug auf die Lage der Werkzeugschneide ist dann (Abb. 70)

$$y = y_1 + (y_2 - y_1)\,\frac{x}{l},$$

$$= P\left[\frac{1 - \frac{x}{l}}{S_1} + \left(\frac{\frac{x}{l}}{S_2} - \frac{1 - \frac{x}{l}}{S_1}\right)\frac{x}{l}\right]$$

$$= P\,\frac{S_2\left(1 - \frac{x}{l}\right)^2 + S_1\left(\frac{x}{l}\right)^2}{S_1 S_2}.$$

Das Verhältnis der beiden Steifigkeiten sei:

$$\frac{S_1}{S_2} = \alpha; \qquad S_1 = \alpha\,S_2,$$

$$y = P\,\frac{\left(1 - \frac{x}{l}\right)^2 + \alpha\left(\frac{x}{l}\right)^2}{S_1},$$

$$= \frac{P}{S_1}\cdot\left[\left(1 - \frac{x}{l}\right)^2 + \alpha\left(\frac{x}{l}\right)^2\right].$$

Daraus ergibt sich:

$$\frac{y}{y_{1\,max}} = \left(1 - \frac{x}{l}\right)^2 + \alpha\left(\frac{x}{l}\right)^2 \quad \text{(Abb. 71)}.$$

Die Abweichung der Werkstückform von der eines verlangten Zylinders hängt von der Differenz zwischen größter und kleinster Verlagerung der Werkstückmittellinie in bezug auf die Werkzeugschneide ab. In Abb. 72 ist diese Differenz, auf die Verlagerung an der Spitze *1* bezogen, in Abhängigkeit von α aufgetragen. Dabei ist zu beachten, daß für Werte von $\alpha < 1$ die größte Verlagerung y_{max} an der Spindelstockspitze *1* auftritt ($y_{max} = y_{1\,max}$), während für Werte von $\alpha > 1$, d. h. wenn — wie es im allgemeinen wohl der Fall sein dürfte — die Steifigkeit an der Reitstockspitze geringer ist als die an der Spindelstockspitze, der Größtwert der Verlagerung an der

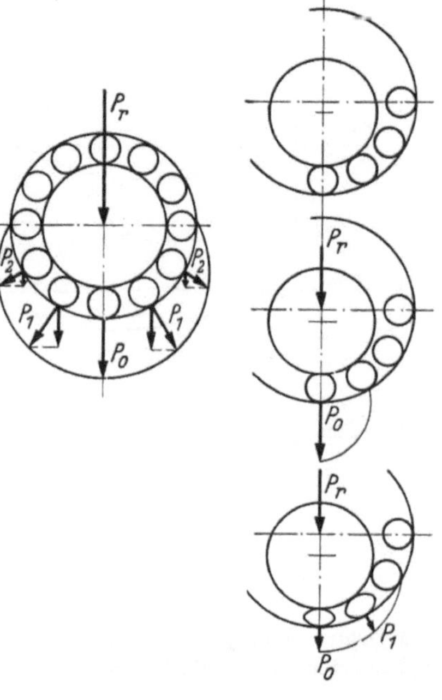

Abb. 65. Lastverteilung in einem Wälzlager (nach K. HONRATH, s. Fußn. 1, S. 47)

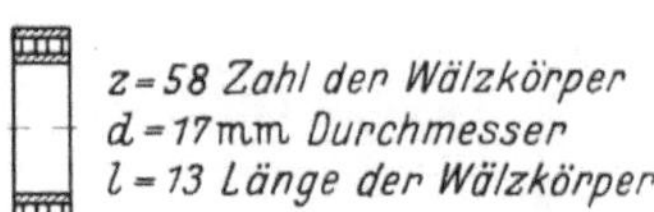

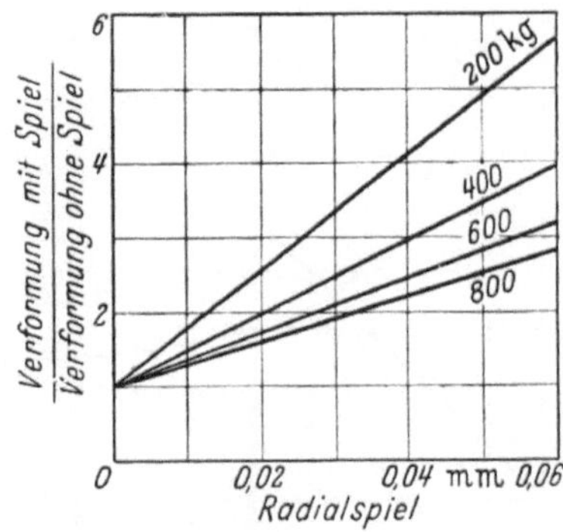

Abb. 66. Steifigkeit in Abhängigkeit vom Lagerspiel (nach K. HONRATH, s. Fußn. 1, S. 47)

Reitstockspitze auftritt ($y_{max} = y_{2\,max}$). Die Abweichung wird am geringsten, wenn $\alpha = 1$, d. h. wenn die Steifigkeiten an beiden Spitzen einander gleich sind. Daraus geht hervor, daß die Steifigkeiten der verschiedenen Teile einer Maschine aufeinander abgestimmt sein müssen und daß hohe Steifigkeit eines einzelnen Teiles zum Unterschied von anderen ($\alpha \neq 1$) von geringem Nutzen ist.

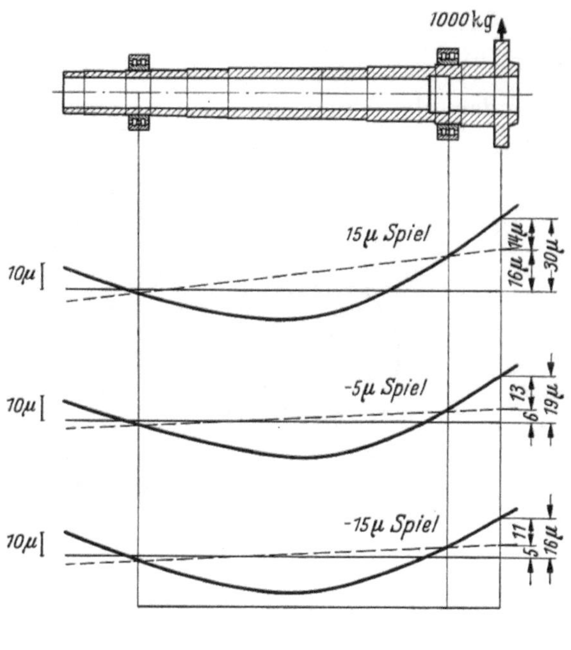

Abb. 67
Statische Spindelverformung bei verschiedenen Spielwerten (nach K. Honrath, s. Fußn. 1, S. 47)

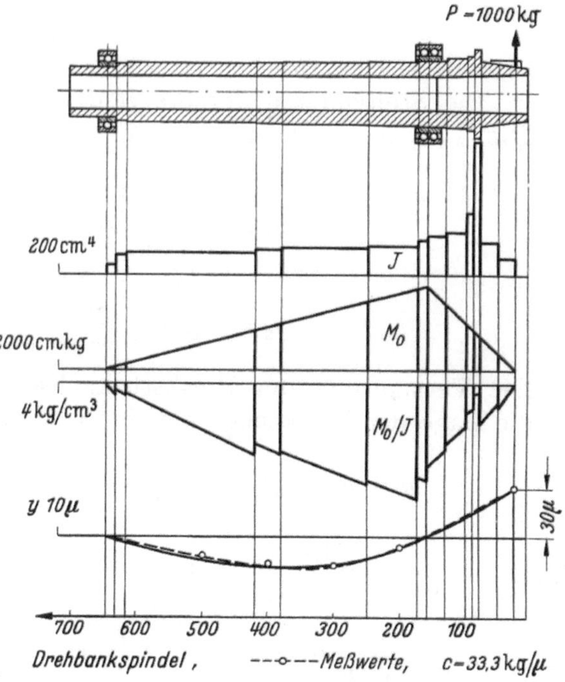

Abb. 68. Vergleich zwischen gemessener und graphisch ermittelter Biegelinie (nach Mohr). (Nach K. Honrath, s. Fußn. 1, S. 47)

Zu b) Die mit der Entwicklung von Werkzeugen und Arbeitsverfahren immer steigenden Arbeitsgeschwindigkeiten und die wachsenden Anforderungen an die Oberflächengüte der bearbeiteten Werkstücke verlangen Werkzeugmaschinen, die hohe dynamische Stabilität, insbesondere unter Biege- und Torsionsschwingungen, aufweisen.

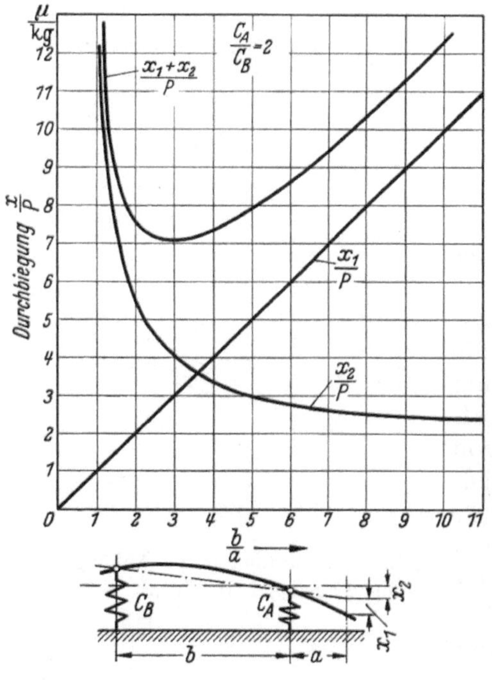

Die Art der auftretenden Schwingungen bestimmt die zur Verhinderung oder Verringerung schädlicher Auswirkungen erforderlichen Eigenschaften der Maschine und ihrer Elemente. Stoßartige Belastungen, die z. B. durch plötzliches Eintreten des Werkzeuges in das Werkstück oder durch Auftreffen der Werkzeugschneide auf eine harte Stelle in dem zu bearbeitenden Werkstoff hervorgerufen werden, können *freie Schwingungen* auslösen, während *erzwungene Schwingungen* durch harmonische (z. B. Unwuchten schnellaufender Teile)[1] oder nichtharmonische (z. B. Schnittkräfte beim Fräsen) Wechselkräfte erzeugt werden können. Der Zerspanungsvorgang kann *selbsterregte Schwingungen* hervor-

Abb. 69
Bestimmung des optimalen Lagerabstandes (nach K. Honrath, s. Fußn. 1, S. 47)

---

[1] Kienzle, O., u. H. Münnich: Unwucht und Fliehkraft von Schleifkörpern. Werkstattstechnik u. Maschinenbau, Februar 1957.

rufen,[1] die entstehen, ohne daß zusätzliche Energie von außen zugeführt wird und deren Frequenz nahe der Eigenfrequenz liegt.

Der Betriebsmann muß das Schwingungsproblem einer Werkzeugmaschine mit anderen Mitteln angreifen als der Konstrukteur, da er seine bestehende Maschine als gegeben annehmen und damit bestmögliche Ergebnisse erzielen muß.

TOBIAS und FISHWICK[2] haben z. B. eine Methode zum Entwerfen von „Stabilitätsdiagrammen" gezeigt. Mit Hilfe eines solchen für eine bestimmte Maschine entworfenen Diagramms kann man die bei dieser Maschine einzusetzenden oder zu vermeidenden Arbeits-

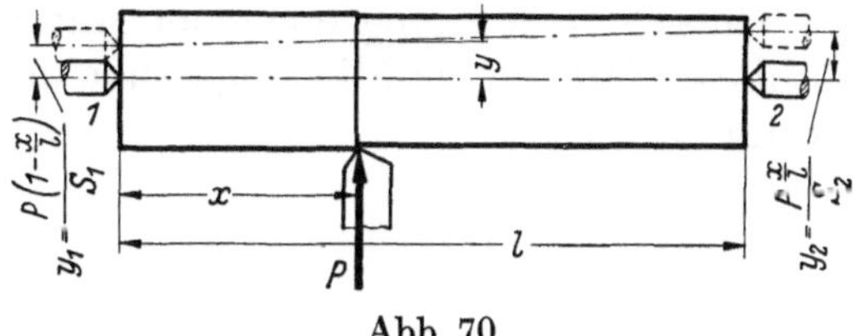
Abb. 70

bedingungen (Schnittgeschwindigkeiten, Drehzahlen, Schnittiefen, Vorschübe usw.) finden, bei denen selbst in einer Maschine, die zum Rattern oder zu anderen Schwingungserscheinungen neigt, keine schädlichen Schwingungen auftreten.

Der Konstrukteur versucht nicht, die Leistungsfähigkeit und Schwächen einer bereits bestehenden Maschine zu bestimmen. Er wählt bei der Entwicklung einer Neukonstruktion die verschiedenen Bezugsgrößen derart, daß der gegen Schwingungserscheinungen gesicherte Arbeitsbereich der Maschine soweit wie möglich wird. Allerdings kann er durch Versuche an bestehenden Maschinen den relativen Einfluß der einzelnen Elemente

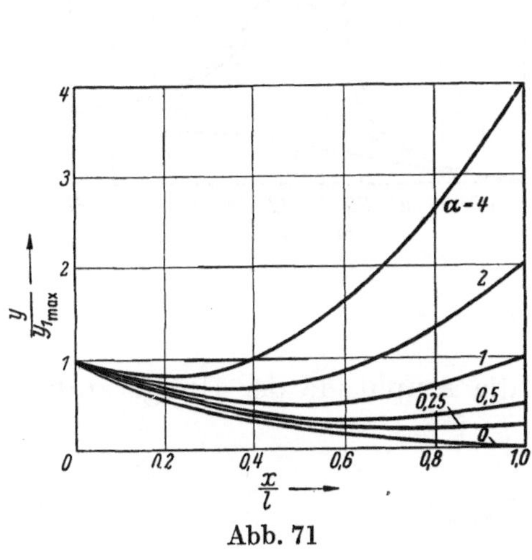
Abb. 71

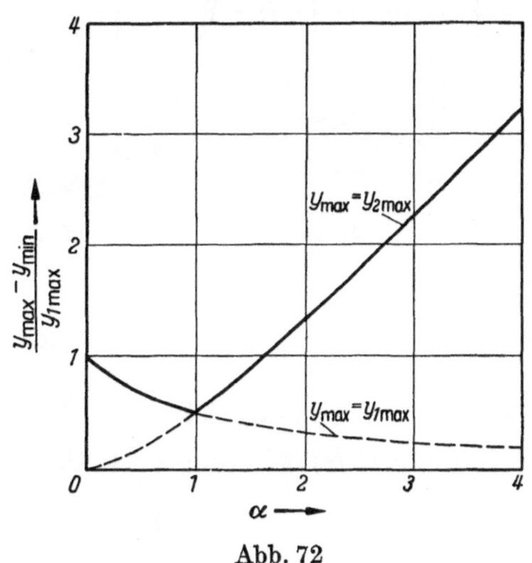
Abb. 72

der Maschine als auch ihres Zusammenwirkens innerhalb eines dynamischen Schwingungssystems, das aus Werkzeug, Werkstück, Maschine und Fundament gebildet wird, erkennen.

Die für den Verlauf der Schwingungsvorgänge wichtigen Einflußgrößen sind:

1. die Masse des Schwingers m,
2. die statische Steifigkeit (s. S. 40), die durch die Federkonstante c ausgedrückt wird,
3. der Dämpfungsgrad δ,
4. die Eigenfrequenz ω_0.

---

[1] Siehe J. TLUSTY: Selbsterregte Schwingungen bei der Bearbeitung der Metalle. Acta Technica Sc. Hungariae Bd. 8, Budapest 1954 — Prüfung der Prototypen und Forschung im Werkzeugmaschinenbau. Schwerindustrie der Tschechoslowakei, 1955, H. 1. — HÖLKEN, W.: Untersuchung von Drehbänken auf statische und dynamische Steife. Industrie-Anz., 5. Oktober 1956. — TLUSTY, J., u. M. POLACEK: Die Theorie der selbsterregten Schwingungen bei der Zerspanung und die Stabilitätsberechnung der Werkzeugmaschinen. Aus Stanki i instrument, 1956, Nr. 4, referiert von J. PEKLENIK u. W. HÖLKEN. Industrie-Anz., 5. April 1957. — SHAW, M. C., u. W. HÖLKEN: Über selbsterregte Schwingungen bei der spanenden Bearbeitung. Industrie-Anz., 6. August 1957. — TLUSTY, J., u. M. POLACEK: Beispiele der Behandlung der selbsterregten Schwingungen der Werkzeugmaschinen. 3. FoKoMa, München, Oktober 1957.

[2] TOBIAS, S. A., u. W. FISHWICK: The Vibration of Radial Drilling Machines under Test and Working Conditions. Proc. Instn. Mech. Engrs., Lond. Bd. 170, 1956, Nr. 6. — TOBIAS, S. A.: Stabilitätsdiagramme einiger spezieller Fälle des Orthogonalschnittes. 3. FoKoMa, München, Oktober 1957.

Die unter der Wirkung einer statischen Belastung P auftretende Verformung f_{stat} ist der Federkonstanten c umgekehrt proportional

$$f_{\text{stat}} = \frac{P}{c}.$$

Unter der Wirkung einer der statischen Belastung äquivalenten Wechselkraft P_{dyn} ist diese Verformung (die Amplitude der Schwingungsbewegung) um den Vergrößerungsfaktor Y erhöht

$$f_{\text{dyn}} = Y \cdot f_{\text{stat}},$$

$$f_{\text{dyn}} = Y \cdot \frac{P_{\text{dyn}}}{c},$$

$$= \frac{P_{\text{dyn}}}{c/Y}.$$

c/Y ist die sogenannte dynamische Federzahl c_{dyn}, wobei Y eine Funktion des Dämpfungsgrades δ und des Verhältnisses η zwischen Erregerfrequenz ω und Eigenfre-

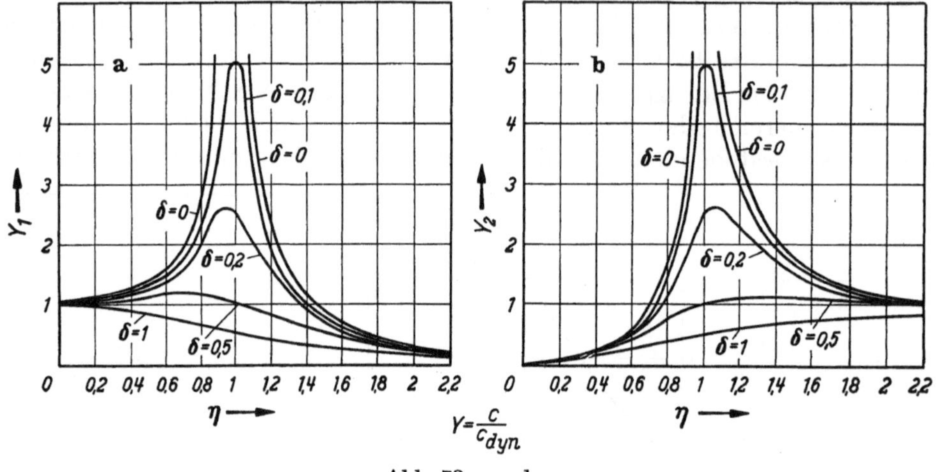

Abb. 73a u. b

quenz ω_0 der Schwingung ist $\left(\eta = \dfrac{\omega}{\omega_0}\right)$. Wenn die Amplitude der Erregerkraft unabhängig von der Erregerfrequenz ist, dann ist

$$Y_1 = \frac{1}{\sqrt{(1-\eta^2)^2 + (2\,\delta\,\eta)^2}}.\,{}^{1}$$

Wenn die Erregerkraft durch die Unwucht eines schnellaufenden Elementes erzeugt wird, dann hängt ihre Amplitude von der Umlaufzahl, d. h. der Erregerfrequenz ab, und

$$Y_2 = \frac{\eta^2}{\sqrt{(1-\eta^2)^2 + (2\,\delta\,\eta)^2}}.$$

Die dynamische Federzahl erreicht ihren Kleinstwert, wenn

$$\omega = \omega_0, \quad \text{wird}$$

($\eta = 1$, Resonanzfall),

$$c_{\text{dyn}_{\min}} = 2\,\delta\,c.$$

In Abb. 73a und 73b ist das Verhältnis c/c_{dyn} für verschiedene Werte des Dämpfungsgrades δ in Abhängigkeit von dem Frequenzverhältnis $\eta = \dfrac{\omega}{\omega_0}$ gezeigt. Abb. 73a gilt für den Fall, daß die Amplitude der Erregerkraft unabhängig von der Erregerfrequenz ist, Abb. 73b für den Fall, daß die Erregerfrequenz die Amplitude der Erregerkraft bestimmt (Unwuchten umlaufender Teile).

---

[1] Für den Fall geschwindigkeitsproportionaler Dämpfung. Einzelheiten und Ableitungen können in Lehrbüchern über technische Schwingungslehre gefunden werden.

Hohe dynamische Steifigkeit, d. h. ein niedriger Wert von c/c_{dyn}, kann dadurch erzielt werden, daß

a) die Erregerfrequenz soweit wie möglich unterhalb oder oberhalb der Eigenfrequenz liegt,

b) der Dämpfungsgrad möglichst hoch ist.

Zu a) Die Arbeitsgeschwindigkeiten moderner Werkzeugmaschinen wechseln mit den Arbeitsbedingungen. Bei den oft erforderlichen großen Drehzahlbereichen (s. S. 68) und Höchstgeschwindigkeiten wäre es schwierig, wenn nicht unmöglich, die Erregerfrequenzen derart oberhalb *und* unterhalb der Eigenfrequenz anzuordnen, daß ω niemals zu nahe an ω_0 liegt. Am sichersten ist es daher, eine so hohe Eigenfrequenz anzustreben, daß auch die höchste Erregerfrequenz bedeutend unterhalb ω_0 liegt. Je größer ω_0 im Verhältnis zu ω, desto kleiner wird $\eta = \dfrac{\omega}{\omega_0}$, und im Falle Abb. 73a nähert sich $\dfrac{c}{c_{\mathrm{dyn}}}$ dem Werte 1, d. h. die dynamische Federzahl ist nicht viel geringer als die statische

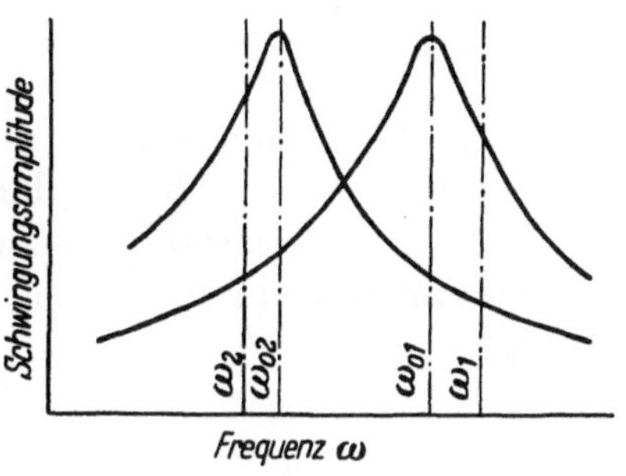

Abb. 74

Steifigkeit. Im Falle Abb. 73b nähert sich $\dfrac{c}{c_{\mathrm{dyn}}}$ dem Werte 0. Die Eigenfrequenz ist dem Verhältnis $\sqrt{\dfrac{c}{m}}$ proportional, d. h. sie wächst mit größer werdender statischer Steifigkeit und kleiner werdender Masse. Hohe statische Steifigkeit ist bereits aus den im vorigen Abschnitt erwähnten Gründen wichtig, und durch Verringerung der Masse kann die Eigenfrequenz und damit die dynamische Steifigkeit noch weiter erhöht werden. Dieser Gedanke ist erstmalig von KRUG[1] in seinen in der „Leichtbauweise" konstruierten Schleifmaschinen entwickelt und verwirklicht worden.

Bei Maschinen, die mit einem verhältnismäßig kleinen Geschwindigkeitsbereich und ausschließlich hohen Geschwindigkeiten arbeiten (z. B. Schleifmaschinen), kann man allerdings auch auf der anderen Seite des Frequenzverhältnisses ($\eta > 1$) arbeiten, vorausgesetzt, daß ω sehr viel größer als ω_0 ist. Da wiederum die Erregerfrequenz durch die Arbeitsbedingungen bestimmt und nur in geringem Maße vom Konstrukteur beeinflußt werden kann, müßte man in diesem Falle eine möglichst niedrige Eigenfrequenz anstreben. Allerdings muß dabei dafür Sorge getragen werden, daß die Arbeitsgeschwindigkeiten nicht mit oberhalb der niedrigsten Eigenfrequenz liegenden Eigenfrequenzen in Resonanz kommen.

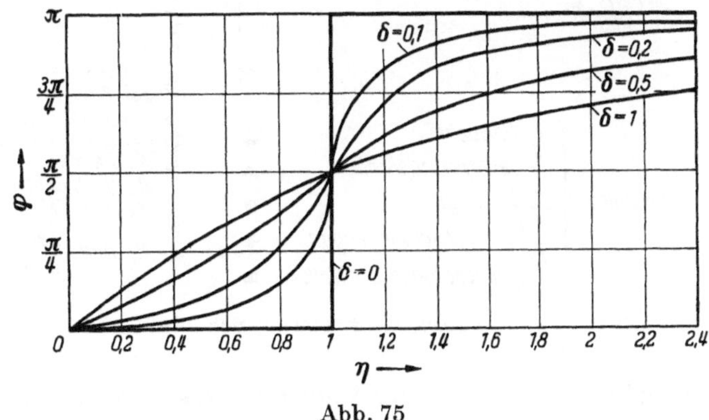

Abb. 75

Der zulässige Mindestwert der statischen Steifigkeit ist durch andere Erwägungen begrenzt, und daher muß die Masse möglichst groß gewählt werden. Dieser Gedanke kommt z. B. in der Konstruktion „schwerer" Schleifmaschinen zum Ausdruck, wobei allerdings oft der Begriff der „Schwere" mit dem der „Starrheit" verwechselt wird. Es ist wichtig, sich diese Gedankengänge klarzumachen, da eine Werkzeugmaschine grundsätzlich nicht „schwer" zu sein braucht, um „starr" zu sein.

---

[1] KRUG, C.: s. Fußn. 2, S. 39.

Ein anderes Beispiel, in dem die Eigenfrequenz als Konstruktionskriterium im Verhältnis zu den möglichen Erregerfrequenzen beurteilt werden muß, zeigt PIEKENBRINK[1] in einer Untersuchung der Torsionsschwingungen bei Fräsern. Durch Anordnung einer Schwungmasse läßt sich die Eigenfrequenz von ω_{01} auf ω_{02} verringern (Abb. 74).

Falls die Erregerfrequenz (Umdrehungen des Fräsers mal Zähnezahl) sehr hoch (im überkritischen Bereich) liegt, ω_1, dann wird eine solche Verringerung der Eigenfrequenz sich günstig auswirken, da die größere Entfernung von den Resonanzbedingungen eine kleinere Torsionsamplitude zur Folge haben wird. Liegt hingegen die Erregerfrequenz im unterkritischen Bereich ω_2, so wird eine Verringerung der Eigenfrequenz die Gefahr von Resonanzerscheinungen vergrößern und daher nicht ratsam sein.

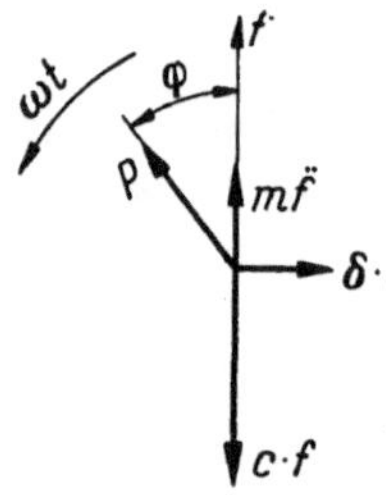

Abb. 76

Neben den absoluten Werten der Kräfte und Verformungen ist deren gegenseitige Phasenlage wichtig. Die Erregerkraft läuft der Verformung um einen Winkel voraus, der von der Erregerfrequenz und der Dämpfung abhängt.

$$\tan\varphi = \frac{2\,\delta\,\eta}{1-\eta^2} \quad \text{(Abb. 75)}.$$

In dem Vektordiagramm (Abb. 76) ist die Verformung f als senkrecht nach oben gezeichnet angenommen. Der Erregerkraftvektor eilt der Verformung f um φ voraus, und die

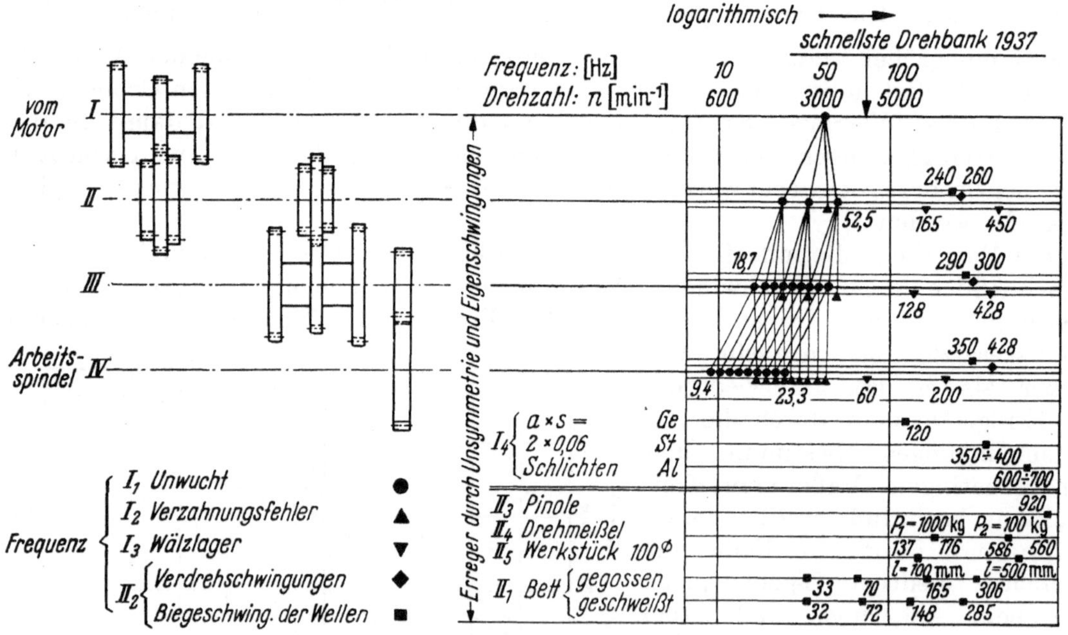

Abb. 77. Frequenz-Schaubild einer Drehbank (nach KIENZLE)

Federkraft $c \cdot f$ wirkt der Verformung entgegen und ist deshalb nach unten gerichtet. Die Trägheitskraft $m \cdot \ddot{f}$ eilt der Dämpfungskraft $\delta \cdot \dot{f}$ um $\frac{\pi}{2}$ und der Federkraft $c \cdot f$ um π voraus.

Für sehr kleine Werte von $\eta = \frac{\omega}{\omega_0}$, d. h. für kleine Werte von φ (s. Abb. 75) sind Trägheits- und Dämpfungskraft klein. Je nach der Größe von φ (s. Abb. 76) wird die Erregerkraft mehr oder weniger von der Federkraft im Gleichgewicht gehalten. Wie bereits oben bemerkt, ist deshalb eine große Federkraft (statische Steifigkeit) im unterkritischen Bereich ($\eta < 1$) wichtig. Mit zunehmender Frequenz (wachsendem η und wachsen-

---

[1] PIEKENBRINK, R.: Wechselkräfte und Schwingungen beim Fräsvorgang. Industrie-Anz., 5. April 1957.

dem φ) wächst die Amplitude der Dämpfungskraft, bis im Resonanzfall ($\eta = 1$) die Amplitude der Dämpfungskraft gleich der der Erregerkraft und die Amplitude der Trägheitskraft gleich der der Federkraft wird. Im Resonanzfalle $\left(\varphi = \dfrac{\pi}{2}\right)$ müssen daher Dämpfung und Erregerkraft ungefähr im Gleichgewicht sein, während im überkritischen Bereich die Trägheitskraft und die Erregerkraft sich annähernd das Gleichgewicht halten.

Um ein Bild der in einer Maschine auftretenden Erregerfrequenzen zu haben, hat KIENZLE ein auf dem Gedanken des Drehzahlbildes aufgebautes Schaubild vorgeschlagen (Abb. 77), aus dem die Erregerfrequenzen, die von den verschiedenen in dem Antrieb der Maschine umlaufenden Teilen erzeugt werden können, ersichtlich sind. Durch Vergleiche und sinngemäße Beeinflussung der verschiedenen Eigenfrequenzen kann der Konstrukteur dann die Gefahr von unzulässigen Schwingungsamplituden und Resonanz vermeiden.

Zu b) Starke Dämpfung beeinflußt nicht nur das schnelle Abklingen freier und selbsterregter Schwingungen, sie erhöht auch die dynamische Steifigkeit gegen erzwungene Schwingungen (s. Abb. 73). Die Werkstoffdämpfung von Gußeisen, die auf die durch mechanische Reibung der im Werkstoff vorhandenen feinen Lamellen freien Graphits zurückgeführt wird[1] (die Dämpfungsfähigkeit wächst mit dem Graphitgehalt), ist höher als die von Stahl. Dies kann indessen durch geeignete konstruktive Maßnahmen ausgeglichen werden (s. S. 56).

Die in Werkzeugmaschinen auftretenden Schwingungsprobleme erfüllen schwerlich, wenn überhaupt, die theoretisch leichter erfaßbaren Bedingungen für Systeme mit einem oder zwei Freiheitsgraden. Selbst eine rein theoretische Berechnung von Eigenfrequenzen und Dämpfung ist für die mehr oder weniger verwickelten Bauformen einzelner Werkzeugmaschinenelemente nicht nur schwierig, sondern oft unmöglich. Indessen dürften vereinfachte Betrachtungen zum Verständnis der Probleme und zur Verbesserung der einzelnen Konstruktionselemente von Nutzen sein. Versuche an bestehenden Maschinen können dann die zur Weiterentwicklung notwendigen Unterlagen verschaffen. So zeigen z. B. TLUSTY und POLACEK[2] eine Methode zur Beurteilung der möglichen konstruktiven Änderungen bestehender Maschinen, die auf einer Auswertung der auf diesen Maschinen ausgeführten Schwingungsversuche aufgebaut ist. Grundsätzliche Fragen können mit Hilfe von Modellversuchen geklärt werden.[3] Sowohl bei Modellversuchen als auch bei Untersuchungen an bestehenden Maschinen muß festgestellt werden, auf welche Weise und in welchem Maße die folgenden Eigenschaften durch konstruktive Formen, Größen und Anordnungen beeinflußt werden:

1. die statische Federzahl, die die dynamische Federzahl indirekt beeinflußt, da

$$c_{\mathrm{dyn}} = \frac{c_{\mathrm{stat}}}{Y},$$

2. die Eigenfrequenzen,
3. die Dämpfung,
4. die Schwingungsform.

Zu 1. Der Einfluß der Konstruktionselemente auf die *statische Federzahl* (Steifigkeit) ist bereits im vorigen Abschnitt behandelt worden (s. S. 40).

Zu 2. Die *Eigenfrequenz* wird von Masse und Steifigkeit beeinflußt. Durch bestmögliche Formgebung können günstigste Verhältnisse von Gewicht und Federkonstante

---

[1] THUM, A., u. H. UDE: Die Elastizität und Schwingungsfestigkeit des Gußeisens. Gießerei, 1929. — EISELE, F., u. W. BAUER: Orientierende Untersuchungen über das Dämpfungsverhalten verschiedener Gußwerkstoffe. 3. FoKoMa, München, Oktober 1957.

[2] TLUSTY, J., u. M. POLACEK: Beispiele der Behandlung der selbsterregten Schwingung der Werkzeugmaschine., 3. FoKoMa, München, Oktober 1957.

[3] SALJÉ, A.: Die Ähnlichkeitsmechanik — ein Hilfsmittel für den Werkzeugmaschinenkonstrukteur. Industrie-Anz., 5. August 1955. — BIELEFELD, J.: s. Fußn. 1, S. 46.

erzielt werden (s. S. 53). BIELEFELD[1] hat den Einfluß der konstruktiven Form und der Verrippung für das Beispiel von Drehmaschinenbetten und die Wirkung von Wanddurchbrüchen und Abdeckplatten in Kastenständern (Abb. 78, s. S. 42) gezeigt.

Zu 3. HEISS[2] hat den Einfluß der Bauart, der Einspannung und der Belastung auf die *Dämpfungszahlen* von Trägern gemessen (Abb. 79) und insbesondere auf die Bedeutung von „Scheuerflächen"[3] hingewiesen (Abb. 80). Dabei ist zu beachten,[4] daß höhere Dämpfung erzielt wird, wenn die Anlagekräfte (Vorspannung), die die Reibung

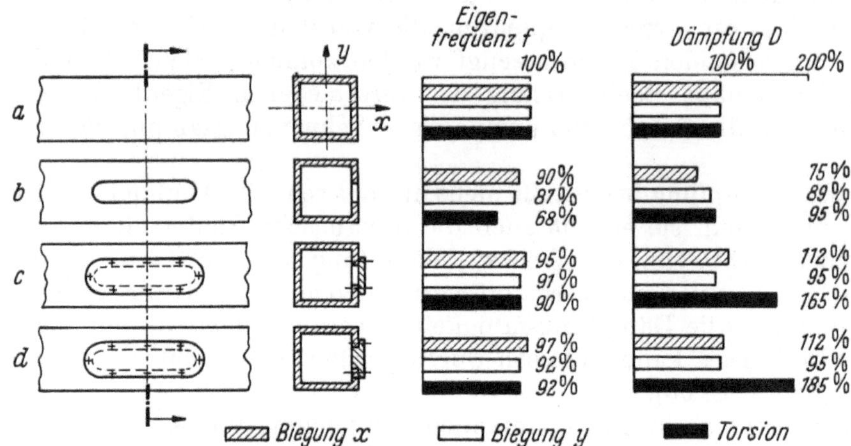

Abb. 78. Dynamische Kenngrößen eines Kastenständers mit Wanddurchbruch und Abdeckplatten (nach BIELEFELD, s. Fußn. 1, S. 43)

zwischen den sich berührenden Flächen verursachen, möglichst groß sind, und wenn die Verbundwirkung der verschweißten Teile gering ist, damit sich die sich berührenden Flächen gegeneinander verschieben können.

In einer amerikanischen Veröffentlichung[5] wird auf die Möglichkeit, dämpfende Schweißverbindungen zu benutzen, hingewiesen. Außer dem oben erwähnten „Scheuereffekt" wird die durch solche Verbindungen (Abb. 81) erzielte Dämpfung auf die Schrumpfspannungen zurückgeführt, die in dem Werkstoff durch den Schweißprozeß erzeugt werden.

Zu 4. Sowohl die Werkzeugmaschine als Ganzes als auch ihre Bauelemente formen im allgemeinen Schwingungsgebilde mit mehr als einem Freiheitsgrad. Demzufolge sind die Phasen der Schwingungsausschläge verschiedener Punkte eines Elementes und verschiedener Elemente oft gegeneinander verschoben. Die gegenseitigen Einflüsse beziehen sich auf Eigenfrequenzen, Dämpfung, Schwingungsausschlag und Phasenwinkel. SALJÉ[6] zeigt an dem Beispiel eines Drehmaschinenbettes, daß bei Erregung durch eine pulsierende Biegungskraft keine festen Schwingungsknoten vorliegen, sondern daß die dynamische Biegelinie eine Funktion des Ortes und der Zeit wird. Im Vektordiagramm (Abb. 82b) sind die an den Meßpunkten *1, 2, 3, 4* und *5* (Abb. 82a) gemessenen Amplituden A_1, A_2,

---

[1] BIELEFELD, J.: s. Fußn. 1, S. 43; — Starrheitsuntersuchungen an einem Werkzeugmaschinenständer unter Berücksichtigung der Modellgesetze. Industrie-Anz., 6. August 1957.

[2] HEISS, A.: Schwingungsverhalten von Werkzeugmaschinengestellen. VDI-Forsch.-Heft 429, 1949/50.

[3] KIENZLE, O.: Deutsches Patent Nr. 872895.

[4] HEISS, A.: Stahlschweißbau von Werkzeugmaschinen, Beitrag zu BOBEK-HEISS-SCHMIDT: Stahlleichtbau von Maschinen, 2. Aufl. Berlin/Göttingen/Heidelberg: Springer 1955.

[5] KRONENBERG, M., P. MAKER u. E. DIX: Practical Design Techniques for Controlling Vibration in Welded Machines. Machine Design, 12. Juli 1956. — Der Einfluß der Spannungen auf die Dämpfung ist von mehreren Forschern untersucht worden.

[6] SALJÉ, E.: Die Werkzeugmaschine unter dynamischer Belastung, Fortschrittliche Fertigung und moderne Werkzeugmaschinen. Essen: Girardet 1954.

Träger-form Nr.	Skizzen der Trägerformen	Angaben über die Art der Verschweißung	Ge-wicht kg	Statische Federzahl — Biegung c_B kg/μ	Statische Federzahl — Verdrehung c_D 10^{-3} mkg $\frac{\mu}{m}$	Eigenschwingzahl — Biegung f_B Hz	Eigenschwingzahl — Ver-drehung f_D Hz	Dämpfung — Biegung δ_B 10^{-3}	Dämpfung — Biegung δ_B 10^{-3}	Dämpfung — Verdrehung $M_d = 1$ mkg δ_D 10^{-3}
Ia		Träger mit einseitig verschweißtem Steg	42	3,2	1,6	1,0	195	135	50,5	1,12
Ib		Träger mit beider-seitig verschweißtem Steg	43	3,65	1,6	1,6	209	135	54,5	0,74
Ic	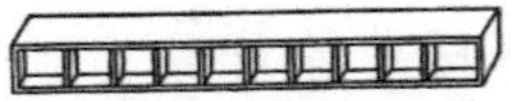	und mit 9 Paar Zwischenrippen	47	3,65	1,6	1,6	190	128	53,5	0,73
II	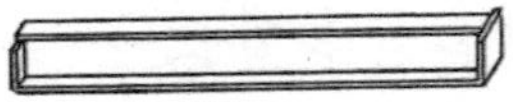	Träger mit verschie-den breiten Gurten, 4 Kehlnähte	38	3,0	n. g.	1,0	196	n. g.	50,5	0,81
III	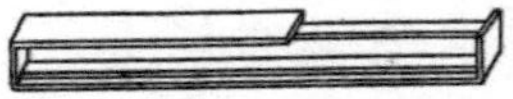	Träger mit schmaler Scheuerfläche von 20 mm, 4 Nähte	46	3,6	1,75	1,75	194	132,5	58	0,86
IV	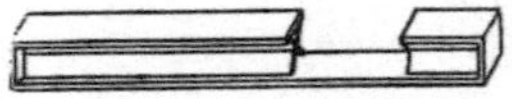	Träger mit X-Form-Steg 4 V-Nähte und 4 Kehlnähte	49	3,6	1,95	11,6	187	137,6	129,5	0,75
V		Peters-Verrippung in geschweißter Form	44	1,6	1,75	22,3	118	134	183	0,79
VI		Träger mit Zickzack-Steg, 4 Kehlnähte	44	3,1	1,85	2,9	181	134,5	70	0,63
VII		Träger mit gewelltem Steg, 4 Kehlnähte	45	2,95	1,8	3,7	178	136	78,5	0,65
		Leichtbauträger, Steg nach Insektenflügel-bauart und Gurte punktgeschweißt	10,5	0,85	0,01	0,25	200	11	41	n. g.

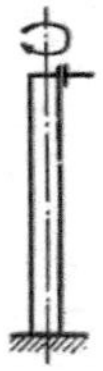

Note — the two rightmost value columns (δ_B Verdrehung-side and δ_D):

Träger-form Nr.	δ_B 10^{-3}	δ_D 10^{-3}
Ia	0,58	1,38
Ib	0,31	0,56
Ic	0,47	1,07
II	n. g.	n. g.
III	0,345	0,595
IV	0,23	0,285
V	0,25	1,26
VI	0,24	0,89
VII	0,275	0,335
(Leichtbauträger)	n. g.	3,0 M_d 0,25 mkg

Für die Eigenschwingzahl-Spalte der letzten Zeile: Nach RAYLEIGH errechnet.

Abb. 79

Lfd. Nr.	Bezeichnung	Skizze der Stäbe und Stabverbindungen	Äquatoriales Trägheitsmoment cm⁴ Vergleich mit J_0	Eigenfrequenz Hz	Fuge —	Dämpfungszunahme %
1	Einzelstab 10 mm dick		J_0	f_0	—	—
2	Doppelstab lose		$J_1 = 2 J_0$	f_0	frei	0
3	Punktgeschweißte Stäbe 1. 4 Schweißpunkte	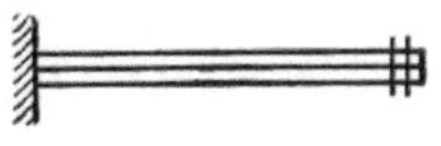	$J_2 = 5{,}4 J_0$	$1{,}42 f_0$	frei	0
4	2. 2 Schweißpunkte	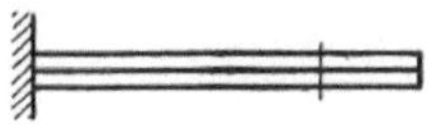	$J_3 = 6{,}1 J_0$	$1{,}6 f_0$	dicht	≈ 100
5	3. 8 Schweißpunkte	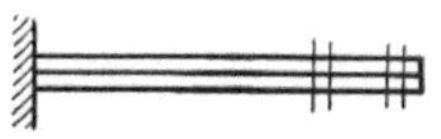	$J_4 = 6{,}7 J_0$	$1{,}75 f_0$	dicht	≈ 200
6	Nahtgeschweißte Stäbe Verbindung durch Kehlnaht Stäbe nur 9,5 mm dick!	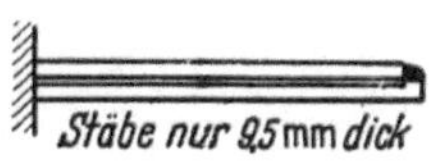 Stäbe nur 9,5 mm dick	$J_5 = 5{,}6 J_0$	$1{,}7 f_0$	frei	0
7	Verbindung durch V-Naht		$J_6 = 5{,}2 J_0$	$1{,}66 f_0$	dicht	6400
8	Vollstab 20 mm dick	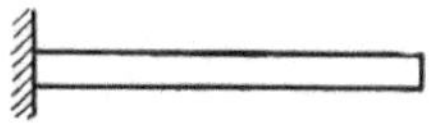	$J_7 = 8 J_0$	$2 f_0$	—	0

Abb. 80. Scheuerwirkung und Trägheitsmoment. Einzelstäbe und Stabverbindungen

A_3, A_4 und A_5 entsprechend ihren Phasenverschiebungen gegenüber der Erregerkraft P (φ_1, φ_2, φ_3, φ_4 und φ_5) gezeigt. Durch Eintragen der strichpunktierten Zeitachsen für $\omega t_0 = 0$ (Abb. 82b) und ωt_1, ωt_2, ωt_3 und ωt_4 lassen sich dann die zu den Zeiten t_0, t_1, t_2, t_3 und t_4 auftretenden Biegelinien bestimmen (Abb. 82c).

Eine dreidimensionale Darstellung der dynamischen Biegelinie eines Karusselldrehmaschinenständers (Abb. 83) bei vier verschiedenen Resonanzen zeigt Abb. 84.[1] Obwohl der Ständer von Kräften in der Y-Z-Ebene (in der Z-Richtung im Meßpunkt *12*, Führungsleiste C, und in der X-Richtung im Meßpunkt *6*, Führungsleiste C) erregt wurde, traten Schwingungen sowohl in der Y-Z- als auch in der X-Z-Ebene auf. Als Ursache für diese komplizierten Schwingungsformen wird die Form des Ständers, dessen Hauptträgheitsachsen nicht in einer Ebene liegen, angegeben.

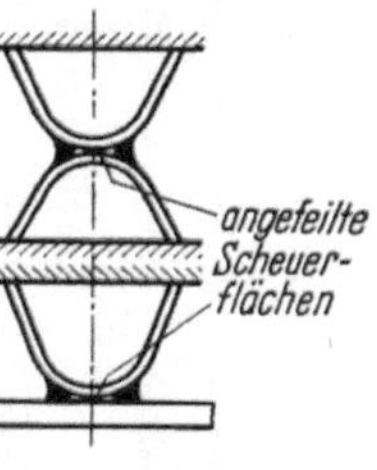

Abb. 81

Die Bedingungen werden noch verwickelter, wenn mehrere Elemente zusammenwirken. Die Verhältnisse einer Hauptspindel und ihrer Lagerung sind von HONRATH[2] untersucht worden. Die durch Verringerung des Spieles erhöhte Steifigkeit (s. S. 47) ergibt nicht nur höhere Eigenfrequenzen (Abb. 85a), sondern auch stärkere Dämpfung (Abb. 85b), die auf die erhöhte Reibung zwischen Wälzkörpern und Laufbahnen zurückgeführt

---

[1] Siehe Fußn. 6, S. 56.

[2] HONRATH, K.: s. Fußn. 1, S. 47; s. a. S. T. ZEMLJANUHIN: Vereinfachte Berechnung der Eigenschwingungsfrequenz von Spindeln an Werkzeugmaschinen, Stanki i instrument, 1959, übersetzt von J. PEKLENIK, Industrie-Anz., 2. Febr. 1960.

werden kann. Abb. 86 zeigt dynamische Biegelinien einer Drehmaschinenspindel mit zwischen Spitzen gelagertem Werkstück (Abb. 86a) sowie einen Vergleich zwischen statischer c_{stat} und dynamischer Steifigkeit c_{dyn} (Abb. 86b) nach HÖLKEN,[1] der außerdem feststellte, daß an den von ihm beobachteten Ratterschwingungen die Spindel den Hauptanteil hatte. Während es sich in diesem Falle bei der Spindel um eine selbsterregte Schwingung handelte, wurden bei dem Stahlhalter über die Kopplung durch den Schnittvorgang erzwungene Schwingungen im unterkritischen Bereich erregt. Es wurde außerdem eine durch die Kopplung in der Spindel hervorgerufene Drehschwingung geringer Amplitude festgestellt.

---

[1] HÖLKEN, W.: Ein Beitrag zur Schwingungsuntersuchung von Drehbänken. Industrie-Anz., 5. August 1955.

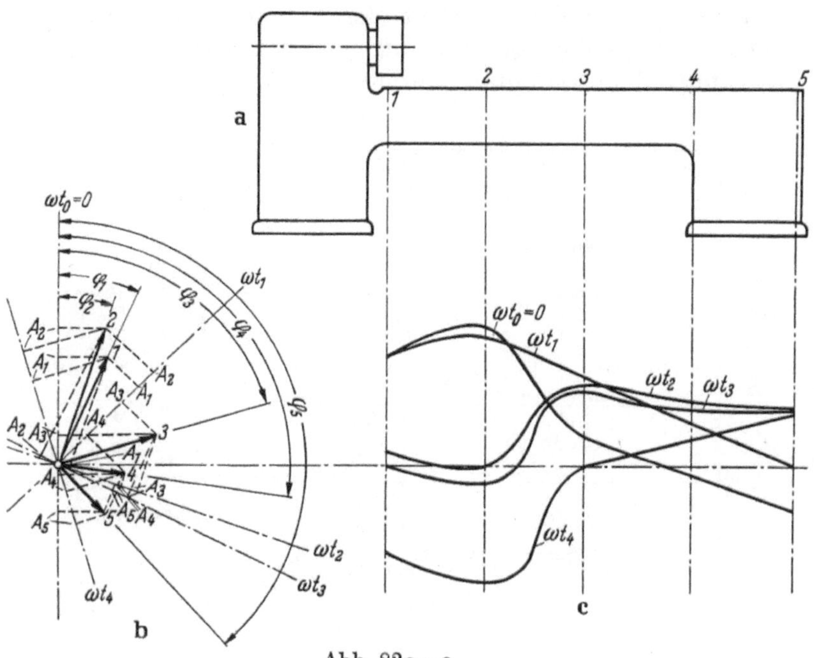

Abb. 82a—c

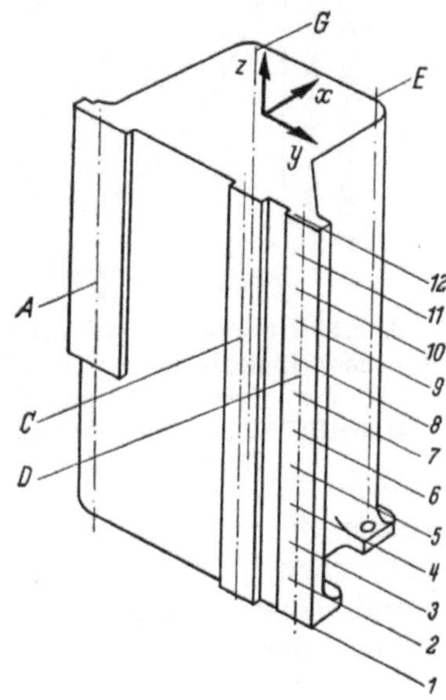

Abb. 83
Ständer einer Karusselldrehmaschine

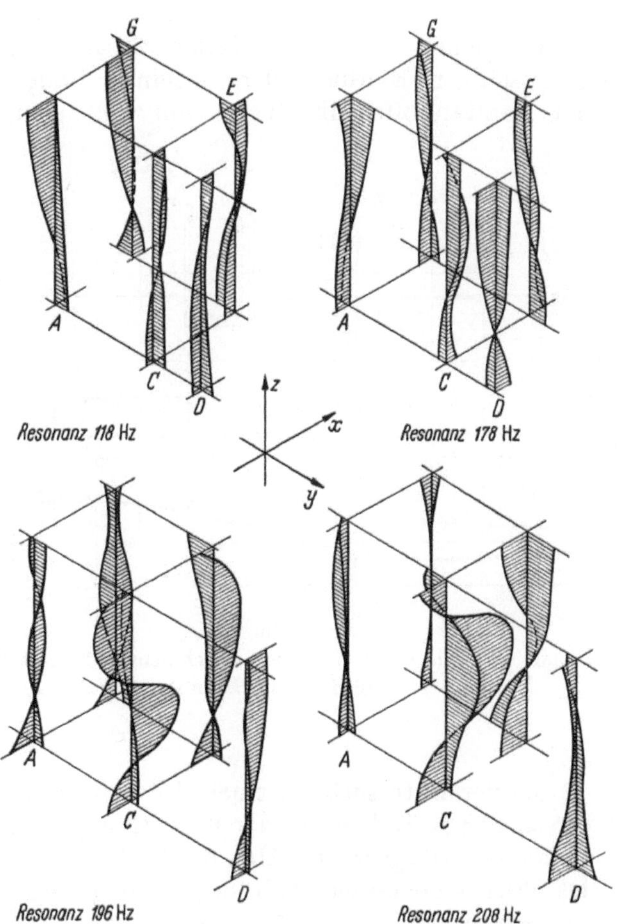

Abb. 84. Dynamische Biegelinien eines Karusselldrehmaschinenständers bei verschiedenen Resonanzen (nach SALJÉ, s. Fußn. 6, S. 56)

Die dynamische Starrheit der Schmierschicht in Lagern und Führungen kann als größer als die statische angenommen werden, da sie von der statischen Steifigkeit plus dem Dämpfungsvermögen abhängt.

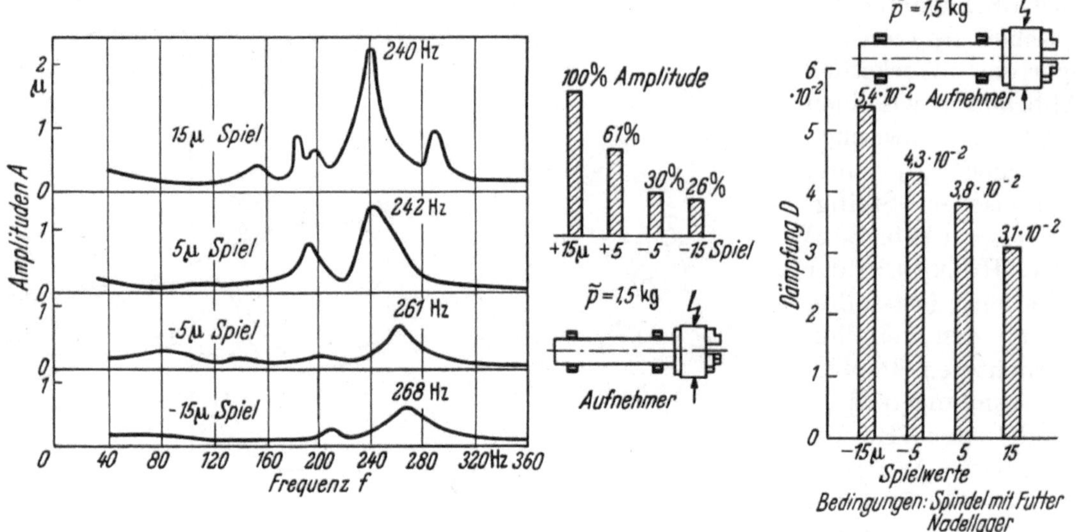

Abb. 85. Resonanzamplitude (Abb. 85a) und Dämpfung (Abb. 85b) in Abhängigkeit vom Lagerspiel (nach K. HONRATH, s. Fußn. 1, S. 47)

Bei einer aus vielen Teilen zusammengesetzten Maschine sind nicht nur die gegenseitigen Einflüsse der einzelnen Bauelemente sondern auch die Möglichkeiten der Kraftangriffsbedingungen von Bedeutung.

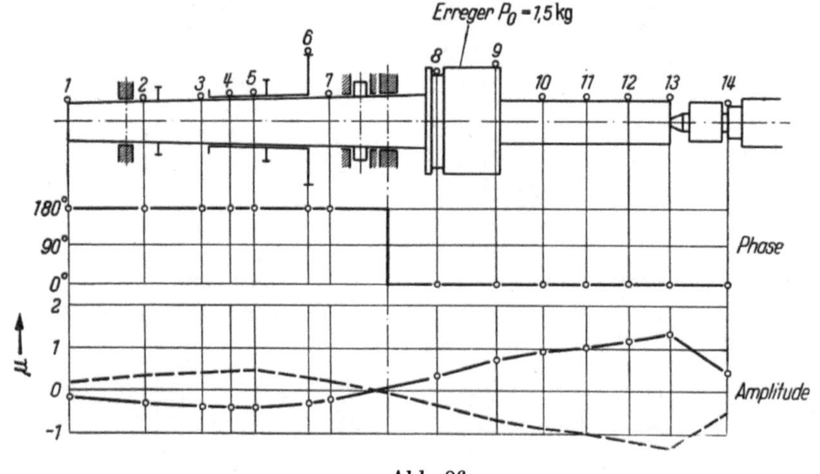

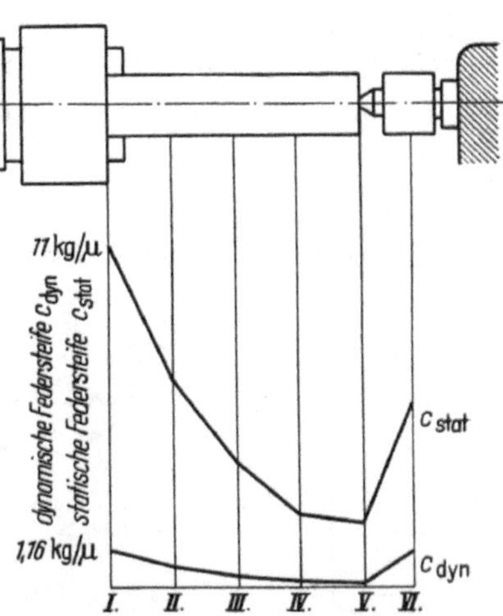

Abb. 86a
Dynamische Biegelinie einer Drehmaschinenspindel mit Werkstück. Frequenz f = 168 Hz (nach HÖLKEN, s. Fußn. 1, S. 59)

Abb. 86b. Statische und dynamische Federsteifigkeiten an einigen Punkten des Systems Spindel-Werkstück-Reitstock (nach HÖLKEN, s. Fußn. 1, S. 59)

Bei der Untersuchung einer Universalfräsmaschine[1] wurden die Schwingungsformen verschiedener Teile unter der Einwirkung einer unter 45° zwischen Tisch und Fräsdorn wirkenden Erregerkraft (Abb. 87) in drei Quer- (*A, B, C*) und Längsstellungen (*1, 2, 3*) des Tisches gemessen (Abb. 88). Abb. 89 bis 97 zeigen einige der gemessenen dyna-

---

[1] KOENIGSBERGER. F, u. S. M. SAID: The dynamic performace of a milling machine. The Production Engineer, Mai 1960.

Abb. 87. Versuchsanordnung zur Schwingungsmessung an einer Fräsmaschine

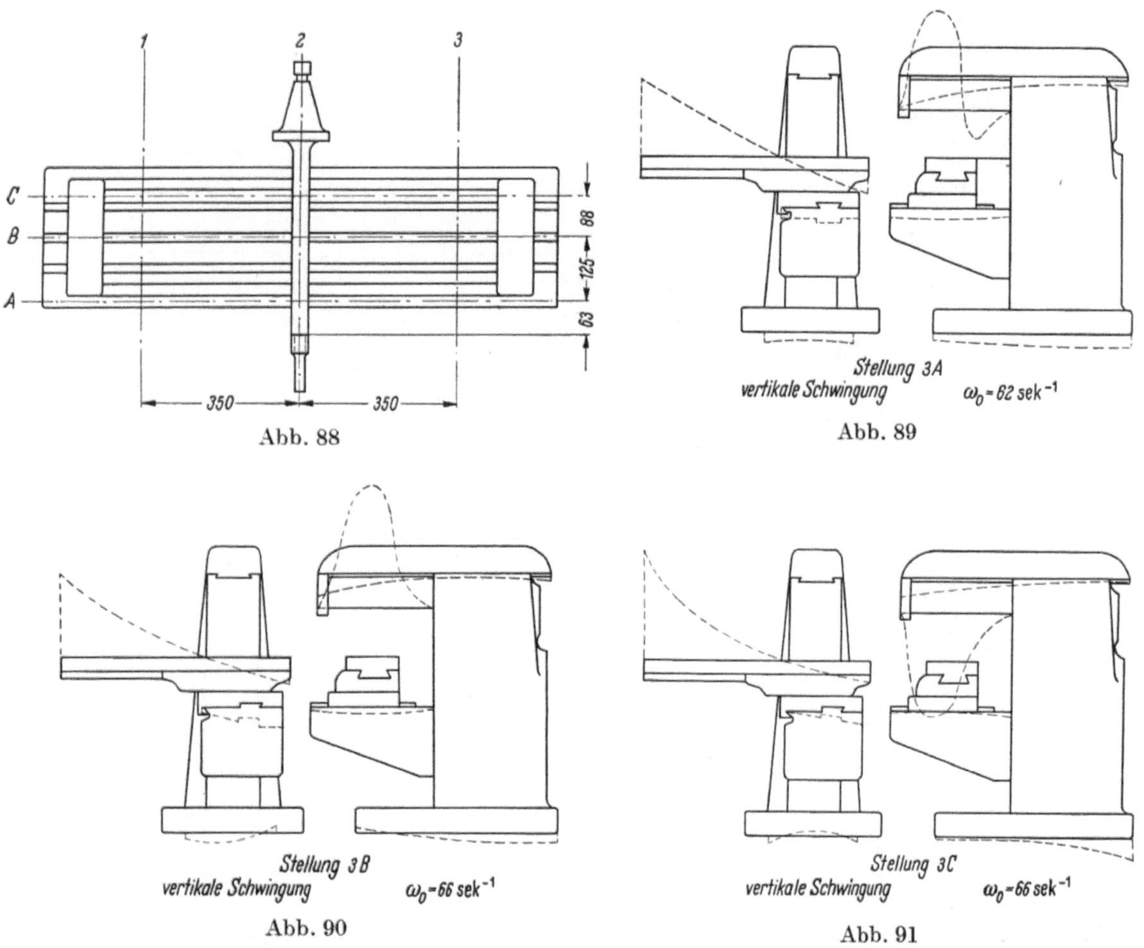

Abb. 88

Abb. 89

Abb. 90

Abb. 91

mischen Biegelinien von Grundplatte, Winkeltisch, Tisch, Gegenhalterarm und Fräsdorn.

Auch diese Untersuchung zeigte, daß Schwingungen in drei Koordinatenrichtungen auftreten, selbst wenn die Erregerkraftkomponenten nur in Richtung zweier Koordinaten angreifen, eine Tatsache, die später durch Schnittversuche mit einem geradzahnigen Fräser bestätigt wurde.

Die KIENZLE-Schaubilder für den Schnitt- und Vorschubantrieb der untersuchten Fräsmaschine sind in Abb. 98 bis 101 gezeigt.

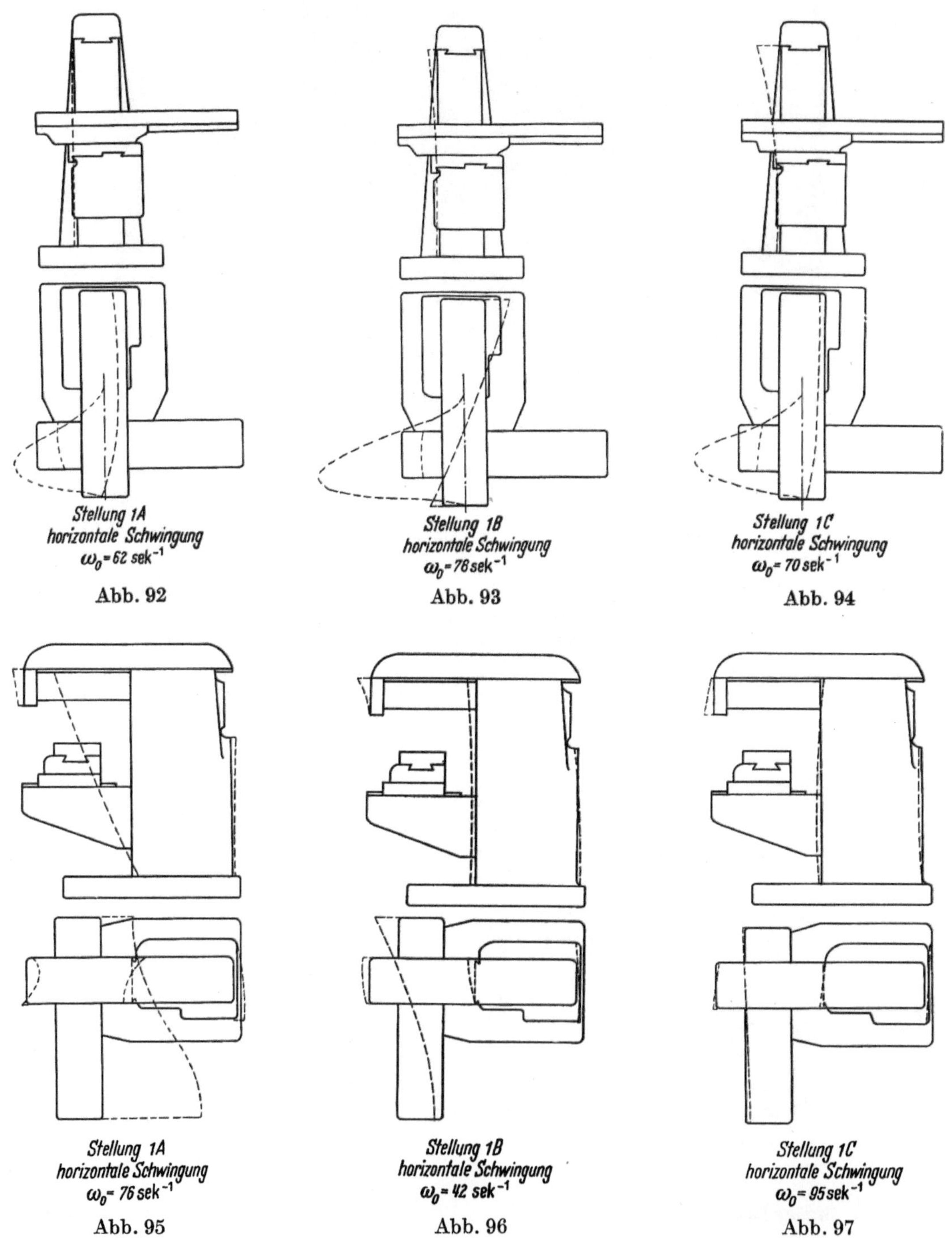

Abb. 92   Abb. 93   Abb. 94

Abb. 95   Abb. 96   Abb. 97

Abb. 89—97. Dynamische Biegelinien von Grundplatte, Winkeltisch, Tisch, Gegenhalterarm und Fräsdorn einer Universalfräsmaschine (nach KOENIGSBERGER u. SAID, s. Fußn. 1, S. 60)

Die Schnittversuche zeigten, wie zu erwarten war, komplizierte Schwingungsbilder. Indessen konnten erzwungene Schwingungen, deren Frequenzen denen der Schnittkraftschwankungen (Drehzahl mal Zähnezahl des Fräsers) entsprechen, klar erkannt werden.

Die Welligkeit der gefrästen Oberfläche ist bestimmt durch
a) den Fräsdorn selbst (s. S. 27) und die Exzentrizität des Fräsers;
b) Schwingungen der Maschine und ihrer Elemente.

Zu a) Die von der Geometrie der von den Fräserzähnen unter den gegebenen Bedingungen (Durchmesser, Exzentrizität, Zähnezahl und Drehzahl, Schnittiefe und Vorschubgeschwindigkeit) gegenüber dem Werkstück theoretisch beschriebenen Bahnen abhängige Wellenform sei als „theoretische" Wellenform bezeichnet.

Einen Vergleich der tatsächlich erzeugten Wellenform mit der „theoretischen" Form zeigt Abb. 102. Es ist zu beachten, daß die ideale Wellenform nur mit $^1/_4$ der vertikalen Vergrößerung der tatsächlichen Oberflächenform aufgezeichnet ist. Bei den durchgeführten Versuchen waren die tatsächlichen Amplituden bei weitem kleiner, als theoretisch erwartet wurde, und in den meisten Fällen waren die Wellen*längen* der gefrästen Oberflächen größer als die der „theoretischen" (Abb. 102). Diese Tatsache könnte auf Waagerechtschwingungen, die relativ zwischen

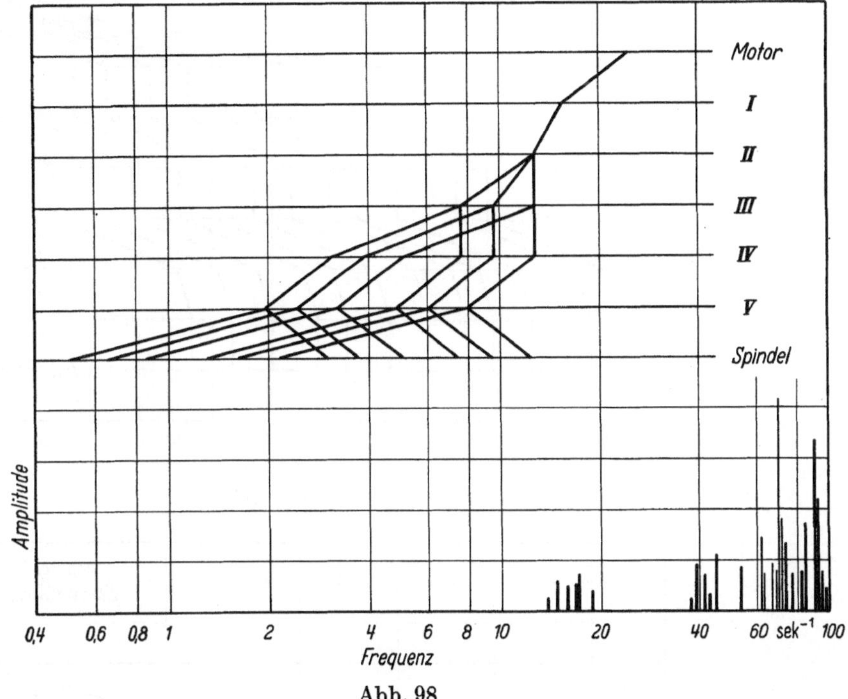

Abb. 98

Werkstück und Fräser erfolgen, zurückgeführt werden. Sie beweist, daß Schwingungserscheinungen, die nicht normal zur bearbeiteten Oberfläche liegen, von Wichtigkeit sind.

Das dynamische Verhalten der Getriebe ist hauptsächlich durch Biegungs- und Verdrehungsverformungen der Wellen, Räder usw. bedingt.[1] Vom Standpunkt des Konstrukteurs ist die Tatsache wichtig, daß die

[1] EISELE, F., u. H. D. SCHULZ: Dynamische Eigenschaften der Werkzeugmaschinenantriebe. 3. FoKoMa, München, Oktober 1957.

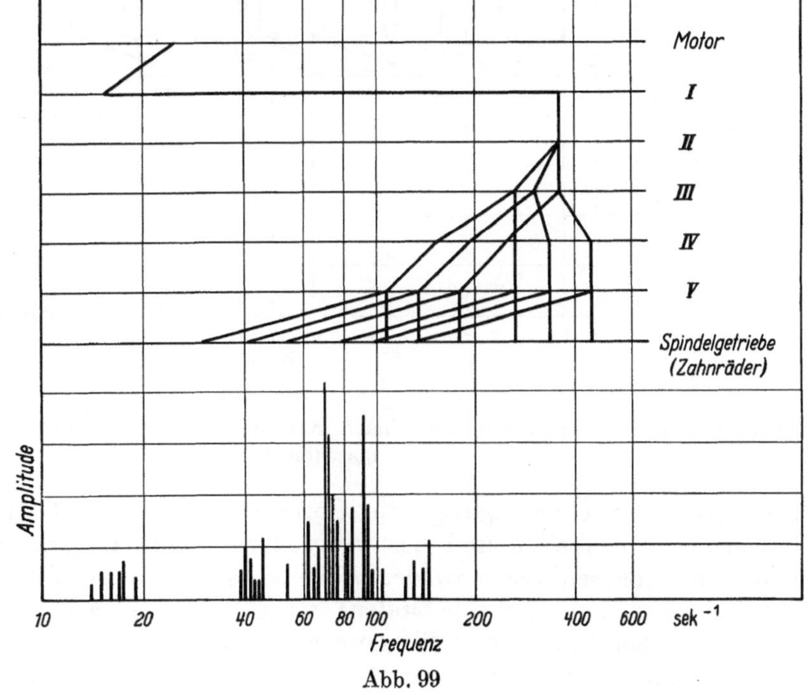

Abb. 99

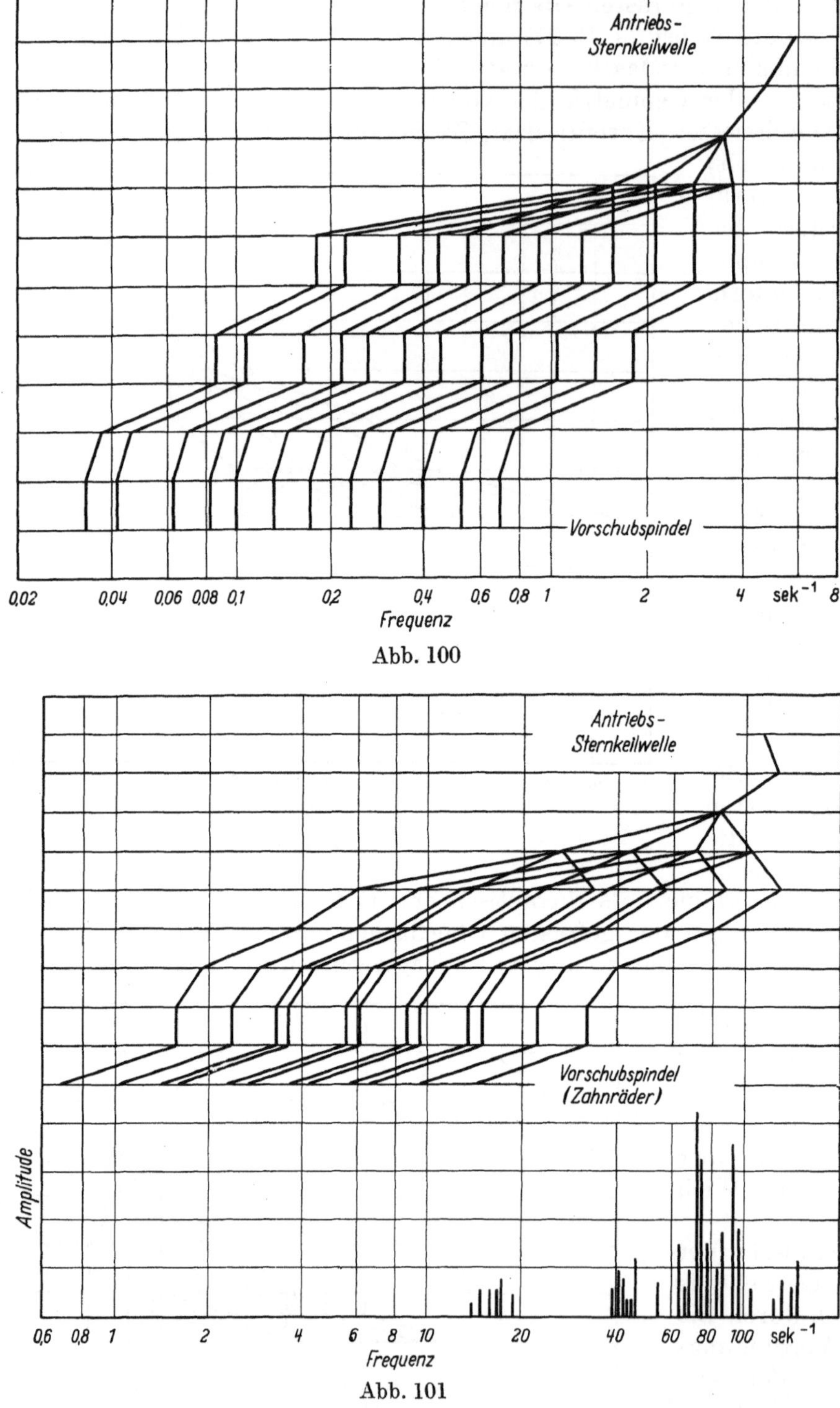

Abb. 100

Abb. 101

Abb. 98—101. Frequenz-Schaubilder (nach KIENZLE) für den Schnitt- und Vorschubantrieb der Fräsmaschine (s. Abb. 89—97)

Steifigkeit der Übertragung vom Getriebeantrieb zum Getriebeabtrieb mit der Verlängerung von Wellen und der Vergrößerung von Lagerabständen fällt und mit der
Erhöhung von senkrecht zu der Wellenachse gerichteten Abmessungen (z. B. Wellen-
durchmessern und Achsabständen) steigt. Zu niedrige Verdrehungssteifigkeit eines
Getriebes kann unzulässige Phasenverschiebung zwischen Getriebeantrieb und -abtrieb
und Torsionsschwingungen veranlassen.

In dem Hauptspindelantrieb von Werkzeugmaschinen kann die Gefahr derartiger Torsionsschwingungen durch Anwendung von Massen, die als Schwungräder wirken, verringert werden (s. S. 54). Die Wirkung solcher Schwungmassen kann an dem Beispiel einer Fräsmaschinenspindel (Abb. 103a) gezeigt werden. Der Zahnradblock auf der Spindel sitzt direkt hinter dem Hauptlager, so daß die Verdrehung zwischen Zahnradblock und Fräsdornantrieb in kleinen Grenzen gehalten ist. Zur Berechnung der Bedingungen an der Spindel wird der Zahnradblock durch ein äquivalentes Schwungrad (Trägheitsmoment I) ersetzt (Abb. 103b). Es sei angenommen, daß das unter der Wirkung der beim Fräsen pulsierenden Schnittkraft auf die Spindel wirkende Drehmoment zwischen M_{d_1} und M_{d_2} und die Winkelgeschwindigkeit entsprechend zwischen ω_1 und ω_2 schwankt.

Die kinetische Energie des Schwungrades bei der Winkelgeschwindigkeit ω_1 ist

$$U_1 = \frac{I}{2}\,\omega_1^2$$

und bei der Winkelgeschwindigkeit ω_2

$$U_2 = \frac{I}{2}\,\omega_2^2.$$

Durch die Änderung der Winkelgeschwindigkeit ändert sich die kinetische Energie des Schwungrades daher um

$$\Delta U = U_1 - U_2 = \frac{I}{2}\cdot(\omega_1^2 - \omega_2^2).$$

Nennt man den Ungleichförmigkeitsgrad der Winkelgeschwindigkeit

$$u = \frac{\omega_1 - \omega_2}{\omega_{\mathrm{mittel}}},$$

so wird mit

$$\Delta U = \frac{I}{2}\cdot(\omega_1 + \omega_2)\cdot(\omega_1 - \omega_2),$$

und

$$\omega_1 - \omega_2 = u\cdot\omega_{\mathrm{mittel}}$$

$$\tfrac{1}{2}(\omega_1 + \omega_2) = \omega_{\mathrm{mittel}},$$

$$\Delta U = I\cdot u\cdot\omega_{\mathrm{mittel}}^2$$

und der Ungleichförmigkeitsgrad

$$u = \frac{\Delta U}{I\cdot\omega_{\mathrm{mittel}}^2}.$$

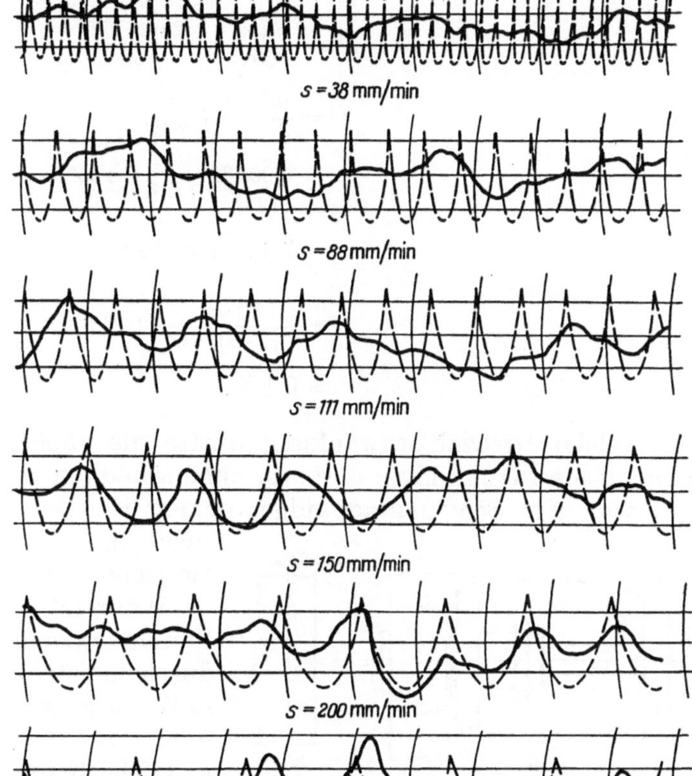

Abb. 102

Es sei angenommen, daß eine Energieschwankung, die durch den Wechsel des Drehmomentes erzeugt wird, je Zahneingriff des Fräsers (Zähnezahl z), also über einen Winkel $\frac{2\pi}{z}$, erfolgt.

Daher

$$\Delta U = \frac{1}{2}\cdot(M_{d_1} - M_{d_2})\cdot\frac{2\pi}{z},$$

so daß

$$u = \frac{(M_{d_1} - M_{d_2})\,\pi}{I\cdot\omega_{\mathrm{mittel}}^2\cdot z}.$$

Für die obengenannte Spindel (Abb. 103) seien folgende Bedingungen untersucht:

$$\left.\begin{array}{l}\text{Zähnezahl} \\ \text{Drehzahl}\end{array}\right\} \text{ des Fräsers} \ldots \ldots \left\{\begin{array}{l} z = 6 \\ n = 775 \text{ U/min}\end{array}\right.$$

Mittlere gemessene Antriebsleistung . . $N = 4\,\text{kW}$

Wirkungsgrad des Spindelantriebs . . $\eta = 65\%$

Schwankungen des Drehmomentes . . $\eta = 25\%$

Das mittlere Nettodrehmoment ist

$$M_d = 97\,400\,\frac{4}{775}\cdot 0{,}65 \ = 320\,\text{cmkg}$$

und die Drehmomentschwankung

$$(M_{d_1} - M_{d_2}) = 0{,}25\,M_d \qquad\qquad = 80\,\text{cmkg},$$

$$\omega_{\text{mittel}} = \frac{2\pi n}{60} = \frac{2\cdot\pi\cdot 775}{60} = \ 81\,\text{sek}^{-1},$$

$$I = \frac{\gamma}{g}\cdot h\cdot I_{\text{polar}},$$

$$= \frac{0{,}00785}{981}\cdot 6{,}3\cdot\frac{\pi\,35^4}{32} \quad (\text{s. Abb. 103}),$$

$$= 7{,}4\,\text{kg cm sek}^2,$$

daher

$$u = \frac{80\cdot\pi}{7{,}4\cdot 81^2\cdot 6}\cdot 100\%,$$

$$\approx 0{,}1\%.$$

Eine solche Drehzahlschwankung dürfte als zulässig angesehen werden. Die Drehmomentschwankung kann deshalb, ohne schädlich auf das Getriebe übertragen zu werden, von dem Schwungrad aufgenommen werden, solange die Schwankungsfrequenz nicht mit der Eigenfrequenz eines umlaufenden Getriebeteiles zusammenfällt.

Während also zu niedrige Steifigkeit des Spindelantriebes bis zu einem gewissen Grade durch konstruktive Maßnahmen (z. B. Schwungrad) ausgeglichen werden kann, ist dies nicht immer für die Steifigkeit des Vorschubgetriebes möglich, besonders wenn hohe Genauigkeit der Vorschubwege angestrebt wird, wie es z. B. bei automatischen Maschinen oft der Fall ist. Als Beispiel diene eine Werkzeugmaschine, in deren Führungen die mit „stick-slip" bezeichneten, eine sogenannte „Stotterbewegung" hervorrufenden Reibungsverhältnisse (s. S. 243) auftreten.[1] Dies bedeutet, daß der Reibungskoeffizient zwischen den Führungsflächen bei Ruhe höher ist als bei einer gewissen selbst langsamen Bewegung. Wenn unter solchen Bedingungen eine Vorschubbewegung eingeleitet wird, dann erleiden alle Teile des Getriebes eine gewisse Verformung, die ansteigt, bis das Austrittsdrehmoment des Getriebes die Haftreibung überwinden kann. In diesem Augenblick setzt die Vorschubbewegung ein, der Reibungskoeffizient fällt und damit auch der der Bewegung entgegengesetzte Widerstand. Die in den verformten Antriebsgliedern aufgespeicherte Energie wird frei, und der vorzuschiebende Schlitten springt mehr als beabsichtigt vorwärts. Je steifer daher das Getriebe, desto geringer der Unterschied zwischen beabsichtigter und tatsächlicher Länge der Vorschubbewegung.

Abb. 103 a u. b

---

[1] BEUERLEIN, P.: Ein Beitrag zur Klärung und Verhinderung des Stick-Slip-Vorganges. Fortschrittliche Fertigung und Moderne Werkzeugmaschinen. Essen: Girardet 1954.

2. Normung von Drehzahlen und Vorschüben; Aufbau gestufter Antriebe[1]

Die Werkstoffe von Werkzeug und Werkstück, die Form des Werkzeuges, die Art der Bearbeitung und die verlangte Güte der zu erzeugenden Oberfläche bestimmen die günstigsten und wirtschaftlichen Geschwindigkeiten der beiden für den Zerspanungsvorgang wichtigen Bewegungen, Schnitt und Vorschub (s. S. 1). Einzweckmaschinen, die nur für eine einzige Operation bestimmt und entworfen sind, brauchen oft nur mit der für diese Operation günstigsten Schnitt- und Vorschubgeschwindigkeit ausgerüstet zu werden. Der Konstrukteur von Mehrzweckmaschinen muß indessen einen gewissen Geschwindigkeits*bereich*, der die Erfordernisse der verschiedenen auf der Maschine auszuführenden Arbeiten, Art und Form der Werkstücke und Güte der zu erzeugenden Oberflächen erfaßt, vorsehen.

Die Werte der erforderlichen Schnittgeschwindigkeiten müssen auf Grund technischer (Schneidvermögen der Werkzeuge, Güte der erzeugten Oberflächen) und wirtschaftlicher (Mindestarbeitszeit der Werkzeuge zwischen zwei Anschliffen, Schleifkosten) Erwägungen bestimmt werden, und je größer die Wahl der Werkstoffe für Werkzeug und Werkstück, desto weiter ist der erforderliche Schnittgeschwindigkeitsbereich.

Die *Treffsicherheit*, mit der die jeweils günstigste *Schnittgeschwindigkeit* erhältlich ist, bestimmt die Wirtschaftlichkeit der Arbeit, die bei Schrupparbeiten durch die Höhe der Spanleistung, bei Serienarbeiten durch die Menge der in einem Anschliff in kürzester Zeit bearbeitbaren Werkstücke beeinflußt wird.

Treffsicherheit in der Einstellbarkeit der *Vorschubgeschwindigkeiten* ergibt einerseits die Möglichkeit günstigster Spanquerschnitte, Spanleistungen und Arbeitszeiten, andererseits ist sie für die Güte der zu bearbeitenden Oberflächen wichtig.

Während je nach der Art der Bearbeitung Schnitt- und Vorschubbewegungen kreisförmig oder geradlinig sein können, ist die Bewegung der Antriebselemente in der Mehrheit der Fälle kreisförmig, so daß die Änderung der Geschwindigkeiten meist durch eine Drehzahländerung im Antrieb erzielt werden kann. Die Frage der *Drehzahlverstellung* ist daher von großer Bedeutung.

Wenn die Schnittbewegung durch eine Drehbewegung erzeugt wird, dann ist die Schnittgeschwindigkeit v bei einem Arbeitsdurchmesser d und einer Drehzahl n des Werkstückes (Drehen) oder des Werkzeuges (Bohren, Fräsen)

$$\left.\begin{aligned} v &= \frac{\pi\,d\,n}{1000} \\[2mm] n &= \frac{1000\,v}{\pi\,d} \end{aligned}\right\} \qquad (v \text{ in m/min}, \ d \text{ in mm}, \ n \text{ in U/min}).$$

Wenn entsprechend dem vorgesehenen Arbeitsbereich der Maschine ein Durchmesserbereich von d_{max} bis d_{min} und ein Geschwindigkeitsbereich von v_{max} bis v_{min} erfaßt werden sollen, dann muß die größte zur Verfügung stehende Drehzahl

$$n_{max} = \frac{1000\,v_{max}}{\pi\,d_{min}}$$

und die kleinste zur Verfügung stehende Drehzahl

$$n_{min} = \frac{1000\,v_{min}}{\pi\,d_{max}}$$

sein.

Der sogenannte „Drehzahlbereich" eines die verschiedenen Drehzahlen erzeugenden Getriebes ist daher

$$B = \frac{n_{max}}{n_{min}} = \frac{v_{max}}{v_{min}} \cdot \frac{d_{max}}{d_{min}}.$$

---

[1] Siehe R. GERMAR: Die Getriebe für Normdrehzahlen. Berlin: Springer 1932. — BÖHRINGER, R.: Die Drehzahlnormung und ihre wirtschaftliche Auswirkung im Drehbankbau. Berlin: Springer 1939.

Der Drehzahlbereich ist also gleich dem Produkt aus Schnittgeschwindigkeitsbereich $B_v = \dfrac{v_{\max}}{v_{\min}}$ und Durchmesserbereich $B_d = \dfrac{d_{\max}}{d_{\min}}$, $B = B_v \cdot B_d$. Wenn die Schnittbewegung geradlinig ist (Hobeln), dann ist der Drehzahlbereich nur von dem erforderlichen Schnittgeschwindigkeitsbereich abhängig; bei kreisförmiger Schnittbewegung (Drehen, Bohren, Fräsen) kommt dazu noch der Durchmesserbereich.

Der Schnittgeschwindigkeitsbereich für die Bearbeitung von legierten Stählen einerseits und Leichtmetallen andererseits kann sehr hohe Werte annehmen, z. B. kann er bei der Verwendung von Hartmetallwerkzeugen

$$(v_{\text{Stahl}} \approx 100 \text{ m/min}, \quad v_{\text{Leichtmetall}} \approx 2000 \text{ m/min})$$

$\dfrac{2000}{100} = 20$ werden und bei der Berücksichtigung von Schnellstahlwerkzeugen $(v_{\text{Stahl}} \approx 20 \text{ m/min})$ auf $\dfrac{2000}{20} = 100$ steigen. Ein Drehzahlbereich von 100 kann gegebenenfalls wirtschaftlich von einem Wechselgetriebe erfaßt werden, wenn aber noch ein Durchmesserbereich von nur 50 mm bis 5 mm $\left(\dfrac{50}{5} = 10\right)$, den man z. B. bei Radialbohrmaschinen vorfindet, hinzukommt, dann muß die Wirtschaftlichkeit eines Getriebes mit einem Drehzahlbereich von $B = 100 \cdot 10 = 1000$ sorgfältig erwogen und gegebenenfalls der geplante Arbeitsbereich der Maschine verkleinert werden.

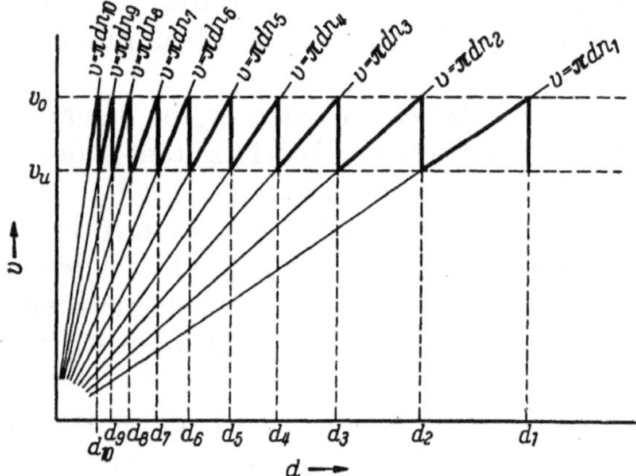

Abb. 104. Sägediagramm (geometrische Stufung)

Die Ideallösung, die unbedingte *Treffsicherheit* gewährleistet, ist das stufenlose Getriebe, das später besprochen werden soll. Bei dem Stufengetriebe, das den Drehzahlbereich mit einer bestimmten abgestuften Reihe von Drehzahlen erfaßt, läßt sich die günstigste Schnittgeschwindigkeit nur selten genau treffen, und es ist daher notwendig, eine obere v_o und eine untere v_u Grenze für die in bestimmten Fällen empfohlenen Schnittgeschwindigkeiten festzulegen.

Wenn man in einem Diagramm die Schnittgeschwindigkeiten v in Abhängigkeit vom Durchmesser d aufträgt und die Werte für v_o und v_u einzeichnet (Abb. 104), so ergibt sich für jede Drehzahl n_1, n_2, n_3 usw. eine Gerade ($v = \pi d n$), und wenn die Spindel mit einer Drehzahl n_1 läuft, dann darf der Arbeitsdurchmesser nicht größer als d_1 und nicht kleiner als d_2 sein, da andererseits die Schnittgeschwindigkeit außerhalb der zulässigen Grenzen v_o und v_u liegen würde. Zum Arbeiten mit kleinerem Durchmesser als d_2 ist also eine höhere Drehzahl n_2 erforderlich, mit der für d_2 die zulässige Höchstgeschwindigkeit v_o erreicht wird und bei der mit Durchmessern bis zum Werte von d_3 gearbeitet werden könnte, ohne die zulässige Mindestschnittgeschwindigkeit v_u zu unterschreiten.

Für eine Reihe von Drehzahlstufen n_1, n_2, n_3, . . . , n_{n-1} und n_n und entsprechende Durchmesserstufen d_1, d_2, d_3, d_4, . . . , d_{n-1} und d_n kann man also folgende Beziehungen aufstellen:

$$n_1 = \frac{v_o}{\pi\, d_1} = \frac{v_u}{\pi\, d_2},$$

$$n_2 = \frac{v_o}{\pi\, d_2} = \frac{v_u}{\pi\, d_3},$$

$$\cdots\cdots\cdots\cdots\cdots$$

$$n_{n-1} = \frac{v_o}{\pi\, d_{n-1}} = \frac{v_u}{\pi\, d_n},$$

$$n_n = \frac{v_o}{\pi\, d_n} = \frac{v_u}{\pi\, d_{n+1}} \quad \text{usw.}$$

Der Stufensprung zwischen zwei benachbarten Drehzahlen einer Drehzahlreihe, die es ermöglicht, die Schnittgeschwindigkeit bei der Bearbeitung eines gewissen Durchmesserbereiches zwischen festgelegten Grenzen v_o und v_u zu halten, ist daher konstant

$$\frac{n_n}{n_{n-1}} = \frac{v_o}{v_u},$$

d. h., die erforderliche Drehzahlreihe ist eine geometrische Reihe mit dem Quotienten (Stufensprung)

$$\varphi = \frac{v_o}{v_u}.$$

Das sogenannte „Sägediagramm" (Abb. 104) zeigt diese Verhältnisse, insbesondere die größere Weite des Durchmesserbereiches bei großen Durchmessern und niedrigen Drehzahlen. Noch mehr tritt diese Erscheinung bei der arithmetischen Stufung (Abb. 105) auf, bei der für den Fall einer festgelegten oberen Grenze der Schnittgeschwindigkeit v_o

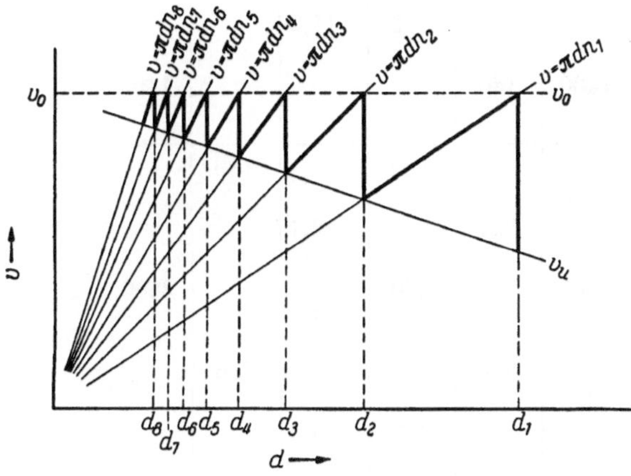

Abb. 105. Sägediagramm (arithmetische Stufung)

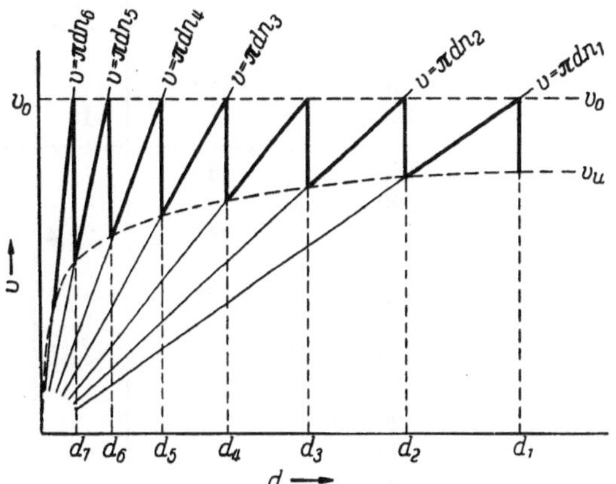

Abb. 106. Sägediagramm (logarithmische Stufung)

die untere Grenze mit wachsendem Durchmesser fällt. Die Möglichkeit, mit wirtschaftlicher Schnittgeschwindigkeit zu arbeiten, wird also bei der arithmetischen Stufung mit wachsendem Arbeitsdurchmesser verringert.

KRONENBERG[1] hat eine logarithmische Stufung (Abb. 106) vorgeschlagen, bei der das Verhältnis v_o/v_u eine Funktion des Durchmessers ist. Indessen hat sich die auch für Normzahlen[2] allgemein anerkannte geometrische Stufung durchgesetzt, die nicht nur rechnerisch, sondern auch getriebetechnisch und konstruktiv außerordentliche Vorteile bietet, von denen hier nur einige erwähnt werden mögen:

1. Wenn man in einer geometrischen Reihe (Stufensprung φ) Glieder derart herausnimmt, daß nur jedes x-te Glied stehenbleibt, dann bilden die übrigbleibenden Glieder wieder eine geometrische Reihe mit dem Stufensprung φ^x.

2. Durch Multiplikation der Glieder einer geometrischen Reihe mit einem Faktor φ^y verschiebt man die ganze Reihe um y Glieder.

3. Durch Multiplikation der Glieder mit einem konstanten Faktor c entsteht eine neue geometrische Reihe mit gleichem Stufensprung wie die ursprüngliche, aber mit einem um das c-fache vergrößerten Anfangsglied.

4. Glieder einer geometrischen Reihe, die das Glied 1 enthält, ergeben miteinander multipliziert wieder Glieder der gleichen geometrischen Reihe.

---

[1] KRONENBERG, M.: Grundzüge der Zerspanungslehre, 2. Aufl., Bd. I. Berlin/Göttingen/Heidelberg: Springer 1954.
[2] Siehe O. KIENZLE: Normungszahlen. Berlin/Göttingen/Heidelberg: Springer 1950.

5. In der dezimalgeometrischen Reihe wiederholt sich die gleiche Zahlenanordnung in jedem Zehnerabschnitt. Es ist somit möglich, die in einer geometrischen Reihe enthaltenen Drehzahlen durch Hintereinanderschaltung verschiedener Getriebeelemente zu erzeugen und durch Vorsehen geeigneter Antriebsübersetzungen oder konstruktiv veränderlicher Zwischenvorgelege verschiedene Wechselgetriebe zu entwerfen, die immer wieder Normaldrehzahlen ergeben.

Die Systeme der Normzahlen im allgemeinen und der Normdrehzahlen im besonderen sind in zahlreichen Veröffentlichungen, die in dem Schrifttumverzeichnis des Buches

Tabelle 11. *Lastdrehzahlen nach DIN 804*

Grundreihe R 20 $\varphi = 1{,}12$	Reihe R 20/2 $\varphi = 1{,}25$	Reihe R 20/3 $\varphi = 1{,}4$			Reihe R 20/4 $\varphi = 1{,}6$		Reihe R 20/6 $\varphi = 2$		
					(1400)	(2800)			
100				1000					
112	112	11,2				112	11,2		
125			125						
140	140			1400	140				1400
160		16							
180	180		180			180		180	
200				2000					
224	224	22,4			224		22,4		
250			250						
280	280			2800		280			2800
315		31,5							
355	355		355		355			355	
400				4000					
450	450	45				450	45		
500			500						
560	560			5600	560				5600
630		63							
710	710		710			710		710	
800				8000					
900	900	90			900		90		
1000			1000						

„Normungszahlen"[1] aufgeführt sind, besprochen worden. Hier sei nur erwähnt, daß die festgelegten Normdrehzahlen für Vollast gelten, so daß Werkzeugmaschinenspindeln usw. im allgemeinen etwas schneller laufen, als die Drehzahltabelle angibt. Das ist vom Standpunkt der Stückzeitberechnung von Bedeutung, da der Arbeiter niemals dadurch einen Verlust erleiden kann, daß eine Maschinenspindel langsamer läuft, als es in der Arbeitszeitberechnung vorgesehen war.

Die Vollastdrehzahlen der Drehstrom-Synchronmotoren sind in den Drehzahlreihen enthalten, so daß unmittelbarer getriebeloser Antrieb mit auf der Spindel sitzendem Rotor möglich ist. Um Drehzahlwechsel mittels polumschaltbarer Motoren möglich zu machen, muß der Sprung 2 in der Drehzahlreihe enthalten sein. Da $\sqrt{2} \approx \sqrt[10]{10} \approx 1{,}25$ ist, ist die Bedingung bei der normalen Zehnerreihe ($R\,20/2$; $\varphi = \sqrt[10]{10}$), die in jedem Zehnerabschnitt 10 Stufen hat und die als Hauptdrehzahlreihe gilt, erfüllt. Die genormten Stufensprünge und Normaldrehzahlen sind in Tab. 11 angegeben. Dabei sei darauf hingewiesen, daß für den Stufensprung $\varphi = 1{,}6$ ($R\,20/4$) zwei Reihen vorgesehen sind, deren eine die Lastdrehzahl 2800 U/min, die andere die Lastdrehzahl 1400 U/min für Drehstrommotoren mit einem bzw. zwei Polpaaren enthält.

---

[1] KIENZLE, O.: s. Fußn. 2, S. 69.

Die *Vorschubgeschwindigkeit* ist entweder auf die Spindeldrehzahl bezogen und in mm/U der Spindel angegeben (Drehen, Bohren) oder unabhängig von der Spindeldrehzahl in mm/min festgelegt (Fräsen). Zur Ermittlung der für eine bestimmte Dreh- oder Bohrlänge erforderlichen Zeit muß man indessen immer die Vorschubgeschwindigkeit je Zeiteinheit (m/min) kennen, die gleich dem Produkt von Spindeldrehzahl n und Vorschub je Spindelumdrehung s ist. Wenn nicht nur die Werte für n, sondern auch die für s als Normzahlen festgelegt werden, dann werden ihre Produkte, d. h. die minutlichen Vorschubgeschwindigkeiten, auch Normzahlen (Tab. 12).

Tabelle 12. *Vorschübe nach DIN 803*

φ = 1,12	φ = 1,25	φ = 1,4			φ = 1,6	φ = 2		
1	1		1		1		1	
1,12				11,2				
1,25	1,25	0,125				0,125		
1,4			1,4					
1,6	1,6			16	1,6			16
1,8		0,18						
2	2		2				2	
2,24				22,4				
2,5	2,5	0,25			2,5	0,25		
2,8			2,8					
3,15	3,15			31,5				31,5
3,55		0,355						
4	4		4		4		4	
4,5				45				
5	5	0,5				0,5		
5,6			5,6					
6,3	6,3			63	6,3			63
7,1		0,71						
8	8		8				8	
9				90				
10	10	1			10	1		

Für die umlaufenden Vorschubantriebselemente lassen sich dann auch durch Wahl geeigneter Abmaße (Steigungen von Vorschubspindeln, Durchmesser und Zähnezahlen von Vorschubritzeln usw.) Normdrehzahlen verwenden.

Bevor der Konstrukteur an den Entwurf der Getriebe zur Erzeugung der erforderlichen Schnitt- und Vorschubgeschwindigkeiten herangehen kann, muß er Drehzahlbereich, Stufenzahl und Stufensprung festlegen. Dabei müssen sowohl technische als auch wirtschaftliche Gesichtspunkte in Erwägung gezogen werden. Wenn die Verschiedenartigkeit der zu bearbeitenden Werkstoffe und die zu erfassenden Arbeitsdurchmesser einen großen Drehzahlbereich notwendig machen, z. B. bei Radialbohrmaschinen (s. S. 68), so müßte zum Zwecke hoher Treffsicherheit und demgemäß feiner Stufung (enge Geschwindigkeitstoleranz zwischen den Grenzen v_o und v_u, s. S. 68) eine hohe Stufenzahl zur Verfügung stehen, wodurch die Kosten des Getriebes naturgemäß erheblich werden können. Indessen braucht man die Grenzen v_o und v_u nicht immer zu eng aneinanderzulegen, insbesondere wenn die Vorschubgeschwindigkeit unabhängig von der Spindeldrehzahl einstellbar ist und die Arbeitszeit daher nicht direkt von der Spindeldrehzahl abhängt (Fräsmaschine). In solchen Fällen kommt man für den Schnittantrieb mit verhältnismäßig gröberer Stufung aus, indessen erfordert dann das Vorschubgetriebe eine feinere Stufung.

Andererseits muß man gegebenenfalls den Durchmesserbereich oder die Auswahl der zu bearbeitenden Werkstoffe verringern, wenn man mit einer nicht zu hohen Stufenzahl gute Treffsicherheit durch Verwendung feiner Stufensprünge erzielen will.

Die Beziehungen zwischen Drehzahlbereich B, Stufensprung φ und Stufenzahl z der zu konstruierenden Getriebe sind durch die Drehzahlnormung ein für allemal festgelegt.

Mit $\quad B = \dfrac{n_{\max}}{n_{\min}} \quad$ und $\quad n_{\max} = n_{\min} \cdot \varphi^{z-1} \quad$ wird $\quad \varphi^{z-1} = \dfrac{n_{\max}}{n_{\min}} = B.$

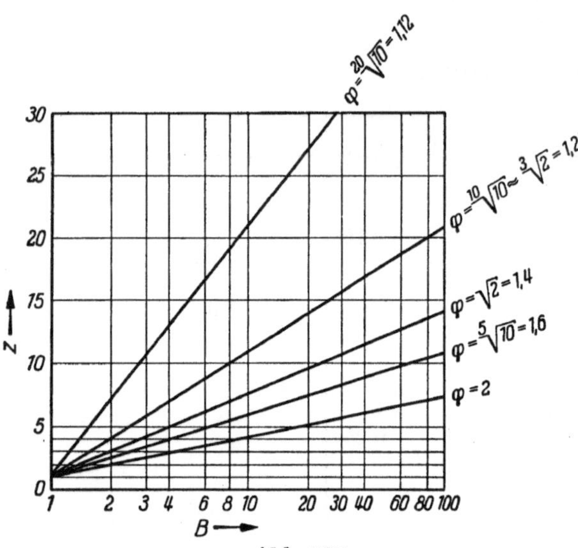

Abb. 107

Zusammenhang zwischen Drehzahlbereich B und Stufenzahl z bei Normstufensprüngen φ

Durch graphische Darstellung dieser Beziehungen (Abb. 107) kann der Konstrukteur die Verhältnisse schnell und klar übersehen und die zur Verfügung stehenden Möglichkeiten gegeneinander abwägen.

Da

$$(z-1)\log\varphi = \log B \quad \text{und} \quad z = 1 + \frac{\log B}{\log\varphi}$$

ist, wird z für jeden der normalen Stufensprünge φ eine lineare Funktion von B, wenn man den Drehzahlbereich als Abszisse in logarithmischer Teilung und die Stufenzahl als Ordinate in linearer Teilung aufträgt.

Nachdem Drehzahlbereich, Stufenzahl und Stufensprung eines Getriebes grundsätzlich festgelegt sind, kann die Entwicklung der baulichen Ausführung, die Anordnung, Belastung und Bemessung der Räder, die Bestimmung des Raumbedarfes und die Konstruktion der Einstellmechanismen erst nach folgenden Überlegungen in Angriff genommen werden[1]:

1. Bestimmung der Übersetzungsverhältnisse,
2. Aufbau der Teilgetriebe,
3. Berechnung der Übersetzungsverhältnisse und der Durchmesser bzw. Zähnezahlen.

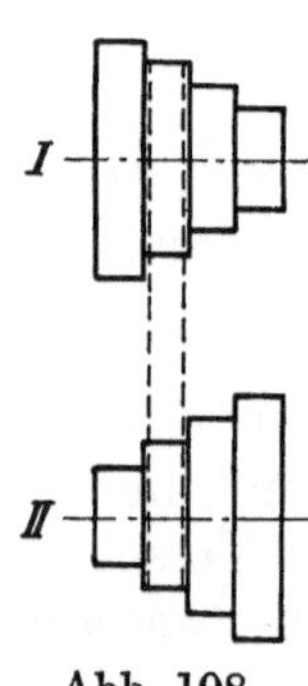

Abb. 108

Zu 1. Die Grundeinheit eines Geschwindigkeitswechselgetriebes ist das zweiachsige Getriebe (Abb. 108 bis 112), bei dem zwischen Antriebs-(Achse I) und Abtriebswelle (Achse II) verschiedene Übersetzungsverhältnisse einschaltbar sind, die bei konstanter Drehzahl der Antriebswelle die verlangten Drehzahlen der Abtriebswelle erzeugen. Die Drehmomentübertragung kann durch Riemen oder Zahnräder erfolgen. Im Falle des Riemenantriebes werden Stufenscheiben (Abb. 108) verwendet. Die einfachste Art des Zahnradantriebes ist die Verwendung von Wechselrädern, d. h. von Hand auswechselbaren Zahnrädern auf beiden Wellen. Diese Methode des Drehzahlwechsels ist indessen zeitraubend und wird daher nur dann vorgesehen, wenn die Drehzahl der Abtriebswelle für lange Zeitspannen unverändert bleiben kann, so daß die Länge der Einstellzeit keinen großen Verlust bedeutet, wie es z. B. bei Sondermaschinen in der Massenfertigung der Fall sein kann.

Bei Universalmaschinen, die für vielfältige Arbeitsoperationen in der Fertigung kleiner Mengen eingesetzt werden und bei denen deshalb Drehzahlen und Vorschubgeschwindigkeiten oft gewechselt werden müssen, werden für Vorschubantriebe Schwenk-

---

[1] Interessant ist in diesem Zusammenhang der Aufsatz von H. Schöpke: Stufengetriebe von Werkzeugmaschinen. Industrie-Anz., 22. Februar 1957.

rad- (NORTON) (Abb. 109) und Ziehkeilgetriebe (Abb. 110), für Schnitt- und Vorschubantriebe Kupplungs- (Abb. 111) und Schieberadgetriebe (Abb. 112) verwendet.

Bei allen zweiachsigen Getrieben ist das Verhältnis zwischen Drehzahl der getriebenen und Drehzahl der treibenden Welle den Durchmessern der entsprechenden

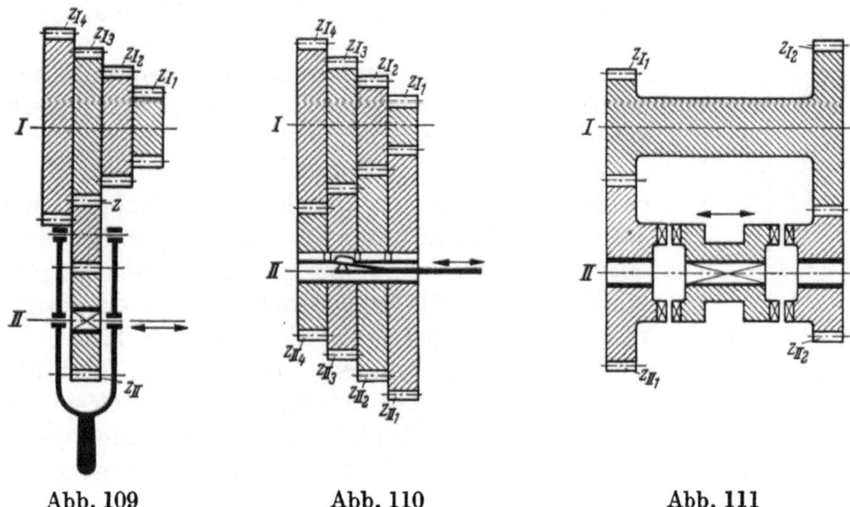

Abb. 109   Abb. 110   Abb. 111

Getriebeelemente (Riemenscheiben, Kettenräder, Zahnräder) umgekehrt proportional.

$$\frac{n_{II}}{n_I} = \frac{d_I}{d_{II}} \quad \text{(Abb. 113).}$$

Bei Verwendung mehrerer Elementenpaare *1, 2, 3* (Stufenscheiben, Zahnradblock usw.)
(s. Abb. 112) werden die Übersetzungsverhältnisse

$$u_1 = \frac{n_{II_1}}{n_I} = \frac{d_{I_1}}{d_{II_1}}, \qquad u_{n-1} = \frac{n_{II_{n-1}}}{n_I} = \frac{d_{I_{n-1}}}{d_{II_{n-1}}},$$

$$u_2 = \frac{n_{II_2}}{n_I} = \frac{d_{I_2}}{d_{II_2}}, \qquad u_n = \frac{n_{II_n}}{n_I} = \frac{d_{I_n}}{d_{II_n}}.$$

$$u_3 = \frac{n_{II_3}}{n_I} = \frac{d_{I_3}}{d_{II_3}},$$

Wenn sowohl die Drehzahlen der treibenden als auch die der getriebenen Welle
Glieder einer Normenreihe sind, dann muß

$$u_n = \frac{n_{II_n}}{n_I} = \varphi_N^x$$

sein (wobei φ_N ein Normstufensprung sei). Die Übersetzungsverhältnisse müssen also Potenzen der genormten
Stufensprünge sein.

Bei geometrischen Drehzahlreihen ist der Stufensprung

$$\varphi = \frac{n_{II_n}}{n_{II_{n-1}}} = \frac{u_n}{u_{n-1}}$$

und

$$u_n = \varphi \cdot u_{n-1}.$$

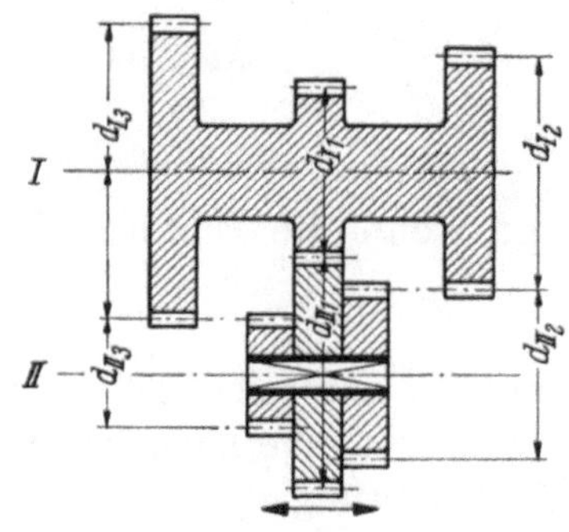

Abb. 112

Wenn man also eine geometrisch gestufte Drehzahlreihe erhalten will, dann müssen auch die Übersetzungs-
verhältnisse eine mit dem gleichen Stufensprung gestufte Reihe bilden. Bei Normdreh-
zahlreihen ($\varphi = \varphi_N$) sind daher auch die Übersetzungsverhältnisse normgestuft.

Wenn man aus Gründen des Raumbedarfes, der erforderlichen Begrenzung der
Zähnezahlsummen und der Teilkreisgeschwindigkeiten als Grenzübersetzungen zwischen
2 Zahnrädern 2:1 ins Schnelle und 1:4 ins Langsame einzuhalten sucht, dann wird

mit

$$u_{\max} = \frac{n_{II_{\max}}}{n_I} = \frac{2}{1} \quad \text{und} \quad u_{\min} = \frac{n_{II_{\min}}}{n_I} = \frac{1}{4}$$

der größte erzielbare Drehzahlbereich der zweiachsigen Getriebe

$$B_{\max} = \frac{u_{\max}}{u_{\min}} = \frac{n_{II_{\max}}}{n_{II_{\min}}} = 8.$$

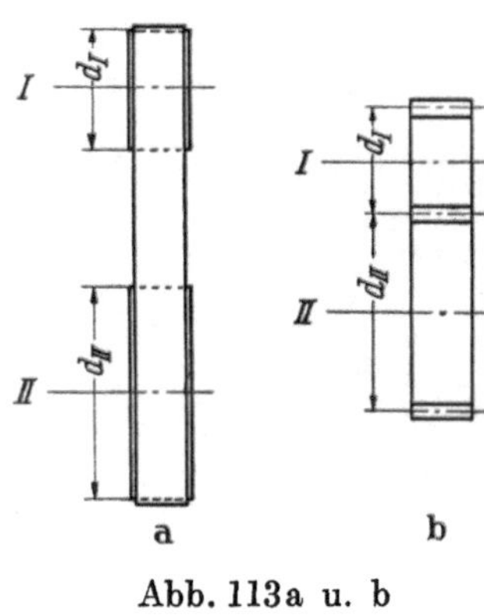

Abb. 113a u. b

Außerdem ist, außer bei Schwenkrad- und Ziehkeilgetrieben, die mit zweiachsigen Getrieben erzielbare Stufenzahl beschränkt.

Zu 2. Getriebe größeren Drehzahlbereiches und höherer Stufenzahlen können durch Hintereinanderschaltung zweiachsiger Getriebe geschaffen werden, wobei die Teilgetriebe entweder völlig unabhängig voneinander (ungebundene Getriebe, s. S. 110) angeordnet oder aber getriebene Zahnräder eines Teilgetriebes als treibende Räder des folgenden Teilgetriebes (gebundene Getriebe, s. S. 110) verwendet werden können. Die Stufenzahl eines Gesamtgetriebes ist dann gleich dem Produkt der Stufenzahlen der Teilgetriebe.

Wenn bei einem Getriebe (Abb. 114) die Übersetzungsverhältnisse des ersten Teilgetriebes (Welle *I* auf Welle *II*)

$$\frac{n_{II_1}}{n_I} = u_{I_1}, \qquad \frac{n_{II_2}}{n_I} = u_{I_2}, \qquad \frac{n_{II_3}}{n_I} = u_{I_3}$$

und die des zweiten Teilgetriebes (Welle *II* auf Welle *III*)

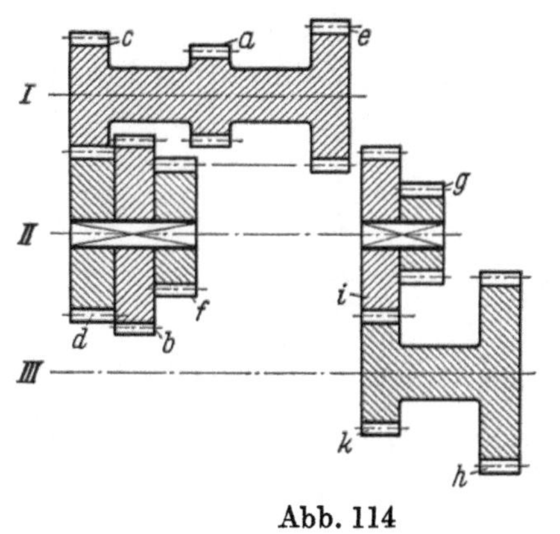

Abb. 114

$$u_{I_1} = \frac{a}{b}$$

$$u_{I_2} = \frac{c}{d}$$

$$u_{I_3} = \frac{e}{f}$$

$$u_{II_1} = \frac{g}{h}$$

$$u_{II_2} = \frac{i}{k}$$

$$\frac{n_{III_1}}{n_{II_1}} = \frac{n_{III_2}}{n_{II_2}} = \frac{n_{III_3}}{n_{II_3}} = u_{II_1},$$

$$\frac{n_{III_4}}{n_{II_1}} = \frac{n_{III_5}}{n_{II_2}} = \frac{n_{III_6}}{n_{II_3}} = u_{II_2}$$

sind, dann werden die Gesamtübersetzungen

$$e_1 = u_{I_1} \cdot u_{II_1} = \frac{n_{III_1}}{n_I}, \qquad e_4 = u_{I_1} \cdot u_{II_2} = \frac{n_{III_4}}{n_I},$$

$$e_2 = u_{I_2} \cdot u_{II_1} = \frac{n_{III_2}}{n_I}, \qquad e_5 = u_{I_2} \cdot u_{II_2} = \frac{n_{III_5}}{n_I},$$

$$e_3 = u_{I_3} \cdot u_{II_1} = \frac{n_{III_3}}{n_I}, \qquad e_6 = u_{I_3} \cdot u_{II_2} = \frac{n_{III_6}}{n_I},$$

$$e_6 : e_5 : e_4 : e_3 : e_2 : e_1 = n_{III_6} : n_{III_5} : n_{III_4} : n_{III_3} : n_{III_2} : n_{III_1} = \varphi$$

und wenn die Enddrehzahlen

$$n_{III_1}, \ n_{III_2}, \ n_{III_3}, \ n_{III_4}, \ n_{III_5} \ \text{und} \ n_{III_6}$$

einer Normalreihe mit dem Normalstufensprung φ_N angehören, dann bilden die Gesamtübersetzungsverhältnisse e_1, e_2, e_3, e_4, e_5 und e_6 auch eine geometrische Reihe mit dem Stufensprung φ_N.

Der Aufbau eines mehr als zweiachsigen Getriebes ist graphisch in einem Schaubild klar darzustellen, in dem die Drehzahlstufen auf einer logarithmischen Skala waagerecht und die Wellen in gleichem senkrechtem Abstand voneinander aufgetragen werden (Abb. 115)[1]. Da

$$\frac{n_n}{n_{n-1}} = \varphi_N \quad \text{und} \quad \log(n_n) - \log(n_{n-1}) = \log \varphi_N$$

---

[1] Dieses „Aufbaunetz" ist ebenso wie das später behandelte „Drehzahlbild" erstmalig von R. GERMAR, s. Fußn. 1, S. 67, eingeführt worden.

ist, erscheinen die Drehzahlstufen in logarithmischer Skala in gleichem Abstand ($\log \varphi_N$) voneinander, und die Übersetzungsverhältnisse zwischen zwei Achsen sind durch den waagerechten Abstand der entsprechenden Drehzahlen dargestellt, da $\log(n_{II}) - \log(n_I) = \log u$ ist. Wenn außerdem die Abstände zwischen den Achsen I, II, III usw. gleich sind, dann sind die Neigungen der Verbindungslinien zwischen den verschiedenen Achsen ein Maß der jeweiligen Übersetzungsverhältnisse.

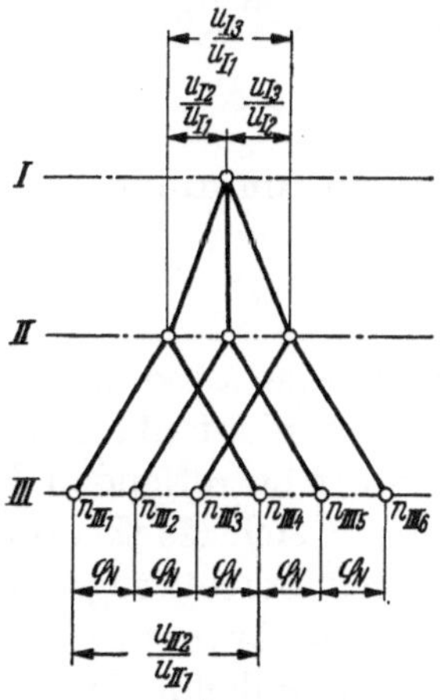

Die Anzahl der Aufbaumöglichkeiten für Getriebe einer bestimmten Stufenzahl ist beschränkt, und GERMAR[1] hat die möglichen Aufbaunetze für vier- bis achtzehnstufige Getriebe ausgearbeitet. Für das Beispiel des sechsstufigen Getriebes können 4 Anordnungen (Abb. 116) verwendet werden.

Zur Beurteilung der verschiedenen Möglichkeiten seien diese Aufbaunetze näher betrachtet. Wenn die Übersetzungsbereiche und damit die Unterschiede zwischen den von den getriebenen Rädern zu übertragenden Drehmomenten nur gering sind, dann kann man alle Zahnräder innerhalb eines Teilgetriebes mit gleichem Modul und gleicher Zahnbreite entwerfen, während andererseits Zahnräder, die erheblich höhere Drehmomente und somit höhere Zahndrücke zu übertragen haben, stärker als die anderen Räder sein müssen und infolgedessen mehr Platz beanspruchen.

Abb. 115

Bei dem Getriebe (Abb. 116a) treten die größten Übersetzungsbereiche im zweiten Teilgetriebe auf, so daß nur ein Räderpaar u_{II_1}, das die drei niedrigsten Drehzahlen erzeugt, verstärkt zu werden braucht. Bei dem Getriebe (Abb. 116b) werden die beiden niedrigsten Drehzahlen von den beiden im zweiten Teilgetriebe liegenden Räderpaaren u_{II_1} und u_{II_2} erzeugt. Außerdem liegt bei diesem Aufbau der größte Übersetzungsbereich, d. h. der größte Drehzahlunterschied, im ersten Teilgetriebe, dessen Räderpaar u_{I_1} daher auch verstärkt werden muß. Ähnlich liegen die Verhältnisse bei den Anordnungen (Abb. 116c und 116d).

Eine weitere Überlegung betrifft die zahlenmäßigen Werte der Übersetzungsbereiche (siehe S. 74), die durch Zählen der waagerechten Abstände einfach festzustellen sind, da in einem Teilgetriebe

$$\frac{u_{\max}}{u_{\min}} = \frac{n_{II\max}}{n_{II\min}} \quad \text{(s. S. 74)}$$

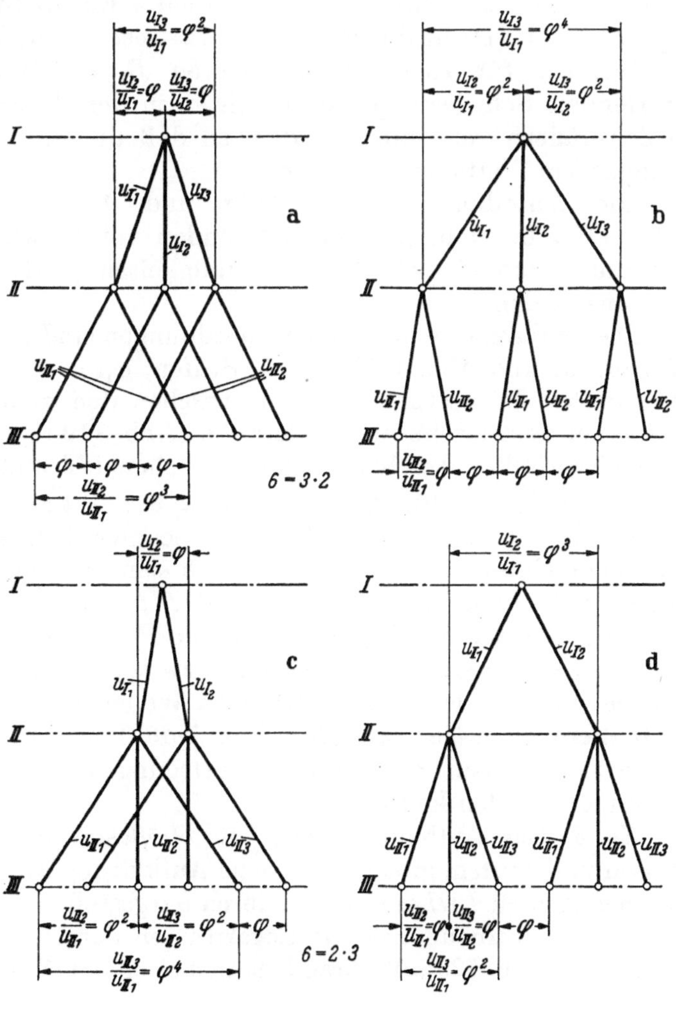

Abb. 116a—d

---

[1] GERMAR, R.: s. Fußn. 1, S. 67.

und

$$\log\left(\frac{u_{\max}}{u_{\min}}\right) = \log(n_{II_{\max}}) - \log(n_{II_{\min}}).$$

In den Anordnungen (Abb. 116a und 116c) liegt der größte Übersetzungsbereich im zweiten Teilgetriebe und ist

$$\frac{u_{II_2}}{u_{II_1}} = \varphi^3 \quad \text{bzw.} \quad \frac{u_{II_2}}{u_{II_1}} = \varphi^4,$$

in den Anordnungen (Abb. 116b und 116d) liegt er im ersten Teilgetriebe und ist

$$\frac{u_{I_2}}{u_{I_1}} = \varphi^4 \quad \text{bzw.} \quad \frac{u_{I_2}}{u_{I_1}} = \varphi^3.$$

Dabei ist außerdem zu beachten, ob diese Übersetzungsbereiche die auf S. 73 erwähnten Werte nicht überschreiten. Da nach den erstgenannten, die Zahnstärke und den Raumbedarf betreffenden Erwägungen Anordnungen (Abb. 116a und 116c) vorzuziehen sind, ergibt sich als theoretisch günstigste Anordnung der Aufbau (Abb. 116a), der den kleinsten Übersetzungsbereich erfordert.

Das Aufbaunetz kann sich außerdem als sehr nützlich erweisen, wenn man ohne zu einschneidende Änderungen der Einzelteile, Getriebe verschiedener Arbeitsbereiche oder Stufungen erzeugen will, wie an folgendem Beispiel gezeigt sei.

Um die verschiedenartigen Wünsche von Kunden befriedigen zu können, sollte das Spindelgetriebe einer Universalfräsmaschine derart konstruiert werden, daß die Maschine entweder mit 12 oder 18 Spindelgeschwindigkeiten ausgerüstet werden konnte. Der Drehzahlbereich sollte in beiden Fällen etwa 45 bis 50 sein, so daß die Normstufensprünge 1,4 (Drehzahlbereich für 12 Geschwindigkeiten $B_{12} = 45$) und 1,25 (Drehzahlbereich für 18 Geschwindigkeiten $B_{18} = 50$) gewählt wurden. In den zu entwerfenden Schieberadgetrieben sollten in den Teilgetrieben Blöcke mit nicht mehr als 3 Zahnrädern verwendet werden, so daß die in Abb. 117 und 118[1] gezeigten Anordnungen zur Verfügung standen.

Die Anordnungen (Abb. 117g und 118a) waren nicht nur aus den bzgl. Abb. 116a bis d besprochenen Gründen vorteilhaft, sie erschienen auch für die Umwandlung von 12 auf 18 Geschwindigkeiten (und umgekehrt) aus folgenden Gründen bestens geeignet.

Die Aufbaunetze der beiden Anordnungen sind in Abb. 119a (für 12 Stufen, $\varphi_{12} = 1,4$; $B_{12} = 45$) und Abb. 119b (für 18 Stufen, $\varphi_{18} = 1,25$; $B_{18} = 50$) nebeneinander gezeigt. Der größte Übersetzungsbereich zwischen den beiden letzten Wellen *III* und *IV* beträgt bei dem zwölfstufigen Getriebe (Abb. 119a) φ_{12}^6; der entsprechende Übersetzungsbereich zwischen den beiden letzten Wellen *III* und *IV* des achtzehnstufigen Getriebes ist φ_{18}^9 (Abb. 119b). Da aber $\varphi_{12} = 1,4 = \sqrt{2}$ und $\varphi_{18} = 1,25 = \sqrt[3]{2}$ ist, so wird $\varphi_{12}^6 = \varphi_{18}^9 = 8$, so daß die Teilgetriebe zwischen Wellen *III* und *IV* für das zwölf- und achtzehnstufige Getriebe identisch sein können. Die gleiche Überlegung gilt für das Teilgetriebe zwischen Wellen *II* und *III*, da $\varphi_{12}^2 = \varphi_{18}^3 = 2$ und $\varphi_{12}^4 = \varphi_{18}^6 = 4$ sind. Nur die Übersetzungsbereiche zwischen Wellen *I* und *II* der beiden Getriebe sind verschieden ($\varphi_{12} = 1,4$ und $\varphi_{18} = 1,25$ bzw. $\varphi_{18}^2 = 1,6$), so daß der Unterschied der beiden Getriebe nur in den Rädern zwischen Wellen *I* und *II* liegt. Es sei darauf hingewiesen, daß diese wichtige Tatsache ohne jede Berechnung von Übersetzungsverhältnissen, Zähnezahlen usw. nur durch Überlegungen bei der Betrachtung des Aufbaunetzes gefunden werden konnte.

Zu 3. Das Aufbaunetz zeigt die *Größenverhältnisse* zwischen Übersetzungsverhältnissen und Stufen, gibt jedoch keine Aufklärung über deren absolute Größenwerte. Diese können in dem *Drehzahlbild*[1] dadurch dargestellt werden, daß man auf der waagerechten Achse des Aufbaunetzes die Logarithmen der wirklichen Größenwerte der Drehzahlen aufträgt (Abb. 120). Während dann bei einem Normalgetriebe mit geometrischer Stu-

---

[1] Aus R. Germar: s. Fußn. 1, S. 67.

fung die Stufensprünge, d. h. die Abstände zwischen 2 Drehzahlen einer Welle, denen in dem früher besprochenen Aufbaunetz gleich sind, sind die Drehzahlpunkte auf den verschiedenen Wellen nicht mehr symmetrisch angeordnet, sondern gegeneinander verschoben. Ebenso sind auch die Verbindungslinien zwischen den Achsen nicht mehr sym-

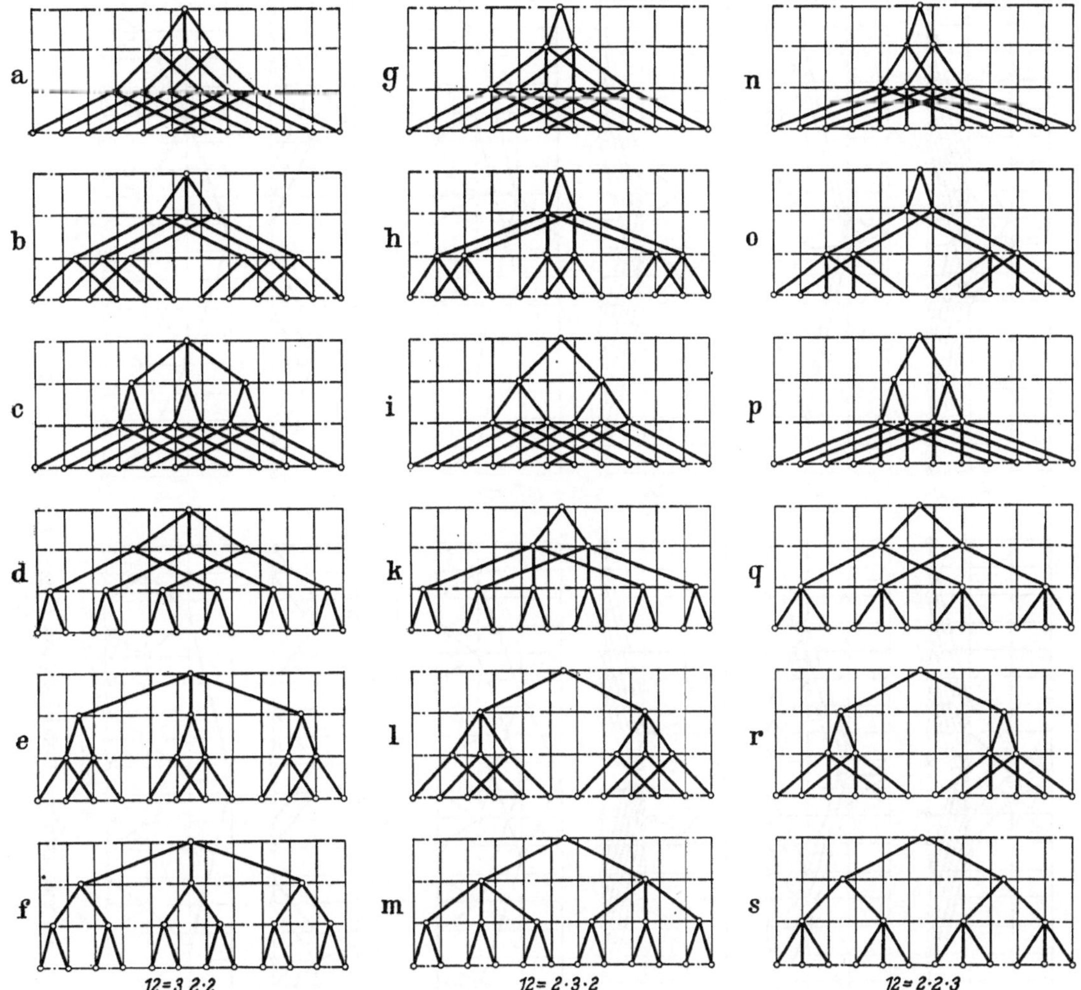

Abb. 117a—s. Aufbaunetze für zwölfstufige Getriebe (aus GERMAR, s. Fußn. 1, S. 67)

metrisch angeordnet, obwohl natürlich gleiche Übersetzungsverhältnisse wieder durch untereinander parallele Linien dargestellt sind und die Übersetzungsbereiche in einem Teilgetriebe

$$\left(\frac{u_{max}}{u_{min}} = \frac{n_{II\,max}}{n_{II\,min}} \right)$$

unverändert bleiben.

Während also das Aufbaunetz sich auf alle Getriebe einer gewissen Art und Anordnung bezieht, stellt das Drehzahlbild ein einziges bestimmtes Getriebe dieser Art, die absolute Größe der darin vorkommenden Drehzahlen und Übersetzungsverhältnisse, dar.

Da das Drehzahlbild die Größenwerte der verschiedenen Drehzahlen angibt, kann man auch die von den einzelnen Wellen bei gegebener Leistung bei den verschiedenen Drehzahlen n zu übertragenden Drehmomente M_d, die den Drehzahlen umgekehrt proportional sind $\left(M_d = 973 \frac{N}{n} \right)$ (Abb. 120), eintragen. Dadurch sind die Grundlagen für die Berechnung der Zahnräder, Zähnezahlen und Zahngrößen gegeben.

Als Beispiel diene ein Getriebe der durch Abb. 114 und Aufbaunetz (Abb. 115) dargestellten Art, das mit einer Antriebsdrehzahl (Welle I) von 1400 U/min, 6 Drehzahlen von 450 bis 1400 U/min (Stufensprung $\varphi = 1{,}25$) der Welle *III* erzeugen soll. Da der größte Übersetzungsbereich

$$\left(\frac{u_{II_2}}{u_{II_1}}\right) = \varphi^3 = 2$$

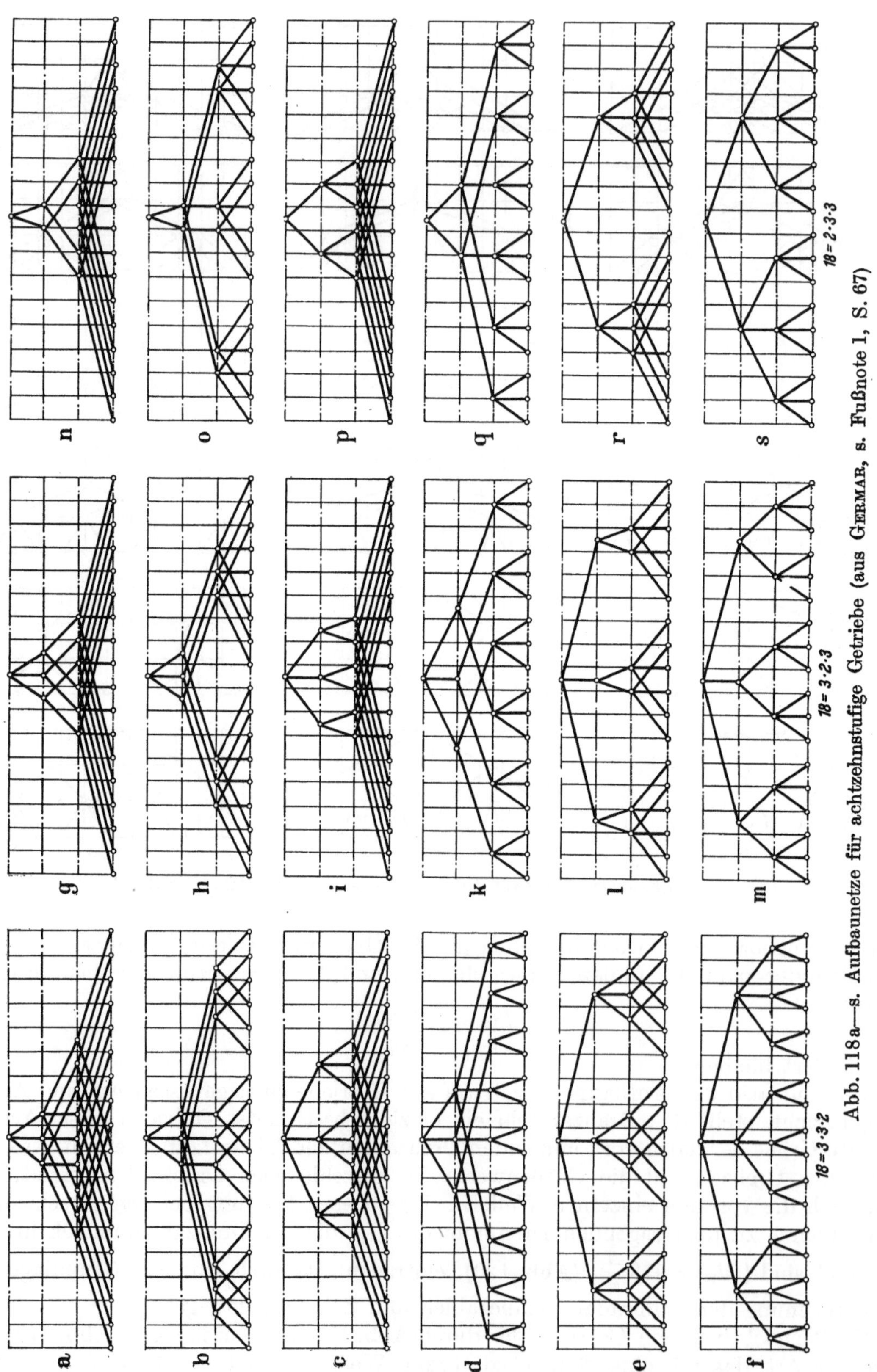

Abb. 118a—s. Aufbaunetze für achtzehnstufige Getriebe (aus GERMAR, s. Fußnote 1, S. 67)

beträgt und daher von nur einem Räderpaar erfaßt werden kann, kann man Übersetzungen ins Schnelle vermeiden und die Höchstdrehzahl der Welle III, die gleich der

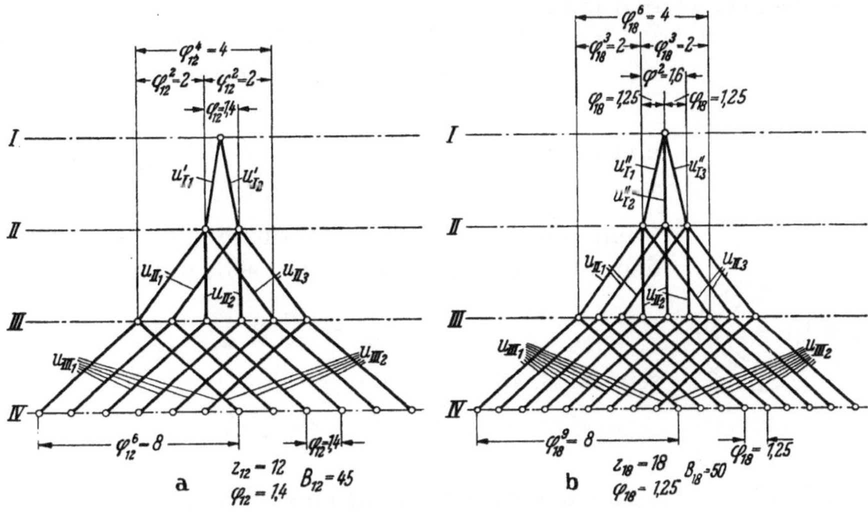

Abb. 119a u. b

Antriebsdrehzahl (Welle I) ist, durch Übersetzungen

erhalten. $\qquad u_{I_2} = \frac{1}{1} \quad$ und $\quad u_{II_2} = \frac{1}{1}$

Dadurch errechnen sich die anderen Übersetzungsverhältnisse als

$$u_{I_2} = \frac{u_{I_2}}{\varphi} = \frac{1}{1,25},$$

$$u_{I_1} = \frac{u_{I_2}}{\lceil \varphi^3 \rceil} = \frac{1}{1,6},$$

$$u_{II_1} = \frac{u_{II_2}}{\varphi^3} = \frac{1}{2},$$

so daß sich das Drehzahlbild (Abb. 120) ergibt. Die Normdrehzahlen der geometrischen Reihe mit dem Stufensprung 1,25 können aus Tab. 11 entnommen und direkt in das Drehzahlbild eingetragen werden. Die bei einer Leistung von 1 kW von den verschiedenen Wellen zu übertragenden und den Drehzahlen entsprechenden Drehmomente sind parallel zur Drehzahlachse aufgetragen.

Die bisherigen Betrachtungen waren allein auf der Forderung aufgebaut, daß die Drehzahlen aller Wellen, oder zumindest die der letzten Welle, Lastdrehzahlen einer Normalreihe sind. Je nach der Art des Getriebes muß indessen bei der Bestimmung der Durchmesser und Zähnezahlen der Räder noch folgenden Punkten Rechnung getragen werden:

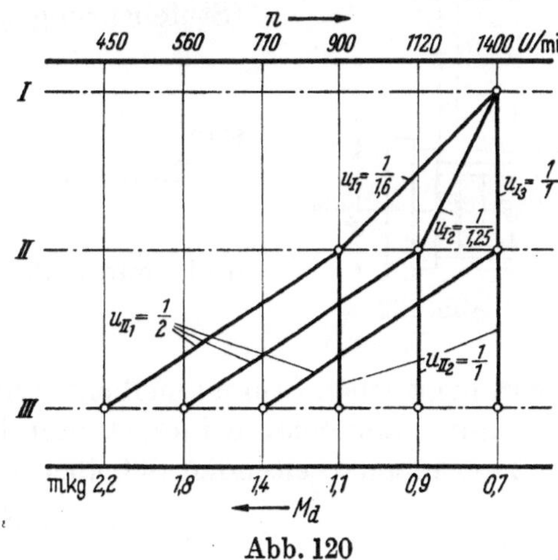

Abb. 120

a) Außer bei Stufenscheibenantrieben mit Spannrolle (Abb. 121) und Schwenkradgetrieben (s. Abb. 109) müssen die Durchmessersummen der Räderpaare, die den Antrieb zwischen 2 Wellen übertragen, konstant sein.[1]

b) Bei allen Zahnradgetrieben müssen die Übersetzungsverhältnisse so gewählt werden, daß sie mit ganzzahligen Zähnezahlen erzielbar sind.

---

[1] Bei Stufenscheibenantrieben trifft dies nicht genau zu, jedoch ist die Annahme konstanter Durchmessersummen zulässig, wenn der Achsabstand größer als ein gewisses Mindestmaß ist (s. S. 80).

Aus diesem Grunde sind genaue Durchmesserberechnungen nur für Riemenantriebe durchführbar, während für Zahnradantriebe nicht die Teilkreisdurchmesser, sondern die Zähnezahlen berechnet werden müssen.

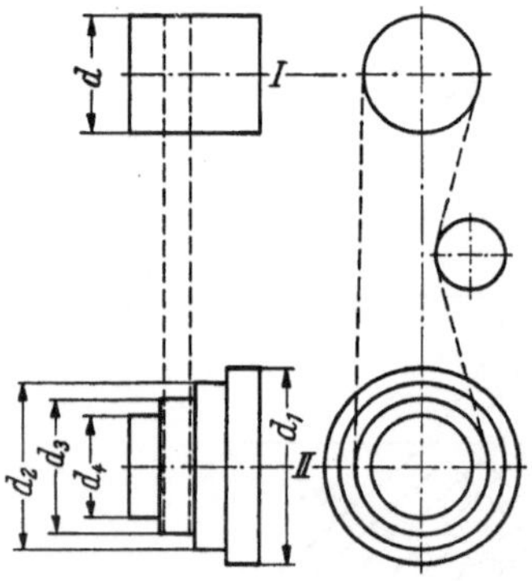

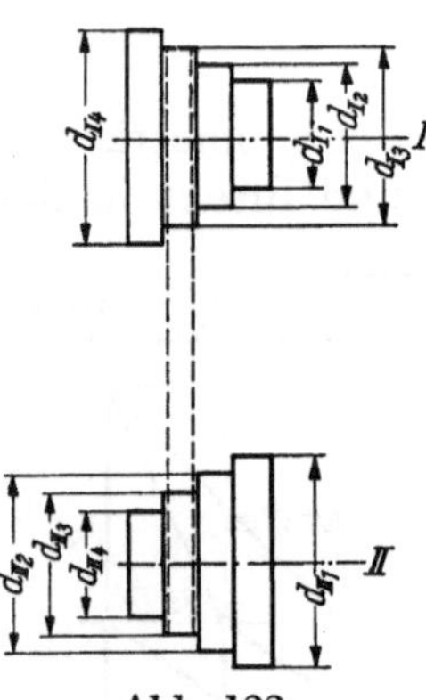

Abb. 121

Im Falle des Riemenantriebes mit Spannrolle (Abb. 121) ist

$$u_1 = \frac{d}{d_1}, \qquad u_2 = \frac{d}{d_2}, \qquad u_3 = \frac{d}{d_3}, \qquad u_4 = \frac{d}{d_4}$$

und daher

$$\frac{u_4}{u_3} = \frac{d_3}{d_4}, \qquad \frac{u_3}{u_2} = \frac{d_2}{d_3}, \qquad \frac{u_2}{u_1} = \frac{d_1}{d_2}.$$

Wenn der Antrieb eine normale (geometrische) Reihe mit dem Stufensprung φ erzeugen soll, dann muß

$$\frac{u_4}{u_3} = \frac{u_3}{u_2} = \frac{u_2}{u_1} = \varphi$$

sein (s. S. 73) und daher

$$\frac{d_1}{d_2} = \frac{d_2}{d_3} = \frac{d_3}{d_4} = \varphi.$$

Die Stufenscheibendurchmesser eines Antriebes mit einer Stufenscheibe und Spannrolle, der eine Normdrehzahlreihe erzeugen soll, müssen also mit dem verlangten Stufensprung geometrisch gestuft sein.

Wenn zwei einander gegenüberliegende Stufenscheiben (Abb. 122) verwendet werden, dann ist

$$u_1 = \frac{d_{I_1}}{d_{II_1}}, \qquad u_2 = \frac{d_{I_2}}{d_{II_2}}, \qquad u_3 = \frac{d_{I_3}}{d_{II_3}}, \qquad u_4 = \frac{d_{I_4}}{d_{II_4}}$$

oder allgemein

$$u_{n-1} = \frac{d_{I_{n-1}}}{d_{II_{n-1}}}, \qquad u_n = \frac{d_{I_n}}{d_{II_n}}.$$

Die Stufenscheiben auf Welle I seien mit einem Stufensprung φ_I, die auf Welle II mit einem Stufensprung φ_{II} geometrisch gestuft, so daß

$$\frac{d_{I_n}}{d_{I_{n-1}}} = \varphi_I, \qquad \frac{d_{II_{n-1}}}{d_{II_n}} = \varphi_{II}$$

ist.

Zur Erzeugung einer geometrisch gestuften Drehzahlreihe (Stufensprung φ) muß

$$\frac{u_n}{u_{n-1}} = \frac{d_{I_n}}{d_{I_{n-1}}} \cdot \frac{d_{II_{n-1}}}{d_{II_n}} = \varphi$$

sein.

Dann ist

$$\frac{u_n}{u_{n-1}} = \varphi_I \cdot \varphi_{II} = \varphi,$$

und wenn beide Stufenscheiben gleich gestuft sind ($\varphi_I = \varphi_{II}$), wird

$$\varphi_I^2 = \varphi_{II}^2 = \varphi, \qquad \varphi_I = \varphi_{II} = \sqrt{\varphi}.$$

Abb. 122

Wenn bei solchen Stufenscheibenantrieben der Achsabstand A größer als $10 \cdot (d_{\max} - d_{\min})$ ist, dann kann man bei konstanter Riemenlänge auch konstante Durchmessersummen der zusammenarbeitenden Scheiben annehmen.

$$d_{I_{n-1}} + d_{II_{n-1}} = d_{I_n} + d_{II_n} = C.$$

Da

$$\frac{d_{I_n}}{d_{II_n}} = u_n,$$

wird

$$d_{I_n} + \frac{d_{I_n}}{u_n} = d_{II_n} \cdot u_n + d_{II_n} = C$$

und

$$d_{I_n} = C \cdot \frac{u_n}{u_n + 1}, \qquad d_{II_n} = C \cdot \frac{1}{u_n + 1}.$$

Der Durchmesserberechnung für Stufenscheibenantriebe mit einer Stufenscheibe und Spannrolle entspricht die Berechnung der Zähnezahlen für Schwenkradgetriebe (s. Abb. 109). Da alle Räder des Blockes auf Welle I mit dem Zwischenrad (Zähnezahl z) kämmen müssen, welches das in der Schwinge auf Welle II verschiebbare Rad (Zähnezahl z_{II}) treibt, müssen sie den gleichen Modul m besitzen. Da der Durchmesser eines Rades $d = m \cdot z$ ist, muß

$$\frac{d_n}{d_{n-1}} = \frac{m\, z_n}{m\, z_{n-1}} = \frac{z_n}{z_{n-1}}$$

sein.

Die Zähnezahlen der Räder des Zahnradblockes auf Welle I (z_{I_1}, z_{I_2}, z_{I_3}, z_{I_4}) müssen also geometrisch mit dem Stufensprung der für Welle II verlangten Drehzahlreihe gestuft sein, so daß

$$\frac{z_{I_4}}{z_{I_3}} = \frac{z_{I_3}}{z_{I_2}} = \frac{z_{I_2}}{z_{I_1}} = \varphi$$

ist.

Bei Getrieben der Abb. 110, 111 und 112 ist der Achsabstand A für alle miteinander arbeitenden Räderpaare konstant:

$$A = \frac{d_I + d_{II}}{2} = \frac{m\, z_I + m\, z_{II}}{2} = \frac{m}{2}\, (z_I + z_{II}).$$

Wenn alle Zahnräder eines solchen Getriebes den gleichen Modul haben, dann muß auch die Summe der Zähnezahlen aller in einem Teilgetriebe arbeitenden Räderpaare konstant sein:

$$z_I + z_{II} = \frac{2A}{m} = C.$$

Für gegebene Übersetzungsverhältnisse lassen sich dann die Zähnezahlen der Räder eines Teilgetriebes nach der Generalnennermethode berechnen, indem man die verlangten Übersetzungsverhältnisse als Brüche ausdrückt. Wenn 2 Zahnräder ein Übersetzungsverhältnis a/b erzeugen, dann muß die Summe ihrer Zähnezahlen durch $(a + b)$ teilbar sein.

Für das Getriebe (Abb. 111) sei z. B. verlangt

$$u_1 = \frac{z_{I_1}}{z_{II_1}} = \frac{1}{1{,}6}\,{}^* \approx \frac{5}{8},$$

$$u_2 = \frac{z_{I_2}}{z_{II_2}} = \frac{1{,}25}{1}\,{}^* = \frac{5}{4}.$$

Die Zähnezahlsumme $(z_{I_1} + z_{II_1}) = (z_{I_2} + z_{II_2})$ muß also durch $(5 + 8 = 13)$ und durch $(5 + 4 = 9)$ teilbar sein.

13 ist eine hohe Primzahl, und der Generalnenner für 13 und 9 $(13 \cdot 9 = 117)$ ergibt eine sehr hohe kleinstmögliche Zähnezahlsumme. Deshalb ist es in diesem Falle besser, das Verhältnis $1/1{,}6$ annäherungsweise als $7/11$ anzunehmen, so daß für $(7 + 11 = 18)$ der Generalnenner (und daher die kleinstmögliche Zähnezahlsumme) 18 beträgt und

$$\frac{z_{I_1}}{z_{II_1}} = \frac{7}{11} \quad \text{und} \quad \frac{z_{I_2}}{z_{II_2}} = \frac{10}{8}.$$

Wenn nun das kleinste Rad (7) nicht weniger als z. B. 21 Zähne haben soll, dann muß man alle Zahlen mit 3 multiplizieren, so daß

$$z_{I_1} = 21, \qquad z_{I_2} = 30, \qquad z_{II_1} = 33, \qquad z_{II_2} = 24 \qquad \text{wird.}$$

Falls es nicht möglich ist, alle zwischen 2 Wellen arbeitenden Räderpaare mit dem gleichen Modul zu konstruieren, so daß die Durchmessersumme z. B.

$$m_1 z_{I_1} + m_1 z_{II_1} = m_2 z_{I_2} + m_2 z_{II_2}$$

wird, dann ist der Achsabstand

$$A = \frac{m_1}{2}\, (z_{I_1} + z_{II_1}) = \frac{m_2}{2}\, (z_{I_2} + z_{II_2}),$$

$$z_{I_1} + z_{II_1} = \frac{m_2}{m_1}\, (z_{I_2} + z_{II_2})$$

---

* Normübersetzung.

oder

$$z_{I_2} + z_{II_2} = \frac{m_1}{m_2}\,(z_{I_1} + z_{II_1}).$$

Falls also die Zähnezahlsumme unter der Voraussetzung gleicher Moduln für alle Räder berechnet ist, dann muß sie für das Räderpaar mit dem Modul m_2 durch Multiplikation mit m_1/m_2 oder für das Räderpaar mit dem Modul m_1 durch Multiplikation mit m_2/m_1 korrigiert werden.

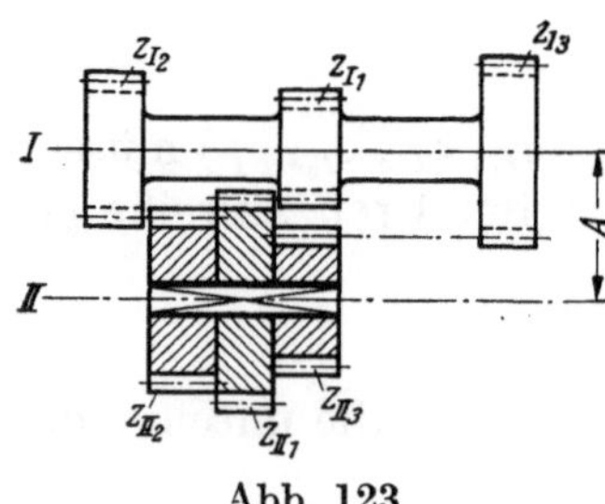

Abb. 123

Bei Schieberadantrieben für kleine Übersetzungsbereiche kommt es vor, daß zwei Räder, die nicht zu einem Räderpaar gehören, ohne sich zu berühren, aneinander vorbeigehen müssen. Das bedeutet, daß die Differenz der Zähnezahlen zweier auf einer Welle sitzender Räder einen gewissen Kleinstwert nicht unterschreiten darf.

In Abb. 123 ist ein solcher Fall dargestellt. Da der Außendurchmesser eines Zahnrades $d_{\max} = m\,(z + 2)$ ist und die Außendurchmesser der Räder z_{II_2} und z_{I_1} sich bei Verschiebung des Räderblocks auf Welle II nicht berühren sollen, muß bei gleichen Moduln

$$z_{I_1} + 2 + z_{II_2} + 2 = z_{I_1} + z_{II_2} + 4 \leqq \frac{2A}{m}$$

sein, wobei

$$\frac{2A}{m} = z_{I_1} + z_{II_1} = z_{I_2} + z_{II_2} = z_{I_3} + z_{II_3}$$

ist.

Es bestehen also die Gleichungen

$$z_{I_1} + z_{II_2} + 4 = z_{I_1} + z_{II_1} = z_{I_2} + z_{II_2},$$

so daß der verlangte Mindestunterschied der Zähnezahlen von Rädern I_2 und I_1 bzw. II_1 und II_2

$$z_{I_2} - z_{I_1} = z_{II_1} - z_{II_2} = 4$$

ist.

Wenn nunmehr

$$\frac{z_{I_1}}{z_{II_1}} = u_1 \quad \text{und} \quad \frac{z_{I_2}}{z_{II_2}} = u_2$$

sein soll, dann wird mit

$$z_{I_2} = z_{I_1} + 4$$

und

$$z_{II_2} = z_{II_1} - 4,$$

$$u_2 = \frac{z_{I_1} + 4}{z_{II_1} - 4},$$

$$u_2 = \frac{u_1 \cdot z_{II_1} + 4}{z_{II_1} - 4},$$

so daß

$$z_{II_1} = \frac{4\,(u_2 + 1)}{u_2 - u_1}$$

ist.

Damit kann man die anderen Zähnezahlen errechnen.

$$z_{I_1} = u_1 \cdot z_{II_1}, \qquad z_{I_2} = z_{I_1} + 4, \qquad z_{II_2} = z_{II_1} - 4.$$

Die Rechenarbeit zur Bestimmung der Zähnezahlen für die Räder in Getrieben für Normdrehzahlen kann vereinfacht werden, da die Übersetzungsverhältnisse in solchen Getrieben auch normgestuft sind (s. S. 73). Wenn man Übersetzungsverhältnisse verwendet, die den Werten der Normstufen gleich sind, dann kann man für alle den Normstufensprüngen entsprechenden praktisch anwendbaren Übersetzungsverhältnisse (z. B. von $1:1$ bis $4:1$ bzw. $1:4$) die Durchmesser von Riemenscheiben oder die Zähnezahlen von Zahnrädern (die den Durchmessern proportional sind) in Tabellenform ein für allemal festlegen[1] (Tab. 13). Zur Bestimmung der Zähnezahlen für Ziehkeil-, Kupplungs- und Schieberadgetriebe mit Zahnrädern gleichen Moduls, bei denen außerdem die Zähnezahlsummen aller zwischen 2 Achsen in Eingriff kommenden Zahnradpaare gleich sein müssen, lassen sich Tabellen aufstellen, welche die für Normübersetzungen erforderlichen und bei gegebener Zähnezahlsumme möglichen Zähnezahlen von Ritzel und Rad angeben (Tab. 14).

Der Gebrauch solcher Tafeln sei an einem einfachen Beispiel gezeigt. Es seien zwischen 2 Wellen Übersetzungsverhältnisse $u_1 = 1:1,8$, $u_2 = 1:1,4$ und $u_3 = 1:1,12$ mittels dreier Zahnradpaare verlangt (s. Abb. 123). Zähnezahlsummen zwischen 100 und 109 (Tab. 14), bei denen diese 3 Übersetzungsverhältnisse innerhalb der zulässigen Toleranzen erhältlich sind, sind 102, 106, 108 und 109 die entsprechenden Übersetzungsverhältnisse

$u_1 = \dfrac{z_{I_1}}{z_{II_1}}$	$u_2 = \dfrac{z_{I_2}}{z_{II_2}}$	$u_3 = \dfrac{z_{I_3}}{z_{II_3}}$
$37:65$	$42:60$	$48:54$
$38:68$	$44:62$	$50:56$
$39:69$	$45:63$	$51:57$
$39:70$	$45:64$	$51:58$

Wenn aus Gründen der Raumersparnis und der Herstellungskosten das Ritzel so klein wie möglich (Mindestzähnezahl 19) gewählt werden soll, so würde z. B. die zweite Reihe durch 2 dividiert die Zähnezahlen $z_{I_1}:z_{II_1} = 19:34$, $z_{I_2}:z_{II_2} = 22:31$ und $z_{I_3}:z_{II_3} = 25:28$, d. h. eine Zähnezahlsumme von 53, ergeben. Allerdings wäre dabei zu beachten, daß die letztgegebenen Zähnezahlen zwar für ein Ziehkeilgetriebe (Abb. 110), aber nicht für ein Schieberadgetriebe (Abb. 123) anwendbar sein würden, da die Unterschiede der Zähnezahlen zweier benachbarter Räder $z_{I_2} - z_{I_1}$ bzw. $z_{II_1} - z_{II_2}$ nur 3 (d. h. weniger als 4, s. S. 82) betragen, so daß sich z. B. Rad z_{II_2} (31 Zähne) nicht an dem Rade z_{I_1} (19 Zähne) ohne gegenseitige Berührung vorbeischieben lassen würde.

Zum Schluß sei als Beispiel der Rechnungsgang für die beiden auf S. 76 besprochenen Fräsmaschinengetriebe für 12 bzw. 18 Spindeldrehzahlen gezeigt.

Zur Bestimmung der höchsten und niedrigsten Spindeldrehzahlen sei angenommen:

Größter Fräserdurchmesser $d_\mathrm{max} = 300$ mm, Kleinste Schnittgeschwindigkeit des größten Fräsers $v_\mathrm{min} = 32$ m/min,

Kleinster Fräserdurchmesser $d_\mathrm{min} = 20$ mm, Höchste Schnittgeschwindigkeit des kleinsten Fräsers $v_\mathrm{max} = 90$ m/min.

Daraus ergibt sich

$$n_\mathrm{max} = \frac{v_\mathrm{max}}{\pi\, d_\mathrm{min}} = \frac{90 \times 1000}{\pi \times 20} \approx 1400 \ \mathrm{U/min},$$

$$n_\mathrm{min} = \frac{v_\mathrm{min}}{\pi\, d_\mathrm{max}} = \frac{32 \times 1000}{\pi \times 300} \approx 34 \ \mathrm{U/min}.$$

Für das zwölfstufige Getriebe sei daher die folgende Normdrehzahlreihe ($\varphi_{12} = 1,4$) gewählt (s. Tab. 11): 31,5; 45; 63; 90; 125; 180; 250; 355; 500; 710; 1000; 1400, und entsprechend für das achtzehnstufige Getriebe ($\varphi_{18} = 1,25$) 35,5; 45; 56; 71; 90; 112; 140; 180; 224; 280; 355; 450; 560; 710; 900; 1120; 1400; 1800.

---

[1] GERMAR, R.: Die Getriebe für Normdrehzahlen. Berlin: Springer 1932. — STEPHAN, E.: Optimale Stufenrädergetriebe für Werkzeugmaschinen. Berlin/Göttingen/Heidelberg: Springer 1958.

Tabelle 13. *Zahnradpaarungen, die Übersetzungen und damit Drehzahlen ergeben, welche innerhalb der nach DIN 804 zulässigen Grenzwerte liegen und mit denen die zugelassenen Toleranzen nicht überschritten werden*[1]

Übersetzung 1:	$1,12^0=1$	$1,12^1=1,12$	$1,12^2=1,25$	$1,12^3=1,4$	$1,12^4=1,6$	$1,12^5=1,8$	$1,12^6=2,0$	$1,12^7=2,24$	$1,12^8=2,5$	$1,12^9=2,8$	$1,12^{10}=3,15$	$1,12^{11}=3,55$	$1,12^{12}=4,0$
Zähnezahl des Ritzels					Zähnezahl des getriebenen Rades								
16 :	16	18	20	23	25	28	32	36	40	45	50 51	56 57 58	63 64
17 :	17	19	21	24	27	30	34	38	42 43	48	53 54	60 61	67 68
18 :	18	20	23	25	29	32	36	40 41	45 46	50 51	56 57 58	63 64 65	71 72
19 :	19	21	24	27	30	34	38	42 43	47 48	53 54	59 60 61	67 68	75 76 77
20 :	20	22	25	28	32	36	40	44 45	50 51	56 57	62 63 64	70 71 72	79 80 81
21 :	21	24	26	30	33	37	42	47	52 53	58 59 60	66 67	74 75 76	83 84 85
22 :	22	25	28	31	35	39	44	49 50	55 56	61 62 63	69 70	77 78 79	88 89
23 :	23	26	29	32 33	36 37	41	46	51 52	57 58	64 65 66	72 73 74	81 82 83	91 92 93
24 :	24	27	30	34	38	42 43	48	53 54	59 60 61	67 68 69	75 76 77	84 85 86 87	94 95 96 97

[1] Nach E. STEPHAN: Optimale Stufenrädergetriebe für Werkzeugmaschinen. Berlin/Göttingen/Heidelberg: Springer 1958.

Die konstruktive Anordnung der Getriebe ist aus Abb. 124 ersichtlich. Für das Umkehrgetriebe zwischen Wellen *I*, *II* und *III* wird der Dreiräderblock auf Welle *III* derart verwendet, daß das größte Rad (34 Zähne) zum Rechtsantrieb und das kleinere Rad (30 Zähne, Zähnezahlunterschied 4, s. S. 82) zum Linksantrieb mit Zwischenrad auf Welle *II* (beide Übersetzungen 1 : 1) dient. Um die Anzahl der teuren Keilwellen auf ein Minimum zu beschränken, sitzen die beiden Schieberadblöcke für das erste (Wellen *III* bis *IV*) und zweite (Wellen *IV* bis *V*) Teilgetriebe auf einer Welle *IV*.

Das Drehzahlniveau der Welle *V* ist verhältnismäßig hoch, da auf diese Weise die von Wellen *I* bis *V* zu übertragenden Drehmomente niedrig gehalten werden können. Eine feste Übersetzung zwischen Wellen *V* und *VI* bringt dieses Drehzahlniveau auf eine Größe, von der aus die verlangten Enddrehzahlen der Arbeitsspindel (Welle *VII*) durch das dritte Teilgetriebe (Wellen *VI* bis *VII*) erzeugt werden können, ohne daß die Übersetzung ins Langsame größer als 1 : 4 zu sein braucht. Die Übersetzung (2,24 : 1) ins Schnelle ist hier etwas größer als 2 : 1 (s. S. 73), indessen ist der Durchmesser des größeren Rades noch immer kleiner als der des größten Rades auf der Arbeitsspindel, so daß der notwendige Raum zur Verfügung steht.

Das Drehzahlbild des achtzehnstufigen Getriebes ist in Abb. 125 und das des zwölfstufigen Getriebes in Abb. 126 dargestellt.

Im ersten Teilgetriebe (Wellen *III* bis *IV*) des *achtzehnstufigen* Getriebes wird die höchste Abtriebsdrehzahl um eine halbe Stufe ($\sqrt{\varphi} = \sqrt{1,25} = 1,12$) gegenüber der Antriebsdrehzahl herabgesetzt, so daß

$$u_{III_3} = \frac{1}{1,12} = \frac{17}{19},$$

$$u_{III_2} = \frac{1}{1,12 \times 1,25} = \frac{1}{1,4} \approx \frac{5}{7},$$

$$u_{III_1} = \frac{1}{1,4 \times 1,25} = \frac{1}{1,8} \approx \frac{5}{9} \approx \frac{13}{23}$$

wird.

Zähnezahlsummen (Generalnenner-methode):

$$u_{III_3} = 17 + 19 = 36$$
$$u_{III_2} = 5 + 7 = 12$$
$$u_{III_1} = 13 + 23 = 36$$

Generalnenner = 36

Um eine Mindestzähnezahl von 18 zu gewährleisten, muß die Zähnezahlsumme zumindest $2 \times 36 = 72$ sein.

Daher $u_{III_3} = 34:38,$

$u_{III_2} = 30:42,$

$u_{III_1} = 26:46.$

Im ersten Teilgetriebe (Wellen *III* bis *IV*) des *zwölfstufigen* Getriebes (Abb. 126) wird die Antriebsdrehzahl um φ (1,4) und φ^2 (2) herabgesetzt, so daß

$$u_{III_1} = \frac{1}{2}$$

und

$$u_{III_2} = \frac{1}{1,4} = \frac{5}{7}$$

ist und die entsprechenden Zähnezahlsummen (Generalnennermethode)

$$u_{III_1} = 1 + 2 = 3$$
$$u_{III_2} = 5 + 7 = 12$$

Generalnenner = 12

sind.

Für eine Mindestzähnezahl von 18 wäre eine Mindestzähnezahlsumme von 60 erforderlich, so daß

$$u_{III_1} = 20 + 40 = 60,$$
$$u_{III_2} = 25 + 35 = 60$$

werden würde.

Um dieses Teilgetriebe indessen mit dem des achtzehnstufigen Getriebes auswechselbar zu machen, muß die Zähnezahlsumme in beiden Fällen gleich (72) sein, so daß

$$u_{III_1} = 24:48,$$
$$u_{III_2} = 30:42$$

wird.

Tabelle 14. *Zähnezahlen und Zähnezahlsummen für Normalübersetzungsverhältnisse*[1]. *(Als Beispiel ist die Tabelle für Zähnezahlsummen von 100 bis 109 gezeigt)*

Übersetzung 1:	1	1,12	1,25	1,4	1,6	1,8	2,0	2,24	2,5	2,8	3,15	3,55	4,0
Zähnezahlsumme	Zähnezahlen — Ritzel : Getriebenes Rad												
100	50:50	47:53	44:56		39:61	36:64		31:69		26:74	24:76	22:78	20:80
101	51:50		45:56	42:59	39:62	36:65	34:67	31:70	29:72		24:77	22:79	20:81
102	51:51	48:54	45:57	42:60		37:65	34:68		29:73	27:75			
103	52:51			43:60	40:63	37:66		32:71		27:76	25:78		21:82
104	52:52	49:55	46:58	43:61	40:64		35:69	32:72		27:77	25:79	23:81	21:83
105	53:52				41:64	38:67	35:70		30:75		25:80	23:82	21:84
106	53:53	50:56	47:59	44:62	41:65	38:68		33:73	30:76	28:78		23:83	21:85
107	54:53		47:60	44:63	41:66		36:71	33:74		28:79	26:81		
108	54:54	51:57	48:60	45:63	42:66	39:69	36:72	33:75	31:77	28:80	26:82	24:84	22:86
109	55:54	51:58	48:61	45:64	42:67	39:70		34:75	31:78		26:83	24:85	22:87

[1] Nach R. GERMAR: Die Getriebe für Normdrehzahlen. Berlin: Springer 1932.

Das zweite Teilgetriebe erfaßt eine Übersetzung ins Schnelle $u_{IV_3} = 1{,}25^2 = 1{,}6 : 1$ und eine Übersetzung ins Langsame $u_{IV_1} = 1 : 1{,}25^4 = 1 : 2{,}5$. Dazwischen liegt die dritte Übersetzung $u_{IV_2} = 1 : 1{,}25$ ins Langsame.

Die Bestimmung der Zähnezahlsummen mittels der Generalnennermethode hat den Nachteil, daß die Zähnezahlen zusammenarbeitender Räder vielfach ganzzahlige Verhältnisse sind, so daß periodische Übertragungsfehler unerwünschte Torsionsschwingungen zur Folge haben können. Die in den vorgenannten Tabellen (s. Tab. 13 und 14) enthaltenen Zähnezahlen ergeben dagegen Übersetzungsverhältnisse, die zwar nicht immer genau, aber doch noch innerhalb der zugelassenen Abweichungstoleranzen liegen. Aus diesen Tabellen lassen sich deshalb Zähnezahlen entnehmen, die entweder Primzahlen oder zumindest nicht immer vielfache ganzzahlige Verhältnisse sind. Die Zähnezahlen des zweiten (Wellen IV bis V) und dritten Teilgetriebes (Wellen VI bis VII) sind mit Hilfe der GERMARschen Tabellen ermittelt worden.

Bei der Bestimmung der das Drehzahlniveau herabsetzenden Übersetzung (Wellen V bis VI) muß der Tatsache Rechnung getragen werden, daß das große Antriebsrad auf Welle VI gleichzeitig das angetriebene Rad für die Übersetzung zwischen Wellen V und VI ist. Die Zähnezahl x des Antriebsrades für die Übersetzung ($u_V = 1 : 2{,}5$) muß daher der Gleichung genügen

$$\frac{x}{56} = \frac{1}{2{,}5},$$

$$x = \frac{56}{2{,}5} \approx 22.$$

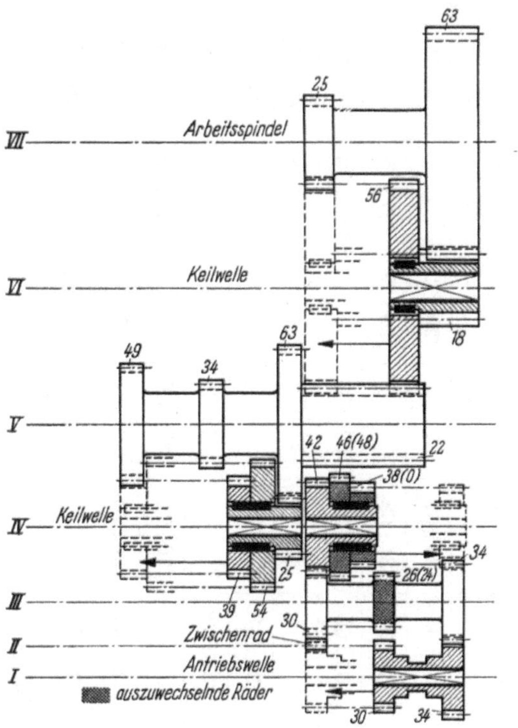

Abb. 124. Fräsmaschinengetriebe für 12 bzw. 18 Spindeldrehzahlen

Zum Schluß muß noch nachgeprüft werden, ob die auf Welle IV sitzenden Schieberäder des ersten Teilgetriebes und die Radwalze auf Welle V frei voneinander laufen können.

In Anbetracht der hohen Drehmomente, die die Radwalze gegebenenfalls übertragen muß, wenn Welle V mit niedriger Geschwindigkeit $\left(\text{Übersetzung } u_{IV_1} = \frac{25}{63}\right)$ läuft, seien die Zähne der Radwalze mit Modul 4,5 angenommen, während für die Zähne der Räder des ersten und zweiten Teilgetriebes Modul 3 gewählt sei. Dann wird der Achsabstand A zwischen Wellen IV und V (zweites Teilgetriebe, Zähnezahlsumme 88)

$$A = \frac{3 \times 88}{2} = 132 \text{ mm.}$$

Der Außendurchmesser der Radwalze (22 Zähne) ist

$$d_{22} = 4{,}5 \times (22 + 2) = 108 \text{ mm}$$

und der Außendurchmesser des größten angetriebenen Rades (48 Zähne) im ersten Teilgetriebe des zwölfstufigen Getriebes

$$d_{48} = 3 \times (48 + 2) = 150 \text{ mm.}$$

Der kleinstzulässige Achsabstand ist daher

$$\frac{d_{22} + d_{48}}{2} = 129 \text{ mm,}$$

ist also kleiner als der vorgesehene Achsabstand von 132 mm.

Zum Schluß seien die Genauwerte der von beiden Getrieben erzeugten Enddrehzahlen geprüft und die Abweichungen von den Normdrehzahlen festgestellt (Tab. 15). Die meisten in den Getrieben vorkommenden Abweichungen sind negativ. Da bei der Fräsmaschine, anders als z. B. bei der Drehmaschine, die Produktivität nicht von der Spindeldrehzahl abhängt (s. S. 71), ist es vorteilhaft, positive Abweichungen zu vermeiden, um damit die verlangte Standzeit des Werkzeuges zu gewährleisten.

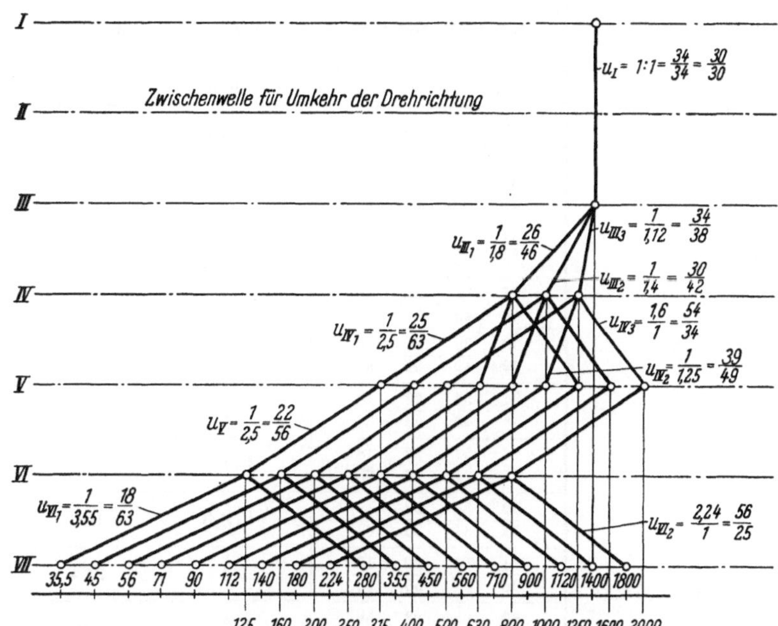

Abb. 125. Drehzahlbild des achtzehnstufigen Getriebes (s. Abb. 124)

Die zulässige Abweichung von 2 % ist nur in drei Fällen leicht überschritten.

Bei der Verwendung der GERMARschen Tabellen besteht bis zu einem gewissen Grade die Gefahr, daß die Enddrehzahlen außerhalb der zulässigen Grenzen liegen. Obwohl die GERMARschen Werte Übersetzungen, die innerhalb ±1,5 % bzw. bei hohen Übersetzungen ±2 % der Normübersetzungsverhältnisse liegen, ergeben, können durch Hintereinanderschaltung mehrerer Übersetzungen die Abweichungen der Enddrehzahlen zu groß werden.

Bei dem Entwurf der von JAEKEL[1] beschriebenen Tabellen wurde weniger Wert auf Einhaltung der Normübersetzungsverhältnisse in den Teilgetrieben als auf Beachtung der *Abweichungen* von den Normübersetzungen in jedem Teilgetriebe gelegt. Dadurch ist es möglich, Abweichungen in einem Teilgetriebe durch entsprechende Abweichungen im nächsten Teilgetriebe zu kompensieren.

Diese Probleme sind in dem Buch von STEPHAN[2] eingehend behandelt.

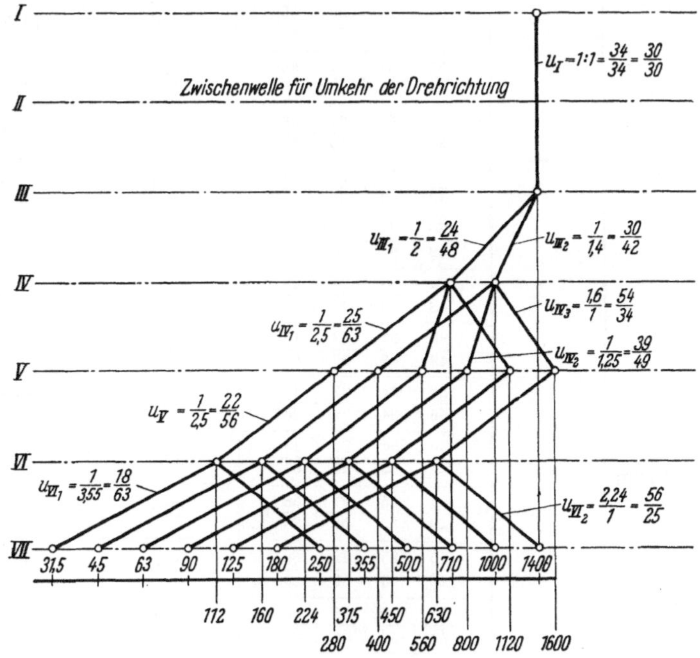

Abb. 126. Drehzahlbild des zwölfstufigen Getriebes (s. Abb. 124)

---

[1] JAEKEL, K.: Bestimmung der Zähnezahlen in geometrisch gestuften Zahnradgetrieben. Industrie-Anz., 4. Juni 1954.
[2] STEPHAN, E.: s. Fußn. 1, S. 83.

Tabelle 15

Getriebe	Antriebsdrehzahl U/min	Gesamtübersetzung $u_{III} \cdot u_{IV} \cdot u_V \cdot u_{VI}$	Enddrehzahl U/min	Normdrehzahl U/min	Genauwert U/min	Abweichung der Enddrehzahl vom Genauwert %
18 Stufen	1400	$\frac{26}{46} \cdot \frac{25}{63} \cdot \frac{22}{56} \cdot \frac{18}{63}$	35,2	35,5	35,481	−0,8
		$\frac{30}{42} \cdot \frac{25}{63} \cdot \frac{22}{56} \cdot \frac{18}{63}$	44,6	45	44,668	−0,15
		$\frac{34}{38} \cdot \frac{25}{63} \cdot \frac{22}{56} \cdot \frac{18}{63}$	55,8	56	56,234	−0,8
		$\frac{26}{46} \cdot \frac{39}{49} \cdot \frac{22}{56} \cdot \frac{18}{63}$	71	71	70,795	+0,3
		$\frac{30}{42} \cdot \frac{39}{49} \cdot \frac{22}{56} \cdot \frac{18}{63}$	89,5	90	89,125	+0,42
		$\frac{34}{38} \cdot \frac{39}{49} \cdot \frac{22}{56} \cdot \frac{18}{63}$	112	112	112,20	−0,18
		$\frac{26}{46} \cdot \frac{54}{34} \cdot \frac{22}{56} \cdot \frac{18}{63}$	141	140	141,25	−0,18
		$\frac{30}{42} \cdot \frac{54}{34} \cdot \frac{22}{56} \cdot \frac{18}{63}$	178,5	180	177,83	+0,38
		$\frac{34}{38} \cdot \frac{54}{34} \cdot \frac{22}{56} \cdot \frac{18}{63}$	223	224	223,87	−0,4
		$\frac{26}{46} \cdot \frac{25}{63} \cdot \frac{22}{56} \cdot \frac{56}{25}$	276	280	281,84	−2,05[1]
		$\frac{30}{42} \cdot \frac{25}{63} \cdot \frac{22}{56} \cdot \frac{56}{25}$	350	355	354,81	−1,35
		$\frac{34}{38} \cdot \frac{25}{63} \cdot \frac{22}{56} \cdot \frac{56}{25}$	438	450	446,68	−1,95
		$\frac{26}{46} \cdot \frac{39}{49} \cdot \frac{22}{56} \cdot \frac{56}{25}$	556	560	562,34	−1,15
		$\frac{30}{42} \cdot \frac{39}{49} \cdot \frac{22}{56} \cdot \frac{56}{25}$	702	710	707,95	−0,85
		$\frac{34}{38} \cdot \frac{39}{49} \cdot \frac{22}{56} \cdot \frac{56}{25}$	880	900	891,25	−1,26
		$\frac{26}{46} \cdot \frac{54}{34} \cdot \frac{22}{56} \cdot \frac{56}{25}$	1105	1120	1122	−1,5
		$\frac{30}{42} \cdot \frac{54}{34} \cdot \frac{22}{56} \cdot \frac{56}{25}$	1400	1400	1412,5	−0,9
		$\frac{34}{38} \cdot \frac{54}{34} \cdot \frac{22}{56} \cdot \frac{56}{25}$	1750	1800	1778,3	−1,6
12 Stufen	1400	$\frac{24}{48} \cdot \frac{25}{63} \cdot \frac{22}{56} \cdot \frac{18}{63}$	31,2	31,5	31,623	−0,14
		$\frac{30}{42} \cdot \frac{25}{63} \cdot \frac{22}{56} \cdot \frac{18}{63}$	44,6	45	44,668	−0,15
		$\frac{24}{48} \cdot \frac{39}{49} \cdot \frac{22}{56} \cdot \frac{18}{63}$	62,4	63	63,096	−0,11
		$\frac{30}{42} \cdot \frac{39}{49} \cdot \frac{22}{56} \cdot \frac{18}{63}$	89,5	90	89,125	+0,42
		$\frac{24}{48} \cdot \frac{54}{34} \cdot \frac{22}{56} \cdot \frac{18}{63}$	124,8	125	125,89	−0,87
		$\frac{30}{42} \cdot \frac{54}{34} \cdot \frac{22}{56} \cdot \frac{18}{63}$	178,5	180	177,83	+0,38
		$\frac{24}{48} \cdot \frac{25}{63} \cdot \frac{22}{56} \cdot \frac{56}{25}$	245	250	251,19	−2,4[1]
		$\frac{30}{42} \cdot \frac{25}{63} \cdot \frac{22}{56} \cdot \frac{56}{25}$	350	355	354,81	−1,35
		$\frac{24}{48} \cdot \frac{39}{49} \cdot \frac{22}{56} \cdot \frac{56}{25}$	491	500	501,19	−2,02[1]
		$\frac{30}{42} \cdot \frac{39}{49} \cdot \frac{22}{56} \cdot \frac{56}{25}$	702	710	707,95	−0,85
		$\frac{24}{48} \cdot \frac{54}{34} \cdot \frac{22}{56} \cdot \frac{56}{25}$	980	1000	1000	−2
		$\frac{30}{42} \cdot \frac{54}{34} \cdot \frac{22}{56} \cdot \frac{56}{25}$	1400	1400	1412,5	−0,9

[1] Etwas über der Toleranz von $\pm 2\%$.

3. Elektrische, mechanische und hydraulische Getriebe zur Erzeugung der Arbeitsbewegungen

Zum Antrieb der Arbeitsbewegungen in der Werkzeugmaschine dient im allgemeinen der Elektromotor. Die Vorteile des in früheren Jahren viel verwendeten Gruppenantriebes, bei dem ein verhältnismäßig großer Motor eine Reihe gleichartiger Maschinen über Riemenvorgelege antreibt und dadurch unter gleichmäßiger, der Motorvollast nahekommender Belastung mit hohem Wirkungsgrad arbeitet, werden durch die unvermeidlichen Nachteile (Beschränkung in der Aufstellung der Maschinen, lange Energieleitung mit niedrigem mechanischem Wirkungsgrad usw.) mehr als ausgeglichen. Heute ist daher der Einzelantrieb bereits so weit ausgebaut worden, daß oft nicht nur ein Motor eine einzige Maschine antreibt, sondern gesonderte Motoren mit entsprechenden Schalt- und Steueranlagen zum Antrieb der verschiedenen Arbeitsbewegungen eingesetzt und dadurch die Längen der mechanischen Leitungen zur Übertragung von Leistung und Steuerung erheblich verkürzt werden.

Die in den Elektromotoren zur Verfügung stehende und für den Arbeitsvorgang erforderliche Energie muß den Antriebselementen von Werkzeug- und Werkstückträgern derart zugeleitet werden, daß die Drehbewegung der Motorwelle zum gegebenen Zeitpunkt in die erforderlichen Arten, Richtungen und Geschwindigkeiten der Arbeitsbewegungen umgewandelt wird. Der Werkzeugmaschinenkonstrukteur verwendet dazu:

A) elektrische,
B) 1. mechanische,
    2. hydraulische Antriebs- und Getriebeelemente.

Im Falle von Drehbewegungen der arbeitenden Teile kann durch entsprechende Konstruktion die Energieleitung dadurch auf ein Mindestmaß verkürzt werden, daß die Energieübertragung und die Erzeugung der Arbeitsbewegung direkt vom Motor auf die Arbeitsspindel erfolgt. Oft werden indessen mechanische oder hydraulische Getriebeelemente zwischen Motor und Werkzeug- bzw. Werkstückträger geschaltet. Im ersten Falle müssen die Arbeitsbewegungen mittels entsprechender Geräte elektrisch geschaltet bzw. gesteuert werden, im zweiten Fall werden elektrische, mechanische, hydraulische, hydromechanische, elektromechanische oder elektrohydraulische Schalt- bzw. Steuergeräte eingesetzt.

I. Elektrische Antriebs- und Steuerelemente

Die Anforderungen an die Antriebsmotoren sind nicht nur durch die Arbeitsbedingungen, sondern auch durch die Steuerung der Werkzeugmaschinen stark beeinflußt. Wenn zwischen Motor und Getriebe eine Schaltkupplung vorgesehen ist, dann läuft der Motor praktisch ohne Last an. Falls indessen keine mechanische Kupplung den Motorantrieb von den zu beschleunigenden Getriebeteilen, wie Spindeln usw., trennen kann und die Arbeitsbewegungen der Maschine durch Ein- und Ausschalten der Antriebsmotoren gesteuert werden, dann müssen beim Anlaufen die Trägheitskräfte der sich bewegenden Teile und die Leerlaufwiderstände in den Getrieben überwunden werden, so daß der Motor praktisch unter Last anlaufen und daher ein hohes Anlaufdrehmoment haben muß.

Je nach Art der zu erzeugenden Arbeitsbewegung und der zwischen Motor und Werkzeug- bzw. Werkstückträger geschalteten Getriebe muß der Antriebsmotor auf folgende Weise laufen können:

1. Mit einer konstanten Geschwindigkeit,
    a) in einer Drehrichtung,
    b) vorwärts und rückwärts,

2. mit zwei konstanten Geschwindigkeiten, vorwärts und rückwärts, d. h. langsam vorwärts und schnell rückwärts oder umgekehrt,

3. mit gestuft oder stufenlos verstellbar, einstell- oder steuerbarer Geschwindigkeit,
   a) vorwärts oder rückwärts,
   b) vorwärts und rückwärts.

Außer den bereits erwähnten Antriebsbedingungen, die sich auf Leistung, Drehmoment, Geschwindigkeit und Drehrichtung beziehen, muß die Konstruktion der Motoren den Arbeitsbedingungen (offene, geschützte, tropf- oder spritzwassergeschützte, geschlossene Bauart usw.) und den Anschlußmöglichkeiten an die Werkzeugmaschine (Flanschmotoren, Einbaumotoren usw.) Rechnung tragen. Da der Werkzeugmaschinenkonstrukteur aus wirtschaftlichen Gründen soweit wie möglich normale Serienmotoren zu verwenden suchen wird, ist es oft zweckmäßig, geeignete Zwischenstücke, die die Anpassung normaler Motoren an die verschiedenen Anschlußbedingungen ermöglichen, vorzusehen.

Vom Standpunkt des Werkzeugmaschinenkonstrukteurs können die verwendeten Motoren nach folgenden Gesichtspunkten betrachtet werden[1]:

1. Anlaufcharakteristik,
2. Laufeigenschaften,
3. Leistungs- und Drehmomentcharakteristik in Abhängigkeit von der Drehzahl,
4. Drehzahlverstellung,
5. Bremsfähigkeit (schnell Abbremsen, ruckweiser Lauf usw.),
6. Wirkungsgrad (elektrisch und mechanisch) und Leistungsfaktor ($\cos \varphi$),
7. Schwingungsarmut.

Aus Gründen der Wirtschaftlichkeit der Energieübertragung vom Kraftwerk zum Verbraucher, der Einfachheit und der Betriebssicherheit der verwendeten Motoren steht in der Werkstatt im allgemeinen Drehstrom zur Verfügung. Drehstrommotoren werden deshalb vorwiegend eingesetzt, sei es zum direkten Antrieb der Werkzeugmaschine, sei es zum Antrieb eines LEONARD-Umformers (s. S. 92), der zum direkten Antrieb der Werkzeugmaschine einen Gleichstrommotor speist.

Unter den Drehstrommotoren wird der *Käfigläufermotor* (mit Kurzschlußläufer) weitgehend verwendet. Das Anlaufdrehmoment ist etwa 60 bis 100% höher als das Nenndrehmoment. Das Drehmoment wächst zunächst mit steigender Drehzahl bis zu einem Höchstwert (Kippmoment) und fällt dann mit weiter steigender Drehzahl scharf ab. Das Nennmoment wird bei etwa 94 bis 97% der Synchrondrehzahl erreicht. Wenn die Belastung das Nennmoment überschreitet, so fällt die Drehzahl, und der Motor kommt bei Überschreitung des Kippmomentes zum Stillstand. Bei direktem Einschalten solcher Motoren tritt ein Anlaufstrom, der etwa das Fünf- bis Siebenfache des Nennstromes beträgt, auf. In vielen Fällen ist das zulässig. Falls der Anlaufstrom unzulässig hoch erscheint, werden Stern-Dreieckschalter verwendet, die entweder von Hand bedient oder automatisch gesteuert werden können. Durch Einsatz eines beim Anlauf in einer Phase zwischengeschalteten Widerstandes, der bei Erreichung der Nenndrehzahl automatisch durch eine Relaisschaltung kurzgeschlossen wird, kann das Anlaufmoment herabgesetzt und ein sanfterer Anlauf erzielt werden.

Bei *Schleifringmotoren* werden die Enden der Läuferwicklung mit einem außenliegenden regelbaren Widerstand, der beim Anlassen zur Erhöhung des Läuferwiderstandes eingeschaltet und nach Erreichen der vollen Drehzahl kurzgeschlossen wird, über Schleifringe verbunden, so daß der Anlaufstrom und das Anlaufmoment innerhalb verlangter Grenzen gehalten werden können.

Die Verwendung von *Wirbelstromläufern* ergibt höhere Anlaufmomente und niedrigere Anlaufströme, so daß solche Motoren zum direkten Einschalten unter Last geeignet sind, während Motoren mit Läuferwiderstand (Widerstandsläufer), deren Anlaufmoment auch hoch und deren Einschaltstrom niedrig ist, sich besonders für große Schalthäufigkeiten eignen.

---

[1] Siehe dazu z. B. J. IRTENKAUF: Die verschiedenen Antriebe von Hobelmaschinen und ihre Kennlinien. Werkstatttechnik, 1938, H. 3.

Während die Drehrichtung durch Vertauschen von 2 Zuleitungen umgekehrt wird, hängt die Synchrondrehzahl n_0 von der Netzfrequenz f_0 und der Polzahl p ab.

$$n_0 = \frac{60 \cdot f_0}{p/2} \quad (n_0 \text{ in U/min und } f_0 \text{ in Hz}).$$

Durch Änderung der Polzahl (2, 4, 6, 8 oder 12) durch Polumschaltung kann man bei einer Netzfrequenz von $f_0 = 50$ Hz die synchronen Drehzahlen 3000, 1500, 1000, 750 oder 500 U/min erhalten. Die der Drehzahlnormung entsprechenden Lastdrehzahlen sind dann 2800, 1400, 900, 710 und 450 U/min.

Wenn der Antriebsmotor unmittelbar, d. h. ohne Zwischenschaltung mechanischer oder hydraulischer Getriebe, mit der Arbeitsspindel der Werkzeugmaschine gekuppelt werden soll, und wenn Spindeldrehzahlen von mehr als 3000 U/min verlangt werden, dann werden Schnellfrequenzmotoren eingesetzt, deren Drehzahl durch Frequenzänderung verstellt wird.[1] Ein normaler (50 Hz) Drehstrommotor treibt über eine feste Kupplung einen Drehstromgenerator, dessen Ständerwicklung die Netzfrequenz (50 Hz) zugeleitet wird. Die Drehzahl des Motors und des Generators hängt von der Polzahl p_m des Motors ab.

$$\left(n_m = \frac{50}{p_m/2} = \frac{100}{p_m} \text{ U/sek} \right).$$

Die von dem Generator erzeugte Frequenz f hängt dann von der Generatordrehzahl, der Polzahl des Generators p_g und der Richtung des in der Ständerwicklung umlaufenden Drehzahlfeldes ($f_0 = 50$ Hz), bezogen auf die Drehrichtung des Motors (gegenläufig positiv, gleichläufig negativ), ab.

$$f = n_m \cdot \frac{p_g}{2} \pm f_0 = 50 \, \frac{p_g}{p_m} \pm 50 = 50 \cdot \left(\frac{p_g}{p_m} \pm 1 \right).$$

Die Drehzahlen n der von dem Generator getriebenen Motoren (Polzahl p) sind dann

$$n = \frac{f}{p/2} = \frac{2f}{p} = \frac{100}{p} \cdot \left(\frac{p_g}{p_m} \pm 1 \right) \quad [\text{U/sek}].$$

Da bei Gleichlauf von Generatorläufer und Drehfeld die gleiche Drehzahlreihe wie bei Gegenlauf, mit Ausnahme der bereits im tieferen Bereich liegenden Drehzahlen erzielt werden kann, braucht Gleichlauf nicht berücksichtigt zu werden,[2] so daß

$$n = \frac{6000}{p} \cdot \left(\frac{p_g}{p_m} + 1 \right) \quad [\text{U/min}]$$

wird (Tab. 16).

Die Sicherheit des Bedienungsarbeiters und die Erfordernisse der Arbeitsbedingungen verlangen oft Vorkehrungen, die es ermöglichen, den Motor schnell und sicher zum Stillstand zu bringen. Bremsung durch mechanische Reibung z. B. durch elektromagnetisch betätigte Bremsen, hat Verschleiß der Bremswerkstoffe zur Folge, der bei elektrischer Bremsung durch Gegenstrom vermieden werden kann, wobei entweder 2 Anschlüsse vertauscht und dadurch auf Gegenstrom geschaltet oder die Ständerwicklung durch Gleichstrom entsprechend erregt wird. Bei Gegenstrombremsung wird eine sogenannte Bremswächterschaltung verwendet, die ein Anlaufen des Motors in entgegengesetzter Richtung verhindert.

Wirkungsgrad und Leistungsfaktor der Drehstrommotoren steigen mit wachsendem Verhältnis $\frac{\text{Nutzlast}}{\text{Nennlast}}$. Während sich indessen der Wirkungsgrad nur wenig ändert, wenn die Nutzlast bis auf etwa 40 % der Nennlast sinkt, fällt der Leistungsfaktor verhältnismäßig stark, sobald die Nennlast unterschritten wird.

Feinstufige Verstellung der Antriebsdrehzahlen ist bei *Gleichstromnebenschlußmotoren* möglich. Da beim unmittelbaren Einschalten solcher Motoren ein Stromstoß auftritt,

---

[1] Siehe Fr. Beinert u. H. Birett: Hohe Drehzahlen durch Schnellfrequenz-Antrieb, 2. Aufl. Berlin/Göttingen/Heidelberg: Springer 1954, und O. Kienzle: Normungszahlen. Berlin/Göttingen/Heidelberg: Springer 1950.

[2] Kienzle, O.: s. Fußn. 1.

der außer bei sehr kleinen Motoren unzulässig ist, wird beim Anlassen größerer Motoren ein Anlaßwiderstand vor die Ankerwicklung geschaltet, der die Höhe des Anlaufstromes begrenzt. Die Größe und Art des Anlassers hängt von den jeweiligen Anlauferfordernissen des Motors (Anlauf unter Last, kurze oder lange Anlaufzeit usw.) ab.

Tabelle 16

Polzahl		Schnellfrequenz	Arbeitsmotor		
Antriebsmotor	Generator		Polzahl	Synchrondrehzahl	Lastdrehzahl
p_m	p_g	f	p	n	$n_L{}^1$
		Hz		U/min	U/min
2	2	100	2	6000	5300
	4	150		9000	8000
	6	200		12000	10600
	8	250		15000	13200
	10	300		18000	16000
	12	350		21000	18000
	14	400		24000	21200
	16	450		27000	23600
4	2	75	2	4500	4000
	4	100		6000	5300
	6	125		7500	6700
	8	150		9000	8000
	10	175		10500	9500
	12	200		12000	10600
	14	225		13500	11800
	16	250		15000	13200

¹ Bei doppeltem Schlupf; s. O. KIENZLE: Normungszahlen.

Mit wachsendem Drehmoment fällt die einmal eingestellte Drehzahl eines Nebenschlußmotors leicht, wobei der Abfall bei kleineren Motoren stärker ist als bei größeren Motoren.

Die Drehzahl kann durch Veränderung des Ankerstromes oder des Feldes verstellt werden. Sie wird durch Einschalten eines Widerstandes in den Ankerstromkreis und Verringerung des Ankerstromes herabgesetzt. Das geschieht allerdings auf Kosten des Wirkungsgrades, da ein Teil der dem Motor zugeführten Leistung in dem Vorschaltwiderstand in Wärme umgewandelt wird. Durch Änderung der Ankerspannung (siehe LEONARD-Umformer) kann man indessen die Drehzahl bei gleichbleibendem Drehmoment verstellen, d. h. die Leistung steigt bzw. sinkt mit der Drehzahl (Abb. 127). Durch Schwächen des Feldes (Nebenschlußverstellung) wird die Drehzahl praktisch verlustlos, bei gleichbleibender Leistung, erhöht (Abb. 128). Der auf diese Weise mögliche wirtschaftliche Drehzahlbereich ist etwa 3.

Ein größerer Drehzahlbereich kann durch die Verwendung des LEONARD-Umformers (Abb. 129) erzielt werden. Hier treibt ein Motor A einen Gleichstromgenerator B und eine Erreger-

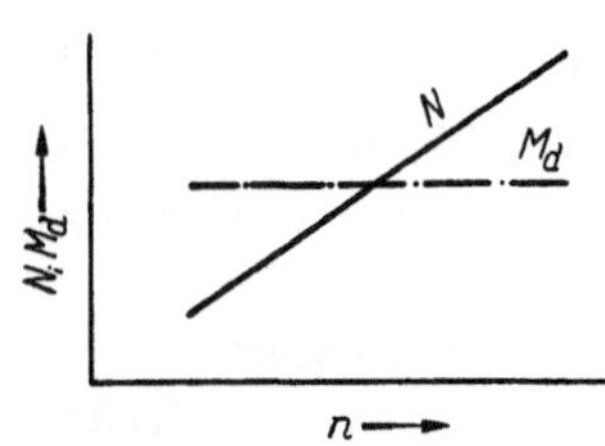

Abb. 127. Drehzahlverstellung des Gleichstromnebenschlußmotors durch Änderung der Ankerspannung

maschine C, die den Strom für den Antriebsmotor D der Werkzeugmaschine liefern. Durch Änderung des Erregerwiderstandes E kann die Klemmenspannung des Generators B und damit die Ankerspannung des Motors D zwischen 0 und einem Höchstwert und demzufolge auch die Drehzahl des Motors in weiten Grenzen mit gleichbleibendem Drehmoment fein verstellt werden. Darüber hinaus kann man durch Feldschwächung (Widerstand F) die Drehzahl des Motors D bei gleichbleibender Leistung noch weiter erhöhen, so daß man einen sehr weiten feinstufigen Drehzahlbereich (bis 20) erhält (Abb. 130). Indessen ist die Feldschwächung bei hohen Drehzahlen ungünstig, da das Drehmoment sehr klein wird. Außerdem kann die auf die Wicklung wirkende Fliehkraft die zulässige Drehzahl nach oben begrenzen.

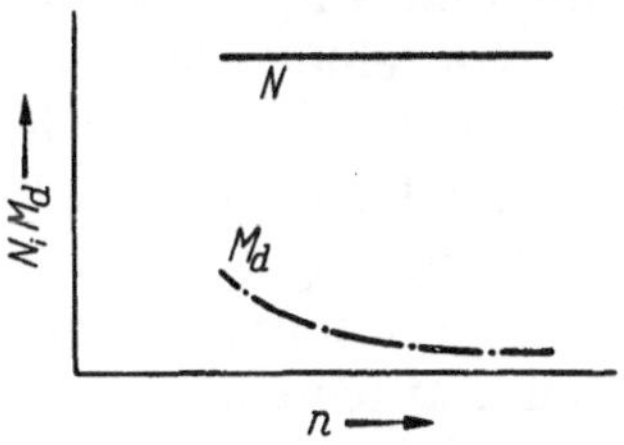

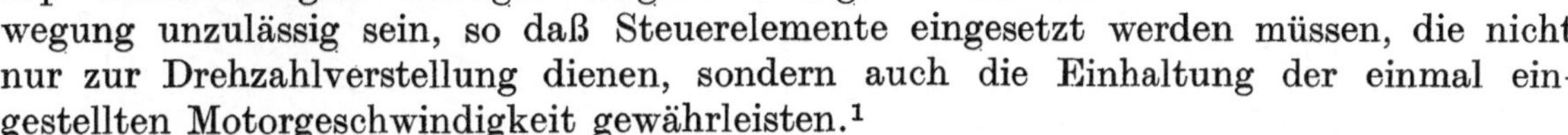

Abb. 128. Drehzahlverstellung des Gleichstromnebenschlußmotors durch Änderung des Erregerstromes

Die untere Drehzahlgrenze hängt von der Kühlung des Motors, die mit fallender Drehzahl unzureichend werden kann, ab. Auch kann bei niedrigen Drehzahlen eine durch „stick-slip"-Erscheinungen erzeugte Ungleichförmigkeit der Bewegung unzulässig sein, so daß Steuerelemente eingesetzt werden müssen, die nicht nur zur Drehzahlverstellung dienen, sondern auch die Einhaltung der einmal eingestellten Motorgeschwindigkeit gewährleisten.[1]

Drehrichtungswechsel von Nebenschlußmaschinen erfolgt zweckmäßig durch Umkehr der Stromrichtung im Anker. Im LEONARD-Antrieb kann das zweckmäßig durch Umkehr der Stromrichtung im Feld des Generators erzielt werden.

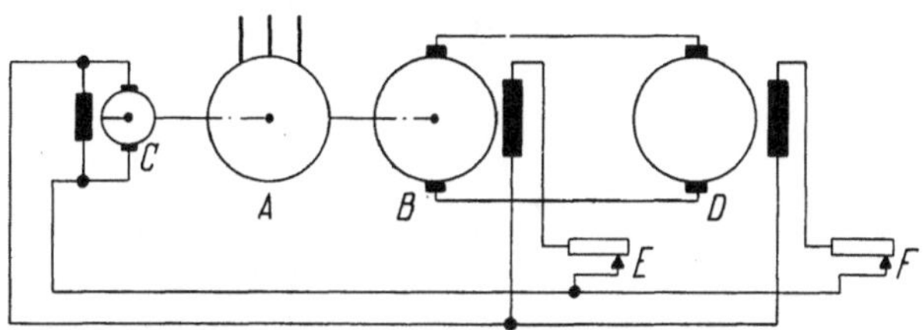

Abb. 129. Schaltung des LEONARD-Umformers

Bremsung kann außer durch elektromagnetisch betätigte mechanische Bremsen (s. S. 91) dadurch erfolgen, daß der Motor als Generator geschaltet wird. Er wird dann auslaufen, bis seine Schwungenergie aufgebraucht ist. Eine andere Bremsmöglichkeit besteht darin, daß man den Anker abschaltet und über einen Widerstand kurzschließt.

Der Wirkungsgrad des Gleichstromnebenschlußmotors ist selbst bei verhältnismäßig niedriger Belastung (bis zu 30% der Nennlast) nicht schlecht.

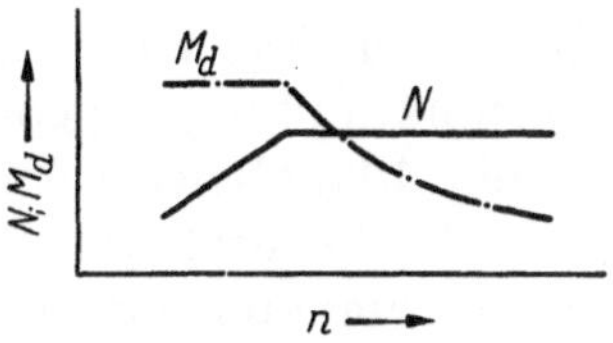

Auf die Konstruktion der von Hand oder durch Schützen usw. selbsttätig gesteuerten Schaltgeräte zum Ein- und Ausschalten, zur Drehzahlregelung und zur Umkehr der Drehrichtung der Motoren soll hier nicht weiter eingegangen werden, da dies nicht in das Arbeitsgebiet des Werkzeugmaschinenkonstrukteurs fällt. Indessen muß der Konstrukteur die Anordnung und gegenseitig beeinflußte Arbeitsweise solcher Geräte erwägen, insbesondere wenn elektrische und mechanische Steuerungselemente als Teile eines einheitlichen Steuersystems in der Werkzeugmaschine zusammenzuarbeiten haben.

Abb. 130
Drehzahlverstellung des
LEONARD-Umformers

Sein vollstes Ausmaß erreicht dieses Problem in vollautomatischen Steuerungen, die in einem gesonderten Abschnitt behandelt werden sollen (s. S. 152). Indessen findet man es auch in handgesteuerten oder halbautomatischen Maschinen, von denen einige hier als Beispiel erwähnt seien.

Ein Vorteil der elektrischen Steuerung liegt darin, daß die Bewegungen und Kräfte übertragenden Hebel, Räder und Wellen, bei denen verhältnismäßig hohe mechanische

---

[1] Siehe E. H. DINGER u. P. A. HERRMAN: How to choose and use electrical variable speed drives. Metalworking Production, Lond., 5. September 1958.

Verluste oft unvermeidlich sind, durch stromführende Leiter, die masselos sind und ohne Schwierigkeiten große Abstände überbrücken können, ersetzt werden.

An Stelle der zentralisierten Anordnung mit einem einzigen Antriebsmotor für die verschiedenen Elemente, deren Bewegungen durch Ein- und Ausrücken von Kupplungen ein- und ausgeschaltet werden, tritt für jede Arbeitsbewegung ein gesonderter Motor, der von einer oder von mehreren zentralisierten Stellen durch Schalthebel oder Druckknöpfe gesteuert werden kann.

Ein Beispiel einfacher Art ist der Eilgangantrieb durch Sondermotor über eine Freilaufkupplung (Abb. 131a). Hier wird die Eilbewegung dadurch erzeugt, daß der druckknopfgesteuerte Eilgangmotor C die Eilbewegungen durch Überholen (Kupplung D) des weiterlaufenden Vorschubantriebes A–B–D erzeugt. Die Eilgangbewegung wird ausgeschaltet und die normale Vorschubbewegung aufgenommen, sobald der Eilgangmotor C ausgeschaltet wird. Zu beachten ist hier die Tatsache, daß mit Rücksicht auf die

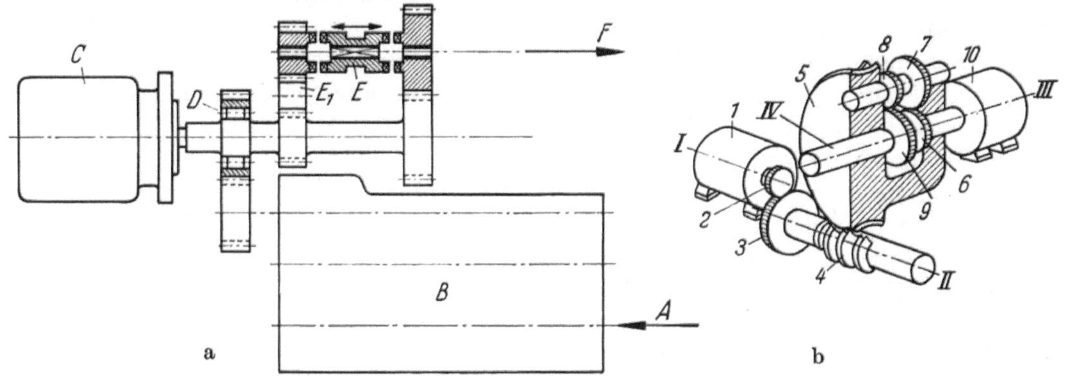

Abb. 131a u. b. Eilgangantriebe

a) Freilaufkupplung

A Vorschubantrieb;　B Vorschubwechselgetriebe;　C Eilgangmotor;　D Freilauf- (Überhol-) Kupplung;　E Umkehrgetriebe (E_1 Zwischenrad); F zur Vorschubspindel

b) Planetengetriebe

1 Vorschubmotor; 2, 3 Wechselräder; 4 Schnecke; 5 Schneckenrad und Steg für das Planetengetriebe; 6, 7, 8, 9 Räder des Planetengetriebes; 10 Eilgangmotor; I Vorschubantriebswelle; II Schneckenwelle; III Eilgangantriebswelle; IV Abtriebswelle (zur Vorschubspindel)

Freilauf- oder Überholkupplung D die Antriebswellen nur in einer Drehrichtung laufen dürfen. Die zur Umkehr der Drehrichtung dienende Kupplung E ist daher hinter der Überholkupplung angeordnet. Diese Schwierigkeit ist bei der Anordnung (Abb. 131b)[1], die ein Planetengetriebe verwendet, behoben. Hier treibt der Vorschubmotor 1 über Welle I, Wechselräder 2, 3, Schnecke 4 und Schneckenrad 5, das gleichzeitig als Steg für das Planetengetriebe 6, 7, 8, 9 dient. Rad 6 sitzt auf der Antriebswelle III des Eilgangmotors 10 und Rad 9 auf der Abtriebswelle IV, die den Vorschubmechanismus (Schraube und Mutter, Ritzel oder Schnecke und Zahnstange) antreibt.

Bei stillstehendem Eilgangmotor (der im allgemeinen mit einer Bremsvorrichtung versehen ist) ist die Drehzahl n_{IV} von Welle IV

$$n_{IV} = n_5 \cdot \left(1 - \frac{z_6}{z_7} \cdot \frac{z_8}{z_9}\right),$$

wobei n_5 die mit Hilfe der Wechselräder 2, 3 einstellbare Drehzahl des Schneckenrades und z_6, z_7, z_8 und z_9 die Zähnezahlen der Räder 6, 7, 8, 9 sind. Wenn der Eilgangmotor 10 mit einer Drehzahl n_{III} der Welle III eingeschaltet wird, dann beträgt die Drehzahl der Abtriebswelle IV $\left(\text{da } n_5 \text{ klein im Verhältnis zu } n_{III} \cdot \frac{z_6}{z_7} \cdot \frac{z_8}{z_9} \text{ ist}\right)$ etwa

$$n_{IV\,(\text{Eilgang})} \approx n_{III} \cdot \frac{z_6}{z_7} \cdot \frac{z_8}{z_9}.$$

---

[1] Gebrüder Honsberg, Remscheid-Hasten.

Der Vorteil der Überhol- (Freilauf-) Kupplung (Abb. 131a), daß der Vorschubantrieb auch während des Eilganges in Eingriff bleibt, ist also beibehalten, indessen kann das Getriebe (Abb. 131b) außerdem ohne weiteres aus Vor- oder Rücklauf für Eilgang oder Vorschub auf jede andere Bewegung und Drehrichtung umgeschaltet werden.

Die Anordnungen (Abb. 131a und b) sind außerordentlich einfach, da eine Verriegelung zwischen Vorschub- und Eilgangmotor nicht erforderlich ist. Je nach der erforderlichen Arbeitsbedingung können beide Motoren unabhängig voneinander ein- oder ausgeschaltet werden.

Wenn hingegen mehrere Motoren zum Antrieb völlig verschiedener und unabhängiger Bewegungen, die jedoch voneinander abhängig gesteuert werden müssen, dienen, dann müssen die verlangten Abhängigkeitsbeziehungen durch mechanische oder elektrische Verriegelungen gewährleistet werden.

Eine einfache mechanische Anordnung, die Fehlschaltungen vermeidet, ist die Betätigung aller Steuerschaltungen durch einen einzigen Hebel. Für den Fall einer Fräsmaschinensteuerung könnte ein solcher Hebel z. B. in 7 Stellungen folgende Schaltungen betätigen (Abb. 132):

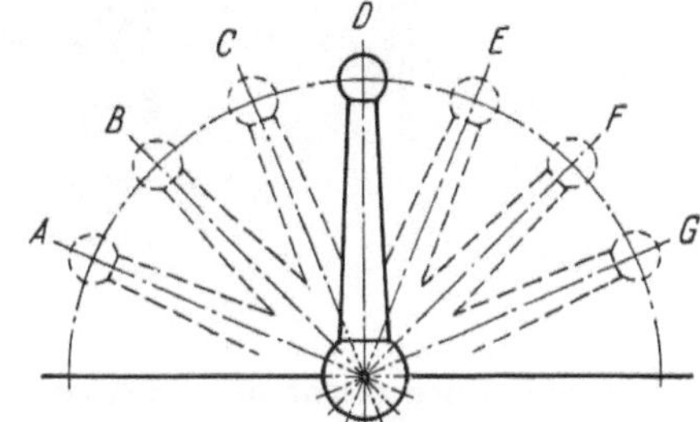

A Tischeilgang nach links (Frässpindel stillgesetzt),
B Tischvorschub nach links (Frässpindel läuft),
C Frässpindelantrieb,
D Nullstellung (alles ausgeschaltet),
E Frässpindelantrieb,
F Tischvorschub nach rechts (Frässpindel läuft),
G Tischeilgang nach rechts (Frässpindel stillgesetzt).

Abb. 132

Die Arbeitsbewegungen können mit dieser Anordnung ohne Fehlermöglichkeit („foolproof") betätigt werden. Ausgehend von der Mittelstellung des Hebels (Null-

Abb. 133. Waagerecht-Fräsmaschine, geschweißte Bauart (Cooke & Ferguson Ltd., Manchester, England)

H_1 Schalthebel (*1*, Abb. 139); H_2 Auswahlhebel für Längs- oder Quervorschub (auf Welle *12*, Abb. 139); H_3 Handhebel zur Schaltung des Vorgelegeschieberadblockes (*c*, Abb. 137); H_4 Handkurbelwelle für Längsvorschub; H_5 Quervorschubspindel (*g*, Abb. 137); M_E Eilgangmotor (*n*, Abb. 137); N_1, N_2 Verstellbare Nocken zum Ausschalten des Längsvorschubes (über Schaltstange *10*, Abb. 139)

stellung) kann der Tischvorschub (nach rechts oder links) erst dann eingeschaltet werden, wenn die Arbeitsspindel läuft, und der Eilgang kann erst nach langsamem Anlauf des Tisches im Arbeitsvorschub betätigt werden. Die Nachteile einer solchen Anordnung sind u. a.:

1. Beim Einrichten der Maschine muß der Arbeiter, selbst wenn er nur den Tisch schnell vorschieben will, erst die Spindel einschalten.

2. Zum Rücklauf des Tisches im Eilgang nach rechts, z. B. nach einer Vorschubbewegung nach links (Hebelstellung B) muß der Bedienungsarbeiter zunächst durch alle Schaltstellungen C, D, E, F, G gehen.

Die Fräsmaschine (Abb. 133 und 134) ist mit einer elektro-mechanischen Steuerung ausgerüstet, die die Arbeitsbewegungen durch Betätigung von Druckknöpfen bzw. Schalthebeln wie folgt steuert[1]:

1. Vorwärts- und Rückwärtslauf, sowie Anhalten der Arbeitsspindel durch handbetätigte Druckknopfsteuerung (Abb. 135).

Abb. 134. Rückansicht der Fräsmaschine (Abb. 133)

M_s Spindelantriebsmotor; M_v Vorschubmotor   (a, Abb. 137);
S Schaltbrett (Abb. 53)

2. Kulissengeführte Einhebelschaltung der folgenden Tischbewegungen (Abb. 136):

A Eilgang nach links, D Ruhestellung,
B Eilgang nach rechts, E Vorschub nach rechts.
C Vorschub nach links,

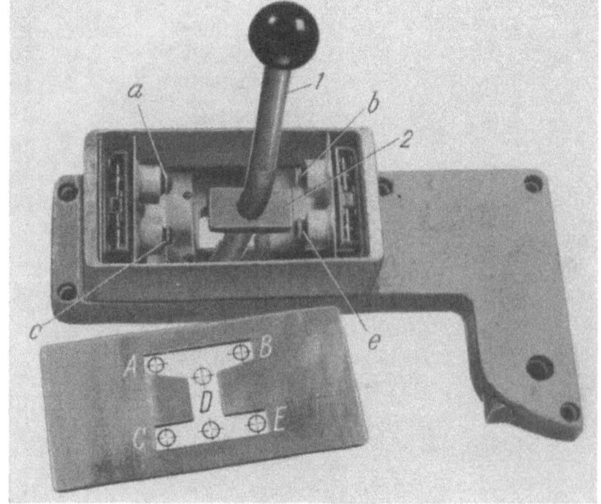

Abb. 135

Druckknopfschalttafel der Fräsmaschine (Abb. 133)

MAIN SPINDLE = Arbeitsspindel (Rechts- bzw. Linkslauf);
PUMP = Kühlmittelpumpe;   LIGHTING = Lichtschalter

Abb. 136

Vorschubschaltkasten der Fräsmaschine (Abb. 133)
mit abgenommenem Führungsdeckel

---

[1] Siehe F. Koenigsberger: Electro-mechanical Control for Medium-Sized Machine Tools. Machinery. Lond., 25. Dezember 1941.

3. Elektrische Verriegelung, durch die der Vorschubmotor nur eingeschaltet werden kann, wenn der Spindelmotor läuft, so daß das Werkstück nicht gegen einen stillstehenden Fräser vorgeschoben und Beschädigung oder Verbiegen des Fräsdornes vermieden wird.

4. Elektrische Verriegelung, durch die der Spindelmotor abgeschaltet wird und gegebenenfalls abgebremst werden kann (s. S. 91), so daß der Fräser die bearbeitete Oberfläche, z. B. beim Eilrücklauf, nicht markiert.

5. Mechanische Verriegelung, die es einerseits erst ermöglicht, den Vorschubmotor einzuschalten, wenn die entsprechenden Zahnräder bzw. Kupplungen im Eingriff sind, und die andrerseits den Vorschubmotor ausschaltet, sobald die mechanische Kraftübertragung unterbrochen bzw. von Längs- auf Querbewegung umgeschaltet wird.

Die Maschine ist mit 4 Motoren ausgerüstet. Außer dem Spindelmotor und dem Kühlmittelpumpmotor sind ein Motor für den Tischvorschub und ein Flanschmotor für den Eilgang der Tischbewegung vorgesehen (Abb. 137). Das Schaltschema (Abb. 138) zeigt, wie die verschiedenen Motoren elektrisch gegeneinander verriegelt sind. Während der Spindel- und Pumpmotor (der Spindelmotor für Rechts- und Linkslauf) durch normale druckknopfbetätigte Schalter ein- und ausgeschaltet werden (s. Abb. 135), haben die Schalter für den Vorschub- und den Eilgangmotor keine Haltekontakte, so daß die Motoren nur laufen, solange die entsprechenden Druckknöpfe a, b, c, e in dem Schaltkasten (Abb. 139) durch den Einhebel 1 hereingedrückt gehalten werden. Der Schaltkasten enthält 3 Gruppen von Mechanismen, die folgende Aufgaben erfüllen:

1. Betätigung der Druckknöpfe zur Steuerung von Tischvorschub und Eilgang,

2. Ausrücken der Vorschubkupplung, bevor der Eilgangmotor eingeschaltet wird,

3. Verriegeln der Handhebelbewegung zum Einschalten des Vorschubmotors, solange die mechanischen Vorschubelemente nicht im Eingriff sind.

Zu 1. Je nach seiner Stellung im Schaltkasten kann Schalthebel 1 mittels Kreuzstück 2 die Druckknöpfe für Eilgang und Vorschub nach rechts und links a, b, c, e betätigen. Der Steuerhebel ist deshalb um 2 Achsen, eine waagerechte Achse 3 und eine senkrechte Achse 4, schwenkbar.

Zu 2. Da der Schneckenantrieb (i, Abb. 137) selbsthemmend ist und die Umkehr der Vorschubrichtung durch Umkehr der Drehrichtung des Vorschubmotors (a, Abb. 137) erfolgt, so daß eine Überholkupplung (s. Abb. 131a) nicht verwendet werden kann, muß die Kupplung (k, Abb. 137) ausgerückt werden, bevor der Eilgangmotor n eingeschaltet wird. Sobald der Schalthebel 1 in der Mittelstellung (D, Abb. 136) zur Einschaltung des Eilganges nach oben bewegt wird, drückt deshalb die Zunge 5 (Abb. 139) den Winkelhebel 6 derart nach unten, daß Kupplung k über Schaltstange 7 durch Gabel 8 gegen die Wirkung der Haltefeder 9 nach links ausgerückt wird. Bewegung des Schalthebels 1 nach links (A, Abb. 136) oder rechts (B, Abb. 136) schaltet dann durch Betätigung der entsprechenden Druckknöpfe die Eil-

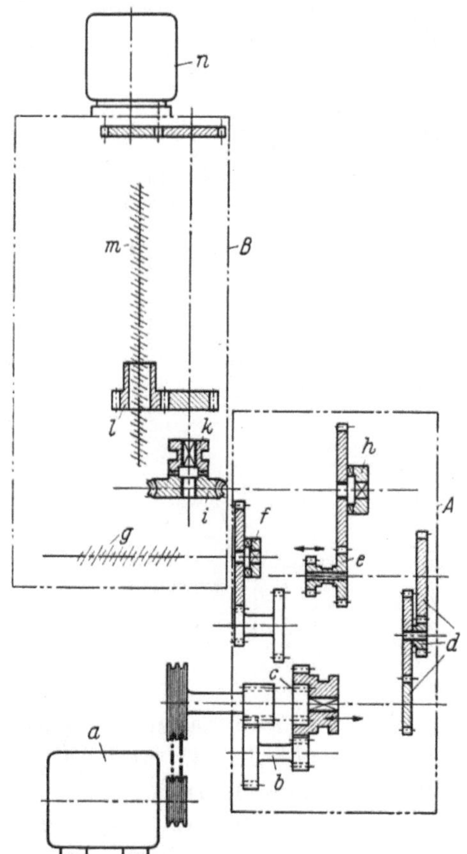

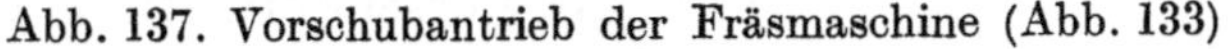
Abb. 137. Vorschubantrieb der Fräsmaschine (Abb. 133)

A Vorschubräderkasten; B Querschlitten der Fräsmaschine; a Vorschubmotor; b Vorgelege; c Innenverzahnung im Schieberadblock; d Wechselräder; e Schieberadblock zur Auswahl von Längs- oder Quervorschub; f Überlastungskupplung für den Quervorschub; g Quervorschubspindel; h Überlastungskupplung für den Längsvorschub; i Schneckentrieb für den Längsvorschub; k Längsvorschubkupplung; l Umlaufende Längsvorschubmutter; m Im Tisch festgelagerte Längsvorschubspindel; n Eilgangmotor für die Längsbewegung

gangbewegung nach rechts oder links ein, die so lange andauert, wie der Hebel *1* von Hand in der betreffenden Stellung gehalten wird. Wenn der Bedienungsarbeiter den Hebel losläßt, fällt dieser nach Mitte unten zurück und Haltefeder *9* rückt Kupplung *k* wieder ein, so daß der Längsvorschubantrieb übertragen werden kann, sobald der Vorschubmotor (*a*, Abb. 137) eingeschaltet wird (Stellung *C* bzw. *E*, Abb. 136).

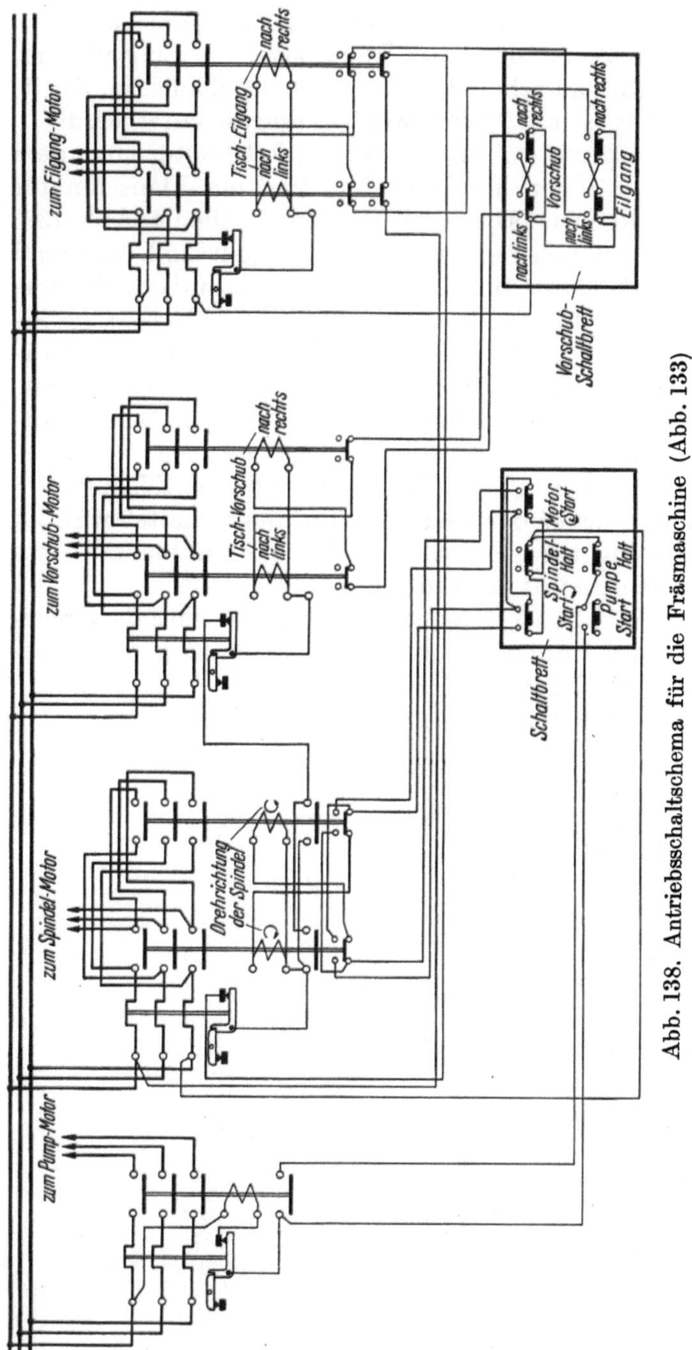

Abb. 138. Antriebsschaltschema für die Fräsmaschine (Abb. 133)

Zu 3. Schaltstange *10* ist über Zahnstange *10a*, Ritzel *11* und Welle *12* mit dem Verschiebemechanismus für Schieberadblock (*e*, Abb. 137) derart verbunden, daß in ihrer Höchststellung der Längs-, in ihrer Tiefstellung der Quervorschub eingeschaltet ist. Hebel (*1*, Abb. 139) kann nur dann aus seiner unteren Mittelstellung *D* nach links *C* oder rechts *E* bewegt werden, wenn die Kerben (*u*, *v* = Höchststellung für den Längsvorschub, *w*, *x* = Tiefststellung für den Quervorschub) in Schaltstange *10* die axiale Verschiebung der Verriegelungsstange *13* zulassen. Andrerseits wird Stange *13* und damit Hebel *1* in die Mittelstellung gestoßen und somit der Vorschubmotor durch Freigeben der Druckknöpfe abgeschaltet, sobald am Tisch bzw. Querschlitten einstellbare Nocken (N_1, N_2, Abb. 133) Schaltstange *10* nach unten (vom Längsvorschub) oder nach oben (vom Quervorschub) in ihre Mittelstellung schieben.

Die Wahl von Quer- oder Längsvorschub erfolgt durch einen auf Welle *12* aufgekeilten Handhebel (H_2, s. Abb. 133). Da der Handhebel *1* zur Steuerung der Längseilgänge aus der Nute der Verriegelungsstange *13* herausgehoben wird, lassen sich die Längseilgänge jederzeit unabhängig von der gewählten Vorschubrichtung einschalten.

Die halbautomatische Steuerung (Schaltschema Abb. 140) der zweispindligen Fräsmaschine (Abb. 141 und 142) mit 2 Spindelmotoren und 1 Vorschubmotor ermöglicht folgende Operationen:

1. Einschalten (Rechts- oder Linkslauf) und Ausschalten einer oder beider Frässpindeln durch Druckknopfsteuerung,

2. Einschalten (vorwärts oder rückwärts) und Ausschalten der Tischbewegung durch Druckknopfsteuerung,

3. Automatische Tischumsteuerung am Ende des Arbeitsvorschubes,

4. Verriegelung der Bewegungen für folgende Arbeitsgänge:

    a) Tischvorschub vorwärts kann erst eingeschaltet werden, wenn eine oder beide (Wahlschalter W) Frässpindeln laufen.

    b) Am Ende des Arbeitsweges wird der Tischvorschub durch Kippschalter (V_1, Abb. 140) umgesteuert, und die Spindelmotoren und Bremslüftmagneten B_1 und B_2 werden abgeschaltet, so daß die Spindelantriebe vor dem Rücklauf schnell stillgesetzt werden. Am Ende des Rücklaufes wird der Tischvorschub durch Kippschalter V_2 abgeschaltet und die Maschine damit stillgesetzt.

Der Wahlschalter W (Abb. 140 und 141) dient dazu, den Arbeitszyklus entweder nur mit Spindel 1 oder mit beiden Spindeln durchzuführen. Außerdem kann die Verriegelung des Vorschubmotors zwecks Einrichtens der Maschine ausgeschaltet werden, so daß der

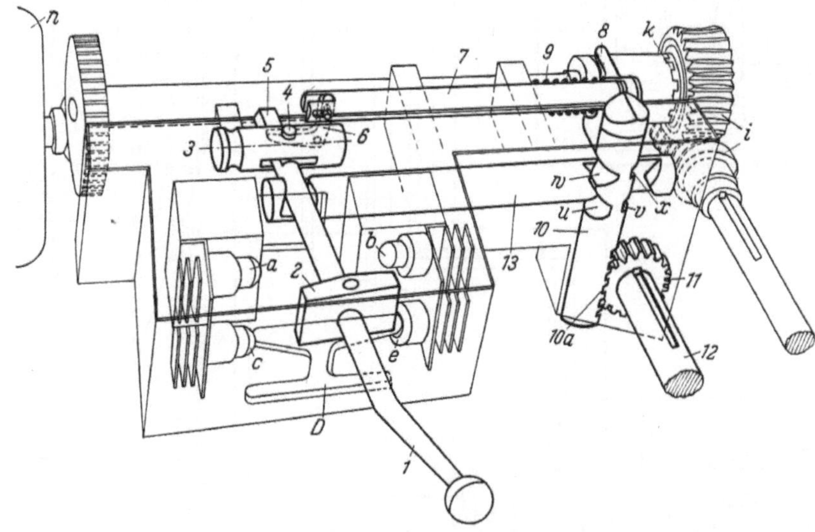

Abb. 139. Einhebelschaltung für Vorschub und Eilgang der Fräsmaschine (Abb. 133)

Tisch frei vorwärts und rückwärts gefahren werden kann, ohne daß die schnellaufenden Spindeln (1700 U/min mit 600 mm-Durchmesser-Fräsern) eine Gefahr für den einrichtenden Arbeiter darstellen.

Während ein Wahlschalter nur auf der rechten Seite der Maschine vorgesehen ist, sind alle Druckknopfsteuerungen vor beiden Spindelkästen vorhanden (D_1 und D_2, Abb. 141), so daß der Arbeiter die Maschine nach einmaliger Einstellung sowohl vom Spindelkasten 1 als auch vom Spindelkasten 2 her steuern kann.

Die Kraftübertragung zwischen Motor und Maschine kann entweder gleichachsig durch starre oder elastische, feste oder ausrückbare Kupplung oder ungleichachsig durch Riemen-, Ketten- oder Zahnradantrieb erfolgen.

Die Wahl wird oft von der Anordnungsmöglichkeit des Motors (gleichachsig oder ungleichachsig mit der Antriebswelle der Maschine) und von der wirtschaftlichen Motordrehzahl abhängen. Für hohe Antriebsdrehzahlen vereinfacht der gleichachsige direkte Antrieb die Konstruktion. Für verhältnismäßig niedrige Antriebswellendrehzahlen ist eine Übersetzung vom schnellaufenden Motor zur Antriebswelle oft vorzuziehen, da langsamlaufende Motoren im allgemeinen teuer sind.

Falls der Motor das zum Anlaufen der Maschine erforderliche Drehmoment nicht aufbringen kann, muß eine ausrückbare Kupplung zwischen Antriebswelle und Maschinengetriebe geschaltet werden. Andernfalls kann entweder eine direkte

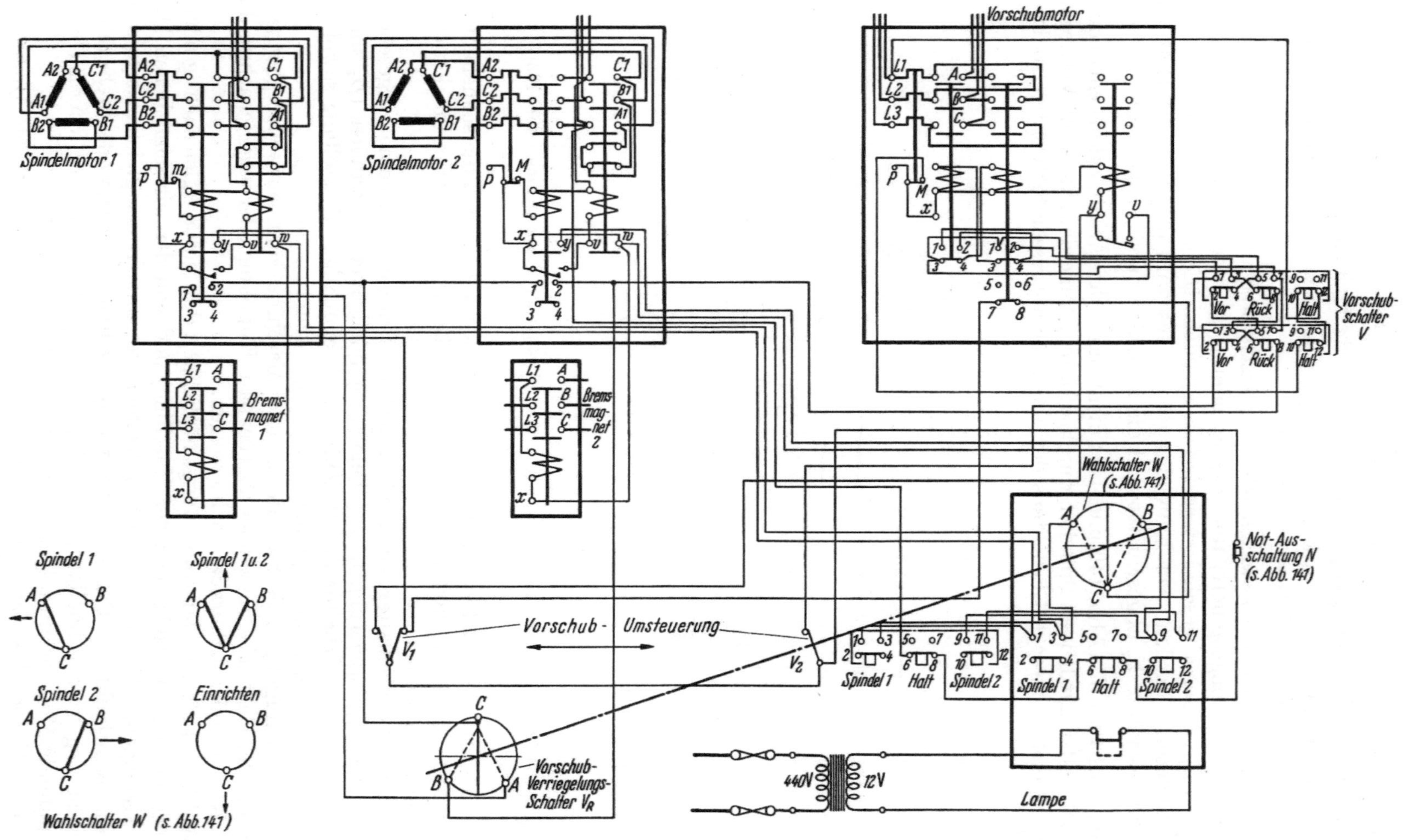

Abb. 140. Schaltschema der halbautomatischen Steuerung einer zweispindligen Fräsmaschine (s. Abb. 141 u. 142)

elastische (im Falle schwierigen Ausrichtens der Motor- und Antriebswelle und bei
stoßartigen Belastungen) oder eine starre Kupplung vorgesehen werden. In Sonder-
konstruktionen kann der Motorläufer eine Einheit mit der angetriebenen Welle bilden
(s. S. 91).

Die mit der elastischen Kupplung mögliche elastische Aufnahme stoßartiger Belastungen steht auch beim Riemenantrieb zur Verfügung. Bei kleinem Achsabstand
zwischen Motor- und Maschinenwelle, insbesondere zur Übertragung hoher Drehmomente
und zur Vermeidung von Schlupf, dient der positive Kettenantrieb, der zwar teurer als
der Riemenantrieb ist, aber einen höheren Wirkungsgrad besitzt und mit niedrigeren

Abb. 141. Zweispindlige Einzweckfräsmaschine (Cooke & Ferguson Ltd., Manchester, England)

D_1, D_2 Druckknopfsteuerung für Spindel- und Vorschubantriebe (s. Abb. 140); F_1, F_2 Messerköpfe; H_1 Axiale Spindelzustel-
lung (Spindel 2); H_2 Festklemmung der Axialstellung von Spindel 2; N Notausschalter (s. Abb. 140); S_1, S_2 Spindelkästen;
W Wahlschalter (s. Abb. 140)

Umfangsgeschwindigkeiten arbeiten kann. Zwischen dem Flachriemen- und dem Kettenantrieb liegt der Keilriementrieb, der hohe Leistungen übertragen kann, trotz vernach-
lässigbarem Schlupf eine gewisse Elastizität bei stoßartiger Belastung aufweist
und wie der endlose Seidenriemen, der z. B. bei Schleifmaschinenantrieben verwendet wird, stoßfrei und erschütterungsfrei läuft. Da außerdem beim Keilriemen-
antrieb keine Schmierungsvorkehrungen wie beim Kettenantrieb erforderlich sind, ist
er wohl im Augenblick das meist angewandte Treibelement zwischen Motor und Werkzeugmaschine.

II. Mechanische und hydraulische Getriebe

Die mechanischen Getriebe können, ebenso wie die später zu behandelnden hydraulischen Getriebe, in zwei Gruppen, zur Erzeugung von Drehbewegungen und zur Erzeugung geradliniger Bewegungen, eingeteilt werden. Bei der ersten Gruppe handelt
es sich meistens um Getriebe, die von einer durch einen Elektromotor angetriebenen
Welle ausgehend die verlangte Drehzahl und Drehrichtung einer Arbeitswelle (Arbeitsspindel, Steuerwelle od. a.) erzeugen, während die Getriebe der zweiten Gruppe eine oft
von einer der vorhergenannten Getriebe erzeugte Antriebsdrehbewegung in eine geradlinig hin- und hergehende Arbeitsbewegung eines Tisches, Stößels od. a. umwandeln.

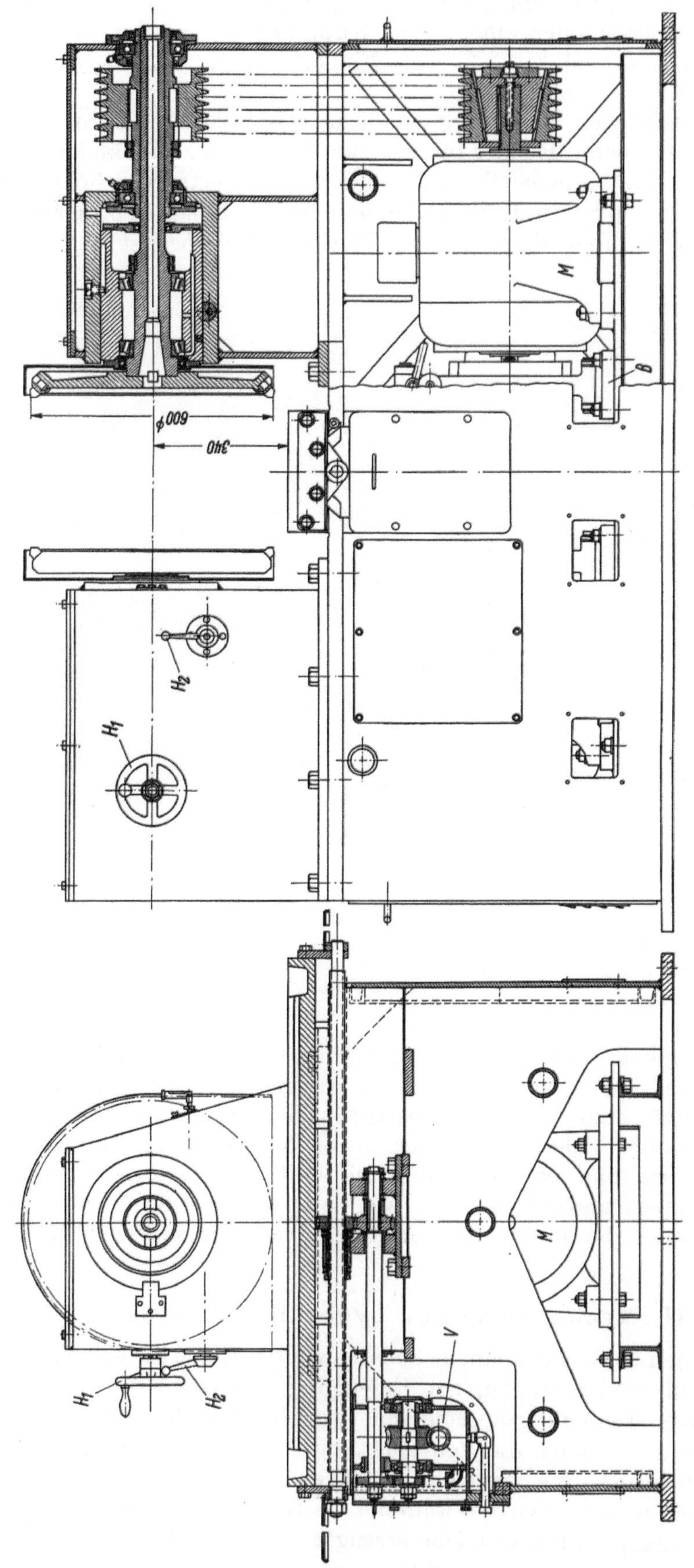

Abb. 142. Zweispindlige Einzweckfräsmaschine (s. Abb. 141); M Spindelantriebsmotor (18 kW, 900 U/min); V Vorschubantrieb mit Flanschmotor (1,5 kW, 1400 U/min); B Bremse mit Lüftungsmagneten; H_1, H_2 s. Abb. 141

a) Getriebe zur Erzeugung von Drehbewegungen

α) Stufengetriebe

Die gestufte Drehzahlreihe (s. S. 69) der Arbeitswelle kann mit verschiedenen Arten mechanischer Getriebe erzeugt werden.

Umsteckräder, die auf Wellen mit festem Achsabstand auswechselbar sind, so daß die jeweiligen Zähnezahlsummen aller verwendeten Räderpaare gleich sein müssen, werden in Maschinen verwendet, bei denen Drehzahländerungen selten notwendig sind und bei denen entweder nur wenige bestimmte Drehzahlen verlangt werden oder die Treffsicherheit nicht kritisch ist, wie es z. B. bei vielen Einzweck- und Sondermaschinen der Fall ist.

Falls eine große Zahl feingestufter Drehzahlen mit hoher Treffsicherheit verlangt wird (z. B. bei Leitspindel- und Teilkopfantrieben), werden *Wechselräder* (Abb. 143) verwendet, bei denen zwischen den feststehenden Achsen der treibenden I und der angetriebenen Welle III eine auf einer sogenannten „Schere" a verschiebbare und schwenkbare Zwischenwelle II angeordnet ist, die nicht nur Zwischenräder *2, 3* zur Erzielung höherer Übersetzungsverhältnisse trägt, sondern auch zum Ausgleich der Achsabstände zwischen Rädern verschiedenster Zähnezahlen dient. Mit den zur Verfügung stehenden Wechselrädersätzen (Zähnezahlen: DIN 781) lassen sich praktisch alle notwendigen Übersetzungsverhältnisse erzielen.

Die Wechselradschere muß den gesamten Arbeitsbereich aller erforderlichen Wechselradkombinationen decken können, d. h. sie muß einen dem Größt- und Kleinstabstand der Achsen II und III

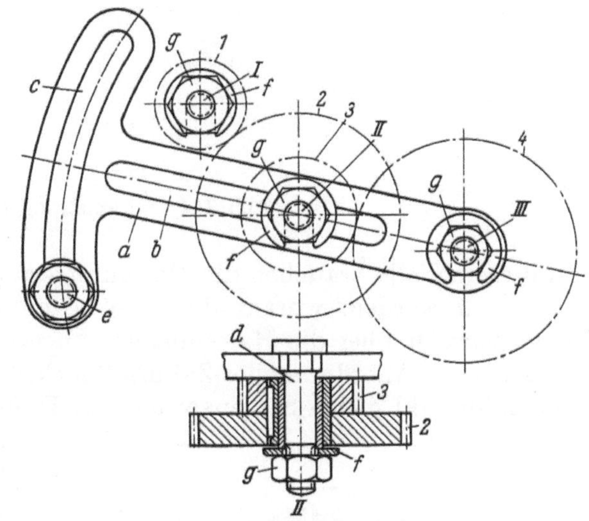

Abb. 143. Wechselradschere

der Räder *3* und *4* entsprechend langen radialen Schlitz b haben und außerdem um einen dem Größt- und Kleinstabstand der Achsen I und II der Räder *1* und *2* entsprechenden Winkel schwenkbar sein, der durch Kreisbogenschlitz c bestimmt ist. Im radialen Schlitz b wird der die Räder *2* und *3* tragende Gleitzapfen d in der durch den Achsabstand von Rädern *3* und *4* bestimmten Lage festgespannt, während der für Räder *1* und *2* erforderliche Achsabstand durch Schwenken der Schere um die Achse von Rad *4* erzielt und die Schere durch einen am Maschinenbett befestigten und im Kreisbogenschlitz c geführten Bolzen e festgeklemmt wird.

Wenn das von den Wechselrädern erzeugte Übersetzungsverhältnis

$$i = \frac{z_1}{z_2} \cdot \frac{z_3}{z_4}$$

zum Schneiden eines Zollgewindes mit einer metrischen Leitspindel oder umgekehrt dienen soll, dann benutzt man ein sogenanntes Umrechnungsrad, das 127 Zähne (5 englische Zoll = 127 mm) hat. Soll z. B. mit einer Leitspindel mit $^1/_2$ engl. Zoll (12,7 mm) Steigung ein metrisches Gewinde mit 1 mm Steigung geschnitten werden, dann muß die Übersetzung zwischen Arbeitsspindel (I, Abb. 143) und Leitspindel (III, Abb. 143)

$$i = \frac{z_1}{z_2} \cdot \frac{z_3}{z_4} = \frac{1}{12,7} = \frac{10}{127} = \frac{20}{50} \cdot \frac{25}{127}$$

sein,

$$z_1 = 20 \qquad z_3 = 25$$
$$z_2 = 50 \qquad z_4 = 127 \quad \text{(das Umrechnungsrad)}.$$

Die zum Auswechseln der Räder erforderliche Zeit kann erheblich verringert werden, wenn die Durchmesser der zur axialen Sicherung mittels Scheiben und Muttern dienenden Gewindezapfen an Gleitzapfen *II* und Wellen *I* und *III* derart gewählt sind, daß das Eckenmaß der Haltemuttern kleiner ist als die Bohrung der Wechselräder, und wenn an Stelle normaler Unterlegscheiben *C*-förmige Scheiben *f* verwendet werden (Abb. 143).

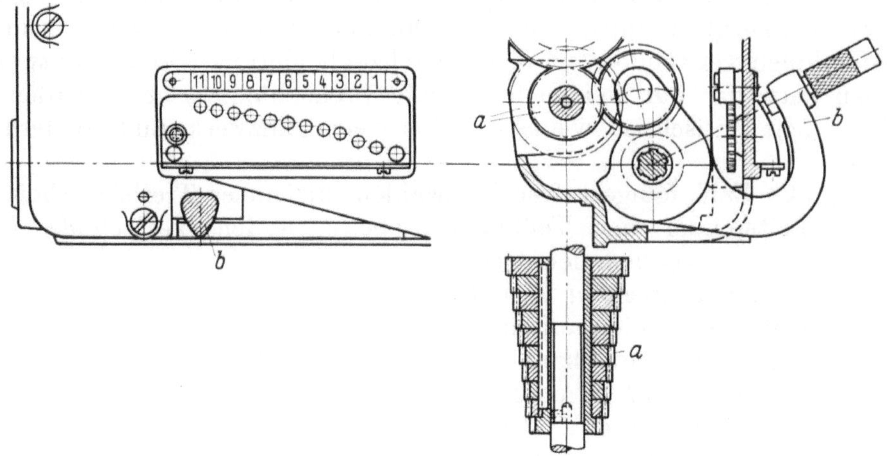

Abb. 144. Schwenkradgetriebe (Norton-Getriebe)

In diesem Falle brauchen die Haltemuttern *g* nie ganz abgeschraubt, sondern nur leicht gelöst zu werden, worauf die *C*-förmigen Scheiben seitlich herausgeschoben und die Wechselräder über die Haltemuttern abgezogen werden können.

Die enge Anordnung des Zahnradblockes *a*, die Möglichkeit feinster Stufung (Stufung der Zähnezahl gleich Stufensprung der Drehzahlreihen, s. S. 81) und die Tatsache, daß immer nur die jeweilig arbeitenden Zahnräder in Eingriff sind, sind Vorteile des *Schwenkradgetriebes* (Abb. 144) (Norton-Getriebe), das allerdings wegen der unvermeidlichen Schwäche in der das Übertragungsrad tragenden Schwinge *b* nur zur Übertragung kleiner Leistungen (Vorschubantrieb in Drehmaschinen) verwendet wird.

Eine interessante Entwicklung ist das Getriebe (Abb. 145)[1], bei dem durch Verwendung einer Sonderverzahnung die Übertragung von dem auf einer Sternkeilwelle *1* geführten Schieberad *2* direkt auf den Stufenräderblock *3* auf Welle *4* und von dort über Kegelräder *5* und Kupplung bzw. Vorgelege *7* auf Arbeitswelle *6* erfolgt.

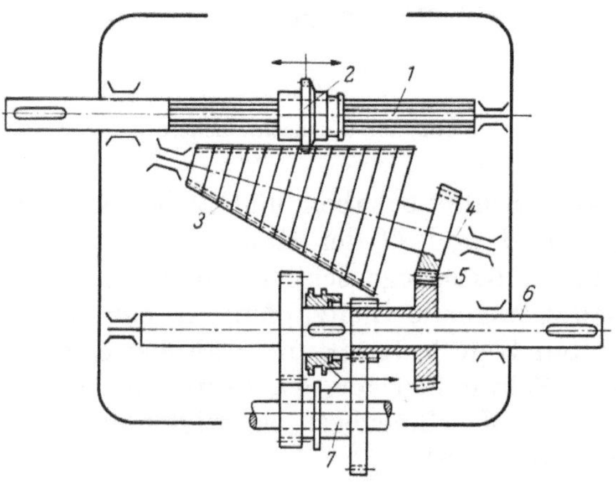

Abb. 145. Schieberadgetriebe (s. Fußn. 1)

Da beim Nortongetriebe die jeweiligen Übersetzungsverhältnisse zwischen treibender und angetriebener Welle durch ein einziges Räderpaar über ein schwenkbares Zwischenrad erzeugt werden, ist die Größtübersetzung durch den Raumbedarf des entsprechenden größten und die Kleinstübersetzung durch die Mindest-Zähnezahl des kleinsten Rades begrenzt.

Der Drehzahlbereich des Norton-Getriebes kann indessen erheblich erweitert werden, wenn an Stelle je eines Zahnradpaares zur Erzeugung der verschiedenen Übersetzungsverhältnisse mehrere Zahnradpaare hintereinandergeschaltet werden können. Wenn eine solche Räderkette auf 2 Achsen beschränkt wird, deren eine durch eine der „Norton-Schwinge" ähnliche Anordnung an verschiedenen Stellen „angezapft" werden kann,

[1] Aus Stanki i Instrument, Dezember 1958.

so erhält man das „*Mäandergetriebe*" (Abb. 146). Zum Unterschied vom Norton-Getriebe sind allerdings alle Zahnräder und nicht nur die arbeitenden Räder dauernd in Eingriff,

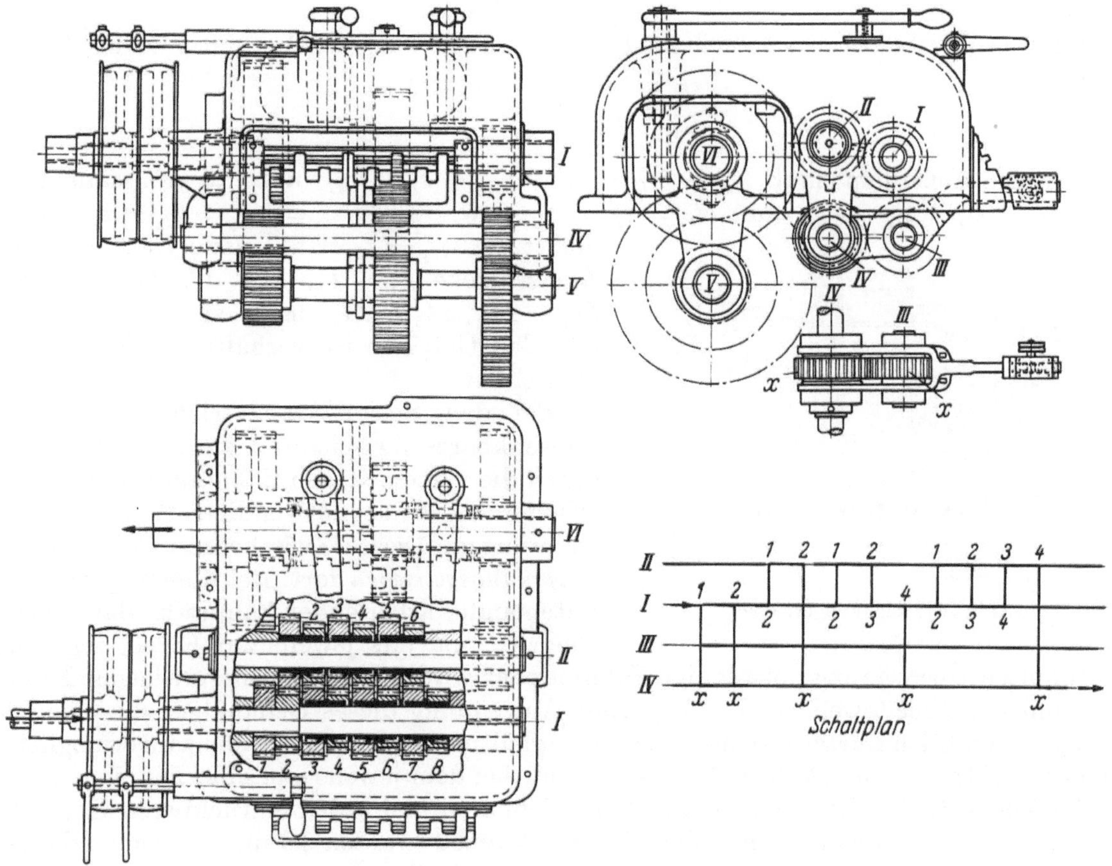

Abb. 146. Mäandergetriebe

so daß sie immer mitlaufen und je nach dem Anzapfpunkt mehr oder weniger belastet sind. Die Arbeits- und Laufgenauigkeit des Getriebes ist dadurch ungünstig beeinflußt.

Die Übersetzungsverhältnisse zwischen Welle I und IV eines Mäandergetriebes sind (Abb. 146):

$$u_1 = \frac{z_{I_1}}{z_{III_x}} \cdot \frac{z_{III_x}}{z_{IV_x}} = \frac{z_{I_1}}{z_{IV_x}}$$

(Rad III_x ist nur ein Zwischenrad und seine Zähnezahl fällt aus der Gleichung aus).

$$u_2 = \frac{z_{I_2}}{z_{IV_x}}$$

$$u_3 = \frac{z_{I_2}}{z_{II_1}} \cdot \frac{z_{II_2}}{z_{I_3}} \cdot \frac{z_{I_3}}{z_{IV_x}} = \frac{z_{I_2}}{z_{II_1}} \cdot \frac{z_{II_2}}{z_{IV_x}}$$

$$u_4 = \frac{z_{I_2}}{z_{II_1}} \cdot \frac{z_{II_2}}{z_{I_3}} \cdot \frac{z_{I_4}}{z_{IV_x}}$$

$$u_5 = \frac{z_{I_2}}{z_{II_1}} \cdot \frac{z_{II_2}}{z_{I_3}} \cdot \frac{z_{I_4}}{z_{II_3}} \cdot \frac{z_{II_4}}{z_{I_5}} \cdot \frac{z_{I_5}}{z_{IV_x}}$$

$$= \frac{z_{I_2}}{z_{II_1}} \cdot \frac{z_{II_2}}{z_{I_3}} \cdot \frac{z_{I_4}}{z_{II_3}} \cdot \frac{z_{II_4}}{z_{IV_x}} \quad \text{usw.}$$

$$\frac{u_1}{u_2} = \frac{z_{I_1}}{z_{I_2}}, \qquad \frac{u_2}{u_3} = \frac{z_{II_1}}{z_{II_2}}, \qquad \frac{u_3}{u_4} = \frac{z_{I_3}}{z_{I_4}}, \qquad \frac{u_4}{u_5} = \frac{z_{II_3}}{z_{II_4}} \quad \text{usw.}$$

Da in einem Getriebe zur Erzeugung einer geometrischen Drehzahlreihe die Verhältnisse

$$\frac{u_1}{u_2} = \frac{u_2}{u_3} = \frac{u_3}{u_4}$$

usw. gleich und konstant sein müssen (s. S. 73), müssen also die Verhältnisse der Zähnezahlen:

$$\frac{z_{I_1}}{z_{I_2}} = \frac{z_{II_1}}{z_{II_2}} = \frac{z_{I_3}}{z_{I_4}} = \frac{z_{II_3}}{z_{II_4}}$$

usw. sein; außerdem muß $z_{I_2} + z_{II_1} = z_{I_3} + z_{II_2} = z_{I_4} + z_{II_3}$ usw. = konstant sein. Mit $z_{I_2} = z_{I_4} = z_{I_6}$ usw. und $z_{I_1} = z_{I_3} = z_{I_5}$ usw. wird $z_{I_3} = z_{II_3} = z_{I_5} = z_{II_5}$ usw.

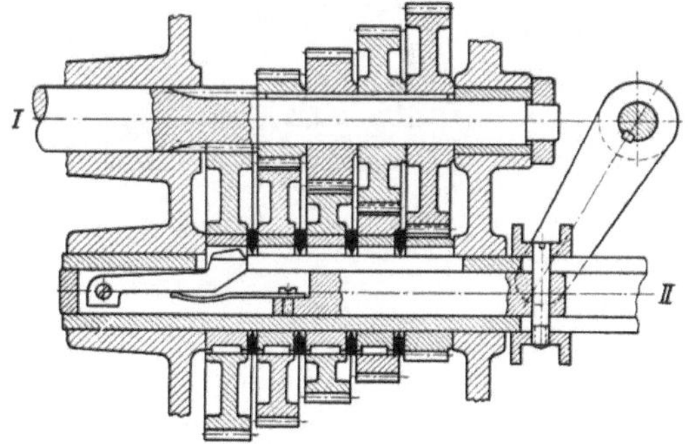
und $z_{I_2} = z_{II_2} = z_{I_4} = z_{II_4}$ usw. Die verkeilten Zweierblöcke $I_1 - I_2$, $I_3 - I_4$, $I_5 - I_6$ bzw. $II_1 - II_2$, $II_3 - II_4$ usw. sind also gleich, und das Getriebe ist verhältnismäßig einfach herstellbar.

Bei den Schwenkradgetrieben dient ein schwenkbares Zwischenrad zum Ausgleich der durch die verschiedenen Zähnezahlsummen der arbeitenden Räder notwendigen Achsabstandsänderungen. Dieses Zwischenrad fällt bei den *Kupplungsgetrieben* fort. Bei diesen stehen alle miteinander arbeitenden Zahnräder dauernd im Eingriff, und das jeweils zur Erzeugung einer

Abb. 147. Ziehkeilgetriebe

bestimmten Übersetzung notwendige Zahnradpaar wird durch eine entsprechende Kupplung mit der Arbeitswelle verbunden. Eine Anwendung dieses Gedankens, die eine Getriebekonstruktion kurzer Bauart selbst bei verhältnismäßig hoher Stufenzahl ermöglicht, ist das *Ziehkeilgetriebe* (Abb. 147, s. Abb. 110), bei dem jeweils eines der auf einer Welle leerlaufenden Räder durch einen axial verschiebbaren und radial einrückbaren Keil (den

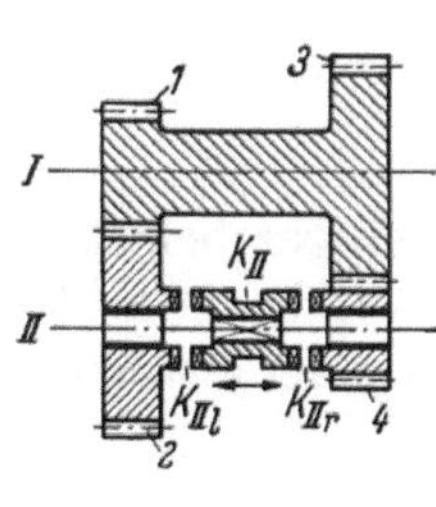
Abb. 148

Ziehkeil) mit der Welle gekuppelt werden kann, um somit die gewünschte Übersetzung zwischen treibender und getriebener Welle zu erzeugen. Da indessen ein gewisses Seitenspiel zwischen dem beweglichen Ziehkeil und der Keilnut in Welle und Zahnrädern nicht nur unvermeidlich, sondern auch notwendig ist, und da außerdem die Anlageflächen der Ziehkeile aus konstruktiven Gründen nicht sehr groß sein können, sind Ziehkeilgetriebe nur zum Übertragen verhältnismäßig kleiner Drehmomente bei wenig wechselnder Belastung geeignet. Sie werden gelegentlich für Vorschubantriebe kleinerer Bohrmaschinen verwendet.

Dagegen findet man oft *Kupplungsgetriebe*, die axial gesteuerte form- oder kraftschlüssige (Klauen- oder Reibungs-) Kupplungen verwenden (Abb. 148). Auf einer Welle I ist wieder ein Räderblock (Räder *1* und *3*) fest aufgekeilt, während die entsprechenden Gegenräder *2* und *4* auf der zweiten Welle II lose drehbar angeordnet sind und durch die nach links (K_{II_l}) und rechts K_{II_r} einrückbare Kupplung K_{II} mit der Welle verbunden werden können, wodurch Welle II dann entweder über Räderpaar *1—2* (Kupplung K_{II_l}) oder über Räderpaar *3—4* (Kupplung K_{II_r}) angetrieben wird.

Bei dem Entwurf der Kupplungsgetriebe ist es wichtig, die Kupplungen möglichst in der getriebenen Welle anzuordnen, da sonst das ungekuppelte Rad über den festen Räderblock mit erhöhter Relativgeschwindigkeit zu seiner Welle angetrieben werden würde.

Das Kupplungsgetriebe eignet sich besonders zur Verwendung in Vorwähl-Räderkästen, bei denen die jeweils zu betätigenden Kupplungen während der Arbeit des Getriebes einrückbereit geschaltet werden, so daß bei dem erforderlichen Drehzahlwechsel nur der Einrückmechanismus in Bewegung gesetzt und damit das für die verlangte Übersetzung notwendige Zahnradpaar eingeschaltet werden kann.

In dem schematisch gezeigten Spindelkasten mit Vorwählgetriebe (Abb. 149) sind drei zweistufige Kupplungsgetriebe hintereinandergeschaltet, so daß mit Hilfe der

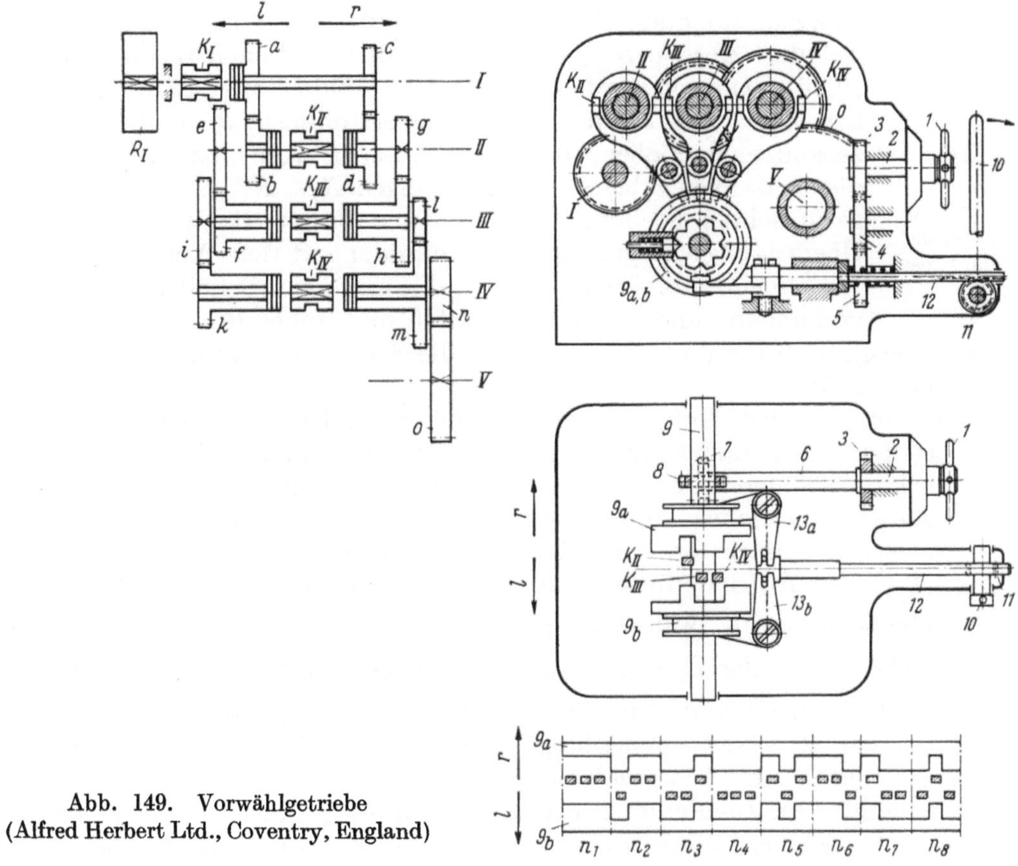

Abb. 149.　Vorwählgetriebe
(Alfred Herbert Ltd., Coventry, England)

3 Schaltkupplungen K_{II}, K_{III}, K_{IV} $2 \times 2 \times 2 = 8$ Geschwindigkeiten n_1 bis n_8 der Arbeitsspindel V erzeugt werden. K_I ist die Hauptantriebskupplung, durch die Räder a und c auf Welle I mit der Riemenscheibe R_I gekuppelt werden. Räder e und g sind auf Welle II, Räder i und l auf Welle III fest aufgekeilt. Räder b und d laufen frei auf Welle II, Räder f und h auf Welle III und Räder k und m auf Welle IV. Je eines der zwei auf einer Welle frei laufenden Räder kann durch Bewegung der Kupplungsmuffen K_{II}, K_{III} und K_{IV} nach rechts (r) oder links (l) mit seiner Welle gekuppelt werden, so daß das Drehzahlbild (Abb. 150) entsteht. Die Bewegung der Kupplungsmuffen erfolgt über Verschiebegabeln durch die Aussparungen bzw. Vorsprünge der Steuertrommeln $9a$ und $9b$ (s. Abwicklung unter dem Grundriß rechts unten, Abb. 149), so daß für n_1 alle 3 Kupplungen nach rechts (r) gerückt sind, für n_2 eine nach links (l) und zwei nach rechts (r), für n_3 zwei nach links (l) und eine nach rechts (r) usw. Um die der jeweilig einzustellenden Geschwindigkeit entsprechende Schaltung der Verschiebegabeln vorzubereiten, während

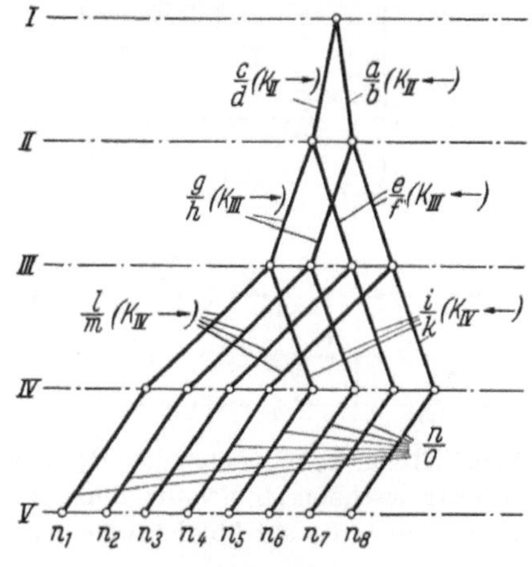

Abb. 150
Drehzahlbild des Getriebes (Abb. 149)

das Getriebe läuft und ohne daß seine Arbeit in irgendeiner Weise beeinflußt wird, werden Steuertrommeln $9a$ und $9b$ mittels Handrad 1 über Welle 2, Zahnräder 3, 4, 5, Welle 6, Schraubenräder 7, 8 und Welle 9 derart gedreht und durch einen gefederten

Riegel in der verlangten Stellung gesichert, daß die für die gewünschte Kupplungsschaltung notwendigen Steueraussparungen den Verschiebegabeln in Arbeitsstellung gegenüber

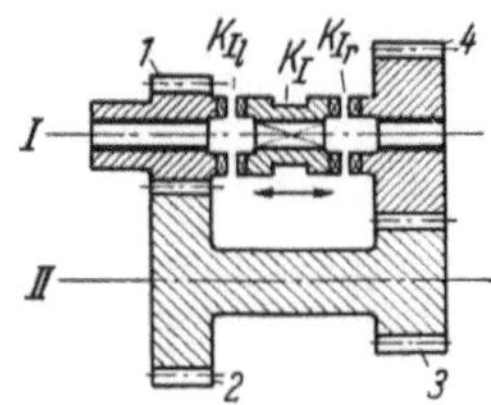

Abb. 151. Vorgelege (Antrieb durch Rad *1*, das auf Abtriebswelle *I* lose läuft)

liegen. Wenn nun die Drehzahl der mit einer gewissen Geschwindigkeit laufenden Arbeitsspindel auf den vorgewählten Wert geändert werden soll, so wird Handhebel *10* nach rechts gezogen (Pfeil). Dadurch werden über Ritzel *11*, Zahnstange *12* und Winkelhebel *13a* und *13b* die beiden Steuertrommeln *9a* und *9b* derart zusammengeschoben, daß ihre Aussparungen bzw. Vorsprünge die Verschiebegabeln der Kupplungen K_{II}, K_{III} und K_{IV} in die gewünschten Stellungen bringen und damit die der verlangten Übersetzung entsprechenden Zahnräder mit den Wellen kuppeln. Im allgemeinen ist Kupplung K_I mit dem Schaltmechanismus verbunden, und beim Umschalten mit Hebel *10* wird die Kupplung K_I derart betätigt, daß die Wirkung der durch die Schaltung erzeugten Stöße auf das Getriebe gemindert wird.

Weitere Anwendung finden Kupplungsgetriebe in den gekoppelten Getrieben der *Vorgelegeform*, bei denen An- und Abtriebswelle gleichachsig sind und entweder direkt

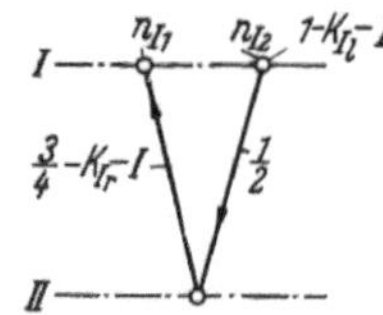

Abb. 152 Drehzahlbild des Vorgeleges (Abbildung 151)

gekuppelt oder über eine oder mehrere rückkehrende Räderwerke (Vorgelege) angetrieben werden können[1]. Abb. 151 zeigt ein solches Getriebe in seiner einfachsten Form, bei der bei Linksstellung der Kupplung K_I (K_{I_l}) der Antrieb direkt von dem lose laufenden Rad *1* auf Welle *I* übertragen wird, während bei Rechtsstellung der Kupplung K_{I_r} der Antrieb mit der Übersetzung $\frac{1}{2} \cdot \frac{3}{4}$ erfolgt, so daß das Drehzahlbild (Abb. 152) entsteht. Eine Entwicklung des gekoppelten Getriebes ist die von RUPPERT vorgeschlagene Anordnung (Abb. 153), deren Drehzahlbild in Abb. 154 gezeigt ist.

Durch Hintereinanderschaltung eines zweiachsigen Kupplungsgetriebes mit ungleichachsigem An- und Abtrieb und eines Vorgeleges der obigen Form entsteht das *Windungsgetriebe* (Abb. 155, Drehzahlbild Abb. 156), bei dem Antriebswelle *I* und Abtriebswelle *II* ungleichachsig sind. Diese Anordnung macht es indessen unmöglich, alle Kupp

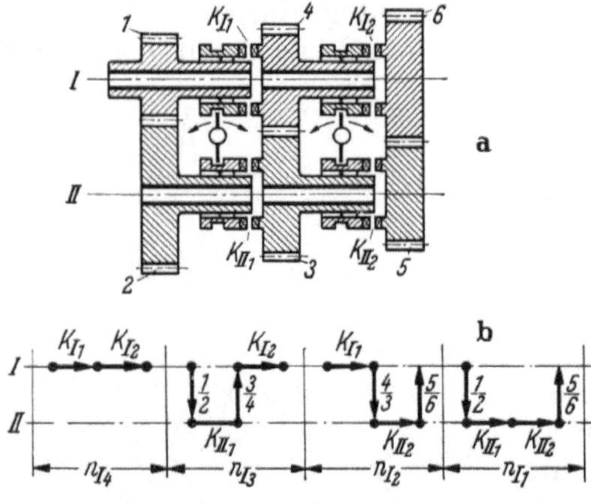

Abb. 153a u. b. Getriebe der RUPPERT-Form a) Getriebeschema; b) Schaltstellungen (Antrieb durch Rad *1*, das auf Abtriebswelle *I* lose läuft)

lungen auf getriebenen Wellen anzuordnen, und in dem Beispiel (Abb. 155) liegt z. B. die Kupplung K_I auf der treibenden Welle. Um die dadurch entstehenden Schwierigkeiten (s. S. 106) bis zu einem gewissen Grade zu vermeiden, werden Windungsgetriebe oft teilweise mit Schieberädern (s. S. 73) ausgerüstet (Abb. 157). Dagegen sind Kupplungsgetriebe mit elektrisch, mechanisch oder hydraulisch betätigten kraftschlüssigen (Reibungs-) Kupplungen besonders für solche Fälle geeignet, bei denen Schalten während des Laufens möglich sein soll. Ist zwangsläufige Drehmomentübertragung notwendig, dann können formschlüssige Klauen- oder Zahnkupplungen in Verbindung mit Synchronisiereinrichtungen verwendet werden.

Der grundsätzliche Nachteil der Kupplungsgetriebe ist ihre durch die Kupplungsmuffen und die Lagerung der auf der Welle lose laufenden Räder bedingte Bau-

---

[1] Siehe auch H. SCHÖPKE: Zweistufige Teilgetriebe für hohe Übersetzungen in Werkzeugmaschinen. Industrie-Anz., 28. Juli 1959, und Dreistufige Teilgetriebe für hohe Übersetzungen in Werkzeugmaschinen. Industrie-Anz., 26. Jan. 1960.

länge.[1] Da die Wellenfreilänge zwischen Lagern aus verschiedensten Gründen nicht zu groß werden darf (s. S. 64), ist die Anzahl der auf einer Welle verfügbaren Kupplungsmöglichkeiten begrenzt. Außerdem ist der Mindestdurchmesser der lose laufenden Räder durch den Durchmesser ihrer Laufbuchsen begrenzt, was verhältnismäßig große Zahnräder zur Folge haben kann.

Die Wirtschaftlichkeit einer Getriebekonstruktion hängt unter anderem von der Anzahl der verwendeten Elemente (Wellen, Kupplungen, Zahnräder) ab. Da die ungebundenen Kupplungsgetriebe eine Kupplung je Zahnradpaar, die *Schieberadgetriebe* dagegen bei gleicher Anzahl Zahnräder keine Kupplungen erfordern, sind letztere einfacher und werden daher oft vorgezogen. Außerdem können bei den Schieberadgetrieben die verstellbaren Elemente (die Schieberäder) sowohl in der

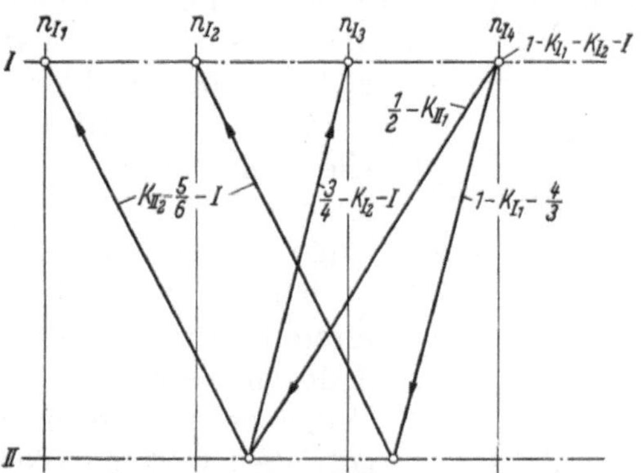

Abb. 154. Drehzahlbild des Getriebes (Abb. 153)

treibenden als auch in der getriebenen Welle liegen, da nur die jeweils arbeitenden Räder im Eingriff sind.

Die kürzeste Baulänge wird bei Verwendung eines engen Schieberadblockes, der innerhalb eines weiteren festen Räderblockes axial verschiebbar ist, erzielt. Die Mindest-

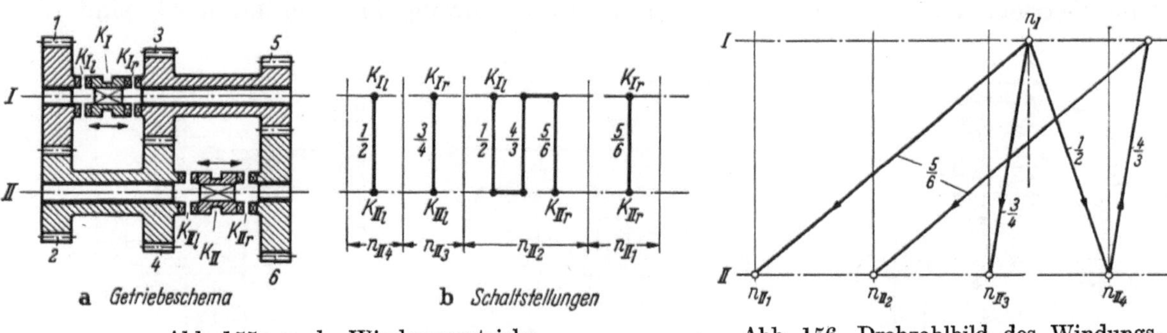

a *Getriebeschema*   b *Schaltstellungen*

Abb. 155a u. b. Windungsgetriebe

I Antriebswelle;   *II* Abtriebswelle

Abb. 156. Drehzahlbild des Windungsgetriebes (Abb. 155)

baulänge (Abb. 158) ist dadurch bedingt, daß während der Axialbewegung der Schieberäder ein Zahnradpaar völlig außer Eingriff sein muß, bevor ein anderes Zahnradpaar in Eingriff zu kommen beginnt. Aus diesem Grunde muß der Abstand zwischen den Rädern des festen Blockes mindestens gleich 2 Radbreiten sein, so daß die Mindestbaulänge zweistufiger Getriebe vier (Abb. 158) und dreistufiger Getriebe sieben Radbreiten beträgt (Abb. 159). Da eine Verstellmuffe *m* den Schieberadblock und damit die notwendige Baulänge noch vergrößern würde, verwendet man oft Schaltgabeln *g*, die die Stirnflächen eines Rades umfassen (Abb. 159).

Bei dreistufigen Getrieben mit konstanter Antriebsdrehzahl muß die kleinste oder größte Abtriebsdrehzahl in der Mittelstellung des Schieberadblockes erzeugt werden, da andrerseits die Räder nicht nach beiden Seiten aus der Mittelstellung verschoben werden können. Daher gibt die enge Anordnung des

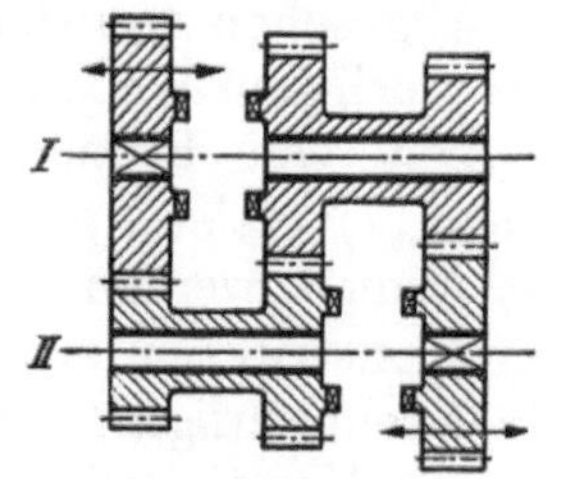

Abb. 157

Schieberadblockes keine der Verschiebung der Räder in einer Richtung entsprechende größenmäßige Drehzahlfolge. Soll zur Erzielung der Sinnfälligkeit der Schaltbewegungen die Drehzahlfolge größenmäßig der Verschiebebewegung entsprechen, so wächst die

---

[1] Siehe dazu H. G. Ross: Stufengetriebe für Werkzeugmaschinen mit geringem Platzbedarf oder geringem Massenträgheitsmoment. Industrie-Anz., 14. April 1959.

Mindestbaulänge auf 9 Radbreiten (Abb. 160a und b), da der axiale Abstand zwischen den beiden größten Schieberädern wieder mindestens 2 Radbreiten betragen muß. Die größenmäßige Drehzahlfolge ist nicht nur vom Standpunkt der Sinnfälligkeit der Bewegungen erstrebenswert, sie erleichtert außerdem das Schalten von einer Geschwindigkeit auf die nächste, da der Unterschied der Teilkreisgeschwindigkeiten dabei am kleinsten ist.

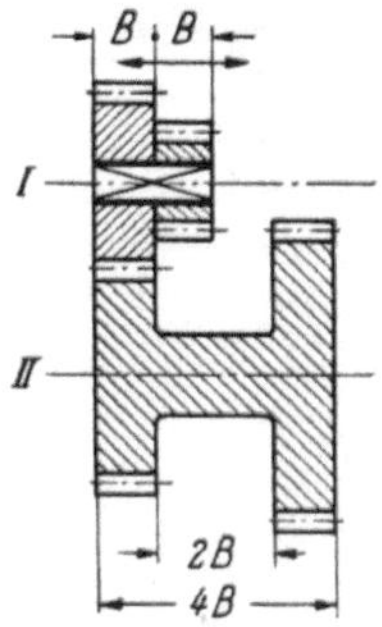

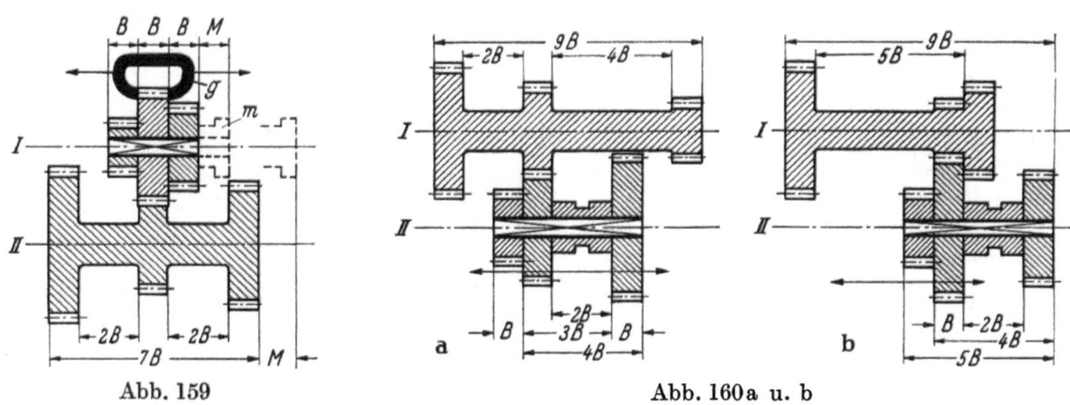

Abb. 158

Wenn bei Hintereinanderschaltung mehrerer Schieberadgetriebe alle Schieberäder auf einer Welle angeordnet werden (Abb. 161a), so ist nur eine Sternkeilwelle erforderlich, andrerseits ist die Gesamtbaulänge durch eine Anordnung gemäß Abb. 161b kürzer.

Ebenso kann die Zahl der erforderlichen Räder eines aus mehreren hintereinandergeschalteten Teilgetrieben bestehenden Getriebes dadurch verringert werden, daß die angetriebenen Räder des einen Teilgetriebes gleichzeitig als treibende Räder des folgenden Teilgetriebes wirken. Wenn nur ein solches Rad diese Funktion ausübt, spricht man von einem einfach gebundenen Getriebe (Abb. 162a), wenn 2 Räder derart verwendet sind, von einem doppelt gebundenem Getriebe (Abb. 162b) usw.

Der aus Wirtschaftlichkeitsgründen vorteilhaften Verwendung möglichst vieler Bindungen, die die Gesamtzahl der Räder verringern, steht die Schwierigkeit, auf diese Weise geometrische Drehzahlreihen zu erzeugen, gegenüber. Während dreifach gebundene Getriebe keine saubere geometrische Drehzahlreihe ergeben können[2], sind die

Abb. 159   Abb. 160a u. b

Übersetzungsverhältnisse für die wenigen möglichen doppelt gebundenen Getriebe ausgerechnet worden[3].

Abgesehen von dem Raumbedarf ist die Anzahl der für eine bestimmte Stufenzahl erforderlichen Wellen und Zahnräder vom Standpunkte der Einfachheit und Wirtschaftlichkeit von Bedeutung. Aus der für ungebundene Getriebe aufgestellten Tabelle (Tab. 17)[4] ersieht man, daß ein neunstufiges Getriebe mit der gleichen Anzahl Zahnräder konstruiert werden kann, die zu einem achtstufigen Getriebe erforderlich ist, und daß zur Konstruktion eines zwölfstufigen Getriebes nicht mehr Räder als zur Konstruktion eines zehnstufigen, zur Konstruktion eines achtzehnstufigen Getriebes nicht mehr Räder als zur Konstruktion eines sechzehnstufigen verwendet werden müssen. Daraus ergibt sich die Bevorzugung der neun-, zwölf- und achtzehnstufigen Getriebe. Die Zahl der

[1] Siehe W. Rohonyi: Die Berechnung doppelt gebundener Getriebe für schnellaufende Werkzeugmaschinen. Industrie-Anz., 14. April 1959, und F. Böttger: Die Berechnung günstiger doppelt gebundener Dreiwellengetriebe. Industrie-Anz., 2. Febr. 1960.

[2] Siehe Kryspin-Exner: Werkstattstechnik, 1925, S. 757.

[3] Germar, R.: s. Fußn. 1, S. 67.

[4] Schlesinger, G.: Die Werkzeugmaschinen. Berlin: Springer 1936.

erforderlichen Wellen hängt von der Anzahl der Räder, die in einem Schieberadblock angeordnet werden, und von der Anzahl der parallelgeschalteten Schieberadblöcke ab. Bei den diesbezüglichen Erwägungen spielt dann auch der zur Verfügung stehende Raum

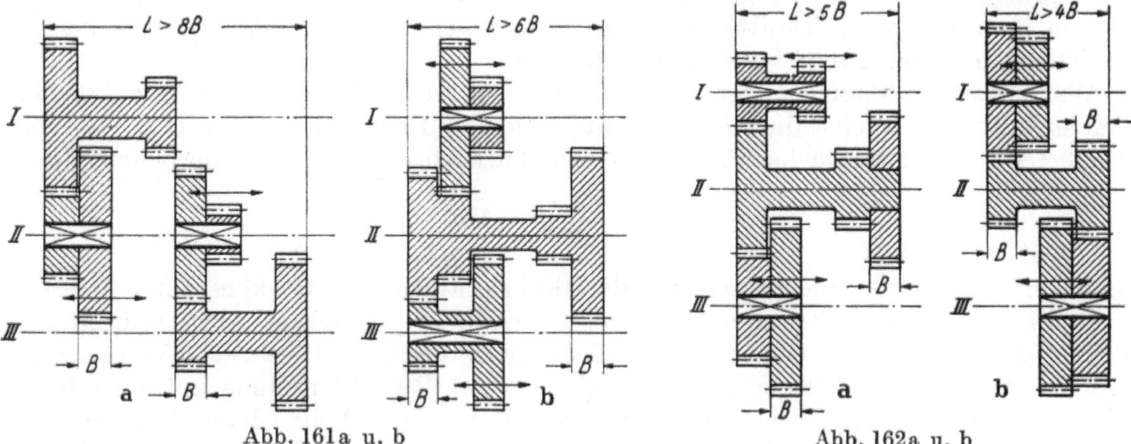

Abb. 161a u. b   Abb. 162a u. b

eine wichtige Rolle, da entweder die Axial- oder die Radial-Ausdehnung des Getriebes aus verschiedensten Gründen begrenzt sein kann (s. S. 64, 73).

Die Möglichkeit, ein zwölfstufiges Getriebe in ein achtzehnstufiges Getriebe durch Hinzufügung nur eines Räderpaares umzubauen, ist bereits auf S. 76 besprochen worden.

Die vorstehenden Betrachtungen beziehen sich auf die kinematischen Verhältnisse und die geometrische Anordnung der verschiedenen Getriebeelemente. Obwohl die Festigkeitsrechnung für Kupplungen, Wellen und Zahnräder grundsätzlich als bekannt vorausgesetzt wird, sei hier darauf hingewiesen, daß die Arbeitsbedingungen der verschiedenen Getriebe ihrem Einsatz entsprechend wechseln.

Abgesehen von der Frage konstanter und pulsierender Belastungen können die Arbeitsbedingungen konstante Leistung oder konstante Drehmomente an der Abtriebswelle verlangen.

Bei konstanter Leistungsübertragung wächst das Drehmoment mit fallender Drehzahl (s. Abb. 128), und die Festigkeitsrechnung für jedes Getriebeelement (Welle, Kupplung, Zahnrad) muß für seine niedrigstmögliche Drehzahl $n_{\min}$ durchgeführt werden, bei der das größte Drehmoment

$$M_{d_{\max}} = \frac{97\,300\,N_{\mathrm{kW}}}{n_{\min}}\ \mathrm{cm\,kg}$$

Tabelle 17

Stufenzahl des gesamten Getriebes	Aufteilungsmöglichkeiten auf die Teilgetriebe			Geringste Räderzahl beim ungebundenen Getriebe
4	2 · 2			8
6	3 · 2	2 · 3		10
8	2 · 2 · 2			12
8	4 · 2	2 · 4		12
9	3 · 3			
10	5 · 2	2 · 5		
12	3 · 2 · 2	2 · 3 · 2	2 · 2 · 3	14
12	4 · 3	3 · 4		
12	6 · 2	2 · 6		
15	5 · 3	3 · 5		
16	2 · 2 · 2 · 2			16
16	4 · 2 · 2	2 · 4 · 2	2 · 2 · 4	16
16	4 · 4			
18	3 · 3 · 2	3 · 2 · 3	2 · 3 · 3	
18	6 · 3	3 · 6		18

auftritt. Wenn dann der Motor mittels entsprechender Apparate bei Überschreitung der festgelegten Höchstleistung abgeschaltet wird, so ist damit auch das Getriebe gegen Überlastung gesichert. Allerdings muß dazu bemerkt werden, daß die auf diese Weise angenommenen Arbeitsbedingungen oft übertrieben hohe Sicherheitsfaktoren ergeben können, da z. B. in dem Schnittantrieb einer Fräsmaschine die volle Leistung bei niedrigster Drehzahl selten zum Einsatz kommen wird.

Wenn das Drehmoment der Abtriebswelle bei wechselnden Drehzahlen konstant bleiben soll, dann wächst die Leistung mit steigender Drehzahl (s. Abb. 127). Während also der Antriebsmotor die bei höchster Drehzahl der Abtriebswelle erforderliche Leistung

$$N_{\max} = \frac{M_d \cdot n_{\max}}{97\,300}\ \mathrm{kW}$$

hergeben muß, würde eine Begrenzung der Motorleistung oder, bei konstanter Antriebsdrehzahl, des Antriebsdrehmomentes das Getriebe bei niedrigen Abtriebsdrehzahlen nicht gegen Überlastung sichern. Es muß daher in diesem Falle ein das Abtriebsdrehmoment begrenzendes Element, z. B. in Form einer Rutschkupplung auf einer hinter dem letzten Drehzahlwechsel liegenden Welle, d. h. einer Welle, deren Übersetzungsverhältnis zur Abtriebswelle konstant ist, vorgesehen werden (s. Abb. 137, f und h). Gegebenenfalls können beide Bedingungen derart kombiniert werden, daß sowohl die Höchstleistung des Motors als auch das Höchstdrehmoment der Abtriebswelle durch entsprechende Vorkehrungen begrenzt werden. Dadurch kann die volle Leistung bis herab zu einer bestimmten Drehzahl ausnutzbar und gleichzeitig das Drehmoment bei niedrigeren Drehzahlen mechanisch begrenzt werden, wie es z. B. elektrisch beim LEONARD-Antrieb (s. S. 92 und Abb. 130) erreicht wird.

β) Stufenlose Getriebe[1]

Zur Erzeugung unendlich feiner Geschwindigkeitsstufung werden elektrische, mechanische oder hydraulische Getriebe verwendet. Die elektrischen Antriebe sind bereits besprochen worden (s. S. 91). Hier sollen jetzt die mechanischen und hydraulischen Getriebe näher betrachtet werden.

Mechanische Getriebe. Das elementarste Getriebe dieser Art ist der Reibrollenantrieb mit gekreuzten Achsen (Abb. 163), bei dem eine Reibrolle (Durchmesser d) einen Teller antreibt. Durch Verschiebung der Reibrolle parallel zu ihrer Achse und rechtwinklig zu der Achse des getriebenen Tellers wird der angetriebene Durchmesser D des Tellers verändert, so daß das Übersetzungsverhältnis d/D stufenlos verstellt werden kann.

Wenn Antriebsleistung, Anpreßdruck, Reibungskraft und Wirkungsgrad konstant sind, dann ist das Drehmoment der angetriebenen Welle ihrer Drehzahl umgekehrt proportional, d. h. es fällt mit wachsender Drehzahl.

Die treibende Reibrolle soll aus weicherem Werkstoff als der angetriebene Teller hergestellt werden, damit sie auch bei durch Überlastung stillstehendem Teller und dadurch hervorgerufenem Verschleiß rund bleibt. Die Reibrolle ist daher oft mit Rohleder oder Vulkanfiber belegt, während der Teller aus Stahl hergestellt ist.

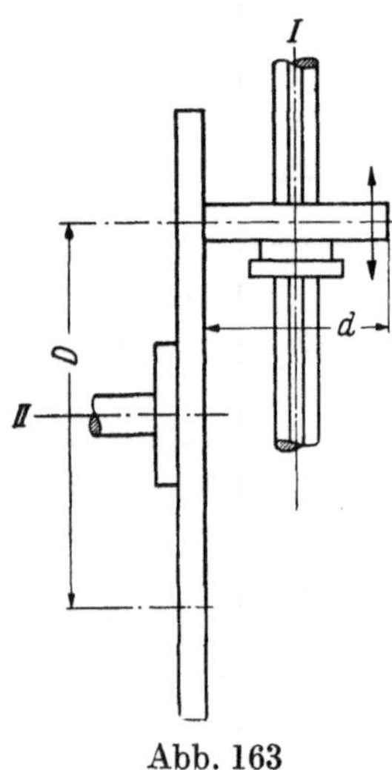

Abb. 163

Da die Reibfläche zwischen Rolle und Teller klein ist, da außerdem wegen der endlichen Breite der Reibrolle Schlupf nicht zu vermeiden ist, eignet sich ein solcher Antrieb nur zur Übertragung verhältnismäßig kleiner Drehmomente und für Übersetzungsverhältnisse bis zu 1 : 4.

---

[1] Siehe F. W. SIMONIS: Stufenlos verstellbare mechanische Getriebe, 2. Aufl. Berlin/Göttingen/Heidelberg: Springer 1959.

Höhere Zuverlässigkeit, größere Betriebssicherheit, längere Lebensdauer und höherer Wirkungsgrad können mit verfeinerten modernen Reibgetrieben erzielt werden, von denen einige besprochen werden sollen.[1]

Bei dem Getriebe der William Prym GmbH (Abb. 164) treibt ein geschliffener Hartgußkegel 1 einen in einer Metallscheibe gehaltenen Kunststoffring 2, der über Welle 3

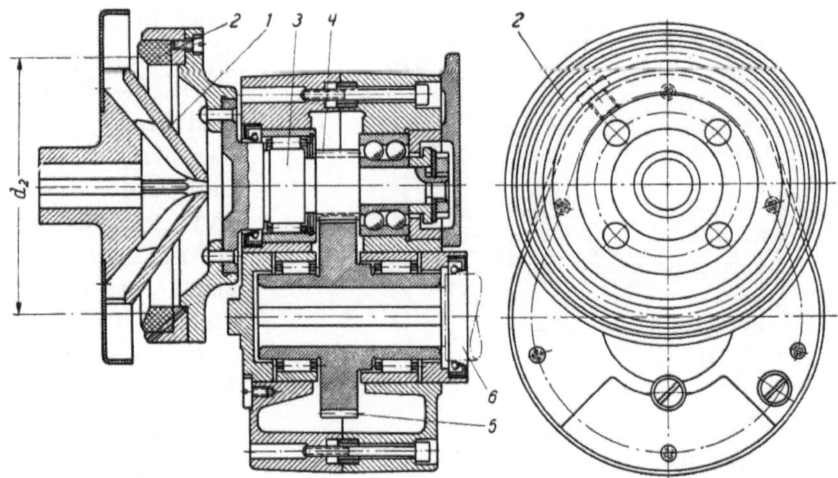

Abb. 164. Kegelreibgetriebe (William Prym GmbH) (s. Fußn. 1)

und Zahnräder 4 und 5, Abtriebswelle 6 treibt. Das Übersetzungsverhältnis hängt von der Axialstellung des Kegels 1 relativ zu dem um Welle 6 schwenkbaren Gehäuse ab, da diese Stellung den Durchmesser d_1 bestimmt, an den der Ring 2 mit seinem festen Durchmesser d_2 durch das unter der Wirkung des auf Zahnrad 5 wirkenden Drehmomentes geschwenkte Gehäuse gegen den Kegel 1 gepreßt wird. Eine wesentliche Eigenschaft

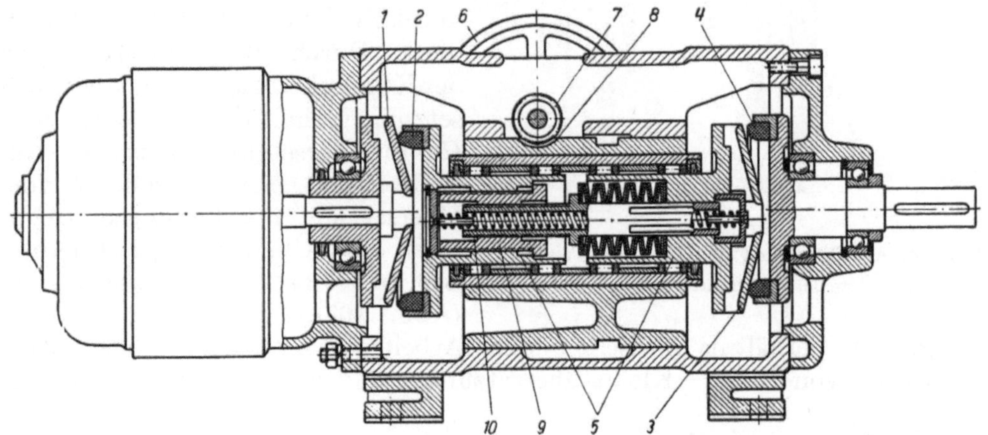

Abb. 165. Prym-Getriebe (s. Abb. 164) mit erhöhtem Verstellbereich (s. Fußn. 1)

des Getriebes ist daher die Tatsache, daß der Anpreßdruck zwischen den Reibelementen dem Abtriebsdrehmoment proportional ist, wodurch Schlupf und Abnutzung klein gehalten werden.

Während der größte Verstellbereich dieses Getriebes etwa 5 ist, kann bei dem weiterentwickelten Prym-Getriebe (Abb. 165) ein Verstellbereich bis zu 10 erzielt werden. Hier liegen Antriebs- und Abtriebswelle gleichachsig, und der Antrieb erfolgt über

---

[1] Siehe auch H. MAY: Stufenlos verstellbare mechanische Getriebe, Industrie-Anz., 22. Februar 1957, und O. LUTZ: Grundsätzliches über stufenlos verstellbare Wälzgetriebe. Konstruktion, September 1955, Mai 1957 u. November 1958.

2 Antriebskegel *1* und *3* mit veränderlichen Antriebsdurchmessern (d_1 und d_3) und 2 Reibringe *2* und *4* mit konstanten Abtriebsdurchmessern (d_2 und d_4).

Das Übersetzungsverhältnis

$$\frac{d_1}{d_2} \cdot \frac{d_3}{d_4}$$

wird durch gleichzeitige Veränderung von d_1 und d_3 verstellt, da Welle *5*, die Ring *2* und Kegel *3* trägt, in einer exzentrisch gelagerten Trommel läuft, die durch Handrad *6*, Schnecke *7* und Schneckenradsegment *8* verstellt werden kann. Die Rechts- und Linksgewinde *9* und *10* verschieben unter dem Einfluß des zu übertragenden Drehmomentes Scheiben *2* und *3* nach außen und regeln dadurch wieder den Anpreßdruck als Funktion der Getriebebelastung. Die Getriebe dienen für Leistungen bis zu etwa 6 kW.

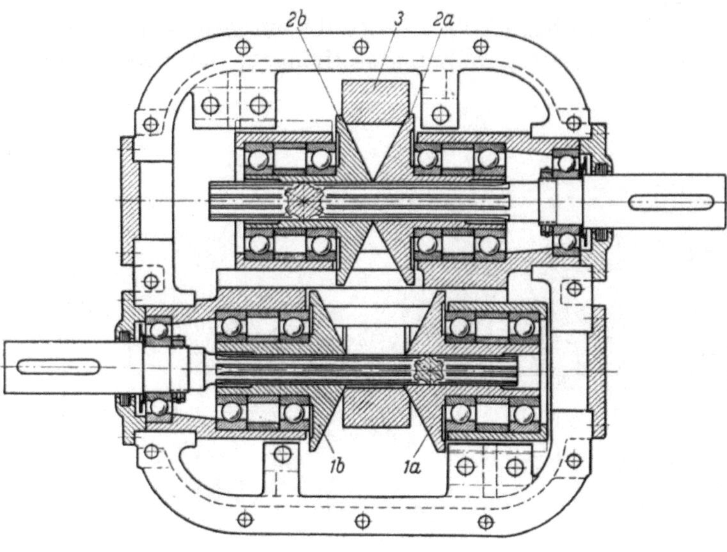

Abb. 166. HEYNAU-Trieb

Zwischen Antriebs- und Abtriebselement geschaltete Zwischenglieder findet man in den Reibgetrieben (Abb. 166 bis 169). Bei dem HEYNAU-Trieb (Abb. 166) wird als Zwischenglied ein gehärteter und geschliffener Ring *3* aus hochlegiertem Stahl verwendet, der auf den Mantelflächen zweier Doppelkegelscheiben *1a* und *1b* und *2a* und *2b* läuft. Durch gleichzeitiges Verschieben der Kegelscheiben *1a* und *2b* wird das Übersetzungsverhältnis verändert, wobei die Gesamtübersetzung zwischen Antriebswelle *I* und Abtriebswelle *II* von einer Übersetzung ins Langsame (Abb. 167a) über eine Übersetzung 1:1 (Abb. 167b) bis zu einer Übersetzung ins Schnelle (Abb. 167c) geändert werden kann.

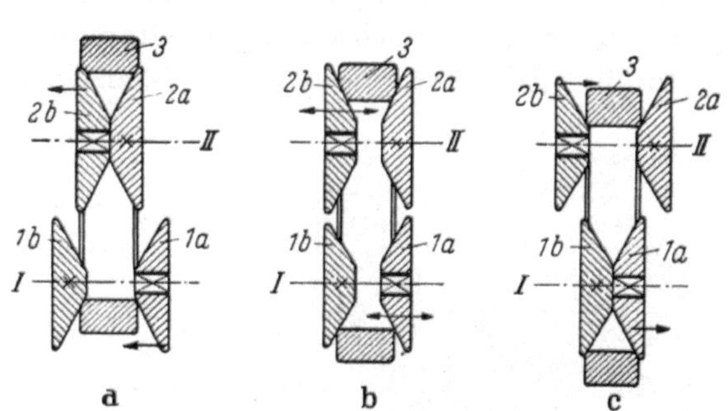

Abb. 167a—c. Arbeitsschema des HEYNAU-Triebes

I Antriebswelle;   *II* Abtriebswelle

Da das größte Verhältnis zwischen den Arbeitsdurchmessern zweier Kegel 3:1 beträgt, wird (von einer Kleinstübersetzung 1:3 ins Langsame bis zu einer Höchstübersetzung 3:1 ins Schnelle) der Gesamtverstellbereich *9*.

Bei dem WÜLFEL-KOPP-Tourator (Verstellbereich etwa 9) (Abb. 168)[1] bleiben die wirksamen Durchmesser d_1 und d_2 der Scheiben *1* und *2* auf den Antriebs- und Abtriebswellen konstant, und die die Scheiben *1* und *2* an-

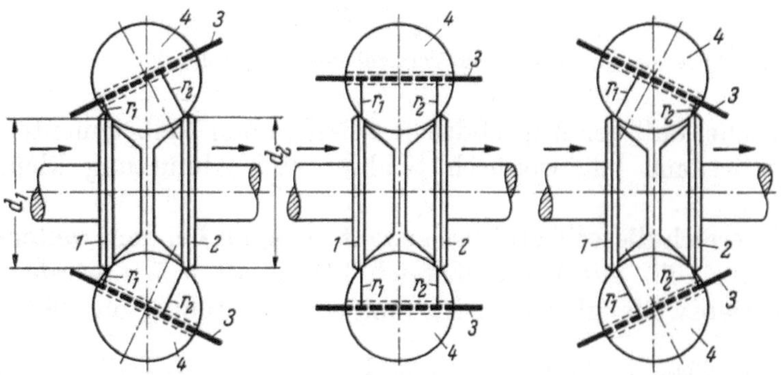

Abb. 168
Arbeitsschema des WÜLFEL-KOPP-Tourators (s. Fußn. 1, S. 113)

---

[1] Nach H. MAY: s. Fußn. 1, S. 113.

treibenden Radien r der als Zwischenglieder wirkenden, auf Wellen *3* gelagerten Kugeln *4*, werden dadurch verändert, daß die Winkellage der Wellen *3* verstellt wird. Das Übersetzungsverhältnis zwischen Antriebs- und Abtriebswelle ist dann

$$u = \frac{d_1}{2r_1} \cdot \frac{2r_2}{d_2}$$

und da $d_1 = d_2$, wird

$$u = \frac{r_2}{r_1},$$

ist also unabhängig von dem Scheibendurchmesser. Das Übersetzungsverhältnis hängt von dem Einstellwinkel α der Kugelwellen *3* ab (Abb. 169).

Da

$$r_1 = (b - a \cdot \tan\alpha) \cdot \cos\alpha$$

und

$$r_2 = (b + a \cdot \tan\alpha) \cdot \cos\alpha$$

wird

$$u = \frac{r_2}{r_1} = \frac{b + a \cdot \tan\alpha}{b - a \cdot \tan\alpha},$$

u ist also nicht dem Einstellwinkel α direkt proportional.

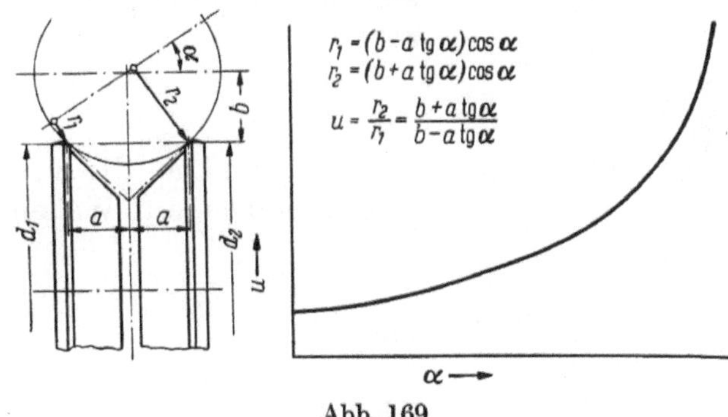

Abb. 169

Die in den vorhergehenden Getrieben beschriebene kraftschlüssige Drehmomentübertragung birgt die Gefahr des Schlupfes, die in bestimmten Fällen unzulässig sein kann. Ein stufenlos verstellbares Getriebe, das mit formschlüssiger Drehmomentübertragung arbeitet, ist das PIV-Getriebe (Positive, Infinitely Variable). In diesem Getriebe arbeitet eine endlose Kette zwischen 2 Kettenrädern mit veränderlichen Durchmessern (Abb. 170). Jedes Kettenrad wird durch zwei axial gegeneinander verschiebbare Kegel (*1a* und *b* bzw. *2a* und *b* gebildet, auf deren Mänteln die Verzahnung in Form von Radialnuten eingearbeitet ist (Abb. 171). Die beiden sich gegenüberliegenden Kegel sind derart angeordnet, daß ihre Zähne um eine halbe Teilung gegeneinander versetzt sind, so daß in anderen Worten ein Zahn des einen Kegelmantels einer Zahnlücke des anderen Kegelmantels gegenüberliegt. Jedes Glied der Übertragungskette besteht aus einem Rahmen, in dem eine Anzahl quer verschiebbarer Stahllamellen gehalten

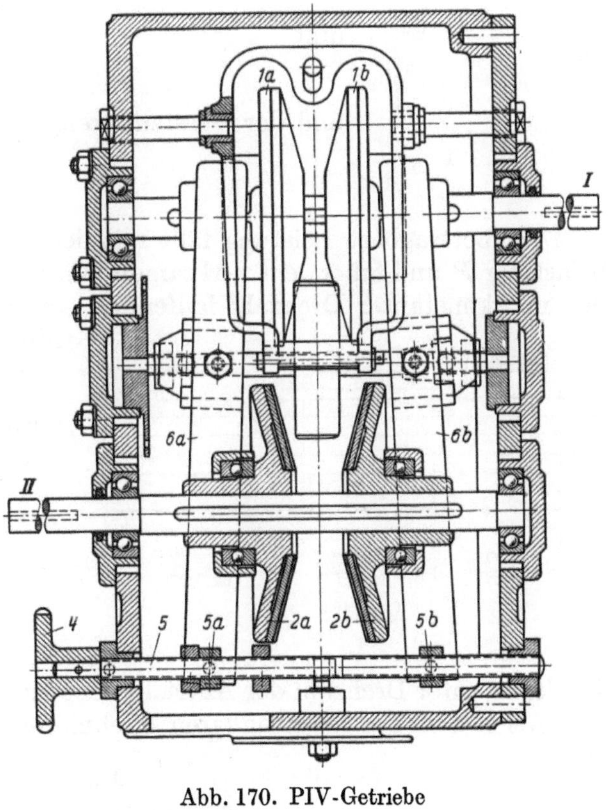

Abb. 170. PIV-Getriebe

I Antriebswelle;   *II* Abtriebswelle

wird. Diese können je nach Bedarf durch die Zähne einer Kegelscheibe in die gegenüberliegende Lücke der anderen Kegelscheibe geschoben werden und sich dadurch den jeweiligen durch den eingestellten Kettendurchmesser bestimmten Zahnlückenbreiten anpassen (Abb. 172). Die Durchmesserverstellung und damit die Veränderung des Übersetzungsverhältnisses zwischen Wellen *I* und *II* erfolgt durch axiales Verschieben der Kettenradhälften gegeneinander. Durch Drehung von Handrad *4* verschiebt Spindel *5* mittels Rechts- und Linksgewinde *5a* und *5b* die Verstellhebel *6a* und *6b* und damit die Kettenräderkegel *1a* und *b* und *2a* und *b* (Abb. 173). Die erforderliche Spannung der Kette *3* wird durch gefederte Spannschuhe erzielt. Der Wirkungsgrad des PIV-Getriebes ist hoch; Abb. 174 zeigt typische Wirkungsgradkurven. Die Getriebe werden mit Verstellbereichen bis zu *6* gebaut. Da die beiden Kegelscheibenpaare auf gleiche wirksame Größt- und Kleinstdurchmesser eingestellt werden können, liegt der Verstellbereich symmetrisch zu einem mittleren Übersetzungsverhältnis 1 : 1. Bei einer konstanten Antriebsdrehzahl n_I ist die veränderliche Abtriebsdrehzahl

$$n_{II} = \frac{d_1}{d_2} \cdot n_I,$$

wobei d_1 und d_2 die veränderlichen wirksamen Durchmesser der Kegelscheiben auf Wellen *I* und *II* sind.

Da

$$d_{1_{max}} = d_{2_{max}} = d_{max}$$

und

$$d_{1_{min}} = d_{2_{min}} = d_{min}$$

wird

$$n_{II_{min}} = \frac{d_{min}}{d_{max}} \cdot n_I$$

und

$$n_{II_{max}} = \frac{d_{max}}{d_{min}} \cdot n_I$$

und der Verstellbereich

$$B = \frac{n_{II_{max}}}{n_{II_{min}}} = \left(\frac{d_{max}}{d_{min}}\right)^2.$$

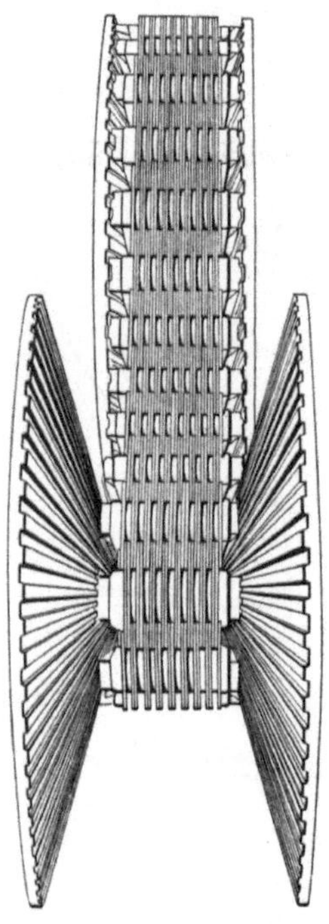

Abb. 171

Die übertragbare Leistung fällt mit der Abtriebsdrehzahl, da bei gegebener Kettenbelastung P und fallendem wirksamen Durchmesser d_1 der Antriebskegelscheibe das von der mit konstanter Drehzahl laufenden Antriebswelle übertragene Drehmoment sinkt. Mit

$$M_{d_I} = \frac{P\,d_1}{2}$$

wird

$$M_{d_{I_{max}}} = \frac{P}{2} \cdot d_{max}$$

$$M_{d_{I_{min}}} = \frac{P}{2} \cdot d_{min}$$

$$\frac{M_{d_{I_{max}}}}{M_{d_{I_{min}}}} = \frac{d_{max}}{d_{min}}.$$

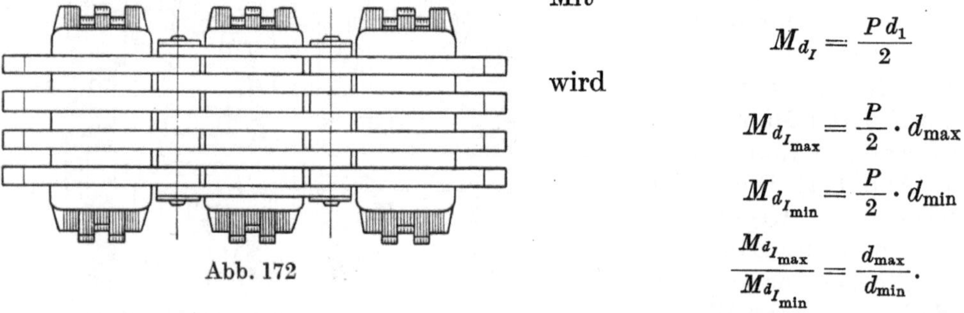

Abb. 172

Bei konstanter Drehzahl der Antriebswelle ist das Verhältnis der übertragbaren Leistungen gleich dem der übertragbaren Drehmomente:

$$\frac{N_{max}}{N_{min}} = \frac{M_{d_{I_{max}}}}{M_{d_{I_{min}}}} = \frac{d_{max}}{d_{min}} = \sqrt{B}.$$

Trotzdem es in diesem Getriebe gelungen ist, die Vorteile eines stufenlosen Getriebes mit den Erfordernissen des formschlüssigen Antriebes zu vereinen, ist es interessant, daß die Hersteller des PIV-Getriebes als Weiterentwicklung ein mit kraftschlüssigem Antrieb arbeitendes Getriebe (Abb. 175) (Verstellbereich bis zu *10*) herausgebracht haben. Hier sind die Kegelscheiben nicht verzahnt, sondern haben glatte, gehärtete und geschliffene

Mantelflächen. An Stelle der Lamellenpakete trägt jedes Kettenglied zwei glasharte Stahlrollen, die unter der Wirkung des Kettenzuges beim Einlaufen der Kette gegen die

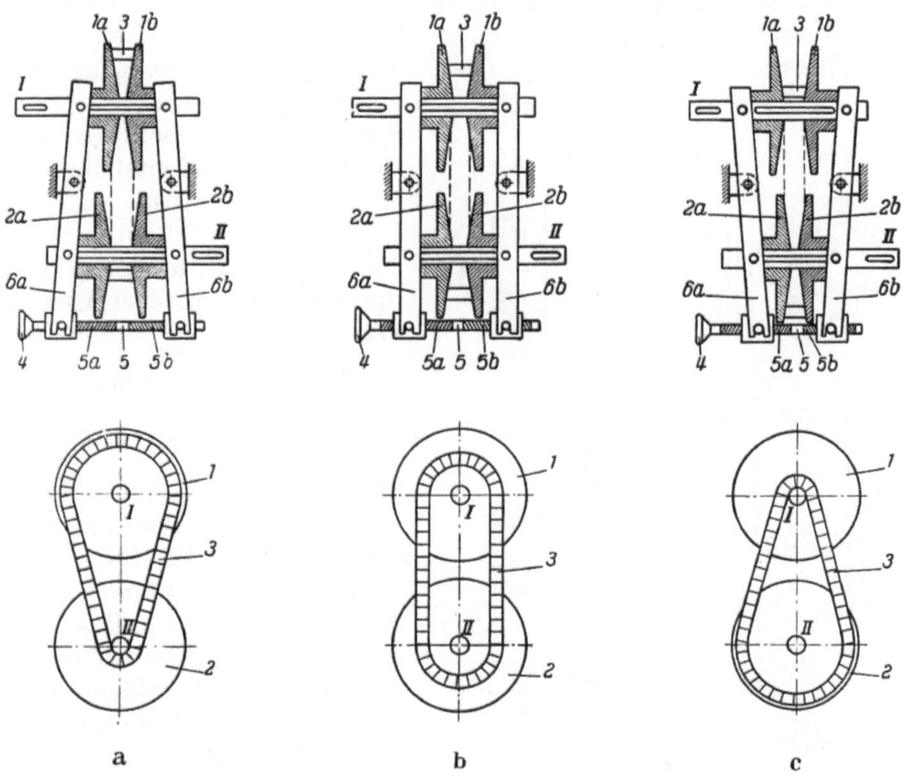

Abb. 173 a—c. Wirkungsweise des PIV-Getriebes
a) Übersetzung ins Schnelle; b) Übersetzung 1 : 1; c) Übersetzung ins Langsame

Kegelmantelfläche gedrückt werden und das Drehmoment durch Reibung übertragen. Beim Auslaufen lösen sich diese Rollen aus der Verkeilung (Abb. 176). In einer Sonderbauart kann der Anpreßdruck der Kegelscheiben an die Kette in Abhängigkeit vom Drehmoment geregelt werden. Die durch Scherenhebel a auf die Kegelscheiben ausgeübten Axialkräfte werden zu diesem Zwecke durch Kugeln erzeugt, die über schräge Andruckflächen auf die Scherenhebel wirken (s. Abb. 175).

Mit der formschlüssigen Bauart des PIV-Getriebes können bis etwa 40 kW, mit der kraftschlüssigen Bauart bis 15 kW übertragen werden.

Für Antriebe höchster Geschwindigkeiten (z. B. Innenschleifspindeln) wird auch Preßluft verwendet, wobei eine Preßluftturbine auf der angetriebenen Welle (Innenschleifspindel bis zu 120000 U/min) angeordnet wird. Eine derartige Anordnung ist gut auswuchtbar, und die Auspuffluft kann die Lager kühlen und den Eintritt störender Stoffe verhindern. Die Drehzahl kann durch ein Drosselventil verändert werden.

Hydraulische Getriebe.[1] Bei den hydraulischen Getrieben wird als energieübertragende Flüssigkeit Öl

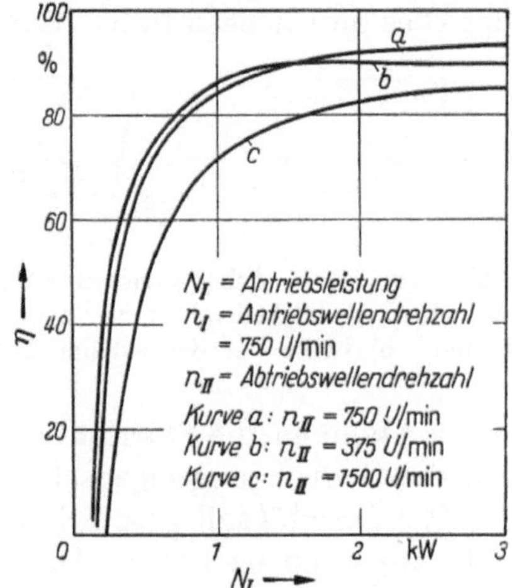

Abb. 174. Typische Wirkungsgradkurven eines PIV-Getriebes

---

[1] Für ausführliche Bearbeitung dieses Gebietes s. H. KRUG: Flüssigkeitsgetriebe bei Werkzeugmaschinen, 2. Aufl. Berlin/Göttingen/Heidelberg: Springer 1959, und A. DÜRR u. O. WACHTER: Hydraulische Antriebe und Druckmittelsteuerungen an Werkzeugmaschinen. München: Hanser 1954.

verwendet, das, meist von einer Pumpe in Bewegung und unter Druck gesetzt, einen hydraulischen Motor antreibt. Es handelt sich dabei im wesentlichen um die Übertragung der durch die Druckfortpflanzung weitergeleiteten statischen Energie, da die Strömungsgeschwindigkeit bei den in Werkzeugmaschinen verwendeten Getrieben verhältnismäßig niedrig und daher die kinetische Energie des Öles von geringer Bedeutung ist. Selbst bei einer Ölgeschwindigkeit von 10 m/sek, die als hoch angesehen werden kann, ist die Geschwindigkeitshöhe der Ölsäule

$$\frac{v^2}{2g} = \frac{100}{2 \cdot 9{,}81} = 5{,}1 \text{ m},$$

während die Druckhöhe, bei $p = 50$ atü und einem spezifischen Gewicht des Öles von $\gamma = 0{,}9 \text{ g/cm}^3 = 0{,}0009 \text{ kg/cm}^3$,

$$\frac{p}{\gamma} = \frac{50}{0{,}0009} = 55\,500 \text{ cm} = 555 \text{ m}$$

ist. Die Geschwindigkeitshöhe ist also nur etwa $\frac{5{,}1}{555} \cdot 100 \approx 0{,}9\%$ der Druckhöhe.

Die Vorteile der hydraulischen Getriebe sind die bei hoher Belastbarkeit verhältnismäßig kleinen Abmessungen, stufenlose Geschwindigkeitsverstellung, die auch unter Last ohne Schwierigkeit durchführbar ist, ruhiger Gang, einfache und stoßfreie Umsteuerbarkeit und die Möglichkeit, durch zweckmäßige Ventilkonstruktionen Programmsteuerungen zu ermöglichen und Überlastungen zu verhüten.

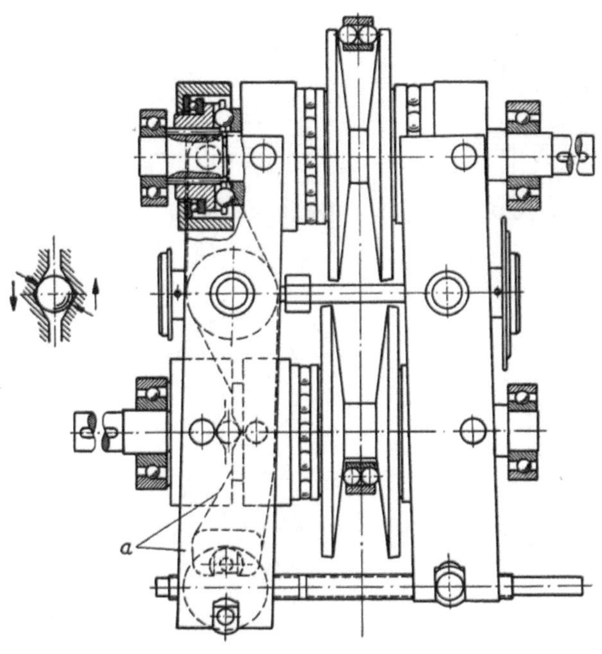

Abb. 175
Kraftschlüssig arbeitendes Getriebe (s. Fußn. 1, S. 113)

Nachteile sind, abgesehen von den durch die Notwendigkeit sehr genauer Fertigung der mit engem Spiel arbeitenden beweglichen Teile bedingten Herstellungskosten, die durch Drosselvorgänge hervorgerufene unvermeidliche Erwärmung, die sich einerseits auf die Genauigkeit der Maschine auswirken kann, und die andrerseits die Viskosität des Öles derart beeinflußt, daß Zwangläufigkeit der durch Flüssigkeitsantrieb gekoppelten Bewegungen und absolute Genauigkeit der Arbeitsgeschwindigkeiten nicht gewährleistet werden können. In diesem Zusammenhang sind auch die möglichen Schlupfverluste zu nennen, die außerdem den Wirkungsgrad solcher Getriebe verringern. Weiterhin verringern die, wenn auch geringe Kompressibilität des Öles und die Elastizität der Leitungselemente, die besonders bei langen Rohrleitungen von erheblichem Einfluß

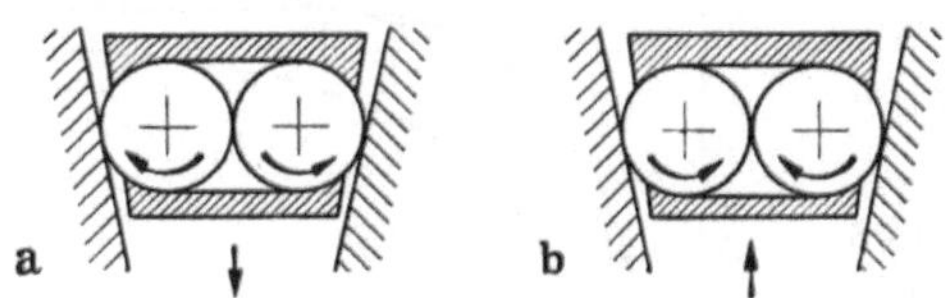

Abb. 176a u. b. Arbeitsweise des Getriebes
Abb. 175. a) Einkeilen der Kette beim Einlaufen; b) Lösen der Kette beim Auslaufen

werden können, die Starrheit der Übertragung und sind dadurch von ungünstigem Einfluß auf die Schwingungseigenschaften der Maschine und ihrer Elemente.

Das Drucköl soll gute Schmierungsfähigkeit, eine flache Viskositätskurve und geringe Alterungstendenz haben. Die Viskosität bei 50 °C ist etwa 2,5 bis 4,5 ° Engler. Die Kompressibilität hängt von der Temperatur und der Druckhöhe ab und ist

$$\frac{V_1 - V_2}{V_1} = \beta \cdot (p_2 - p_1),$$

worin

V_1 Anfangsvolumen, p_2 Enddruck,
V_2 Endvolumen, β Kompressibilitätskoeffizient
p_1 Anfangsdruck,   (etwa 0,000082 bei 50 °C und 50 atü).

Für Öl, das frei von Lufteinschlüssen ist, ist β von der Öltemperatur und dem Öldruck abhängig. Während die Druckabhängigkeit verhältnismäßig gering ist und durch einen Faktor $p^{-0,17}$ berücksichtigt werden kann, ist die Temperaturabhängigkeit

$$\beta_t = \beta_o \cdot (1 + a\,t + b\,t^2),$$

worin für Mineralöle

$$a = 6 \cdot 10^{-3} \quad \text{und} \quad b = 2 \cdot 10^{-5} \quad \text{ist.}$$

Der Einfluß von Druck und Temperatur auf β ist indessen im Verhältnis zu der Wirkung, die Lufteinschlüsse auf die Kompressibilität ausüben können, gering (s. Abb. 177).

Die elastische Verkürzung ΔL der Ölsäule in einem System (Länge L, Querschnitt F) unter einer Druckdifferenz ($p_2 - p_1 = p$) kann demnach wie folgt berechnet werden:

$$V_1 = F \cdot L$$
$$V_2 = F \cdot (L - \Delta L).$$
$$\frac{\Delta L}{L} = \beta \cdot p$$
$$\Delta L = \beta \cdot p \cdot L$$

Das Ölvolumen in den Rohrleitungen darf dabei nicht vernachlässigt werden.

Als zulässige Ölgeschwindigkeiten geben Dürr und Wachter[1] an:

Saugleitungen . . . . 90 m/min
Abflußleitungen . . . . 120 m/min
Druckleitungen bis 25 atü . . . . 180 m/min
Druckleitungen bis 50 atü . . . . 240 m/min

Während in sehr kurzen Kanälen und Bohrungen wie auch in Druckventilen erheblich höhere Geschwindigkeiten auftreten können, müssen sie in längeren Druck-, Saug- und Abflußleitungen unbedingt vermieden werden. Zu hohe Ölgeschwindigkeiten in der Saugleitung können durch örtlich auftretenden Druckabfall zu Lufteinschlüssen im Öl führen, die neben anderen nachteiligen Einflüssen auf das Arbeiten der Hydraulik die Kompressibilität des Öles stärker als Druck und Temperatur beeinflussen können. Abb. 177 zeigt Werte für β (bei 50 °C) als Funktion des Druckes bei 0 % (Idealfall), 0,2 %, 2 % und 10 % Lufteinschluß.[2] Während der Einfluß der Luftmenge mit wachsendem Druck fällt, erhöht bei 10 atü selbst der geringe Luftgehalt von 0,2 % den Kompressibilitätskoeffizienten β um über 40 %!

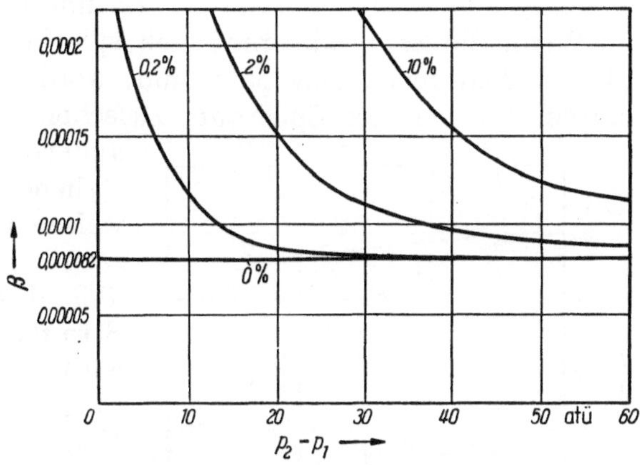

Abb. 177. Einfluß von Lufteinschlüssen auf die Kompressibilität von Öl

Für das einwandfreie Arbeiten der Hydraulik sind daher außer Maßnahmen zur Ölkühlung und Filterung Vorkehrungen zur möglichen Entfernung etwaiger Lufteinschlüsse, falls solche in das System eindringen sollten, wichtig.

Die Arbeitselemente der hydraulischen Antriebe sind außer dem Öl und den Verbindungsleitungen, die Pumpe, der Motor und etwaige Steuerorgane.

Pumpen. Die im allgemeinen von einem Elektromotor mit konstanter Drehzahl angetriebene Pumpe saugt das Öl aus einem Tank und liefert es durch Leitungen und gegebenenfalls Steuergeräte an den Motor. Die Nettoleistung der Pumpe ist durch die

---

[1] Siehe Fußn. 1, S. 117.

[2] Nach N. F. Harpur: Some Design Considerations of Hydraulic Servos of Jack Type. Conference on Hydraulic Servos. The Institution of Mechanical Engineers, Lond., Februar 1953.

Liefermenge (Q in cm³/min) und den Arbeitsdruck (p in atü) bestimmt

$$N = \frac{Q \cdot p}{60 \cdot 10\,200}\ \text{kW}.$$

Die im Werkzeugmaschinenbau verwendeten Pumpen lassen sich in 2 Gruppen einteilen:

1. Pumpen mit konstanter Liefermenge,
2. Pumpen mit verstellbarer Liefermenge.

Zu 1. Zahnradpumpen (Abb. 178) werden für Drücke bis über 100 atü gebaut. Die Liefermenge hängt außer von der Drehzahl von der Größe und Teilung der Zähne ab. Jeder Zahn verdrängt aus der ihm entsprechenden Lücke des Gegenrades eine Ölmenge, die dem Volumen des Zahnes, von seinem Kopfkreis bis zum Kopfkreis des Gegenrades gemessen, entspricht. Bei einer Umdrehung fördert also jedes Rad mit Teilkreisdurchmesser d und Modul m ein Volumen, das dem halben Volumen eines Ringes vom Außendurchmesser $d + m$, Innendurchmesser $d - m$ und Breite gleich Zahnbreite b entspricht. Die beiden im Eingriff stehenden Zahnräder fördern also bei einer Umdrehung

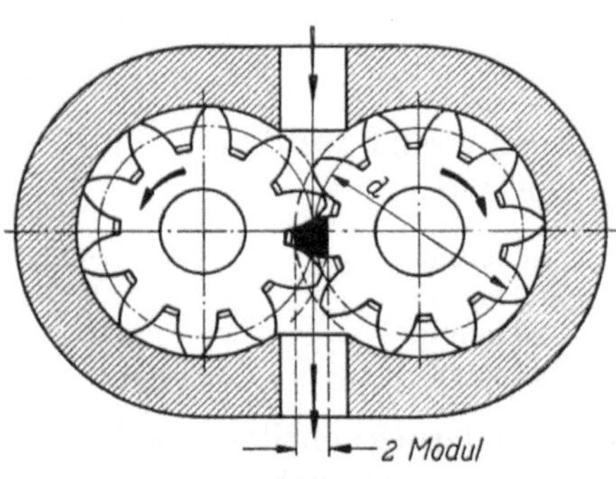

Abb. 178. Zahnradpumpe

$$V = 2 \cdot \tfrac{1}{2}\pi d \cdot 2m \cdot b = 2\pi d\,m\,b.$$

Bei n Umdrehungen je Minute ist dann die minutliche Fördermenge

$$Q = 2\pi d\,m\,b\,n.$$

Da bei einer Zähnezahl z der Zahnräder

$$d = m \cdot z \quad \text{ist,}$$

wird

$$Q = 2\pi\,m^2\,z\,b \cdot n \quad (\text{cm}^3/\text{min})$$

(m und b in cm, n in U/min).

Wenn die Zahnräder praktisch spielfrei laufen und an ihrem Umfang und an den Stirnflächen genau eingepaßt sind, werden die Verluste in annehmbaren Grenzen gehalten. Da sich der Spielraum zwischen im Eingriff stehenden Zähnen beim Laufen ändert, wird darin eine geringe, unter hohem Druck stehende Menge „Quetschöl", die harten und stoßweisen Gang der Pumpe zur Folge haben kann, erzeugt. Diese Schwierigkeit wird dadurch behoben, daß das Quetschöl durch Aussparungen in der Stirnfläche des Gehäuses zum Druckraum abgeleitet wird. Zur Erzeugung hoher Drücke (bis zu 100 atü) werden Pumpen mit großer Zähnezahl, kleinem Modul und hoher Drehzahl gewählt. Bei niedrigen Drücken werden zwecks ruhigen Laufens niedrigere Drehzahlen gewählt, wobei gegebenenfalls die Zähne der erforderlichen Fördermenge entsprechend größer sein müssen. Zum Zwecke ruhigen Laufens werden auch schrägverzahnte Räder oder, zur Vermeidung axialer Zahndruckkomponenten, Pfeilräder verwendet. Allerdings darf die Zahnradneigung nicht so groß sein, daß eine Zahnlücke Saug- und Druckraum

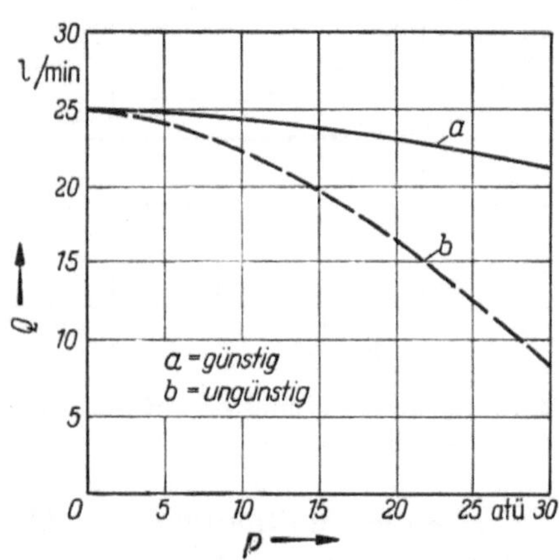

Abb. 179. Typische Förderkennlinien von Zahnradpumpen

verbindet! Der Lieferungsgrad der Zahnradpumpe hängt außer von dem Arbeitsdruck von der Herstellungsgüte (Spielfreiheit) ab, die die Größe der Ölverluste bestimmt. Abb. 179 zeigt typische Förderkennlinien von Zahnradpumpen.

Eine Entwicklung des Gedankens der Zahnradpumpe ist die Schraubenpumpe, bei der zwei, drei oder fünf rotierende mit Rechts- bzw. Linksgewinde versehene Spindeln die Funktion der in einer Zahnradpumpe arbeitenden Zahnräder ausüben.

Eine Änderung der Fördermenge ist im allgemeinen nur durch Abführen des überschüssigen Öles durch Auslaßventil oder durch Abdrosseln in der Druckleitung und Abführen des überschüssigen Öles über ein Überdruckventil möglich. Diese „Verlustverstellung" ist indessen nur bei solchen Anwendungen zulässig, bei denen die Gesamtleistung gering und der sich ergebende Leistungsverlust in Kauf genommen werden kann (s. S. 148).

Zu 2. Zur stufenlosen Änderung der Fördermengen werden Flügel- oder Kolbenzellenpumpen verwendet.

Flügelzellenpumpen. Die Pumpenwirkung wird durch Flügel, die sich in radialen Schlitzen der exzentrisch gelagerten Trommel entsprechend der Exzentrizität zwischen Trommel und Gehäusebohrung verschieben, erzeugt. Bei gegebener Drehzahl und Drehrichtung der Trommel wird die Fördermenge und Richtung durch die Exzentrizität der Trommel bestimmt (Abb. 180). Im allgemeinen liegt die Trommelachse fest und die Gehäuseachse wird verschoben. Wenn Trommel und Gehäusebohrung konzentrisch sind (Abb. 180b), dann bleibt das zwischen Trommel, Gehäuse und Flügeln liegende Volumen konstant und die Pumpe fördert nicht. Bei Exzentrizitäten (Abb. 180a) vergrößert sich das auf der oberen Pumpenhälfte zwischen Trommel, Gehäuse und Flügeln liegende Volumen mit fortschreitender Trommeldrehung und verringert sich entsprechend auf der unteren Hälfte, so daß oben angesaugt und unten ausgepreßt wird. Bei entgegengesetzter Exzentrizität (Abb. 180c) wird entsprechend in der entgegengesetzten Richtung gefördert. Die Fördermenge, die von dem Flügelhub, d. h. von der Größe der Exzentrizität e abhängt, ist von einem

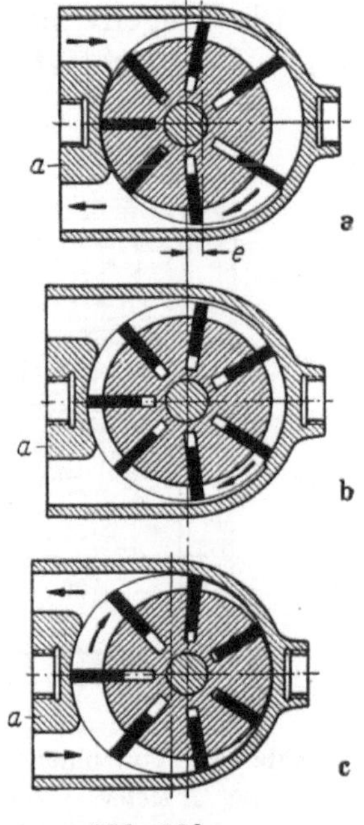

Abb. 180a—c
Arbeitsweise der Flügelzellenpumpe

Größtwert in einer Richtung über Null zu einem Größtwert in der entgegengesetzten Richtung stufenlos verstellbar. Saug- und Druckraum sind durch Zwischenstück a im Gehäuse voneinander getrennt. Abb. 181[1] zeigt die konstruktive Ausführung einer

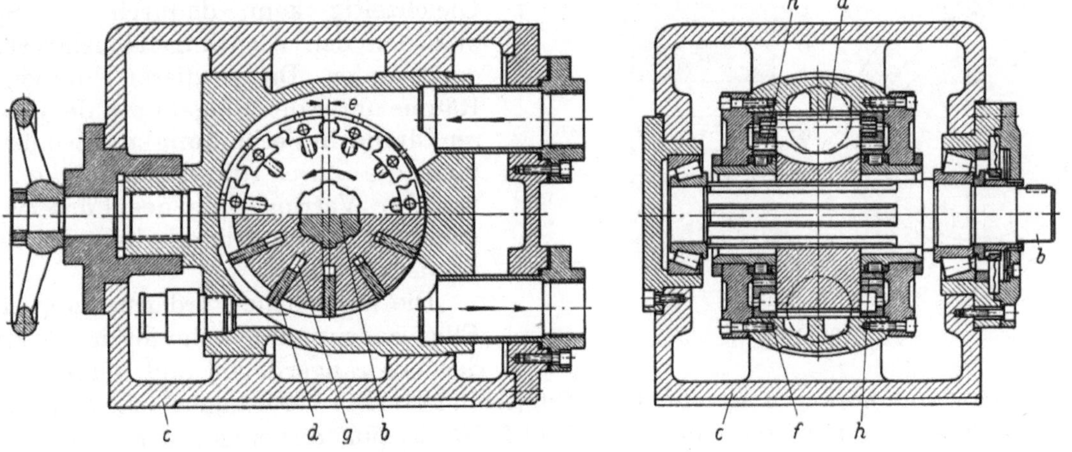

Abb. 181. FORST-ENOR-Flügelzellenpumpe (aus DÜRR u. WACHTER, s. Fußn. 1, S. 117)

Flügelzellenpumpe. Die Exzentrizität e wird durch Verschiebung des Pumpenkörpers nach links oder rechts gegenüber der festliegenden Achse der Antriebswelle b im Gehäuse c verändert. Die Reibung zwischen den Flügeln d und der ihre Radialbewegung steuernden Bohrung im Pumpenkörper wird zur Herabsetzung der mechanischen Verluste durch Flügelringe f verringert. Die unter den Flügeln d je Umdrehung veränderlichen

---

1 FORST-ENOR-Pumpe, aus A. DÜRR u. O. WACHTER, s. Fußn. 1, S. 117.

Räume g werden durch Bohrungen h entlastet. Da die Räume g abwechselnd mit dem Saug- und Druckraum verbunden sind, wird eine zusätzliche Pumpwirkung ausgeübt, welche die durch die Flügelstärke verursachte Verringerung des Fördervolumens ausgleicht (s. S. 123).

Die Flügelreibung kann auch dadurch verringert werden, daß man die Pumpe von innen beaufschlagt und den ganzen exzentrisch verstellbaren Pumpenkörper mit um-

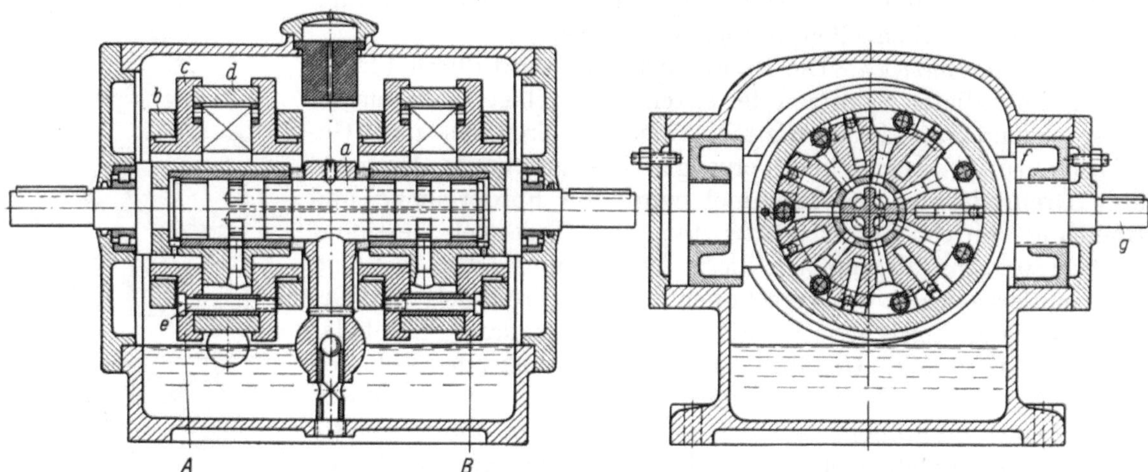

Abb. 182. Von innen beaufschlagte Flügelzellenpumpe und Motor (aus SCHLESINGER, s. Fußn. 2, S. 6)

A Pumpe; B Motor; a Feststehender Zapfen; b Verschiebbarer Tragkörper; c Deckel des Pumpenkörpers; d Zylindermantel des Pumpenkörpers; e Halteschraube des Pumpenkörpers; f Kolben; g Verstellspindel

laufen läßt. Zu- und Abführung des Öles erfolgt dabei durch Kanäle in dem feststehenden Zapfen a, auf dem die umlaufende Flügeltrommel gelagert ist (Abb. 182). Der im Tragkörper b in Nadellagern laufende Pumpenkörper, dessen 2 Deckel c und Ring d durch Schrauben e zusammengehalten sind, läuft mit der Antriebswelle um, so daß die Relativgeschwindigkeit zwischen Flügel und Gehäuse und damit die Reibung gering ist. Gleichzeitig kann dadurch das Spiel zwischen den Dichtungsflächen verringert werden. Da bei diesen Pumpen die Räume unter den Flügeln mit dem äußeren Ölraum in Verbindung stehen müssen, muß die durch die Flügelstärke verursachte Verringerung des Fördervolumens bei der Berechnung berücksichtigt werden.

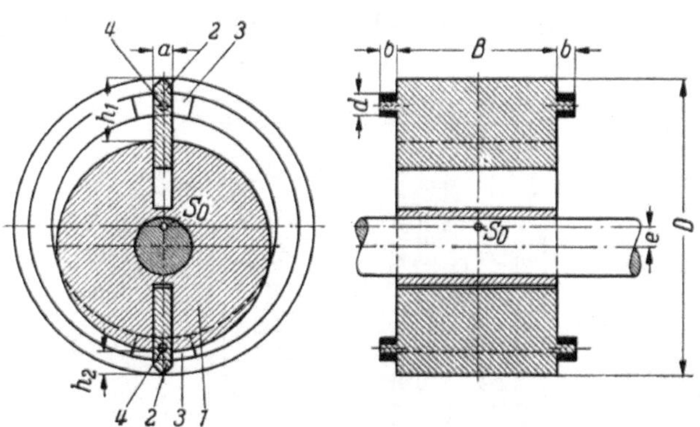

Abb. 183

Die minutliche Fördermenge Q einer Flügelzellenpumpe kann als das Produkt der Verdrängerfläche und deren minutlichen Schwerpunktsweges berechnet werden (Abb. 183). Die Verdrängerfläche F ist gleich der Projektion des Läufers 1 und der Flügel 2 ($B \cdot D$) plus derjenigen der Gleitsteine 3 und der Führungsrollen 4 ($4 \cdot b \cdot d$). Der minutliche Weg s des Schwerpunktes S_0 ist bei einer minutlichen Drehzahl n

$$s = 2\pi e n,$$

so daß

$$Q = F \cdot 2\pi e n$$
$$= (BD + 4bd) \cdot 2\pi e n$$
$$= \pi e n \cdot (2BD + 8bd).$$

Für Getriebe, bei denen die unter den Flügeln befindliche Ölmenge nicht zum Ausgleich der durch die Flügelstärke verursachten Verringerung des Arbeitsraumes verwendet werden kann (s. S. 122), muß diese Verringerung berücksichtigt werden. Die durch die Flügelstärke verursachte Verringerung der Liefermenge je Flügelzelle ist

$$Q' = a\,B\,(h_1 - h_2)$$

(s. Abb. 183), also gleich der Fördermenge unter jedem Flügel. Bei einer Zellenzahl z und mit $h_1 - h_2 = 2e$ wird die minutliche Verlustmenge $Q_V = 2\,e\,n\,z\,a\,B$, so daß die minutliche Fördermenge in diesem Fall $Q = \pi e n\,(2\,BD + 8\,bd) - 2\,e\,n\,z\,a\,B$ wird.

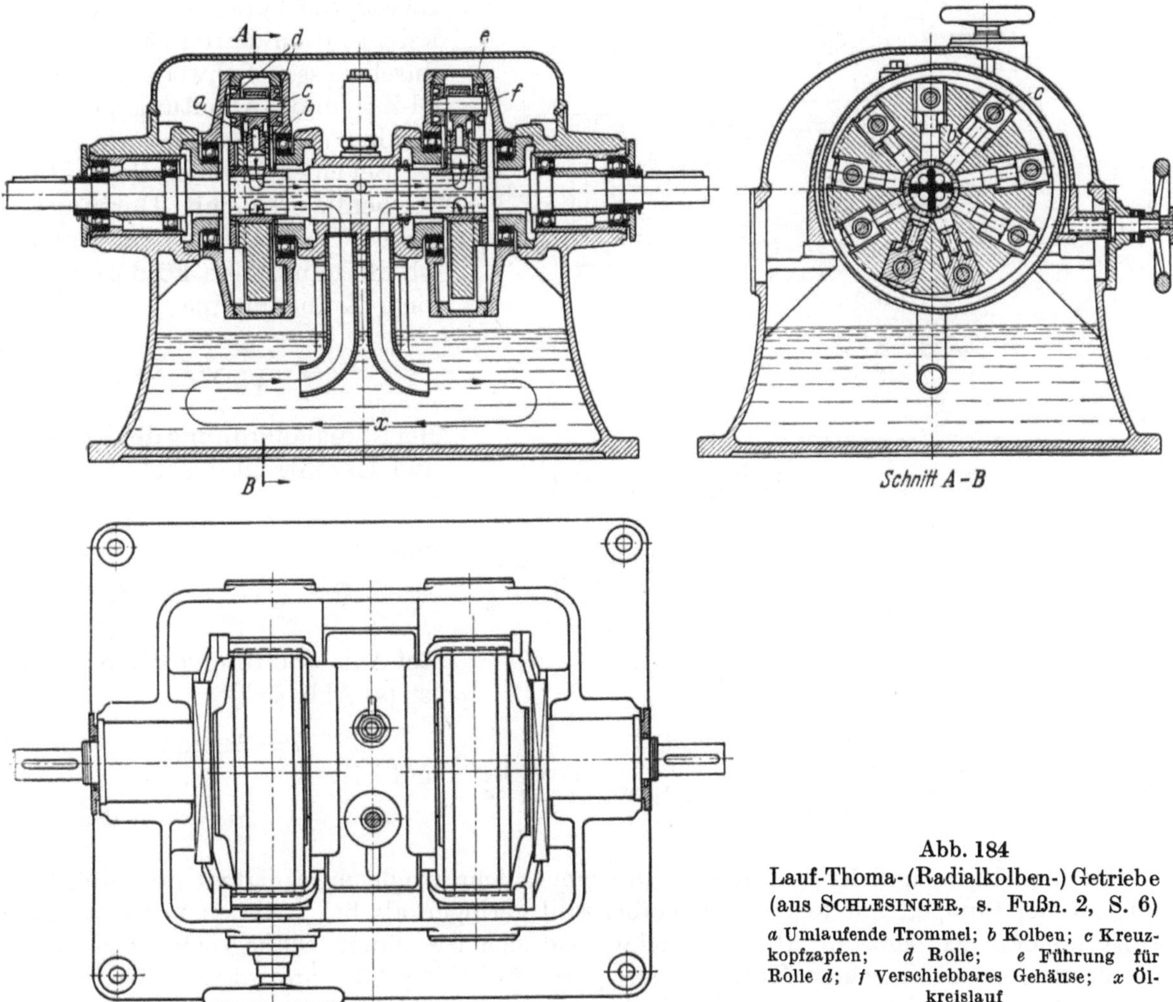

Abb. 184
Lauf-Thoma-(Radialkolben-)Getriebe
(aus SCHLESINGER, s. Fußn. 2, S. 6)

a Umlaufende Trommel; *b* Kolben; *c* Kreuzkopfzapfen; *d* Rolle; *e* Führung für Rolle *d*; *f* Verschiebbares Gehäuse; *x* Ölkreislauf

Kolbenpumpen. An Stelle der bei Flügelzellenpumpen verwendeten rechteckigen Flügelquerschnitte, die sich mit geringstmöglichem Spiel in den Schlitzen im Rotor bewegen müssen und nicht ohne Schwierigkeiten herstellbar sind, treten bei Kolbenpumpen leichter bearbeitbare zylindrische Dichtungsflächen der Zylinder und Kolben. Dadurch werden auch bei höheren Betriebsdrücken die Schlupfverluste geringer. Die Kolben sind entweder radial oder axial angeordnet.

Eine Radialanordnung (Kombination von Pumpe und Motor) mit innerer Beaufschlagung zeigt Abb. 184. Die radialen Bohrungen in der umlaufenden Trommel *a* führen die Kolben *b*, die durch Rollen *d* auf Zapfen *c* in Rollenführung *e* des Gehäuses *f* gesteuert werden. Durch Änderung der Exzentrizität zwischen Trommel und Gehäuse kann der Kolbenhub und damit die Fördermenge verstellt werden. Die Radialanordnung der Kolben wird auch bei der amerikanischen Oilgear-Pumpe verwendet, deren einfache und gedrängte Bauart sich weitgehend bewährt hat.[1]

---

[1] DÜRR, A., u. O. WACHTER, s. Fußn. 1, S. 117.

Bei axialer Kolbenanordnung kann der Kolbenhub entweder durch Änderung der Winkelstellung einer die Kolben steuernden Taumelscheibe oder durch Kippen des Zylindergehäuses verändert werden. Bei der in Abb. 185 gezeigten Pumpe nimmt der angetriebene Kolbenträger a über das Gelenkstück c die Zylindertrommel b mit. Die Kolben e werden durch die in Kugelpfannen am Kolbenträger a angelenkten Kolbenstangen d gesteuert. Trommel b gleitet mit ihrer Stirnfläche auf der als Schieberspiegel f

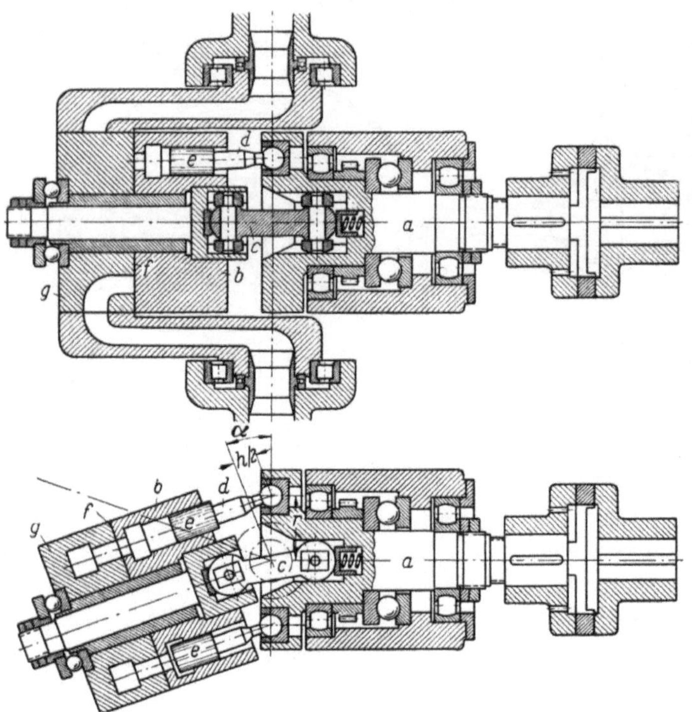

ausgebildeten Fläche des zum Zwecke der Verstellung um Winkel α schwenkbaren Rahmens g, durch dessen Schwenkachse die Öl-Zu- und -Ableitung geführt werden.

Bei einer Kolbenzellenzahl z, Kolbenflächen mit Durchmesser d, Hub h und Drehzahl n ist die minutliche Fördermenge einer Kolbenpumpe

$$Q = \frac{\pi d^2}{4} \cdot h \cdot z \cdot n.$$

Bei Radialanordnung der Kolben und Exzentrizität e ist

$$h = 2e$$

und

$$Q = \frac{\pi}{2} \cdot e \cdot n \cdot z \cdot d^2.$$

Bei Axialanordnung der Kolben ist (s. Abb. 185)

$$h = 2r \sin\alpha$$

und

$$Q = \frac{\pi}{2} r \cdot \sin\alpha \cdot n \cdot z \cdot d^2.$$

Abb. 185. Jahns-Thoma- (Axialkolben-) Getriebe (aus SCHLESINGER, s. Fußn. 2, S. 6)

a Kolbenträger; b Zylindertrommel; c Gelenkstück; d Kolbenstange; e Kolben; f Schieberspiegel; g Schwenkrahmen; h Kolbenhub; α Schwenkwinkel

Die bei Flügel- und Kolbenpumpen unvermeidliche Ungleichförmigkeit der Ölförderung ist bei Pumpen mit ungerader Kolbenzahl geringer als bei Pumpen mit gerader, selbst höherer Kolbenzahl. Abb. 186 zeigt, wie sich die einem Sinusgesetz folgenden Fördermengen der einzelnen Kolben überlagern, wobei die Gleichförmigkeit der Fünf-Kolben-Anordnung besser als die der Sechs-Kolben-Anordnung ist.

Bei allen Pumpen kann die erforderliche, durch das Produkt aus Fördermenge und Druck bestimmte Leistung entweder durch kleine Fördermenge und hohen Druck, oder durch große Fördermenge und niedrigen Druck erzeugt werden. Bei niedrigen Drücken sind die Probleme der mechanischen Beanspruchungen und der Abdichtung weniger schwierig. Dagegen sind bei hohen Drücken die hydraulischen Strömungsverluste, der Raumbedarf und außerdem der schädliche Einfluß von Lufteinschlüssen erheblich geringer (s. Abb. 177). Während bei Zahnradpumpen Betriebsdrücke bis zu 100 atü vorkommen, werden Flügelpumpen für Betriebsdrücke bis zu etwa 25 atü und Kolbenpumpen bis zu 150 atü und darüber verwendet.

Zur Bestimmung der Antriebsleistung ist die Kenntnis des Pumpenwirkungsgrades erforderlich, da

$$N_{\text{Antrieb}} = \frac{Q \cdot p}{60 \cdot 10\,200 \cdot \eta}$$

ist, wobei η bei heute zur Verfügung stehenden Pumpen zwischen 0,6 und 0,85 angenommen werden kann.

Motoren. Die im vorhergehenden Abschnitt beschriebenen Pumpen können durch Umkehrung der Arbeitsweise als Motoren arbeiten, wobei die minutliche Drehzahl dann von der dem Motor zugeführten minutlichen Ölmenge abhängt. Allerdings werden Zahnradgetriebe selten als hydraulische Motoren verwendet, da der Schlupf bei niedrigen Drehzahlen und wachsenden Öltemperaturen sehr groß wird. Dagegen ergeben Motoren der Flügelzellen- und Kolbenform oft als Einheiten mit Pumpen gleicher Bauform hydraulische Umlaufgetriebe mit stufenlos verstellbarer Abtriebsdrehzahl (s. Abb. 182 und 184). Der „Fördermenge" Q_1 der Pumpe entspricht die „Schluckmenge" Q_2 des Motors. Ihre Berechnung entspricht der für Pumpen (s. S. 122). Bei 100% Wirkungsgrad des Motors wäre die Abgabeleistung N_2 an der Abtriebswelle

$$N_2 = \frac{Q_2 \cdot p_2}{60 \cdot 10\,200} \quad (Q_2 \text{ in cm}^3/\text{min}, \ p_2 \text{ in atü}),$$

und das dieser Leistung bei einer Drehzahl n_2 entsprechende Drehmoment ist

$$M_d = \frac{10\,200 \cdot N_2 \cdot 60}{2\pi n_2} = \frac{60 \cdot 10\,200}{2\pi n_2} \cdot \frac{Q_2 \cdot p_2}{60 \cdot 10\,200} = \frac{Q_2 \cdot p_2}{2\pi n_2} \quad (N_2 \text{ in kW}, \ M_{d_2} \text{ in cmkg}, \ n \text{ in U/min}).$$

Bei außenbeaufschlagten Flügelzellenmotoren ist

$$Q_2 = \pi\, e_2\, n_2\, (2\, B_2\, D_2 + 8\, b_2\, d_2)$$

(s. S. 122), so daß

$$M_{d_2} = \frac{\pi\, e_2\, n_2\, (2\, B_2\, D_2 + 8\, b_2\, d_2) \cdot p_2}{2 \cdot \pi \cdot n_2}$$

$$= (B_2\, D_2 + 4\, b_2\, d_2)\, e_2\, p_2$$

wird.

Bei *radial arbeitenden Kolbenmotoren* wird mit

$$Q_2 = \frac{\pi}{2} \cdot e_2 \cdot n_2 \cdot z_2 \cdot d_2^2,$$

$$M_{d_2} = \frac{\pi \cdot e_2 \cdot n_2 \cdot z_2 \cdot d_2^2 \cdot p_2}{2 \cdot 2\pi n_2},$$

$$M_{d_2} = \tfrac{1}{4}\, e_2 \cdot z_2 \cdot d_2^2 \cdot p_2.$$

Bei *axial arbeitenden Kolbenmotoren* wird mit

$$Q_2 = \frac{\pi}{2} \cdot r_2 \cdot \sin\alpha_2 \cdot n_2 \cdot z_2 \cdot d_2^2,$$

$$M_{d_2} = \frac{\pi \cdot r_2 \cdot \sin\alpha_2 \cdot n_2 \cdot z_2 \cdot d_2^2 \cdot p_2}{2 \cdot 2\pi n_2}$$

$$= \tfrac{1}{4}\, r_2 \cdot \sin\alpha_2 \cdot z_2 \cdot d_2^2 \cdot p_2.$$

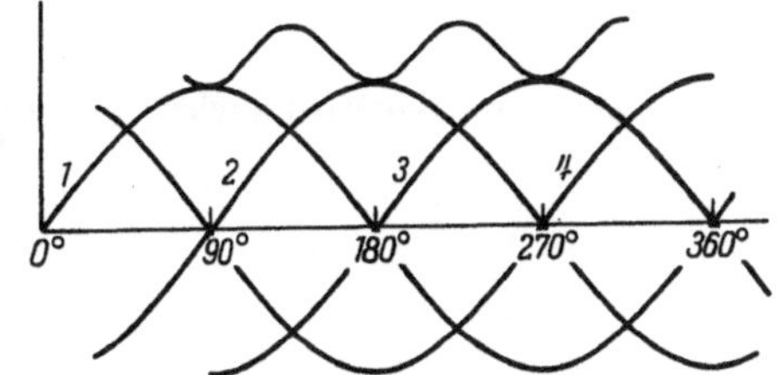

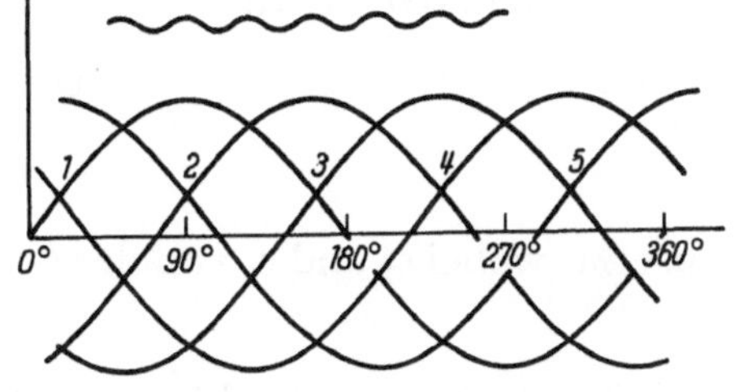

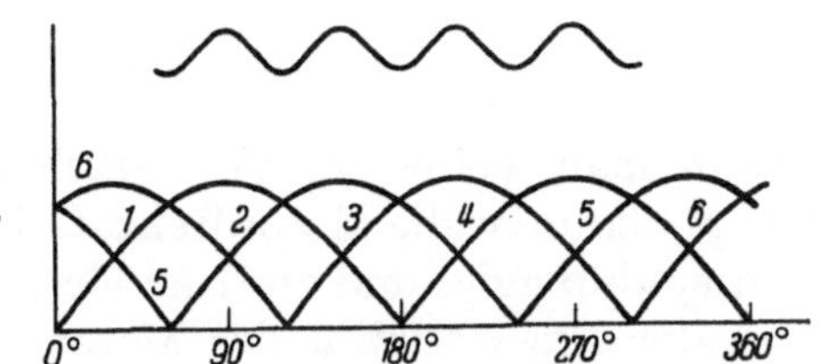

Abb. 186a—c. Ungleichförmigkeit der Ölförderung
a) 4 Zellen; b) 5 Zellen; c) 6 Zellen

Bei verlustlosem Arbeiten von Pumpe und Motor müßten die Leistungen von Pumpe und Motor gleich sein, und da der Druckverlust in den in Werkzeugmaschinengetrieben im allgemeinen verwendeten kurzen Verbindungsleitungen vernachlässigbar ist ($p_1 = p_2 = p$), müßte die Fördermenge der Pumpe gleich der Schluckmenge des Motors sein ($Q_1 = Q_2$). Indessen müssen sowohl Reibungs- als auch Schlupfverluste berücksichtigt werden. Erstere verursachen eine Verringerung des an der Motorabtriebswelle erhältlichen Drehmomentes, letztere einen Drehzahlabfall. Nennt man den durch die Reibungsverluste bestimmten mechanischen Wirkungsgrad des Motors η_{m_2}, so würde die Abgabeleistung

$$N_{2_\text{net}} = Q_2 \cdot p \cdot \eta_{m_2}$$

werden. Um die erforderliche Leistung an der Abtriebswelle $N_2 = Q_2 \cdot p$ zu erhalten, müßte man entweder die Schluckfähigkeit von Q_2 auf

$$Q_2' = \frac{Q_2}{\eta_{m_2}}$$

oder den Arbeitsdruck von p auf

$$p' = \frac{p}{\eta_{m_2}}$$

erhöhen. Im ersten Falle darf man sich allerdings nicht mit einer Erhöhung der Pumpenliefermenge begnügen, die bei gleichbleibenden Motorabmessungen eine Leistungssteigerung durch Erhöhung der Abtriebsdrehzahl erzeugen würde. Um bei gleichbleibender Abtriebsdrehzahl die verlangte Leistungssteigerung zu erzielen, muß die Schluckmenge des Motors durch Vergrößerung der Motorabmessungen erhöht und dadurch eine Erhöhung des Drehmomentes bei gleicher Abtriebsdrehzahl erzielt werden. Die zu diesem Zwecke von der Pumpe verlangte Fördermenge ist also Q_2/η_{m_2}, zu der dann noch die zum Ausgleich der Schlupfverluste notwendige Ölmenge Q_s hinzugefügt werden muß, so daß die Pumpe

$$Q_1 = \frac{Q_2}{\eta_{m_2}} + Q_s$$

zu liefern hat.

Damit wird die für den Antrieb der Pumpe (Wirkungsgrad η_{m_1}) erforderliche Leistung

$$N_1 = \frac{Q_1 \cdot p}{\eta_{m_1}} = \frac{(Q_2 + \eta_{m_2} Q_s) \cdot p}{\eta_{m_1} \cdot \eta_{m_2}}.$$

Mit

$$N_2 = \frac{Q_2}{\eta_{m_2}} \cdot p \cdot \eta_{m_2} = Q_2 \cdot p$$

wird dann der Gesamtwirkungsgrad

$$\eta_{\text{ges}} = \frac{N_2}{N_1} = \frac{Q_2 \cdot p \cdot \eta_{m_1} \cdot \eta_{m_2}}{(Q_2 + \eta_{m_2} Q_s) \cdot p}$$

$$= \frac{\eta_{m_1} \cdot \eta_{m_2}}{1 + \eta_{m_2} \cdot \dfrac{Q_s}{Q_2}}.$$

Wenn man nun die Förder- bzw. Schluckmenge mit

$$Q_1 = c_1 \cdot e_1 \cdot n_1 = \frac{Q_2}{\eta_{m_2}} + Q_S$$

und

$$\frac{Q_2}{\eta_{m_2}} = c_2 \cdot e_2 \cdot n_2$$

einsetzt, wobei c_1 und c_2 von der Getriebebauart abhängige Konstante sind, so erhält man

$$c_1 \cdot e_1 \cdot n_1 - Q_S = c_2 \cdot e_2 \cdot n_2$$

und die Abtriebsdrehzahl des Motors

$$n_2 = \frac{c_1 \cdot e_1 \cdot n_1 - Q_S}{c_2 \cdot e_2} \quad \text{(U/min)}.$$

Wenn man weiter zur Vereinfachung annimmt, daß Q_S nur von dem Arbeitsdruck abhängt, dann ist die Motordrehzahl bei konstantem Druck nur von den Exzentrizitäten e_1 und e_2 abhängig, und zwar ist sie der Exzentrizität der Pumpe proportional (Abb. 187a) und der Exzentrizität des Motors umgekehrt proportional (Abb. 187b). Außerdem ist bei *Pumpenverstellung* die Abgabeleistung

$$N_2 = \frac{Q_2}{\eta_{m_2}} \cdot p \cdot \eta_{m_2},$$

$$\frac{Q_2}{\eta_{m_2}} = Q_1 - Q_S = c_1 \cdot e_1 \cdot n_1 - Q_S,$$

$$N_2 = (c_1 \cdot e_1 \cdot n_1 - Q_S)\, p \cdot \eta_{m_2},$$

d. h. bei Pumpenverstellung wächst die Leistung mit der Drehzahl und das Drehmoment bleibt konstant.

Bei *Motorverstellung* wird dagegen

$$N_2 = c_2 \cdot e_2 \cdot n_2 \cdot p \cdot \eta_{m_2}.$$

Da nun

$$n_2 = \frac{1}{e_2} \cdot \frac{c_1 \cdot e_1 \cdot n_1 - Q_S}{c_2},$$

d. h. bei konstanter Exzentrizität der Pumpe $e_2 \cdot n_2 = \text{const}$ ist, wird

$$N_2 = c_2 \cdot \text{const} \cdot p \cdot \eta_{m_2}.$$

Bei Motorverstellung bleibt also N_2 mit wachsender Drehzahl theoretisch konstant und das Drehmoment fällt.

Der größte Drehzahlbereich kann bei Verbundverstellung, bei der man Pumpe und Motor verstellt, erzielt werden. Oft verstellt man die Pumpe zur Erzeugung der niedrigen

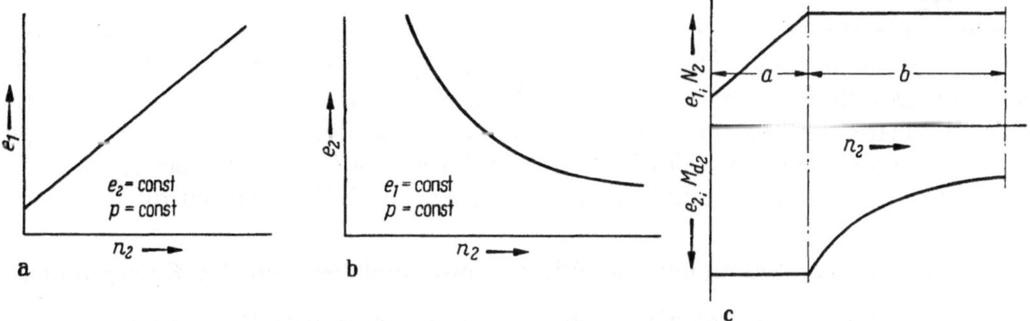

Abb. 187a—c. Drehzahlverstellung durch Änderung von a) Pumpenexzentrizität; b) Motorexzentrizität; c) a Pumpen- und b Motorexzentrizität

Drehzahlen, bei denen hohe Drehmomente erforderlich sind, und den Motor zur Erzeugung der hohen Drehzahlen, bei denen die Leistung konstant bleiben soll. Diese Verhältnisse sind in Abb. 187c dargestellt.

Abb. 188 zeigt die Charakteristik eines Flügelzellen-Getriebes (gleichzeitige Verbundverstellung von Pumpe und Motor). Mit zunehmender Drehzahl bewirkt der Einfluß der Pumpenverstellung ein Ansteigen der Leistung, der Einfluß der Motorverstellung einen Abfall des Drehmomentes.

Interessant ist der Einfluß des Arbeitsdruckes auf den Gesamtwirkungsgrad. Während die Schlupfverluste bei niedrigen Drücken verhältnismäßig gering sind, steigt der mechanische Wirkungsgrad mit wachsendem Druck. Bei den höheren Drehzahlen halten sich diese beiden Einflüsse oberhalb 10 atü etwa das Gleichgewicht, so daß der Gesamtwirkungsgrad sich wenig ändert. Dagegen überwiegen die Schlupfverluste bei niedrigen Drehzahlen, so daß hier der Gesamtwirkungsgrad mit wachsendem Arbeitsdruck fällt und bei 10 atü niedriger ist als bei 6 atü.

Auf zwei Einschränkungen bei der Motorverstellung sei in diesem Zusammenhang noch hingewiesen.

1. Da die Abtriebsdrehzahl der Motorwelle der Exzentrizität e_2 umgekehrt proportional ist, würde sie bei unendlich kleiner Exzentrizität unendlich groß werden. Indessen würde aber der Motor bereits bei einer endlich kleinen Exzentrizität zum Stillstand kommen, wenn das mit abnehmender Exzentrizität fallende Drehmoment die Reibungswiderstände nicht mehr über-

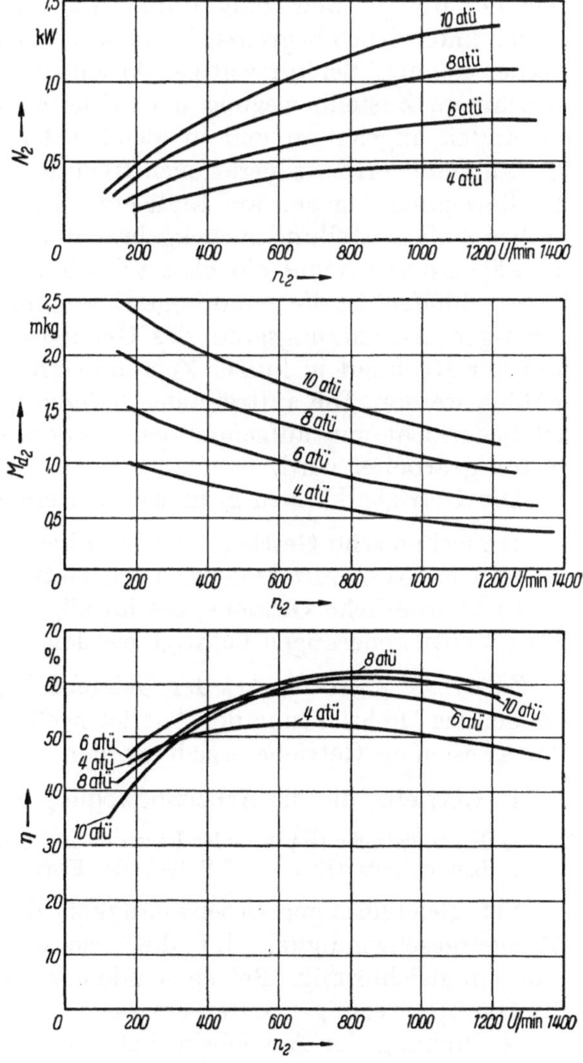

Abb. 188. (Nach Schlesinger, s. Fußn. 2, S. 6)

winden kann. In diesem Augenblick würde also die Schluckfähigkeit des Motors auf Null sinken, so daß die Fördermenge der Pumpe nicht aufgenommen und Schaden angerichtet werden könnte. Aus diesem Grunde muß die einstellbare Exzentrizität des Motors nach unten begrenzt werden, falls nicht ein Sicherheitsventil vorgesehen werden kann (s. Abb. 184).

2. Aus den unter 1. genannten Gründen ist die Pumpenverstellung der Motorverstellung vorzuziehen, falls nicht Verbundverstellung zur Erzielung eines hohen Drehzahlbereiches erforderlich ist. Insbesondere wird zur Umkehr der Drehrichtung die Pumpenverstellung verwendet, da bei Umsteuerung durch Motorverstellung die Pumpe ausgeschaltet oder das von ihr geförderte Öl abgeleitet werden müßte, bevor die Exzentrizität des Motors von einer Seite auf die andere durch Null gehen würde.

b) Getriebe zur Erzeugung geradliniger hin- und hergehender Bewegungen

Diese Getriebe dienen zur Umwandlung einer kreisenden Bewegung der Antriebswelle in die verlangte geradlinige Bewegung (Schnitt, Vorschub, Zustellung) eines das Werkstück oder das Werkzeug tragenden Maschinenteiles.

Die Dauer einer in einer bestimmten Richtung einmal begonnenen kreisenden Bewegung ist zwar durch die jeweiligen Erfordernisse der Arbeit (Umsteuerung beim Gewindeschneiden) nicht aber durch die Anordnung der Maschine begrenzt. Dagegen ist eine geradlinige Bewegung durch die Ausdehnung der verschiedenen Maschinenteile örtlich und zeitlich begrenzt. Sie muß daher wiederholt an- und abgestellt bzw. umgekehrt werden können. Bei kurzzeitigen Arbeitsstößen (Vorschubbewegung bei Hobel- und Stoßmaschinen, Zustellbewegung bei Schleifmaschinen) muß die Bewegung in kurzen Zeitabständen angehalten und in gleicher Richtung wieder in Gang gesetzt werden. Bei fortlaufenden Arbeitsoperationen (Schnittantrieb von Hobel- und Stoßmaschinen) muß die Bewegung dagegen am Ende eines jeden Arbeitshubes zwangläufig umgesteuert und in ihre Anfangsstellung zurückgebracht werden, worauf durch nochmalige Umsteuerung der nächste Arbeitshub eingeleitet werden kann. Mit wenigen Ausnahmen (z. B. Vorschub beim Schleifen) ist die geradlinige Bewegung nur in einer Richtung ausnutzbar. Um einen günstigen Ausnutzungsgrad des Getriebes zu erhalten, muß daher die Umsteuerung und der Rücklauf in kurzer Zeit und mit einem kleinstmöglichen Arbeitsaufwand ausgeführt werden. Die auftretenden Trägheitskräfte müssen dabei von den Getrieben derart beherrscht und aufgenommen werden, daß genau, stoßfrei und mit niedrigen Verlusten gearbeitet wird.

Die Getriebe können grundsätzlich eingeteilt werden in:

a) mechanische Getriebe, die im allgemeinen von den kreisenden Abtriebswellen der im vorigen Abschnitt beschriebenen Getriebe angetrieben und gesteuert werden,

b) hydraulische Getriebe, die im allgemeinen von hydraulischen Pumpen (s. S. 119) über Ventilsteuerungen betätigt werden.

Zu a): Je nach der Art der Getriebe kann die Umsteuerung zwangläufig bei gleichbleibender Drehrichtung der Antriebswelle oder aber durch Umkehrung des Drehsinnes der kreisenden Getriebe erzielt werden.

1. Getriebe, die die Arbeitsbewegung zwangläufig umsteuern, sind:

α) Kurbelgetriebe (Kurbel oder Exzenter und Stößel, Kurbelschleife und Stößel),
β) Kurventriebe (Kurve und Stößel oder Kurve und Hebel).

Bei gleichförmiger Geschwindigkeit der Antriebswelle ist bei Kurbelgetrieben die Abtriebsgeschwindigkeit, d. h. die Geschwindigkeit des hin- und hergehenden Maschinenteiles ungleichförmig. Bei spanenden Werkzeugmaschinen werden Geradschubkurbeln für Hauptbewegungen selten eingesetzt, da die Rücklaufzeit etwa gleich der Vorlaufzeit ist ($\frac{1}{2}$ Drehung der Antriebskurbel), so daß der Rücklaufverlust unzulässig groß wird. Man findet z. B. einen Schubkurbelantrieb in der Revolverkopfsteuerung einiger Drehautomaten. Für Hauptantriebe mit verhältnismäßig kurzen Arbeitswegen (z. B. Schnitt-antrieb von Stößel-, Hobel- und Stoßmaschinen) werden dagegen sowohl die kreisende als auch die schwingende Kurbelschleife verwendet.

Die *kreisende Kurbelschleife* (Abb. 189a) verbessert den bei der Schubkurbel auf-tretenden ungleichförmigen Geschwindigkeitsverlauf dadurch, daß die die Schubstange antreibende kreisende Kurbel mit einer ausgleichenden ungleichförmigen Geschwindigkeit umläuft. Dadurch ent-steht ein flacher, d. h. gleichmäßiger Geschwindigkeits-verlauf des Stößels. Da sowohl der Radius r der Antriebs-kurbel als auch der von der kreisenden Antriebswelle beim Vorlauf β und Rücklauf α durchlaufene Winkel unabhän-gig von dem durch Änderung der Schleifenlänge l ein-

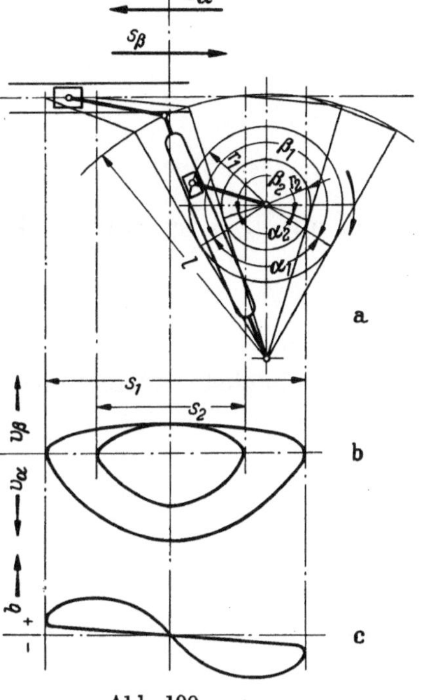

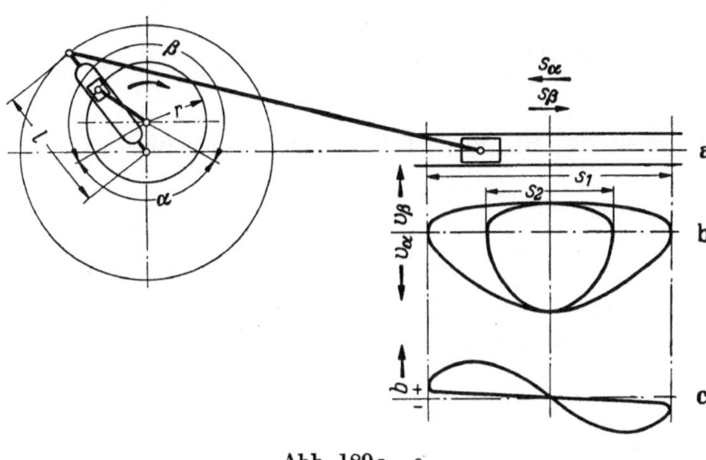

Abb. 189a—c   Abb. 190a—c

stellbaren Stößelhub s sind, bleibt das Verhältnis v_α/v_β von Rück- zu Vorlaufgeschwindig-keit konstant (Abb. 189b). Sowohl die Geschwindigkeitskurve (Abb. 189b) als auch die Beschleunigungskurve (Abb. 189c) sind knickfrei, die Umsteuerung ist also stoßfrei. Da sich bei konstanter Antriebsdrehzahl die Stößelgeschwindigkeiten mit wechselndem Stößelhub ändern, muß zur Erzielung einer bestimmten Stößelgeschwindigkeit bei Änderung des Stößelhubes auch die Drehzahl der Antriebskurbel entsprechend eingestellt werden.

Bei der *schwingenden Kurbelschleife* (Abb. 190a) ist der Stößelhub durch Änderung des Antriebskurbelradius sehr genau einstellbar. Allerdings ändert sich bei wechselndem Stößelhub das Winkelverhältnis α/β, und das Verhältnis von Rücklauf- zu Vorlaufgeschwindigkeit wird mit fallen-dem Stößelhub kleiner, also ungünstiger. Abb. 190b zeigt den Geschwindigkeitsverlauf für 2 Stößelhübe s_1 und s_2, für die die Drehzahl der Antriebskurbel so eingestellt ist,

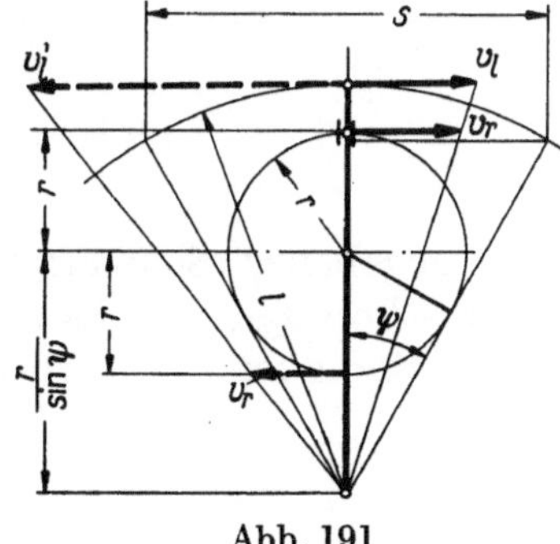

Abb. 191

daß die Höchstgeschwindigkeit im Vorlauf v_β für beide Hublängen gleich ist. Die Um-steuerung ist wieder stoßfrei (Abb. 190c).

Die höchste Vorlaufgeschwindigkeit v läßt sich wie folgt ermitteln (Abb. 191). Unter der Annahme, daß die Schubstange lang genug ist, um $v_{\beta\max} = v_l$ setzen zu können, ist bei einer Umfangsgeschwindigkeit v_r der Antriebskurbel und einem Gesamtstößelweg s

$$\frac{v_l}{v_r} = \frac{l}{\dfrac{r}{\sin\psi} + r}.$$

Mit

$$\sin \psi = \frac{s}{2l}$$

wird

$$\frac{v_l}{v_r} = \frac{l}{\dfrac{2lr}{s} + r}$$

$$= \frac{l \cdot s}{2r \cdot \left(l + \dfrac{s}{2}\right)}$$

$$v_l = v_r \cdot \frac{l \cdot s}{2r\left(l + \dfrac{s}{2}\right)},$$

und mit $v_r = 2\pi r n$ ($n =$ Drehzahl der Antriebskurbel)

$$v_l = \pi \cdot n \cdot \frac{l \cdot s}{\left(l + \dfrac{s}{2}\right)}.$$

Die höchste Rücklaufgeschwindigkeit des Stößels ist (s. S. 129 und Abb. 191)

$$v_l' = v_r \cdot \frac{l}{\dfrac{r}{\sin \psi} - r}$$

$$= v_r \cdot \frac{l \cdot s}{2r\left(l - \dfrac{s}{2}\right)}$$

und

$$\frac{v_l'}{v_l} = \frac{l + \dfrac{s}{2}}{l - \dfrac{s}{2}},$$

$$v_l' = v_l \cdot \frac{2l + s}{2l - s}.$$

Die der Geschwindigkeit v_l des Stößels entsprechende Drehzahl n ist

$$n = v_l \cdot \frac{l + \dfrac{s}{2}}{\pi \cdot l \cdot s}$$

$$= \frac{v_l}{2\pi} \cdot \frac{(2l + s)}{ls}.$$

Bei gegebener Schwingenlänge l und festgelegtem Arbeitsbereich (Größthub $s_{\max}$, Kleinsthub $s_{\min}$, höchste Stößelvorlaufgeschwindigkeit $v_{l\max}$, niedrigste Stößelvorlaufgeschwindigkeit $v_{l\min}$) wird

$$n_{\max} = \frac{v_{l\max}}{2\pi} \cdot \frac{(2l + s_{\min})}{l \cdot s_{\min}},$$

$$n_{\min} = \frac{v_{l\min}}{2\pi} \cdot \frac{(2l + s_{\max})}{l \cdot s_{\max}}.$$

Der Drehzahlbereich ist dann

$$R = \frac{n_{\max}}{n_{\min}} = \frac{v_{l\max}}{v_{l\min}} \cdot \frac{(2l + s_{\min})}{(2l + s_{\max})} \cdot \frac{s_{\max}}{s_{\min}}.$$

Unter der Annäherungsannahme, daß die Stößelgeschwindigkeit über den ganzen Hub konstant bleibt, ist die Leistung am Stößel

$$N' = \frac{P \cdot v_l}{60 \cdot 102} \cdot \mathrm{kW}$$

($P =$ am Stößel wirkender Arbeitswiderstand in kg, v_l in m/min) und die Antriebsleistung bei einem Getriebewirkungsgrad η

$$N = \frac{N'}{\eta} = \frac{P \cdot v_l}{60 \cdot 102 \cdot \eta}$$

$$= \frac{P \cdot \pi \cdot n \cdot l \cdot s}{60 \cdot 102 \cdot \eta \cdot \left(l + \dfrac{s}{2}\right)},$$

woraus sich

$$P = \frac{60 \cdot 102}{\pi} \cdot \eta \cdot \frac{N}{n}\left(\frac{1}{s} + \frac{1}{2l}\right)$$

ergibt.

Bei gegebenen Werten für die Schwingenlänge l, Antriebsmotorleistung N und Wirkungsgrad η ist also die Kraft P, die am Stößel ausgeübt werden kann, nur von dem Stößelhub und der Antriebsdrehzahl abhängig.

Wenn man die Reibungskräfte zwischen den Zapfen und ihren Lagern und zwischen dem Kulissenstein und seiner Führung vernachlässigt und die am Stößel über Gelenk z auf die Schwinge wirkende Kraft P auf die Angriffstelle des Kurbelzapfens (Abstand x vom Drehpunkt der Schwinge) reduziert (Abb. 192), dann erhält man

$$P_{\text{red}} = P \cdot \frac{l}{x}.$$

Die auf die Schwinge im Angriffspunkt des Kurbelzapfens wirkende Kraft P_{red} kann in 2 Komponenten zerlegt werden, deren eine P_K auf den Kulissenstein senkrecht zu dessen Führung (Reibung vernachlässigt) und die andere P_L in Richtung der Kulissenführung wirkt.

P_K stellt demnach die Belastung des Kurbelzapfens, P_L die Belastung des Zapfenlagers L für die Schwinge dar.

Die Kulisse (Schwinge) wird durch P_K auf Biegung und durch P_L auf Zug bzw. Druck beansprucht. In Abb. 192 sind die Kraftverhältnisse für vier verschiedene Stellungen *1*, *2*, *3*, *4* gezeigt. Kraft P_K wird von dem Kulissenstein auf den Kurbelzapfen übertragen und kann ihrerseits in eine in Richtung der Kurbel wirkende Radialkraft und eine dazu senkrecht wirkende Tangentialkraft zerlegt werden. Letztere bestimmt die Leistung an der Kurbel und erreicht ihren Höchstwert in der Mittelstellung *2*, während sie am Umkehrpunkt (Stellung *4*) Null wird. Kraft P_K hat ihren Mindestwert in der

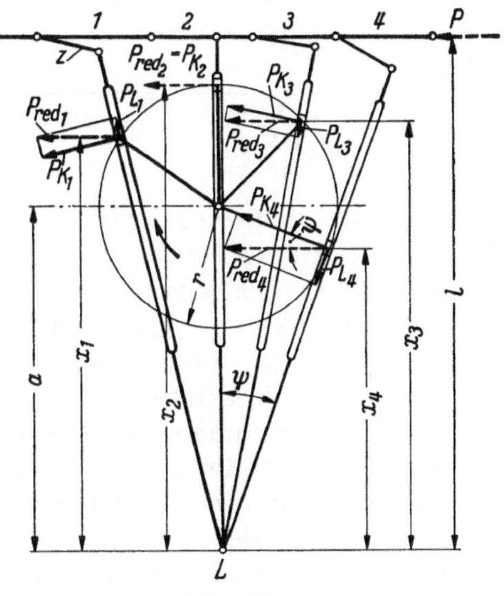

Abb. 192

Mittelstellung *2* und ihren Höchstwert an dem Umkehrpunkt (Stellung *4*), in dem P_K gleichzeitig die höchste auf die Kurbel wirkende Radialkraft darstellt. Auch die Kraft P_L erreicht ihren Höchstwert in Stellung *4*. Kurbelzapfen, Kulisse und Schwinglager L müssen deshalb für die Belastungen P_{K_4} bzw. P_{L_4} berechnet werden, die wie folgt bestimmt werden können:

$$P_{K_4} = P_{\text{red}_4} \cdot \cos \psi.$$

Mit

$$P_{\text{red}_4} = P \cdot \frac{l}{x_4} \quad \text{und} \quad \cos \psi = \frac{x_4}{\sqrt{a^2 - r^2}}$$

wird

$$P_{K_4} = P \cdot \frac{l}{x_4} \frac{x_4}{\sqrt{a^2 - r^2}},$$

$$P_{K_4} = P \cdot \frac{l}{\sqrt{a^2 - r^2}}.$$

Der Kurbelradius r ist dem verlangten Hub s entsprechend einstellbar. Die Beziehung zwischen Hub s und Radius r ist (Abb. 193)

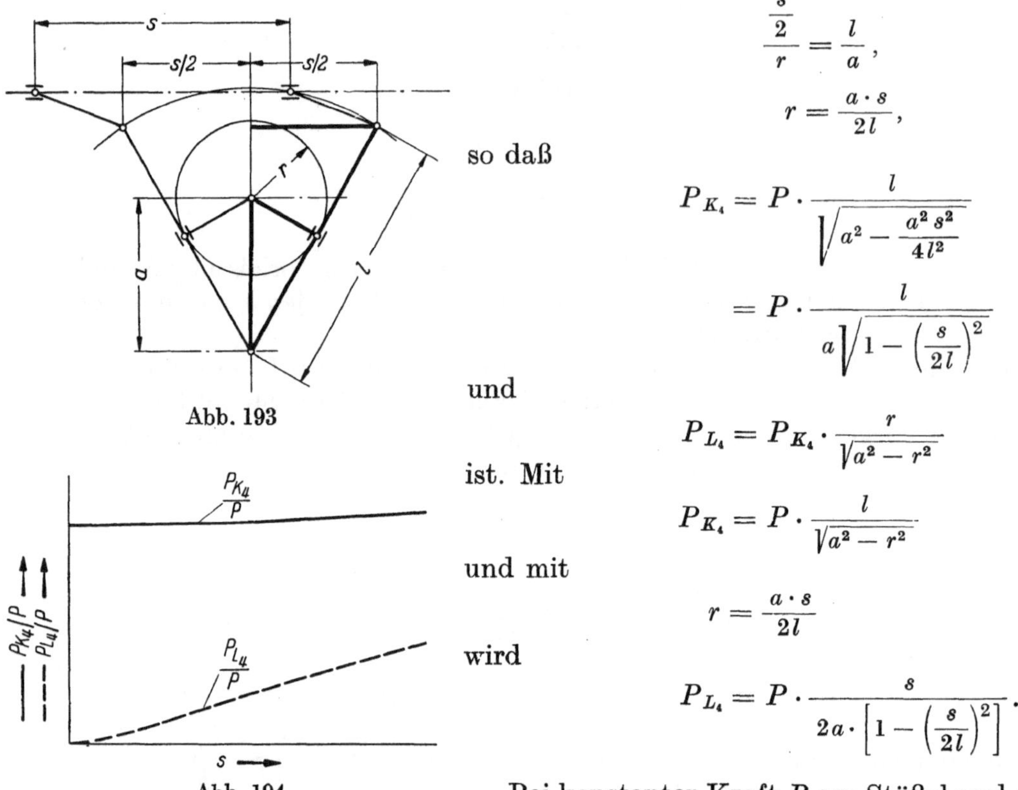

Abb. 193

Abb. 194

so daß

$$\frac{\frac{s}{2}}{r} = \frac{l}{a},$$

$$r = \frac{a \cdot s}{2l},$$

$$P_{K_4} = P \cdot \frac{l}{\sqrt{a^2 - \dfrac{a^2 s^2}{4l^2}}}$$

$$= P \cdot \frac{l}{a\sqrt{1 - \left(\dfrac{s}{2l}\right)^2}}$$

und

ist. Mit

$$P_{L_4} = P_{K_4} \cdot \frac{r}{\sqrt{a^2 - r^2}}$$

$$P_{K_4} = P \cdot \frac{l}{\sqrt{a^2 - r^2}}$$

und mit

$$r = \frac{a \cdot s}{2l}$$

wird

$$P_{L_4} = P \cdot \frac{s}{2a \cdot \left[1 - \left(\dfrac{s}{2l}\right)^2\right]}.$$

Bei konstanter Kraft P am Stößel und gegebenen Konstruktionsmassen a und l wachsen also die Belastungen mit dem eingestellten Hub s (Abb. 194), und die Festigkeitsrechnung muß für den Fall des größteinstellbaren Hubes durchgeführt werden.

Neben den obengenannten statischen Kräften sind die dynamischen Kräfte, die aus dem Produkt von Masse und Beschleunigung berechnet werden können, zu berücksichtigen. Die Massen der bewegten Teile hängen von deren Formgebung und den gewählten Werkstoffen ab, während die Beschleunigungen z. B. dem Schaubild (s. Abb. 190 c) entnommen werden können.

Kurventriebe findet man sowohl bei Hauptantrieben für Zustell- und Vorschubbewegungen (Hinterdrehmaschinen, Drehautomaten) als auch bei Antrieben für Steuerelemente. Sie haben den Vorteil, daß der Geschwindigkeitsverlauf völlig unabhängig von dem Getriebeaufbau ist und durch zweckmäßige Konstruktion der Kurvenform den Arbeitsbedingungen angepaßt werden kann. Dieses bedeutet allerdings, daß bei Änderung der Arbeitsbedingungen auch die Kurvenform geändert, d. h. die Antriebskurve ausgewechselt werden muß, es sei denn, daß man bei Hebelübertragung die gleichen Arbeitsverhältnisse beibehalten und Hublänge und Geschwindigkeit durch Änderung der Hebellänge bzw. der Kurvenscheibendrehzahl ändern kann.

Bei dem Entwurf von Kurventrieben ist es notwendig, die Geschwindigkeits- und Beschleunigungsverhältnisse der durch die Kurve angetriebenen Bewegung zu studieren und nicht nur die auf die Kurvenfläche ausgeübten Arbeitskräfte (Reibungs- und Schnittkräfte), sondern auch die durch Beschleunigungen hervorgerufenen Massenkräfte zu berücksichtigen.[1]

Kombinationen von Kurven und anderen mechanischen Getriebeelementen findet man z. B. beim Antrieb des Revolverschlittens bei Drehautomaten (Kurve und Zahn-

---

[1] Methoden zur Berechnung von Kurventrieben sind in Büchern über technische Kinematik und Getriebelehre zu finden.

stange, Abb. 195) und bei Kleinmaschinengetrieben (Herzkurve und Kurbelschleife, Abb. 196).

2. Wenn die Arbeitslänge für die unter 1. genannten Getriebe zu groß wird, und wenn absolute Gleichförmigkeit und den jeweiligen Bedingungen anpaßbare Bestwerte der Vor- und Rücklaufgeschwindigkeiten erforderlich sind, werden die folgenden mechanischen Getriebe verwendet:

α) *Schraubengetriebe* (Schraube und Mutter, Schnecke und Mutterzahnstange, Schnecke und gerad- oder schrägverzahnte Zahnstange),

β) *Zahngetriebe* (Gerad- oder schrägverzahntes Rad oder Segment und Zahnstange).

Bei diesen Getrieben muß der Drehsinn der Antriebswelle bei jeder Umsteuerung von Vor- auf Rücklauf und umgekehrt geändert werden. Der Umsteuervorgang erfolgt also nicht wie bei den unter 1. genannten Getrieben durch die dem Getriebe eigene Arbeitsweise. Es seien daher zunächst die Bedingungen zur Umsteuerung der die kreisende Bewegung einleitenden Antriebswelle besprochen.

Der Umsteuervorgang ist von SCHLESINGER[1] eingehend untersucht worden, und die folgenden Überlegungen sind dem SCHLESINGERschen Buch entnommen:

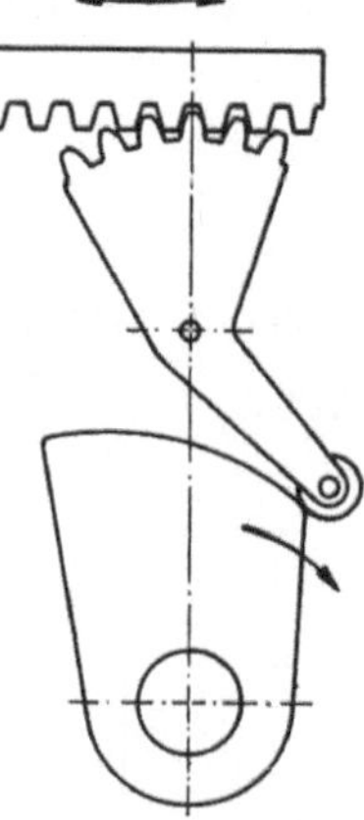

Abb. 195

Der Arbeitsbetrag, der vom Antrieb für die Umsteuerung aufgebracht werden muß, läßt sich aus der Betrachtung der Energieverhältnisse beim einfachen Kuppelvorgang (Abb. 197) ableiten. Der Antrieb geht von einem Zahnrad *1* zu einem zweiten Rade *2*, das mit gleichbleibender Winkelgeschwindigkeit ω_2 angetrieben wird, lose auf einer Welle *I* läuft und den Hohlkegel einer Reibungskupplung *K* trägt. Der den Vollkegel tragende Teil ist verschiebbar durch Nut und Feder mit der Welle *I* verbunden, auf der eine Masse mit dem Trägheitsmoment *J* aufgebracht ist. Welle *I* möge in entkuppeltem Zustand eine Winkelgeschwindigkeit ω_1 haben.

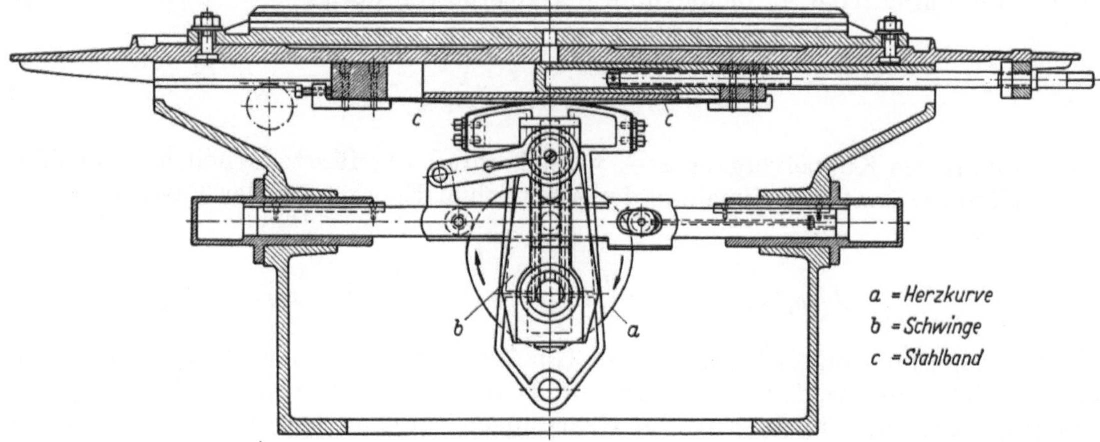

Abb. 196. Vorschubantrieb einer Kleinschleifmaschine (Beling & Lübke, Berlin, 1935) (aus SCHLESINGER, s. Fußn. 2, S. 6)

Die Arbeit, die das Zahnrad *2* von dem Augenblick an übertragen muß, in dem die Kupplung eingeworfen wird, bis zu dem Augenblick, in dem die Welle *I* die Winkelgeschwindigkeit ω_2 des Zahnrades *2* erreicht hat, ist festzustellen.

Durch die eingerückte Kupplung *K* wird auf Welle *I* das Drehmoment M_d übertragen, das zur Beschleunigung der Massen mit dem Trägheitsmoment *J* dient.

$$M_d = J\,\frac{d\omega}{dt}. \tag{1}$$

---

[1] Die Werkzeugmaschinen: s. Fußn. 2, S. 6.

Für den Fall, daß während des Beschleunigungsvorganges das Zahnrad *2* seine Winkelgeschwindigkeit beibehält, muß der Antrieb zur Erzeugung des Drehmomentes M_d über Zahnrad *2* eine Leistung N abgeben von der Größe:

$$N = M_d \cdot \omega_2 = J \cdot \omega_2 \frac{d\omega}{dt} \qquad (2)$$

oder umgewandelt

$$N \cdot dt = J \cdot \omega_2 \cdot d\omega, \qquad (3)$$

$$\int N \cdot dt = J \cdot \omega_2 \int_{\omega_1}^{\omega_2} d\omega. \qquad (4)$$

Da $N \cdot dt$ den vom Zahnrad zur Änderung der Winkelgeschwindigkeit von ω_1 auf ω_2 abgegebenen Arbeitsbetrag A darstellt, ist

$$A = J \cdot \omega_2 (\omega_2 - \omega_1). \qquad (5)$$

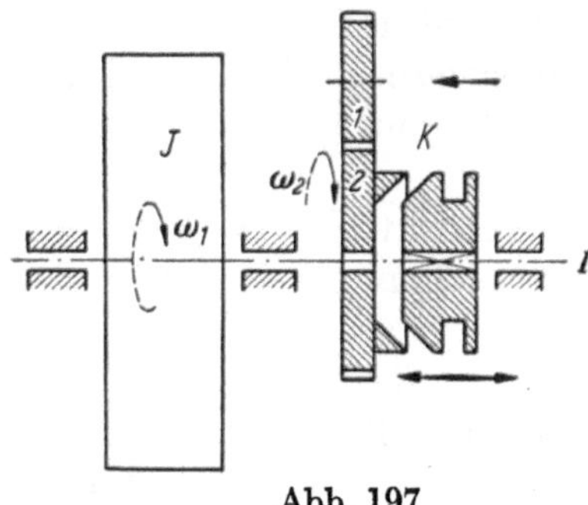

Abb. 197

Von dieser zugeführten Arbeit A wird ein Teil als kinetische Energie W_k in die Massen geleitet, der Rest wird als Reibungswärme A_w zwischen den Kupplungsbelägen verbraucht.

Die kinetische Energie der Massen bei der Winkelgeschwindigkeit ω_1 beträgt

$$W_{k_1} = \frac{J}{2} \omega_1^2 \qquad (6)$$

und bei der Winkelgeschwindigkeit ω_2

$$W_{k_2} = \frac{J}{2} \omega_2^2. \qquad (7)$$

Die beschleunigten Massen haben also an kinetischer Energie aufgenommen:

$$W_k = W_{k_2} - W_{k_1} = \frac{J}{2} (\omega_2^2 - \omega_1^2). \qquad (8)$$

Für die Reibungswärme A_w bleibt dann der Restbetrag übrig:

$$A_w = A - W_k$$
$$= \frac{J}{2} (\omega_2 - \omega_1)^2. \qquad (9)$$

Die Bilanz des Kuppelvorganges — vom Zahnrad zugeführte Arbeit auf der Aktivseite: Reibungswärme und Zunahme der kinetischen Energie auf der Passivseite — ist also:

$$A = A_w + W_k, \qquad (10)$$

$$J \cdot \omega_2 (\omega_2 - \omega_1) = \frac{J}{2} (\omega_2 - \omega_1)^2 + \frac{J}{2} (\omega_2^2 - \omega_1^2). \qquad (11)$$

Diese Aufteilung der Arbeiten gemäß Gln. (5), (8) und (9) läßt sich durch ein sehr einfaches Schaubild verdeutlichen. Da alle 3 Arbeitsbeträge dem Trägheitsmoment J verhältnisgleich sind, kann man alle Gleichungen für $J = 1$ ansetzen und erhält die Bilanzgleichung

$$\omega_2 (\omega_2 - \omega_1) = \tfrac{1}{2} (\omega_2 - \omega_1)^2 + \tfrac{1}{2} (\omega_2^2 - \omega_1^2). \qquad (12)$$

Der aufgewendete Arbeitsbetrag läßt sich somit durch ein Rechteck mit den beiden Seiten ω_2 und $(\omega_2 - \omega_1)$ darstellen (Abb. 198). Bildet man ein Quadrat $OCBD$ mit der Seitenlänge $OC = OD = \omega_2$, zieht auf der waagerechten Seite den Betrag $\omega_1 = OE$, vom linken Eckpunkt O ausgehend, ab und legt eine Parallele EF zur senkrechten Quadratseite OD durch den Endpunkt E von ω_1, so ist das rechts entstandene Rechteck $EFBC$ verhältnisgleich der aufgewendeten Arbeit.

$$A = \omega_2 (\omega_2 - \omega_1). \qquad (5a)$$

Diese Arbeit läßt sich in kinetische Energie W_k und Reibungswärme A_w durch die Diagonale OB des Quadrates von der linken unteren nach der rechten oberen Ecke aufteilen. Der untere trapezförmige Teil $EGBC$ ist ein Maß für die Zunahme der kinetischen Energie W_k. Denn er entsteht dadurch, daß man von Dreieck

$$OCB = \frac{\omega_2^2}{2} = W_{k_2} \qquad (7\,\text{a})$$

das Dreieck

$$OEG = \frac{\omega_1^2}{2} = W_{k_1} \qquad (6\,\text{a})$$

abzieht. Der obere dreieckige Teil GBF ist ein Maß für die Reibungswärme, denn er ist die Hälfte des Quadrates über $FB = \omega_2 - \omega_1$, entspricht also

$$A_w = \frac{(\omega_2 - \omega_1)^2}{2}. \qquad (10\,\text{a})$$

Von besonderer Bedeutung ist das Anlassen einer Welle aus dem Stillstand durch Einschalten einer Kupplung. In diesem Fall ist die Anfangsgeschwindigkeit der einzuschaltenden Welle

$$\omega_1 = 0$$

und die Bilanz des Einschaltvorganges aus Gl. (11):

$$J \cdot \omega_2^2 = \frac{J}{2} \cdot \omega_2^2 + \frac{J}{2} \cdot \omega_2^2. \qquad (13)$$

In dieser Gleichung besteht die rechte Seite aus zwei gleichen Teilen, d. h. die Arbeit der Reibung ist gleich der kinetischen Energie. Im Anlaßschaubild entsteht eine Aufteilung nach Abb. 199. Beim Einkuppeln einer ruhenden Welle muß also vom Antrieb für Reibungswärme in der Kupplung der gleiche Betrag aufgewendet werden wie für kinetische Energie. Das gleiche gilt übrigens allgemein, z. B. auch beim Anlassen eines Motors durch Einschalten an das Netz. Hierbei tritt die Verlustwärme im Rotor bzw. seinem Vorwiderstand als Stromwärme auf.

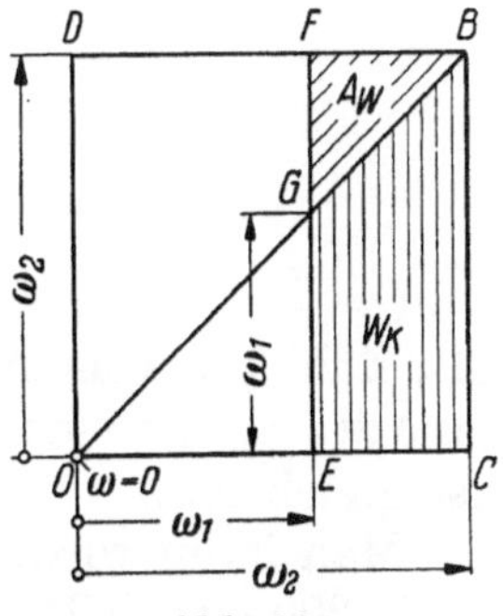

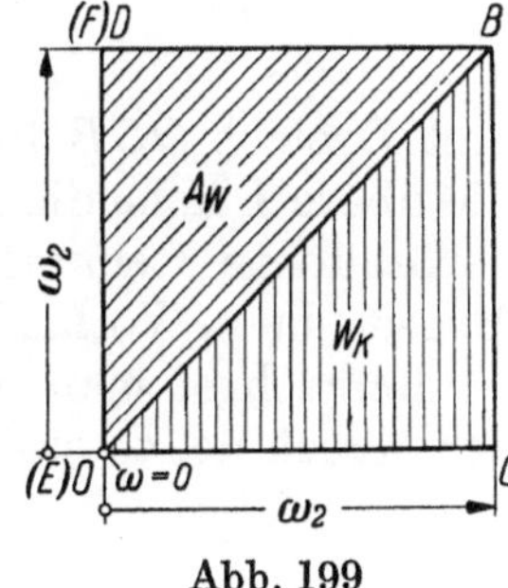

Abb. 198

Im Falle der Umsteuerung einer Welle ist ω_1 negativ, und die Bilanzgleichung (11) lautet:

$$J \cdot \omega_2(\omega_2 + \omega_1) = \frac{J}{2}(\omega_2 + \omega_1)^2 + \frac{J}{2}(\omega_2^2 - \omega_1^2). \qquad (14)$$

Setzt man die beiden Teilbeträge für die kinetische Energie

$$W_{k_1} = \frac{J}{2}\,\omega_1^2 \qquad (6)$$

(kinetische Energie der Massen beim Vorlauf),

$$W_{k_2} = \frac{J}{2}\,\omega_2^2 \qquad (7)$$

(kinetische Energie der Massen beim Rücklauf) ein, dann läßt sich Gl. (14) schreiben:

$$A = A_w + W_{k_2} - W_{k_1},$$
$$A + W_{k_1} = A_w + W_{k_2}. \qquad (15)$$

Abb. 199

Das bedeutet: Für die Umsteuerung wird Arbeit geliefert [linke Seite von Gl. (15)]

1. vom Antrieb:

$$A = J \cdot \omega_2(\omega_2 + \omega_1). \qquad (16)$$

2. von der kinetischen Energie der Massen beim Vorlauf vor der Umsteuerung

$$W_{k_1} = \frac{J}{2}\,\omega_1^2. \qquad (6)$$

Diese Arbeit wird verbraucht [rechte Seite von Gl. (15)]

1. als Reibungswärme in der Kupplung

$$A_w = \frac{J}{2}\,(\omega_2 + \omega_1)^2. \qquad (17)$$

2. als kinetische Energie für die Massen beim Rücklauf nach der Umsteuerung

$$W_{k_2} = \frac{J}{2}\,\omega_2^2. \tag{7}$$

Entsprechend den beiden Seiten der Bilanzgleichung (15) entstehen in der perspektivischen Zeichnung Abb. 200a übereinanderliegende Flächen. Die untere Fläche [linke Seite der Gl. (15)] enthält die vom Antrieb gelieferte Arbeit A sowie die kinetische Energie der Massen W_{k_1} vor der Umsteuerung. Die obere Fläche (rechte Seite der Gl. (15)] enthält die Kupplungswärme A_w und die kinetische Energie der Massen W_{k_2} nach der Umsteuerung.

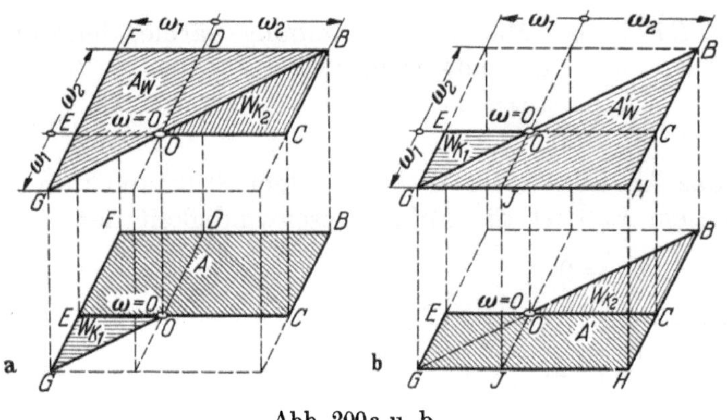

Abb. 200a u. b

Der Umsteuervorgang am Ende des Rücklaufes ist insofern etwas anders, als die Winkelgeschwindigkeit hierbei vor der Umsteuerung ω_2 (statt ω_1) und nach der Umsteuerung ω_1 (statt ω_2) ist. Bilanzgleichung (14) lautet also für den Rücklauf:

$$J \cdot \omega_1(\omega_1 + \omega_2) = \frac{J}{2}\,(\omega_1 + \omega_2)^2 + \frac{J}{2}\,\omega_1^2 - \frac{J}{2}\,\omega_2^2, \tag{18}$$

$$A' = A'_w + W_{k_1} - W_{k_2},$$

$$A' + W_{k_2} = A'_w + W_{k_1}. \tag{19}$$

A', d. h. die vom Antrieb bei Umsteuerung von Rücklauf auf Vorlauf aufzubringende Arbeit, ist die einzige Größe, die nicht auch schon in Gl. (14) enthalten war, denn A'_w ist gleich A_w.

Man kann wiederum ein perspektivisches Schaubild aufstellen (Abb. 200b). Wie bei Abb. 200a enthält auch hier die untere Fläche die linke Seite der Gleichung, Rechteck $EGHC$ für die Antriebsenergie

$$A' = J \cdot \omega_1(\omega_1 + \omega_2) \tag{20}$$

und Dreieck OCB für die kinetische Energie W_{k_2} der Massen während des Rücklaufes, die obere Fläche die rechte Seite der Gleichung, Dreieck GHB für die in der Kupplung verbrauchte Reibungswärme A'_w und Dreieck GOE für die kinetische Energie W_{k_1} der Massen beim Vorlauf.

Betrachtet man nun beide Umsteuerungen als Ganzes, d. h. ein vollständiges Spiel der Maschine, so ergibt sich durch Addition der beiden Gln. (14) und (18):

$$J \cdot \omega_2(\omega_2 + \omega_1) = \frac{J}{2}\,(\omega_2 + \omega_1)^2 + \frac{J}{2}\,\omega_2^2 - \frac{J}{2}\,\omega_1^2, \tag{14}$$

$$J \cdot \omega_1(\omega_1 + \omega_2) = \frac{J}{2}\,(\omega_1 + \omega_2)^2 + \frac{J}{2}\,\omega_1^2 - \frac{J}{2}\,\omega_2^2, \tag{18}$$

$$\overline{A_{\text{ges}} = J(\omega_2 + \omega_1)^2.} \tag{21}$$

Das heißt, es ist: $A_{\text{ges}} = A_{w_{\text{ges}}}$; während $W_{k_{\text{ges}}} = 0$ (!) wird.

Dieses Ergebnis zeigt, daß während eines Doppelhubes die gesamte zur Massenumsteuerung von außen zugeführte Arbeit ausschließlich zur Deckung der Reibungswärme in der Kupplung dient.

Die Kupplung ist der einzige Energieverbraucher. Die bewegten Massen verbrauchen (theoretisch) keine Energie, sondern speichern sie nur auf und geben sie weiter, so daß die von der Kupplung verbrauchte Energie teils unmittelbar vom Antriebe an die Kupplung geliefert wird, teils erst als kinetische Energie aufgespeichert, d. h. bis zur nächsten Richtungsumkehr von den bewegten Massen aufbewahrt, dann aber gleichfalls in der Kupplung in Wärme umgesetzt wird.

Man erkennt dies besonders deutlich aus der gemeinsamen Betrachtung der Abb. 200a und b. Das Dreieck OCB der oberen Fläche in Abb. 200a stellt die kinetische Energie dar, die während des Rücklaufes in den bewegten Massen aufgespeichert ist. Sie ist aufgebracht worden von dem entsprechenden Teil des Rechteckes $ECBF$ für den Antrieb im unteren Teil dieser Figur. In Abb. 200b erscheint das gleiche Dreieck OCB für kinetische Energie des Rücklaufes in der unteren Fläche (Arbeitslieferung) und deckt hier den entsprechenden Teil der Kupplungswärme GHB in der oberen Fläche (Arbeitsverbrauch) dieser Figur.

Ähnlich stellt Dreieck GOE die kinetische Energie des Vorlaufes dar. In Abb. 200b erscheint dieses Dreieck in der oberen Fläche, entstanden aus dem entsprechenden Teil der Antriebsarbeit $GHCE$ in der unteren Fläche, in Abb. 200a in der unteren Fläche und deckt hier den entsprechenden Teil der Reibungsarbeit GBF für die Kupplung' in der oberen Fläche.

Bei jedem Richtungswechsel der Kupplung geht der gleiche Arbeitsbetrag in Reibungswärme über, entsprechend Dreieck GBF in der oberen Fläche von Abb. 200a bzw. dem flächengleichen Dreieck GHB in der oberen Fläche von Abb. 200b.

Der Verbrauch an Reibungswärme hängt also nicht davon ab, ob man von der hohen Rücklaufgeschwindigkeit auf die niedrige Vorlaufgeschwindigkeit umsteuert oder umgekehrt.

Anders dagegen ist es für die bei jedem Richtungswechsel aus dem Antrieb entnommene Arbeit. Zum Beschleunigen der Massen auf die niedrige Vorlaufgeschwindigkeit ist nur verhältnismäßig wenig Arbeit erforderlich. Außerdem muß hier beim Umsteuern von Rück- auf Vorlauf die große kinetische Energie des Rücklaufes verbraucht werden (Abb. 200b), es wird

Abb. 201

also nur wenig Arbeit aus dem Antrieb entnommen. Beim Umsteuern von Vor- auf Rücklauf (Abb. 200a) ist ein größerer Betrag zum Beschleunigen der Massen nötig, und nur ein kleiner Betrag an kinetischer Energie der Massen wird in Reibungswärme umgesetzt. Daher muß der Antrieb mehr Arbeit liefern.

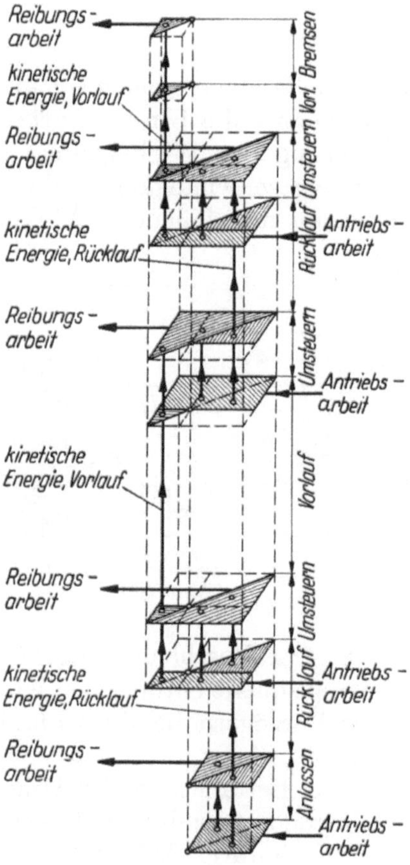

Obwohl also die Kupplung an jedem Hubende den gleichen Arbeitsbetrag in Reibungswärme umsetzt, müssen doch verschiedene Energiemengen von außen zugeführt werden, die sich wie $\omega_2 : \omega_1$ verhalten. Dies zeigt auch der Vergleich der beiden Rechtecke $ECBF$ in Abb. 200a bzw. $GHCE$ in Abb. 200b.

Auf Grund der abgeleiteten Gesetzmäßigkeiten ist in Abb. 201 die Energieumsetzung für einen Doppelhub mit voraufgehendem Anlassen im Rücklauf und nachfolgendem Bremsen im Vorlauf bei Kupplungsumsteuerung dargestellt. Das Schaubild ist infolge der vorangegangenen Erläuterungen ohne weiteres verständlich. Es ist von unten nach oben zu lesen und umfaßt: Anlassen (vgl. hierzu Abb. 199) — Rücklauf — Umsteuern von Rücklauf auf Vorlauf (vgl. Abb. 200b) — Vorlauf — Umsteuern von Vorlauf auf Rücklauf (vgl. Abb. 200a) — Rücklauf — nochmaliges Umsteuern und schließlich Abbremsen auf Stillstand. Beim Bremsen setzt sich die kinetische Energie in Reibungswärme um.

Die bisherigen Betrachtungen haben als einfachsten Weg zur Entlastung des Antriebes oder Netzes nahegelegt, die Wärmeverluste zu verringern, da sie die einzige Verlustquelle bilden. Sie entstehen in dem Ausgleich zwischen Antrieb und den beschleunigten Massen, bei Kupplungsumsteuerung in den Kupplungsbelägen, bei Riemenumsteuerung durch Rutschen des Riemens auf der Scheibe, bei elektrischer Umsteuerung mit Drehstrommotor in den Widerständen des Ankerkreises.

In der Gleichung für die Verlustwärme bei der Umsteuerung

$$A_w = \frac{J}{2}\,(\omega_2 + \omega_1)^2 \tag{17}$$

ist das Trägheitsmoment J als Verhältniszahl enthalten. Je kleiner man J wählt, desto geringer ist die Umsteuerarbeit. In noch größerem Maße (im Quadrat) beeinflußt eine Änderung der Winkelgeschwindigkeit die Verlustwärme. Andererseits kann man die Winkelgeschwindigkeit nicht zu niedrig wählen, weil bei gleicher Leistung das Drehmoment mit fallender Winkelgeschwindigkeit wächst und große Momente wegen der

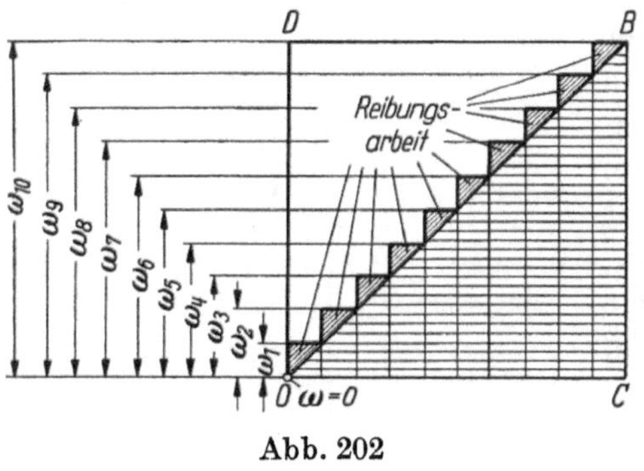

Abb. 202

hohen erforderlichen Anpreßkräfte durch die Kupplung nur schwer zu bewältigen sind. Der brauchbare Bereich für die Wahl von ω_1 bzw. ω_2 ist also nicht groß. Man kann grundsätzlich 2 Möglichkeiten unterscheiden, um die Wärmeverluste zu verringern:

1. Die kinetische Energie wird beim Verzögern der Massen nicht in Wärme übergeführt und dadurch entwertet, sondern gespeichert und beim Beschleunigen in der Gegenrichtung wieder benutzt. Es bestehen dafür mechanische und elektrische Lösungsmöglichkeiten.

2. Der Beschleunigungsvorgang wird so gesteuert, daß nur so viel Arbeit aus der Antriebsquelle entnommen wird, wie zur Massenbeschleunigung selbst nötig ist, während beim Verzögern die überschüssige kinetische Energie unmittelbar an den Antrieb zurückgeliefert wird.

Die Betrachtung der Umsteuerschaubilder zeigt, daß man weniger Arbeit für das Anlassen aufwenden muß, wenn man in mehreren Schaltstufen auf die neue Geschwindigkeit hochfährt. Dadurch erspart man Reibungswärme. Dies zeigt Abb. 202. Beim Anlassen ohne Zwischenstufen von $\omega = 0$ auf ω_{10} würde an kinetischer Energie und an Verlustwärme je ein Betrag von $\frac{J}{2}\,\omega_{10}^2$, d. h. die Dreieckflächen OCB bzw. ODB, aufzuwenden sein. Geht man zunächst auf ω_1, dann auf ω_2, ω_3 usw., so entsteht beim jedesmaligen Einschalten nur ein Wärmeverlust entsprechend den kleinen schraffierten Dreiecken, wie man durch Vergleich mit Abb. 198 und 199 erkennt. Als kinetische Energie ist dagegen insgesamt der gleiche Betrag entsprechend der Fläche OCB aufzuwenden, der sich aus schmalen senkrechten Trapezen zusammensetzt, deren Grundlinien von ω_1 bis ω_{10} wachsen.

Die größte Ersparnis an Verlustwärme erhält man, wenn man in unendlich vielen Stufen anläßt, d. h. wenn man eine zwangläufig gesteuerte Drehzahländerung vorsieht. Dann schmelzen die kleinen Dreieckflächen in Abb. 202 zu Null zusammen, es braucht für Reibungswärme keine Energie mehr aufgewendet zu werden, und da die Massen ihre Energie dann nicht in Wärme umwandeln können, liefern sie sie an den Antrieb zurück. Diese Umsteuerarten erfordern daher, für ein ganzes Spiel betrachtet, überhaupt keine zusätzliche Energie für die Umsteuerung. Man findet sie bei den obenerwähnten Kurbeltrieben, Kurbelschwingen, bei hydraulischer Umsteuerung und bei elektrischen Umsteuerarten (LEONARD-Umsteuerung und Nebenschlußdrehzahlverstellung beim Gleichstommotor).

Die errechneten Größen bedeuten den theoretischen Bedarf an Umsteuerarbeit. Wenn man die Reibungsverluste im Getriebe und die Stromwärmeverluste in den Leitungen und Apparaten in die Betrachtung einbezieht, verschlechtert sich zwar der Wirkungsgrad, aber das gewonnene Ergebnis ändert sich grundsätzlich nicht.

Der Wirkungsgrad der *Schraubengetriebe* ist im allgemeinen verhältnismäßig niedrig, besonders wenn es sich um selbsthemmende Getriebe, d. h. Getriebe mit kleinem Steigungswinkel α, handelt. Bei einem Reibungswinkel ϱ (Reibungskoeffizient $\mu = \tan\varrho$) ist der Wirkungsgrad

$$\eta = \frac{\tan\alpha}{\tan(\alpha + \varrho)}.$$

In gewissen Fällen ist Selbsthemmung eines Antriebes erwünscht, z. B. wenn Belastungen der Schraube nicht auf die Antriebselemente übertragen werden sollen (s. Abb. 211). Im allgemeinen wird indessen niedrige Reibung und die dadurch erzielte Erhöhung des Getriebewirkungsgrades angestrebt. Während z. B. selbst in Fällen, in denen die Schraube umgesteuert werden muß, die Reibung den Bremsvorgang vor der Umsteuerung unterstützt, ist sie nach der Umsteuerung unerwünscht, da sie der Anfahrbeschleunigung entgegenwirkt. Der Wirkungsgrad einer gewöhnlichen eingängigen Schraube und Mutter hat die Größenordnung 30 bis 50 %.

In vielen Fällen ist bei Schraubengetrieben keine Umsteuerung erforderlich, da z. B. beim Gewindeschneiden mit der Leitspindel auf der Drehmaschine der schnelle Rücklauf nach Öffnen der Leitspindelmutter durch Ritzel und Zahnstange erfolgt.

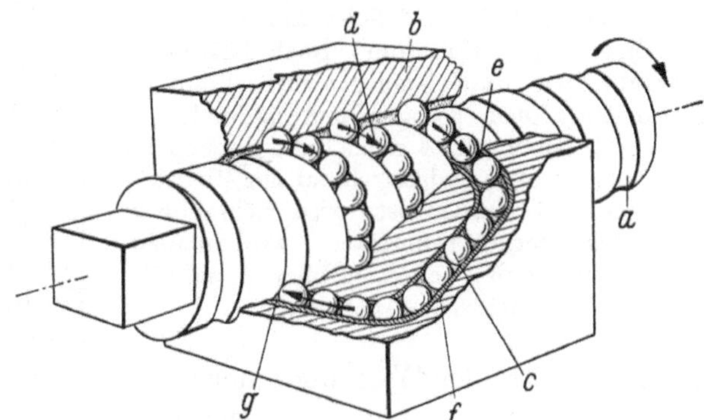

Abb. 203. Kugelumlaufmutter

Eine interessante Konstruktion eines Schraubengetriebes mit erheblich höherem Wirkungsgrad verwendet eine Kugelumlaufmutter (Abb. 203), bei der die Kraftübertragung zwischen den Gewindeflanken von Schraube a und Mutter b nicht durch direkte Berührung, sondern unter Zwischenschaltung von Kugeln c erfolgt. Die Kugeln wälzen sich auf ähnliche Weise wie zwischen dem Außen- und Innenring eines Kugellagers auf den Gewindeflanken rollend ab (Pfeile d) und werden nach ihrem Austritt auf einer Seite e der Mutter durch einen Führungskanal f zu der anderen Seite g geführt, so daß am Einlaufende Kugeln dauernd zur Verfügung stehen. Diese Schraubengetriebe haben einen Wirkungsgrad von etwa 93 %. Allerdings ist ihre Steifigkeit durch die Zwischenschaltung elastischer Glieder, der Kugeln, zwischen die Gewindeflanken von Schraube und Mutter geringer als die Steifigkeit gewöhnlicher Schraubengetriebe von entsprechender Größe.

Das unvermeidliche Spiel zwischen den Flanken der Schrauben- und Muttergewinde erzeugt einen gewissen toten Gang, der in vielen Fällen nicht nur unerwünscht, sondern unzulässig ist. Falls der tote Gang durch ungenaue Herstellung oder Abnutzung zu groß wird, kann er bis zu einem gewissen Grade dadurch verringert werden, daß von Zeit zu Zeit zwei auf einer Schraube sitzende Muttern von Hand gegeneinander axial verschoben oder verdreht und dann wieder festgespannt werden (Abb. 204). Allerdings kann alleinige Handeinstellung nur das kleinste über die ganze Schraubenlänge verteilte Spiel und z. B. nicht ein kurzes, stark abgenutztes Stück eines langen Schraubengetriebes erfassen, da die weniger abgenutzten Teile der Schraube sich in der auf zu hohes Spiel eingestellten Mutter sonst nicht bewegen könnten. Falls ein solcher Ausgleich nicht genügt, muß gegebenenfalls eine automatische Spielausgleichvorrichtung eingesetzt werden. Die für solche Fälle einfachste Konstruktion besteht aus zwei Muttern, die durch

Federspannung entweder axial oder verdreht gegeneinander verspannt gehalten werden. Die Federspannung muß dabei stärker als die größte auftretende Axialkraft bzw. das höchste Drehmoment wirken, da andrerseits unerwünschte Schwingungen auftreten würden. Im Falle von Kugelumlaufmuttern (s. Abb. 203) hat man den durch Federn verursachten Steifigkeitsverlust dadurch verhindert, daß der Spielausgleich durch starre Verspannung zweier Muttern unter Zwischenschaltung von Beilageblechen erfolgte. Der Nachteil dieser Anordnung liegt darin, daß der Antrieb auch bei geringer Arbeitsbelastung des Getriebes der Vorspannung entsprechende Reibungskräfte überwinden muß, die allerdings im Falle der Kugelumlaufmutter immer noch sehr gering sind.

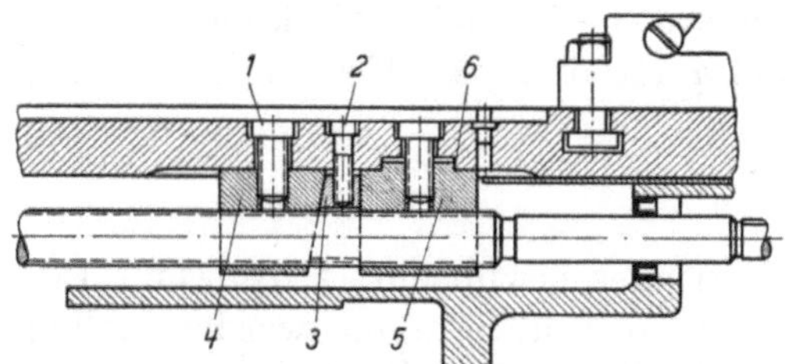

Abb. 204. Spielausgleich in der Mutter für den Quervorschub der SCHAERER-Drehbank (Industrie-Werke, Karlsruhe). Nach Lösen der Schraube _1_ wird durch Anziehen von Schraube _2_ Keil _3_ nach oben gezogen und dadurch die bewegliche Teilmutter _4_ nach links geschoben. Wenn der tote Gang dadurch auf ein Mindestmaß gebracht worden ist, wird Schraube _1_ wieder festgezogen. Teilmutter _5_ wird in dem Querschieber axial unverschiebbar durch die Zentrierung _6_ gehalten

Abb. 205 zeigt eine Vorrichtung, bei der der Spielausgleich sowohl von Hand als auch automatisch erfolgen kann. Die beiden im Gehäuse _a_ drehbar gelagerten Muttern _b_ und _c_ sind mit Verzahnungen b_1 und c_1 versehen und können sich über den mit beiden Verzahnungen kämmenden Zahnkranz d_1 des Rades _d_ unter der Wirkung des auf eine Mutter wirkenden Drehmomentes gegeneinander verdrehen. Zahnkranz d_1 steht über Zahnrad _d_ und Zahnstange _e_ unter der Wirkung einer auf die Zahnstange wirkenden Druckfeder, deren Vorspannung von Hand geregelt werden und zur Entlastung des Gewindes beim Leerlauf dienen kann.

Bei Einsatz eines unter der Zahndruck-Axialkomponente eines Schrägzahnrades verschiebbaren Mutter kann die Vorspannkraft dem zu übertragenden Drehmoment verhältnisgleich gehalten werden. Eine solche Anordnung ist in Abbildung 206 gezeigt. Schneckenrad _1_ treibt über Kupplung _2_ die zwei auf einer Welle aufgekeilten und axial starr gelagerten Zahnräder (Geradzahnrad _3_ und Schrägzahnrad _4_). Geradzahnrad _3_ treibt die axial zwischen zwei Längskugellagern _5_ und _6_ gehaltenen mit einem Geradzahnrad versehene Mutter _7_, während Schrägzahnrad _4_ die mit Schrägzahnrad versehene, axial frei

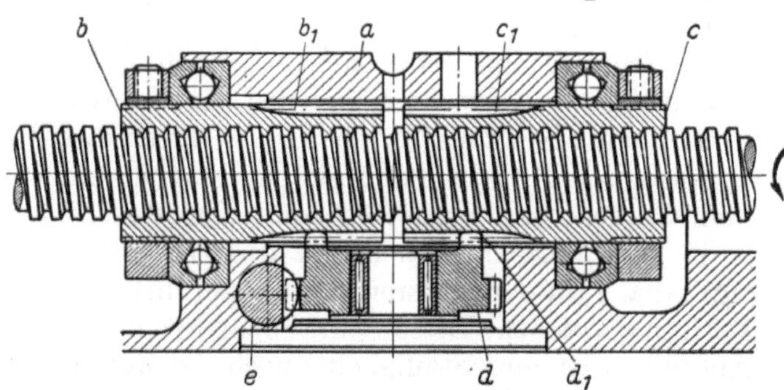

Abb. 205. Spielausgleich in der Vorschubmutter eines Fräsmaschinentisches (The Cincinnati Milling Machine Company, Cincinnati, Ohio, USA)

verschiebbare Mutter _8_ antreibt. Mutter _7_ und _8_ sitzen auf der mit dem vorzuschiebenden Maschinenteil (in diesem Falle einem Fräsmaschinentisch) starr verbundenen und gegen Verdrehung gesicherten Vorschubspindel _9_. Die dem auf die verschiebbare Mutter von Zahnrädern _4_ und _8_ übertragenen Drehmoment entsprechende Axialkraft verschiebt Mutter _8_ bei etwaig auftretendem Flankenspiel, welches dadurch laufend ausgeglichen wird, während bei fallendem Spiel die obige Axialverschiebung durch Gleiten der Zähne und eine dadurch entstehende Rückbewegung der beiden Muttern in der entgegengesetzten Richtung wieder aufgehoben wird.

Die Länge des Arbeitsweges von Schraube und Mutter ist dadurch begrenzt, daß mit wachsender Länge der Durchhang der Schraube wächst und ihre Starrheit fällt. Für lange Arbeitswege und für Antriebe, bei denen hohe Starrheit verlangt wird, werden an Stelle von Schraube und Mutter Schnecke und Mutterzahnstange (Abb. 207) oder Schnecke und Schrägzahnstange (Abb. 208) verwendet. Bei der letzten Anordnung ist die Schneckenachse zur Zahnstangenachse geneigt, wodurch es möglich ist, den Antrieb seitlich außerhalb der Zahnstange an-zulegen, so daß die Schneckenwelle, un-abhängig von der Länge des Arbeitsweges, verhältnismäßig kurz gehalten werden kann. Der Wirkungsgrad dieser Getriebe ist dem von Schraube und Mutter ähn-lich.

Abb. 206. Spielausgleich in der Tischvorschubmutter der Fräsmaschine (Abb. 133)

Höhere Wirkungsgrade können mit Zahnrad und Zahnstange (Abb. 209, s. a. Abb. 195) erzielt werden. Zur Übertragung hoher Kräfte werden dabei oft verhältnis-mäßig große Zahnräder verwendet, so daß mehrere Zähne gleichzeitig im Eingriff stehen, wodurch der Lauf erzitterungsfreier und ruhiger ist, als es bei kleinen Ritzeln der Fall wäre.

Auch bei solchen Antrieben kann toter Gang auf die Arbeitsweise der Maschine schäd-lich wirken. Abb. 210[1] zeigt eine interessante Konstruktion eines Ritzel- und Zahnstan-genantriebes mit Spielausgleich. Der Zahnstangenantrieb erfolgt durch zwei Ritzel *1*

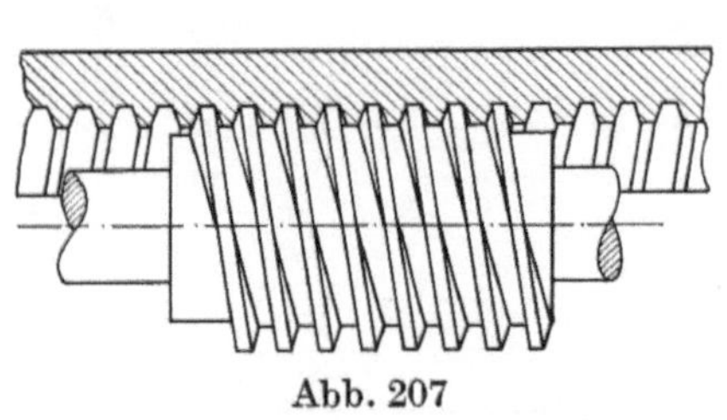

Abb. 207

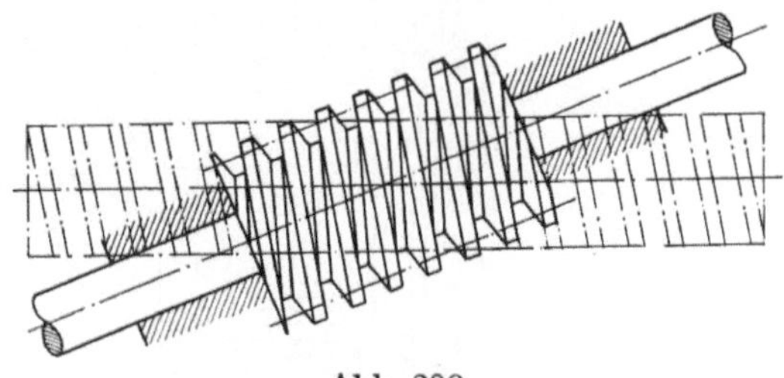

Abb. 208

und *2*, die durch unter Luftdruck axial vorgespannten (Bälge *3*) Schrägzahnradantrieb *4* und *5* in dem Getriebekasten der Belastung entsprechend gegeneinander verdreht ge-halten werden, so daß die Zähne des einen Ritzels auf einer Seite, die des anderen Ritzels auf der anderen Seite der Zahnstangenzahnflanken anliegen, dadurch toten Gang beseitigen und Spielfreiheit gewähr-leisten.

Zu b): Die Vorteile der Flüssigkeitsgetriebe (s. S. 118)[2], insbesondere die leichte Sicherung gegen Überlastung, die Verwendungsmöglichkeit fester Anschläge zur genauen Be-grenzung der Bewegung, die Möglichkeit stoßfreier Um-steuerung und die ruhige erzitterungsfreie Arbeitsweise, kommen bei der Erzeugung geradliniger hin- und hergehender Bewegungen besonders zum Ausdruck. Der hydraulische Motor besteht dabei meistens aus Zylinder und Kolben, wobei ent-

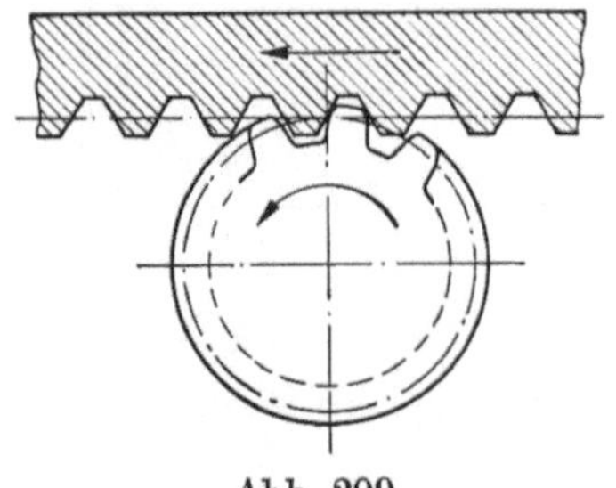

Abb. 209

weder der Zylinder fest steht und der Kolben beweglich ist oder umgekehrt. Die mecha-nische Verbindung zwischen dem hydraulischen beweglichen Element (Kolben bzw. Zylinder) und dem zu bewegenden Maschinenteil (Tisch, Arbeitsschlitten usw.) kann starr sein oder über bewegliche Übertragungsglieder (z. B. Zahnstange —Ritzel —Zahn-stange, s. Abb. 212) erfolgen.

---

[1] Aus J. Gregson u. A. Flett: The Machining of Large Light Alloy Components by Computer Control. The Manchester Association of Engineers, 19. November 1958.

[2] Zum genauen Studium dieser Getriebe sei hier wieder auf die auf S. 117 genannten Quellen verwiesen.

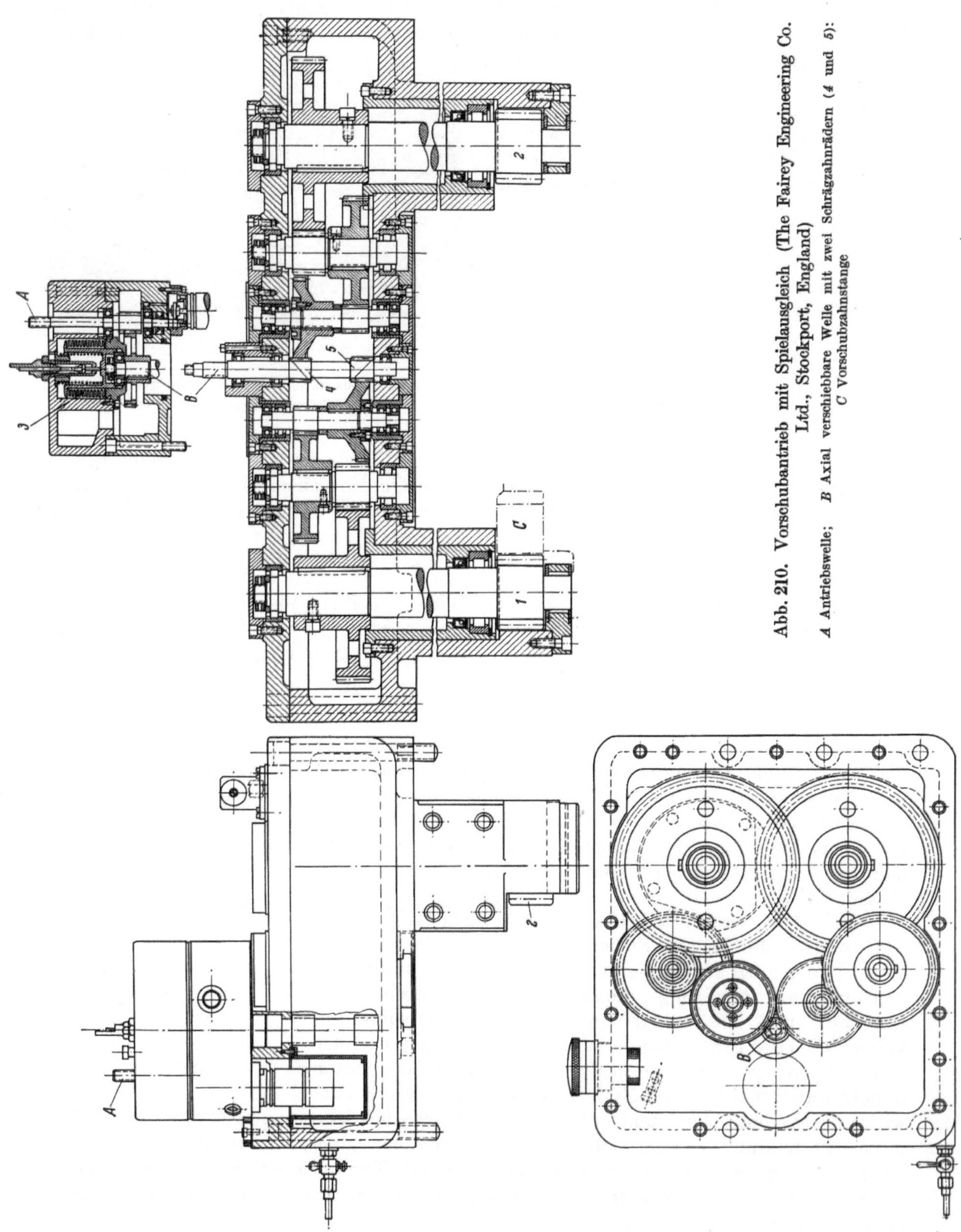

Abb. 210. Vorschubantrieb mit Spielausgleich (The Fairey Engineering Co. Ltd., Stockport, England)

A Antriebswelle; B Axial verschiebbare Welle mit zwei Schrägzahnrädern (4 und 5); C Vorschubzahnstange

Auch kann ein rotierender hydraulischer Motor über ein mechanisches Antriebselement, z. B. Ritzel und Zahnstange, oder Schraube und Mutter —falls Selbsthemmung erwünscht ist (s. S. 139) — (Abb. 211) die geradlinige Bewegung antreiben. Diese stufenlos verstellbare Anordnung hat gegenüber einem reinmechanischen Antrieb u. a. den Vorteil, daß die am Ende eines Arbeitshubes umzusteuernden rotierenden Massen klein sind und stoßfreie Umsteuerung mit hoher Beschleunigung möglich ist.

Abb. 212 zeigt Möglichkeiten und die erforderlichen Mindestlängen verschiedener Anordnungen. Anordnungen 1 und 2, die verhältnismäßig einfach sind, erfordern, falls gleiche Vor- und Rücklaufgeschwindigkeit verlangt werden, eine verstellbare Liefermenge (Verstellpumpe oder Drosselverstellung), da die einseitige Kolbenstange eine Kolbenfläche verkleinert. Diese Schwierigkeit ist bei Anordnungen 3 und 4 überwunden, von denen Anordnung 4 die kürzere Baulänge erfordert. Die durch die Steifigkeit, die

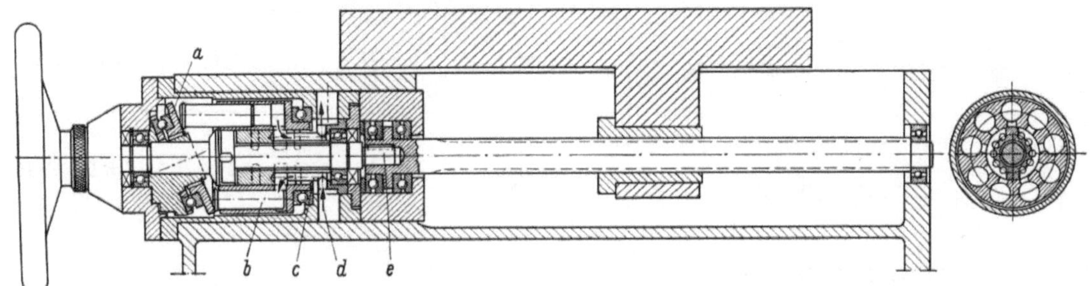

Abb. 211

Hydraulisch-mechanischer Vorschubantrieb (Hydraulischer Motor und Vorschubspindel) (Heller, Nürtingen)

a Taumelscheibe;   b 9 Kolben;   c zylindrischer Verteiler;   d Druckölzuführung;   e Durchgehende Motorwelle

Knickfestigkeit und den Durchhang der Kolbenstange bedingte Begrenzung der Arbeitslänge kann durch Hintereinanderschalten zweier Kolbentriebe mit einem beweglichen Zylindergehäuse vergrößert werden. Die beiden in einem Gehäuse sitzenden Zylinder können entweder entgegengesetzt (Anordnung 5) oder gleichgerichtet (Anordnung 6) sein. Anordnung 5 ist auch mit auf beiden Seiten durchgehender Kolbenstange möglich.

Der Einsatz von Plungern an Stelle von Kolben hat den Vorteil, daß die Bearbeitungsgüte der Zylinderwände nicht kritisch ist. Indessen müssen zur Erzeugung von Vor- und Rücklauf 2 Zylinder und zwei Plunger verwendet werden (Anordnung 7), es sei denn, daß der Plunger völlig eingeschlossen und von beiden Seiten beaufschlagt und der Antrieb mittels Zahnstange über Ritzel auf den ebenfalls mit einer Zahnstange ausgerüsteten Schlitten übertragen wird (Anordnung 9).

Eine stufenlose Geschwindigkeitsverstellung, die der Motorverstellung bei Drehbewegungen entspricht (s. S. 126), ist bei Schubkolbenanordnungen nicht möglich, da die Kolbenfläche nicht stufenlos verändert werden kann. Stufenlose Verstellung der Kolben- bzw. Schlittengeschwindigkeit kann also nur durch Drosselung oder Pumpenverstellung, d. h. Veränderung der Liefermenge, erfolgen.

Indessen kann eine gestufte Verstellung durch Parallelschaltung einer Schubkolben- und Plungeranordnung (Anordnung 8) dadurch erreicht werden, daß man entweder Kolben und Plunger zusammen (niedrigste Schlittengeschwindigkeit), Kolben allein (mittlere Schlittengeschwindigkeit) oder Plunger allein (höchste Schlittengeschwindigkeit) arbeiten läßt.

Eine Vergrößerung der mit einem gegebenen Kolbenhub erzielbaren Arbeitslänge kann auch durch ein in der Kolbenstange gelagertes, auf einer feststehenden Zahnstange ablaufendes Ritzel, das die Schlittenantriebsbewegung über eine am Schlitten befestigte Zahnstange überträgt, erzielt werden (Anordnung 10).

Ritzel und Zahnstange dienen auch zum Antrieb der Schlittenbewegung von dem schwingenden Flügelkolben, bei dem die Arbeitslänge von dem Schwingwinkel α

Nr.	Anordnung	Vor- und Rücklaufgeschwindigkeit bei konstanter Pumpenliefermenge	Hub jedes Kolbens	Länge des Arbeitsweges L	Mindestbaulänge
1	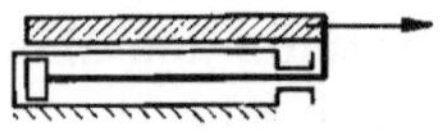	verschieden	H	H	$2L = 2H$
2		verschieden	H	H	$2L = 2H$
3	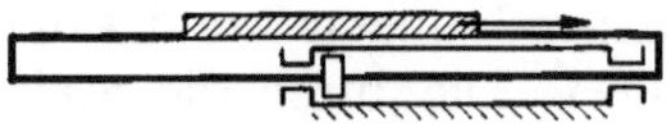	gleich	H	H	$3L = 3H$
4	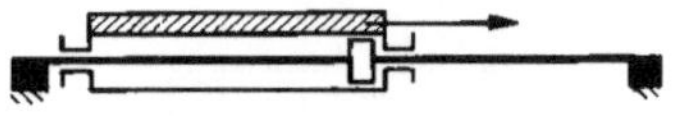	gleich	H	H	$2L = 2H$
5	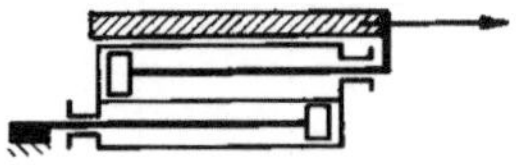	verschieden	H	$2H$	$1,5L = 3H$
6	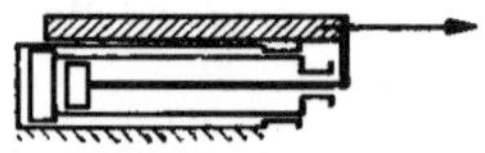	verschieden	H	$2H$	$1,5L = 3H$
7	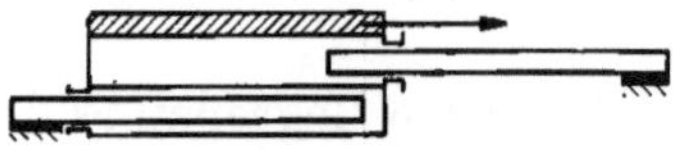	gleich	H	H	$2L = 2H$
8	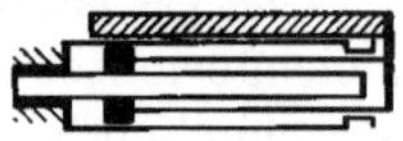	verschieden	H	H	$2L = 2H$
9	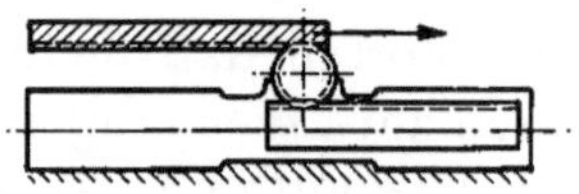	gleich	H	H	$2L = 2H$
10	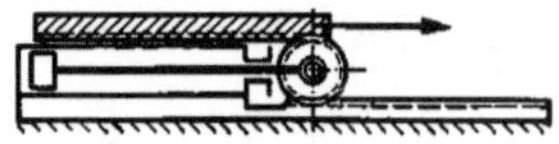	verschieden	H	$2H$	$1,5L = 3H$
11		gleich			$2L$
12		gleich			$2L$

Abb. 212

abhängt (Anordnung 11) oder von einem verstellbaren hydraulischen Motor, bei dem die Arbeitslänge nur durch die Länge der Zahnstange begrenzt ist (Anordnung 12).

Wenn man die Kolbenfläche (Durchmesser D) F_K und die ringförmige Fläche von Kolben (Durchmesser D) minus Kolbenstange (Durchmesser d) F_{KS} nennt, dann ist bei einer Kolbengeschwindigkeit v_K bzw. v_{KS} die Schluckmenge auf der Kolbenseite

$$Q_{2K} = \frac{\pi}{4} \cdot D^2 \cdot v_K$$

und auf der Kolbenstangenseite

$$Q_{2KS} = \frac{\pi}{4} \cdot (D^2 - d^2) \cdot v_{KS}.$$

Bei einem Öldruck p ist dementsprechend die auf den Kolben ausgeübte Kraft

$$P_K = \frac{\pi}{4} \cdot D^2 \cdot p,$$

$$P_{KS} = \frac{\pi}{4} \cdot (D^2 - d^2) \cdot p.$$

Die Leistung des Kolbentriebes ist somit

$$N_{2K} = P_K \cdot v_K = Q_{2K} \cdot p$$

bzw.

$$N_{2KS} = P_{KS} \cdot v_{KS} = Q_{2KS} \cdot p.$$

Bei dem schwingenden Flügelkolben (Abb. 213) mit einem Schwingwinkel α (s. Abb. 212) ist die für eine Schwingung von links nach rechts oder umgekehrt erforderliche Ölmenge bei Vernachlässigung der Flügeldicke (α im Bogenmaß)

$$Q'_{2SF} = \frac{\pi}{4} \cdot (D^2 - d^2) \cdot b \cdot \frac{\alpha}{2\pi} = \frac{1}{8} \cdot (D^2 - d^2) \cdot b \cdot \alpha.$$

Die für eine vollständige Schwingung (Vor- und Rücklauf) erforderliche Ölmenge ist dann

$$Q''_{2SF} = 2Q'_{2SF} = \frac{1}{4} \cdot (D^2 - d^2) \cdot b \cdot \alpha$$

und bei einer Schwingungsfrequenz f wird

$$Q_{2SF} = \frac{\alpha \cdot f}{4} \cdot (D^2 - d^2) \cdot b.$$

Das Drehmoment M_{dSF} ist

$$M_{dSF} = \left(\frac{D-d}{2} \right) \cdot b \cdot p \cdot r_m \quad \text{(s. Abb. 213)}.$$

Mit

$$r_m = \frac{D+d}{4},$$

wird

$$M_{dSF} = \frac{D^2 - d^2}{8} \cdot b \cdot p.$$

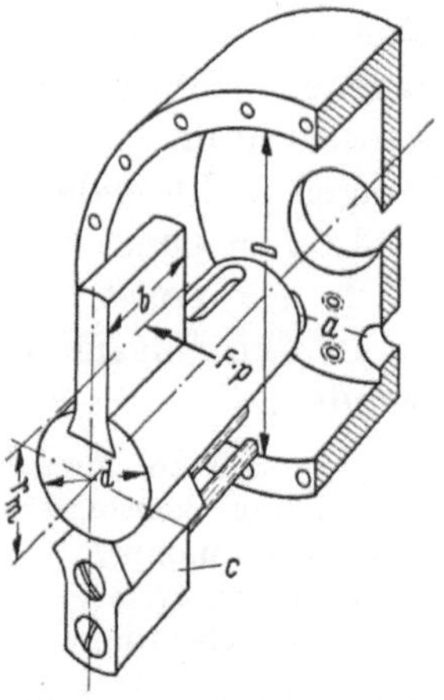

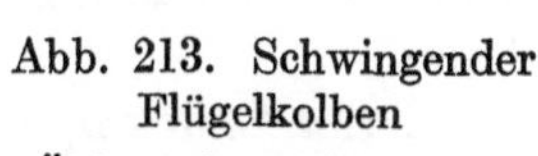

Abb. 213. Schwingender Flügelkolben

a Ölein- und -austritt; *c* Festes Trennstück zwischen Saug- und Druckraum

Die Bestimmung der erforderlichen Pumpenleistungsmotoren usw. entspricht den für Flüssigkeitsmotoren angegebenen Berechnungen (s. S. 125).

Die Arbeitsbewegungen können durch verstellbare Pumpen, Ventile oder Schieber gesteuert werden, die eine oder mehrere der folgenden Aufgaben erfüllen:

1. Änderung des Arbeitsdruckes,
2. Änderung der Liefermenge,
3. Richtungssteuerung des Ölflusses.

Die erforderliche Eigenart der Verstell- und Steuergeräte wird durch ihren Einsatz in die verschiedenen Ölstromkreise bestimmt.

Die Berechnung und Konstruktion von Zylindern und Kolben, Steuerschiebern und Ventilen, Rohrleitungen, Filtern usw. sind in der Literatur[1] eingehend beschrieben. Hier seien daher nur die grundsätzlichen Erwägungen für den Entwurf der Ölkreisläufe gebracht.

---

[1] KRUG, H.: s. Fußn. 1, S. 117. — DÜRR, A., u. O. WACHTER: s. Fußn. 1, S. 117. — PIPPENGER, J. J., u. R. M. KOFF: Fluid Power Controls. New York: McGraw-Hill 1959.

Die in dem Ölkreislauf zu berücksichtigenden Veränderlichen sind (Abb. 214)[1]:

F_1 Kolbenfläche (volle Fläche),
F_2 Kolbenfläche (Kolbenstangenseite),
P Auf die Kolbenstange wirkender Arbeitswiderstand,
Q_1 Zugeführte Ölmenge (Kolbenseite),
Q_2 Abgeführte Ölmenge (Kolbenstangenseite),

R Widerstand des Drosselventils,
p_1 Öldruck (Eingang),
p_2 Öldruck (Ausgang),
p_d Druckabfall im Drosselventil,
v Kolbengeschwindigkeit.

Die folgenden Berechnungen sind unter Vernachlässigung der Ölkompressibilität und etwaiger Leckverluste durchgeführt.

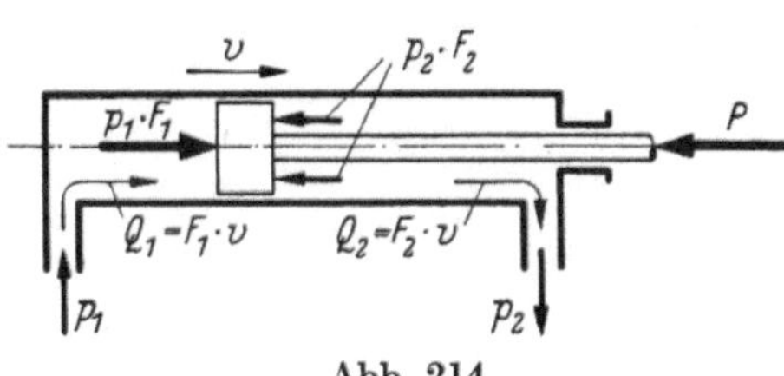

Abb. 214

In einem Zylinder, in dem der Kolben in einer Richtung bewegt wird, herrschen die folgenden Bedingungen (s. Abb. 214)

$$P = p_1 \cdot F_1 - p_2 \cdot F_2,$$

$$v = \frac{Q_1}{F_1} = \frac{Q_2}{F_2}.$$

In manchen Fällen, z. B. bei Kaltkreissägen, soll der zu überwindende Schnittwiderstand (Kolbenkraft P) dadurch konstant gehalten werden, daß bei wechselndem zu schneidendem Querschnitt die Vorschubgeschwindigkeit v verändert wird. In den meisten Fällen ist es dagegen wichtig, daß eine verlangte Kolbengeschwindigkeit möglichst genau eingestellt werden kann, und daß die einmal eingestellte Geschwindigkeit sich trotz Kraftschwankungen nicht ändert. Die Grundbedingungen für einen Kreislauf sind also entweder

1. $P = $ const oder
2. $v = $ const.

In den folgenden Abbildungen (Abb. 215 bis 229) sind die folgenden Zeichen verwendet:

a verstellbare Pumpe,
b Pumpe konstanter Liefermenge,
c Zusatzpumpe,
d Ölbehälter,
e Drosselventil,

f Überdruckventil,
g Reduzierventil,
h Druckventil,
i Differentialventil.

Abb. 215 bis 217 zeigen einfache „offene" Kreisläufe ohne Gegendruck ($p_2 = 0$), bei denen

1. der Druck p_1 durch eine Pumpe konstanter Liefermenge b erzeugt und mit Hilfe eines verstellbaren Überdruckventils f auf einen verlangten Höchstwert begrenzt (Abb. 215),

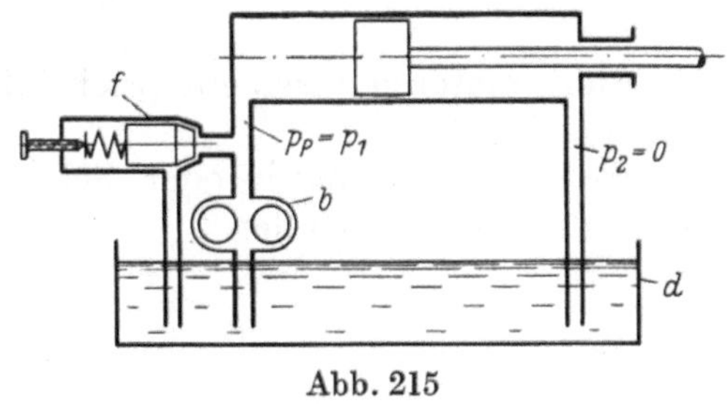

Abb. 215

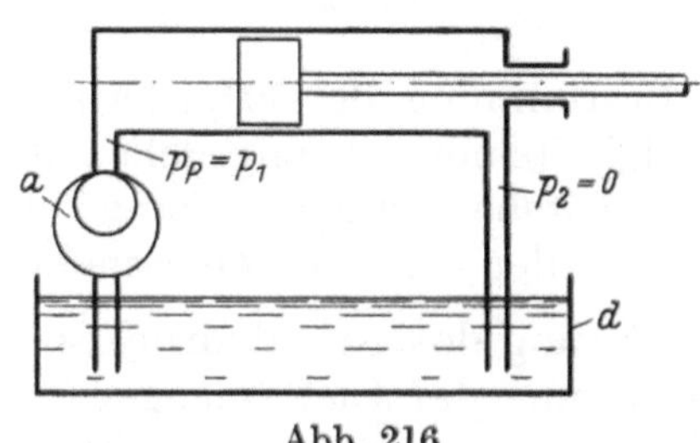

Abb. 216

2a. die Liefermenge Q_1 mit Hilfe einer verstellbaren Pumpe a eingestellt (Abb. 216) und

2b. die dem Zylinder von einer Pumpe konstanter Liefermenge b zufließende Ölmenge durch Drosselverstellung verändert werden kann (Abb. 217). Dabei besteht die Beziehung

$$p_d = Q^n \cdot R,$$

---

[1] Siehe auch A. H. Dall: Machine Hydraulics. Machine Design, 1946. — Reuthe, W.: Neuzeitliche hydraulische Antriebssysteme für Werkzeugmaschinen. Werkstatttechnik u. Maschinenbau, Dezember 1958.

worin R der Drosselwiderstand und n ein zwischen *1* und *2* liegender Koeffizient ist. Unter der vereinfachenden Annahme konstanter Temperatur und damit konstanter Viskosität des Öles kann R bei einer gegebenen Einstellung des Drosselventils als konstant angesehen werden, und falls man außerdem zur Vereinfachung laminare Strömung annimmt, kann $n = 1$ gesetzt werden, so daß $P_d = Q \cdot R$ wird.

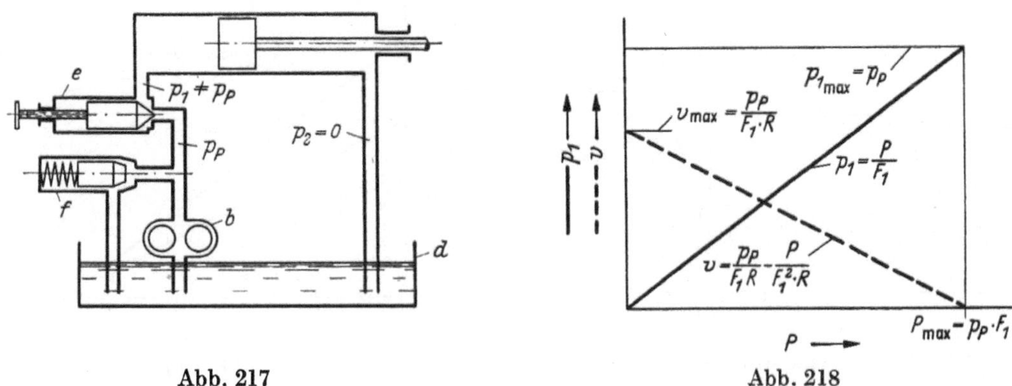

Abb. 217   Abb. 218

Die durch das einmal eingestellte Drosselventil fließende Ölmenge Q_1 hängt also von dem Druckgefälle $p_d = p_p - p_1$ ab:

$$Q_1 = \frac{p_d}{R} = \frac{p_P - p_1}{R}.$$

Da nun

$$p_1 = \frac{P}{F_1}$$

und

$$v = \frac{Q_1}{F_1}$$

ist, wird

$$v = \frac{p_P - p_1}{F_1 \cdot R}$$

$$= \frac{p_P}{F_1 \cdot R} - \frac{P}{F_1^2 \cdot R} \quad \text{(Abb. 218)}.$$

Bei der Anordnung (Abb. 217) ist also bei einmal eingestelltem Drosselventil die Kolbengeschwindigkeit nicht von der Belastung unabhängig, sondern wächst mit fallendem Druck p_1, d. h. mit fallendem Arbeitswiderstand P (Abb. 218).

Bei den gezeigten Anordnungen ist der Gegendruck $p_2 = 0$. Es besteht daher die Gefahr, daß bei plötzlich fallendem Arbeitswiderstand P der Kolben sprungartig vorgeschoben wird, weil bei fallendem P auch p_1 fällt und das Öl sich nicht nur etwas ausdehnt, sondern auch die dem Öldruck etwa verhältnisgleichen Schlupfverluste fallen. Da in den meisten Werkzeugmaschinenantrieben der Arbeitswiderstand stark schwanken kann, sind Kreisläufe, bei denen der Kolben nicht durch einen Gegendruck p_2 gehalten ist, nicht zulässig. Ein einfaches Mittel zur Erzeugung eines solchen Gegendruckes ist ein Drosselventil e in der Ölrückleitung (Abb. 219). Bei dieser Anordnung ist

$$v = \frac{Q_2}{F_2}, \qquad Q_2 = \frac{p_2}{R}, \qquad v = \frac{p_2}{F_2 \cdot R},$$

$$P = p_1 \cdot F_1 - p_2 \cdot F_2 = p_P \cdot F_1 - p_2 \cdot F_2,$$

$$p_2 = p_P \cdot \frac{F_1}{F_2} - \frac{P}{F_2},$$

$$v = \frac{p_P \cdot F_1}{F_2^2 \cdot R} - \frac{P}{F_2^2 \cdot R}.$$

Obwohl also der Gegendruck p_2 mit fallendem Arbeitswiderstand P steigt, ist die Kolbengeschwindigkeit auch hier nicht von der Belastung unabhängig, sondern wächst wieder mit fallendem Arbeitswiderstand (Abb. 220).

Für beide bisher gezeigten Fälle der Drosselverstellung (Abb. 217 und 219) wird, außer bei der größtmöglichen Kolbengeschwindigkeit, ein Teil des von der Pumpe b gelieferten

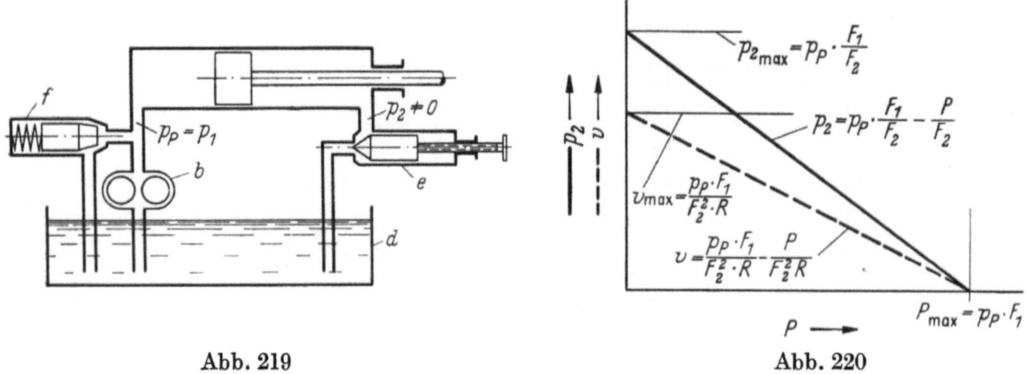

Abb. 219   Abb. 220

Öles, ohne nutzbare Arbeit geleistet zu haben, über das Überdruckventil f zum Ölbehälter zurückgeleitet. Der zwischen Pumpe b und Drosselventil e (Abb. 217) herrschende, durch das Überdruckventil f bestimmte Höchstdruck p_P und damit auch die Pumpenleistung bleiben indessen, unabhängig von der Kolbengeschwindigkeit, annähernd konstant. Bei niedrigen Kolbengeschwindigkeiten (kleine Nutzleistung) hat diese Anordnung daher einen sehr geringen hydraulischen Wirkungsgrad, der sich aus

$$\eta = \frac{P \cdot v}{p_P \cdot Q_P}$$

ergibt. Darin ist p_P der Druck, Q_P die Menge des von der Pumpe gelieferten Öles.

Die Abhängigkeit der Kolbengeschwindigkeit v von dem Arbeitswiderstand P kann stark vermindert werden, wenn man in der Rückleitung ein Reduzierventil (g, Abb. 221) anordnet, das den Druckabfall im Drosselventil unabhängig von p_2 und damit unab-

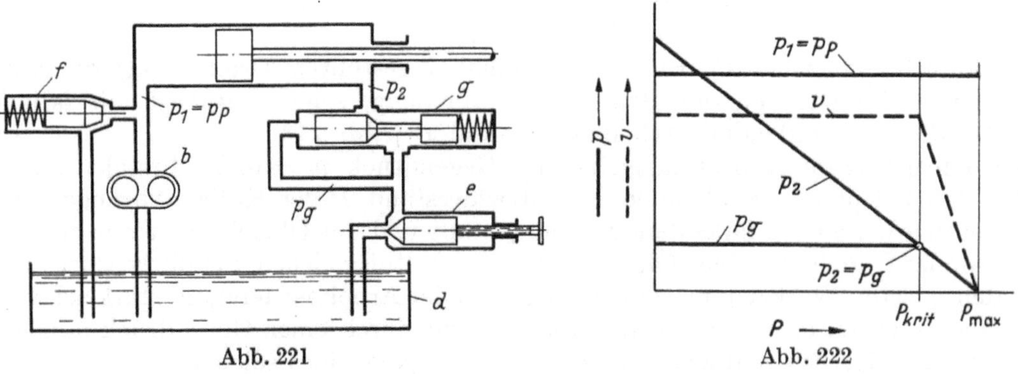

Abb. 221   Abb. 222

hängig vom Arbeitswiderstand macht. Ventil g hält den Druck vor dem Drosselventil p_g und damit den Druckabfall konstant, bis oberhalb eines kritischen Arbeitswiderstandes P_{krit} $p_2 < p_g$ wird (Abb. 222).

Mit

$$Q_2 = \frac{p_g}{R} \quad \text{und} \quad v = \frac{p_g}{F_2 \cdot R},$$

bleibt $v = \text{const}$ solange $p_g = \text{const}$ ist.

Auch bei dem Kreislauf (Abb. 221) ist der Wirkungsgrad bei niedriger Kolbengeschwindigkeit und kleinem Arbeitswiderstand gering, da die Pumpenleistung $p_P \cdot Q_p$

unabhängig von Arbeitswiderstand und Kolbengeschwindigkeit konstant bleibt. In der Anordnung (Abb. 223) öffnet der Gegendruck p_2, der mit fallendem Arbeitswiderstand steigt, ein Druckventil h in der Ölzuleitung gegen die Wirkung einer Druckfeder, so daß mit wachsendem Arbeitswiderstand das Druckventil h geschlossen wird und der Druck $p_1 = p_P$ dem Arbeitswiderstand verhältnisgleich steigt, so daß

$$\frac{P}{p_P} = \text{const}$$

und der Wirkungsgrad

$$\eta = \frac{P}{p_P} \cdot \frac{v}{Q_P} = \frac{\text{const}}{Q_P} \cdot v$$

wird.

Da Q_P auch konstant ist, ist der Wirkungsgrad der Kolbengeschwindigkeit proportional, bis P einen kritischen Wert P_{krit}, der durch den von Überdruckventil f begrenzten Höchstdruck p_f bestimmt ist, erreicht (Abb. 224).

Wenn der Gegendruck p_2 groß genug sein muß, um den Kolben selbst bei plötzlich wechselnder Richtung des Kolbenwiderstandes zu halten, dann kann an Stelle des Über-

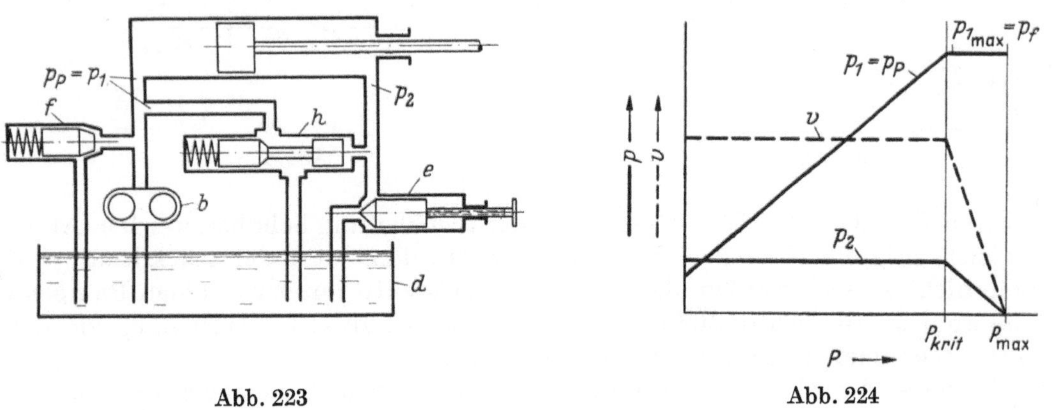

Abb. 223Abb. 224

druckventils f ein Differentialventil i verwendet werden (Abb. 225), das unter der Wirkung von Arbeitsdruck p_f plus Gegendruck p_2, gegen eine Druckfeder geöffnet wird und dadurch den Arbeitsdruck p_1 steuert. Je kleiner der Arbeitswiderstand P, d. h. je größer der Gegendruck p_2 wird, desto weiter wird das Ventil i_1 geöffnet, so daß auch der Druck p_1 fällt. Der Vorwärtsdruck p_1 wirkt auf Fläche i_1 und der Rückdruck p_2 auf Ringfläche i_2. Die Federkraft sei S. Dann besteht Gleichgewicht wenn

$$p_1 \cdot i_1 + p_2 \cdot i_2 = S\,[1],$$

$$p_1 = \frac{S}{i_1} - \frac{i_2}{i_1} \cdot p_2$$

ist. Außerdem ist die Gleichgewichtsbedingung im Zylinder

$$p_1 \cdot F_1 - p_2 \cdot F_2 = P.$$

Daraus ergibt sich

$$p_1 = \frac{S}{i_2 \cdot \left(\frac{i_1}{i_2} + \frac{F_1}{F_2} \right)} + \frac{P}{F_2 \cdot \left(\frac{i_1}{i_2} + \frac{F_1}{F_2} \right)}$$

und

$$p_2 = \frac{S}{i_1 \cdot \left(\frac{i_2}{i_1} + \frac{F_2}{F_1} \right)} - \frac{P}{F_1 \cdot \left(\frac{i_2}{i_1} + \frac{F_2}{F_1} \right)} .$$

Diese Verhältnisse sind in Abb. 226 dargestellt.

---

[1] Wegen der geringen Federzusammendrückung und der im allgemeinen flachen Federcharakteristik kann S als konstant angenommen werden.

An Stelle der Druckfedern kann man auch die Öldrücke allein zum Steuern der Ventile verwenden. Diese sogenannten Ausgleichventile sind u. a. von DALL[1] ausführlich beschrieben worden.

Während Kreisläufe mit Pumpen konstanter Liefermenge und Drosselventilen einfacher und billiger sind als solche mit verstellbaren Pumpen, können mit letzteren höhere Wirkungsgrade erzielt werden.

Der Nachteil des in Abb. 216 gezeigten Kreislaufes, bei dem $p_2 = 0$ ist, und der den Kolben bei plötzlich fallendem Arbeitswiderstand vorwärtsspringen läßt (s. S. 147),

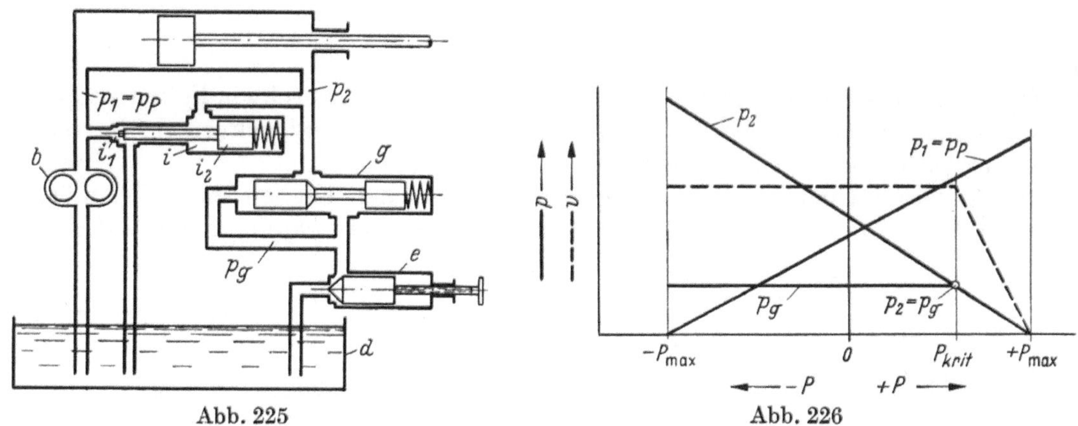

Abb. 225   Abb. 226

kann durch Einsatz eines Drosselventils in der Rückleitung behoben werden (Abb. 227). Wird gleichzeitig ein Überdruckventil vorgesehen, dann darf der Rückdruck p_2 durch Drosseln nicht so hoch werden, daß das Überdruckventil unter zu hohem Pumpendruck $p_1 = p_P$ abbläst, da sich dadurch die Kolbengeschwindigkeit unabhängig von der eingestellten Liefermenge der Pumpe ändern würde.

Da in dieser Anordnung der erforderliche Pumpendruck p_P wegen des zusätzlichen Rückdruckes p_2 steigt, wird der Wirkungsgrad ungünstig beeinflußt (s. S. 148).

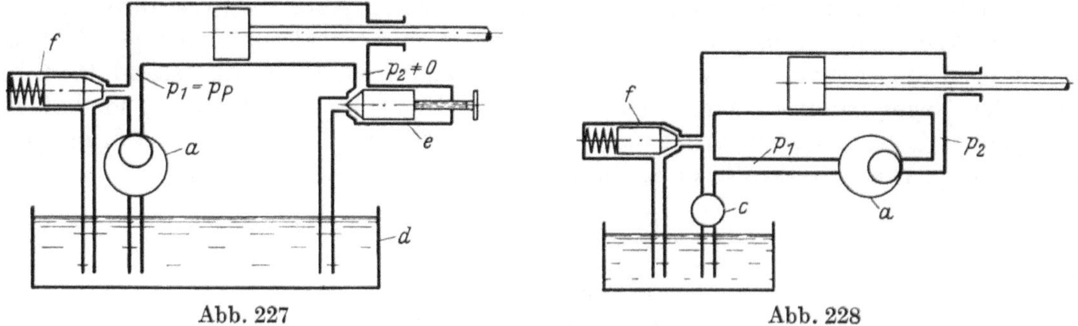

Abb. 227   Abb. 228

Zur vollen Auswirkung kommt der Einsatz der verstellbaren Pumpe in „geschlossenen" Kreisläufen, bei denen der Ölbehälter — zumindest theoretisch — völlig umgangen wird (Abb. 228). Allerdings müssen zum Ausgleich der unvermeidlichen Leckverluste und der bei einseitiger Kolbenstange vorhandenen Ölmengendifferenz vor und hinter dem Kolben eine Hochdruck-Zusatzpumpe c und ein Überdruckventil f vorgesehen werden, da ohne großzügig vorhandenes Zusatzöl Luft in den Kreislauf eindringen könnte (s. S. 119).

Bei Einsatz des in Abb. 228 gezeigten Überdruckventils f ist der Druck $p_1 = \text{const}$, so daß die Gleichgewichtsgleichung des Kolbens lautet:

$$P + p_2 \cdot F_2 = p_1 \cdot F_1,$$

$$p_2 = p_1 \cdot \frac{F_1}{F_2} - \frac{P}{F_2}.$$

<hr>

[1] DALL, A. H.: s. Fußn. 1, S. 146.

Der Gegendruck p_2 fällt also mit wachsendem Arbeitswiderstand. Da indessen die aus dem Zylinder abfließende Ölmenge durch die „Schluckmenge" der Pumpe a bestimmt ist, kann sich der Kolben dabei unter der Wirkung der Ölkompressibilität nur um ein geringes Stück ruckartig vorwärts bewegen. Die Anordnung ist also in dieser Beziehung der in Abb. 216 gezeigten überlegen.

Völliger Gleichgang kann indessen nur erzielt werden, wenn die aus dem Zylinder abfließende Ölmenge Q_2 und der Gegendruck p_2, unabhängig von Schwankungen des Arbeitswiderstandes P konstant bleiben, da dann die Ölkompressibilität nicht zur Wirkung kommt.

Bei Verwendung einer verstellbaren Pumpe im geschlossenen Kreislauf wird die abfließende Ölmenge Q_2 durch die Pumpe konstant gehalten. Bei Einsatz des „Cincinnati"-Differentialsteuerventils (siehe Abb. 229) kann auch die zweite Bedingung angenähert erfüllt werden.

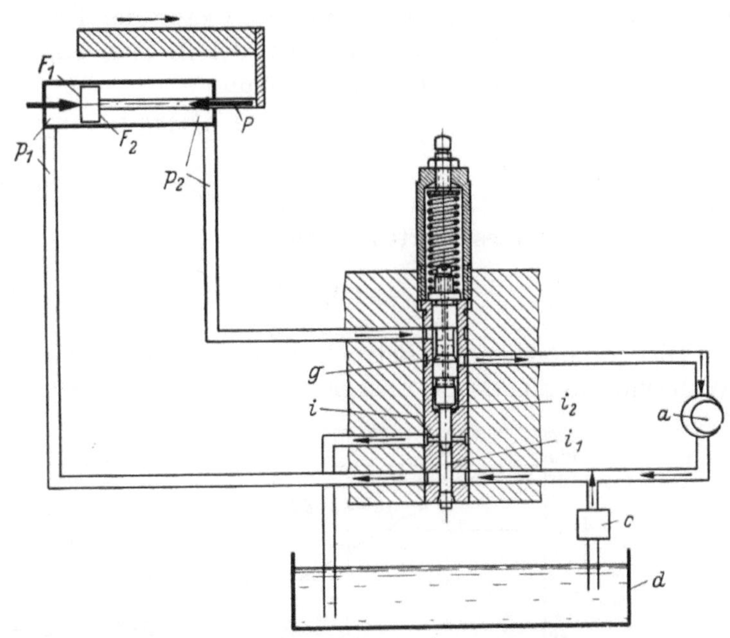

Abb. 229. Schematische Darstellung der Anordnung des „Cincinnati"-Differentialventils (nach SCHLESINGER, s. Fußn. 2, S. 6)

Die Anordnung ist in Abbildung 229 gezeigt. Das Differentialsteuerventil ist eine Verbindung der in Abb. 225 gezeigten Ventile i und g. Da in diesem Ventil der Druck p_1 in Abhängigkeit von p_2 und nicht unmittelbar durch den Arbeitswiderstand P geregelt wird, und zwar entsprechend der Gleichung

$$p_1 = \frac{S}{i_1} - \frac{i_2}{i_1} \cdot p_2 \quad \text{(s. S. 149)}$$

ist völliges Konstanthalten von p_2 theoretisch unmöglich. Indessen wird die Regelung um so empfindlicher, je größer das Verhältnis i_2/i_1 ist.

Der Verlauf von p_1 und p_2 in Abhängigkeit von P ergibt sich aus den auf S. 149 gezeigten Gleichungen

$$p_1 = \frac{S}{i_2 \cdot \left(\frac{i_1}{i_2} + \frac{F_1}{F_2} \right)} + \frac{P}{F_2 \cdot \left(\frac{i_1}{i_2} + \frac{F_1}{F_2} \right)},$$

$$p_2 = \frac{S}{i_1 \cdot \left(\frac{i_2}{i_1} + \frac{F_2}{F_1} \right)} - \frac{P}{F_1 \cdot \left(\frac{i_2}{i_1} + \frac{F_2}{F_1} \right)}.$$

In Abb. 230 ist der Verlauf von p_1 und p_2 in Abhängigkeit von P für das Beispiel einer Anordnung gezeigt, bei der

$$
\begin{aligned}
i_1 &= 0{,}2 \text{ cm}^2, & F_2 &= 86 \text{ cm}^2, \\
i_2 &= 0{,}6 \text{ cm}^2, & S &= 17 \text{ kg} \\
F_1 &= 103 \text{ cm}^2,
\end{aligned}
$$

sind.

Es ist also

$$p_1 = \frac{17}{0{,}6 \cdot \left(\frac{0{,}2}{0{,}6} + \frac{103}{86} \right)} + \frac{P}{86 \cdot \left(\frac{0{,}2}{0{,}6} + \frac{103}{86} \right)}$$

$$= 18{,}5 + 0{,}0076\,P$$

und

$$p_2 = \frac{17}{0{,}2 \cdot \left(\dfrac{0{,}6}{0{,}2} + \dfrac{86}{103}\right)} - \frac{P}{103 \cdot \left(\dfrac{0{,}6}{0{,}2} + \dfrac{86}{103}\right)}$$

$$= 22{,}2 - 0{,}0025\,P.$$

Durch die Drosselwirkung des Ventils i kann der Druck p_1 auch bei negativem P nicht unterhalb eines bestimmten Wertes, der in dem angeführten Beispiel 3,5 atü beträgt, fallen. Dieser Wert wird erreicht, wenn

$$18{,}5 + 0{,}0076\,P = 3{,}5,$$

$$P = -\frac{15}{0{,}0076} = -1980\,\text{kg}$$

ist.

Unterhalb dieses Wertes ist also

$$p_2 = 3{,}5 \cdot \frac{103}{86} - \frac{P}{86} = 4{,}2 - 0{,}012\,P.$$

Die vorhergehenden Betrachtungen beziehen sich auf statische Belastungszustände. Während die kinetische Energie des Öles vernachlässigbar ist (s. S. 118), darf bei dyna-

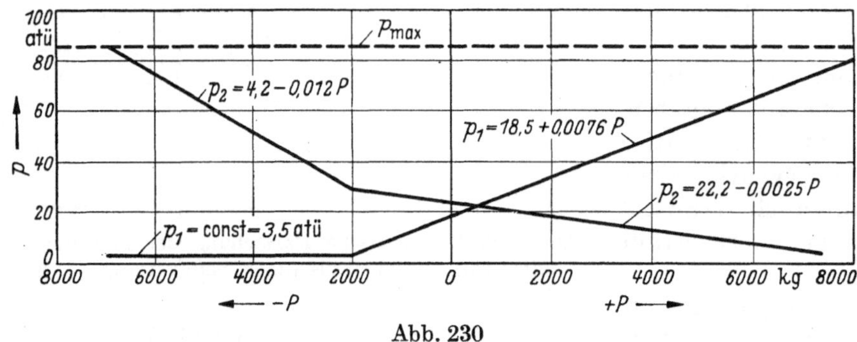

Abb. 230

mischer Belastung die Steifigkeit der Anlage (Rohrleitungen, Zylinder, Kolbenstangen, Ölsäule, Ventilfedern, usw.) und ihr Schwingungsverhalten, besonders unter Resonanz-bedingungen, nicht unberücksichtigt gelassen werden.

4. Selbsttätige Steuerungen[1]

a) Grundlagen und Bauelemente

Die Ausdrücke „automatischer Betrieb" und „automatische Steuerung" sind seit vielen Jahren im Zusammenhang mit Maschinen und Antriebsmechanismen aller Art angewendet worden, sobald diese selbsttätig arbeiteten, d. h. wenn Funktionen des Bedienungsarbeiters durch elektrische, mechanische oder hydraulische Mittel ausgeübt wurden.

Diese Funktionen können in folgende Gruppen gegliedert werden

a) Antrieb der Bewegungen für
   1. Schnitt,
   2. Vorschub,
   3. Rücklauf (wenn erforderlich, gegebenenfalls mit erhöhter Geschwindigkeit),
b) Begrenzung und Steuerung der Bewegungen,
   1. Einschalten,
   2. Ausschalten,
   3. Umsteuern,

---

[1] Siehe W. Schmid: Automatologie. München: Hanser 1952. — Simon,W.: Steuerungsprinzipien an Werkzeugmaschinen. Werkst. u. Betr., November 1957.

c) Ein- und Ausspannen des Werkstückes,

d) Wahl der erforderlichen Geschwindigkeiten sowie Einstellung der Werkzeuge und Ein- und Ausschalten der jeweils erforderlichen Bewegungen für die verschiedenen, dem Bearbeitungsplan entsprechenden Operationen,

e) Messen der bearbeiteten Formen und Flächen und Auswerfen von Werkstücken, deren Abmessungen außerhalb der zugelassenen Toleranzen liegen, bzw. Außerbetriebsetzen der Maschine, falls fehlerhafte Werkstücke erzeugt werden,

f) Messen der bearbeiteten Formen und Flächen und Korrektur der Werkzeugeinstellung, falls die Ist-Masse von den Soll-Massen abweichen,

g) Prüfung und laufende Korrektur (wenn erforderlich) der Werkstück- bzw. Werkzeugträgereinstellung, während des Bearbeitungsvorganges,

h) Transport des Werkstückes von einer zu der für die Weiterbearbeitung erforderlichen nächsten Maschine (Maschinenverkettung, Transfer).

Die Mechanisierung der Antriebe für Schnitt, Vorschub und Rücklauf, die in vorhergehenden Abschnitten behandelt worden ist, kann wohl kaum als „selbsttätige Steuerung" im üblichen Sinne angesehen werden, so daß der Begriff der „Automatik" im allgemeinen dann in Kraft tritt, wenn die Anwesenheit des Bedienungsarbeiters an der Maschine nicht nur von einem Arbeitsgang zum andern, sondern für eine Anzahl aufeinanderfolgender Arbeitsgänge nicht erforderlich ist, d. h. im Falle einer Einzelmaschine für die Funktionsgruppen b) 3. bis g). Indessen müssen auch die unter b) 1. und b) 2. genannten Funktionen gegebenenfalls in selbsttätigen Maschinen ausgeführt werden. Dazu kommt im Falle einer aus mehreren Maschinen bestehenden Produktionseinheit Funktionsgruppe h), deren Besprechung allerdings über den Rahmen dieses Buches hinausgeht.

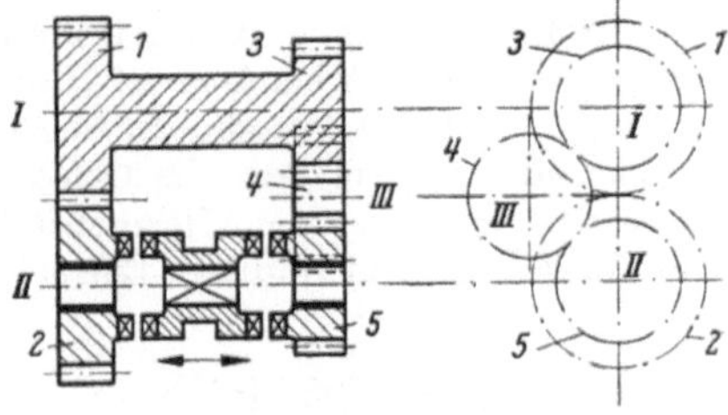

Abb. 231

Zu b): Elektrisches und hydraulisches Schalten und *Umsteuern* sind bereits erwähnt worden (s. S. 89). Mechanische Mittel zur Herstellung bzw. Unterbrechung der Verbindung zwischen Antriebswelle (Elektromotor, Vorgelege, hydraulischer Motor usw.) und Getriebe der Arbeitsmaschine sind elektromagnetische, mechanische oder hydraulische Kupplungen und die heute weniger

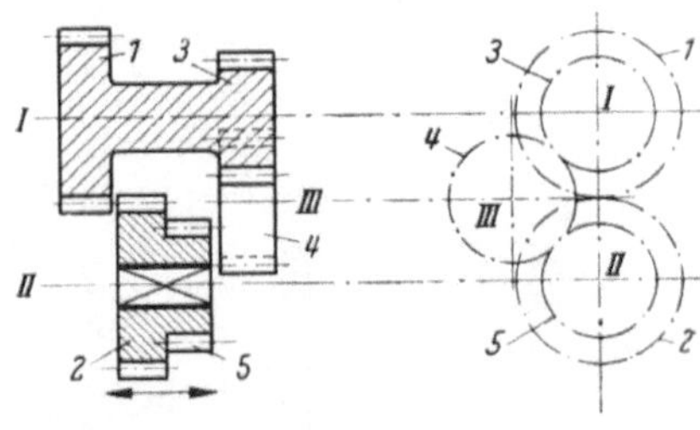

Abb. 232

gebrauchten verschiebbaren Riemen. Zur mechanischen Umkehr der Bewegungsrichtung des angetriebenen Elementes dienen, außer den offen und gekreuzt angeordneten Flachriemen, im allgemeinen Zahnradgetriebe, bei denen der Antrieb entweder direkt oder über ein Zwischenrad durch Kupplungen (Abb. 231), Schieberäder (Abb. 232) oder Schwenkradgetriebe (Wendeherz, Abb. 233a und b) gelenkt werden kann.

Während Schieberäder und Wendeherz nur in Ruhe geschaltet werden dürfen, können Riementriebe und Kupplungen, die beim Ausschalten der Bewegung oft noch voll belastet sind, auch im Betrieb gesteuert werden. Bei Reibungskupplungen und elektromagnetischen Kupplungen ergeben sich dabei keine Schwierigkeiten. Indessen muß das Ausschalten von Klauenkupplungen, die am besten während des Stillstandes oder Auslaufens des treibenden Elementes eingeschaltet werden, so schnell wie möglich erfolgen, da sonst während des Ausrückvorganges, d. h. mit kleiner werdenden Berührungsflächen der Zahnflanken, bei gleichbleibendem Drehmoment zu lange eine ungünstig hohe Flächenpressung besteht.

Die Kupplungszähne von Klauenkupplungen können zweiseitig (Abb. 234a) oder einseitig (Abb. 234b) treibend angeordnet werden und müssen derart konstruiert sein, daß die Reibungskräfte, die einerseits zwischen der verschiebbaren Kupplungsmuffe und der Welle und andererseits zwischen den Flanken der Kupplungszähne auftreten, kleiner sind als die zur Schaltung zur Verfügung stehende Kraft. Die Bearbeitung der Zähne ist bei Kupplungen mit ungerader Zähnezahl wirtschaftlicher, da die erforderliche Anzahl der Fräserdurchgänge nur gleich der Zähnezahl ist (Abb. 234c).

Die Muffenlänge soll etwa 1,5mal ihre Bohrung sein (s. Abb. 234), um die Gefahr des Eckens zu verhindern. Dem gleichen Zwecke dient auch die Anordnung von mindestens zwei gegenüberliegenden Paßfedern oder der Einsatz von Sternkeilwellen, die Ecken der Zähne verhindern und die Auflagekraft zwischen Mutter und Welle verringern (Abb. 235). Neigung der Zahnflanken um etwa 5 bis 10° erleichtert das Einrücken und verringert die zum Ausrücken erforderliche Kraft (s. Abbildung 234). Bei leichter einrückbaren großen Flankenwinkeln, insbesondere bei Verwendung der Mausezahnanordnung (Abb. 236), die die erforderliche Zeit zum

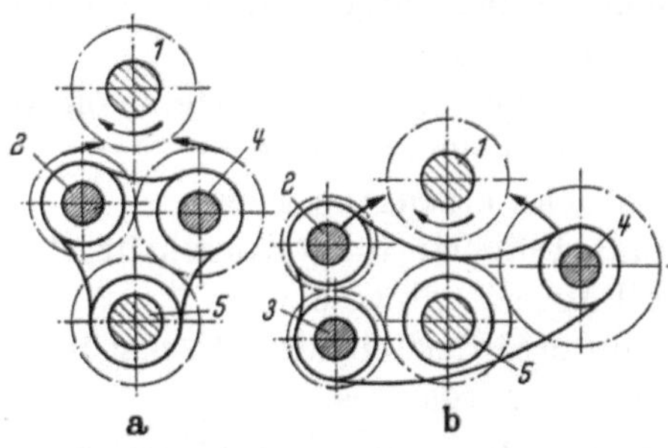

Abb.	Treibendes Rad	Getriebenes Rad	Zwischenräder	
			für Rechtsgang ↷ von 5	für Linksgang ↶ von 5
a	1	5	4	2—4
b	1	5	4	2—3

Abb. 233a u. b. Zwei Herzgetriebeanordnungen zur Drehrichtungsumkehr zwischen Arbeitsspindel (Rad *1*) und Wechselradwelle (Rad *5*) für den Vorschubantrieb einer Drehmaschine[1]
a) Vierräderzug, bei dem die Gefahr besteht, daß die Kniehebelwirkung der Zahnkraft den Herzhebel hineinreißen und brechen kann; b) Fünfräderzug mit radialer Einrückbewegung der Zwischenräder

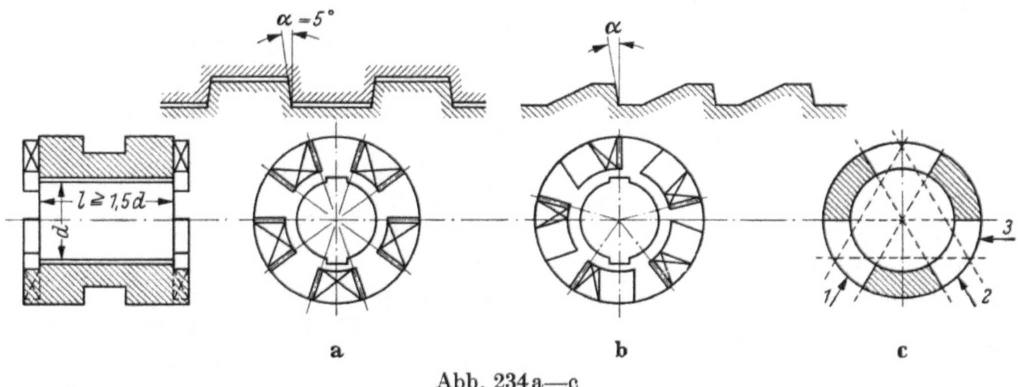

Abb. 234a—c

Einkuppeln bei gegebener Antriebsdrehzahl herabsetzen, muß dafür Sorge getragen werden, daß die Kupplung verriegelt und nicht durch die Axialkomponenten der zu übertragenden Kräfte ausgerückt werden kann. Die Verriegelung kann z. B. durch Kniehebelbetätigung oder durch eine das bewegliche Element steuernde in den Endstellungen selbsthemmende Kurve erfolgen, wie es in Abb. 237 für das Beispiel einer handbetätigten Kupplung gezeigt ist. Derartige Kupplungen können außerdem als Überlastungssicherungen für ein vorher bestimmbares Drehmoment eingesetzt werden, wobei eine dem Drehmoment entsprechend eingestellte Haltefeder die Kupplung im Eingriff hält (Abb. 238), bis bei Über-

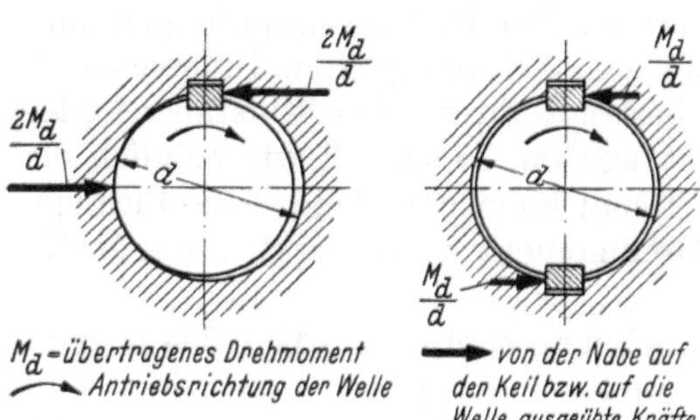

Abb. 235

---

[1] Aus G. Schlesinger: s. Fußn. 2, S. 6.

schreitung dieses Drehmomentes und der ihm entsprechenden Axialkraft, die Feder
nachgibt und die Kupplung gleitet.

Zu c): Zum *Ausrichten* und *Spannen* der Werkstücke können Hebel *a*, Keile *b* oder
Backen *c*, deren Spannflächen *x* das Werkstück *y* gegen feste Anschlagflächen *z* pressen
(Abb. 239), verwendet werden. Zum Zentrieren
können Spannelemente, die konzentrisch radial
gegen zylindrische Außen- *d* oder Innenflächen *e*
des Werkstückes *y* verschoben werden, eingesetzt
werden. Bei einer Maschine zum Innenschleifen
von Kugellagerringen, bei der es wichtig war,
radial auf das Werkstück wirkende Kräfte und
dadurch hervorgerufene Verformungen zu vermeiden, wurden die Ringe axial durch eine in Öl
schwimmende Scheibe gegen die Antriebsscheibe
gepreßt.[1] Zum Halten von Werkstücken aus Eisen-
metallen werden außerdem, z. B. bei Schleifmaschinen, magnetische Spannelemente verwendet.

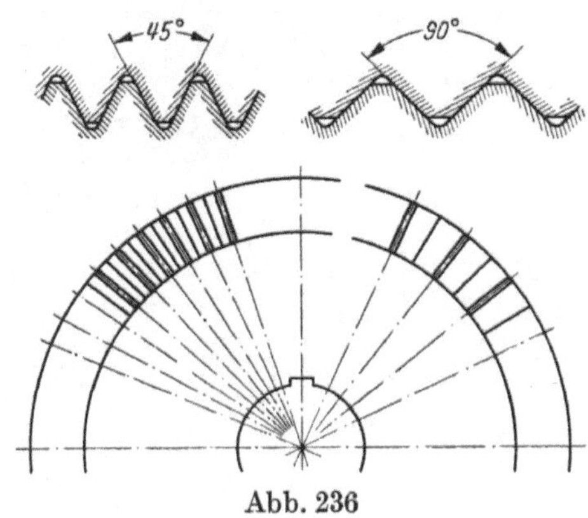
Abb. 236

Da die Formen und Abmessungen des Werkstückes innerhalb der zulässigen Toleranzen schwanken können, muß die eigentliche Spannung kraftschlüssig erfolgen, und
es muß Vorsorge dafür getroffen werden, daß die auf das Werkstück ausgeübte Spannkraft erhalten bleibt, auch wenn die
das Spannelement steuernde Antriebskraft während des Arbeitsganges nachläßt.

Zur Betätigung der Spann-
elemente werden deshalb selbsthemmende Getriebe (Kurvenhebel,
Steuerkurve, Exzenter, Schraubenspindel) eingesetzt. Mit Ausnahme
des Schraubenspindelantriebes haben

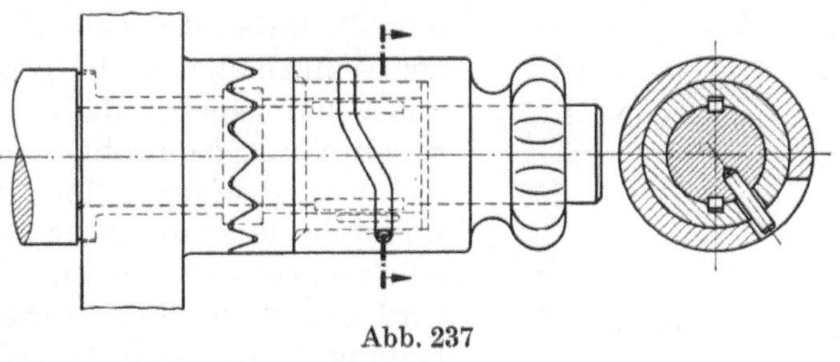
Abb. 237

diese Getriebe einen konstanten einmal eingestellten Hub, und die innerhalb der
Herstellungstoleranzen liegenden Schwankungen der Werkstückabmessungen müssen
durch ein elastisches Zwischenglied erfaßt werden, dessen „Federkonstante" derart
gewählt ist, daß die erforderliche Spannkraft gewährleistet wird. Das elastische Element
kann zwischen Antriebs- *1* und Spann-
element *2* (Abb. 240) oder im Antrieb
selbst liegen, wenn z. B. bei einem Ge-
windespindelvorschub einer Spann-
backe (Schraubstock) eine Rutschkupplung (s. Abb. 238) das auf die
Spindel ausgeübte Drehmoment der
verlangten Spannkraft entsprechend
bestimmt.

Die Spannelemente für Dreharbeiten
müssen die Werkstücke sowohl zentrieren als auch gegen Verschiebung
und Verdrehung sichern (s. Abb. 239d

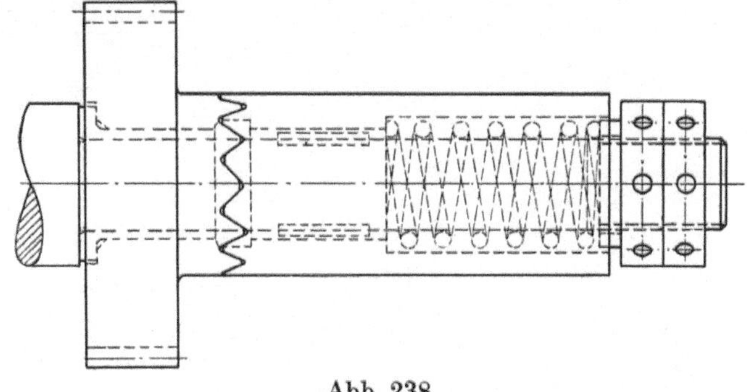
Abb. 238

und e). Bei den in Drehautomaten verwendeten Spannvorrichtungen wird die radiale Bewegung der Spannbacken oft durch axiales Verschieben eines Kegels a_1 in einer Kappe *b*
erzeugt (Abb. 241). Die Axialverschiebung erfolgt durch ein Spannrohr *g*, das die Spann-

---

[1] Siehe F. KOENIGSBERGER: Eindrücke von der Internationalen Werkzeugmaschinenausstellung, London. Werkstatttechnik u. Maschinenbau, Oktober 1956.

zange *a* entweder in die Kappe *b* vorschiebt (Abb. 241a) oder zurückzieht (Abb. 241b). In beiden Fällen besteht die Gefahr, daß die Werkstoffstange *h* während des Spannvorganges nach rechts (Abb. 241a) oder nach links (Abb. 241b) axial verschoben wird. In der Anordnung (Abb. 241c) wird die

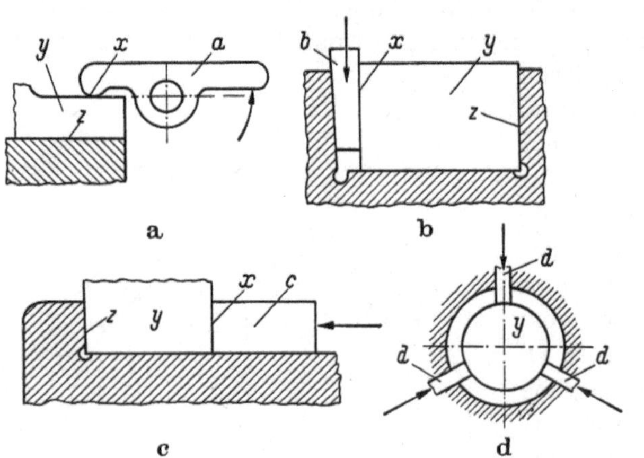

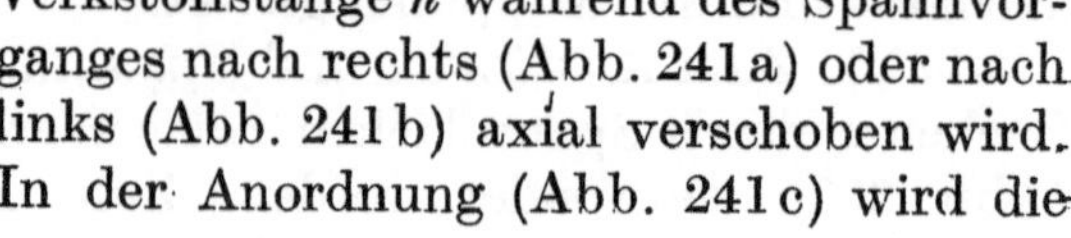

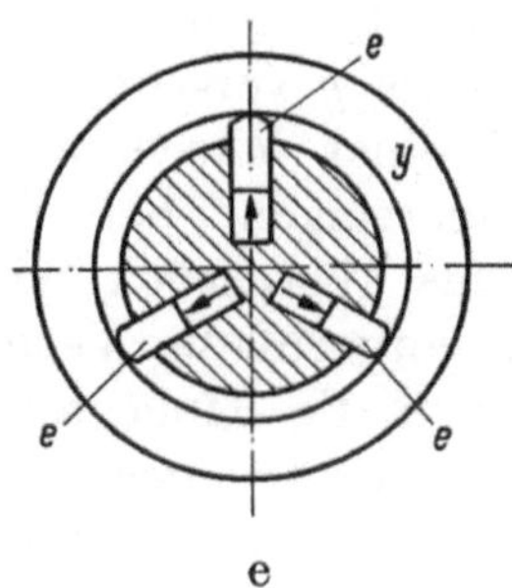

Abb. 239a—e

Spannzange *a* (Abb. 241d) durch eine Überwurfmutter *b* (Schulterfläche b_1) axial derart gehalten, daß sie während des Spannvorganges (Vorschieben von Spannbüchse *c* über Kegel a_1) keine axiale Bewegung ausübt. Die Werkstoffspannung erfolgt durch Verschieben von Schaltring *d* von rechts (Stellung *1*) nach links (Stellung *2*). Dabei drücken die inneren Kegelflächen d_1 die Arme e_1 der Winkelhebel *e*, die gegen Stellring *f* abgestützt sind, nach innen und schieben dadurch mit Nasen e_2 das Spannrohr *g* nach rechts vor. Spannrohr *g* preßt seinerseits Spannbüchse *c* nach rechts und dadurch über die Kegelfläche a_1 der Spannzange *a*, wodurch die Spannbacken a_2 radial nach innen gegen das Werkstück *h* gedrückt werden. Die Beweglichkeit der Spannbacken a_2 wird durch die Elastizität der Zangenhalssegmente a_3 (s. Abbildung 241d) gewährleistet. Die Winkelhebel werden nach Vollendung des Spannvorganges durch die innere Zylinderfläche d_2 des Schaltringes *d* formschlüssig in der Spannstellung (Stellung *2*) gehalten.

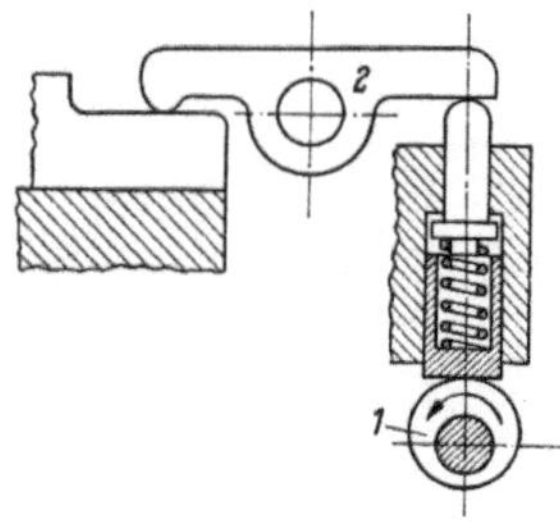

Abb. 240

Zur Feineinstellung und Anpassung an den zu spannenden Werkstückdurchmesser kann der Druckpunkt (Stellring *f*) für die Winkelhebel *e* mittels Stellmuttern *i* verscho-

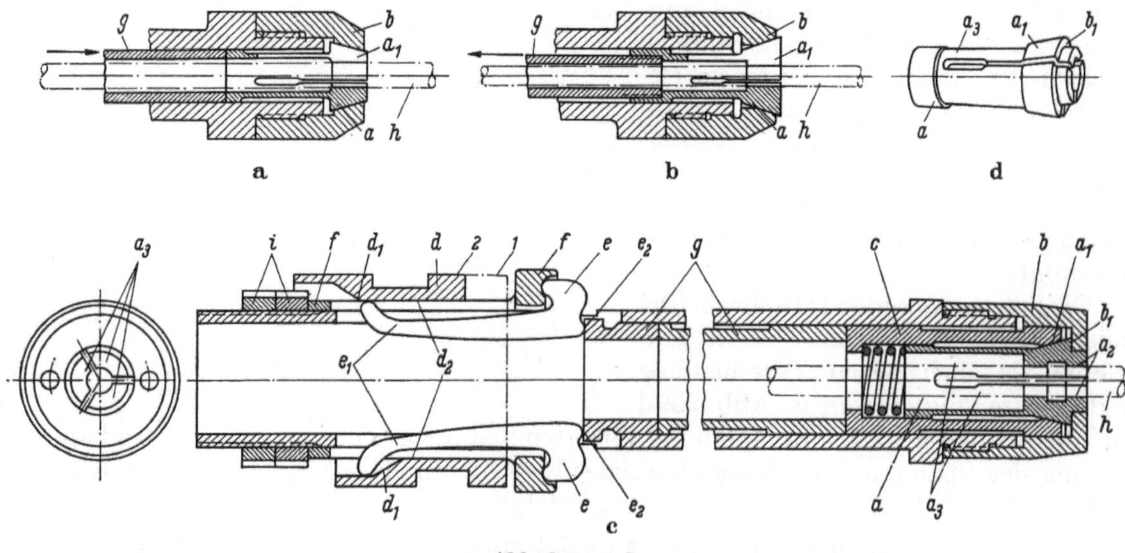

Abb. 241a—d

ben werden. Das elastische Glied in dem Spannmechanismus wird durch die schlanken Arme e_1 von Winkelhebeln e gebildet.

Zu d): Die Getriebe zum *Antrieb* und *Wechsel* der Arbeitsgeschwindigkeiten und zur *Energieübertragung*, die den Arbeitsbedingungen entsprechend gesteuert bzw. geschaltet werden müssen, sind bereits besprochen worden.

Außer der Einstellung und dem Antrieb der Arbeitsgeschwindigkeiten müssen die für verschiedene Operationen erforderlichen Werkzeuge in die richtige Arbeitsstellung gebracht werden, bevor die Vorschubbewegung beginnen kann. Anstatt ein einzelnes Werkzeug für mehrere Operationen zu verwenden und jedesmal auf die verlangte Schnitttiefe einzustellen, kann man gesonderte Werkzeuge vorsehen, die ein für allemal für je eine Operation eingestellt sind und bei Bedarf vorgeschoben werden können. Diese Werkzeuge müssen dabei maßgerecht für die von ihnen

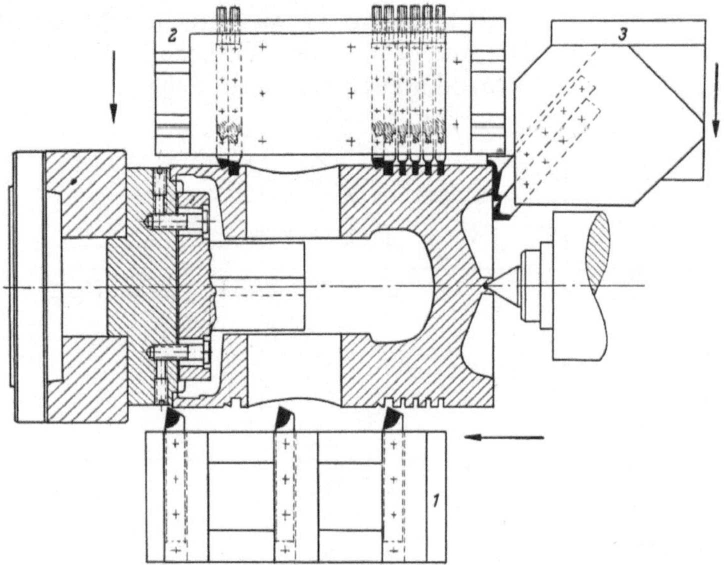

Abb. 242. Bearbeitung eines Kolbens auf einer Churchill-Fay-Drehmaschine (Churchill-Redman Ltd., Halifax, England)

Operation *1*: Langdrehen;
Operation *2*: a) Einstechen (Schruppen),
            b) Einstechen (Schlichten) mit zweitem identischem Schlitten;
Operation *3*: Plandrehen (Schruppen und Schlichten)

herzustellenden Werkstückabmessungen, d. h. z. B. beim Drehen sowohl für den Werk-stück*durchmesser* als auch für die *Länge* des herzustellenden Wellenabsatzes eingestellt sein.

Jedes derartige Werkzeug bzw. jeder Werkzeugsatz für eine bestimmte Operation kann entweder auf einem gesonderten Schlitten eingespannt sein, wobei die verschiedenen

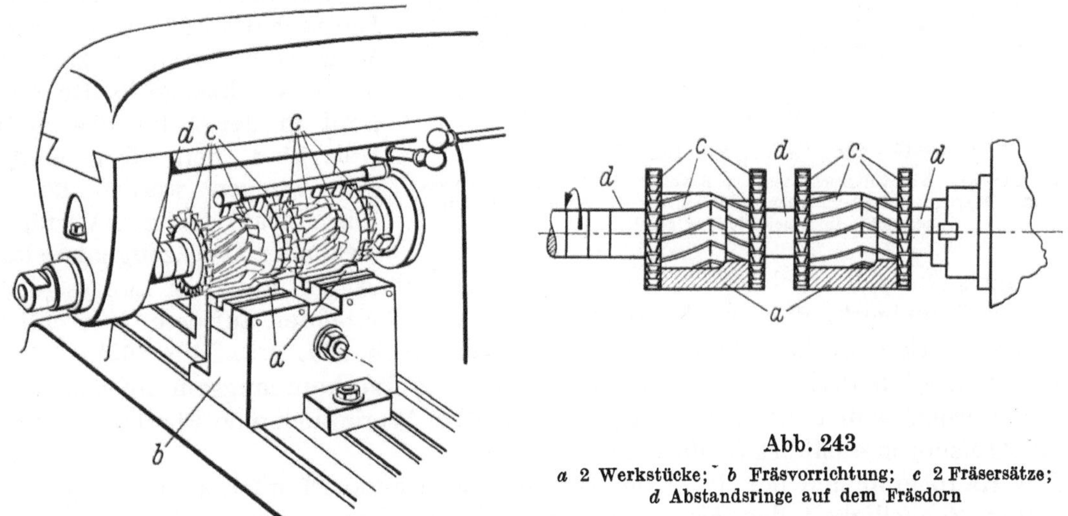

Abb. 243
a 2 Werkstücke; *b* Fräsvorrichtung; *c* 2 Fräsersätze;
d Abstandsringe auf dem Fräsdorn

Schlitten nach Bedarf gleichzeitig oder nacheinander vorgeschoben werden (Abb. 242), oder alle Werkzeuge können auf einem gemeinsamen Werkzeughalter (Fräsdorn, Abb. 243) den gleichzeitig zu bearbeitenden Abmessungen entsprechend angeordnet sein.

Durch Einsatz eines Revolverkopfes (Abb. 244 bis 246), mit dessen Hilfe eine größere Anzahl Werkzeughalter mit fest eingestellten Werkzeugen nacheinander in ihre Arbeitsstellungen geschwungen werden können, kann die Vorschubbewegung all dieser Werkzeuge durch einen einzigen Schlitten ausgeführt werden. Der Revolverkopf kann um eine senkrecht (Abb. 244) oder waagerecht zur Arbeitsspindelachse liegende Schwenkachse (Abb. 245 und 246), die Werkzeuge können auf dem Umfang (Sternrevolver, Abb. 244, und 245) oder auf einer Stirnfläche (Trommelrevolver, Abb. 246) angeordnet sein.

Der Trommelrevolverkopf kann steifer gelagert werden als der Sternrevolverkopf, da die Länge seiner Lagerung nicht durch die verfügbare Schlittenbreite oder durch die Höhe des Kopfes über dem Maschinenbett begrenzt ist. Daher wird der Sternrevolverkopf meist mit einem Auflagering großen Durchmessers versehen und oft durch eine am größtmöglichen Durchmesser wirkende Klemmvorrichtung in seiner jeweiligen Arbeitsstellung gehalten (siehe Abb. 249).

Mit dem Sternrevolverkopf werden andererseits die nicht arbeitenden Werkzeuge, deren Höhenlage über dem Bett konstant bleibt, aus dem Arbeitsbereich der Maschine herausgeschwenkt, so daß der Einsatz eines Querschlittens, der besonders bei schweren Profil- und Einstecharbeiten von großem Wert sein kann, möglich ist, da die Werkzeuge im Revolverkopf in der Mitte des Bettes frei über den Querschlitten geschwungen werden können. Die Anzahl der zur Verfügung stehenden Werkzeughalter kann

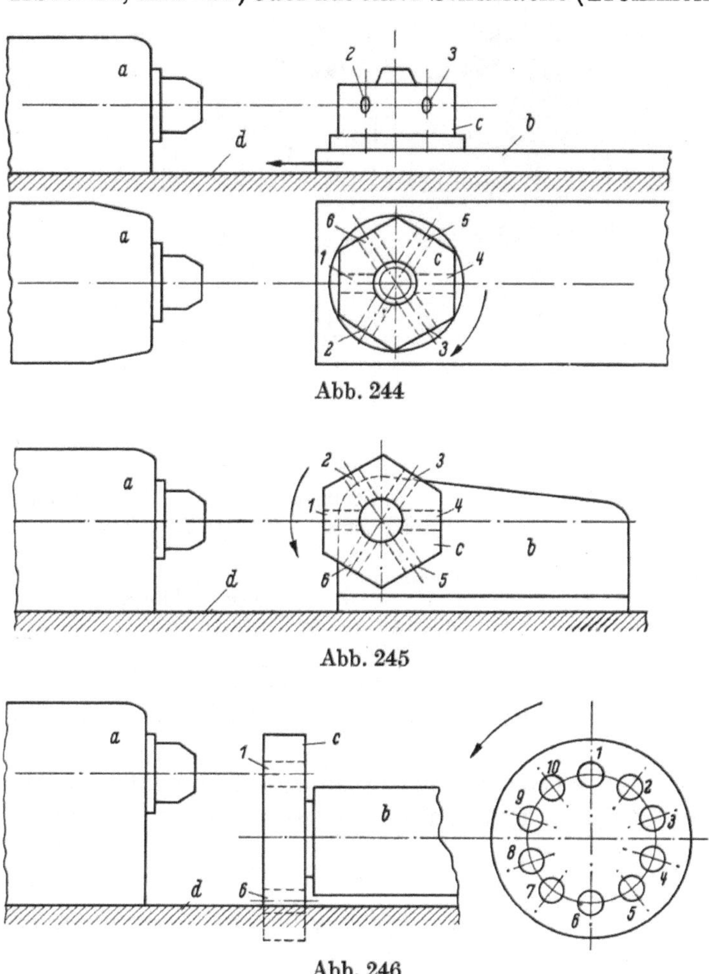

Abb. 244

Abb. 245

Abb. 246

Abb. 244—246. Revolverkopfanordnungen

a Spindelkasten; *b* Revolverschlitten; *c* Revolverkopf; *d* Maschinenbett; *1, 2, 3* usw. Werkzeughalterbohrungen im Revolverkopf (*1* der Arbeitsspindel gegenüber in Arbeitsstellung gezeichnet)

dabei noch dadurch erheblich erhöht werden, daß neben dem auf dem Längsschlitten gelagerten Revolverkopf ein nach ähnlichem Prinzip arbeitender, auf dem Querschlitten gelagerter Vierkantwerkzeughalter vorgesehen wird (Abb. 247, s. a. Abb. 255).

Für leichte Plandreharbeiten kann der Trommelrevolverkopf langsam um seine Achse gedreht werden, wobei das Werkzeug gegenüber dem Werkstück eine Planbewegung auf einem Kreisbogen ausführt (Abb. 248).

Die Hauptprobleme bei der Konstruktion des Revolverkopfes sind Starrheit der Lagerung, Schnelligkeit der Schwenkbewegung sowie Genauigkeit und Steifigkeit der Verriegelung in der jeweiligen Arbeitsstellung. Der Revolverkopf (Abb. 249) kann durch den in einer gehärteten Büchse a_1 geführten Riegelbolzen a, dessen Kegelende in eine der sechs gehärteten Buchsen $b_1 — b_6$ greift, in seinen sechs Stellungen verriegelt und zur Entlastung des Riegelbolzens während der Dreharbeit durch einen zweiteiligen Ring c

in der Arbeitsstellung festgeklemmt werden. Entriegelung und Entklemmung erfolgen bei Rückzug des Revolverschlittens (von links nach rechts) aus der Arbeitsstellung, wobei die am Maschinenbett zweckentsprechend festgespannte Schaltplatte d über Anschlag e und Hebel f den Riegelbolzen aus seiner Büchse zieht und über Federanschlag g_1, Kurvenhebel h_1 und Exzenter i, die Klemmung der Ringe c löst. Sobald der Revolverkopf von Hand in eine der 6 Arbeitsstellungen geschwenkt ist und der Anschlag e nach weiterer Längsbewegung des Revolverschlittens den Hebel f freigibt, preßt Feder k den Riegelbolzen a in eine der sechs gehärteten Buchsen $b_1 - b_6$, wobei das Kegelende des Riegelkopfes dazu dient, geringe Ungenauigkeiten der Schwenkbewegung auszugleichen und den Kopf genau in seine verlangte Stellung zu bringen. Ringe c werden

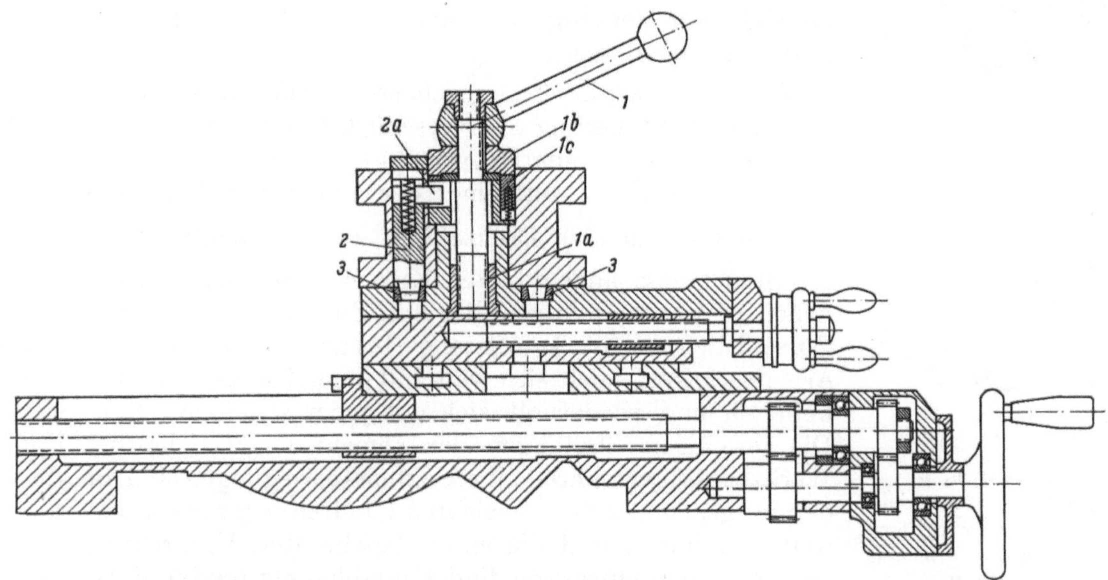

Abb. 247. Vierkantstahlschalter (Dean, Smith & Grace Ltd., Keighley, England)
1 Handhebel zum Spannen (Rechtsdrehung) bzw. Lösen und Schwenken (Linksdrehung) des Stahlhalters; *1a* Spanngewinde; *1b* Schwenkgesperre mit Klinkenzapfen; *1c* (Freilauf bei Rechtsdrehung); *2* Indexstift, der beim Lösen (Herausdrehen der Schraube *1a*) durch Stift *2a* aus einer der Buchsen *3* ausgehoben wird

durch Federanschlag g_2 und Hebel h_2 beim Vorwärtsgang (von rechts nach links) des Revolverschlittens wieder festgeklemmt, so daß der Revolverkopf arbeitsbereit ist. Die mit der Drehung des Revolverkopfes über Kegelräder l, m gedrehte Anschlagstange n bringt den für die betreffende Arbeit eingestellten Anschlag $o_1 - o_6$ in die dem festen Anschlag p gegenüberliegende Stellung, so daß damit die Begrenzung der Längsbewegung festgelegt werden kann.

Eine ältere Bauart, bei der die Entriegelung, Schaltung und Verriegelung des Revolverkopfes selbsttätig beim Rückzug des Revolverschlittens durch den Arbeiter erfolgt, zeigt Abb. 250. Revolverköpfe werden nicht nur bei Drehmaschinen mit waagerechter Spindelachse sondern auch bei Karuselldrehmaschinen (Abb. 251) verwendet.

Zu e) bis g): Die Vorrichtungen zum *Messen* des Werkstückes und zu der entsprechenden *Maschineneinstellung* werden am besten im Rahmen der folgenden Betrachtungen der automatischen Steuervorgänge behandelt.

Ein automatischer Steuervorgang kann in folgende Teiloperationen zerlegt werden:

a) das die Operation einleitende Signal,

b) die eigentliche Steueroperation.

Zu a): Das *Signal* kann erzeugt und gegeben werden:

1. In zeitlicher Aufeinanderfolge, z. B. von einer mit gegebener Geschwindigkeit laufenden Welle,

2. bewegungsabhängig, d. h. während oder nach Beendigung einer bestimmten Bewegung, z. B. durch Schlittenanschläge oder Nocken,

3. operationsabhängig, d. h. durch unabhängige Messung des Ergebnisses einer Operation, z. B. der durch eine Einstelloperation erzeugten Schlittenbewegung oder einer durch eine Schnittoperation erzeugten Abmessung, und Vergleich mit einem vorher eingestellten oder anderweitig festgelegten Wert, so daß das Signal zur Beendigung der Operation und zum Einschalten der darauf folgenden Operation erst gegeben wird, wenn „Soll‘- und „Ist‘‘-Wert innerhalb zugelassener Grenzen übereinstimmen,

4. in zeitlicher Aufeinanderfolge und operationsabhängig, d. h. das Ergebnis wird während der Operation laufend durch unabhängige Messung kontrolliert und das Signal entsprechend korrigiert (feed-back).

Zu 1. Die sich in einer gegebenen zeitlichen Aufeinanderfolge abwickelnde Steuerung der verschiedenen Operationen ist wohl zuerst in Drehautomaten verwendet worden, bei denen eine zentrale Steuerwelle mit einer der Arbeitszeit T für ein Werkstück entsprechenden Drehzahl $\left(n = \dfrac{1}{T}\right)$ umläuft. Jede der auf der Steuerwelle angeordneten Kurven leitet die ihr zugewiesene Arbeit im richtigen Augenblick ein. Ein voller Arbeitszyklus, vom Vorschieben der Werkstoffstange bis zum Abstechen des fertigen Arbeitsstückes, spielt sich während einer Umdrehung der Steuerwelle ab und wiederholt sich mit jeder folgenden Umdrehung. Die jeweiligen Stellungen der verschiedenen Schalthebel und Werkzeugträger während ihrer Arbeitsbewegungen sind also durch den zu gegebener Zeit erreichten Umdrehungswinkel der Steuerwelle bestimmt, und die einem bestimmten Umdrehungswinkel entsprechende Operation findet unabhängig davon statt, ob die vorhergehende Operation zufriedenstellend durchgeführt worden ist. Auf ähnliche Weise würde eine Steuerung mittels Lochkarte, Lochstreifen oder Magnettonband arbeiten, die nur die Signale zum Ein- und Ausschalten der verschiedenen Operationen geben würde, ohne die zufriedenstellende Ausführung dieser Operationen selbsttätig vor Fortsetzung der Arbeit zu prüfen. Wenn z. B. durch Bruch oder Verschleiß eines kraftübertragenden Elementes oder durch Rutschen eines Reibungsantriebes eine Operation nicht zu Ende geführt werden könnte, würde trotzdem die nächste Operation in der durch das Steuerelement festgelegten Zeitfolge eingeleitet werden.

Zu 2. Diese Schwierigkeit wird behoben, wenn Arbeitsschlitten oder Hebel nach Beendigung eines Arbeitshubes das Signal geben, das zur Auslösung des Antriebes für die nächste Arbeitsbewegung dient. Diese Steuerung der Bewegungsfolge durch Anschläge erfolgt dann entsprechend der Stellung der getriebenen und nicht der treibenden Teile, so daß etwaige durch die Beanspruchung der Antriebselemente hervorgerufene Verformungen keinen Einfluß auf die Genauigkeit des Signals haben können. Die Anschläge können einzeln zum Ein- bzw. Ausschalten von Vorschub-, Eilgang- und Rücklaufantrieb dienen, und ganze Arbeitszyklen können auf diese Art automatisch durchgeführt werden. Ein einfaches Beispiel einer solchen Anordnung zeigt Abb. 252, in der das Werkstück auf dem Fräsmaschinentisch nach Einschaltung des Vorschubes im Eilgang an den Fräser herangefahren, mit der verlangten Vorschubgeschwindigkeit zum Fräsen vorgeschoben, im Eilgang zur nächsten zu fräsenden Fläche gefahren, wieder mit der Vorschubgeschwin-

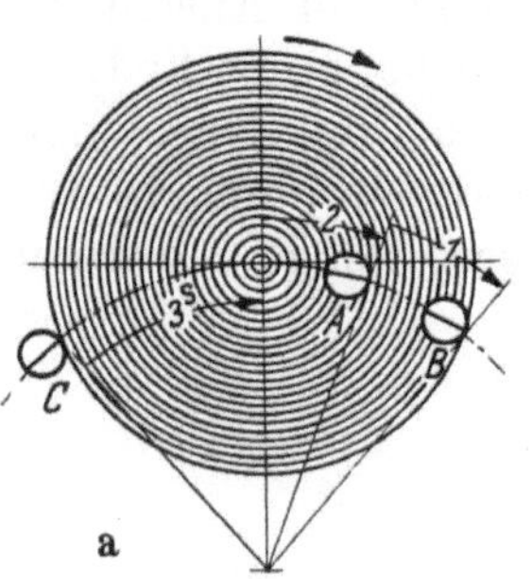

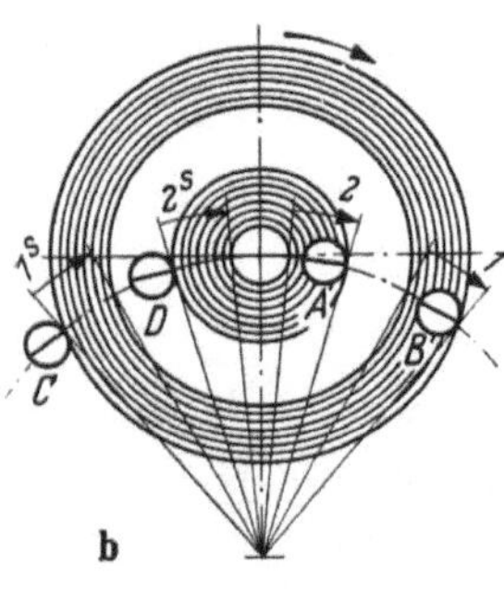

Abb. 248a u. b Plandrehen mit dem Trommelrevolver. a) Plandrehen einer größeren Planfläche. Die Schruppstähle *A* und *B* drehen je die Hälften *1* und *2* der Planfläche vor. Hierauf schlichtet der Stahl *C* die gesamte Fläche *3ˢ*; b) Plandrehen zweier getrennter Planflächen. Die Schruppstähle *A* und *B* drehen zu gleicher Zeit je eine vorstehende Planfläche *1* und *2*. Nach Beendigung der Schrupparbeit werden die beiden Flächen *1ˢ—2ˢ* durch die Schlichtstähle *C* und *D* zu gleicher Zeit geschlichtet

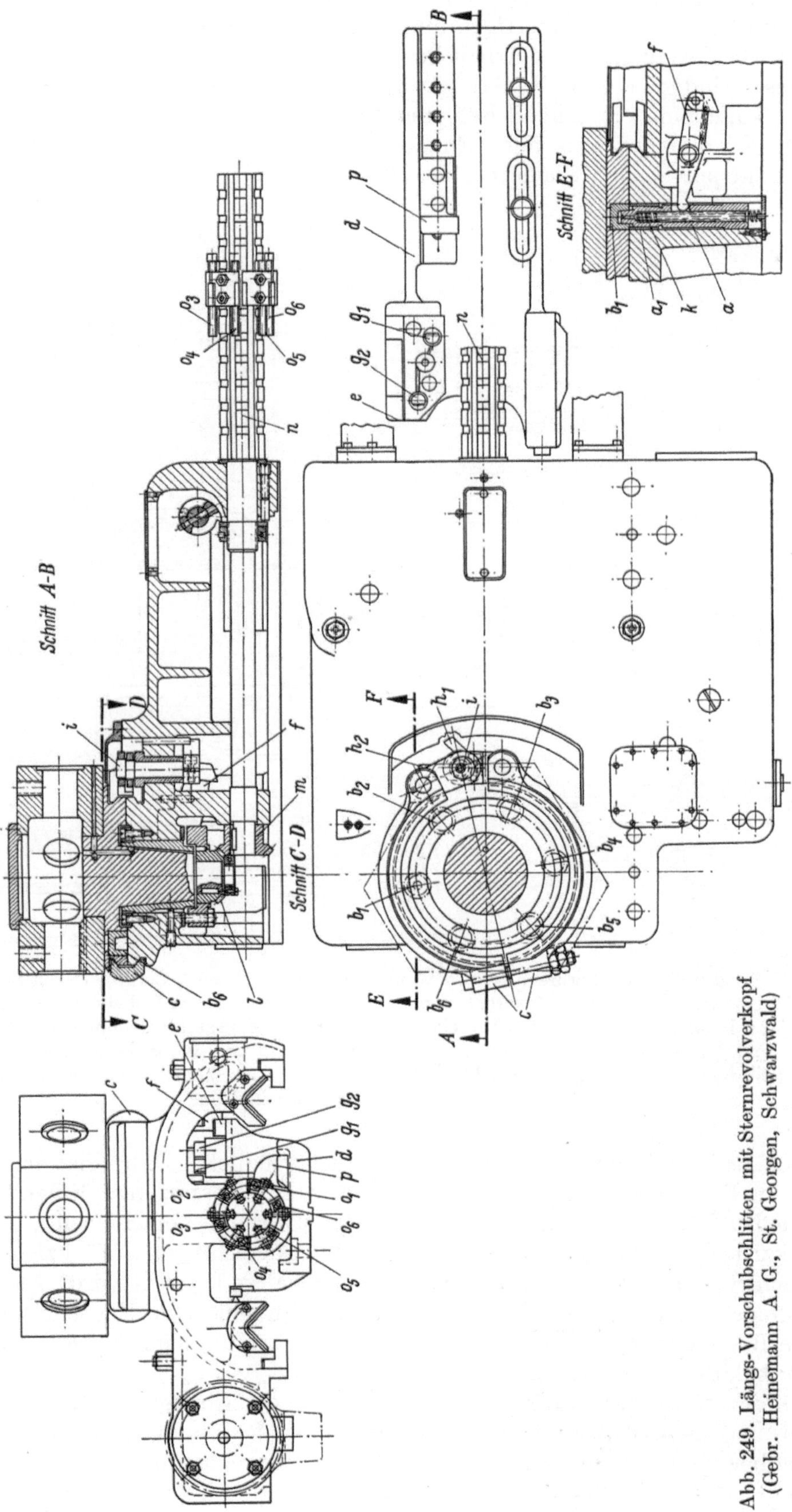

Abb. 249. Längs-Vorschubschlitten mit Sternrevolverkopf (Gebr. Heinemann A. G., St. Georgen, Schwarzwald)

digkeit vorgeschoben wird, usf., bis es am Ende umgesteuert, im Eilgang zurückgefahren und dann zum Ausspannen des fertigen und Einspannen eines neuen Werkstückes stillgesetzt wird. Die Genauigkeit der Arbeit hängt dabei von der Nockeneinstellung und der Reaktionsgeschwindigkeit der Steuerung ab. Als eine Entwicklung solcher Anschlagsteuerungen kann eine einfache Schablonensteuerung angesehen werden, bei der gewissermaßen ein dauernd wirkender Einzweckanschlag mit einem den jeweiligen Anforderungen entsprechenden Sonderprofil (der Schablone) verwendet wird.

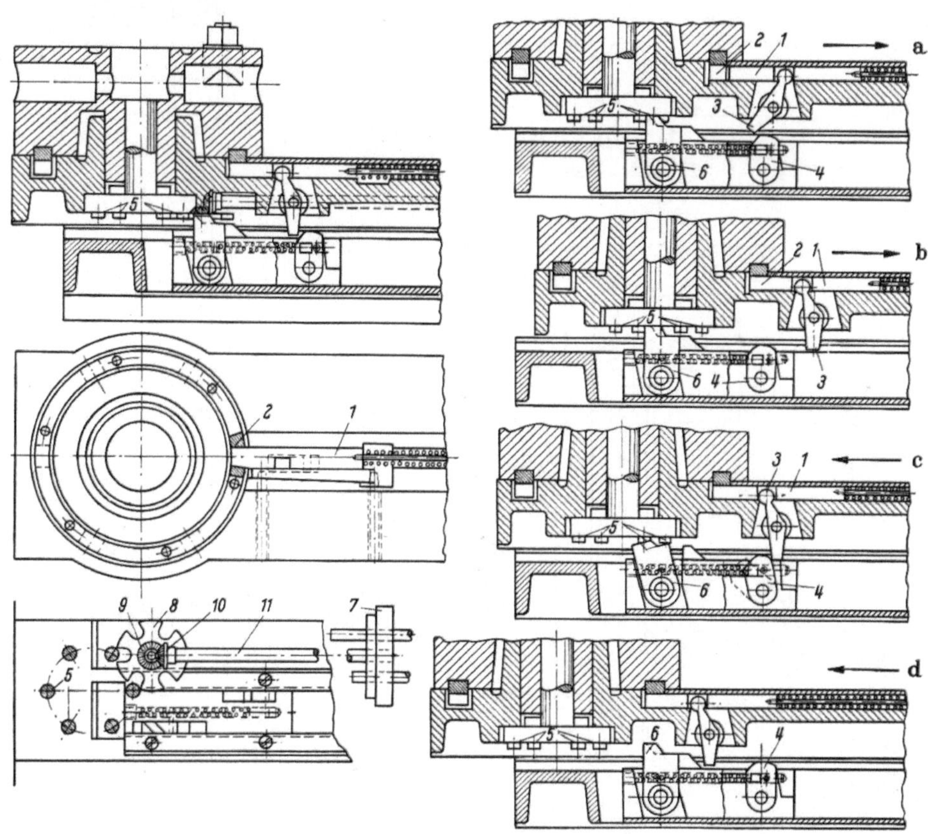

Abb. 250 a—d. Schaltweise des Sternrevolverkopfes mit Flachriegel (Loewe, Berlin). (Nach SCHLESINGER, s. Fußn. 2, S. 6). a) *Rückgang:* Riegel *1* wird aus der Raste *2* gezogen, durch Hebel *3* mittels Anschlag *4*; b) *Drehung:* Revolverkopf wird durch Triebstöcke *5* und Anschlag *6*, Anschlagtrommel *7* ebenfalls durch Triebstöcke *5* und Malteserkreuz *8*, ferner durch Kegelräder *9*, *10* und Welle *11* jeweils um ¹/₆ Teilung gedreht; c) *Vorwärtsgang:* Nachgiebige Anschläge *4* und *6* lassen Riegelhebel *3* und Triebstöcke *5* durch; d) *Arbeitsgang:* Alle Schaltwerkteile in Ruhe

Eine elektrische Lösung dieser Aufgabe ist auch möglich.[1] Dabei hat jede Arbeitsbewegung, im Falle einer Revolverdrehmaschine, z. B. „Spannzange öffnen", „Spannzange schließen", „Werkstoff vorschieben", „Revolverkopf vorschieben", „Revolverkopf zurückziehen", „Querschlitten vorschieben", „Querschlitten zurückziehen", usw., ihren eigenen Steuerstromkreis, der durch einen Schalter betätigt wird. Nachdem die Bewegungsfolge einmal eingestellt ist, wird zusammen mit dem Endschalter für jede ausgeführte Bewegung der Schalter, der den Antrieb für die nächstfolgende Bewegung einschaltet, betätigt.

Zu 3. Diese Art der Steuerung findet man z. B. bei der Einstellung der Schlitten von Bohrwerken und Lehrenbohrmaschinen, deren von den Bedienungsarbeitern eingeschaltete Einstellbewegung ausgeschaltet, der Schlitten festgeklemmt und die eigentliche

---

[1] Siehe I. NICKOLS: Batch Production Automation. Journal of the Institution of Production Engineers, November 1958.

Bohroperation eingeschaltet wird, sobald das von einem unabhängigen Meßgerät gegebene Signal anzeigt, daß der betreffende Schlitten die verlangte Stellung erreicht hat. Wenn die Abmessungen der bearbeiteten Fläche oder Form durch Verstellung der Werkzeugträger geändert werden können, dann können diese Abmessungen nach Beendigung eines Schnittes geprüft und die Einstellung des Werkzeugträgers etwaigen Abweichungen von den Sollwerten entsprechend korrigiert werden. Wenn die Messung erst nach Beendigung der Operation erfolgt, gewährleistet die Korrektur der Werkzeugeinstellung, daß die Abmessungen der folgenden Werkstücke innerhalb der verlangten Grenzen gehalten werden. Indessen kann die Messung vor Abschluß der Operation durchgeführt werden, so daß das Werkstück durch zusätzliche Schnitte auf das verlangte Maß gebracht werden kann. Die Werkzeugeinstellung kann dadurch erzielt werden, daß z. B. bei Schleifoperationen die Schleifscheibe bei einer gegebenen Schlittenstellung der herzustellenden Abmessung des Werkstückes entsprechend abgezogen wird oder dadurch, daß der Werkzeugschlitten so lange

Abb. 251
Karussell-Drehmaschine (Webster & Bennett, Coventry, England)

vorgeschoben wird, bis die verlangte Abmessung erreicht ist. Die Meßeinrichtung der Rundschleifmaschine (Abb. 253) arbeitet nach dem Prinzip einer WHEATSTONEschen Brücke, die im elektrischen Gleichgewicht ist, wenn die Meßlehre a eine dem verlang-

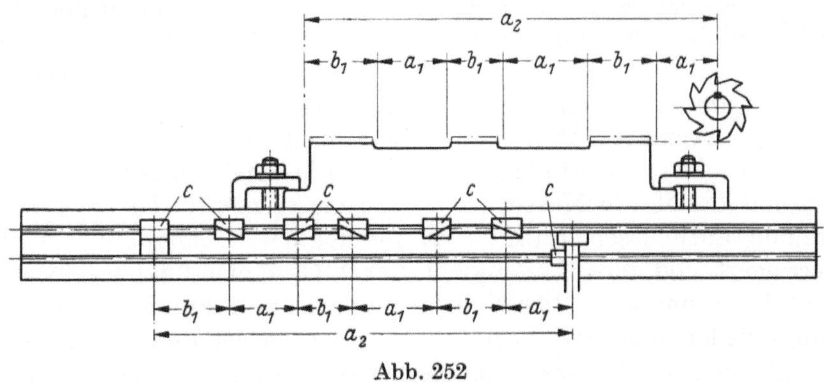

Abb. 252

a_1 Eilgang des Fräsmaschinentisches nach rechts; a_2 Eilgang des Fräsmaschinentisches nach links; b_1 Vorschub des Fräsmaschinentisches nach rechts; c Am Frästisch einstellbare verschiebbare Ausschläge

ten Durchmesser des Werkstückes b entsprechende, vorher eingestellte Stellung erreicht. Sobald dieses Gleichgewicht besteht, wird ein Relais eingeschaltet, das die Zustellbewegung der Schleifscheibe c abschaltet und umkehrt, so daß der Schleifschlitten zurückgezogen wird. Die Arbeitsgenauigkeit des Instrumentes wird mit 1 μ angegeben.

Zu 4. Anstatt die Messung erst am Ende eines Arbeitsganges auszuführen, kann laufend während der Arbeit gemessen und den jeweilig erforderlichen Relativstellungen zwischen Werkzeug und Werkstück entsprechend korrigiert werden. Das kann bei der Bearbeitung von Profilen die laufende Kontrolle und Korrektur von mehreren Schlittenbewegungen erfordern.

Diese Arbeitsweise erfordert also den Einsatz von Meßeinrichtungen, die unabhängig von mechanischen Einflüssen gegebenenfalls die dauernd wechselnden Stellungen der angetriebenen Maschinenteile messen und durch Übertragung der Meßergebnisse auf den Signalgeber „Fehler"-Signale erzeugen, die ihrerseits die Antriebselemente den Erfordernissen entsprechend steuern. Erst dieser letzte Schritt, d. h. das Schließen des Regelkreises, führt zur völligen Automatisierung, d. h. zu dem vollwertigen Ersatz des denkenden Bedienungsarbeiters. An Stelle der dem Arbeiter üblicherweise übergebenen Zeichnung tritt dann das „Programm", das mit Hilfe von Lochkarte, Lochstreifen oder Magnettonband in die Maschine eingeführt wird.

Zu b): Die *Energie* für die eigentliche Steueroperation kann

1. zusammen mit dem Signal eingeleitet,

2. von dem zu steuernden Teil während seiner Arbeitsbewegung geliefert,

3. von dem zu steuernden Teil während seiner Arbeitsbewegung gespeichert und im geeigneten Augenblick durch den Signalmechanismus ausgelöst,

4. unabhängig von dem zu steuernden Teil und von dem Signalmechanismus von außen verfügbar gemacht und im gegebenen Augenblick durch den Signalmechanismus ausgelöst werden.

Abb. 253. Rundschleifmaschine mit elektronischem Meßapparat (John Lund Ltd., Keighley, England)

Zu 1. Diese Methode wird z. B. bei vielen mit einfachen Kurvensteuerungen ausgerüsteten Drehautomaten, bei denen die Steuerkurve gleichzeitig als Schalt- und Vorschubkurve wirkt, verwendet (Abb. 254). Der Vorteil einer solchen Anordnung liegt in ihrer außerordentlichen Einfachheit, ihr Nachteil in der Notwendigkeit, die Starrheit und Festigkeit und damit die Masse der Steuerungselemente den Anforderungen der Energieübertragung anzupassen. Damit wird die mögliche Übertragungsgeschwindigkeit der Signale verringert und ihre Genauigkeit durch Geschwindigkeitsschwankungen der Steuerwelle und durch unvermeidliche Verformungen und Abnutzung der hoch belasteten Übertragungsglieder ungünstig beeinflußt. Außerdem ist die Arbeitsgeschwindigkeit der Steuerelemente von der Drehzahl der Steuerwelle, d. h. von der jeweiligen auf der Maschine auszuführenden Arbeit, abhängig und kann zu unwirtschaftlich langsamen Schaltoperationen führen. Diese Schwierigkeit kann durch besondere Eilgangvorrichtungen behoben werden (s. Abb. 254), bei denen die Steuerwelle sich sozusagen selbst bei Wechsel von einer Vorschub- auf eine reine Schaltoperation auf eine höhere Drehzahl und vor Beginn des nächsten Schnittes wieder zurück auf die durch die Vorschubgeschwindigkeit bedingte Drehzahl schaltet.

Zu 2. Der Einsatz einer gesonderten Steuerenergiequelle zur Trennung von Signal- und Steuerenergie ist nicht notwendig, wenn man die Bewegung des zu steuernden Teiles zur Ausführung der Steueroperation verwendet. Wenn es sich nur darum handelt, die Bewegung eines angetriebenen Maschinenteiles abzuschalten, dann könnte gegebenenfalls der Einsatz eines Anschlages genügen, der einen Kupplungshebel umlegt oder einen

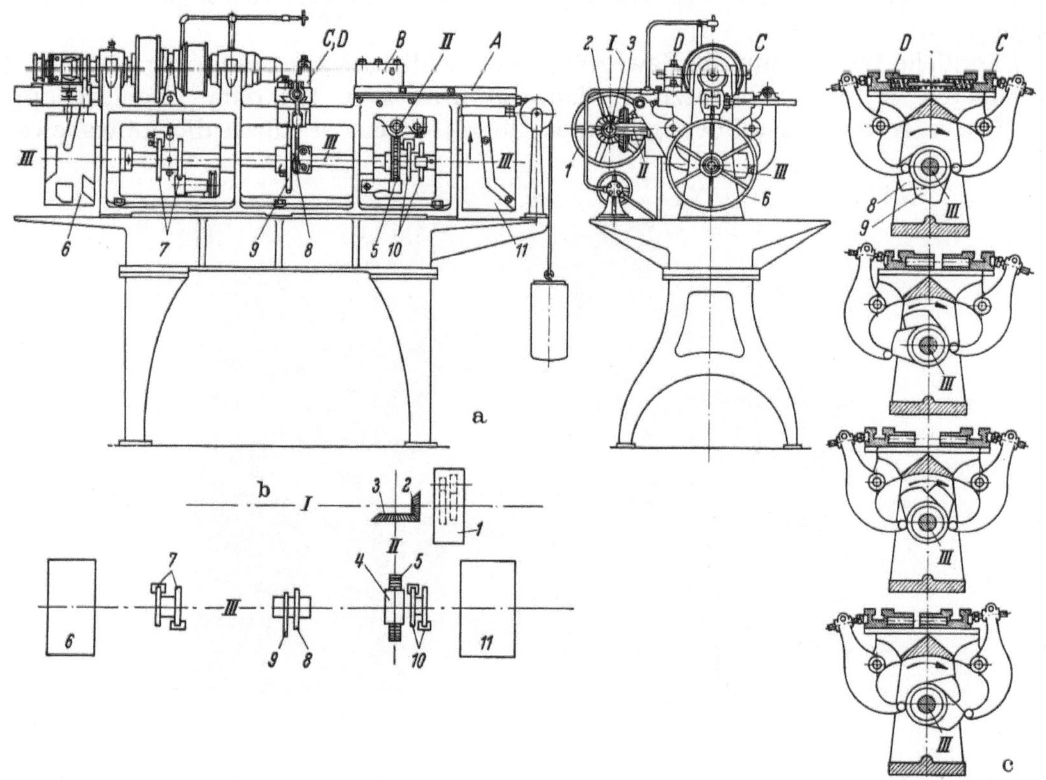

Abb. 254a—c. Selbsttätige Drehmaschine mit einer Steuerwelle (nach SCHLESINGER, s. Fußn. 2, S. 6)
a) Ansicht der Maschine; b) Antrieb der Steuerwelle; c) Vorschub des Querschlittens

I Steuerwellenantriebswelle, *A* Revolverschlitten,
II Schneckenwelle, *B* Revolverkopf,
III Steuerwelle, *C, D* Querschlitten

1 Planetengetriebe zur Arbeits- und Eilgangschaltung der Steuerwelle; *2, 3* Kegelräder; *4, 5* Schneckentrieb; *6* Kurventrommel für Werkstoffvorschub- und Spannung; *7* Nockenscheiben zur Spindelumsteuerung; *8, 9* Kurven für Querschlittenvorschub; *10* Nockenscheiben zur Steuerung des Planetengetriebes; *11* Revolverschlitten-Kurventrommel

elektrischen Kontakt unterbricht, wodurch der Antrieb unterbrochen bzw. außer Betrieb gesetzt und die betreffende Bewegung angehalten wird. Allerdings hängt die Ausschaltgeschwindigkeit, insbesondere bei Verwendung einer Kupplung, von der Arbeitsgeschwindigkeit des zu steuernden Teiles ab und kann bei niedriger Geschwindigkeit unzulässig klein sein (s. S. 153).

Schwieriger ist es, wenn eine Bewegung nicht nur ausgeschaltet, sondern danach eine weitere Steueroperation eingeleitet werden muß. Das ist z. B. bei der Umsteuerung von Vor- auf Rücklauf der Fall, wo also der Antrieb für den Rücklauf eingeschaltet werden muß, wenn der Vorlaufantrieb nicht mehr arbeitet. Ein Beispiel ist die alte Riemenumsteuerung von Hobelmaschinen. Solange der Tisch unter dem Antrieb des einen der beiden Riementriebe steht, wird die Riemenverschiebung durch diesen Antrieb selbst vorgenommen. Da aber während der Umsteuerung beide Antriebe (für Vor- und Rücklauf) für kurze Zeit ausgeschaltet sein müssen, braucht man die kinetische Energie der Tischbewegung zur Vollendung des Umsteuervorganges. Es ist wohl klar, daß in diesem Falle die Umsteuergenauigkeit nicht hoch sein kann, da sie von der Arbeitsgeschwindigkeit des Tisches, den Reibungsverhältnissen und anderen Veränderlichen abhängt. Einfacher ist das Problem, wenn es sich z. B. um Geschwindigkeitsverstellung bei gleichbleibender Bewegungsrichtung handelt. So kann z. B. bei Verwendung einer Überholkupplung (Freilaufkupplung, s. S. 94) leicht von Vorschub auf Eilgang geschaltet werden, da die langsame Vorschubbewegung dauernd weiterläuft. Dadurch wird die Steuerenergie bis zum Anlaufen des Eilgangantriebes zur Verfügung gestellt und bei Abschalten des Eilganges die Vorschubgeschwindigkeit wieder aufgenommen.

Auf ähnliche Weise kann die Bewegung eines Schlittens zur Steuerung der Bewegung eines anderen Schlittens benutzt werden. So wird z. B. bei dem Kegeldrehapparat (Abb. 255a u. b) die Einstellbewegung des Querschlittens A durch die Längsbewegung

a

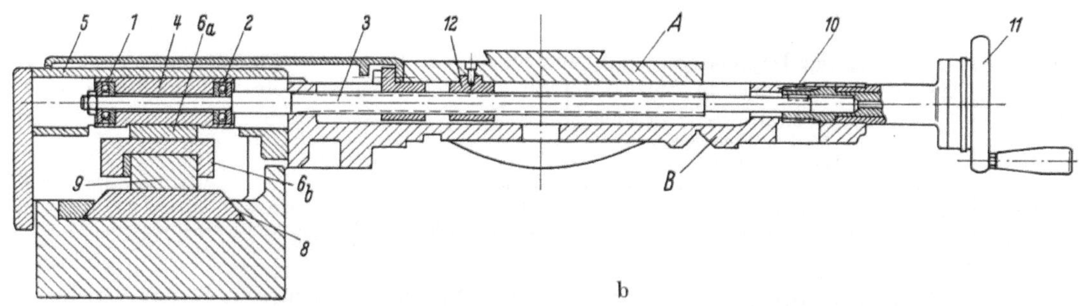

b

Abb. 255a u. b. Kegeldrehapparat (Dean, Smith & Grace Ltd., Keighley, England)

des Bettschlittens B gesteuert. Zu diesem Zwecke sind die Längslager 1 und 2 der Vorschubspindel 3 in einem zylindrischen Block 4 angeordnet, der in Gehäuse 5 geführt ist und durch Führungsstücke $6a$ und b auf dem mit dem Drehmaschinenbett durch Führungsstange 7, Klemmschraube $7a$ und Schwalbenschwanzführung 8 verbundenen, schwenkbaren Lineal 9 während der Schlittenlängsbewegung gleitet. Dabei kann sich die Vorschubspindel 3 in dem Ritzel 10 axial verschieben, so daß die Möglichkeit der Tiefenzustellung mittels Handrad 11, Spindel 3 und Mutter 12 auch während des Kegeldrehens besteht. Die Winkeleinstellung (Einstellschraube 13) des Lineals bestimmt den Kegelwinkel des Werkstückes. Das bei der Arbeit durch Kappe 15 abgedeckte Lineal wird in der gewollten Stellung durch Schrauben 14 festgeklemmt. Der Apparat eignet sich zum Drehen von Kegeln mit Spitzenwinkeln bis zu etwa 20°, da bei größeren Winkeln Reibungsschwierigkeiten auftreten können. Die bearbeitbare Kegellänge ist durch die Länge des Lineals begrenzt.

Die Drehzahlverstellung eines hydraulischen Spindelgetriebes durch die Bewegung eines Vorschubschlittens ist in dem Schema (Abb. 256)[1] gezeigt. Es handelt sich hier um die selbsttätige Regelung der Spindeldrehzahl einer Drehbank, auf der mit konstanter Schnittgeschwindigkeit plangedreht wird. Die Spindeldrehzahl ist durch ein hydraulisches Getriebe (Pumpe *1* und Motor *2*) durch Verstellung der Exzentrizitäten von Pumpe (e_1) und Motor (e_2) stufenlos verstellbar.

Die Pumpe (Welle *I*) wird mit konstanter Drehzahl $n_I = 1000$ U/min angetrieben und treibt über Motor (Welle *II*), Zahnräder *3/4*, *5/6* die Arbeitsspindel *III*. Die Arbeitsspindel treibt die Quervorschubspindel *23* über Zahnräder *11/12*, *13/14* und *15/16* oder *17/18* oder *19/20* und Schneckentrieb *21/22*.

Da die Stellung des Querschlittens von dem jeweiligen Umdrehungswinkel der Vorschubspindel abhängt, kann die Winkelstellung dieser Spindel damit zur Steuerung der Spindeldrehzahl verwendet werden. Dazu dient der Kegelradantrieb *31/32*, *33/34*, Kupplung *35*, Kegelräder *36/37*, Ritzel *38* und Zahnstange *39*. Zahnstange *39* verschiebt die Kulisse *40* und verstellt mittels Kurvenschlitzen zuerst die Pumpenexzentrizi-

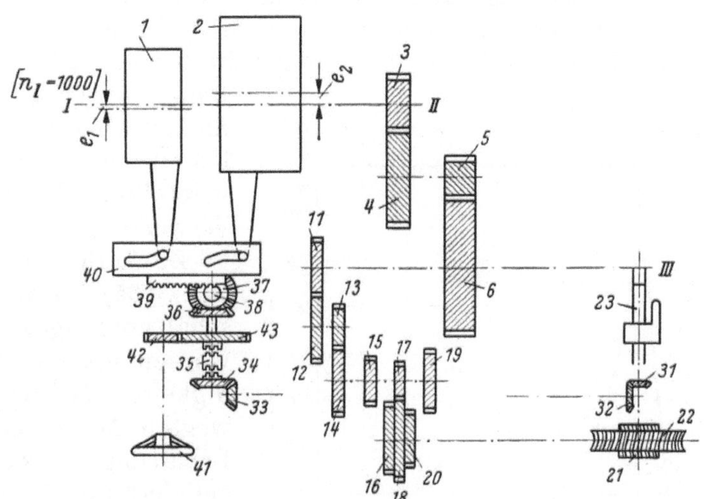

Abb. 256. (Aus SCHLESINGER, s. Fußn. 2, S. 6)

tät e_1 und dann die Motorexzentrizität e_2. Zur Verstellung der Spindeldrehzahl von Hand, kann die Kupplung *35* umgelegt und die Kulisse *40* durch Handrad *41*, Zahnräder *42/43*, Kupplung *35*, Kegelräder *36/37*, Ritzel *38*, Zahnstange *39* bewegt werden.

Bei einem volumetrischen Wirkungsgrad η ist die Spindeldrehzahl (s. S. 126)

$$n_{III} = \eta \cdot \frac{c_1 \cdot e_1}{c_2 \cdot e_2} \cdot n_I \cdot u,$$

wobei u das Übersetzungsverhältnis des Getriebes *3/4*, *5/6* ist. Unter der vereinfachten Annahme eines konstanten mittleren Schlupfverlustes von 5% wird

$$\eta = 0{,}95 \quad \text{und} \quad n_{III} = 0{,}95 \times 1000 \times \frac{c_1 \cdot e_1}{c_2 \cdot e_2} \cdot u.$$

Die Schnittgeschwindigkeit ist bei einem Drehradius r

$$v = 2 \cdot \pi \cdot r \cdot n_{III},$$

und um diese konstant zu halten, muß

$$r \cdot n_{III} = \text{const} = \frac{v}{2\pi}$$

sein.

Da für $r = 0$ $n_{III} = \infty$ sein müßte, kann die Schnittgeschwindigkeit nur bis zu einem gewissen Drehradius konstant gehalten werden. Unterhalb dieses Drehradius bleibt dann die Spindeldrehzahl konstant und die Schnittgeschwindigkeit fällt.

Bei *Pumpenverstellung* bleibt die Motorexzentrizität konstant und ist auf ihren Höchstwert gestellt (s. S. 127).

$$e_2 = e_{2\,max} = \text{const.}$$

Daher gilt

$$r \cdot n_{III} = r \cdot 950 \cdot u \cdot \frac{c_1}{c_2} \cdot \frac{1}{e_{2\,max}} \cdot e_1 = \frac{v}{2\pi}$$

---

[1] KRUG (Flüssigkeitsgetriebe) hat darauf hingewiesen, daß sich diese Anordnung bei Drehdurchmessern über 500 mm nicht bewährt hat.

oder

$$e_1 \cdot r = \text{const} = \frac{v}{2\,\pi} \cdot e_{2\,\text{max}} \cdot \frac{c_2}{c_1} \cdot \frac{1}{950\,u}.$$

Bei *Motorverstellung* bleibt die Pumpenexzentrizität konstant und auf ihrem Höchstwert, so daß

$$e_1 = e_{1\,\text{max}} = \text{const}$$

und

$$\frac{e_2}{r} = \text{const} = \frac{2\,\pi}{v} \cdot e_{1\,\text{max}} \cdot \frac{c_1}{c_2} \cdot 950\,u.$$

Abb. 257 zeigt diese Verhältnisse für eine angestrebte Schnittgeschwindigkeit von 20 m/min und ein Getriebe mit einem Drehzahlbereich von 1 : 8. Die Höchstdrehzahl der Spindel ist 355 U/min. Das entspricht bei $v = 20$ m/min einem Kleinstdrehradius von 9 mm, unterhalb dessen also die Schnittgeschwindigkeit abfällt. Bei dem untersuchten Getriebe wird bis zu einer Drehzahl von etwa 85 U/min Pumpenverstellung R_1 und darüber Motorverstellung R_2 verwendet.

Zu 3. Bei der Besprechung der Klauenkupplung (s. S. 165) ist auf die Gefahr des langsamen Ausschaltvorganges bei hoher Belastung hingewiesen worden, insbesondere bei niedrigen Arbeitsgeschwindigkeiten, bei denen die kinetische Energie der bewegten Masse gering ist. Indessen kann die zur Schaltung notwendige Energie von dem Antrieb geliefert und gespeichert werden, um dann im gegebenen Augenblick ausgelöst zu werden und den Schaltmechanismus zu betätigen.

Ein Beispiel ist die Wurfauslösung einer Klauenkupplung (Abb. 258), die mit Vorspannfeder arbeitet. Die Feder wird durch den Antrieb des beweglichen Teiles a vorgespannt, und sobald die Spitze des mit Schaltstange b von rechts nach links vorgeschobenen Nockens c den Kopf des Anschlages d bei voller

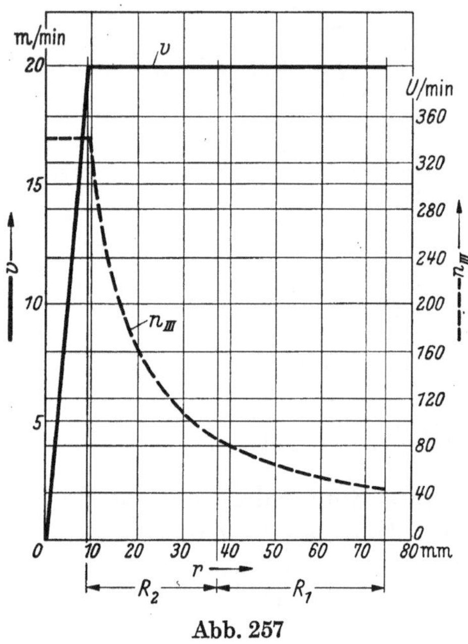

Abb. 257

Federvorspannung überschreitet, wirft Feder e den Nocken c nach links, so daß Hebel f, der nun an der rechten Seite von Schlitz g anliegt, umgeworfen wird und Kupplung k automatisch ausschaltet.

Der Nachteil einer solchen Anordnung liegt darin, daß ihre Wirkung durch die Reibungsverhältnisse stark beeinflußt werden kann. Indessen wird im vorliegenden Falle selbst bei Versagen der Wurfauslösung die Kupplung, allerdings später als beabsichtigt, durch die bei weitergehendem Vorschub von a nach links gestoßene Schaltstange b und Hebel f schließlich, wenn auch langsam, außer Eingriff gebracht.

Das Ausschalten einer solchen Kupplung ist also noch möglich, wenn selbst die durch die Bewegung des Schlittens erzeugte Federvorspannung nicht ausreicht, da der Schlitten während seiner Weiterbewegung schließlich die Verbindung zwischen Antrieb und Vorschubelement langsam unterbricht. Hingegen liegen die Verhältnisse schwieriger, wenn umgesteuert werden soll, da dann der bewegliche Schlitten zwischen Vorwärts- und Rückwärtsgang für einen Augenblick zum Stillstand gebracht werden muß und seine Bewegung daher keinen weiteren Einfluß auf die Bewegung der Steuerelemente ausüben kann. Wenn zu diesem Zwecke wieder die Steuerenergie durch Federvorspannung gespeichert und im geeigneten Augenblick ausgelöst werden soll, dann muß die erforderliche Steuerenergie niedrig und der Einfluß der Reibungsverhältnisse auf die eigentliche Steueroperation gering gehalten werden, um zuverlässiges Arbeiten eines solchen Mechanismus zu gewährleisten. Das ist z. B. bei hydraulischen Steuerungen der Fall. Einen Klinkenmechanismus, wie er ähnlich auch zur Bewegungsumkehr mechanisch gesteuerter

Schleifmaschinen verwendet wird, zeigt Abb. 259. Ein von Tischanschlägen betätigter Umsteuerhebel ist fest mit dem Doppelhebel a, der die am Hebel c anliegenden Federbolzen b_1, b_2 trägt, verbunden. Hebel c, an dem der Steuerschieber d angelenkt ist, wird durch zwei drehbar im Gehäuse gelagerte Klinken e_1, e_2 abwechselnd in einer seiner Endlagen gehalten, so daß er zunächst einer Drehung des Doppelhebels a nicht folgen

kann. Die an den Enden des Hebels a befindlichen Schrauben f_1, f_2 drehen bei einer Drehung des Hebels a auch die Klinken e, deren Stützflanken so ausgebildet sind, daß hierbei der Hebel c und damit der Steuerschieber d sich langsam verschieben, die Zu- und Abflußkanäle drosseln und die Kolbengeschwindigkeit herabsetzen. Wenn schließlich die sperrende Klinke e_1 den Hebel c freigibt, schnellt dieser unter dem Druck des Federbolzens b_1 nach links und bewirkt die Umsteuerung. Zur stoßlosen Umsteuerung und zur Einstellung der Umsteuergeschwindigkeit dient ein Ölpuffer in Gestalt des Drosselventils in Rohrleitung g. Außerdem können beide Klinken e mit Hilfe der frei einstellbaren Nockenscheiben h ausgehoben werden, wonach dann der Tisch leicht von Hand umgesteuert

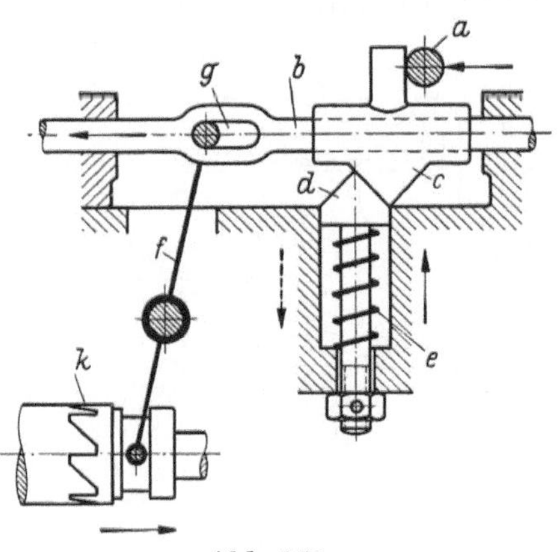

Abb. 258

werden kann. Der Nachteil dieser Konstruktion liegt darin, daß sie sehr genau eingestellt werden muß und sehr empfindlich ist.

Bevor die Schaltoperation von einem der oben genannten Energie speichernden Mechanismen ausgeführt werden kann, muß der zu steuernde Teil (Schlitten oder Hebel) einen bestimmten Weg zurücklegen, um die Schaltfeder vorzuspannen. Dazu ist ein gewisser künstlicher toter Gang und damit ein gewisser Mindesthub des zu steuernden Teiles erforderlich, der im Beispiel (Abb. 258) durch die Länge des Schlitzes g bestimmt ist. Für sehr kleine Hübe und hohe Schaltgenauigkeit ist ein solcher Mechanismus daher nicht geeignet.

Für sehr genaues Abschalten der Vorschubbewegung von Drehmaschinenschlitten arbeitet man aus diesem Grunde gegen feste, oft durch Mikrometerschrauben einstellbare Anschläge und verwendet Überlastungssicherungen, die indessen nicht nur gleiten, sondern bei Überlastung (z. B. durch Anfahren gegen einen festen Anschlag) den Antrieb völlig außer Betrieb setzen. Ein solcher Mechanismus ist in Abb. 260 schematisch

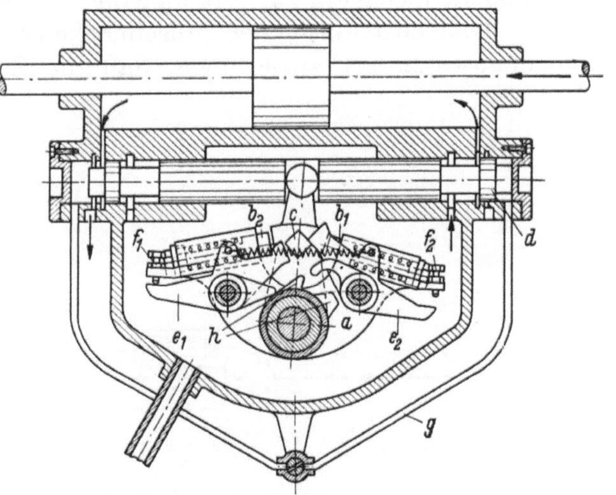

Abb. 259. Klinkensteuerung für hydraulischen Kolbenantrieb, DRP. 445859

gezeigt. Die Schnecke 1 wird über die Rutschkupplung 2 (s. Abb. 238) angetrieben. Zur Verringerung der Reibungsverluste und Erhöhung der Arbeitsgenauigkeit wird das Drehmoment in der Kupplung durch Kugeln 3, die zwischen den schrägen Zahnflächen liegen, übertragen. Der Antrieb geht weiter über Schneckenrad 4, auf Ritzel 5, das auf der im Bett gelagerten Zahnstange 6 abläuft und die Räderplatte mit dem Längsschlitten vorschiebt.

Wenn der Längsschlitten gegen einen festen Anschlag 7 anläuft oder wenn die Vorschubkomponente des Schnittwiderstandes einen zulässigen Wert überschreitet, beginnt die von der Haltefeder 8 gehaltene Kupplungsmuffe aus ihrer normalen Arbeitsstellung

(Abb. 260a) nach rechts (Abb. 260b) zu gleiten. (Der Kraftschluß ist durch die Pfeillinien angedeutet.) Sobald die Kupplung völlig außer Eingriff ist (Abb. 260c), fällt der Haltestift 9 in die Ringnute 10, und der Antrieb der Schnecke ist völlig unterbrochen. Zum Wiedereinschalten braucht der Haltestift 9 nur von Hand mittels eines Hebels (s. Abb. 453) zurückgezogen zu werden, worauf die Kupplung den Antrieb wieder aufnehmen kann, es sei denn, daß der Grund für die Überlastung noch nicht behoben ist.

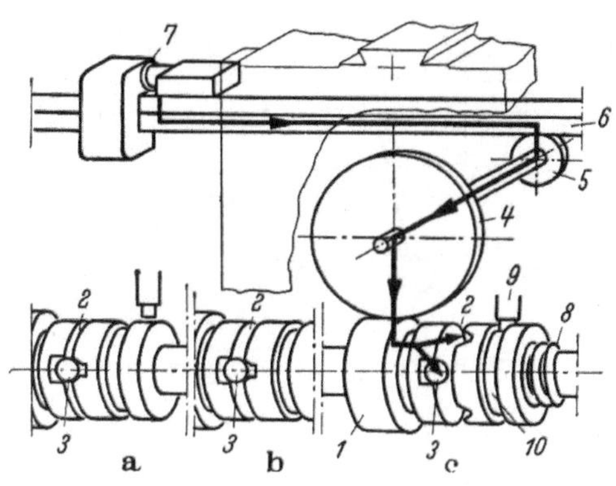

Abb. 260a—c. Vorrichtung zum Anschlagdrehen auf der SCHAERER-Drehmaschine (Industrie-Werke, Karlsruhe, Aktiengesellschaft)

Eine andere Lösung ist der Fallschnecken-Mechanismus, in dem bei Überlastung eine Antriebsschnecke aus dem Eingriff mit ihrem Schneckenrad geworfen wird. Die Schnecke liegt in einem schwenkbaren Gehäuse, dessen Schwenkachse S entweder im rechten Winkel (Abb. 261a) oder parallel (Abb. 261b) zur Schneckenachse liegt. Im ersten Falle ist eine Universalkupplung (z. B. ein Kugelgelenk) zwischen Antriebswelle I und Schneckenwelle II notwendig, im zweiten Falle genügt ein Zahnradpaar 1, 2. Ein im Schneckengehäuse gelagertes Halteglied 3 liegt auf einem festen Anschlag 4 der Räderplatte auf und hält dadurch die Schnecke in Eingriff. Der Antrieb der Schnecke erfolgt über eine Überlastungskupplung (s. Abb. 238), die unter Federdruck 5 in Eingriff gehalten wird.

Bei Überlastung (Anschlagdrehen) weicht die Kupplung gegen die Wirkung der Haltefeder 5 zurück und verschiebt damit das Halteglied 3 von Anschlag 4, so daß die Schnecke 6, meistens durch die Kraft einer Auswurffeder beschleunigt, aus dem Eingriff mit dem Schneckenrad 7 fällt und der Antrieb unterbrochen wird.

Bei der Konstruktion der Fallschnecke ist es wichtig, den Schwenkpunkt des Schneckengehäuses derart anzuordnen, daß die Zahnkraft der Ausschwenkbewegung nicht

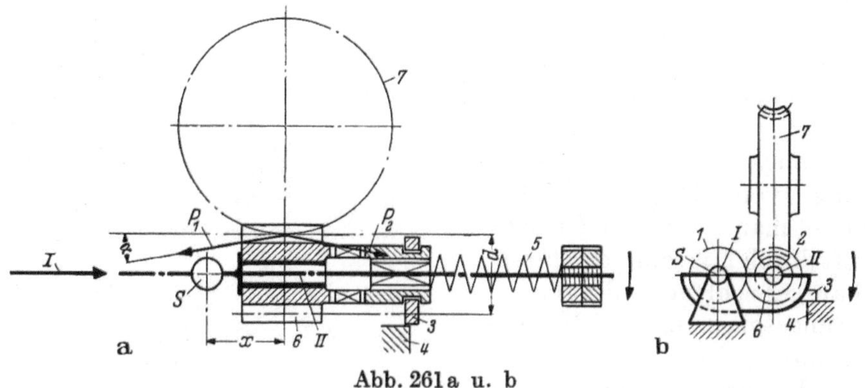

Abb. 261a u. b

entgegenwirkt. Die Zahnkraft wächst mit der Belastung und kann so erheblich werden, daß sie ein Ausrücken der Schnecke verhindert. Wenn z. B. in der Anordnung (Abb. 261a) der Abstand x der Schwenkachse S von der Schneckenradmittellinie kleiner ist als $d/2 \tan \alpha$, wobei α der Eingriffswinkel der Schneckenradverzahnung ist, dann würde eine Zahnkraft in Richtung P_1 die Schnecke im Eingriff halten, während eine bei entgegengesetzter Drehrichtung wirkende Kraft P_2 die Schnecke dagegen auszuschwenken suchen würde. Die im Falle (Abb. 261b) zwischen Zahnrädern 1 und 2 wirkende Zahnkraft ist wegen der höheren Drehzahl dieser Zahnräder und des kleineren Drehmomentes geringer und einfacher zu beherrschen. Man kann natürlich auch die Fallschnecke vor ein Drehrichtungswendegetriebe legen, so daß der Schneckenradantrieb immer in der gleichen, zum Auswerfen günstigen Drehrichtung arbeitet.

An Stelle der Rutschkupplung, die den Antrieb bei Überlastung durch ihre Axialbewegung ausschaltet, tritt in der elektromechanischen Konstruktion (Abb. 262)[1], die in Verbindung mit dem Eilgangmechanismus (Abb. 131 b) verwendet wird, eine unter der Axialkomponente der Antriebskraft verschiebbare Schnecke, deren Axialbewegung in ein elektrisches Signal umgewandelt wird. Dieses Signal kann dann nicht nur zum Ausschalten des Antriebsmotors, sondern auch zum Einschalten einer beliebigen Operation verwendet werden, falls eine solche eingeleitet werden soll, sobald der Schlitten die durch den festen Anschlag (s. 7, Abb. 260) bestimmte Stellung erreicht hat. Die Längsdrucklager *11*, *12* für die Schneckenwelle *II* sind in einer axial verschiebbaren Büchse *13* gehalten. Die zur Verschiebung der Büchse *13* nach beiden Seiten, d. h. für Vor- und Rücklauf der Schnecke, erforderliche Axialkraft ist durch Feder *14* bestimmt,

die über Schaltstange *15* und Hebel *16*, Büchse *13* axial in ihrer Arbeitsstellung hält. Bei Überlastung (Arbeiten gegen festen Anschlag, zu hoher Vorschubwiderstand usw.) wird Feder *14* unter der Wirkung der erhöhten Axialkraft der Schnecke komprimiert und Schaltstange *15* verschoben, so daß der auf Schaltstange *15* sitzende Anschlag *17* dadurch einen der beiden Schalter *18a* oder *18b*, die ihrerseits die verlangte elektrische Schaltung einleiten, betätigt.

Bei der Konstruktion der obenerwähnten, zum Arbeiten gegen feste Anschläge dienenden Überlastungssicherungen ist grundsätzlich folgendes zu beachten. Im Gegensatz zu den Mechanismen, die die Schaltenergie während der Verschiebung des Arbeitsschlittens speichern, wird hier Energie in dem Antriebsmechanismus selbst bei stillstehendem (von dem festen Anschlag gehaltenem) Schlitten gespeichert. Der gesamte Mechanismus ist dadurch in einem bis zum Augenblick des Ausschaltens wachsenden

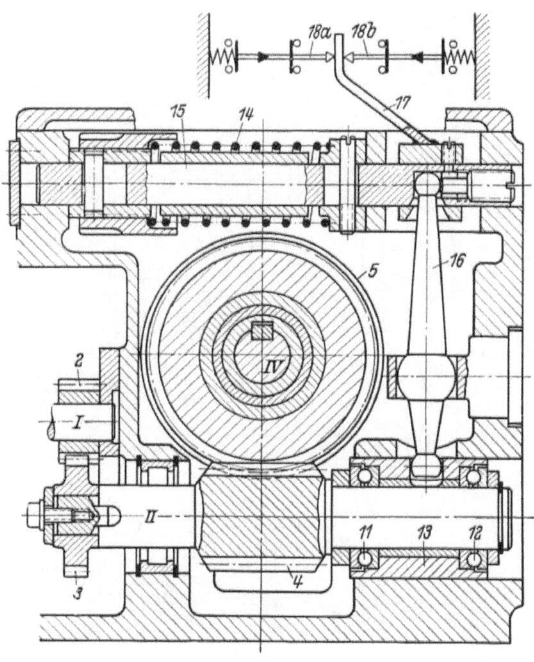

Abb. 262

Spannungszustand, der beim Ausschalten plötzlich freigegeben wird. Je geringer die Steifigkeit des Mechanismus, d. h. die Biegungssteifigkeit von Hebeln und Zähnen und die Torsionssteifigkeit von Wellen und Rädern, ist, desto größer ist die durch den Spannungszustand hervorgerufene Verformung der Elemente, die beim Auslösen wieder in ihren ursprünglichen Zustand zurückgehen und dadurch eine Rückbewegung des Arbeitsschlittens hervorrufen können. Da ein solcher Rücksprung eines Arbeitsschlittens die bearbeitete Oberfläche beschädigen kann, muß er durch höchste Steifigkeit der Konstruktion vermieden werden.

Zu 4. Die Trennung von Signal- und Energieübertragung führt zur vollen Ausnutzung der Möglichkeiten selbsttätiger Steuerungen, da sie nicht nur die Größenordnung der zu übertragenden Leistungen den Erfordernissen anzupassen erlaubt sondern den Einsatz von elektrischen, mechanischen, hydraulischen und pneumatischen Mitteln in jeder gewünschten Kombination ermöglicht.

Zuerst ist diese Trennung wohl in den rein mechanisch gesteuerten Drehautomaten[2] durchgeführt worden, in denen die Hauptsteuerwelle die Signal- und die Hilfssteuerwelle die Steuerenergie zur Verfügung stellt. In dieser ursprünglich von Brown & Sharpe (1898) stammenden Konstruktion (Abb. 263) macht die Hauptsteuerwelle, wie in der Maschine

---

[1] Gebr. Honsberg, Remscheid-Hasten.
[2] Siehe F. Karpinski: Einspindelautomaten. Berlin/Göttingen/Heidelberg: Springer 1958.

(Abb. 254), eine Umdrehung je Arbeitsstück. Die Energie für die Steueroperation wird von einer mit konstanter Geschwindigkeit, unabhängig von der Bearbeitungszeit je Werkstück, laufenden Hilfssteuerwelle *I* geliefert, die außerdem die Hauptsteuerwelle *II* antreibt. Da die Drehzahl der Hauptsteuerwelle den Bearbeitungszeiten der verschiedensten Werkstücke entsprechend einstellbar sein muß, erfolgt der Antrieb über einen Satz Wechselräder *1, 2, 3 ,4*, der zwischen Welle *I* und Schneckentrieb *5, 6* liegt und die erforderliche Drehzahleinstellung ermöglicht. Die Hauptsteuerwelle ist durch Kegelräderpaar *7, 8* in zwei rechtwinklig zueinanderliegende Wellen *IIa* und *IIb* unterteilt, von denen *IIa* die Vorschubkurven *9* für den Revolverkopfschlitten *A* und *IIb* die Vorschubkurven *10, 11* für die Querschlitten sowie die „Signal-Nockenscheiben" *12, 13, 14* trägt,

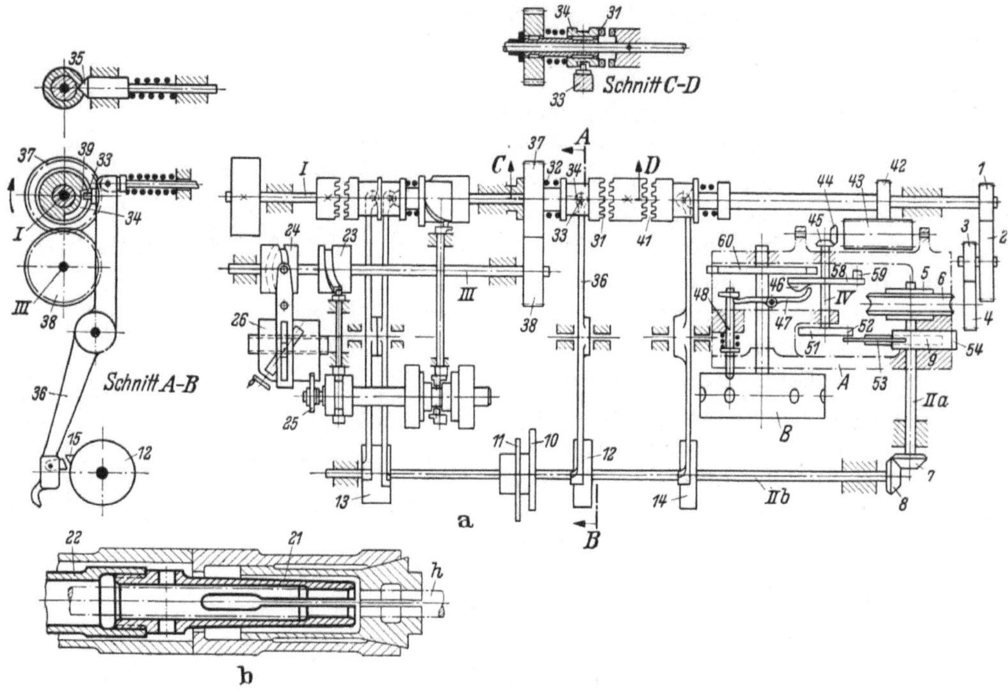

Abb. 263a u. b

die die verschiedenen Steueroperationen und Schaltungen — Werkzeugvorschub und Spannung (Nockenscheibe *12*), Geschwindigkeits- und Drehrichtungswechsel der Arbeitsspindel (Nockenscheibe *13*), Rückzug, Schalten und Vorschieben des Revolverkopfes (Nockenscheibe *14*) — einleiten.

Die Wirkungsweise der Schaltung möge an dem Beispiel der Steuerung von Werkstoffvorschub und Spannung gezeigt werden. Der Vorschub der Werkstoffstange erfolgt mit Hilfe einer nach innen gefederten Zange *21* (Abb. 263b). Diese wird mittels Rohr *22* um die Hublänge des verlangten Stangenvorschubes auf der durch die Spannzange (*a*, s. Abb. 241c) gehaltenen Werkstoffstange zurückgezogen und dann bei geöffneter Spannzange wieder vorgeschoben. Der Hub der Spannzangenbewegung ist unabhängig von Werkstückdurchmesser und Länge und wird durch die Kurve *23* erzeugt. Da der Hub der Vorschubzangenbewegung der Werkstücklänge entsprechend eingestellt werden muß, ist zwischen Steuerkurve *24* und Vorschubzangenantrieb *25* eine Hebelanordnung mit veränderlicher Übersetzung *26* geschaltet.

Um höchstmögliche Schaltgeschwindigkeiten zu erhalten, müssen die während der Steuervorgänge zu beschleunigenden Massen klein gehalten werden. Aus diesem Grunde läuft die Hilfssteuerwelle *I* dauernd, und die jeweils erforderlichen Steuerkurven werden nach Bedarf durch Schnellschaltkupplungen *31* mit der Steuerwelle gekuppelt. Jede dieser Kupplungen steht dauernd unter Federdruck *32*, der sie einwirft, sobald Haltezapfen *33* in Kurvenschlitz *34* sie freigibt. Bei manchen Maschinen sind die Kupplungen außerdem noch durch einen Rastbolzen *35* gegen ungewollte Verdrehung aus der Grundstellung gesichert. Sobald also der einstellbare Nocken *15* auf Scheibe *12* der Hauptsteuerwelle *IIb* den Hebel *36* anhebt, wird Zapfen *33* zurückgezogen und die dadurch freigegebene Kupplung durch Feder *32* in Eingriff gebracht. Welle *I* treibt dann über Kupplung *31*, Zahnräder *37*, *38* Welle *III* mit Steuerkurven *23*, *24*, die ihrerseits Werkstoffvorschub und Spannung betätigen. Nach etwa drei Viertel Umdrehung der Kupplung *31* fällt Zapfen *33* wieder ein, zieht die Kupplung außer Eingriff und verhindert etwaiges Überlaufen der Grundstellung (Anschlagfläche *39*).

Die Hilfssteuerwelle läuft im allgemeinen mit einer Drehzahl von 120 U/min, so daß — mit Ausnahme von Sonderfällen, bei denen besondere Vorkehrungen getroffen werden — eine Schaltoperation in $^1/_2$ Sekunde erfolgt.

Die Trennung von langsamer Arbeitsbewegung und schneller Schaltbewegung ist auch bei der Revolverkopfsteuerung durchgeführt. Die Schaltung des Schlittens *A* mit Revolverkopf *B*, der durch Kurve *9* auf Hauptsteuerwelle *IIa* vorgeschoben wird (Abb. 263a), wird durch Nockenscheibe *14* eingeleitet, die bei jeder Schaltung über Kupplung *41*, Zahnräder *42*, *43* und Kegelräder *44*, *45* jeweils eine Umdrehung der Revolverkopfschaltwelle *IV* erzeugt.

Die eigentliche Schaltbewegung (Schnellrückzug, Entriegelung mittels Kurve *46*, Hebel *47*, Riegel *48*, $^1/_6$-Umdrehung des Revolverkopfes, Schnellvorschub in Arbeitsstellung) erfolgt mittels Kurbelgetriebe und Malteserkreuzschaltung.

Der Schnellrückzug und Vorlauf sowie die Schaltung des Revolverkopfes sind aus Abb. 264[1] zu ersehen:

Stellung a: Revolverschlitten *A* ist in seiner durch die vorhergehende Schnittoperation bedingten vordersten Stellung, und Welle *IV* beginnt sich zu drehen;

Stellung b: Kurbeltrieb *51*, *52*, *53* zieht den Schlitten *A* nach hinten. Zahnstange *54* gleitet im Revolverschlitten *A*. Feder *55* verhindert, daß sich Hebel *56* von Kurve *9* abhebt;

Stellung c: Revolverschlitten *A* liegt gegen Anschlag *57* an, der die hinterste Stellung des Schlittens festlegt. Dadurch hebt jetzt der Kurbeltrieb den Vorschubhebel *56* von Kurve *9* ab. Die eigentliche Revolverkopfschaltung durch das Maltesergetriebe *58*, *59*, *60* beginnt;

Stellung d: Schlitten *A* bleibt in seiner hintersten Stellung, Hebel *56* wird weiter von Kurve *9* abgehoben und die Revolverkopfschaltung *58*, *59*, *60* fortgesetzt;

Stellung e: Die Revolverkopfschaltung ist beendet, und Hebel *56* wird wieder zur Kurve *9* zurückbewegt;

Stellung f: Hebel *56* liegt an seiner nächsten Arbeitskurve *9* an, und Kurbeltrieb *51*, *52*, *53* schiebt den Revolverschlitten *A* schnell vor. Zahnstange *54* gleitet im Schlitten *A*;

Stellung g: Der Schnellvorschub ist beendet, der Kurbeltrieb *51*, *52*, *53* in seiner Totlage und daher selbsthemmend, der Revolverkopf ist verriegelt *48* (Abb. 263), und der Arbeitsvorschub (Kurve *9*, Hebel *56*, Zahnstange *54*, Schlitten *A*) beginnt.

[1] Aus G. Schlesinger: s. Fußn. 2, S. 6.

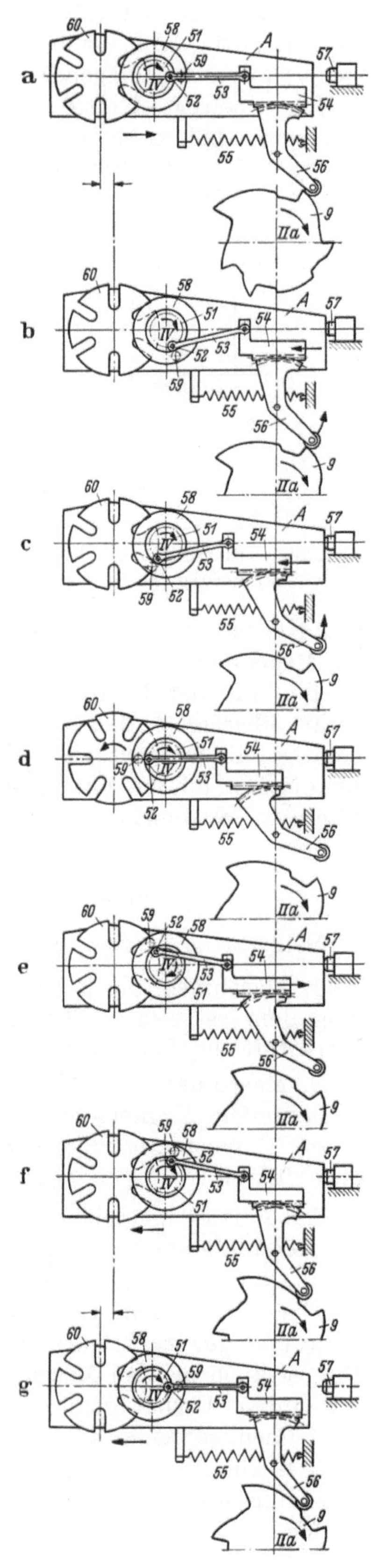

Abb. 264a—g

Der Einsatz hydraulischer Energie zur Steuerung hydraulischer Antriebe wird vielfach in Form der „Vorsteuerung" angewendet. Abb. 265 zeigt eine solche Steuerung.
Der von den Anschlägen *1a* bzw. *1b* des hydraulisch angetriebenen Schleifmaschinen-
tisches *1* bewegte Umsteuerhebel *2* gibt das Signal, indem er den Steuerschieber *3* in
eine seiner beiden Endlagen verschiebt und dadurch einen Hilfsölstrom nach einer der
beiden Seiten des Steuerkolbens *4* leitet. Steuerkolben *4* ist mit dem Hauptsteuer-

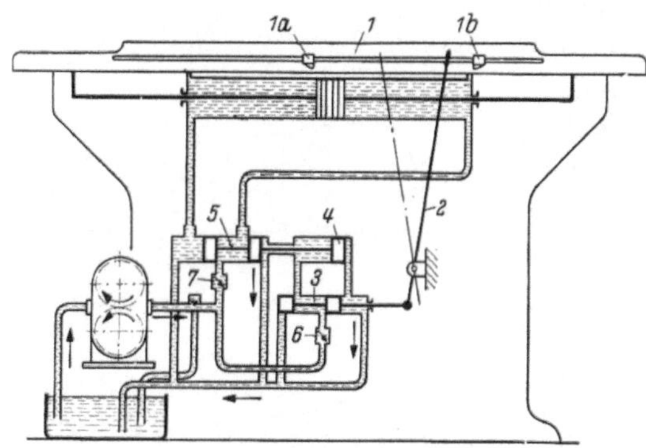

Abb. 265. Tischantrieb mit hydraulischer Vorsteuerung (D. R. P. 342463)

schieber *5* starr verbunden und bewegt diesen
dadurch in eine der beiden Endstellungen,
die die Richtung der Tischbewegung nach
rechts oder links bestimmen. Die Tischbewegung leitet also nur die Umsteuerungs-
energie, ohne sie zu erzeugen. Dadurch ist
die Umsteuergeschwindigkeit von der Geschwindigkeit und Bewegungsenergie des Tisches
unabhängig, und selbst ein augenblickliches
Stehenbleiben des Tisches kann den Umsteuervorgang nicht außer Betrieb setzen.

Durch Änderung der Umsteuergeschwindigkeit mittels Drosselventil *6* kann der Tisch an
den Hubenden für eine gewisse Zeit im Still-
stand gehalten werden, was z. B. beim Ausschleifen wichtig ist. Drosselventil *7* dient
zur Regelung der Tischgeschwindigkeit.

Bei anderen Konstruktionen werden Vorsteuerelement und Hauptsteuerschieber
derart überlagert, daß z. B. eine Drehbewegung des Steuerschiebers die Vorsteuerung
betätigt, die ihrerseits dann den Steuerschieber axial verschiebt. Zahlreiche solche Konstruktionen, mit und ohne Druckausgleich für die Steuerelemente, sind in der einschlägigen
Literatur[1] ausführlich beschrieben.

b) Anwendungen (Beispiele selbsttätiger Maschinen)

Selbsttätige Maschinen können grundsätzlich in zwei Gruppen eingeteilt werden:

1. Maschinen, die jeweils für eine bestimmte Arbeit eingerichtet werden und diese
dann dem festgelegten Plan entsprechend wiederholen, solange ihnen der zu bearbeitende
Werkstoff zugeführt wird.

2. Maschinen, denen ein „Arbeitsprogramm" in irgendwelcher Form, Lochkarte,
Lochstreifen, Magnettonband u. a., zugeführt wird und die ohne „Einrichtung" in dem
unter 1. genannten Sinne verschiedene Arbeiten dem gegebenen Programm gemäß
durchführen.

Zu 1. Hier handelt es sich gewissermaßen um Mehrzweckmaschinen, die mit Hilfe
von verstellbaren Anschlägen, Nocken, eigens konstruierten Kurven, einstellbaren Werk-
zeughaltern usw., in Einzweckmaschinen umgewandelt werden.

Der Einsatz von Einzweckmaschinen ist im allgemeinen erst dann wirtschaftlich,
wenn eine gewisse Mindestzahl identischer Werkstücke laufend bearbeitet werden muß.
Das ist auch bei den Maschinen der ersten Gruppe der Fall, zu denen z. B. die bereits
erwähnten Drehautomaten und nockengesteuerten Fräsmaschinen gehören. Solche
Maschinen werden außerdem oft als „Halbautomaten" eingesetzt, bei denen trotz selbsttätigen Ablaufens der eigentlichen Arbeitsgänge der Bedienungsarbeiter die Werkstücke
nicht nur einlegen und herausnehmen, sondern auch von Zeit zu Zeit auf Maßgenauigkeit
prüfen muß. Als Beispiele seien 2 Schleifmaschinen genannt, bei denen hydraulisch-
mechanische und elektro-pneumatische Steuerungen verwendet werden.

[1] Krug, H.: s. Fußn. 1, S. 117. — Dürr, A., u. O. Wachter: s. Fußn. 1, S. 117.

Bei der „Fulcro-Sizer"-Schleifmaschine erfolgt die Grobzustellung der Schleifscheibe A wie üblich durch Quervorschub. Zur Feinzustellung wird indessen der Tisch, der den Werkstückspindelkasten und den Reitstock (Werkstückachse I, Abb. 266) trägt, um eine waagerechte Achse gekippt und die Werkstückachse dadurch gegen die Schleifscheibe bewegt. Der Längsschlitten 1 trägt die zum Kegelschleifen um Mittelzapfen 2 schwenkbare Tischplatte 3. Auf dieser ist der Spindel- und Reitstockträger 4 auf waagerechten Schneiden 5 schwenkbar angeordnet. Die Schwenkbewegung (von Stellung $4a$

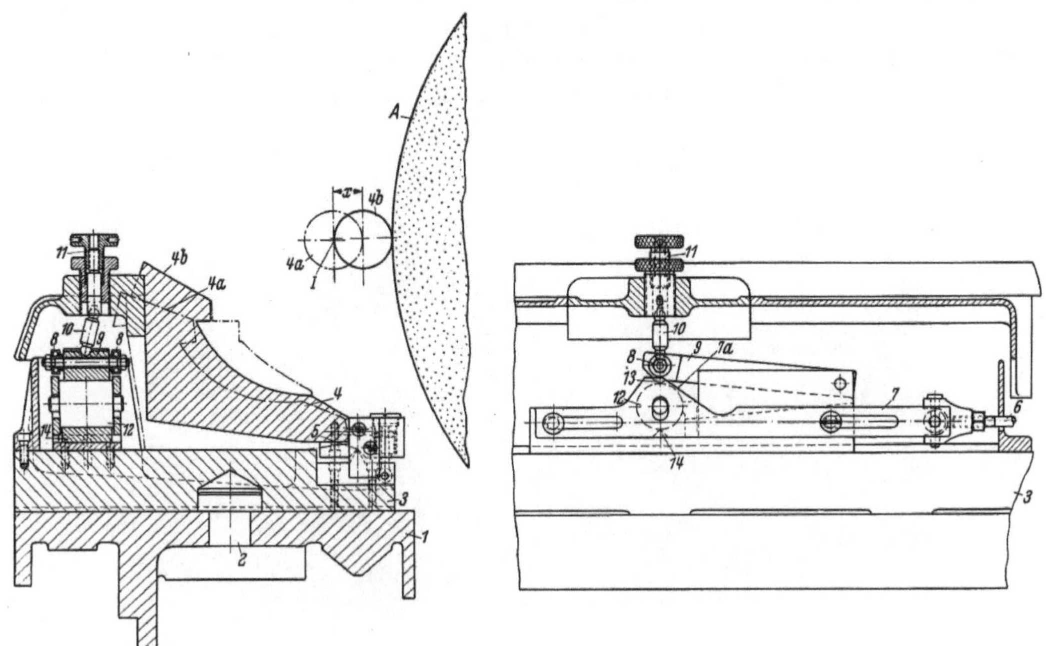

Abb. 266. „Fulcro Sizer" Schleiftisch (The Churchill Machine Tool Co. Ltd., Broadheath, England)

bis Stellung $4b$) wird hydraulisch durch Schubstange 6, Kurvenschieber 7 mit Schrägfläche $7a$, Kugellager 8, Schwenkhebel 9 und Druckstelze 10, die durch Mikrometerschraube 11 fein einstellbar ist, gesteuert. Die letzte Feinzustellung erfolgt über die in dem Kurvenschieber 7 gelagerte Präzisionsrolle 12 und Schneiden 13 und 14. Durch die Schwenkbewegung aus Stellung $4a$ in Stellung $4b$ wird die Werkstückachse I um den Betrag x gegen die Schleifscheibe bewegt.

Da der Schwenkhub des Tisches für alle Arbeiten der gleiche ist, muß der Einrichter zunächst die erforderliche Relativstellung zwischen Schleifscheibe und Werkstück durch den üblichen Quervorschub grob (auf etwa 0,01 mm) einstellen, und dann bei Höchststellung der Kippbewegung $4b$ die Mikrometereinstellung vornehmen. Bei Durchführung des selbsttätigen Arbeitsganges wird dann der Tisch durch die von Schubstange 6 gesteuerte Schwenkbewegung immer wieder in die gleiche Endstellung (Genauigkeit $2\,\mu$) gebracht.

Während bei der „Fulcro-Sizer"-Schleifmaschine das Erreichen einer einmal eingestellten Endlage des Werkstückträgers nach Vollendung eines jeden Arbeitszyklus gewährleistet wird, kann die Genauigkeit des geschliffenen Werkstückes nur dann innegehalten werden, wenn die Lage und Größe der Schleifscheibe unverändert bleiben. Mit der Schleifscheibenabnutzung wächst also der geschliffene Werkstückdurchmesser, es sei denn, daß eine entsprechende Korrektur der Endlage des Tisches mit Hilfe der Mikrometereinstellung 11 vorgenommen wird. Mit anderen Worten, der Bedienungsarbeiter muß von Zeit zu Zeit die Richtigkeit der Einstellung prüfen und gegebenenfalls korrigieren.[1]

---

[1] Eine automatische Meßsteuerung wird von E. Rotzoll: Industrie-Anz., 7. Juli 1959, beschrieben.

Bei der Innenschleifmaschine (Abb. 267) erfolgt eine solche Korrektur, falls sie erforderlich wird, selbsttätig, indem die Abmessung der bearbeiteten Werkstücke geprüft und zur Steuerung verwendet wird. Der Bedienungsarbeiter prüft von Zeit zu Zeit mit Hilfe eines pneumatischen Lehrdornes *1*, dessen Messung auf Skala *2* angezeigt wird, die geschliffene Bohrung eines der Werkstücke *3*. Der Einsatz einer pneumatischen Meßeinrichtung schaltet die Möglichkeit der Lehrenabnutzung aus. Abweichungen der Bohrung vom Sollmaß steuern den Abziehdiamanten mit einer Genauigkeit von $1\,\mu$ und erzeugen dadurch einen Schleifscheibendurchmesser, der bei der jeweiligen Schleifspindelstellung den verlangten Bohrungsdurchmesser gewährleistet.

In die erste Gruppe gehören auch die mit Kopier- und Fühlhebelsteuerungen arbeitenden Maschinen, bei denen im allgemeinen ein im Werkzeug- oder Werkstückträger

Abb. 267. Pneumatischer Meß- und Steuerapparat für eine Innenschleifmaschine (Ulvsunda Verkstäder AB, Bromma, Schweden)

gelagerter Fühlhebel die Umrisse oder Oberflächen von Schablonen oder Musterstücken abtastet. Der Regelkreis wird dann durch die jeweilige Stellung des Werkzeug- bzw. Werkstückträgers geschlossen.

Unter der großen Anzahl von Kopiervorrichtungen, die entweder den Umrissen einer Schablone oder der Form eines Musterstückes folgen, seien zunächst eindimensionale elektro-hydraulische und mechanisch-hydraulische Fühlersteuerungen betrachtet. Von der direkten Steuerung eines Schlittens, wie sie z. B. bei dem Kegeldrehapparat (Abb. 255) erfolgt, unterscheidet sich die Methode grundsätzlich dadurch, daß die zwischen Führungsstück (Schablone bzw. Muster) und Fühlhebel wirkende Kraft, erheblich kleiner ist als die zur Bewegung des Schlittens, d. h. zur Überwindung von Reibung, Trägheitswiderstand und zwischen Werkzeug und Werkstück wirkender Schnittkraftkomponente notwendige Kraft, so daß Flächenpressung, Reibung und Abnutzung niedrig gehalten werden. Mit Hilfe des Fühlers gibt die Schablone bzw. das Muster das Signal, das die Antriebsenergie für den Werkzeug- bzw. Werkstückträger steuert.[1]

Abb. 268 zeigt den schematischen Aufbau einer elektronisch-hydraulischen und einer mechanisch-hydraulischen Fühlersteuerung eines Frästisches A, der das Werkstück b und die Schablone c trägt (s. Abb. 269). Die Bewegung des Schlittens D erfolgt in Richtung der x-Achse mit konstantem Vorschub (hydraulischer Motor M_x und Gewindespindel S_x), während die Bewegung von A mit Bezug auf Fräser B und Fühlerrolle C in Richtung der y-Achse (hydraulischer Motor M_y und Gewindespindel S_y durch Schablone c gesteuert wird (Abb. 268). Es ist auch möglich, die Bewegung in Richtung der

---

[1] Siehe W. Oppelt: Elemente und Bauformen der Regelungstechnik. Werkst. u. Betr., Nov. 1957.

x-Achse den Frästisch D mit dem Werkstück b und der Schablone c, und die Bewegung in Richtung der y-Achse dem Spindelstock A mit Fräser B und Fühlerrolle C zuzuordnen (Abb. 269). Wenn der Durchmesser der Fühlerrolle gleich dem Durchmesser des Fräsers ist, dann wird ein dem Schablonenprofil gleiches Profil erzeugt.

Solche durch Fühlhebel betätigten Vorrichtungen werden durch die zwischen verlangter (Schablone) und wirklicher (Schlitten) Stellung bestehenden Differenzen, die den Fühlhebel bzw. die Fühlerrolle aus der Mittelstellung verschieben, gesteuert. Die zur Steuerung erforderliche Mindestdifferenz hängt von den Arbeitskräften und Geschwindigkeiten ab und ist im allgemeinen weniger als 0,05 mm. Die Schablone c betätigt über die Fühlerrolle C entweder direkt (Abb. 268a) oder über eine elektronische Lehre E, einen

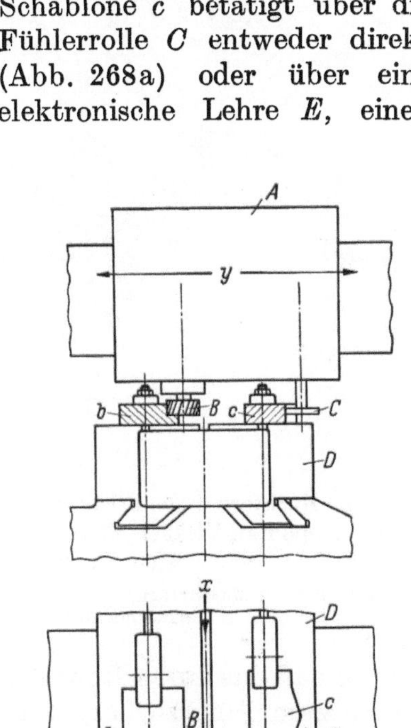

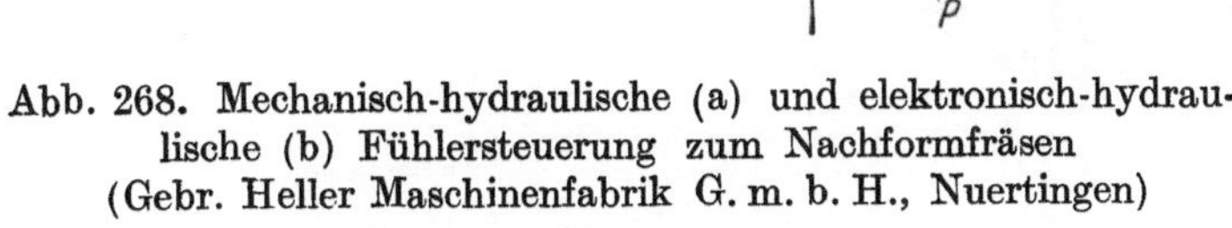

Abb. 268. Mechanisch-hydraulische (a) und elektronisch-hydraulische (b) Fühlersteuerung zum Nachformfräsen
(Gebr. Heller Maschinenfabrik G. m. b. H., Nuertingen)

Abb. 269

Röhrenverstärker F und einen Tauchspulenregler G (Abb. 268b), einen hydraulischen Steuerschieber H, der das von der hydraulischen Pumpe P gelieferte Drucköl zu dem hydraulischen Motor M_y für Rechts- oder Linkslauf steuert und dadurch die Vorwärts- oder Rückwärtsbewegung in Richtung der y-Achse erzeugt. Der Vorschub in Richtung der x-Achse wird direkt durch das von der Pumpe P zum Motor M_x gelieferte Drucköl, dessen Druck durch Vorspannventil I geregelt wird, betätigt.

Da der Einsatz der Elektronik zwischen Fühler und Steuerventil es ermöglicht, die Masse des Fühlersystems zu verringern und seine Eigenfrequenz zu erhöhen, kann die Verstärkung und damit die Arbeitsgenauigkeit des Systems (s. S. 182) ohne Gefährdung der Stabilität erhöht werden.

Eindimensionale hydraulische Steuerungen obiger Art sind weitgehend für Drehmaschinen entwickelt worden. Die zu drehenden Profile werden dabei im allgemeinen bei konstantem Längsvorschub durch eine mittels Schablone und Fühler gesteuerte Querschlittenbewegung erzeugt.[1] An Stelle der Schablone kann auch ein auf der Drehmaschine durch Handbedienung hergestelltes Musterstück dienen, wie es z. B. bei der Kopiervorrichtung (Abb. 270) gezeigt ist. Diese Vorrichtung wird als Baueinheit hergestellt und kann auf eine normale Drehmaschine ohne große Schwierigkeiten aufgesetzt werden. Wie bei den meisten Kopiervorrichtungen dieser Art ist der Quervorschub nicht rechtwinklig sondern unter einem Winkel von etwa 45° zur Drehachse gerichtet. Dadurch ist es möglich, den Werkzeugträger zur Bearbeitung von rechtwinklig zur Drehachse liegenden Plan- und Bundflächen sicher zu steuern. Der Kopierschlitten E ist mit dem hydraulischen Zylinder verbunden und bewegt sich gegen den mit dem Längsschlitten fest verbundenen Kolben (Abb. 271). Beide Seiten des Kolbens stehen unter Öldruck, so daß der Schlitten gegen Vor- und Rückspringen gesichert ist (s. S. 147).

Abb. 270. Nachformdreheinrichtung für Drehmaschinen (Metropolitan-Vickers Electrical Company Ltd. Manchester, England)

A Werkstück; B Musterstück; C Fühler; D Drehmeißel; E Nachformschlitten

Die Kopierbewegung wird durch Schieber 1 gesteuert, der in seiner Mittelstellung die Kanäle 2 und 3 gleich weit geöffnet hält, so daß das durch Rohr 4 zugeführte Drucköl (Druck p) über Verteilerraum 6 durch Rohr 5 zum Tank zurückgeführt wird. Bei einem Zuflußdruck p in Rohr 4, Abfluß auf Druck „Null" in Rohr 5 und gleicher Drosselung in 2 und 3, muß der Druckabfall in 2

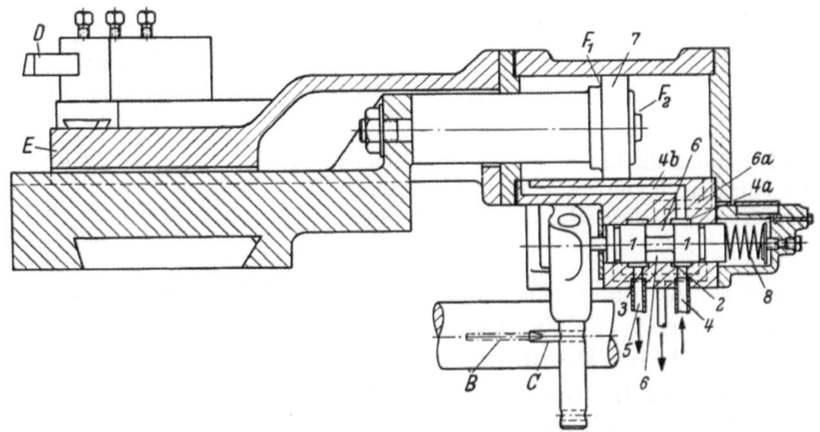

Abb. 271. Schnitt durch die Nachformdreheinrichtung (Abb. 270)

---

[1] Eine ausführliche Besprechung gibt E. Sal)é: Nachformvorrichtungen an Drehbänken. Konstruktion, August 1958. — Konstruktionsprinzipien werden in dem Aufsatz von B. L. Korobockin: Zweckmäßige Auslegung der hydraulischen Kopiersysteme für Werkzeugmaschinen. Stanki i instrument, 1956, No. 6, referiert von J. Peklenik in Industrie-Anz., 7. Juni 1957, besprochen.

gleich dem in *3*, d. h. gleich $p/2$ sein. Bei Mittelstellung des Schiebers *1* ist also der Druck p_6 im Verteilerraum $p_6 = \dfrac{p}{2}$.

Der den Kopierschlitten steuernde Kolben *7* ist derart bemessen, daß die durch die Durchmesser von Zylinder und Kolbenstange bestimmte links liegende Ringfläche F_1 halb so groß wie die volle rechts liegende Kolbenfläche F_2 ist:

$$F_2 = 2F_1.$$

Fläche F_1 ist durch Ringkanal *4a* und Bohrung *4b* mit Rohr *4* verbunden, so daß sie dauernd unter dem vollen Druck p steht, während Fläche F_2 durch Bohrung *6a* mit dem Verteilerraum *6* verbunden ist und dadurch unter dem jeweils dort herrschenden Druck p_6 steht. Bei Mittelstellung des Schiebers *1* steht Fläche F_2 unter einem Druck $p/2$, und der Kolben befindet sich im Gleichgewicht, da $p_6 \cdot F_2 = \dfrac{p}{2} \cdot 2F_1 = p \cdot F_1$ ist.

Wenn nun während des Längsvorschubes der Fühler *C* durch die Schablone oder das Musterstück *B* bei wachsendem Durchmesser zurückgedrängt wird und dadurch Schieber *1* gegen die Wirkung der Feder *8* nach rechts verschiebt, so daß die Drosselwirkung von Kanal *2* verringert und die von Kanal *3* verstärkt wird, dann steigt der im Verteilerraum *6* und damit auf Kolbenfläche F_2 wirkende Druck p_6 und der Zylinder mit dem Schlitten wird nach rechts verschoben, d. h. Werkzeug und Fühler werden zurückgezogen, bis der Schieber wieder in seiner Mittelstellung steht, d. h. bis der Drehdurchmesser der Schablonenabmessung entspricht. Ebenso wird bei

Abb. 272. Nachformdrehmaschine mit Ladeautomat
(Georg Fischer A. G., Schaffhausen, Schweiz)

kleiner werdendem Schablonendurchmesser der Schieber *1* durch Feder *8* nach links verschoben, so daß der Druck im Verteilerraum p_6 verringert und das Werkzeug auf einen kleineren Drehdurchmesser vorgeschoben wird. Der auf die Schablone wirkende Druck ist von dem auf das Werkzeug wirkenden Schnittwiderstand unabhängig und praktisch nur durch die Vorspannung der Feder *8* bestimmt.

Während bei der Kopiereinrichtung (Abb. 270) die Pumpenanlage und der Öltank durch Schläuche mit der hydraulischen Steuervorrichtung verbunden werden müssen, ist in der eigens für solche Arbeiten entwickelten Kopiermaschine von Georg Fischer, A.G., Schaffhausen (Abb. 272) die gesamte Hydraulik in dem Längsvorschubschlitten untergebracht, so daß Zuleitungsrohre und Schläuche nicht notwendig sind. Der Werkzeugträger ist bei dieser Maschine unterhalb der Drehachse angeordnet. Die im Längsschlitten festliegenden Teile *A* sind demnach der Öltank *1*, der Filter *2*, die Pumpe konstanter Liefermenge *3*, die ein Druckbegrenzungsventil *4* tragende Kolbenstange *5* und der Kolben *6* (Abb. 273). Auf der festen Kolbenstange *5* mit Kolben *6* verschiebbar (Kopiervorschub) angeordnet ist der Werkzeugträger *B*, mit dem Vorschubzylinder *7*. In dem Werkzeugträger *B*, der den Drehmeißel B_1 trägt, ist außerdem das Schiebergehäuse C verschiebbar angeordnet, so daß der Abstand zwischen Werkzeug B_1 und Fühlerhebel D der gewünschten Schnittiefe entsprechend mittels Schraubenspindel 8 eingestellt werden kann.

Während die Rückzugseite $7a$ des Zylinders dauernd unter dem durch Ventil 4 eingestellten Druck steht, hängt der Druck auf der anderen Seite $7b$ von der jeweiligen Stellung des Steuerschiebers 9 ab, der den Abfluß des Drucköles regelt.

Im allgemeinen wird der Steuerschieber 9 durch Feder 10 gegen die Oberschablone E_1 gedrückt. Soll der Durchmesser des Werkstückes wachsen, dann drückt die Schablone den Fühler D_1 auf dem Hebel D nach unten und dadurch Schieber 9 nach oben. Der Durchlaßquerschnitt wird vergrößert, Öl kann von der Zylinderseite $7b$ abfließen und der Werkzeugträger B entfernt sich von der darüberliegenden Drehachse nach unten. Bei kleiner werdendem Durchmesser läßt die Schablone E_1 den Schieber 9 unter der Einwirkung von Feder 10 eine Abwärtsbewegung ausführen, so daß der Druck im Zylinderraum $7b$ steigt und der Werkzeugträger nach oben (auf die Drehachse zu) bewegt wird.

Durch Einschaltung einer Feder 11, die gewöhnlich durch ein Hebelgestänge außer Eingriff gehalten wird, und die etwa doppelt so stark wie Feder 10 ist, kann eine Unterschablone E_2 verwendet und die Arbeitsbewegung umgekehrt werden. Wenn die Schablone den Fühler D_1 freigibt, dann drückt Feder 11 den Schieber 9 nach oben usw. Es ist also z. B. möglich, die Oberschablone E_1 zum Außendrehen zu verwenden, wobei der Werkstückdurchmesser mit zunehmendem Schablonenprofil steigt, und die Unterschablone E_2 zur Herstellung von Bohrungen einzusetzen, wodurch mit zunehmendem Schablonenprofil der Bohrungsdurchmesser fällt, so daß das hergestellte Profil ein logisches Abbild der Schablone wird (Abb. 274).

An Stelle der direkten mechanischen Verbindung zwischen Fühler und Steuerschieber kann eine elektrische Signalübertragung, wie sie z. B. bereits auf S. 177 und in Abb. 268b gezeigt wurde, treten. Außerdem kann auch die gesamte Steuerung rein elektrisch oder elektronisch erfolgen, wobei der die Schablone bzw. das Muster abtastende Fühler über elektrische Elemente (Kontakte, Relais, Tauchspulen) elektrische Vorschubmotoren nach Bedarf auf Vorlauf, Rücklauf oder Stillstand schaltet.

Wegen der Trägheitslosigkeit der Steuerorgane und der verhältnismäßigen

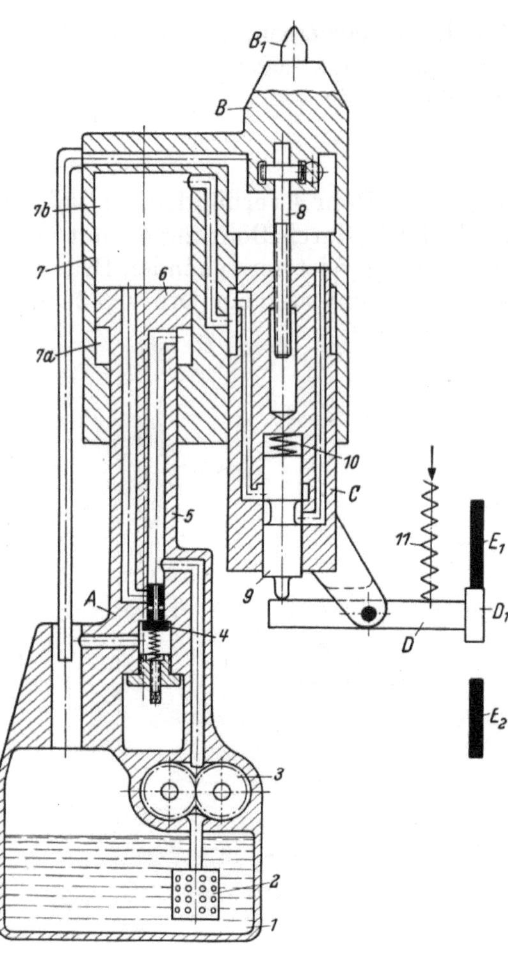

Abb. 273. Schematische Darstellung der Nachformsteuerung in der Drehmaschine (Abb. 272)

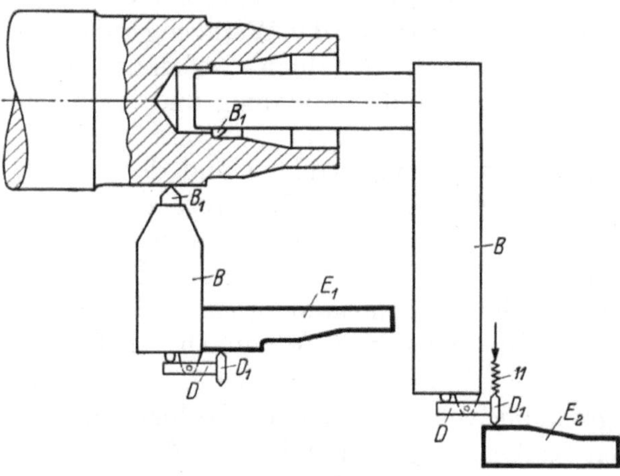

Abb. 274. Anordnung der Schablonen bei der Drehmaschine (Abb. 272)

Einfachheit der Elemente zur Signalübertragung (Kabel an Stelle der bei hydraulischen Anlagen notwendigen Druckschläuche und Teleskoprohre) wird die elektrische Steuerung nicht nur für ein-, sondern auch für zwei- und dreidimensionale Kopiereinrichtungen, insbesondere für Fräsarbeiten, verwendet (Abb. 275)[1].

Die Fühler für mehrdimensionales Kopieren müssen voneinander unabhängige Signale in den verlangten Vorschubrichtungen erzeugen können. Die dafür entwickelten Fühlerkonstruktionen sind in zahlreichen Veröffentlichungen beschrieben worden.[2] Wenn die Schablone bzw. das Muster dem zu erzeugenden Profil gleich ist, dann muß die Form und Größe des Tasters dem verwendeten Werkzeug entsprechend gewählt werden. Anderenfalls muß das Profil der Schablone zweckentsprechend korrigiert sein.

Abb. 275. Waagerecht-Bohr- und -Fräswerk mit elektronischer Nachformsteuerung
(Giddings & Lewis, USA, Elektronik der British Thomson-Houston Co. Ltd., Rugby, England)
A Frässpindel; A_1 Fräser; B Fühler

Bei einer von der British Thomson-Houston Company entwickelten zweidimensionalen Fühlhebelsteuerung erzeugt die Fühlhebelverlagerung im Steuerkopf 1 mittels zweier Magnetkreise Wechselstromsignale, die den Verlagerungskomponenten in Richtung der zwei Koordinaten x und y verhältnisgleich sind. Diese Signale steuern über elektronische Verstärker 2 und eine Motor-Generatoranlage 3 (WARD-LEONARD mit zwei Generatoren, 4_x und 4_y) die zwei regelbaren Gleichstrommotoren 5_x und 5_y, die ihrerseits die Vorschubgetriebe antreiben und dadurch die verlangte Relativstellung zwischen Fräser 6 und Werkstück 7 auf Grund der Relativstellung zwischen Fühler 8 und Schablone 9 erzeugen (Abb. 276).

Auch hier ist die Verlagerung des Fühlhebels aus seiner Mittelstellung gleich der Differenz zwischen Sollstellung und wirklicher Stellung der Arbeitsschlitten. Bei Fräsvorschüben von 50 mm pro Minute beträgt der Fehler im allgemeinen nicht mehr als

---

[1] Aus F. KOENIGSBERGER: Eindrücke von der Internationalen Werkzeugmaschinen-Ausstellung, Olympia, London 1956, Werkstattstechnik u. Maschinenbau, Oktober 1956.

[2] Siehe z. B. J. GOLDSCHE: Das Problem der gesteuerten dreidimensionalen Bewegung. Industrie-Anz., 4. Januar 1957. — HÄUSER, K.: Kopierfräsen großer Werkstücke, Werkst. u. Betr., März 1957. — HEROLD, H. H.: Elektrische Nachformeinrichtungen und ihre Bauelemente. Industrie-Anz., 7. Juli 1959.

0,025 mm. Wenn ein Fehler von 0,050 mm zulässig ist, dann kann die Vorschubgeschwindigkeit bis auf 125 mm pro Minute heraufgesetzt werden.

Dreidimensionales Kopieren kann auf zwei Weisen erfolgen. Abb. 277a zeigt schematisch, wie eine dreidimensionale Form herausgearbeitet werden kann, indem zwei Dimensionen direkt von dem Muster gesteuert werden, während die dritte dadurch erzeugt wird, daß am Ende jedes Arbeitshubes eine bestimmte Zustellung in Richtung der dritten Koordinate erfolgt.

Um z. B. besseres Aussehen der bearbeiteten Oberfläche zu erzielen, ist es bei manchen Werkstücken indessen unerwünscht, die Schnittlinien auf nur zwei Koordinatenrichtungen zu beschränken. Abb. 277b zeigt schematisch, wie eine gleichzeitig in den drei Koordinatenrichtungen arbeitende Steuer- und Vorschubeinrichtung arbeitet. Die für dreidimensionales Kopieren entwickelten Steuersysteme erfordern allerdings erhebliche zusätzliche Steuer- und Schaltgeräte.

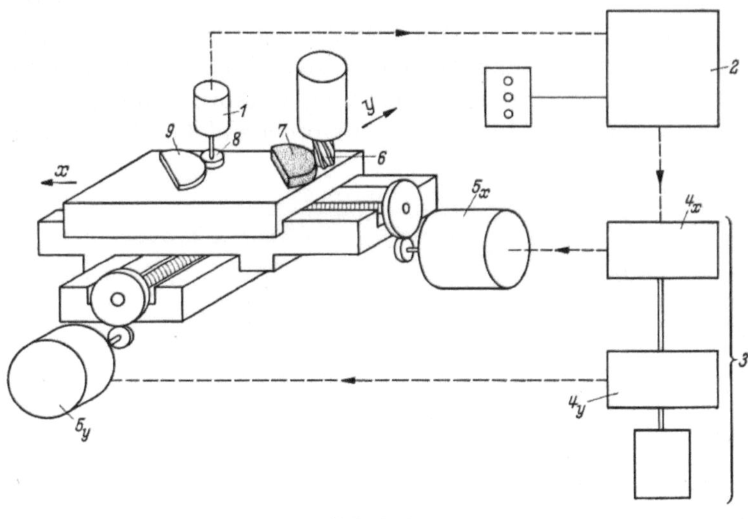

Abb. 276

Die folgenden Parameter beeinflussen die Arbeitsgenauigkeit von Nachformsystemen[1]:

1. Das stationäre Verhalten:

a) Die Geschwindigkeitsverstärkung C, d. h. der Geschwindigkeitszuwachs des Arbeitsschlittens im Verhältnis zur Fühlerauslenkung,

b) die Umkehrspanne U, d. h. die Fühlerauslenkung von der Nullstellung, die keine Bewegung des Arbeitsschlittens hervorruft (Abb. 278a),

c) die Kraftverstärkung E, d. h. der Kraftzuwachs im Verhältnis zur Fühlerauslenkung.

2. Das dynamische Verhalten:

a) Einfluß der zu beschleunigenden Massen[2],

b) Reibungseinflüsse.

Das dynamische Verhalten wird um so günstiger, je höher die Verstärkung, da dadurch die Dämpfung des Regelvorganges fällt, bis oberhalb einer gewissen Grenze Instabilität eintritt.

---

[1] ZAHOR, J.: Genauigkeit der Kopiersysteme, Tschech. Schwermaschinenbau, 1955, H. 1. — BACKÉ, W.: Das Verhalten hydraulischer Kopiersysteme. Industrie-Anz., 6. Dezember 1957. — BACKÉ, W.: Einflüsse auf die Genauigkeit beim hydraulischen Nachformdrehen. Industrie-Anz., 11. Juli 1958. — BACKÉ, W.: Untersuchungen über die Stabilität hydraulischer Kopiersysteme. Industrie-Anz., 11. Juli 1958. — BACKÉ, W.: Systematik der hydraulischen Nachformsysteme, und das Führungs- und Stabilitätsverhalten unstetiger Nachformsysteme. Industrie-Anz., 5. Januar 1960. — UHRMEISTER, H., u. K. JÜSTEL: Untersuchungen an elektrischen und hydraulischen Bauelementen für den Vorschubantrieb von Werkzeugmaschinen. Industrie-Anz., 11. Juli 1958. — SALJÉ, E.: Nachformvorrichtungen an Drehbänken. Konstruktion, August 1958. — PEKLENIK, J.: Zur Fertigungsstabilität meßgesteuerter Werkzeugmaschinen, Industrie-Anz., 7. Juli 1959. — VOGT, H. J.: Die Nachfahrgenauigkeit von Nachformfräsmaschinen mit Fühlersteuerungen. Dissertation, Hannover, 1958. — JÜSTEL, K.: Elektro-hydraulische Steuerventile als Leistungsverstärker in stetigen Regelsystemen. Industrie-Anz., 2. Febr. 1960.

[2] ROYLE, J. K.: Inherent non-linear effects in hydraulic control systems with inertia loading. Proc. Instn. mech. Engrs., Lond. Vol. 173, No. 9.

Eine eingehende Erörterung dieser Punkte gehört in das Gebiet der Regeltechnik und geht über den Rahmen dieses Buches hinaus. Indessen ist zu beachten, daß die oben genannten Einflußgrößen nicht nur von der Konstruktion und Herstellungsgüte der eigentlichen Steuerungselemente sondern auch von der Werkzeugmaschine selbst abhängen, da Steifigkeit, Schwingungsstarrheit und Eigenschwingungszahlen der Maschinenteile, Reibungsbedingungen (insbesondere Reibungsschlupf, „stick-slip") zwischen Schlitten und Führungen, Spiel in den Antriebsgliedern usw. oft den Wirkungsgrad und die erzielbare Leistung einer Steuerung erheblich beeinflussen können.[1]

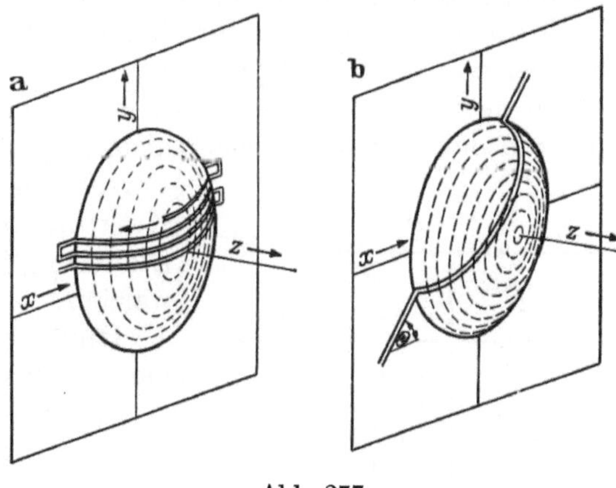

Abb. 277

So setzt sich z. B. die in der Hysteresiskurve (Abb. 278b) erkenntliche Umkehrspanne U aus zwei Teilen zusammen, deren erster, U_1 von der Steifigkeit und dem Spiel in den Übertragungorganen abhängt, während der zweite $2U_2$ durch die der Bewegung entgegenwirkenden Reibungskräfte bedingt ist. U_2 ist der Reibungskraft P_R proportional und der Kraftverstärkung E umgekehrt proportional

$$|U_2| = \frac{P_R}{E},$$

da bei höherer Verstärkung kleinere Fühlerausschläge h zur Überwindung der Reibungskraft P_R notwendig sind. Steifigkeit und Spielfreiheit der Übertragungsorgane (U_2) sind also anzustreben, wenn die Umkehrspanne und damit die Kopierfehler klein gehalten werden sollen.[2] Zur Vermeidung von Instabilität darf die Verstärkung allerdings einen kritischen Wert nicht überschreiten.

Die Kraftverstärkung E ist von größerem Einfluß auf die Arbeitsgenauigkeit des Systems als die Geschwindigkeitsverstärkung C.[2] Falls daher die Stabilität eines Systems erhöht werden soll, dann ist es besser, zunächst C zu verkleinern und E so hoch zu halten,

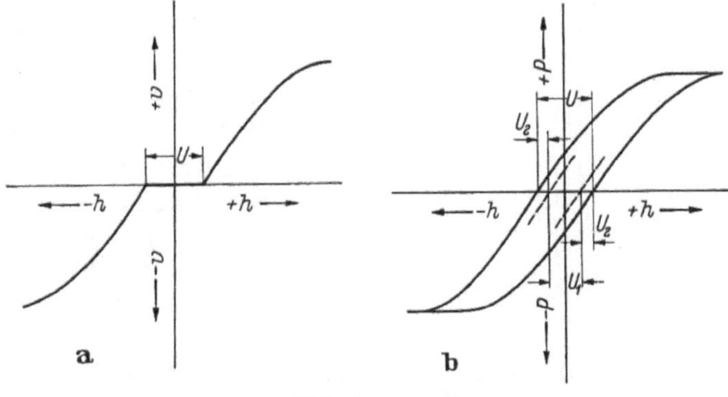

Abb. 278a u. b

h Fühlerauslenkung; v Schlittengeschwindigkeit; P Auf den Nachformschlitten wirkende Einstellkraft

wie die Stabilität des Systems es erlaubt. Der für C zulässige Kleinstwert ist durch den höchstzulässigen Geschwindigkeitsfehler bestimmt.

Die Genauigkeit der durch ein Kopiersystem hergestellten Werkstücke kann im allgemeinen nicht größer sein als die der Schablone bzw. des Musters. Zur Herstellung kleiner Teile und zur Erhöhung der Werkstückgenauigkeit kann man indessen einen Pantographen zwischen den durch die Schablone gesteuerten Schlitten und den Werkzeugträger schalten. Dadurch ist es möglich, eine im Verhältnis der Pantographenübersetzung größere Schablone zu verwenden, wodurch nicht nur die Abmessungen,

---

[1] Siehe dazu auch: O. SCHAEFER: Die Eigenschaften der Bauelemente von Werkzeugmaschinen und deren Einfluß bei der Steuerung und Regelung. 9. Aachener Werkzeugmaschinenkolloquium, 1958. — SOLODOWNIKOW, W. W.: Grundlagen der selbsttätigen Regelung. München: R. Oldenbourg 1959. — CHESTNUT, H., u. R. W. MAYER: Servomechanism and Regulating System Design. New York: Wyley 1959.

[2] BACKÉ, W.: s. Fußn. 1, S. 182.

sondern auch die Ungenauigkeiten des Werkstückes im Verhältnis zu dem der Schablone verkleinert werden.

Zu 2. Erst Maschinen, die nach einem „Programm" in Form von Lochkarten, Lochstreifen, Magnettonbändern u. a. arbeiten, können als völlig selbsttätig angesehen werden, da hier Instruktionsspeicher und Prüfgerät voneinander unabhängig als Elemente eines Regelkreises die Operationen steuern. Während die Schaltung von Motoren, Kupplungen usw. zur Geschwindigkeitsregelung, Bewegungsumkehr oder zum Ein- und Ausschalten der Antriebe verhältnismäßig einfach ist, ist die Steuerung von Einstell- und Vorschubbewegungen, insbesondere nach einem durch Koordinaten festgelegten Programm, die „numerische Steuerung"[1] schwieriger und soll ausführlicher besprochen werden.

Obwohl die Wahl der Koordinatensysteme (Polar-, kartesische Koordinaten usw.) den jeweiligen Bedingungen angepaßt werden kann, beziehen sich die folgenden Beispiele auf Systeme, die nach kartesischen Koordinaten arbeiten.

Die *Speicherung und Übertragung* der Information erfolgt meist nach dem dualen Zahlensystem, da dieses zur elektrischen Übertragung nur zwei Signale (*1* und *0*, bzw. „Ja" und „Nein") erfordert[2], die durch Schließen bzw. Unterbrechen eines Stromkreises dargestellt werden können. Beim Lochstreifensystem werden diese Signale durch Stanzen (*1*) oder Nichtstanzen (*0*) der Löcher in der verlangten Potenzreihe ausgedrückt. Während bei dem einfachen Dualsystem die Zahl der Dezimalstellen für den zu speichernden Wert verhältnismäßig beschränkt ist, lassen sich in einem „Dezimal-Dual"-System wohl alle in der Praxis vorkommenden Werte speichern.

Das Dualsystem ist darauf aufgebaut, daß man jede Zahl als eine Summe von Potenzen von 2 ausdrücken kann. So ist z. B.

$$1 = 2^0 \qquad\qquad 5 = 2^2 + 2^0$$
$$2 = 2^1 \qquad\qquad 6 = 2^2 + 2^1$$
$$3 = 2^1 + 2^0 \qquad 7 = 2^2 + 2^1 + 2^0$$
$$4 = 2^2 \qquad\qquad 8 = 2^3 \text{ usw.}$$

Tabelle 18

Gespeicherter Wert	Potenz von 2				
	4	3	2	1	0
0	0	0	0	0	0
1	0	0	0	0	1
2	0	0	0	1	0
3	0	0	0	1	1
4	0	0	1	0	0
5	0	0	1	0	1
6	0	0	1	1	0
7	0	0	1	1	1
8	0	1	0	0	0
9	0	1	0	0	1
10	0	1	0	1	0
11	0	1	0	1	1
12	0	1	1	0	0
13	0	1	1	0	1
14	0	1	1	1	0
15	0	1	1	1	1
16	1	0	0	0	0
17	1	0	0	0	1
18	1	0	0	1	0
19	1	0	0	1	1
20	1	0	1	0	0
21	1	0	1	0	1
22	1	0	1	1	0
23	1	0	1	1	1
24	1	1	0	0	0
25	1	1	0	0	1

Durch Zuweisung einer Lochreihe für jede Potenz kann nunmehr jeder verlangte Wert dadurch ausgedrückt werden, daß ein Zeichen für „Ja" (*1*) oder „Nein" (*0*) angibt, welche Potenz von 2 gespeichert oder nicht gespeichert werden soll (Tab. 18).

Während bei dem Dualsystem jeder zu speichernden Zahl eine Signalreihe entspricht, wird bei dem Dezimal-Dualsystem jeder Dezimalstelle der zu speichernden Zahl eine Loch- bzw. Signalreihe zugeordnet, wobei der jeweils verlangte Wert jeder Reihe, die einer Zehnergruppe (1, 10, 100, 1 000, 10 000 usw.) entspricht, im Dualsystem ausgedrückt wird. Mit 4 Potenzen von 2 (0, 1, 2, 3) und 6 Lochreihen (1, 10, 100, 1 000, 10 000, 100 000) können also Werte von 0 bis 999 999 gespeichert werden. So wird z. B. die Zahl 21, die in dem Dualsystem als 10 101 erscheint (Abb. 279a), im Dezimal-Dualsystem entsprechend Abb. 279b ausgedrückt, während die Zahl 520 697 im Dezimal-Dualsystem entsprechend Abb. 279c dargestellt wird.

---

[1] Siehe E. Saljé: Automatisierte Werkzeugmaschinen. Z. VDI., 1. Juni 1958. — Brewer, R. C.: The numerical control of machine tools, Engineers Digest, September 1958, Januar 1959 u. September 1959. — Uhrmeister, H.: Einige Möglichkeiten zur selbsttätigen Lageeinstellung von Werkzeugmaschinen. Werkstattstechnik u. Maschinenbau, September 1958.

[2] Siehe u. a. W. Simon: Die Lochstreifenkodierung bei bandgesteuerten Werkzeugmaschinen. Werkst. u. Betr., November 1958.

Die Anzahl der Signale, die auf einer Lochkarte oder einem Lochstreifen in der oben genannten Weise gewissermaßen mechanisch gespeichert werden können, ist erheblich kleiner, als es bei magnetischen (Magnettonband, Magnetscheibe, Magnettrommel) Mitteln der Fall ist. Allerdings weist SALJÉ[1] darauf hin, daß bei Magnettrommeln und Magnetscheiben die Länge der Information viel stärker als z. B. bei dem Magnettonband beschränkt ist. Auch photographische Filme, von denen die Signale auf optischem Wege abgenommen und in elektrische Signale umgewandelt werden, werden verwendet.[2]

BREWER[3] gibt einen interessanten Vergleich der Kosten und Speicherfähigkeit der verschiedenen Systeme, deren Einsatz allerdings noch von anderen Erwägungen, z. B. den Erfordernissen des zu verwendenden Steuer- und Meßsystems, abhängig gemacht werden muß.

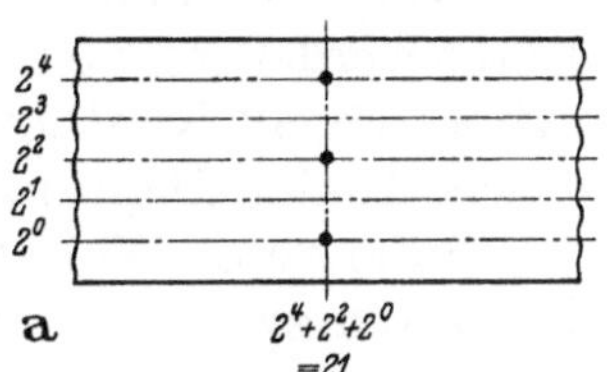

Die in dem Informationsspeicher enthaltenen, jeweils erforderlichen „Soll"-Werte der Koordinaten, die die Endstellung einer Einstell- oder Vorschubbewegung in einem gegebenen Augenblick bestimmen, werden durch geeignete Vorrichtungen in Steuersignale umgeformt und den Antriebsorganen derart zugeführt, daß die notwendige Schlittenbewegung eingeleitet wird. Die von dem bewegten Schlitten jeweils wirklich erreichte Stellung wird durch eine, wenn möglich von dem Antriebsmechanismus unabhängige Meßvorrichtung bestimmt und ein entsprechendes Signal („Ist"-Wert) an das Steuergerät übermittelt (feed-back). Hier werden die „Ist"-Werte mit den gespeicherten Koordinatenwerten („Soll"-Werte) verglichen und etwaige Unterschiede in neue Steuersignale umgeformt, die die Einstellung korrigieren, bis das Fehlersignal gleich Null ist, d. h. „Ist"- und „Soll"-Werte übereinstimmen.

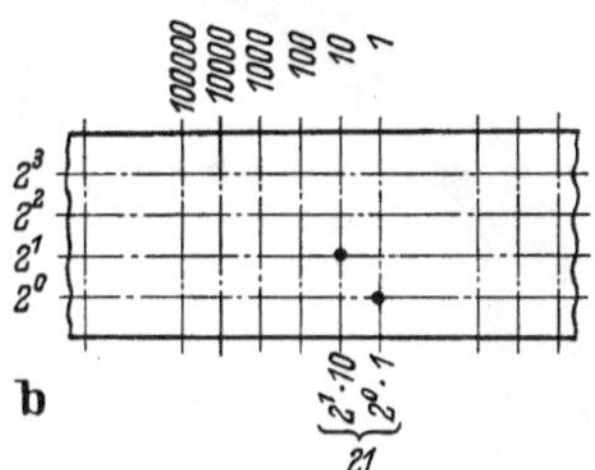

Die Arbeitsgenauigkeit dieses Systems hängt wieder nicht nur von der Konstruktion der Meß- und Steuerelemente, sondern auch von der der Werkzeugmaschine ab (s. S. 183).

Die verwendeten Meßsysteme und Meßgeräte können entweder nur den durch eine Bewegung erzeugten Zuwachs des zurückgelegten Weges oder aber die jeweilige Stellung eines

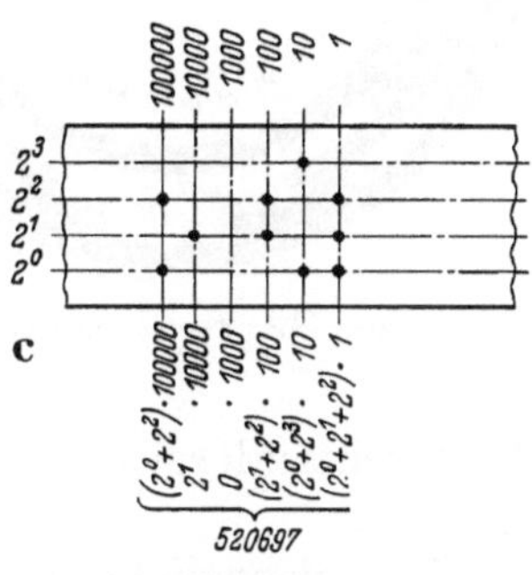

Abb. 279a—c

Schlittens absolut messen. Außerdem kann man sie grundsätzlich in Geräte zur Messung von Drehbewegungen und solche zur Messung von geradlinigen Bewegungen einteilen, wobei weiterhin zwischen

1. analogen und
2. digitalen

Meßverfahren unterschieden werden muß. Hier sollen nur einige dieser Geräte in einer kurzen Übersicht aufgezählt werden, da zu stark ins einzelne gehende Beschreibungen der verschiedenen Anordnungen außerhalb des Rahmens dieses Buches liegen würden.[4]

Unter den analogen Verfahren für *Drehbewegungen* sind außer einfachen Potentiometern die Drehmelder („Selsyn", „Synchron", „Magslip") zu nennen, kleine Drehstromgeneratoren, bei denen entweder die im Rotor induzierte Spannung oder ihre Phasenlage gegenüber einer gegebenen Bezugsspannung dem Drehwinkel proportional ist. Weiter muß das amerikanische „Inductosyn" erwähnt werden[5], bei dem auf zwei

---

[1] SALJÉ, E.: s. Fußn. 1, S. 184.

[2] Siehe H. STUTZ: Die Anwendung elektronischer Mittel in der Fertigungstechnik. Industrie-Anz., 4. Mai 1956.

[3] BREWER, R. C.: s. Fußn. 1, S. 184.

[4] Siehe dazu die zahlreichen Veröffentlichungen, von denen einige in diesem Abschnitt zitiert sind.

[5] Siehe H. UHRMEISTER: Numerisches Einstellen und Steuern von Werkzeugmaschinen. Werkstatttechnik u. Maschinenbau, Februar 1958.

kreisförmigen Glasplatten befindliche Spulen induktiv gekoppelt sind. Das „Inductosyn" soll ausführlicher als Meßinstrument für geradlinige Bewegungen besprochen werden.

Digital arbeitende Verfahren verwenden z. B. verzahnte Scheiben, die bei jeder Drehung um eine Zahnteilung einen Schaltimpuls an ein elektronisches Zählwerk senden. Interessant ist auch ein Verfahren, bei dem der Drehwinkel mittels dreier Kontaktscheiben eines Analog-Digitalwandlers gemessen wird.[1] Diese sind durch Zahnräder mit Übersetzungsverhältnissen von 1:1, 32:1 und 1024:1 zwangläufig mit der zu messenden Welle verbunden, wodurch 1024 Umdrehungen der Welle auf $^1/_{32}$ Umdrehung genau erfaßt werden können. Abb. 280 zeigt ein Beispiel einer solchen unzweideutig arbeitenden „Grayschen" Kontaktscheibe. Im Gegensatz zu den vorher genannten Verfahren, mißt dieser Analog-Digitalwandler absolut.

Ein anderes Digitalverfahren macht von dem „Moiré"-Interferenzmuster Gebrauch, das durch zwei übereinanderliegende leicht gegeneinander geneigt angeordnete optische Gitter erzeugt wird. Auch dieses Verfahren soll in seiner Anwendung auf geradlinige Messungen ausführlicher besprochen werden.

Abb. 280. Graysche Kontaktscheibe

Die Messung von Drehwinkeln zur Bestimmung *geradliniger* Bewegungen bedingt die Einschaltung eines Zwischengliedes, wenn z. B. mit Hilfe des Drehwinkels und der Steigung einer Leitspindel oder mit Hilfe des Drehwinkels und des Teilkreisdurchmessers eines Zahnrades die Länge der geradlinigen Bewegung eines Schlittens durch Mutter bzw. Zahnstange abgeleitet wird. Die Messung enthält in solchen Fällen durch die Spindelsteigung bzw. die Zahnteilung erzeugte Fehler, die bei direkter Messung der geradlinigen Bewegung nicht auftreten würden. Indessen werden oft Meßverfahren, bei denen eine mit der geradlinigen Bewegung parallel oder hintereinandergeschaltet angeordnete Drehbewegung eines Meßelementes erfolgt, eingesetzt.

Die eigentliche Wegmessung bzw. Steuerung einer geradlinigen Arbeitsbewegung kann entweder dadurch erfolgen, daß das während der Bewegung fortlaufend erzeugte und dem gemessenen Wege entsprechende Signal dauernd mit der Steuerinformation verglichen wird, oder dadurch, daß das Meßinstrument der Arbeitsbewegung entgegengesetzt um die verlangte Strecke verstellt und der Arbeitsschlitten dann bewegt wird, bis das mit ihm gekoppelte Element des Meßinstrumentes wieder in seiner Ausgangs-(Null-) Stellung angekommen ist. Auch eine Kombination beider Methoden ist möglich.

Unter den analogen Verfahren ist neben dem Potentiometer der Differential-Transformator zu nennen, bei dem durch die axiale Verschiebung einer beweglichen mit Wechselstrom gespeisten Primärwicklung innerhalb einer feststehenden Sekundärwicklung eine sinusförmige Spannung erzeugt wird. Eine Schwingungsperiode der Spannung entspricht der Steigung der in Schraubenlinien angeordneten Wicklungen, und die induzierte Spannung erreicht jedesmal ihren Nullwert, wenn beide Wicklungen um eine Viertelsteigung gegeneinander verschoben liegen. Durch genau gesteuerte bzw. gemessene Drehung der Primärwicklung läßt sich deren Axialstellung gegenüber der Sekundärwicklung mit großer Genauigkeit (2,5 μ bei einer Gewindesteigung der Wicklung von 2,5 mm) bestimmen.[2]

Bei dem linearen „Inductosyn" der amerikanischen Firma Farrand Controls Inc., New York, trägt ebenso wie bei dem Rotationsinstrument (s. S. 185) ein Glasmaßstab

---

[1] Siehe F. Koenigsberger u. J. K. Royle: Einige britische automatische Werkzeugmaschinensteuerungen. Werkstattstechnik u. Maschinenbau, September 1958.

[2] Brewer, R. C.: s. Fußn. 1, S. 184.

die elektronische Bezugsskala, die durch eine „Haarnadelwicklung" gebildet wird (Abb. 281 a). Der Abtastschieber (Abb. 281 b) trägt zwei Wicklungen, die um 90 elektrische Grade gegeneinander versetzt sind (Abb. 282).

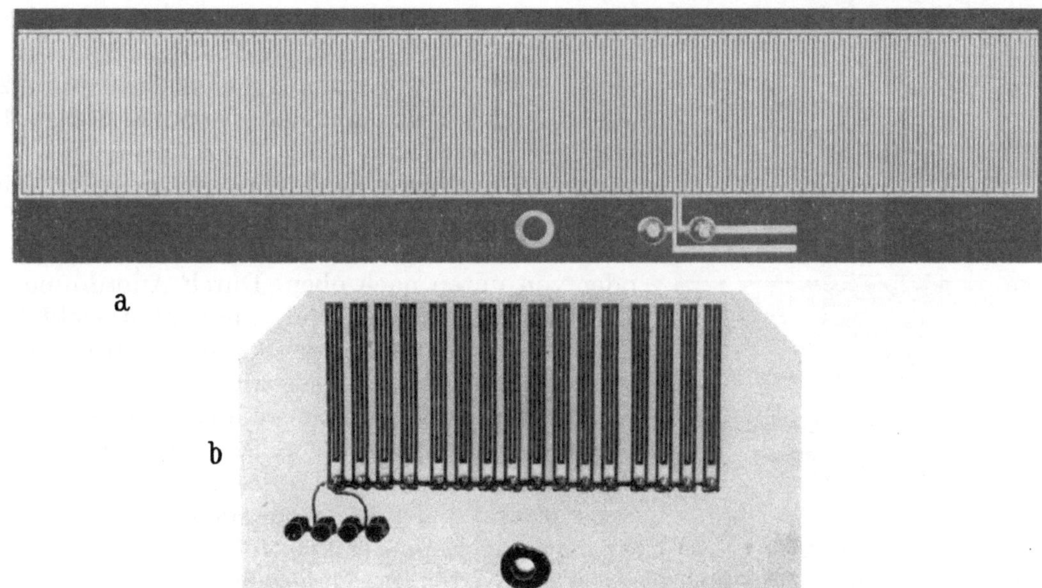

Abb. 281 a u. b. „Inductosyn" (Farrand Controls Inc., New York, USA). a) Bezugsskala; b) Abtastschieber

Die Bezugsskala ist im allgemeinen an dem festen Maschinenteil, der kurze Abtastschieber in einem Abstand von etwa 0,1 bis 0,3 mm und parallel (Toleranz 0,05 mm) dazu an dem beweglichen Schlitten befestigt.

Die beiden Schieberwicklungen werden mit Audio-Frequenzspannungen, die von dem Analogsteuergerät erzeugt werden und deren Amplituden dem Sinus bzw. Cosinus der Verschiebung proportional sind, gespeist. Dadurch wird in der Wicklung der Bezugsskala eine Spannung erzeugt, die von dem Verhältnis der Spannungen in den Schieberwicklungen und von der Verschiebung der beiden Skalen (Bezugsskala und Schieber) abhängt. Solange der Schieber nicht in der verlangten Stellung relativ zu der Bezugsskala steht, wird eine Fehlerspannung induziert, die zum Antrieb des Servomotors dient. Da die Steigung der

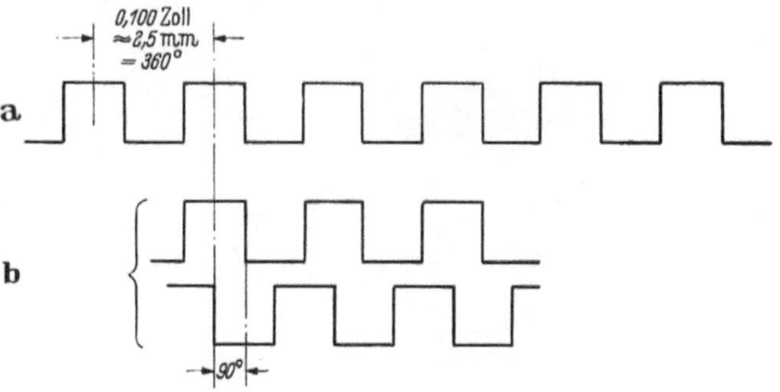

Abb. 282. a) Bezugsskala; b) Abtastschieber

Inductosynwicklungen 2,5 mm beträgt, geht die induzierte Spannung jedesmal nach einer Bewegung von 1,25 mm durch 0, und es ist daher nötig, mit einer Grobverstellung, z. B. mittels eines Synchrons, bis auf den der verlangten Stellung nächsten Skalenteil zu arbeiten.

Die Genauigkeit des „Inductosyn" wird als 2,5 μ angegeben. Sie wird dadurch günstig beeinflußt, daß die auf dem Schieber liegenden 32 Polpaare der Bezugsskalenwicklung gleichzeitig gegenüberliegen, so daß die Messung über diese Strecke integriert wird und etwaige Steigungsfehler einzelner Wicklungen ausgeglichen werden. Die Bezugsskalen werden in Längen von 250 mm hergestellt und können auf beliebige Längen hintereinander angeordnet werden.

Während das „Inductosyn"-System analog arbeitet und absolut mißt, ist die Messung nach dem elektro-optischen Ferranti-Verfahren[1] digital und bestimmt nur den jeweils zusätzlich zurückgelegten Weg: Zwei optische Gitter, vom denen eines an Maschinenbett, das andere dem ersten gegenüber leicht geneigt an dem Schlitten befestigt ist, erzeugen Moiré-Interferenzmuster mit einem stark vergrößertem Linienabstand (Abb. 283). Wenn ein Gitter dem anderen gegenüber in der Längsrichtung verschoben wird, dann bewegen sich die waagerechten dunklen Linien im rechten Winkel zu der Längsbewegung, und zwar je nach der Richtung dieser Bewegung entweder von oben nach unten oder von unten nach oben. Durch Anordnung einer Lichtquelle oberhalb und einer photoelektrischen Zelle unterhalb des Gitters kann die Größe der Bewegung dadurch gemessen werden, daß die Anzahl der Interferenzlinien, die an der photoelektrischen Zelle vorbeigehen, elektronisch gezählt wird. Die Intensität des auf die Photozelle fallenden Lichtes wird während der Längsbewegung periodisch heller und dunkler, wobei einer vollen Schwingungsperiode der Lichtintensität eine Schlittenbewegung, die gleich dem Linienabstand der Gitter ist, entspricht. Durch Verwandlung

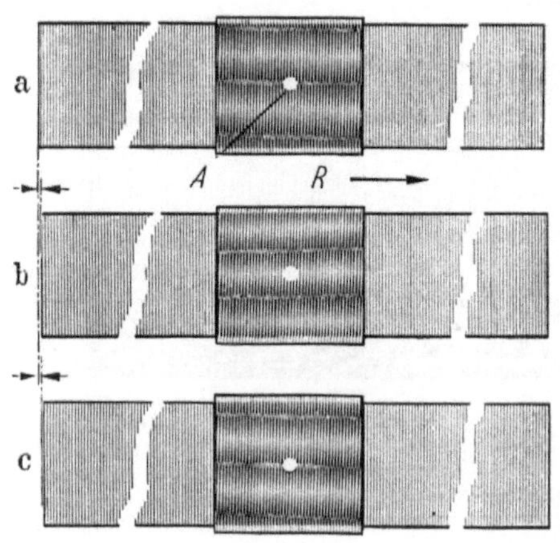

Abb. 283 a—c. Optisches Gitter

A Von der Photozelle erfaßte Fläche;   *R* Bewegungsrichtung

dieser Intensitätsschwingungen in elektrische Stromstöße, die einem elektronischen Zählgerät zugeführt werden, kann die Länge der Schlittenbewegung gemessen werden. Bei dem Ferranti-Verfahren sind nun vier photoelektrische Zellen derart angeordnet (Abb. 284), daß die Intensitätsamplituden des auf sie fallenden Lichtes um 90° phasen-verschoben und die 0°- und 180°-Zellen einerseits und die 90°- und 270°-Zellen andererseits verbunden sind. Dadurch läßt sich ein zweiphasiges elektrisches System erzeugen, bei dem

a) die Anzahl der Schwingungsperioden die Länge der ausgeführten Bewegung,

b) die Frequenz die Geschwindigkeit der ausgeführten Bewegung, und

c) die Richtung der Phasenverschiebung die Bewegungsrichtung angibt.

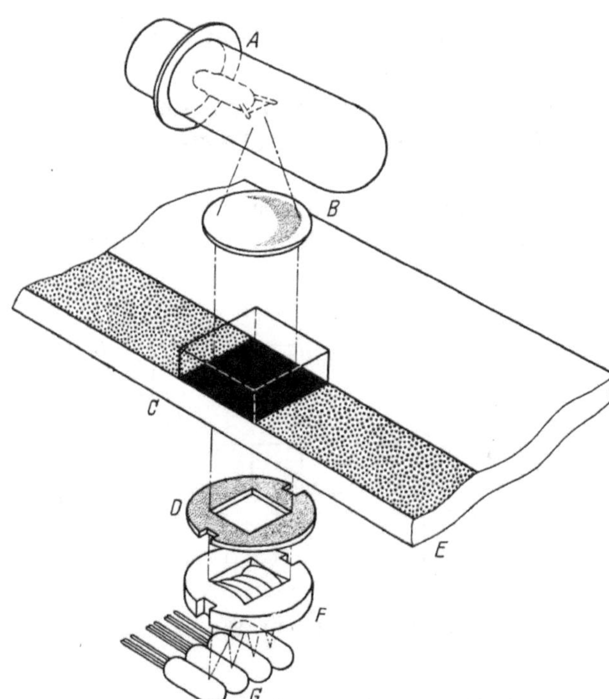

Abb. 284. Schema des Ferranti-Verfahrens
(Ferranti Ltd., Edingburgh, Schottland)

A Lichtquelle;   *B* Collimator-Linse;   *C* Festes Gitter;   *D* Lichtstrahlenfenster;   *E* Am beweglichen Schlitten befestigtes Gitter;   *F* Linse;   *G* Photozellen

Die heute verwendeten Gitter haben im allgemeinen einen Linienabstand von 5 μ, und da die Lichtintensität bei jeder Schwingungsperiode zweimal durch Null geht, erfolgt ein Zählungsimpuls bei einer Bewegung von 2,5 μ. Im Gegensatz zu dem „Inductosyn" muß der Abstand zwischen fester und

---

[1] WILLIAMSON, D. T. N.: Automatic Control of Machine Tools, Conference on Technology of Engineering Manufacture. The Institution of Mechanical Engineers, London, 1958.

beweglicher Skala innerhalb feiner Grenzen innegehalten und ihre Bewegung sehr genau parallel geführt werden.

In einer Weiterentwicklung des Ferranti-Systems wird an Stelle des an dem beweglichen Schlitten befestigten durchsichtigen Glasmaßstabes ein reflektierender Maßstab aus rostfreiem Stahl verwendet, auf dem die Linien des Gitters eingeätzt sind.[1] Über den Linien des Stahlmaßstabes rotiert um eine feststehende Achse eine durchsichtige Glasscheibe mit einem Spiralmuster schwarzer Linien. Der radiale Abstand der Spirallinien ist gleich dem Abstand der Gitterlinien auf dem Stahlmaßstab, so daß von dem Maßstab durch die rotierende Glasscheibe ein Moiré-Muster reflektiert wird, das von einer Photozelle in der gleichen Art aufgenommen und als Signalimpuls weitergegeben wird, wie es bei den sich geradlinig bewegenden Gittern des älteren Ferranti-Systems der Fall war. Die Intensität des reflektierten Lichtes ändert sich nach einem sinusförmigen Gesetz, dessen Frequenz von der Drehzahl der Glasscheibe und der Gangzahl der Spirale abhängt. Die Glasscheibe wird von einem Synchronmotor (104 U/sek) angetrieben, so daß bei stillstehendem Maschinenschlitten ein Signal von 104 Hertz von der Photozelle ausgesandt wird. Wenn man nun den kleinen Sektor der umlaufenden Scheibe, der von den Photozellen erfaßt wird, betrachtet, dann wird sich bei stillstehendem Tisch, der das Längsgitter trägt, das Moiré-Muster ähnlich dem verändern, das man erhält, wenn ein geradlinig bewegtes Gitter mit einer Geschwindigkeit von 104 Linienteilungen je Sekunde an einem feststehenden Gitter vorbeigeht. Falls der Tisch mit dem Längsgitter eine Längsbewegung ausübt, dann wird eine periodische Schwankung des Moiré-Musters auftreten, deren Periodenzahl je nach der Bewegungsrichtung und Geschwindigkeit von 104 Hertz verschieden ist. Der Frequenzunterschied ist also ein Maß der Bewegungsrichtung und Geschwindigkeit, während die Phasenlage, d. h. die Anzahl der Pulse, durch die Größe der Bewegung bestimmt wird. Gitter mit Linienabständen von 0,25, 0,63 und 2,5 mm stehen zur Verfügung. Mit 50 Pulsen je Gitterteilung können Bewegungen von $5\,\mu$, $12,5\,\mu$ und $50\,\mu$ gemessen werden.

Zum Ausgleich etwaiger Exzentrizitäten der umlaufenden Glasscheibe kann ein kurzes Bezugsgitter in dem feststehenden Gehäuse angeordnet werden, das durch etwaige Exzentrizität erzeugte Unregelmäßigkeiten mißt und durch eine zweckentsprechende elektronische Korrekturschaltung ausgleicht.

Mit dem neuen Ferranti-System kann die gleiche Meßgenauigkeit wie mit dem alten System, aber mit gröber gestuften Gittern erzielt werden.

Zum Schluß seien zwei Meßverfahren erwähnt, die Längenmaßstäbe verwenden. In den Schwartzkopff-Lehrenbohrmaschinen wird ein nach dem Endmaßprinzip arbeitender Bezugsmaßstab (Abb. 285) verwendet. Fünf Trommeln a, b, c, d, e tragen Rundstäbe, deren Längen mit Endmaßgenauigkeit abgestuft sind. Die Trommeln können durch Fernsteuerung gedreht und jeder Rundstab einer Trommel in die Arbeitsstellung A-A gebracht werden. Dadurch können die Längen der verschiedenen Stäbe in einer Trommel mit denen der Stäbe in den anderen Trommeln derart kombiniert werden, daß die jeweilige Summe der Längen aller in der Arbeitsstellung A-A liegenden und sich mit ihren Stirnflächen berührenden Rundstäbe der Länge der verlangten Schlittenbewegung entspricht. In jeder Trommel sind die Längen der Stäbe in einer Dekade abgestuft, wobei die Mindeststablänge (Nullstab) in jeder Trommel einer Bezugslänge „Null" entspricht.

Die 12 Stäbe in Trommel a sind von 0 bis 1100 mm (d. h. Mindestlänge bis Mindestlänge plus 1100 mm) gestuft, die 10 Stäbe in Trommel b von 0 bis 90 mm, in Trommel c von 0 bis 9 mm, in Trommel d von 0 bis 0,9 mm und in Trommel e von 0 bis 0,09 mm. Es ist daher möglich, Kombinationen der Längsstäbe von 0,00 bis 1199,99 mm in Abstufungen von 0,01 mm einzustellen.

---

[1] Siehe F. Koenigsberger: Britische spanende Werkzeugmaschinen auf der 6. Europäischen Werkzeugmaschinen-Ausstellung in Paris. Werkstatttechnik, September 1959.

Die Einstellung und Verriegelung der Trommeln erfolgt durch Fernsteuerung auf folgende Weise. Die Trommeln werden durch Reibung von der Zentralwelle *I* gedreht, bis sie durch feste Anschläge an der Drehung gehindert und in einer bestimmten Stellung gehalten werden. Jedem Längsstab auf den fünf Trommeln ist ein solcher durch einen gesonderten Elektromagneten betätigter Anschlag zugeordnet. In Abb. 285 sind nur die Anschläge für die in dem Beispiel eingestellten Längsstäbe (3 in Trommel *a*, 7 in Trommel *b*, 4 in Trommel *c*, 5 in Trommel *d* und 8 in Trommel *e*) dargestellt. Die Elektromagneten werden von einem Schaltbrett (*B*, Abb. 285) an der Maschine gesteuert und sobald die der gewünschten Einstellung entsprechenden Elektromagneten unter Spannung gesetzt sind, geht die Zentralwelle zunächst auf die Nullstellung der Trommeln zurück, bevor sie sie gegen die nunmehr in Arbeitsstellung befindlichen Anschläge vorwärts dreht.

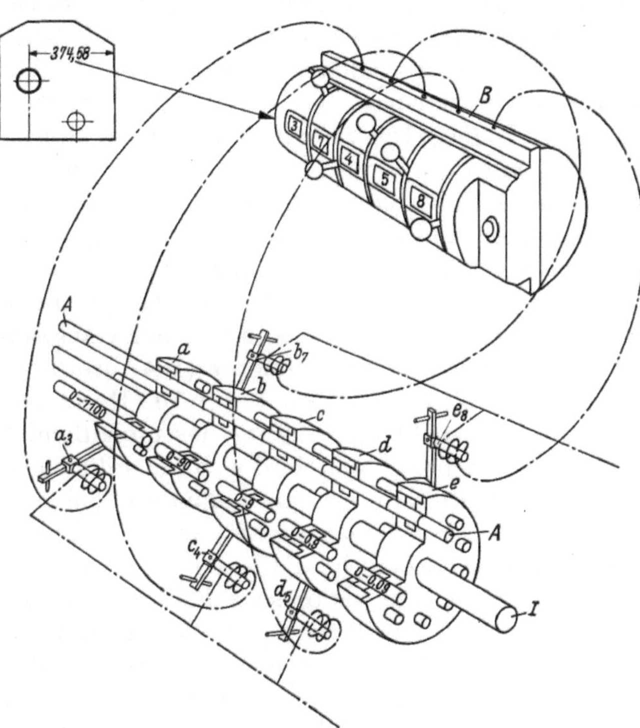

Abb. 285. Meßsystem der Berliner Maschinenbau-Aktien-Gesellschaft vormals L. Schwartzkopff, Berlin

Während das oben genannte System digital arbeitet, wird der magnetische Maßstab der British Thomson-Houston Company für Analogsysteme verwendet. Dieser Maßstab (Abb. 286) trägt Stahl-Meßblöcke mit Bohrungen in Abständen von 1 Zoll (etwa 25 mm) (Teilungsfehler nicht größer als 0,0002 Zoll = $5\,\mu$), der in der fertigen Maschine durch Verschieben der Stahlblöcke mittels eines Einstellkeiles noch weiter korrigiert werden kann. Um Unebenheiten in der Oberfläche dieses an dem beweglichen Schlitten befestigten Maßstabes zu vermeiden, sind die Bohrungen mit einem unmagnetischen Werkstoff (Messing) gefüllt. Ein elektromagnetischer Fühlerkopf kann auf dem Bett der Maschine in einer kurzen, sehr genauen Führung mittels Mikrometerschraube (periodischer Steigungsfehler weniger als $0,5\,\mu$) zur Einstellung von Dezimalstellen (0 bis 0,9999 Zoll) des verlangten Tischhubes durch Hand- oder Lochkarteneinstellung aus seiner Nullstellung verschoben werden.

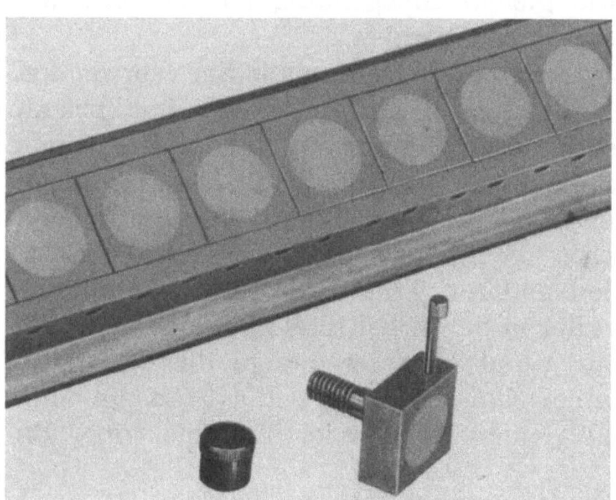

Abb. 286
Magnetmaßstab (B. T. H., Rugby England)

Der Fühlerkopf ist ein Differentialtransformator, dessen Magnetfluß durch den ihm nächstliegenden Teil des Maßstabes geht. Solange der Fühlerkopf während der Einstellbewegung und nach Durchlaufen der ganzzahligen Zollwerte für den verlangten Tischhub um mehr als 0,00002 Zoll ($0,5\,\mu$) von einem der durch die Bohrungen im Maßstab bestimmten magnetischen Mittelpunkte entfernt ist, gibt er ein Fehlersignal und betätigt über einen Servomechanismus die Tischverstellung, bis der Fühlerkopf dem magnetischen Mittelpunkt genau gegenüberliegt.

Sowohl auf dem Gebiete der Meßsysteme als auch auf dem der Steuerungen ist in vielen Industrieländern gearbeitet worden.[1] Ein Versuch, hier einen vollständigen Überblick zu geben, ist im Rahmen dieses Buches unmöglich. Indessen sollen einige wenige Beispiele die Grundgedanken zeigen und erläutern.

Je nach dem Zweck der Maschine kann man die *Steuerungen* grundsätzlich in zwei Gruppen teilen:

a) Steuerungen zur Schlittenverstellung in bestimmte, feste Lagen.

Unter diese Gruppe fallen Anreiß- und Bohrmaschinen, Bohrwerke und Lehrenbohrmaschinen, bei denen die Schlitten jeweils vor jedem Arbeitsgang von einer Stellung zur nächsten verschoben und festgespannt werden.

b) Steuerung der Vorschubbewegung zur Herstellung von Kurvenprofilen oder Oberflächen durch dynamische Einstellung.

Die Steuervorgänge können zwei oder drei Dimensionen erfassen, und die Werkzeugmaschine ist ein Teil eines geschlossenen Regelkreises. An Stelle der früher besprochenen Schablonen, Modelle oder Musterstücke tritt ein Papierstreifen.

Zu a). Diese Maschinen können sich oft bereits bei Einzelfertigung oder bei der Herstellung kleiner Mengen als wirtschaftlich erweisen, insbesondere wenn eine große Anzahl Bohrungen je Werkstück verlangt wird, da die andernfalls zum Anreißen notwendige Zeit verkürzt und die durch etwaige fehlerhafte Handeinstellungen verursachten Ausschußmengen verringert werden, was sonst nur durch Einsatz kostspieliger Sondervorrichtungen möglich sein würde. Im Gegensatz zu den unter b) genannten Steuerungen werden die Einstellbewegungen nicht unter der Einwirkung der Schnittkräfte, d. h. unter oft mehr oder wenig hoher und möglicherweise schwankender Belastung ausgeführt. Weiterhin ist der genaue Zeitpunkt, zu dem die verschiedenen Einstellbewegungen (in Richtung der x-, y- und z-Achse) zufriedenstellend beendet sein müssen, nicht kritisch, solange dafür Sorge getragen wird, daß z. B. bei Bohrmaschinen und Bohrwerken Tisch und Querschlitten festgeklemmt und die Bohroperationen erst begonnen werden, wenn die bewegten Teile ihre den gespeicherten Koordinaten entsprechenden Stellungen erreicht haben. Die Geschwindigkeitsgenauigkeit und die Synchronisierung der Einstellbewegungen ist also nicht kritisch, und die Steuerung kann für jede Koordinate gesondert durchgeführt und betrachtet werden.

Die Koordinaten der verlangten Schlittenstellungen können entweder durch Drehknöpfe, Zahlenscheiben, Druckknöpfe oder Kontaktstöpsel eingestellt, oder mittels Lochkarten oder Papierstreifen dem Steuersystem zugeführt werden.

Ein von der British Thomson-Houston Company Ltd. entwickeltes System (Abb. 287) für feste Koordinateneinstellung, das von verschiedenen Firmen verwendet wird, arbeitet mit dem magnetischen Maßstab (s. S. 190 u. Abb. 286). Die ganzzahligen Werte (in Zoll) werden von einer durch Synchron gesteuerten Vorschubspindel und dem Maßstab, und die Dezimalwerte von dem durch die Mikrometerschraube verstellbaren Fühlerkopf erfaßt. Zum Speichern der Koordinaten für die verlangte Tischstellung werden die Gebersynchrons $S_1 \cdots S_4$ mittels sechs Einstellknöpfen $K_1 \cdots K_6$ je Koordinate, d. h. im Zollmaß auf zwei Dezimalstellen vor und vier Dezimalstellen ($2{,}5\ \mu$) hinter dem Komma, oder mittels Lochkarte und Kartenleser R entsprechend eingestellt. Die durch den Unterschied zwischen den Gebersynchrons $S_2 \cdots S_4$ und den Empfängersynchrons $T_2 \cdots T_4$ erzeugten Fehlersignale lösen die durch den Verstärker A betätigte Steuerung des Motors M_1 aus und verstellen über Getriebe D und Mikrometerschraube E den Magnetfühlerkopf F. Während auf diese Weise die Dezimalstellen hinter dem Komma durch die Verstellung des Magnetfühlerkopfes bestimmt sind, werden die ganzzahligen

---

[1] Siehe z. B. F. Koenigsberger u. J. K. Royle: Einige britische automatische Werkzeugmaschinensteuerungen. Werkstattstechnik u. Maschinenbau, September 1958. — Brewer, R. C.: s. Fußn. 1, S. 184.

Zollwerte vor dem Komma durch Steuerung der Vorschubspindel H eingestellt. Gebersynchron S_1 steuert Empfängersynchron T_1, das durch Getriebe I mit der Vorschubspindel H verbunden ist. Das durch den Unterschied zwischen S_1 und T_1 erzeugte Fehlersignal steuert über Verstärker B und Generator G den Motor M_2, der über Getriebe U Vorschubspindel H treibt und den Schlitten O verstellt. Wenn der Schlitten bis auf etwa 6 mm an die verlangte Endstellung mit einer Geschwindigkeit von etwa 3 m/min herangefahren ist, wird die Steuerung auf den elektromagnetischen Fühlerkopf F und Verstärker C umgeschaltet (Relais L) und die endgültige Schlittenstellung mit einer wesentlich geringeren Geschwindigkeit angefahren. Durch Einführung eines kurzzeitigen „falschen" Signals ist es möglich, die Endstellung immer in der gleichen Richtung anzufahren. Dadurch wird der Einfluß von etwaigem Spiel zwischen Spindel und Mutter

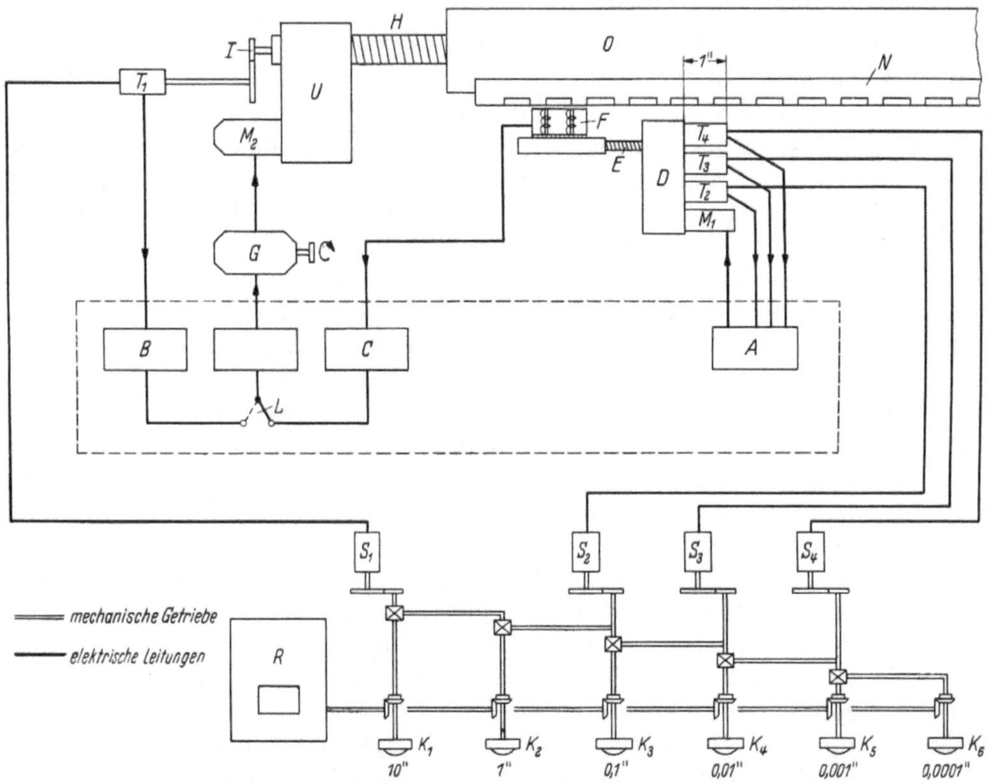

Abb. 287. Meß- und Steuersystem der B. T. H., Rugby, England

praktisch ausgeschaltet. Das „falsche" Signal wird zweckentsprechend ein- bzw. ausgeschaltet und der Schlitten langsam verschoben, bis die entsprechende Bohrung im Magnetmaßstab N dem Magnetfühlerkopf F genau gegenüberliegt (s. S. 190). Schwierigkeiten, die durch Reibungsschlupf (stick-slip) verursacht werden können, sind durch Verwendung geeigneter Schmierung und durch Einsatz steifer Antriebselemente (s. S. 66) auf ein Mindestmaß beschränkt.

Nachdem der Schlitten O automatisch in die gewünschte Lage gebracht ist, wird er am Ende der Verstellbewegung festgespannt.

An Stelle einer Codierung mittels Lochstreifen oder Karten, deren Information durch sogenannte „Leser" (s. R, Abb. 287) in Steuerimpulse umgewandelt werden muß, verwendet die Berliner Maschinenfabrik vormals L. Schwartzkopff Lochkarten, die direkt auf ein Stöpselschaltbrett aufgesetzt werden. Die Karten sind so gelocht, daß der Bedienungsarbeiter nur diejenigen Stöpsel einstecken kann, die die Endmaßtrommeln (s. S. 189 u. Abb. 285) in die gewünschte Meßstellung drehen. Die hydraulisch gesteuerte Tischeinstellbewegung wird kurz vor Erreichen der Endstellung durch elektromagnetisch gesteuerte Schieber verlangsamt, so daß der Anlauf gegen die Endanschläge langsam und stoßfrei erfolgt.

Bei vielen Koordinatenbohrwerken kann der Koordinatenbezugspunkt innerhalb eines kleinen Bereiches verschoben werden, um Ungenauigkeiten bei der Aufspannung zu kompensieren. Wenn man nun noch weiter geht und, wie es bei der Schwartzkopff-Maschine der Fall ist, den Koordinatenbezugspunkt beliebig innerhalb des genannten Arbeitsbereiches zu verlagern ermöglicht, dann kann ohne Mühe irgendein Bezugspunkt des Werkstückes, z. B. die Mittellinie einer bestimmten Bohrung, nach Bedarf als Ausgangspunkt der Koordinateneinstellung verwendet werden.

Während bei dem B. T. H.-System (s. S. 191) und bei dem Schwartzkopff-System der Bedienungsarbeiter die Schlittenantriebe für jede neue Koordinateneinstellung von Hand einschalten muß, können auf einer Maschine der Schweizer Firma Société Genevoise d'Instruments de Physique (SIP) bis zu 30 Koordinatenwerte auf zwei Magnettrommeln (eine zur Grob-, die andere zur Feineinstellung) gespeichert und von der Maschine selbsttätig zwischen den verschiedenen Bohroperationen eingestellt werden.[1] Die Speicherung wird dadurch vorgenommen, daß der Bedienungsarbeiter die Schlitten bei der Bearbeitung des ersten Werkstückes von Hand einstellt, worauf mit Hilfe einer durch Druckknöpfe gesteuerten Elektronik die Koordinaten der jeweiligen Schlittenstellung auf der Magnettrommel gespeichert und zur Bearbeitung einer beliebigen Anzahl darauffolgender Werkstücke in der Reihenfolge der Speicherung wiederholt eingestellt werden können. Die erzielbare Genauigkeit der durch ein photoelektrisches Mikroskop gemessenen Einstellung wird dadurch auf ein Höchstmaß gebracht, daß die Geschwindigkeit der Einstellbewegung über die letzten 20 mm in drei Stufen bis auf 0,1 mm/min heruntergestellt wird.

Zu b) Zum Unterschied von den unter a) genannten Maschinen findet bei numerisch gesteuerten Profilarbeiten der Steuervorgang unter Last und fortlaufend statt. Die gegenseitigen Stellungen der verschiedenen Arbeitsschlitten müssen also in jedem Augenblick den verlangten Bedingungen genügen. Obwohl hohe Genauigkeit der Vorschubgeschwindigkeiten als solche nicht kritisch ist, wird ihre Innehaltung unbedingt notwendig, soweit sie die gegenseitigen Stellungsänderungen der verschiedenen Arbeitsschlitten betrifft. Außerdem ist es oft zur Erzielung einer gleichmäßigen Oberfläche wichtig, daß die aus der Bewegung in zwei Koordinatenrichtungen resultierende Geschwindigkeit möglichst konstant gehalten wird.

Der Regelkreis und das Steuersystem müssen daher derart konstruiert sein, daß alle Steuerungen und Bewegungsantriebe mit geringstmöglicher Verzögerung arbeiten. Beim Entwurf eines Arbeitsprogramms muß außerdem den durch die Steuerung und den Antrieb der Maschine gegebenen Bedingungen Rechnung getragen und die Anforderungen an Beschleunigungen innerhalb erreichbarer Grenzen gehalten werden. Andererseits müssen die Anforderungen an die Steifigkeit, Reibungsfreiheit und die Beschränkung des Gewichtes der zu beschleunigenden Massen usw. verschärft werden, wenn die Maschine den hohen Genauigkeiten und Geschwindigkeiten, mit denen elektronische Steuerungen arbeiten können, gerecht werden soll.[2]

Steifigkeit der Werkzeugmaschine ist nicht nur zur Verlängerung der Standzeit der Werkzeuge und zur Erhöhung der Arbeitsgüte, sondern auch für das zufriedenstellende Arbeiten der Servomechanismen unter Last von Bedeutung. Da die gesamte Maschine einen Teil des Regelkreises bildet, muß sie als solche konstruiert werden. Die auch heute noch oft angetroffene Methode, eine beliebige Steuerung mit irgendeiner Werkzeug-

---

[1] SIMON, W.: Steuerungsprinzipien an Werkzeugmaschinen. Werkst. u. Betr., November 1957. — BREWER, R. C.: s. Fußn. 1, S. 184.

[2] Siehe F. KOENIGSBERGER: The design of Automatic Machine Tools for Electronic Control. Journal of the Institution of Production Engineers, Oktober 1958. — WILLIAMSON, D. T. N.: Automatic Control of Machine Tools, Conference on Technology of Engineering Manufacture. Institution of Mechanical Engineers, 1958.

maschine zu koppeln, wird weder technisch noch wirtschaftlich einen guten Wirkungsgrad zeitigen.

Bei der Konstruktion von Werkzeugmaschinen, die auf eine der oben angeführten Arbeitsweisen gesteuert werden sollen, sind daher folgende Punkte zu beachten:

α) Die Maschine als Ganzes

Schwingungsverhalten, Schnittkräfte, Eigenschwingungszahlen, Werkzeugabstumpfung und Verschleiß müssen vom Standpunkte der Arbeitsgenauigkeit, Arbeitsgüte und Wirtschaftlichkeit berücksichtigt werden. Wichtig ist u. a. auch die Tatsache, daß die Leistung des Servomechanismus durch Verringerung oder Ausschaltung der Haftreibung in Führungen und Lagern erheblich beeinflußt werden kann.

β) Vorschubantrieb

Bei den im allgemeinen verwendeten elektrischen, elektromechanischen und elektrohydraulischen Antrieben muß der Steifigkeit der Antriebselemente, der Verringerung der Reibungswiderstände und der Spielfreiheit in den Getrieben besondere Beachtung geschenkt werden.

Der Regelkreis muß derart arbeiten, daß der Einfluß der auf die Steuerung wirkenden Störgrößen weitgehend ausgeglichen wird. Solche Störgrößen sind Schnitt- und Reibungswiderstände, Kräfte, die von der Beschleunigung (Massen) und von der Arbeitsgeschwindigkeit (Reibung, Dämpfung) abhängen, sowie durch Kräfte und Belastungen hervorgerufene Formänderungen der Steuerelemente usw. Der Zeitverlauf zwischen Eingangs- und Ausgangsgröße, d. h. zwischen Signal und Steueroperation, der durch Störgrößen beeinflußt wird, kann durch Einsatz von Verzögerungsgliedern, von integrierenden und differenzierenden Elementen im Regelkreis den jeweiligen Anforderungen angepaßt werden.

Durch Aufstellung der Beziehung zwischen Eingangs- und Ausgangsgröße lassen sich die Arbeitsbedingungen erfassen und prüfen. Der erste Impuls geht im allgemeinen von einem „Fehlersignal" aus. Der Fehler sei ε und der Verstärkungsfaktor K_s. Wenn eine Positionierungsbewegung x verlangt wird und in Wirklichkeit eine Verschiebung um y stattgefunden hat, dann wird $f(y) = K_s \cdot \varepsilon$, $\varepsilon = x - y$, und der Regelkreis muß diesen Fehler so nahe wie möglich auf Null bringen.

In dem einfachen Falle linearer Beziehungen läßt sich dann eine Differentialgleichung folgender Form aufstellen:

$$m \cdot \frac{d^2 y}{dt^2} + f \cdot \frac{d y}{dt} + k \cdot y = k \cdot x.$$

Die Einflüsse der Steifigkeit der Steuer- und Antriebselemente (k), der von der Geschwindigkeit abhängigen Störgrößen (f) und der Massenkräfte (m) auf Starrheit, Frequenzgang usw. sind klar erkennbar (s. a. S. 182).

Eine vollständige mathematische Durcharbeit dieser Fragen ist im Rahmen dieses Buches unmöglich. Eine unvollständige Behandlung wäre nutzlos, insbesondere da es in Anbetracht der bei Systemen für höchste Genauigkeitsansprüche oft notwendigen nichtlinearen Charakteristik falsch wäre, die Bedeutung der oben angeführten einfachen linearen Form zu stark zu betonen. Für die Aufstellung und Lösung der Übergangsfunktion und die Prüfung der Empfindlichkeit, Genauigkeit und Stabilität der Regelkreise sei daher auf die einschlägige Literatur verwiesen.[1]

Die Information kann entweder von den auf der Zeichnung angegebenen Koordinaten der herzustellenden Profile direkt auf den Speicher (Papierstreifen usw.) übertragen

---

[1] Siehe Fußn. 1, S. 183.

oder aber durch Herstellung eines Musterstückes auf den Speicher wie bei einer Grammophonaufnahme „aufgespielt" werden (s. S. 193).[1] Im letzteren Falle muß allerdings die Maschine, wie es auch bei mechanischem Einrichten von Drehautomaten und Revolverbänken der Fall ist, ihre vorhergehende Arbeit beendet haben und zum Zwecke der Vorbereitung für die folgende Arbeit dem Fertigungsprogramm der Werkstatt für eine gewisse Zeit entzogen werden. Die direkte Übertragung der Koordinaten von der Zeichnung auf den Papierstreifen kann dagegen im Arbeitsvorbereitungsbüro ohne Arbeitsverlust der Maschine in der Werkstatt erfolgen.

Für das Beispiel der Kurvenfräsmaschine hängen die zur Bearbeitung einer gegebenen Kurve notwendigen Bewegungen der Arbeitsschlitten von dem Fräserdurchmesser, dessen Wegkurve relativ zum Werkstück bestimmt werden muß, ab. In einer der ersten numerisch gesteuerten Profilfräsmaschine[2] wurde diese Kurve als eine Reihe aneinandergereihter gerader Linien, die durch Koordinaten bestimmte Punkte verbinden, dargestellt. Sollen Kurven innerhalb feiner Toleranzen nach dieser Methode hergestellt werden, dann müssen allerdings die Endpunkte der geradlinigen Wegelemente so nahe aneinander liegen, daß ihre Zahl sehr groß und die Berechnung der Koordinaten außerordentlich zeitraubend wird. Anstatt daher eine Kurve durch eine Serie von Geraden, die zwischen zwei Punkten liegen, zu erzeugen, kann man sie durch parabolische Interpolation aus Kurvenstücken, die durch drei Punkte bestimmt sind, zusammensetzen. Auch hier müssen die Koordinaten einer verhältnismäßig großen Anzahl von Punkten berechnet werden, jedoch ist diese Anzahl geringer als im ersten Falle.

Schließlich kann man mit Hilfe einer elektronischen Rechenmaschine auf Grund der Gleichungen der verlangten Kurven und der Koordinaten zweier auf ihnen liegenden Punkte (im allgemeinen Anfangs- und Endpunkt) die Koordinaten für den genauen Weg des Werkzeuges relativ zum Werkstück bestimmen und auf ein Magnettonband übertragen, wobei die Rechenmaschine auch den Werkzeugdurchmesser berücksichtigen kann. Das Magnettonband enthält dadurch die vollständige Information zur Steuerung der Maschinenschlitten. Es ist dabei nicht notwendig, jeder derart numerisch gesteuerten Werkzeugmaschine ihre eigene elektronische Rechenmaschine, deren Anschaffungspreis naturgemäß hoch ist, zuzuordnen. Es genügt, eine größere Anzahl von Werkzeugmaschinen mit Magnettonbändern nach Bedarf von einer Zentralstelle zu beliefern.

Die zur Verfügung stehenden Steuerungsmethoden können analog oder digital arbeiten.

Bei dem analog arbeitenden E. M. I.-System[3] wird ein Papierlochstreifen von Hand vorbereitet. Dabei müssen die jeweiligen Koordinatenwerte der herzustellenden Kurve dem Werkzeugdurchmesser entsprechend korrigiert werden. Das System kann sowohl zum Arbeiten mit kartesischen als auch mit Polarkoordinaten verwendet werden. Wenn keine elektronische Rechenmaschine verwendet werden soll, werden die Koordinaten des herzustellenden Profils in Abständen von etwa 12,5 mm berechnet und von Hand in einen Papierstreifen gelocht, wobei Änderungen in Richtung und Krümmung besonders markiert werden. Falls diese Arbeit für komplizierte Kurven zu langwierig wird, kann auch eine elektronische Rechenmaschine verwendet werden.

Das Steuergerät enthält einen Interpolator, in dem nicht weniger als 1500 Punkte zwischen je 3 in dem Arbeitsprogramm festgelegten Punkten interpoliert werden.[4] Geringe Änderungen des Fräserdurchmessers können durch sinngemäße Einstellung des Steuergerätes auch berücksichtigt werden.

---

[1] Siehe H. Opitz u. E. Saljé: Grundlegende Betrachtungen zum Problem der Automatisierung. Industrie-Anz., 6. Juli 1956.

[2] McDonagh, J.: Electronics, April 1953.

[3] E. M. I. Electronics, Ltd. Hayes. England.

[4] Siehe R. H. Booth: The Computer-Electronics Contribution to Production, Conference „The Automatic Factory, What does it mean?" The Institution of Production Engineers, Juni 1955.

Da in diesem Analogsystem Beschleunigungen und Verzögerungen nicht automatisch in der Interpolation einbegriffen werden können, müssen sie bereits bei der Ausarbeitung des Programms berücksichtigt und der Information für die Lochstreifen beigefügt werden. Das kann dadurch geschehen, daß die Abstände der gewählten Bezugspunkte zur Verzögerung verringert und zur Beschleunigung vergrößert werden. Um glatten Kurvenverlauf zu erhalten, ist es ratsam, alle Wendepunkte als Bezugspunkte zu wählen.

Die jeweils erreichten Schlittenstellungen werden mit Hilfe der „Inductosyn"-Messung bestimmt und dadurch absolut gemessen. Darin liegt ein wesentlicher Vorteil des Systems, da bei digitaler Messung, z. B. Zählung der von einem optischen Gitter ausgesandten Stromstöße, bei Fehlmessung an irgendeiner Stelle (Versagen des Zählmechanismus) wieder zum Nullpunkt des Koordinatensystems zurückgefahren und die Zählung neu begonnen werden muß.

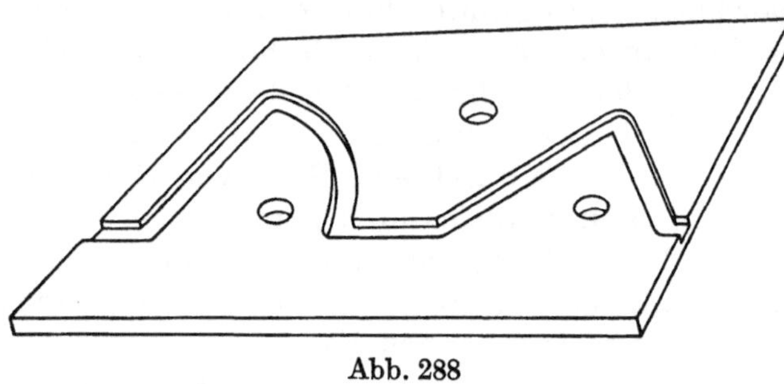

Abb. 288

Abb. 288 zeigt ein typisches Beispiel einer mit dem E. M. I.-System gefrästen Nute, Abb. 289 die Anordnung der durch Koordinaten festgelegten Bezugspunkte und Tab. 19 das Arbeitsprogramm, nachdem der Papierstreifen gelocht wird.

Die erzielbare Arbeitsgenauigkeit hängt stark von der Bauart und Konstruktion der gesteuerten Maschine ab. Die größte Abweichung beim Kurvenfräsen auf einer mit dem E. M. I.-System gesteuerten kleinen Fräsmaschine normaler Bauart betrug etwa 0,025 mm.

Bei dem zwei- oder dreidimensional arbeitenden Ferranti-System werden die Koordinaten des Fräserweges relativ zum Werkstück auf einer elektronischen

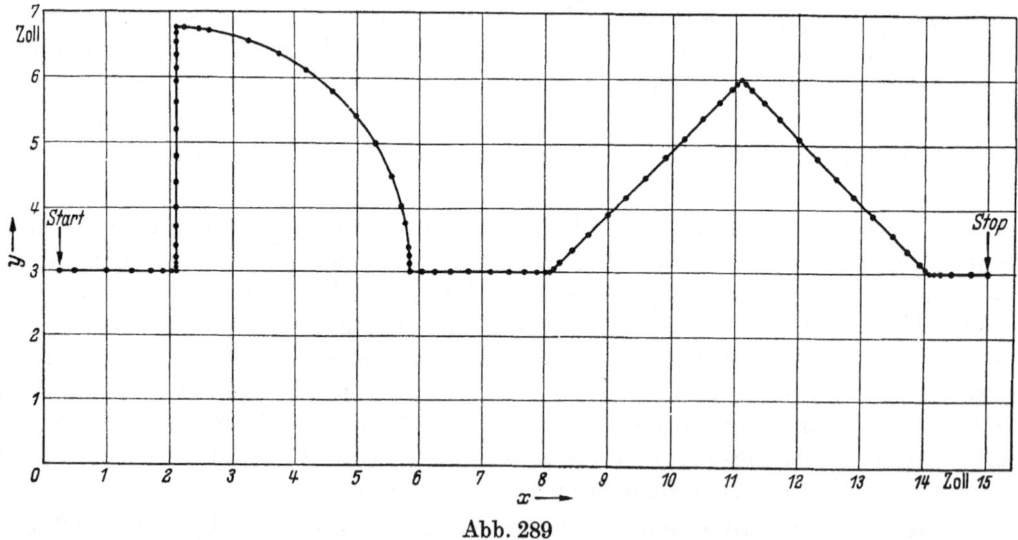

Abb. 289

Rechenmaschine genau ermittelt und auf einem Magnettonband in digitaler Form festgelegt.

Die vielseitige Anwendbarkeit der elektronischen Rechenmaschine als mathematisches Werkzeug wird dadurch voll ausgenutzt, daß sie zur direkten Berechnung der Koordinaten von Kurven quadratischer Gleichungen und zur Ermittlung der Koordinaten anderer Kurven durch parabolische Interpolation verwendet wird (s. S. 195). Auf diese Weise braucht man bei dem Ferranti-System nur die Wendepunkte der herzustellenden Profile und die Art der dazwischenliegenden Kurven festzulegen und auf dem Lochstreifen, der der Rechenmaschine die notwendige Information zuführt, zu codieren. Wie bereits oben erwähnt, kann dabei eine einzige elektronische Rechenmaschine bis zu 50 Werkzeugmaschinen „versorgen". Die Länge, Geschwindigkeit und Richtung der Schlittenbewegung werden mit Hilfe der optischen Gitter gemessen (s. S. 188 u. Abb. 283/284).

Die Schlittengeschwindigkeit wird durch die Frequenz der Steuerimpulse bestimmt. Ein Impulsfrequenzmesser erzeugt eine analoge Spannung. Diese wird mit der Spannung, die durch einen die Schlittengeschwindigkeit genau messenden Tachogenerator erzeugt wird, verglichen, und die Differenz wird dem Servomotor über einen Verstärker zugeführt. Zu dieser analogen Spannung wird eine Zusatzspannung hinzugefügt, die dem jeweiligen Unterschied zwischen Soll- und Ist-Stellung des Schlittens verhältnisgleich ist und erzeugt wird, wenn die von dem Magnetband gesendeten Impulse nicht von den durch das Gitter erzeugten Impulsen annulliert werden.

Abb. 290a zeigt schematisch eine einfache Zeichnung für ein auf einer derart gesteuerten Fräsmaschine herzustellendes Profilstück. Neben dem Fräserdurchmesser d und der verlangten Vorschubgeschwindigkeit brauchen dann nur noch die Koordinaten der Wendepunkte und die Form der zwischenzwei Punkten liegenden Kurven, z. B. gerade Linie, Kreisbogen, Ellipse, Parabel usw. angegeben zu werden (Abb. 290b).[1]

Tabelle 19

x	y	x	y	x	y
Anfang					
00250	03000	04197	06109	10200	05100
00500	03000	04609	05786	10500	05400
01000	03000	04970	05410	10750	05650
01400	03000	05280	04987	10950	05850
01700	03000	05525	04525	11050	05950
01900	03000	05704	04033	11100	06000
02050	03000	05768	03779	11150	05950
02100	03000	05829	03392	11250	05850
02100	03050	05840	03262	11450	05650
02100	03150	05848	03130	11700	05400
02100	03200	05850	03000	12000	05100
02100	03400	06050	03000	12300	04800
02100	03700	06250	03000	12600	04500
02100	04000	06500	03000	12900	04200
02100	04400	06800	03000	13200	03900
02100	04800	07150	03000	13500	03600
02100	05200	07450	03000	13750	03350
02100	05600	07700	03000	13950	03150
02100	05950	07900	03000	14050	03050
02100	06150	08050	03000	14100	03000
02100	06350	08100	03000	14150	03000
02100	06550	08150	03050	14250	03000
02100	06700	08250	03150	14450	03000
02100	06750	08450	03350	14750	03000
02230	06748	08700	03600	15000	03000
02492	06729	09000	03900	15000	03000
02651	06693	09300	04200	15000	03000
03258	06566	09600	04500	15000	03000
03744	06370	09900	04800	Ende	

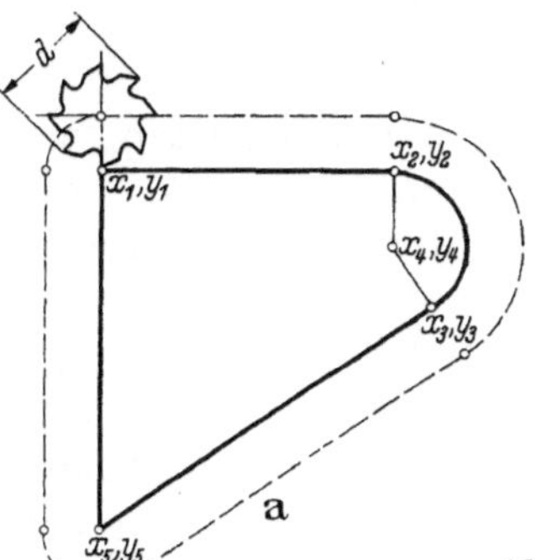

Fräserdurchmesser d
Vorschubgeschwindigkeit s
Koordinaten des Ausgangspunktes x_1,y_1

Kurve	Koordinaten der Wendepunkte	Koordinaten des Kurvenpoles
Gerade	x_2,y_2	
Kreis	x_3,y_3	
Gerade	x_5,y_5	x_4,y_4
Gerade	x_1,y_1	

a   b

Abb. 290 a u. b

Abb. 291a zeigt eine vollständige Werkstattzeichnung, die für die Arbeitsvorbereitung durch Lochstreifen und elektronische Rechenmaschine zweckmäßig dreidimensional vermaßt ist.[2] Alle Punkte sind durch ihre x-, y- und z-Koordinatenwerte

---

[1] Nach D. T. N. WILLIAMSON: Computer-Controlled Machine Tools, Conference „The Automatic Factory, What does it mean?" The Institution of Production Engineers, Juni 1955.
[2] Nach P. J. FARMER: Programming. Aircraft Production, August 1956.

bestimmt. Der Nullpunkt des Koordinatensystems ist außerhalb des Werkstückes gewählt, um negative Koordinatenwerte zu vermeiden. Anstatt alle Koordinatenwerte direkt in die Zeichnung einzutragen, hat es sich außerdem als praktisch erwiesen, die Wendepunkte zu numerieren und ihre Koordinaten in einer Tafel neben der Zeichnung anzugeben (Abb. 291 b).

Die vielleicht fortschrittlichste Anwendung des Ferranti-Systems findet man in der Sonderfräsmaschine (Abb. 292). Der 9 t schwere bewegliche Ständer hat eine Längsbewegung von 7500 mm. Die Senkrechtverstellung des Spindelkastens ist 2100 mm und die Tiefenverstellung der Frässpindel 300 mm. Die Gitter haben 500 Linien je Zoll (etwa 20 Linien je mm) und ergeben mit 2 Impulsen je Linie (s. S. 188) eine Meßgenauigkeit von etwa 25 μ. Die einzelnen Gitterskalen, die die verschie-

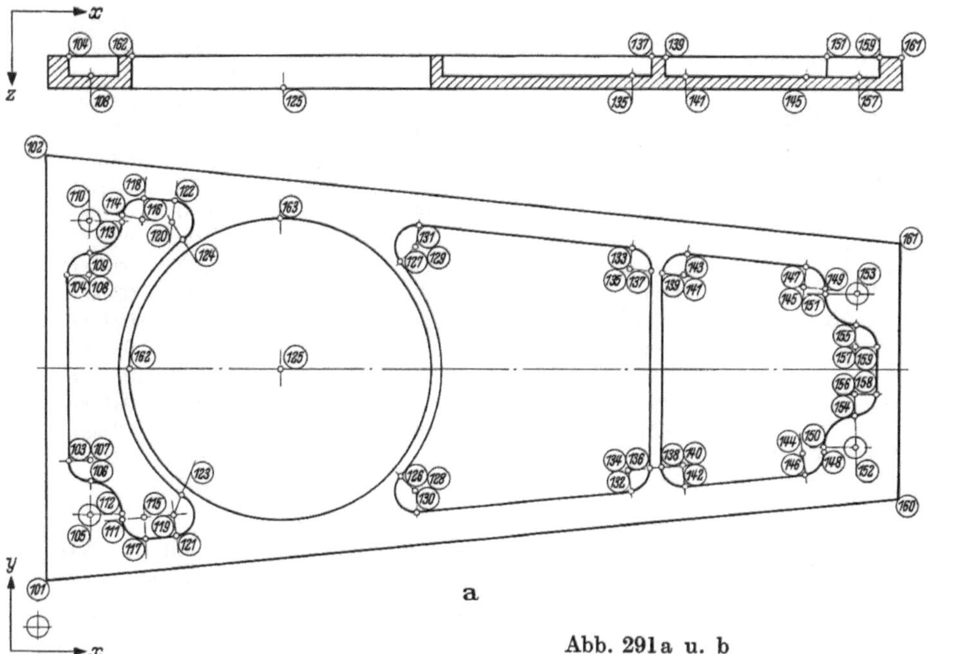

a

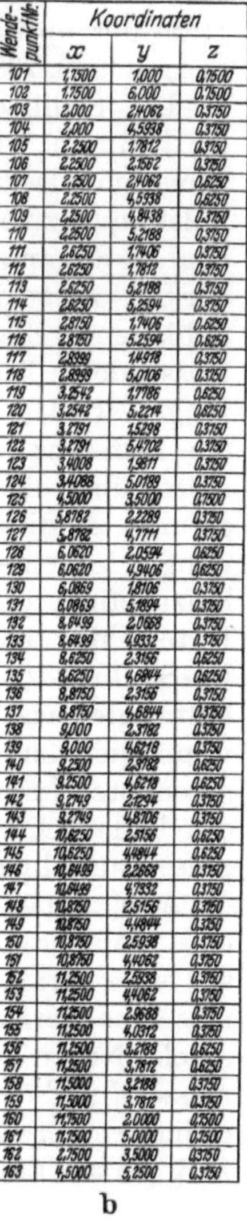

Wende-punkt Nr.	Koordinaten		
	x	y	z
101	1,7500	1,000	0,7500
102	1,7500	6,000	0,7500
103	2,000	2,4062	0,3750
104	2,000	4,5938	0,3750
105	2,2500	1,7812	0,3750
106	2,2500	2,1562	0,3750
107	2,2500	2,4062	0,6250
108	2,2500	4,5938	0,6250
109	2,2500	4,8438	0,3750
110	2,2500	5,2188	0,3750
111	2,6250	1,7406	0,3750
112	2,6250	1,7812	0,3750
113	2,6250	5,2188	0,3750
114	2,6250	5,2594	0,3750
115	2,8750	1,7406	0,6250
116	2,8750	5,2594	0,6250
117	2,8999	1,4918	0,3750
118	2,8999	5,0106	0,3750
119	3,2542	1,7786	0,6250
120	3,2542	5,2214	0,6250
121	3,2791	1,5298	0,3750
122	3,2791	5,4702	0,3750
123	3,4008	1,9811	0,3750
124	3,4088	5,0189	0,3750
125	4,5000	3,5000	0,7500
126	5,8782	2,2289	0,3750
127	5,8782	4,7711	0,3750
128	6,0620	2,0594	0,6250
129	6,0620	4,9406	0,6250
130	6,0869	1,8106	0,3750
131	6,0869	5,1894	0,3750
132	8,6499	2,0668	0,3750
133	8,6499	4,9332	0,3750
134	8,6250	2,3156	0,6250
135	8,6250	4,6844	0,6250
136	8,8750	2,3156	0,3750
137	8,8750	4,6844	0,3750
138	9,000	2,3782	0,3750
139	9,000	4,6218	0,3750
140	9,2500	2,3782	0,6250
141	9,2500	4,6218	0,6250
142	9,2749	2,1294	0,3750
143	9,2749	4,8706	0,3750
144	10,6250	2,5156	0,6250
145	10,6250	4,4844	0,6250
146	10,6499	2,2868	0,3750
147	10,6499	4,7332	0,3750
148	10,8750	2,5156	0,3750
149	10,8750	4,4844	0,3750
150	10,8750	2,5938	0,3750
151	10,8750	4,4062	0,3750
152	11,2500	2,5938	0,3750
153	11,2500	4,4062	0,3750
154	11,2500	2,9688	0,3750
155	11,2500	4,0312	0,3750
156	11,2500	3,2188	0,6250
157	11,2500	3,7812	0,6250
158	11,5000	3,2188	0,3750
159	11,5000	3,7812	0,3750
160	11,7500	2,0000	0,7500
161	11,7500	5,0000	0,7500
162	2,7500	3,5000	0,3750
163	4,5000	5,2500	0,3750

b

Abb. 291a u. b

denen Verstellungen messen, sind von der Mitte her gehalten, so daß sie sich bei Temperaturschwankungen mit dem sie haltenden Gußstück verschieben.

Alle Bewegungen werden von Flüssigkeitsmotoren erzeugt, die durch elektro-hydraulische Ventile gesteuert werden. Die Flüssigkeitsmotoren für die Längs- und Senkrechtbewegung sitzen auf den beweglichen Schlitten. Jeder Antrieb erfolgt über ein mit vorgespannten Spiralzahnrädern versehenes Getriebe, das zwei Vorschubritzel in entgegengesetzter Richtung gegen die Zähne einer in dem feststehenden Maschinenteil befestigten Zahnstange vorspännt (s. Abb. 210). Die kurze Spindelverstellung erfolgt durch ein mit Kugelumlaufmutter arbeitendes Schraubengetriebe (s. Abb. 203), bei dem zwei zur Spielausschaltung gegeneinander vorgespannte Vorschubmuttern verwendet werden.

Die Haftreibung in den Schlittenführungen ist durch ein Druckschmierungssystem praktisch ausgeschaltet. Bei einer Geschwindigkeit von 250 mm je Minute beträgt der beim Einstellen des schweren Ständers zu überwindende Reibungswiderstand etwa 900 g.

Die Werkstückaufspannfläche ist 8400 mm × 2400 mm groß, und die Maschine kann mit Vorschubgeschwindigkeiten bis zu 3000 mm/min arbeiten.

Die bisher besprochenen automatischen Geräte dienen dazu, die Antriebe für die Arbeitsbewegungen von Werkzeug- und Werkstückträger (Spindelstock, Tisch, Schlitten usw.) gemäß den Anforderungen einer Zeichnung, eines Arbeitsprogramms, einer Schablone oder eines Musters zu steuern.

Wenn die tatsächliche Vorschubbewegung durch unabhängige Mittel gemessen, mit der in dem Programm verlangten verglichen und im Falle von Differenzen korrigiert werden kann, dann lassen sich der Art und Güte der Meß- und Steuergeräte entsprechende Genauigkeiten der gesteuerten Bewegung erzielen.

Die endgültige Arbeitsgenauigkeit hängt indessen nicht nur von der Genauigkeit der Einstell- und Vorschubbewegungen, sondern auch von der Führungsgenauigkeit der beweglichen Teile ab. Während aber die oben erwähnten Geräte Vorschub- und Einstellwege, d. h. Lageänderungen in Richtung der Arbeitsbewegung, mit großer Genauigkeit messen, erfassen sie nicht diejenigen Bewegungen, die normal zu der Arbeitsbewegung gerichtet sind. Solche Bewegungen, die durch Herstellungsungenauigkeiten von Geradführungen, Spiel zwischen führenden und geführten Elementen, Verschleiß u. ä. verursacht werden können, werden seit Jahren mit Hilfe von Abnahmebedingungen[1] geprüft und innerhalb bestimmter Grenzen, die der Größenordnung der Vorschub- und Einstellgenauigkeiten entsprechen, gehalten. Mit der Einführung optischer und elektronischer Steuergeräte ist diese Größen-

Abb. 292. Elektronisch gesteuerte Sonderfräsmaschine (Fairey-Ferranti) (The Fairey Engineering Co. Ltd., Stockport, England)

ordnung indessen so weit verkleinert worden, daß eine entsprechende Abnahmegenauigkeit für die Maschinen sich in vielen Fällen als unwirtschaftlich erweisen könnte.

Es ist deshalb vorgeschlagen worden[2], bei der Konstruktion elektronisch gesteuerter, sehr genauer Maschinen die Führungsgenauigkeit der Schlitten usw. nicht durch Verkleinerung der Geradheits- und Parallelitätstoleranzen für die Führungsbahnen zu erzielen, sondern die jeweiligen Abweichungen der Schlittenbewegungen von ihren verlangten Bahnen dauernd zu messen, das Ergebnis der Messung elektronisch in das Steuergerät zu leiten und dort eine Korrektur der Steuersignale vorzunehmen, so daß die resultierenden Relativbewegungen zwischen den verschiedenen Arbeitsschlitten den Genauigkeitsanforderungen entsprechen und die Schlitten sich in jedem Augenblick in der richtigen Lage zueinander befinden, die durch die Lage des Werkzeuges zum Werkstück bestimmt ist.

Während zum Zwecke einer vollkommenen Messung an jedem Schlitten Fehler in drei Dimensionen gemessen und korrigiert werden müssen, sei der Gedanke an einem einfachen zweidimensionalen Beispiel erklärt. Abb. 293 zeigt schematisch einen Fräsmaschinentisch und Spindelstock. Durch eine der oben erwähnten Steuerungen soll

---

[1] SCHLESINGERS „Prüfbuch für Werkzeugmaschinen" wurde erstmalig im Jahre 1927 veröffentlicht.
[2] KOENIGSBERGER, F.: s. Fußn. 2, S. 193.

13a*

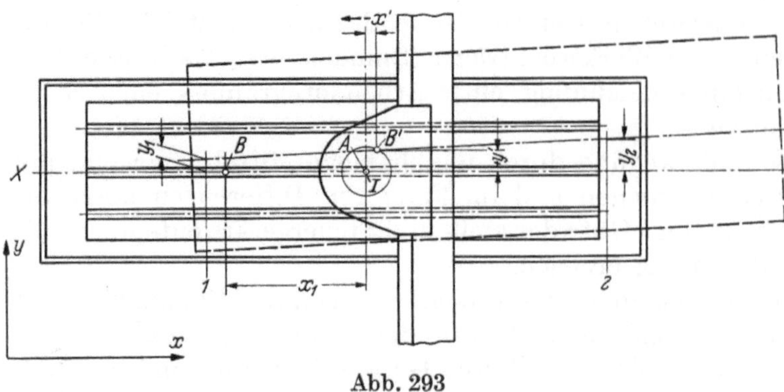

Abb. 293

der Tisch um x_1 entlang der x-Achse verstellt bzw. vorgeschoben werden, während der entlang der y-Achse verschiebbare Spindelstock in seiner Stellung bleibt (Fräsen einer geradlinigen Nute oder Kante). Die Fräserachse soll relativ zu dem Frästisch von Punkt A nach Punkt B auf der Frästischmittellinie (Abstand $AB = x_1$)

Tabelle 20. *Nach normalen Toleranzen hergestellte Portalfräsmaschine*

Teil der Maschine	Art der Fehlerbewegung[1]	Größtmöglicher Fehler in μ in Richtung			Größtmöglicher Gesamtfehler
		längs (X)	quer (Y)	senkrecht (Z)	$\sqrt{X^2 + Y^2 + Z^2}$
Tisch	a	± 41	± 82	0	92
	b	0	± 25	± 41	47
	c	± 25	0	± 82	86
Querbalken	a	± 41	± 14	0	43
	b	± 25	0	± 10	27
	c	0	± 25	± 41	47
Spindelhülse	a	± 25	0	± 8	26
	b	± 8	± 8	0	11
	c	0	± 25	± 8	26
Spindel	d	± 57	± 57	± 0	80

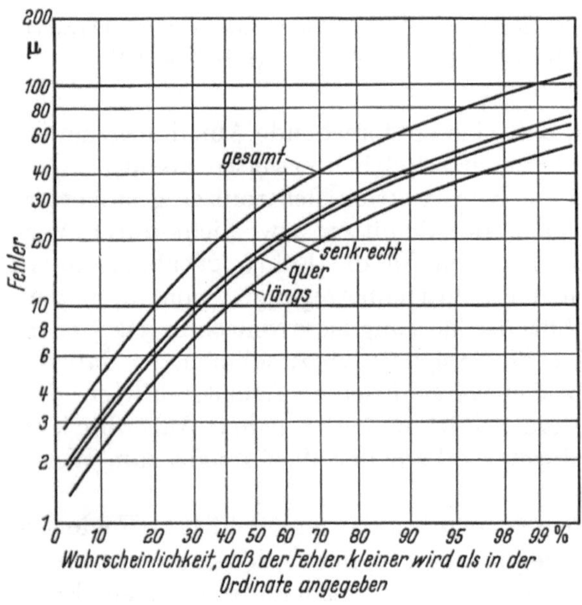

verschoben werden. Während nun der Tisch theoretisch während seiner Längsbewegung parallel zu der Bezugslinie X-X bleiben sollte, möge er aus einem der oben genannten Gründe am Ende seiner Bewegung um x_1 die gestrichelt gezeichnete Stellung einnehmen, die an zwei Meßpunkten *1* und *2* durch ihre y-Koordinaten y_1 und y_2 gemessen wird, und in der der Punkt B in die Stellung B' verschoben wird. Um nun die ursprünglich verlangte gegenseitige Stellung zwischen Frässpindel I und Tisch (Punkt B) aufrechtzuerhalten, muß der Tisch eine Zusatzbewegung $-x'$ und der Spindelstock eine Korrekturbewegung $+y'$ ausführen. Die Größe dieser Bewegungen muß von den Rechenautomaten auf Grund der Meßsignale y_1, y_2, der theoretischen Stellung

---

[1] a) Schwenkbewegung um senkrechte Achse; b) Schwenkbewegung um Längsachse; c) Schwenkbewegung um Querachse; d) Schiefstellung

des Tisches zur Werkzeugschneide usw. bestimmt und die entsprechenden Signale an die Steuergeräte für Vorschübe in Richtung der x- und y-Achse weitergeleitet und den bestehenden Signalen überlagert werden.

Zur vollständigen Ausnutzung dieses Gedankens müßte man an jedem Schlitten Messungen an je drei Punkten in Richtung zweier Achsen (im Falle des Tisches y- und z-Achse, im Falle des Spindelstockes x- und z-Achse) vornehmen, um nicht nur seitliche Verschiebungen in Richtung der zwei Achsen, sondern auch Winkeldrehungen um drei Achsen zu erfassen. Auch muß gegebenenfalls die Spindel in ihrer Lagerung auf ähnliche Weise überwacht werden. Wie weit man im einzelnen gehen sollte, ist eine Frage der praktischen Notwendigkeit, die von Fall zu Fall untersucht werden muß. Für den Fall einer Portalfräsmaschine, die nach den handelsüblichen Abnahmetoleranzen hergestellt ist und mit einer Steuerungsgenauigkeit von $2{,}5\,\mu$ arbeiten soll, hat D. L. LEETE[1] mit Hilfe statistischer Methoden und Wahrscheinlichkeitsrechnungen die in Tab. 20 gezeigten erforderlichen Meßgenauigkeiten ermittelt.

Die praktische Ausführung dieser Gedanken erfordert die Lösung optischer, elektrischer und mechanischer Probleme und bildet den Inhalt einer im Manchester College of Science and Technology in der Entwicklung befindlichen Forschungsarbeit.

B. Konstruktion der Bauelemente

1. Betten, Ständer und Gestelle

Die Betten, Ständer und Gestelle bilden das Rückgrat der Werkzeugmaschinen, da sie nicht nur die Gewichte der verschiedenen Teile (Spindelstock, Schlitten usw.) auf die Auflager (Fundament, Stützkeile) übertragen, sondern auch den Kraftfluß der während der Arbeit zwischen Werkstück- und Werkzeugträger übertragenen Kräfte schließen.

Die verlangte Leistungsfähigkeit, Arbeitsgenauigkeit und Arbeitsgüte (Güte der bearbeiteten Oberfläche) bestimmen die Anforderungen an die statische und dynamische Starrheit (s. S. 39); die Arbeitsbedingungen, die Kraftverhältnisse und die Anordnung der Maschinenteile (Werkzeug- und Werkstückträger, Getriebe, Steuergeräte, Motoren) beeinflussen die konstruktive Formgebung. Die Grundgedanken, die zur Sicherung statischer Steifigkeit und dynamischer Starrheit beachtet werden müssen, sind bereits besprochen worden (s. S. 39). Sie müssen mit den Anforderungen an den Aufbau der Maschine als Ganzes, Leichtigkeit des Zusammenbaus und der Instandhaltung, Zugänglichkeit bei der Bedienung, Berücksichtigung der Arbeitsverhältnisse (Beleuchtung, Inspektion, Spänefall und Spanabfuhr usw.) derart in Einklang gebracht werden, daß die fertige Konstruktion nicht nur technisch einwandfrei, sondern auch vom ästhetischen Standpunkt aus zufriedenstellend ist.

Zur Erfüllung aller Anforderungen müssen außer den grundsätzlichen Fragen, die durch die Art und Arbeitsweise der Maschine (Drehmaschine, Bohrmaschine, Fräsmaschine, Hobelmaschine usw.) bestimmt sind, folgende Punkte untersucht bzw. festgelegt werden:

a) Aufstellung,

b) Leistungs- und Kraftverhältnisse (Kräfte und Geschwindigkeiten),

c) Angriffspunkte und Richtungen der von den verschiedenen Teilen auf das Gestell übertragenen Kräfte,

d) Beanspruchungen und Formänderungen,

e) Werkstoff des Gestelles,

f) Form und Menge des zerspanten Werkstoffes.

---

[1] The Manchester College of Science and Technology. Universität Manchester, England.

Zu a) α) Maschinen für hohe Genauigkeitsanforderungen werden durch Dreipunktauflagerung zwangfrei aufgestellt. Die senkrechten Auflagerkräfte nehmen in dem in Abb. 294 für den Fall einer Schleifmaschine gezeigten Beispiel nur die Gewichte des Maschinenbettes und der von ihm getragenen Teile (Spindelstock, Schlitten, Schleif

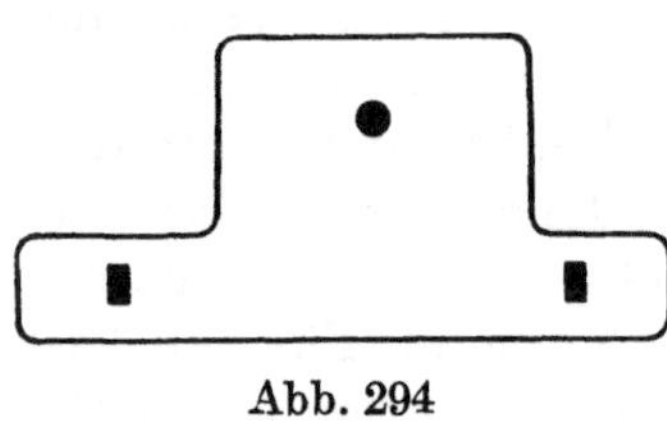

Abb. 294

scheibe, Werkstück usw.) auf und können andere auf das Maschinenbett übertragene Kräfte (Fliehkräfte, Schnittkräfte) auf das Fundament nicht übertragen. Bei der Konstruktion eines derart unterstützten Bettes darf daher in keiner Weise mit der versteifenden Wirkung des Fundamentes gerechnet werden. Die Arbeitskräfte müssen von dem Gestell selbst zufriedenstellend aufgenommen und zwischen den verschiedenen Teilen der Maschine übertragen werden können, selbst wenn das Gestell während der Arbeit gewissermaßen an einem Krane hängen würde.

β) Bei längeren Gestellen würden zur Erzielung der notwendigen Steifigkeit bei Dreipunktauflage außerordentlich hohe Querschnitte erforderlich sein, und man unterstützt daher lange Betten für Präzisionsmaschinen in mehr als drei Punkten. Um solche Maschinen bequemer ausrichten zu können, lagert man sie gegebenenfalls in Abständen von etwa 600 mm auf Keilen (Abb. 295) und untergießt sie, sobald sie zufriedenstellend ausgerichtet sind, so daß nicht nur Gewichte, sondern auch verformende Kräfte auf das

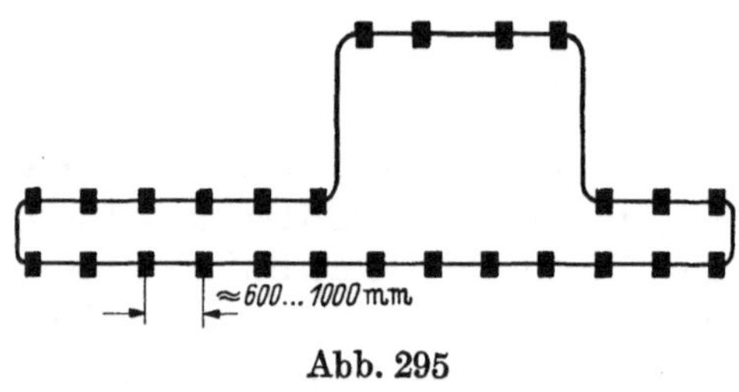

Abb. 295

Fundament übertragen werden können, insbesondere, wenn das Bett durch Ankerschrauben mit dem Fundament verbunden wird und dadurch auch Zugkräfte übertragen kann. So kann z. B. die Verformung der Grundplatte einer Radialbohrmaschine durch Zuhilfenahme eines geeigneten Fundamentes (Vergießen und Verschrauben der Grundplatte auf dem Fundament) um etwa 30 % verringert werden.

An Stelle der Keile können auch an jeder Auflagestelle zwei Bohrungen, eine glatte und eine Gewindebohrung, vorgesehen werden, die zur Aufnahme einer Zug- bzw. einer Druckschraube dienen. Dadurch kann an Stelle des Hineintreibens oder Herausziehens von Verstellkeilen die betreffende Auflagestelle durch Anziehen der Druckschraube gehoben und durch Anziehen der mit einer Ankermutter in dem Fundament arbeitenden Zugschraube gegen die Druckfläche nach unten gezogen werden. Bei dem Schleif

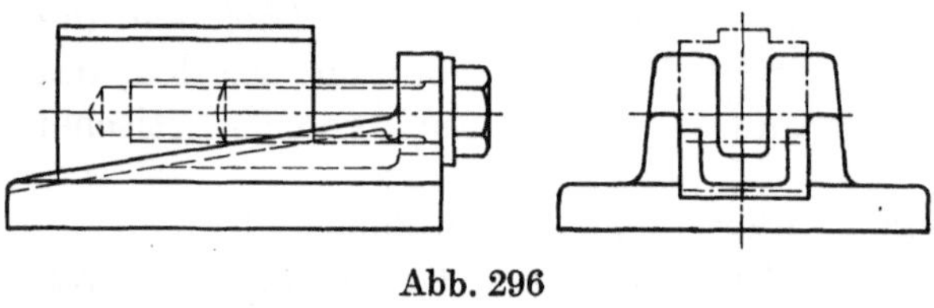

Abb. 296

maschinenbett (s. Abb. 331) sind zwölf solche Auflagepunkte vorgesehen, deren jeder auf einer Länge von etwa 90 mm mit einer Gewindebohrung (3/4 Zoll) für die Druckschraube und mit einer glatten Bohrung (24 mm) für die Anker- (Zug-) Schraube versehen ist.

γ) Da Verformungen eines mit dem Fundament fest verbundenen Bettes, z. B. bei Präzisions-Langhobelmaschinen, mit der Zeit unzulässige Größen annehmen können, wird das Bett in bestimmten Abständen auf Ausrichtkeilklötzen (Abb. 296) aufgelagert und von Zeit zu Zeit (alle 1 bis 2 Monate) geprüft und gegebenenfalls neu ausgerichtet. Die Ausrichtkeilklötze, bei denen mittels einer Schraube ein Auflageklotz auf einer schrägen Fläche waagerecht verschoben und dadurch die Höhenlage seiner Tragfläche verändert wird, werden im allgemeinen in das Fundament einbetoniert. Das Bett wird dann nach dem Ausrichten durch Ankerschrauben gegen die Keilflächen festgezogen.

Zu b) bis d) Die Arbeitskräfte müssen den Arbeitsbedingungen entsprechend ermittelt (s. S. 1 ff.) und ihre Aufnahme bzw. Übertragung auf die Gestelle analysiert werden. Falls die Massen bestimmter Teile mit verhältnismäßig hohen Geschwindigkeiten bewegt werden, darf der Einfluß der Massenkräfte sowohl auf Beanspruchungen und Verformungen als solche als auch auf Schwingungsbedingungen (s. S. 50) nicht vernachlässigt werden. Die Höhe der Werkstoffbeanspruchungen ist allerdings in den meisten Fällen unbedeutend, da die auf Grund der Anforderungen an die Steifigkeit vorgesehenen Querschnitte und Anordnungen niedrige Beanspruchungen zur Folge haben.

Die Größe der zulässigen Formänderungen ist durch die verlangte Arbeitsgenauigkeit und Güte bestimmt (s. S. 21). Eine genaue Berechnung der Formänderungen ist oft schwierig oder gar unmöglich, da nicht nur die Formen der Betten, Ständer und Gestelle meist verwickelt sind, sondern auch die genaue Art des Kraftangriffes (auf einen Punkt konzentrierte, gleichmäßige, über eine gewisse Länge verteilte Kraft usw.) zwischen den verschiedenen Teilen und dem Gestell der Maschine theoretisch schwer bestimmbar ist. Zum Zwecke einer theoretischen Untersuchung muß man deshalb gewisse Annahmen machen, die zwar keine genauen Ergebnisse zeitigen aber doch wichtige Hinweise zum Entwurf der Betten bieten können.

Als Beispiel seien die Kraftangriffsverhältnisse für einige Fälle untersucht.

α) *Drehmaschine.* In Abb. 297a sind die am Werkstück angreifenden Kräfte gezeigt. Die Schnittkraft ist in drei Komponenten (P_1, P_2, P_3, s. Abb. 3) zerlegt, die von der Werkzeugschneide auf das Werkstück (Länge l) im jeweiligen Abstand x von der Spindelstockspitze und am Durchmesser d ausgeübt werden. Sie werden durch die von der Spindelstock- und Reitstockspitze ausgeübten Auflagerkräfte

$$\left(P_1 \cdot \frac{l-x}{l}\,; \quad P_3 \cdot \frac{l-x}{l} + P_2 \cdot \frac{d}{2l} \quad \text{und} \quad P_2 \text{ bzw. } P_1 \cdot \frac{x}{l}\,; \quad P_3 \cdot \frac{x}{l} - P_2 \cdot \frac{d}{2l}\right)$$

und von einem durch den Mitnehmer an der Spindel ausgeübten Drehmoment $\left(M_d = P_1 \cdot \frac{d}{2}\right)$ im Gleichgewicht gehalten. Da der Durchmesserunterschied der bearbeiteten und der unbearbeiteten Länge gering ist, ist das Gewicht des Werkstückes G als gleichmäßig über seine Länge verteilt angenommen und von den an beiden Spitzen wirkenden Auflagekräften $G/2$ im Gleichgewicht gehalten. Dazu kommt noch die axiale Vorspannkraft an den beiden Spitzen, die mit S bezeichnet ist. Die auf die Spindel, den Reitstock und den Längsschlitten wirkenden Kräfte sind den auf das Werkstück ausgeübten gleich und entgegengesetzt gerichtet (Abb. 297b), und diese bestimmen dann die von dem Spindelstock, Reitstock und Längsschlitten auf das Bett ausgeübten Kräfte (Abb. 297c). Die vom Spindelstock bedeckte Bettfläche ist mit I bezeichnet. Der Reitstock ist im allgemeinen durch eine oder mehrere Schrauben gegen Aufbäumen gesichert, und die Bettfläche zwischen dem Angriff dieser Schrauben und der hinteren (Kipp-) Kante des Reitstockes ist mit II bezeichnet. Die von dem Längsschlitten bedeckte Fläche ist mit III bezeichnet. Die auf den Schlitten wirkende Vorschubkomponente P_2 der Schnittkraft wird durch eine in Höhe der Zahnstange (Abstand h_3 unter der Bettoberfläche) auf das Vorschubritzel wirkende Kraft im Gleichgewicht gehalten. Dadurch wird ein Kippmoment $P_2 \cdot (h + h_3)$, das von der Schlittenführung im Gleichgewicht gehalten werden muß, erzeugt. Die in Abb. 297c eingezeichneten, von dem Spindelstock, Reitstock und Schlitten auf das Bett ausgeübten Kräfte halten sich im Gleichgewicht, mit Ausnahme des Werkstückgewichtes G, das als äußere Kraft zusammen mit dem Gewicht der Maschine auf die Füße bzw. das Fundament übertragen und von diesem aufgenommen werden muß. Mit Ausnahme von G schließt sich also der Kraftfluß in dem Bett, das demnach auf Zug (sehr gering durch P_2 und S), senkrechte Biegung (Aufbäumung an den Vorderenden von Spindelstock und Reitstock, Durchbiegung nach unten am Schlitten), waagerechte Biegung (ähnlich wie senkrechte Biegung) und Verdrehung beansprucht ist.

Auf eine analytische oder graphische Bestimmung der Formänderungen, die unter der Voraussetzung, daß die Bettquerschnittseigenschaften sowie Größe, Richtung und Angriffspunkte aller Kräfte bekannt sind, einfach durchgeführt werden kann, sei hier verzichtet. Es sei nur auf die relative Bedeutung der verschiedenen Verformungen hingewiesen. In Abb. 298 seien H der Abstand der Werkstückachse von der Schwerachse des Bettes, d wieder der bearbeitete Werkstückdurchmesser und δ die durch die Formänderungen des Bettes in der Senkrechtebene δ_1 (a), der Waagerechtebene δ_2 (b) und durch Verdrehung δ_3 (c) hervorgerufenen Verschiebungen der Meißelschneide ($\delta_1 = \delta_2 = \delta_3$). Es ist klar ersichtlich, daß die Biegung in der Senkrechtebene a einen viel geringeren Einfluß auf den Durchmesserfehler $\varDelta d_1$ ausübt als die Biegung in der Waagerechtebene b, $\varDelta d_2$

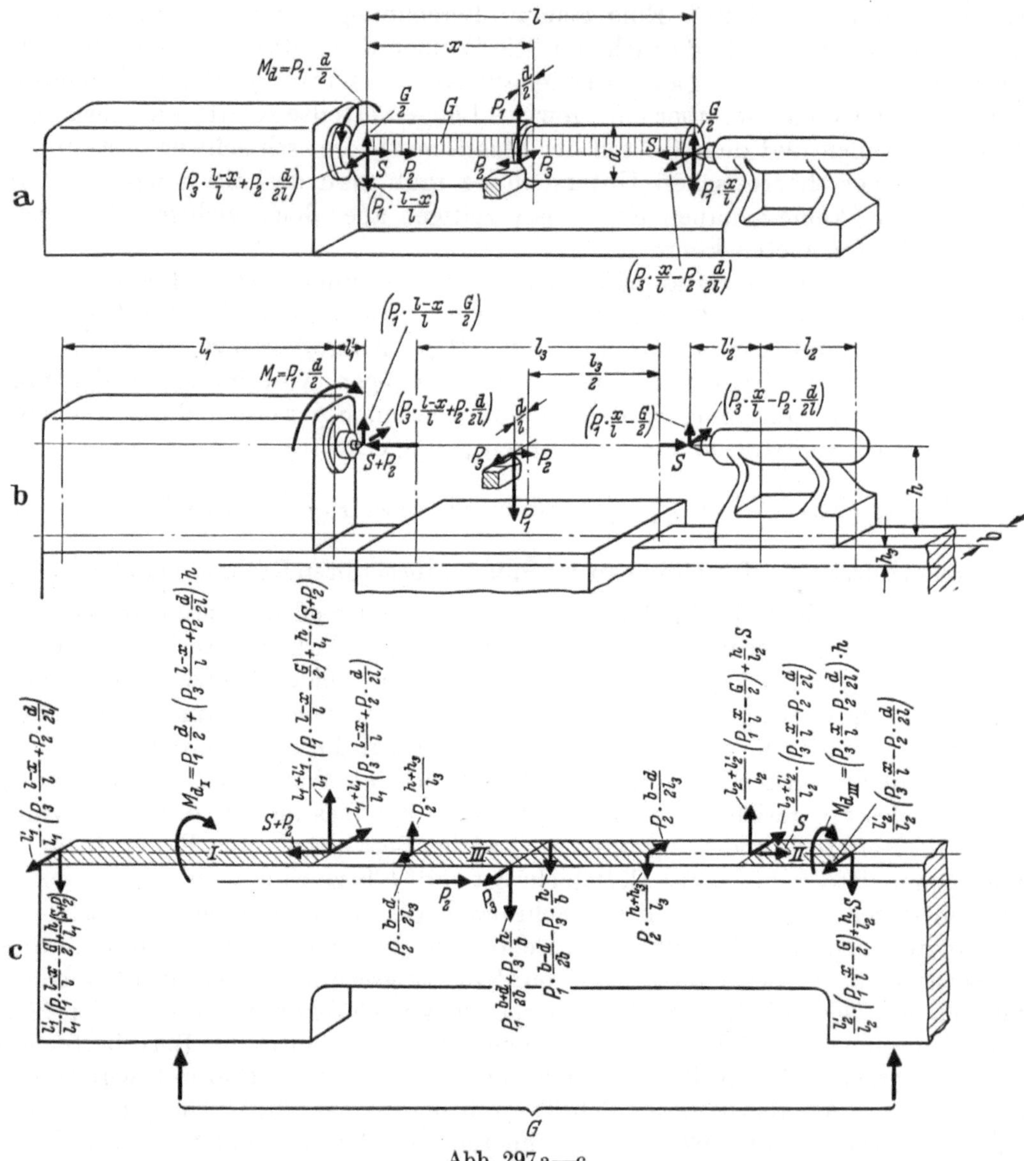

Abb. 297 a—c

und die Verdrehung c, $\varDelta d_3$. Indessen darf der Einfluß von δ_1 auf die Änderung der Schnittwinkel und die Werkzeugstellung (Rattergefahr) nicht übersehen werden. Das Bett muß also gegen Biegung und besonders gegen Verdrehung steif sein.

β) *Bohrmaschine.* Die Verhältnisse an der Bohrmaschine (Abb. 299) sind grundsätzlich einfach, da der Ständer theoretisch durch die an der Bohrerspitze wirkende Axialkraft P auf Zug und Biegung (Hebelarm l des Biegungsmomentes gleich Abstand der Bohrerachse von der Schwerachse des Ständers) und durch das am Bohrer wirkende Drehmoment M_d auf Verdrehung beansprucht wird.

Gewichte des Werkstückes und der Maschinenteile sind nicht berücksichtigt. Auch die durch die verhältnismäßig geringe Zugbeanspruchung hervorgerufene Dehnung des

Ständers kann im allgemeinen vernachlässigt werden, da sie die Lage der Spindelachse nicht beeinflußt. Die durch die Biegungsbeanspruchung hervorgerufene Schiefstellung der Bohrspindel und damit der Bohrungsachse muß (Abb. 300a) unterhalb der durch

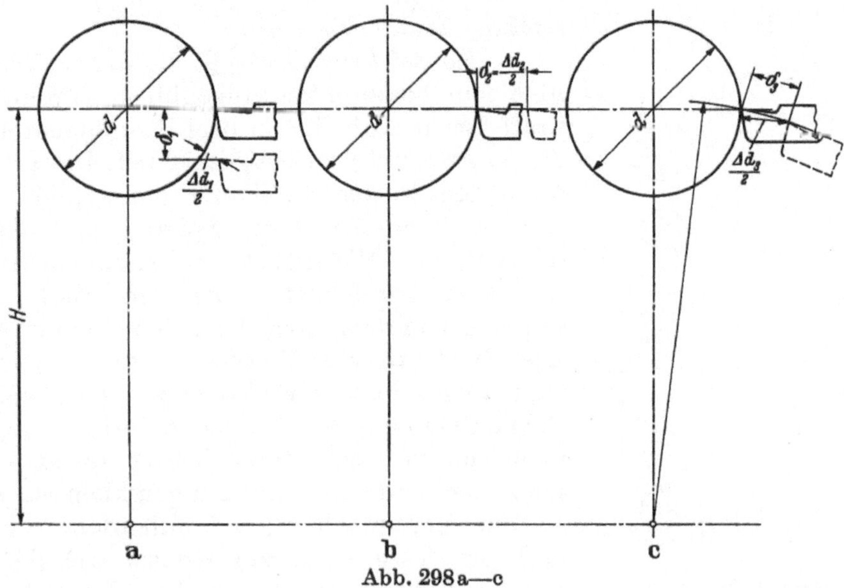

Abb. 298a—c

Prüfvorschriften festgelegten Grenzen liegen. Indessen kann die Verdrehung des Ständers im allgemeinen als gering angenommen werden. Allerdings kann die durch Verdrehungsbeanspruchungen hervorgerufene Verlagerung δ (Abb. 300b) insofern einen ungünstigen Einfluß ausüben, insbesondere bei kleinem Vorschub, als sie die Konzentrizität der Bohrarbeit und damit die Symmetrie der an den Bohrerschneiden angreifenden Kräfte stört (Abb. 301). Während in der Bohrerstellung (Abb. 301b) beide Schneiden gleichmäßig arbeiten, ist dies nach einer Viertelumdrehung des Bohrers (Abb. 301a, c) nicht mehr der Fall, und der Bohrer schneidet unsymmetrisch. Da sich diese Verhältnisse bei jeder Vierteldrehung des Bohrers periodisch ändern, können unzulässige Schwingungen entstehen.[1]

Die Kraftverhältnisse an der Radialbohrmaschine sind in Abb. 302 gezeigt. Die Bohrspindel ist im allgemeinen exzentrisch zum Ausleger angeordnet. Ihre Schiefstellung unter der Wirkung der Vorschubkraft P muß in zwei Ebenen (Pfeile 1 und 2) berücksichtigt werden. Sie ist durch die Durchbiegungen der Innensäule und des Mantelrohres (Biegungsmomente $P \cdot l$ in der Ebene von Pfeil 1, Abb. 303 und $P \cdot l_1$ in der Ebene von Pfeil 2) und durch die Durchbiegung (Pfeil 1) bzw. die Verdrehung (Pfeil 2, verdrehendes Moment $P \cdot e_1$) des Auslegers bestimmt. Außerdem ist zu berücksichtigen, daß sich die Durchbiegung

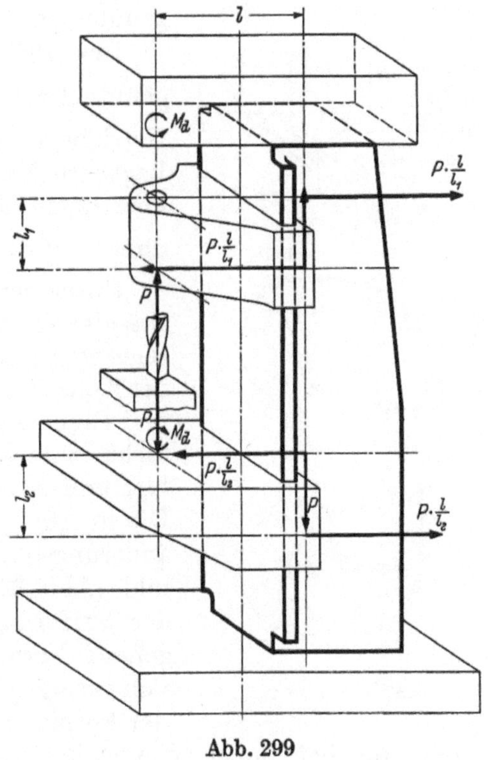

Abb. 299

---

[1] Siehe auch S. A. Tobias u. W. Fishwick: The Vibration of Radial Drilling Machines under Test and Working Conditions. Proc. Instn. Mech. Engrs., London, Bd. 170, 1956. Nr. 6.

des Auslegers unter dem Bohrkatzengewicht bei Verschiebung der Bohrkatze ändert
und bei Berechnung der Spindelschiefstellung nicht außer acht gelassen werden darf,

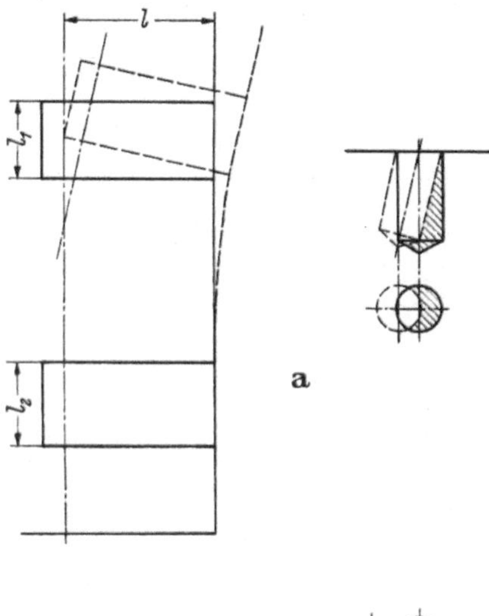

es sei denn, daß der Ausleger derart bearbeitet ist,
daß die Spindel bei Leerlauf in jeder Bohrkatzen-
stellung senkrecht bleibt.

γ) *Konsol-Fräsmaschine.* Die an der Fräserschneide
in einem bestimmten Augenblick wirkende Schnittkraft ist in Abb. 304 in drei Komponenten (P_H, P_V,
P_A, s. Abb. 23 b) zerlegt gezeichnet. Die auf die Fräserschneiden wirkenden Kräfte (gestrichelt gezeichnet)
werden über Fräsdorn, Spindel und Gegenhalter,
die auf das Werkstück wirkenden Kräfte (strichpunktiert gezeichnet) über den Tisch und Querschieber von dem Konsol auf den Ständer übertragen.
Die Gewichte von Werkstück und Maschinenteilen
sind hier nicht berücksichtigt. Die während der
Schneidvorgänge stattfindende Verlagerung des Kraft-
angriffpunktes sei vernachlässigt, da sie im Verhältnis zu den anderen Abmessungen klein ist (s. S. 12ff.).

Zur Vereinfachung sei außerdem angenommen,
daß bei festgespanntem Konsol die Senkrechtvor-
schubspindel entlastet ist und die Kräfte vom Konsol
direkt auf die Senkrechtführung des Ständers, die auf

Abb. 300a u. b

den Fräser wirkende Kraft P_V von dem Gegenhalter und die Kräfte P_H und P_A von der
Spindel auf den Ständer übertragen werden. Die Berechnung der Kräfte kann auf ähnliche Weise wie im Falle der Drehmaschine durch Aufstellung der
Gleichgewichtsbedingungen für die Übertragungsglieder vorgenommen werden.

Der Fräserdurchmesser sei d. Das auf die Spindel aus-
geübte Drehmoment $M_d \approx P_H \cdot \dfrac{d}{2}$[1] wird über die Spindel, das
Getriebe und den Antriebsmotor auf den Ständer in Form von
Lagerdrücken der Zwischenwellen und Haltekräften des Motors
übertragen. Es ist zum Zwecke der Vereinfachung in Abb. 304
direkt auf die Bodenplatte übertragen $\left(P_B = \dfrac{M_d}{b_B}\right)$ angenommen.

Unter der Wirkung der in Abb. 304 gezeigten Kräfte wird der
Ständer in zwei Ebenen durchgebogen (Abb. 305a u. b) und um
seine senkrechte Achse $S\text{-}S$ verdreht (Abb. 305c). Da die Ständer
der Konsolfräsmaschinen im allgemeinen als Gehäuse für Getriebe
und Steuerelemente dienen, sind sie in ihren Querschnitten oft
nicht einfach konstruiert. Eine genaue Berechnung der Verformungen ist daher praktisch schwierig oder gar unmöglich.
Die in Abb. 305a u. b nicht maßstäblich eingezeichneten Form-
änderungslinien, Biegelinien (Abb. 305a u. b) und Verdrehungs-
bild (Abb. 305c) geben indessen einen Eindruck der Tendenz
der Verformungen des Ständers. Selbst wenn aber auch eine
genaue Formänderungsrechnung möglich wäre, dürfte sie sich
von geringem praktischem Wert erweisen, da nicht nur die Größe
der Formänderungen, sondern die Formänderungsschwankungen

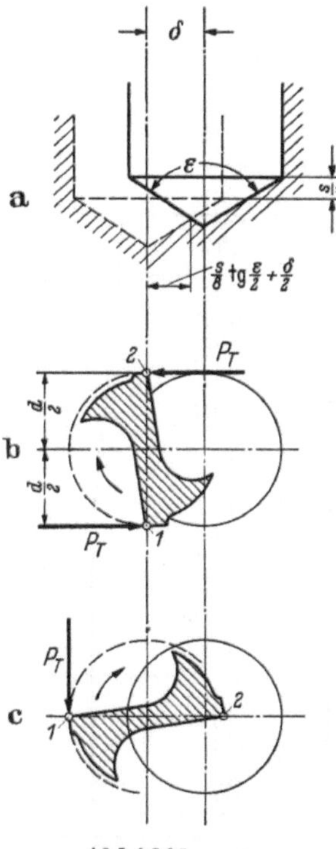

Abb. 301a—c

und die bei hohen Geschwindigkeiten auftretende Resonanzgefahr außerordentlich
wichtig (s. S. 50) sind. Dabei darf nicht übersehen werden, daß die Starrheit der

---

[1] Die Horizontalkraft P_H sei hier als annähernd gleich der Tangentialkraft angenommen.

Maschine nicht nur von der des Ständers, sondern auch von der der anderen Maschinenteile (Konsol, Tisch, Fräsdorn und Fräsdornabstützung usw.) und ihren Verbindungen (Führungen, Klemmvorrichtungen usw.) abhängt. Der Konstrukteur muß bei dem Entwurf des Ständers bedenken, daß

a) die in der Ebene (Abb. 305b) wirkenden verbiegenden Kräfte erheblich größer sind als die in der Ebene (Abb. 305a) wirkenden Kräfte,

b) die Verdrehungssteifigkeit von höchster Bedeutung ist.

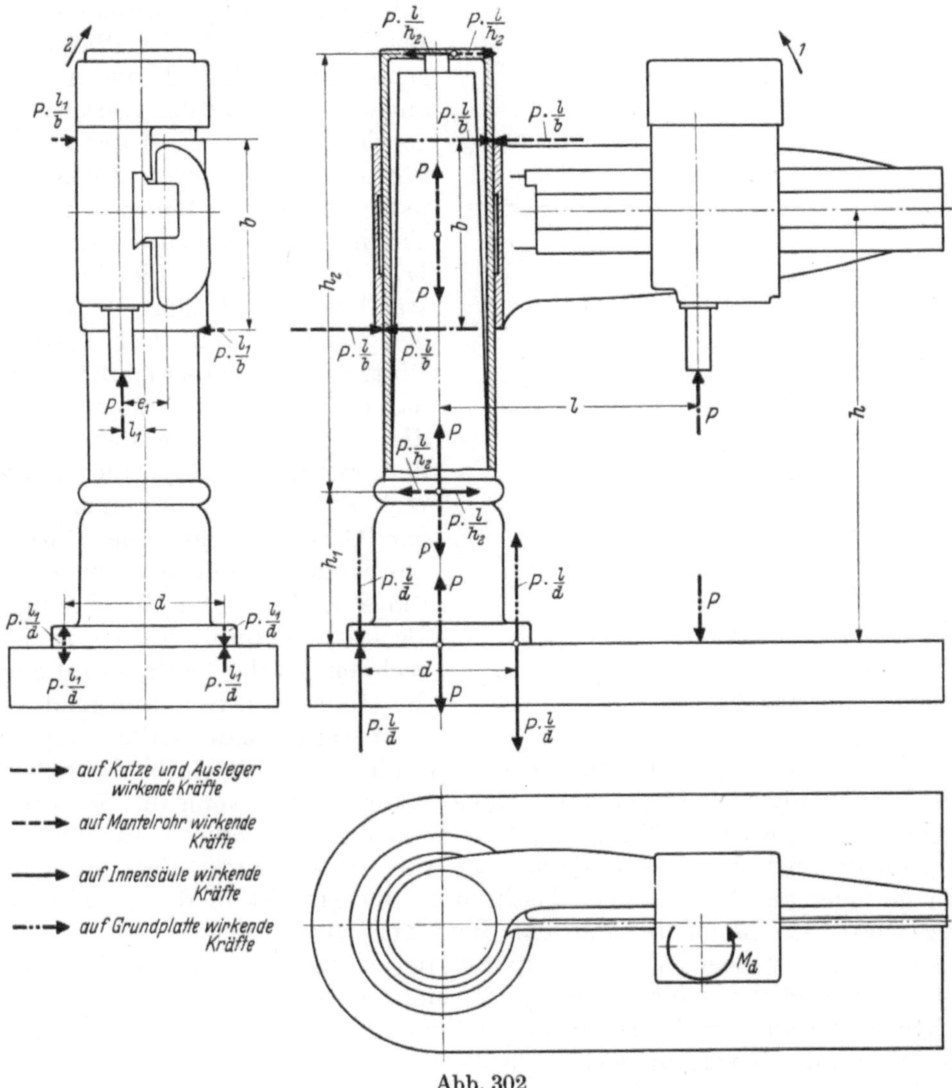

Abb. 302

Es ist also wichtig, möglichst breite (Ebene, Abb. 305b) geschlossene Kastenquerschnitte mit wenig Durchbrüchen zwischen Frässpindel und Konsol, d. h. auf der Länge $h_1 + \dfrac{d}{2}$ (Abb. 305c) vorzusehen (s. S. 43).

δ) *Langhobelmaschine.* An dem Bett bzw. Gestell der Langhobelmaschine wirken folgende Kräfte (Abb. 306):

a) Eigengewichte G von Tisch und Werkstück, die im Verhältnis zu den Schnittkräften hoch sind.

b) Die Schnittkraft, die auch hier zweckmäßig in drei Komponenten P_1, P_2 und P_3 zerlegt ist. Bei Einsatz von mehreren Quersupporten und gegebenenfalls Seitensupporten müssen die zusätzlichen Schnittkräfte entsprechend berücksichtigt werden.

Während die Gewichte über das Bett direkt von den Auflagern aufgenommen werden, schließt sich der Kraftfluß der Schnittkräfte in dem Bett selbst, auf das sie über Werkstück und Tisch einerseits, und über Werkzeug, Support, Querbalken und Ständer andererseits übertragen werden.

Zu a) Die Höhe H des Tischquerschnittes ist im allgemeinen erheblich kleiner als die des Bettquerschnittes, und die Biegesteifigkeit des Tisches ist daher geringer als die des Bettes. Der Tisch wird sich also der Biegelinie des Bettes anschmiegen, so daß sein Gewicht zusammen mit dem des Werkstückes in der Längsrichtung auf die Bettführungen gleichmäßig verteilt angenommen werden kann. Außerdem sei angenommen, daß das Werkstückgewicht zu gleichen Teilen auf die beiden Tischführungen übertragen wird, so daß auf jeder Seite des Bettes eine über die Tischlänge L_2 verteilte Kraft $G/2$ wirkt. Das Bett ist in gleichmäßigen Abständen L_3 auf einstellbaren Blöcken gelagert (s. S. 202). Der Abstand dieser Stützen wird zweckmäßig so gewählt, daß die größte Durchbiegung des Bettes, die unter Annahme der Bedingungen des mehrfach gelagerten Trägers berechnet werden kann, innerhalb zulässiger Grenzen liegt. Die Durchbiegung des Tisches in der Querebene wird allerdings nicht durch die Steifigkeit des Bettes beeinflußt. Sie ist leicht zu berechnen, da der Tisch als auf den beiden Bettführungen frei aufliegend angenommen werden kann (Abb. 307).

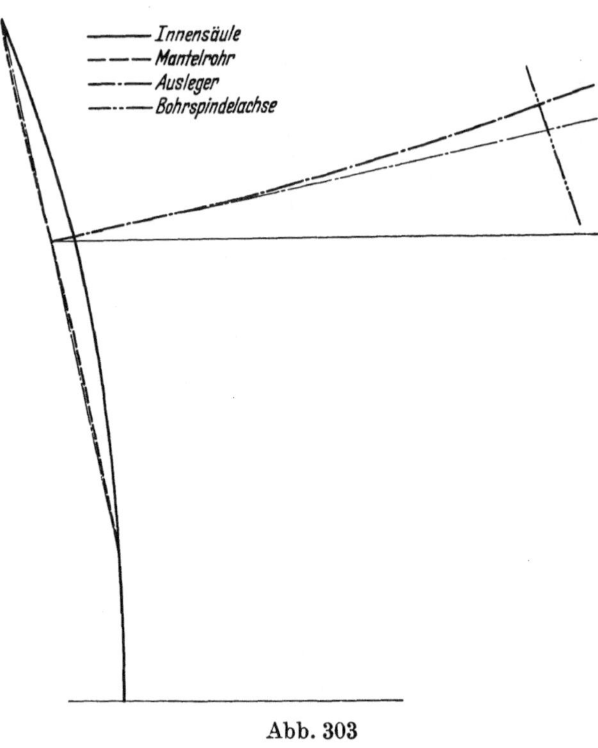

Abb. 303

Im Verhältnis zu den Gewichten von Bett und Tisch ist die Größe der Schnittkraftkomponenten im allgemeinen vernachlässigbar klein. Selbst wenn die Schnittkräfte in beträchtlicher Höhe über der Tischoberfläche angreifen und dadurch Momente ausüben, die das Bett zu verdrehen und aufzubäumen suchen, sind auch diese Momente meist erheblich geringer als die von dem Tisch- und Bettgewicht in der entgegengesetzten Richtung wirkenden Momente. Für das Bett der Hobelmaschine ist also möglichst hohes Gewicht anzustreben. Vom Standpunkt der Steifigkeit gegen Aufbäumung sollte auch der Tisch möglichst schwer konstruiert sein, indessen müssen bei der Bestimmung des Tischgewichtes auch die Umsteuerungsbedingungen (s. S. 133) berücksichtigt werden.

Zu b) Die auf das Werkzeug wirkenden Kraftkomponenten werden über den Support und den Querbalken auf die Seitenständer und von diesen auf das Bett übertragen. Der Querbalken wird auf Biegung in der senkrechten (Belastung durch P_3 und durch Moment $P_2 \cdot h$) und waagerechten (Belastung durch P_1 und durch Moment $P_2 \cdot l$) Ebene und auf Verdrehung (Moment $P_1 \cdot h - P_3 \cdot l$) beansprucht (Abb. 308).

Die Größe der durch diese Beanspruchungen erzeugten Formänderungen hängt von der Form und den Abmessungen des Querbalkens und von seinen Auflagerbedingungen auf den Seitenständern ab. Bei modernen Maschinen wird die Biegungssteifigkeit des Querbalkens (Abb. 309) in der Waagerechtebene durch die Höhe des Querschnittes, die Verdrehungssteifigkeit durch den geschlossenen Kastenquerschnitt (s. S. 41) gewährleistet. Durch starke Klemmvorrichtungen K, die zweckentsprechend auf die Ständerführungen verteilt sind (Abb. 310), wird die Stabilität des Querbalkens noch weiter erhöht. Die auf einen Seitenständer wirkenden Kräfte sind in Abb. 311a gezeigt. Die größte

Belastung des Seitenständers tritt auf, wenn der Support sich in höchster Stellung und an einem Rande ($b_1 = 0$ oder $b_2 = 0$, s. Abb. 306) befindet, da der Seitenständer dann fast die gesamte Schnittkraft aufnehmen muß und der Hebelarm des von P_1 ausgeübten Biegungsmomentes seinen Höchstwert erreicht.

Abb. 311b zeigt schließlich die von Tisch und Seitenständern auf das Bett ausgeübten Kräfte. Besondere Berücksichtigung muß dabei die Verbindung zwischen Bett

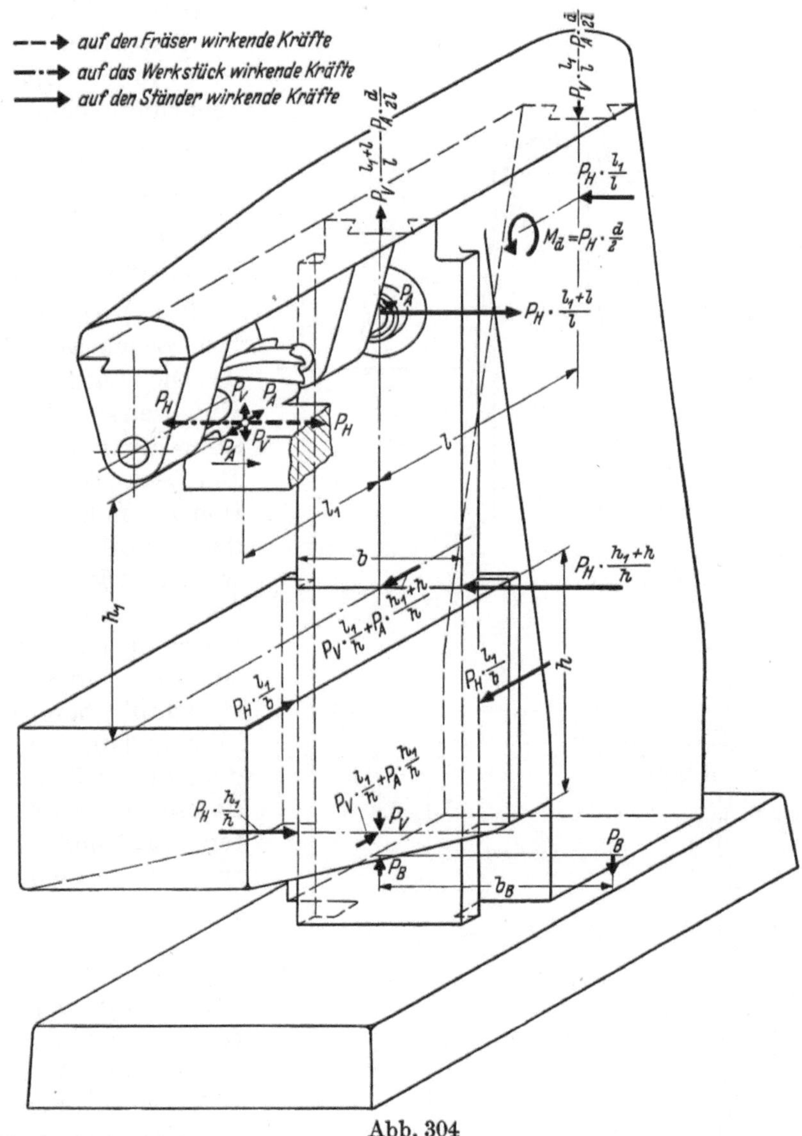

Abb. 304

und Seitenständern finden (s. S. 45), damit auch unter Last die Lage der Ständerführungen in bezug auf die Bettführungen innerhalb der zulässigen Grenzen bleibt.

Zu e) Im allgemeinen werden entweder gegossene oder geschweißte Stahlkonstruktionen verwendet. Beide haben ihre Vorteile, und der Konstrukteur muß von Fall zu Fall technische und wirtschaftliche Gesichtspunkte erwägen, bevor er eine Entscheidung zugunsten des einen oder anderen Werkstoffes fällt. Diese Gesichtspunkte, von denen einige bereits erwähnt worden sind (s. S. 41), können wie folgt zusammengefaßt werden:

α) *Werkstoffeigenschaften*

a) Festigkeit (unter Zug-, Druck- und stoßweiser Belastung),

b) Steifigkeit gegen Verformung unter statischer Belastung,

c) Schwingungsstarrheit (Dämpfung),
d) Laufeigenschaften von Führungen (Verschleiß).

β) Herstellungsprobleme

a) Innehaltung genauer Wandstärken,
b) Kombination von Wandungen verschiedener Dicke,

c) Herstellung dünner Wandstärken,
d) Bearbeitungszugaben,
e) Innere Spannungen (Schrumpfspannungen).

γ) Wirtschaftlichkeit

a) Modell bzw. Vorrichtungskosten,
b) Gewichtsersparnis.

Zu α) a) bis c) sind bereits besprochen worden (s. S. 41 ff.). d) Die Laufeigenschaften von Gußeisen sind denen der üblichen schweißbaren Stähle überlegen. Bei geschweißten Stahlkonstruktionen müssen daher besondere Vorkehrungen getroffen werden. Die Schlittenführungen der bereits erwähnten Fräsmaschine (s. S. 95 u. Abb. 133) sind aus einem 0,4 % Kohlenstoffstahl hergestellt (s. Abbildung 340), so daß sie nach dem Schweißen und Ausglühen flammengehärtet werden konnten. Sie sind auf einer Führungsbahnenschleifmaschine geschliffen und haben sich im Zusammenwirken mit dem gegossenen Querschlitten sehr gut bewährt. Die Senkrechtführungen für den Spindelstock der gleichen Maschine, die mit *T*-Nuten versehen sind, sind aus Gußeisen hergestellt und durch Schrauben und Paßstifte am Ständer gehalten (s. Abb. 341).

Zu β) a) Bei Gußstücken ist es oft schwierig zu verhindern,

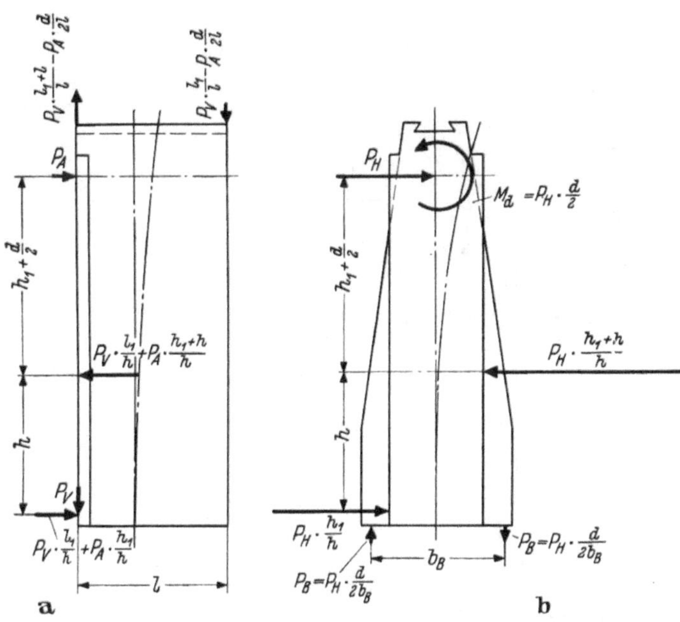

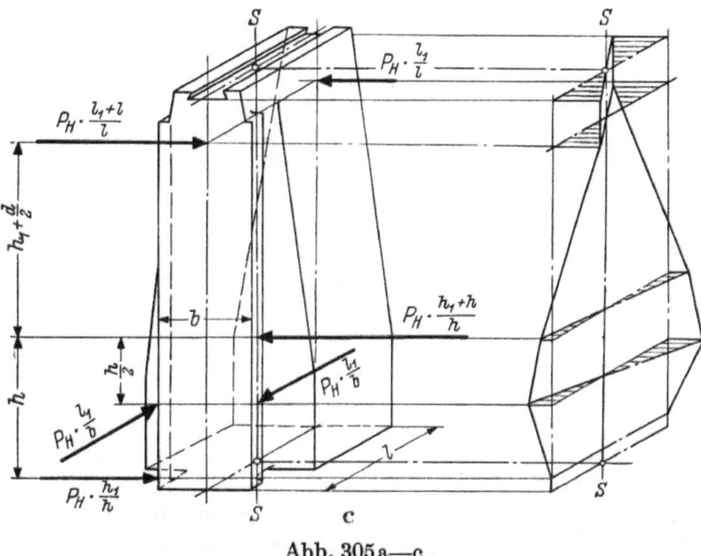

Abb. 305a—c

daß sich die Kerne versetzen und dadurch Wandstärkenänderungen hervorrufen. Um derart entstehende unzulässige Schwächen der betreffenden Teile zu verhüten, müssen die Wandstärken von Gußstücken um die Toleranz der Kernlage vergrößert werden, wodurch das Gewicht bzw. der Werkstoffverbrauch größer wird als es theoretisch notwendig erscheint.

b) Es ist nicht schwierig, in einer Schweißkonstruktion benachbarte Wandungen mit verschiedenen Wandstärken anzuordnen. Bei Gußstücken können krasse Wandstärkenunterschiede zu Gußfehlern führen, und aus diesem Grund muß die Gußkonstruktion wiederum aus praktischen Erwägungen schwerer als theoretisch notwendig sein.

c) Die Herstellung sehr dünner Wandstärken ist oft schwierig, und infolgedessen kann man selten das aus Steifigkeits- und Festigkeitsgründen theoretisch mögliche Mindestgewicht eines Gußstückes konstruktiv erzielen.

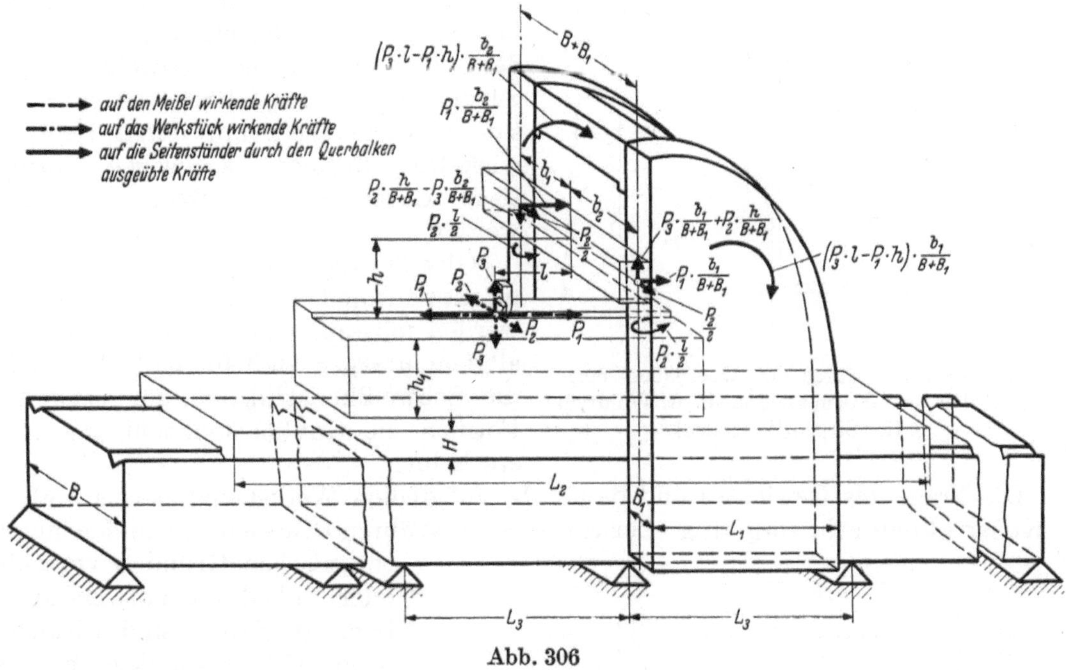

Abb. 306

d) Die Bearbeitungszugaben für Gußstücke müssen derart bemessen werden, daß auf bearbeiteten Flächen keine Spur der Gußhaut zurückbleibt. Um zu vermeiden, daß etwaige durch Sandfall od. ä. hervorgerufene Unebenheiten in den Gußstückoberflächen zu Ausschuß führen, müssen die Bearbeitungszugaben oft erheblich größer sein als bei Stahlblechen bzw. Stahlplatten, bei denen Unebenheiten der Oberflächen geringer sind.

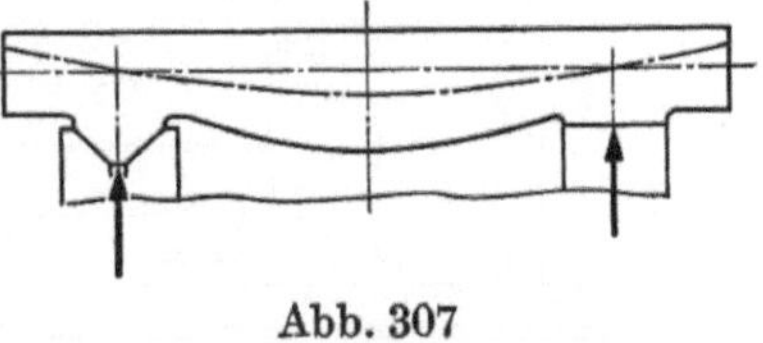

Abb. 307

e) Sowohl in Gußstücken als auch in Schweißkonstruktionen für Werkzeugmaschinengestelle müssen innere Spannungen vor der Bearbeitung soweit wie möglich verringert bzw. entfernt werden. Das kann durch Wärmebehandlung (bei Gußstücken bis zu einem gewissen Grade durch Altern) erzielt werden. Schweißkonstruktionen werden auf 600 bis 650 °C (für Maschinen höchster Genauigkeit bis auf 750 °C) erhitzt, für etwa 1 Stunde je 25 mm größter Wandstärke auf der Höchsttemperatur gehalten und dann im geschlossenen Ofen gelassen, bis die Temperatur auf etwa 250 bis 200 °C gefallen ist.

Zu γ) a) Bei der Herstellung kleiner Mengen kann der Anteil der Modellkosten an den Gesamtherstellungskosten erheblich sein. Andrerseits müssen auch die Kosten etwaiger zur Herstellung von Schweißkonstruktionen erforderlicher Vorrichtungen berücksichtigt werden.

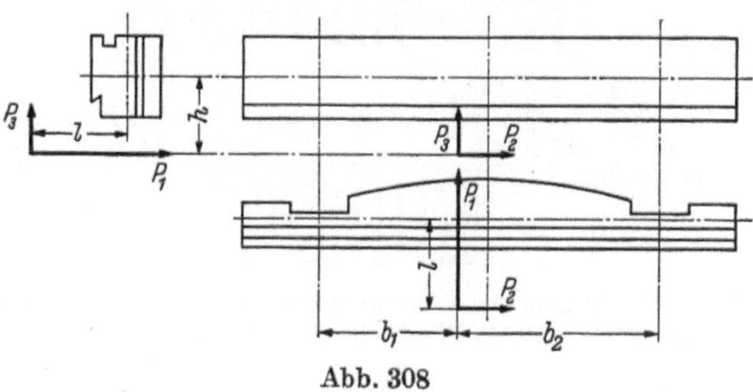

Abb. 308

Verhältnismäßig einfache Betten oder Ständer, die regelmäßige Formen ohne vorspringende Lagerkörper, komplizierte Verrippungen usw. aufweisen und die deshalb

14*

ohne Vorrichtung zuverlässig zusammengebaut und geschweißt werden können, eignen sich daher besser für die geschweißte Stahlbauweise als verwickelte Anordnungen, bei denen eine große Anzahl verhältnimäßig kleiner Teile zusammengestellt werden muß. Abgesehen von der Notwendigkeit, Vorrichtungen zu verwenden, ist bei derartigen Konstruktionen die Vorbereitung der Einzelteile und besonders die eigentliche Schweißarbeit im allgemeinen kostspieliger als der Einsatz von Modellen, mit deren Hilfe verwickelte Formen sozusagen automatisch durch den Gießvorgang erzeugt werden.

Obwohl die verschiedensten Gesichtspunkte für jeden Fall gesondert erwogen werden müssen, kann man zunächst ganz allgemein sagen, daß für einfache Formen die Schweißkonstruktion, für verwickelte Formen die Gußkonstruktion angebracht erscheint.

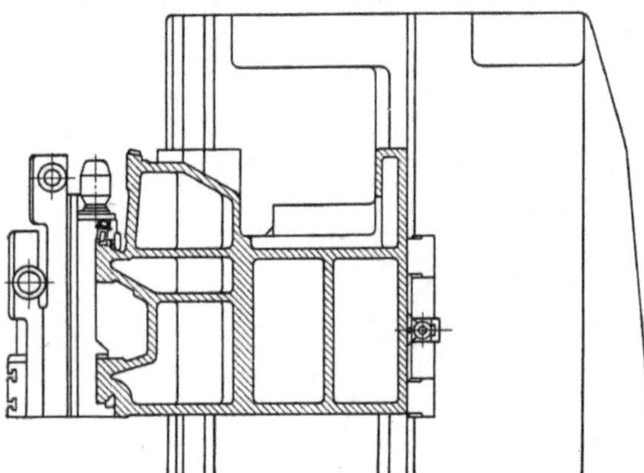

Abb. 309. Querschnitt durch den Querbalken einer schweren Hobel- und Fräsmaschine (H. A. Waldrich G. m. b. H., Siegen/Westfalen)

b) Die Frage des Gewichtes und damit der möglichen Werkstoffersparnis muß von dem Konstrukteur sehr sorgfältig überlegt werden. Während Gewichtsverminderung aus technischen Gründen vorteilhaft oder unbedingt notwendig sein kann (s. S. 53), sind wirtschaftliche Gesichtspunkte ebenfalls von Bedeutung, da nicht nur Werkstoff-, sondern auch Transportkosten und Zölle nach Gewicht berechnet werden. Während das theoretisch notwendige Gewicht einer Gußkonstruktion aus gießereitechnischen Gründen meist überschritten werden muß (s. S. 210), kann zwar das Gewicht, aber nicht automatisch der Werkstoffverbrauch einer geschweißten Stahlkonstruktion niedriger gehalten werden. Es muß nämlich bedacht werden, daß der Werkstoffverbrauch nicht dem Gewicht des fertigen Werkstückes gleichzusetzen ist, sondern daß das Gewicht der Abfälle auch eingerechnet werden muß, da dieses ja beim Einkauf der Rohmaterialien auch bezahlt werden muß.

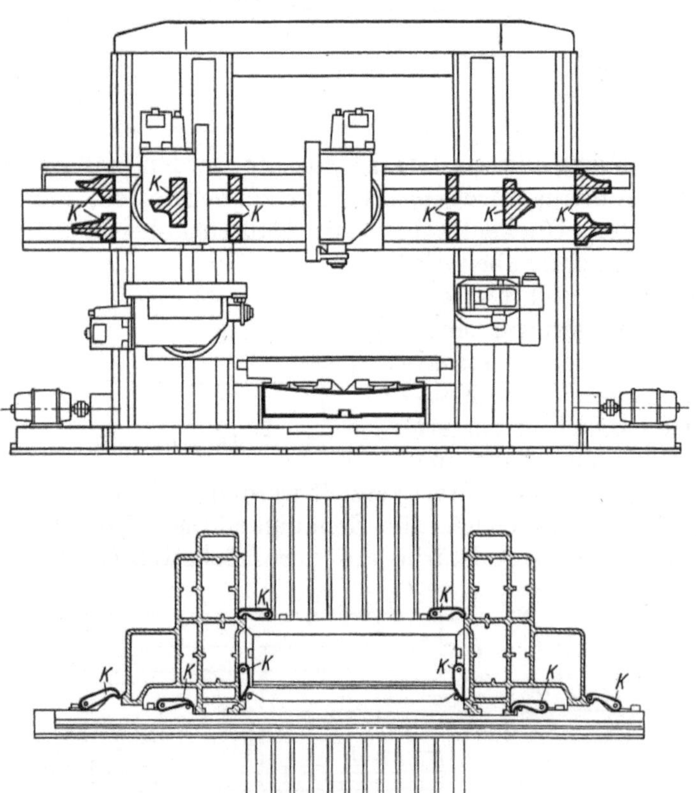

Abb. 310. Querbalken-Klemmung an einer schweren Hobel- und Fräsmaschine (H. A. Waldrich G. m. b. H., Siegen/Westfalen)

Während z. B. in Gußstücken Aussparungen, die zur Gewichtsverminderung vorgesehen sind, gewissermaßen automatisch durch den Gießvorgang hergestellt werden, da der Werkstoff die durch den Formsand und die Kerne bedeckten Räume nicht füllen kann, müssen im Falle der Schweißkonstruktion alle derartigen Aussparungen durch zusätzliche Arbeitsgänge aus dem vorhandenen Werkstoff herausgeschnitten, d. h. das Gewicht des Abfallwerkstoffes bezahlt und die zusätzlichen Arbeitslöhne und Unkosten in Kauf genommen werden.

Wenn also das Fertiggewicht der Konstruktion nicht aus technischen Gründen niedrig gehalten werden muß, ist eine Gewichtsersparnis mit solchen Mitteln nicht wirtschaft-

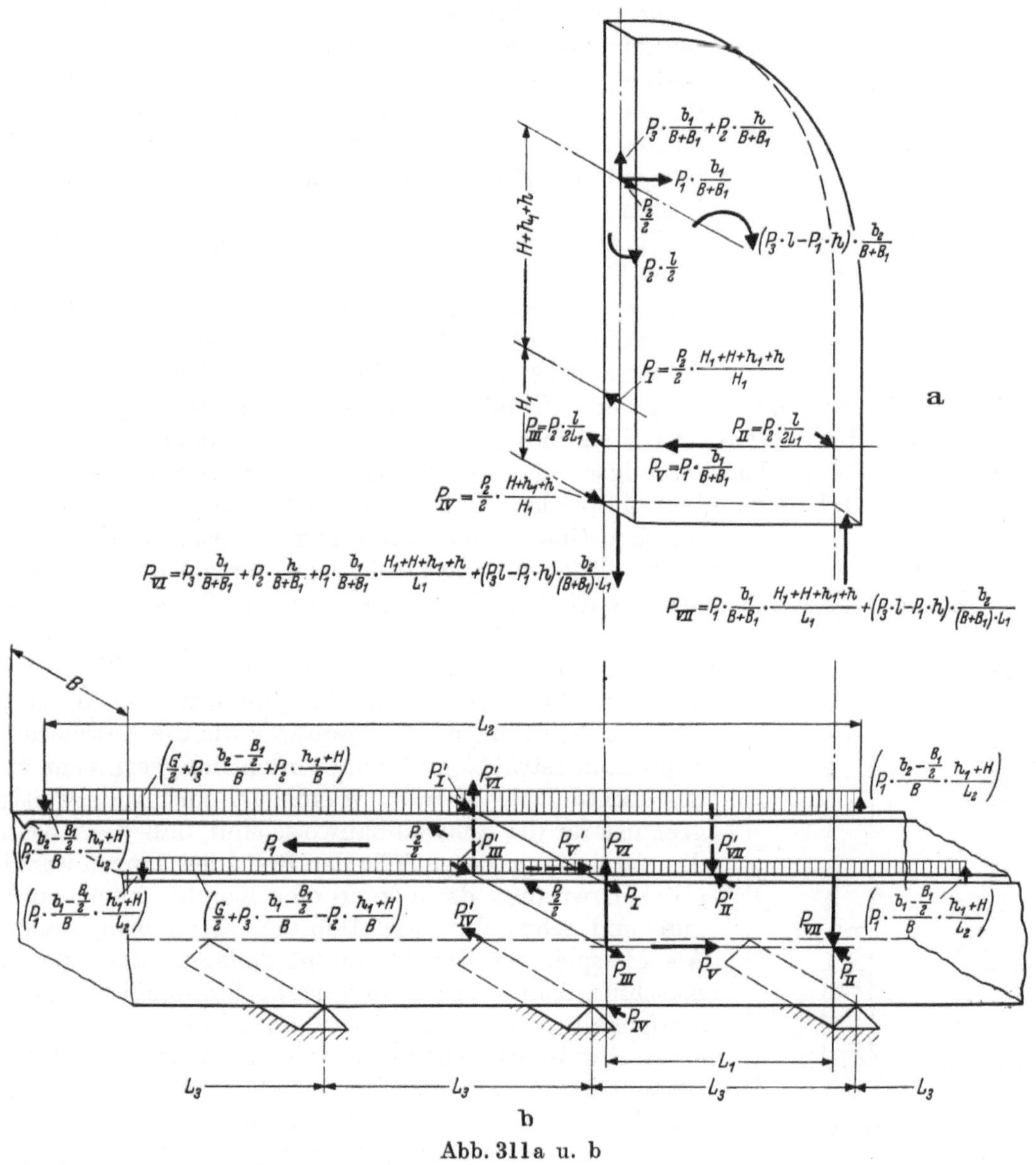

Abb. 311a u. b

lich. Anders liegt der Fall, wenn durch geschickte Konstruktion Abfälle direkt verwendet werden können. So ergab z. B. die Verwendung des für die Motoröffnungen aus den Bettwandungen der Fräsmaschine (Abb. 134) ausgeschnittenen Werkstoffes für die Türen nicht nur eine Werkstoffersparnis, sondern auch eine bei der Herstellung wichtige Ausschaltung der Einpassungsarbeiten durch den Schlosser, da das ausgeschnittene Stück zwangläufig in die entsprechende Öffnung passen mußte. Der Beginn des Brennschnittes wurde an die Stelle eines Scharnieres gelegt und dadurch beim Zusammenbau verdeckt.

Je verwickelter die einzelnen Teilstücke der Konstruktion sind, um so größer ist der durch Abfälle verursachte Werkstoffverlust. Einfachheit in der Formgebung ist deshalb auch von diesem Gesichtspunkte aus wichtig. Je mehr Teilstücke die Konstruktion enthält, desto größer ist die Vorbereitungsarbeit und die Überwachung der Werkstoffbewegung, desto länger sind die Schweißnähte und desto höher daher auch die Kosten.

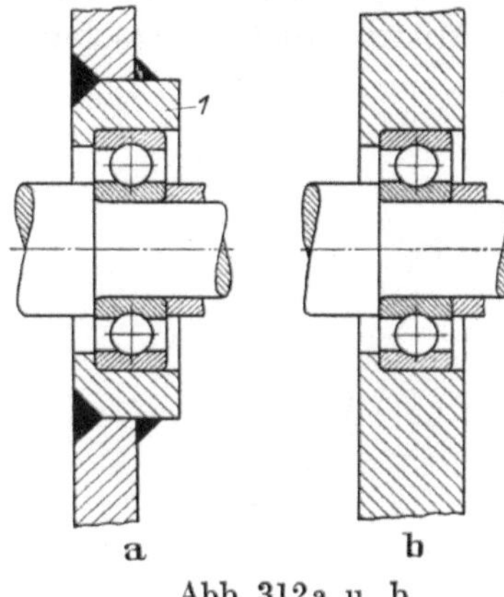

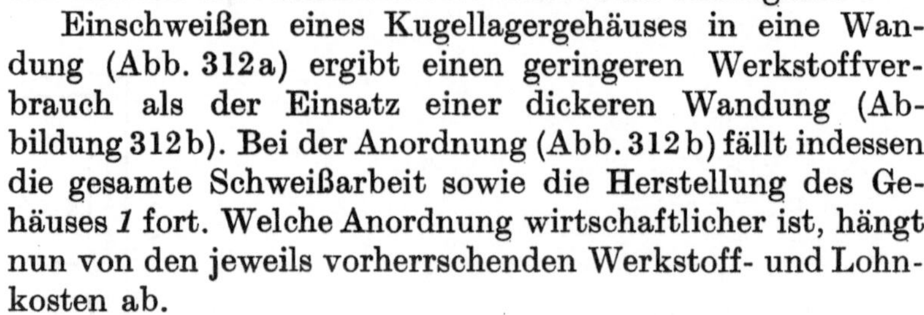

a   b

Abb. 312a u. b

Daher ist es manches Mal vorteilhaft die Arbeitslöhne auf Kosten des Werkstoffverbrauches zu verringern.

Einschweißen eines Kugellagergehäuses in eine Wandung (Abb. 312a) ergibt einen geringeren Werkstoffverbrauch als der Einsatz einer dickeren Wandung (Abbildung 312b). Bei der Anordnung (Abb. 312b) fällt indessen die gesamte Schweißarbeit sowie die Herstellung des Gehäuses *1* fort. Welche Anordnung wirtschaftlicher ist, hängt nun von den jeweils vorherrschenden Werkstoff- und Lohnkosten ab.

In Deutschland[1] war z. B. im Jahre 1955 die Ersparnis einer Tonne des für Schweißkonstruktionen verwendeten Stahles gerechtfertigt, selbst wenn diese Werkstoffersparnis zusätzliche Löhne plus Unkosten für 80 Arbeitsstunden erforderte. Das ist wahrscheinlich der Hauptgrund für den großzügigen Einsatz der Zellen- und Schalenbauweisen in Deutschland. In Großbritannien und den Vereinigten Staaten von Amerika herrscht dagegen die Plattenbauweise, da z. B. in den Vereinigten Staaten der Preis einer Tonne Stahl nur den Kosten von 20 Arbeitsstunden entspricht. Falls eine aus technischen Gründen notwendige Gewichtsverminderung bei Einsatz der Schweißkonstruktionen unwirtschaftlich erscheint, erwägt man heute auch die Verwendung von Gußstücken aus Leichtmetall.

Wie so oft bei seiner Arbeit kann für den Konstrukteur auch hier ein Kompromiß die günstigste Lösung zeitigen. Wenn z. B. in einem bestimmten Falle die Anwendung der Schweißkonstruktion als außerordentlich geeignet erscheint, bestimmte Teile aber so verwickelt oder anderweitig ungeeignet für die Schweißbauweise sind, daß die Kosten für die Herstellung dieser Teile den Preis des Ganzen unzulässig erhöhen würden, dann kann eine Kombination von Stahlguß- und Schweißkonstruktion die beste Lösung darstellen. Als Beispiel sei der Hauptspindellagerkörper der Fräsmaschine (Abb. 142) erwähnt, der als Stahlgußstück (Kohlenstoffgehalt nicht größer als 0,25%) in den Spindelstock eingeschweißt ist. Ebenso sind bei dem Vorschubräderkasten (Abb. 313) der Fräsmaschine (Abb. 133) zwei Kugellagergehäuse eingeschweißt, während die anderen direkt in die stärker als anderweit notwendig gewählten Wandungen hineinbearbeitet sind.

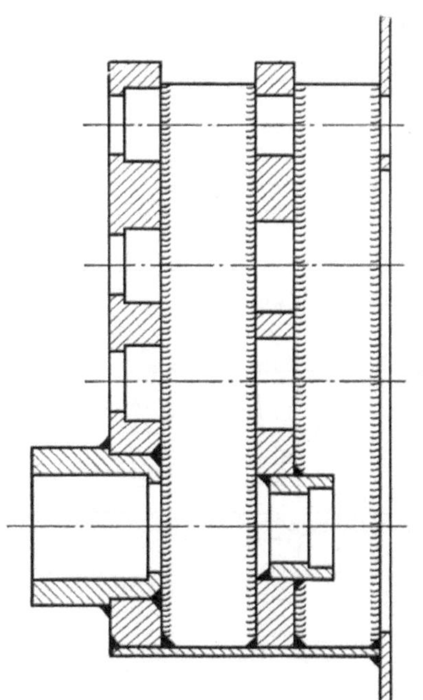

Abb. 313. Geschweißter Vorschubräderkasten der Fräsmaschine (Abb. 133)

c) Zum Schluß sei noch erwähnt, daß in Zweifelsfällen oft die einer Fabrik zur Verfügung stehende Ausrüstung, eine gute Gießerei oder eine moderne Schweißwerkstatt entscheidet. Allerdings muß es der Konstrukteur dabei vermeiden, seine Entscheidung zu stark von solchen Überlegungen entgegen seinen technischen Erwägungen beeinflussen zu lassen.

Zu f) In vielen Maschinen, insbesondere solchen, die mit hohen Geschwindigkeiten arbeiten und daher große Werkstoffmengen je Zeiteinheit zerspanen, muß das Problem

---

[1] CLARK, R. W., S. A. GREENBERG u. C. E. JACKSON: Weld. J. Bd. 34 (1955) S. 935—953.

des Spänefalles und der Spanabfuhr bei der Konstruktion der Betten volle Beachtung erfahren. Späne müssen nicht nur so schnell wie möglich aus der Zerspanungszone selbst

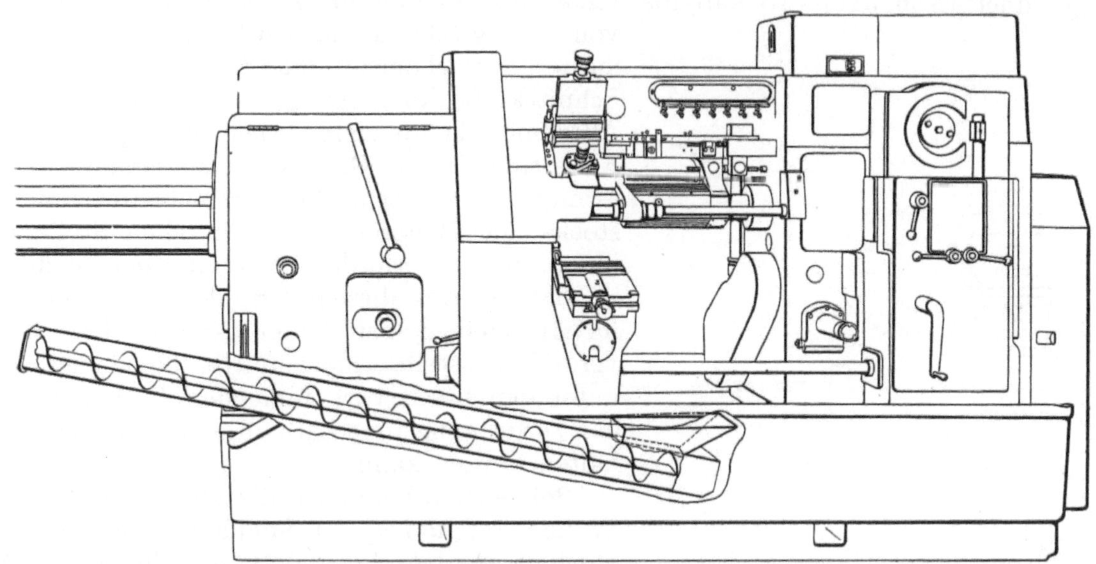

Abb. 314. Spantransport-Schnecke in einem Fünfspindelautomaten (Wickman Ltd., Coventry, England)

entfernt, sondern auch bei großen Spanmengen von der Maschine fortgeschafft werden. Der Konstrukteur des Maschinenbettes muß daher für die Möglichkeit freien Spänefalles sorgen und gegebenenfalls den Einsatz von Transportbändern oder ähnlichen Mitteln zum Spänetransport vorsehen (Abb. 314).

Bei der Konstruktion der Betten und Ständer ist neben dem Problem der Kraftübertragung die Frage der Anordnung der Führungen von Bedeutung. Die Konstruktion der Führungselemente, die die beweglichen Teile (Schlitten, Tische, Schieber, Supporte) mit der verlangten Genauigkeit führen und unter Last in ihren jeweiligen Stellungen halten müssen, soll im nächsten Abschnitt behandelt werden. Die richtige Anordnung dieser Elemente ermöglicht es erst, die Steifigkeits- und Festigkeitseigenschaften der Gestelle voll auszunutzen. Dazu müssen die Führungen derart konstruiert werden, daß die Arbeitskräfte auf die beste Weise und an der günstigsten Stelle übertragen und aufgenommen werden.

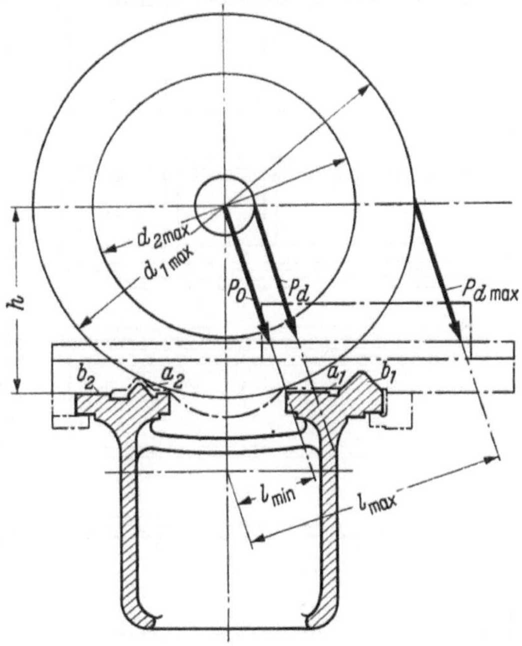

Bei der Arbeit der *Drehmaschine* kann der bearbeitete Durchmesser zwischen Null und einem durch die Konstruktionsmaße der Maschine (insbesondere die Spitzenhöhe h) begrenzten Höchstwert (größter Drehdurchmesser über dem Bett $d_{1\,max}$ bzw. größter Drehdurch-

Abb. 315

messer über dem Schlitten $d_{2\,max}$ schwanken (Abb. 315). Der Hebelarm l des das Bett verdrehenden Momentes $P \cdot l$ kann also zwischen l_{min} und l_{max} liegen, so daß das Bett je nach dem zu bearbeitenden Durchmesser durch ein zwischen $M_{d\,min} = P \cdot l_{min}$ und $M_{d\,max} = P \cdot l_{max}$ schwankendes Drehmoment belastet werden kann. Da die Verdrehung des Bettes einen erheblichen Einfluß auf die Gesamtverformung und auf die

Arbeitsgenauigkeit hat (s. S. 204), hat man bei der Konstruktion der österreichischen „Neomat"-Drehmaschine (Heid, Wien) Spindelkasten und Reitstock quer verschiebbar angeordnet (Abb. 316)[1], so daß die Achse des Drehdurchmessers entsprechend, z. B.

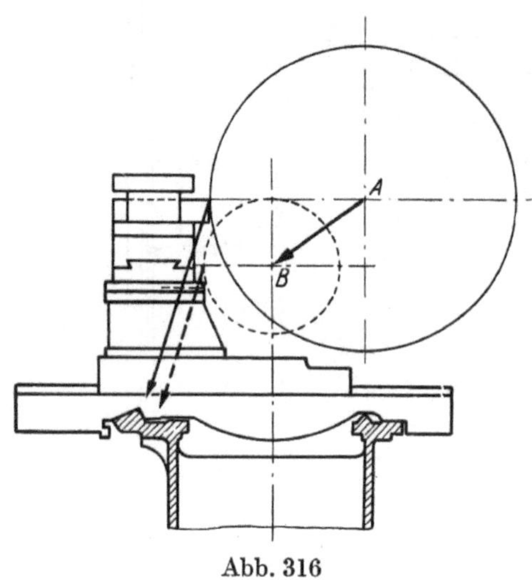

Abb. 316

von A bei größerem, nach B bei kleinerem Durchmesser, verschoben und die Angriffslinie der Schnittkraft konstant gehalten werden kann. Allerdings komplizieren sich bei einer solchen Konstruktion die Getriebe, insbesondere dürfte es nicht einfach sein, die verschiebbaren Spindelstock- und Reitstockachsen in allen Stellungen innerhalb der erforderlichen Grenzen fluchtend zu halten. Aus diesem Grunde verwendet man im allgemeinen, bei starrer Lage der Drehachse, verdrehungssteife Querschnitte, bei denen auch unter den höchstvorkommenden Drehmomenten die Verformung innerhalb zulässiger Grenzen gehalten werden kann.

Bei Betten, bei denen die Führungen auf zwei Wangen (a_1 und a_2 für Spindelkasten und Reitstock, b_1 und b_2 für den Längsschlitten, s. Abbildung 315) angeordnet sind, wird im allgemeinen der Zwischenraum zwischen den Wangen zum Spänefall offengelassen. Während die Wangen im allgemeinen genügend Steifigkeit gegen Biegung in der Senkrechtebene besitzen, müssen sie durch eine zweckmäßige Verrippung gegen Biegung in der Waagerechtebene und gegen Verdrehung erheblich versteift werden. Es ist wohl ohne weiteres einleuchtend, daß senkrechte Querstege (Abbildung 317a), weder zur Versteifung gegen Biegung noch zur Versteifung gegen Verdrehung beitragen. Waagerechte Querstege (Abb. 317b), die, um freien Spänefall zu erlauben, mit Öffnungen a versehen werden müssen, würden zwar gegen Biegung, aber nicht gegen Verdrehung versteifen. Die beste Rippenversteifung erhält man mit der sogenannten PETERS-Verrippung (Abb. 317c)[2], bei der die Rippen diagonal angeordnet sind. Höchste Verdrehungssteifigkeit erhält man allerdings mit geschlossenen Kastenquerschnitten (s. S. 41), und viele Hochleistungsdrehmaschinen zeigen interessante

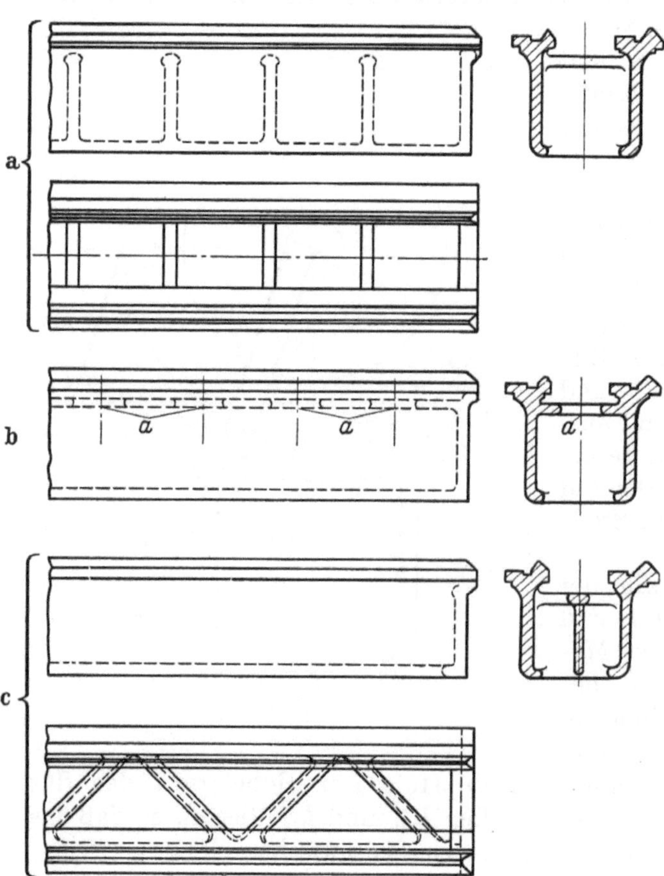

Abb. 317a—c

<hr>

[1] Aus J. ZEMAN: Stand und Programm des Österreichischen Werkzeugmaschinenbaues. Werkstatt u. Betrieb, September 1957.

[2] Vergleiche PETERS: Werkstatttechnik, 1920, S. 44. Zur Berechnung s. a. A. WOLFF: Beitrag zur Berechnung der Verdrehungssteifigkeit von Gußkörpern. Werkstatttechnik, 1925, S. 356.

konstruktive Lösungen des Problems, geschlossene Kastenquerschnitte mit der Möglichkeit freien Spänefalles zu verbinden. Das Bett der Heyligenstaedt-Maschine (Abb. 318) trägt den Längsschlitten A auf zwei Kastenquerschnitten B und C, zwischen denen die Späne durch den nach hinten abfallenden Kanal D abgeführt werden können. Eine ähnliche Anordnung findet man bei der Jones & Lamson Drehmaschine (Abb. 319), deren Führungsleisten a aus gehärtetem Stahl hergestellt und auf das gußeiserne Bett aufgeschraubt sind.

Bei dem Bett der schweren Walzendrehmaschine (Abb. 320)[1] sind drei Kastenquerschnitte vorgesehen, deren hinterer a den Spindel- und den Reitstock, und deren vorderer b den Längsschlitten unterstützt. Der mittlere Kasten c dient als Verbindungsglied und trägt auf seiner hinteren Führungsfläche c_1 Spindel- und Reitstock, auf der vorderen c_2 den Schlitten. Der Kraftfluß muß also zum Teil über das Fundament geschlossen werden, das gleichzeitig, um Bauhöhe zu sparen, mit Abfluß d und Sammelkanälen e für die Späne versehen ist.

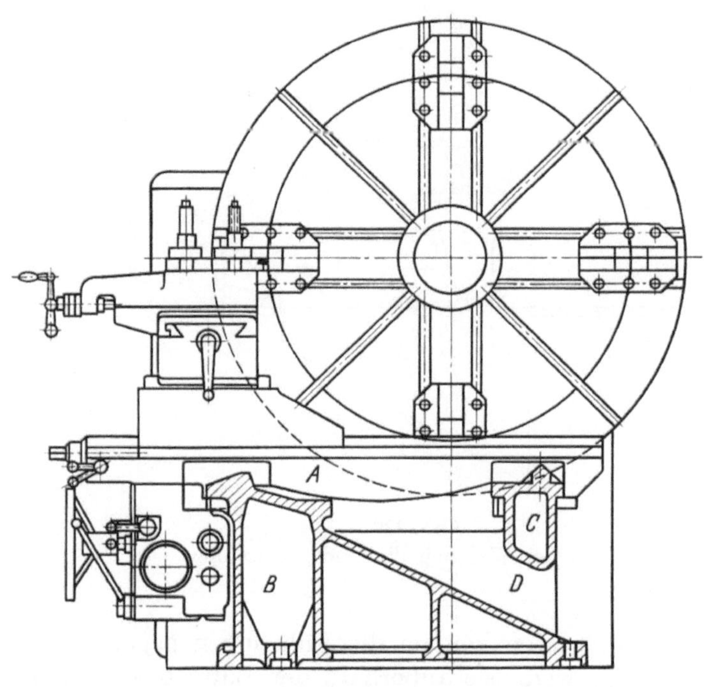

Abb. 318

Querschnitt durch das Bett einer Hochleistungsspitzendrehmaschine (Heyligenstaedt & Co., Werkzeugmaschinenfabrik G. m. b. H., Gießen)[2]

Die Neigung der Wandungen zur Erleichterung des Spänefalles löst das Problem der Spanabfuhr nicht vollständig, solange die Führungen dem Spänefall ausgesetzt sind und durch die, insbesondere beim Arbeiten mit hohen Schnittgeschwindigkeiten gehärteten, Späne beschädigt werden können. Während Abdecken der Führungsbahnen (s. S. 241) einen gewissen Schutz bieten dürfte, verhindert eine geneigte Anordnung der Führungen, daß die Späne liegenbleiben, sich gegebenenfalls festsetzen und Schaden anrichten können.

Was den Verschleiß anbetrifft, so muß der Schlittenführung besondere Beachtung geschenkt werden, da der Spindelstock ein für allemal festliegt und der Reitstock während der eigentlichen Dreharbeit nicht verschoben wird (s. a. S. 236).

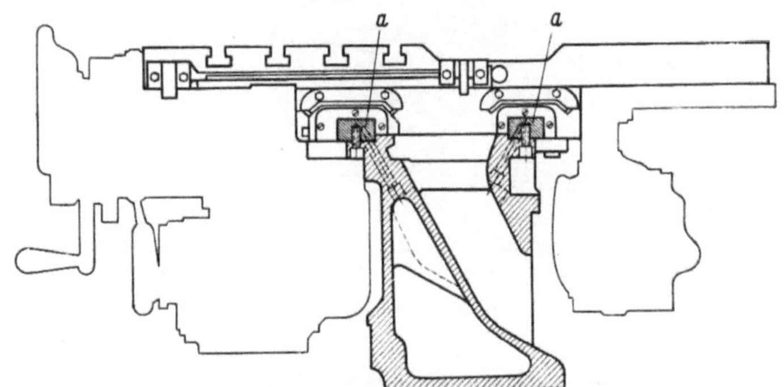

Abb. 319. Bettquerschnitt einer Drehmaschine (Jones & Lamson, Machine Company, Springfield, Vermont, USA)

Eine originelle Lösung zeigt das Bett der SCHAERER-Drehmaschine (Abb. 321), bei dem die Spindel- und Reitstockführungen a_1 und a_2 in der üblichen Weise angeordnet sind, während die tief darunterliegenden Schlittenführungen b_1 und b_2 durch den Oberteil

---

[1] Aus J. IRTENKAUF: Das Bett der Drehbank. 6. Aachener Werkzeugmaschinenkolloquium 1953.

[2] Aus K. SCHRÖDTER u. K. MÜLLER: Deutsche Werkzeugmaschinen in Hannover. Werkstatt u. Betrieb, Sept. 1957.

des Bettes geschützt sind. Um zusätzliche, durch Schraubenverbindungen verursachte elastische, Zwischenglieder zu vermeiden, sind bei diesen Maschinen der Längsschlitten und die ein Führungsprisma tragende Schloßplatte aus einem Stück gegossen.

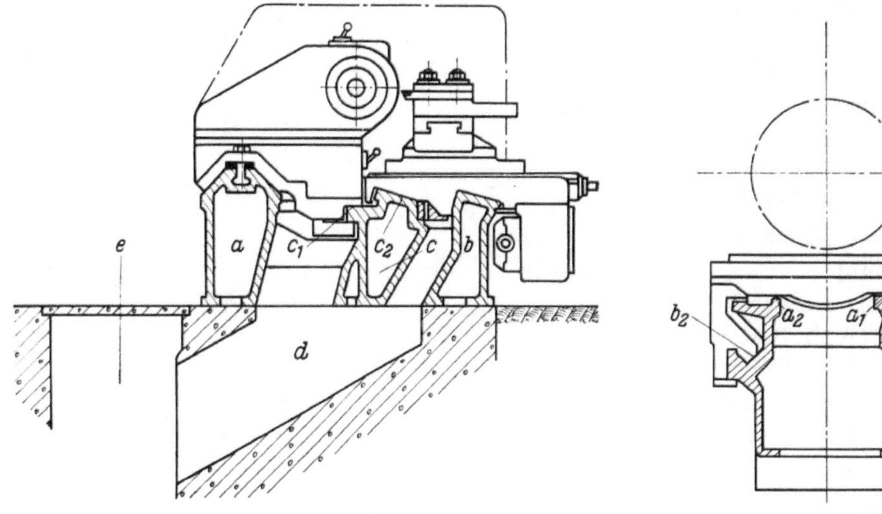

Abb. 320
Bett der Waldrich-Walzendrehmaschine

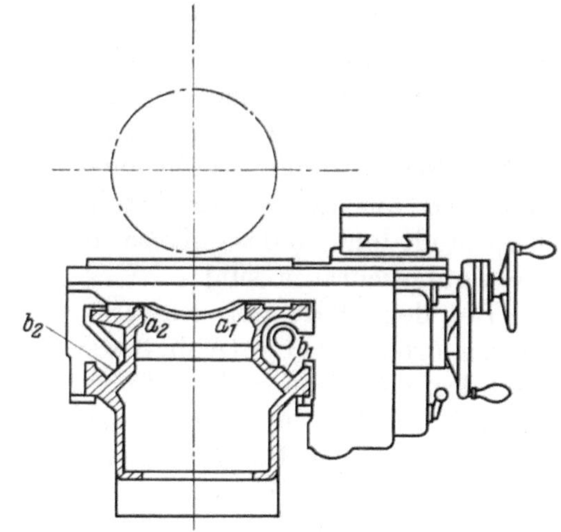

Abb. 321
Bett der SCHAERER-Drehmaschine (Industrie-Werke Karlsruhe Aktiengesellschaft, Karlsruhe)

Am besten können die Führungen gegen Schaden durch fallende Späne geschützt werden, wenn sie außerhalb der Bahn des Spänefalles gelegt werden. Dies ist bei der Maschine (Abb. 322)[1] der Fall, bei der der schwere hochliegende Kastenquerschnitt die

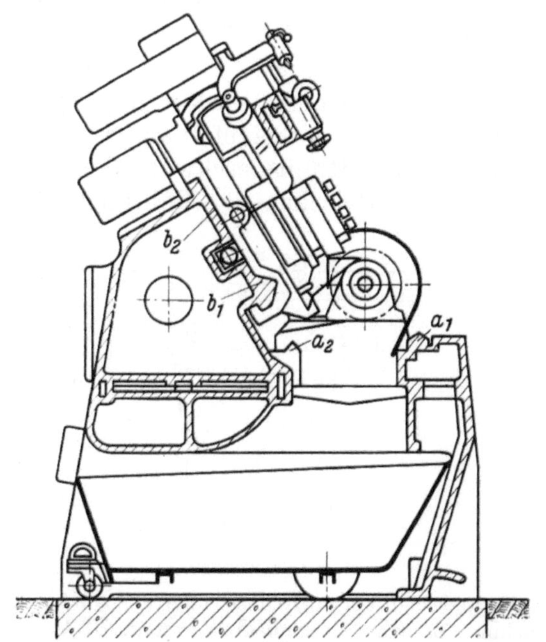

Abb. 322. Bett der Nachformdrehmaschine „Heycomat"
(Heyligenstaedt, Gießen)

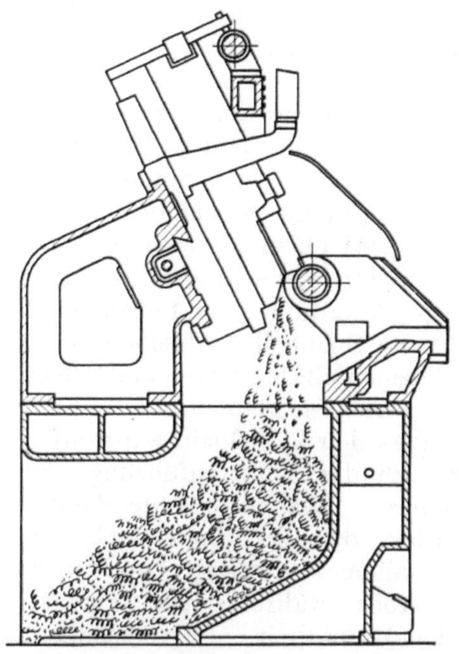

Abb. 323. Bett der halbautomatischen SCHAERER-Kopierdrehmaschine (Industrie-Werke Karlsruhe Aktiengesellschaft, Karlsruhe)

oberhalb der Drehachse liegenden Schlittenführungen b_1 und b_2 und eine Spindel- bzw. Reitstockführung a_2, die wieder zur Verbindung der beiden Kastenquerschnitte dient, trägt.

---

[1] Aus J. IRTENKAUF: s. Fußn. 1, S. 217.

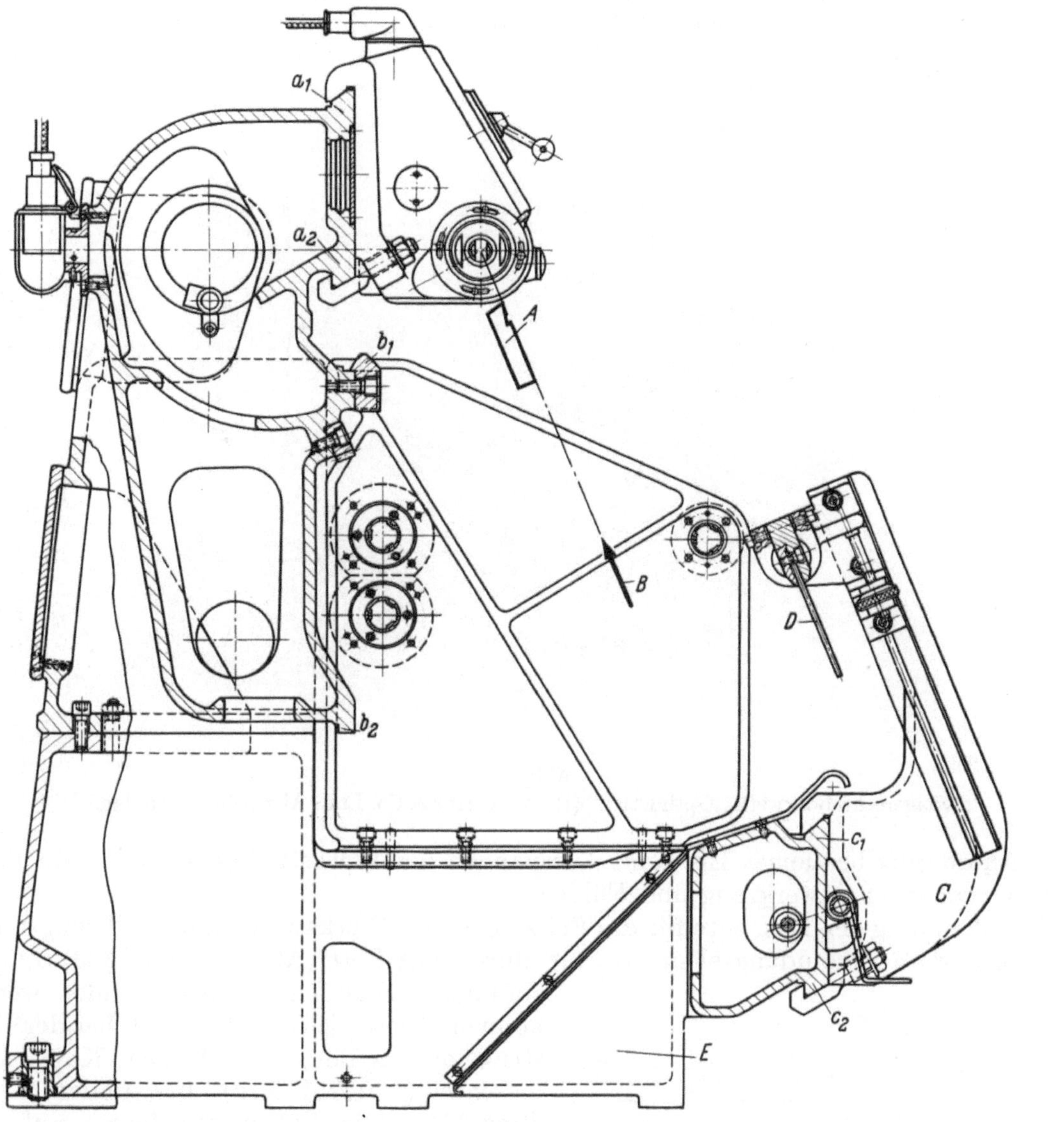

Abb. 324. Bett einer Kopierdrehmaschine (Georg Fischer A. G., Schaffhausen, Schweiz)

Der tiefer liegende Kastenquerschnitt trägt die andere Spindel- und Reitstockführung a_1. Unterhalb der beiden Kastenquerschnitte und des Spänekanals ist Raum für einen Spänekarren vorgesehen, so daß damit auch das Problem der Späneabfuhr gelöst ist.

Eine völlige Trennung der das Werkstück und den Schlitten tragenden Kastenquerschnitte ist bei der Kopierdrehmaschine (Abb. 323) durchgeführt, deren Schlitten-

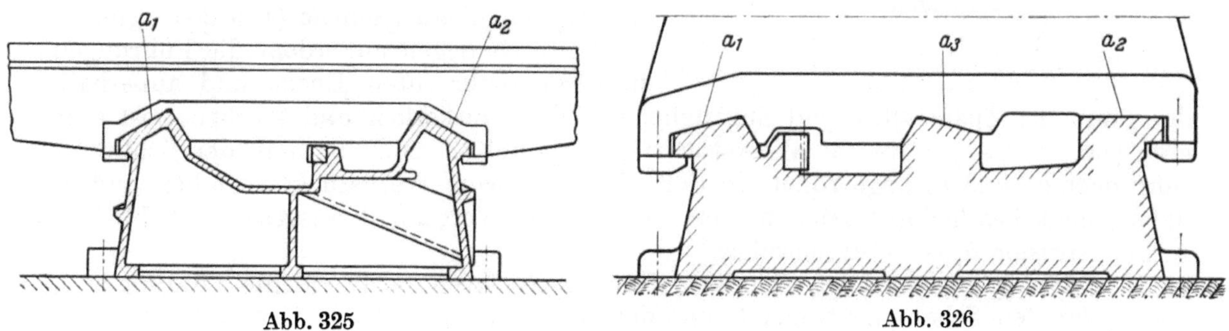

Abb. 325   Abb. 326

Querschnitte durch Betten zweier Bohrwerke (Collet & Engelhard Maschinenfabrik A. G., Offenbach a. Main)

führungen wieder außerhalb des Spänefalles liegen, während die Reitstockführung derart geneigt ist, daß die Gefahr der Späneablagerung gering ist. Gleichzeitig ermöglicht

Abb. 327
Waagerecht-Bohrwerk „Optimetric" (H. W. Kearns & Co. Ltd., Altrincham, England

diese Anordnung bequemes Ein- und Ausspannen des Werkstückes sowie leichte Beobachtung von Schneidwerkzeug und Fühler.

Die Trennung der Elemente für die Führungen des Werkstück- und Werkzeugträgers erfordert steife Verbindungselemente, die durch das Bett (Abb. 322 und 323) und die geführten Teile (Abb. 320) gebildet werden können. Diese Schwierigkeit ist bei der Konstruktion des Bettes der Fischer-Kopierdrehmaschine (s. a. Abb. 272) überwunden (Abbildung 324). Alle Führungen liegen auf dem Hauptquerschnitt des Bettes, der durch seine beinahe elliptische Form beste Steifigkeit gegen Verdrehung und durch seine Lage zur Arbeitsstellung des Werkzeuges A, das in Richtung B zugestellt wird, höchste Steifigkeit in Richtung der Rückdruckkomponente P_3 der Schnittkraft, also in der für die Arbeitsgenauigkeit wichtigsten Biegungsebene (s. S. 204), gibt.

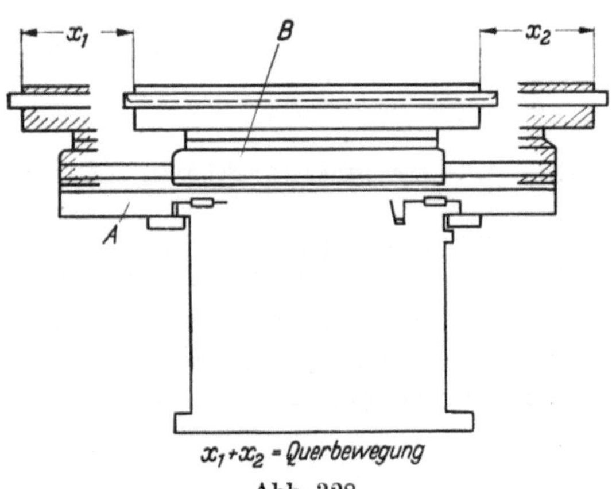

Abb. 328

Dadurch liegen außerdem die Führungen in einer senkrechten Ebene und außerhalb der Bahn des Spänefalles, und Zugänglichkeit von Werkstück und Werkzeug ist sehr gut. Die Führungen für die Werkstückträger a_1 und a_2 sind oberhalb der Schlittenführungen b_1 und b_2 angeordnet, so daß die Späne vom Werkstück wegfallen und es daher nicht beschädigen können. Das eventuellem Verschleiß ausgesetzte Schlittenführungsprisma b_1 ist auswechselbar.

Unabhängig von dem den Schnittkräften ausgesetzten Bett sind die Führungen c_1 und c_2 für den Schablonenträger C mit der Schablone D auf der Grundplatte E der Maschine angeordnet.

Zum Unterschied von den Verhältnissen bei der Drehmaschine sind die Schnittkräfte bei der Arbeit der *Bohrwerke* im allgemeinen erheblich kleiner als die Gewichte der von dem Bett geführten bzw. getragenen Teile. Zu den 2 Führungsbahnen a_1 und a_2 eines typischen Bettquerschnittes (Abb. 325) wird eine dritte a_3 hinzugefügt (Abb. 326), wenn ein breiter Querschlitten gegen zu starke Durchbiegung in der Mitte gesichert werden soll. Die beiden U-förmigen Bettquerschnitte sind durch Diagonalverrippung versteift.

Eine interessante Anordnung der Bettführungen findet man in den Bohrwerken der Firma

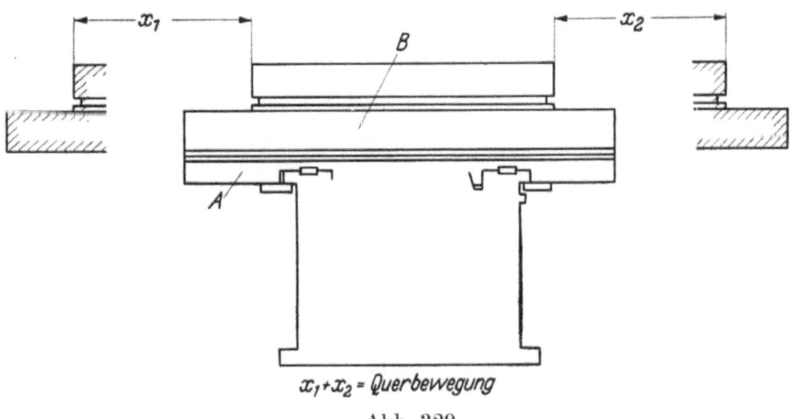

Abb. 329

H. W. Kearns (Abb. 327), bei denen der Längsschlitten und der Gegenhalter auf einem äußeren und einem inneren Satz von Flachführungen laufen. Rollenlagerung auf dem äußeren Satz a_1 und a_2 erleichtert die Beweglichkeit des Schlittens, während die inneren Führungen b_1 und b_2 die notwendige Steifigkeit gewährleisten. Die erhöhte Lage der inneren Führungen b_1 und b_2 ermöglicht es außerdem, die Längsvorschubspindel für den Schlitten in einem Ölbad laufen zu lassen.

Während bei manchen Konstruktionen der auf dem Längsschlitten A geführte Querschlitten B auch in den beiden äußersten Stellungen seiner Querbewegung nicht überhängt (Abb. 328), ist er bei anderen derart steif konstruiert, daß ein gewisser Überhang zulässig und damit eine erheblich größere Querbewegung möglich ist (Abb. 329). Die mit einer solchen größeren Querbewegung ausgerüstete Maschine (Abb. 330) hat vier äußere a_1', a_1'', a_2' und a_2'' und zwei innere Führungsbahnen b_1 und b_2. Die Schwierigkeiten der Herstellung einer solchen überbestimmten Führungsanordnung dürfen indessen nicht übersehen werden!

Abb. 330
Waagerecht-Bohrwerk (H. W. Kearns & Co. Ltd., Altrincham, England)

Um die für die Güte der Schleifarbeit notwendige Schwingungsstarrheit zu erhalten, können die Betten der *Schleifmaschinen* entweder schwer oder leicht konstruiert werden (s. S. 53).

Ein Bett der orthodoxen schweren Bauart zeigt Abb. 331. Die Tischführungen *a* und *b* für die Längsbewegung sind auf schweren durch Querrippen versteiften Kasten-

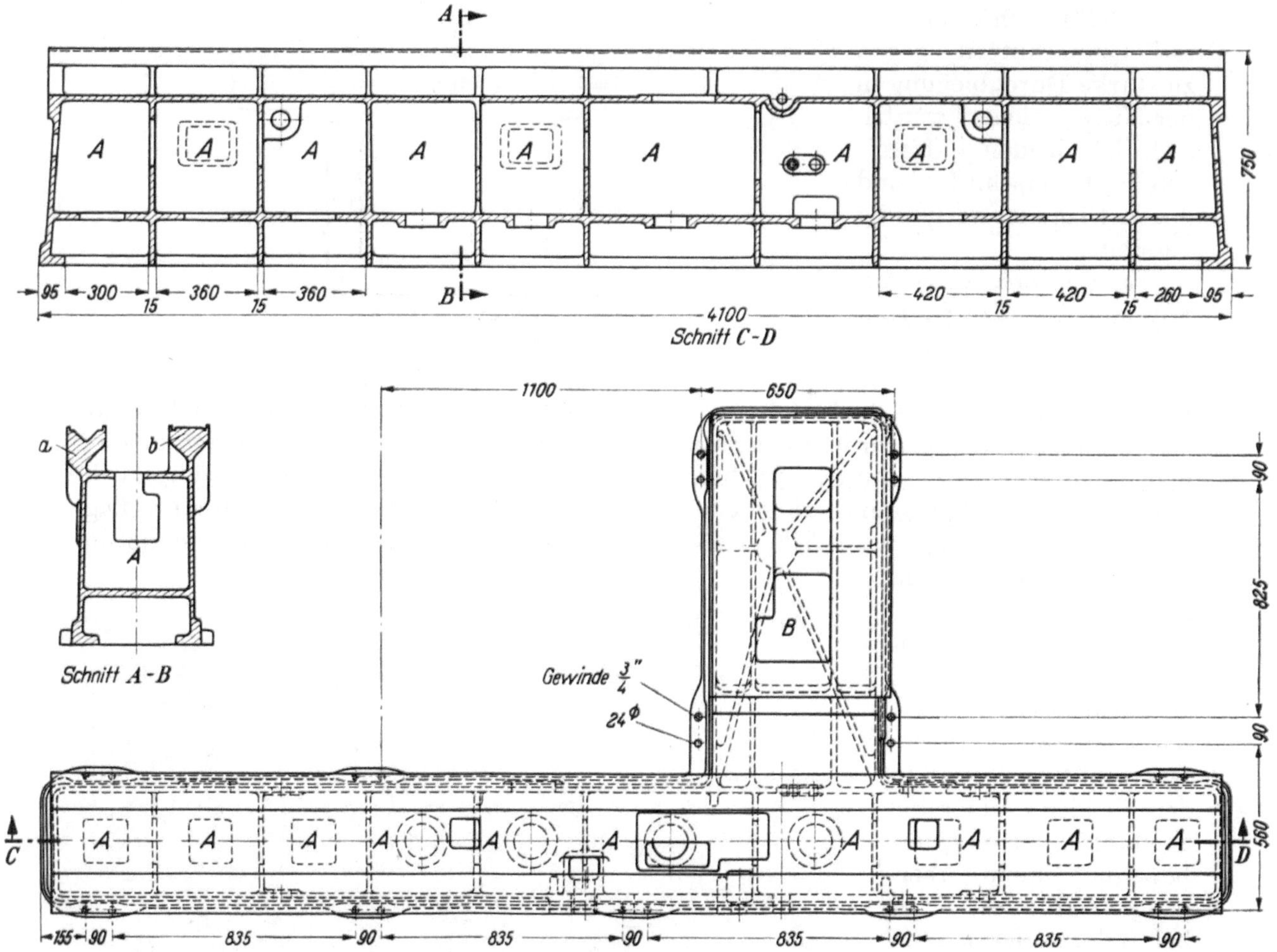

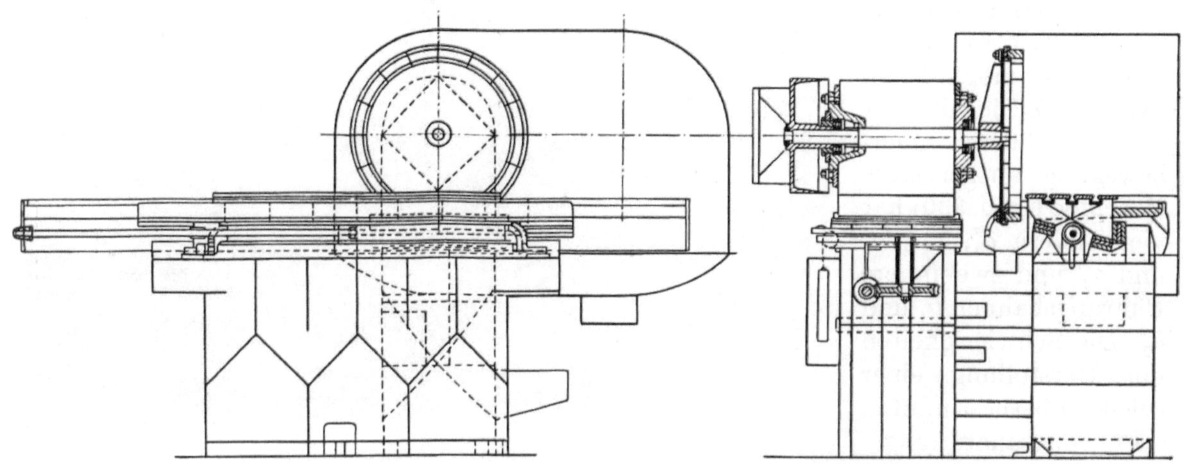

Abb. 331. Bett einer Zylinderschleifmaschine (The Churchill Machine Tool Co. Ltd., Manchester, England)

Abb. 332. Flächenschleifmaschine (Diskus-Werke, Frankfurt a. Main)

querschnitten A, die bis auf die Kernöffnungen geschlossen und daher außerordentlich steif gegen Biegung und Verwindung sind, angeordnet. Der den Schleifscheibenschlitten tragende Teil des Bettes B ist durch Diagonalverrippungen mit dem Längsteil A verbunden.

Im Gegensatz zu dem schweren Bett dieser Schleifmaschine steht das in der Zellenbauweise (s. S. 41) konstruierte Bett der Diskus-Schleifmaschine (Abb. 332).

Abb. 333. Schleifmaschinenständer in Zellenbauweise (Diskus-Werke, Frankfurt a. Main)

Abb. 334. Schleifmaschinengestell in Zellenbauweise (Diskus-Werke, Frankfurt a. Main)

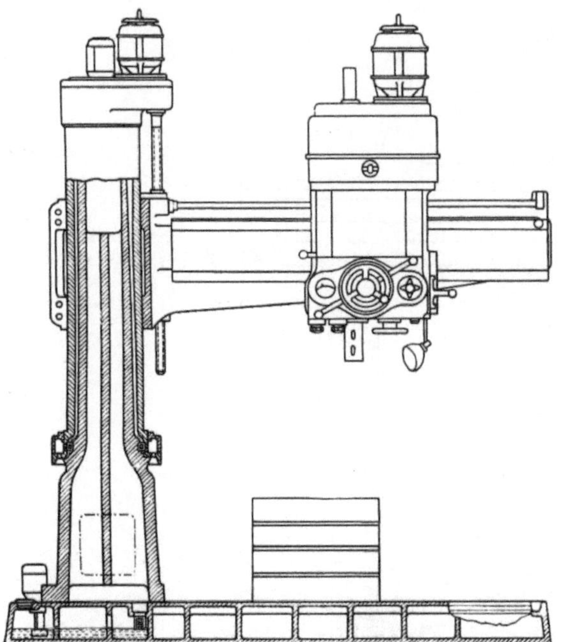

Abb. 335. Radialbohrmaschine (Raboma Maschinenfabrik, Hermann Schoening, Berlin)

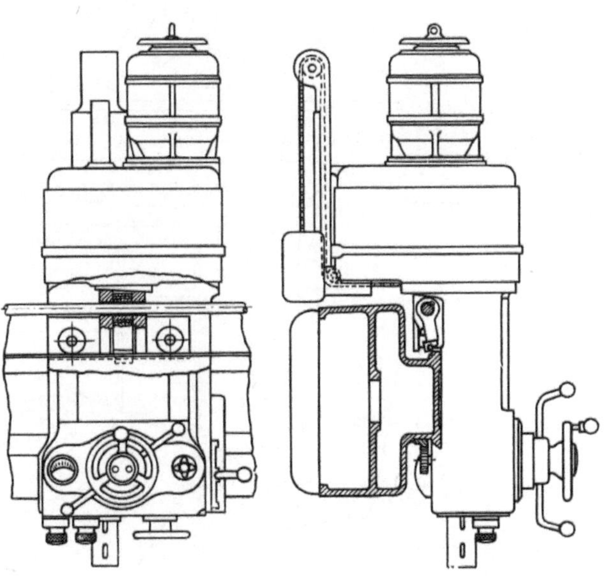

Abb. 336. Bohrkatze auf dem Ausleger einer „Raboma"-Radialbohrmaschine

Hier ist hohe Schwingungsstarrheit durch die mittels hoher Steifigkeit bei niedrigem Gewicht (Wandstärke der Zellenwandungen 4 mm) erzielte hohe Eigenschwingungszahl des Bettes gewährleistet (s. S. 53). Die Anordnung der Zellen in dem Ständer einer

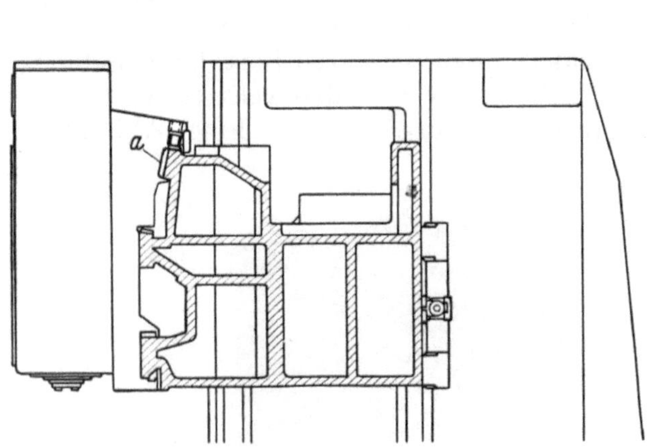

Abb. 337
Frässupport der schweren Hobel- und Fräsmaschine
(Abb. 310) (H. A. Waldrich G. m. b. H., Siegen/Westfalen)

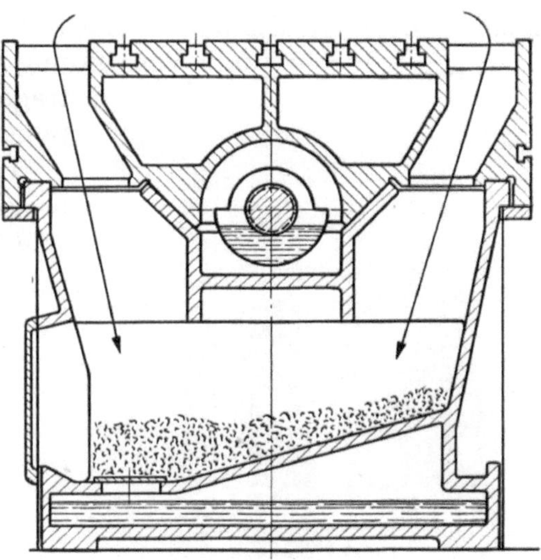

Abb. 338
Querschnitt eines Fräsmaschinenbettes
(Gebr. Heller, Maschinenfabrik G. m. b. H.,
Nuertingen/Württemberg)

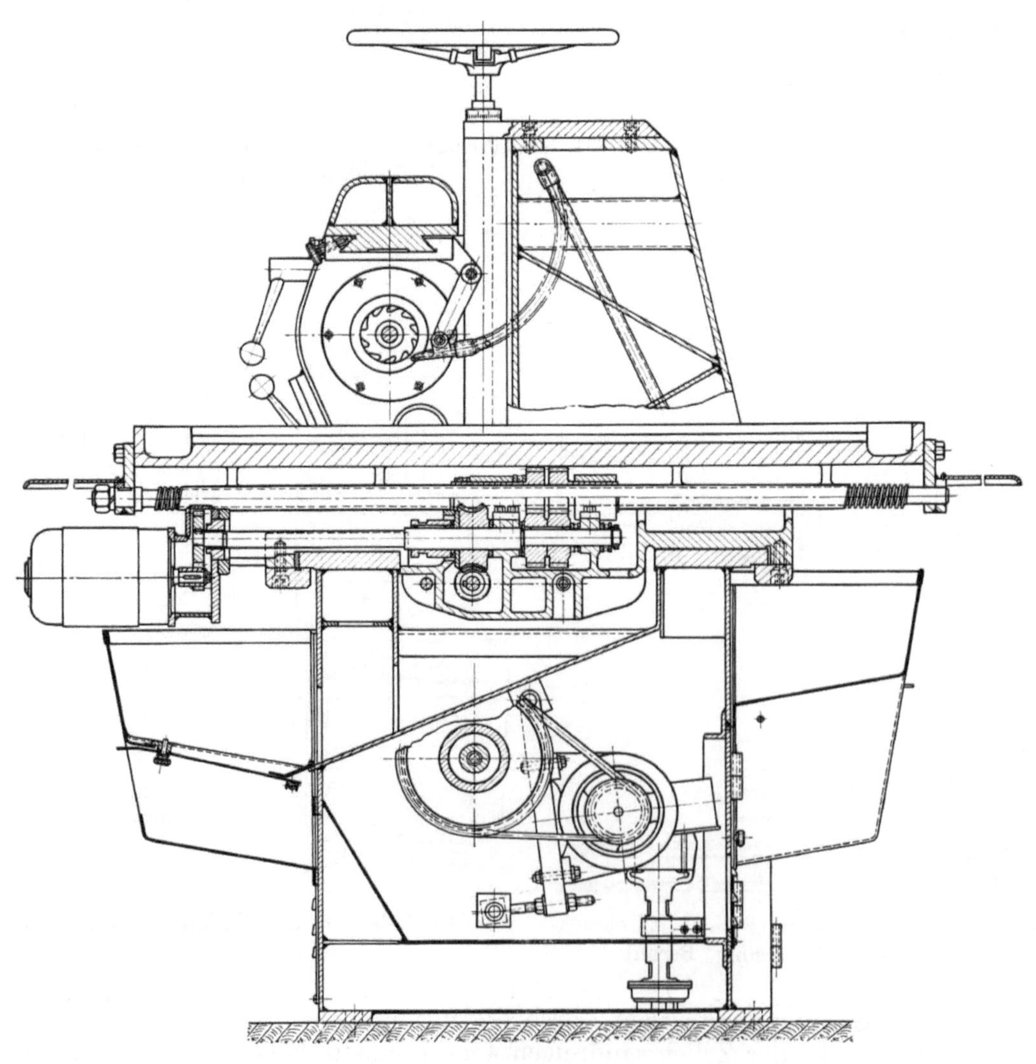

Abb. 339a

Flächenschleifmaschine mit senkrechter Schleifachse ist schematisch in Abb. 333 gezeigt, während die praktische Ausführung der Zellenbauweise aus Abb. 334 ersichtlich ist.

Einige bei der Konstruktion des *Radialbohrmaschinenständers* auftretende Probleme sind bereits verschiedentlich behandelt worden (s. S. 205). Hier sei noch einmal auf die Biegungssteifigkeit der Hauptsäule und auf die wichtige Verdrehungssteifigkeit des Auslegers hingewiesen. Bei der Maschine (Abb. 335) ist die Hauptsäule durch eine Kreuzverrippung versteift, während der geschlossene oft mit Diagonalverrippung versehene Kastenquerschnitt des Auslegers (Abb. 336) die notwendige Verdrehungssteifigkeit gewährleistet. Der außerhalb des geschlossenen Querschnittes offene U-förmige Raum (s. Abb. 336) enthält die elektronischen Steuer- und Schaltapparate.

Den schärfsten Arbeitsbedingungen sind wohl die Gestelle der Hochleistungs*fräsmaschinen* ausgesetzt, bei denen große Arbeitskräfte und hohe Belastungsstoßfrequenzen auftreten können. Daher ist z. B. für die Führung der Frässupporte auf dem Querbalken der in Abb. 310 gezeigten schweren Hobel- und Fräsmaschine eine zusätzliche Führung (*a*, Abb. 337), die zur Führung der Hobelsupporte nicht benutzt wird (s. Abb. 309) und die den Support gegen Verwindung abstützt, vorgesehen. Um Schwierigkeiten beim Ein-

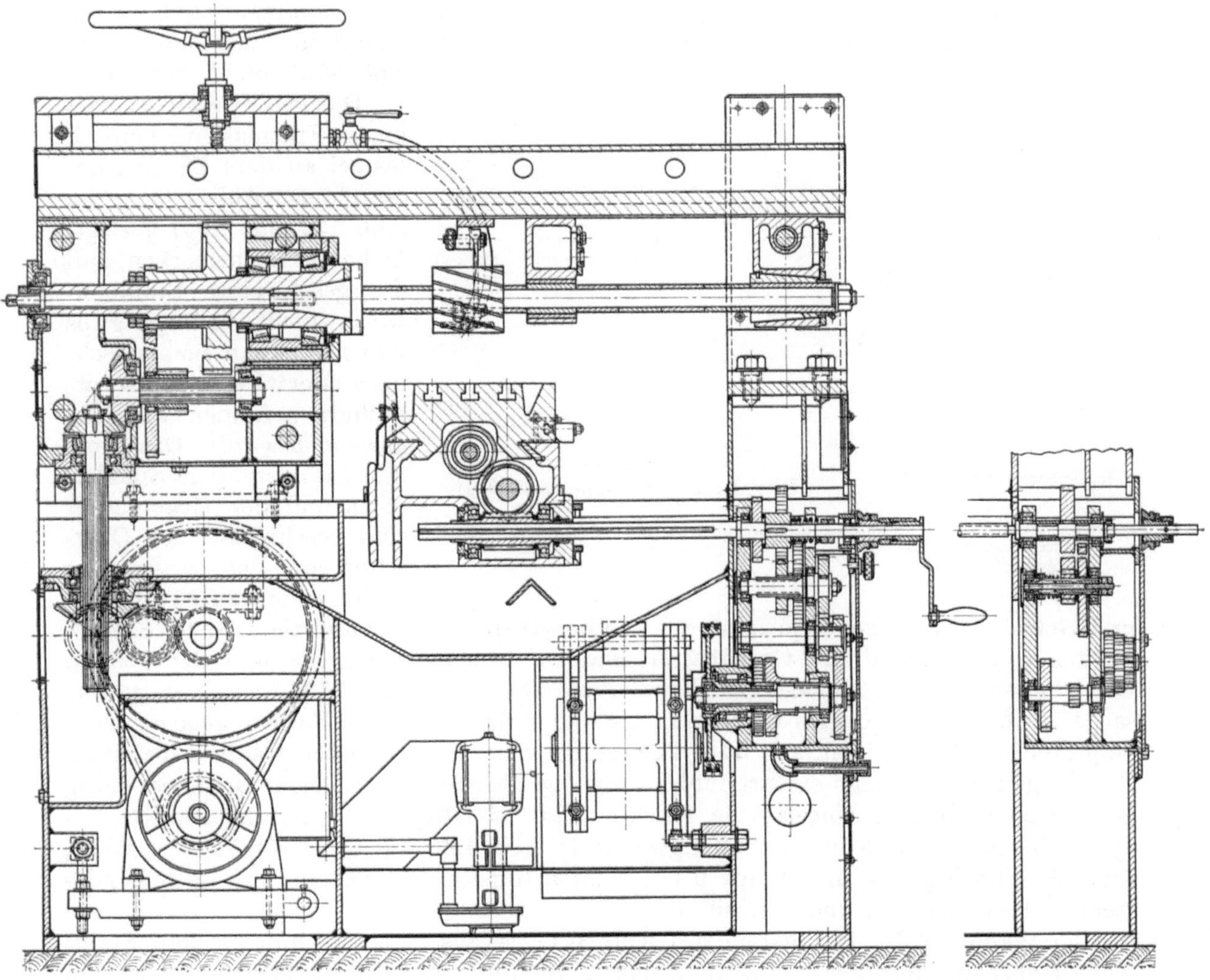

Abb. 339 b

Abb. 339a u. b. Produktionsfräsmaschine in Schweißbauweise (s. Abb. 133)

passen der drei (sonst überbestimmten) Führungsbahnen zu vermeiden, werden die Frässupporte auf der höchsten, zusätzlichen Führungsbahn durch gefederte Stützrollen
geführt.

Bei Fräsmaschinenständern wird allgemein der geschlossene Kastenquerschnitt mit
möglichst wenigen und außerhalb der höchstbelasteten Zone liegenden Durchbrüchen
verwendet.

Besondere Beachtung muß auch der Kraftübertragung von den Führungen auf
das Bett geschenkt werden. Bei dem Fräsmaschinenbett (Abb. 338) ist die in einem
Ölbad laufende, zentral angeordnete Vorschubspindel zwischen den zwei ein V bildenden
Hauptführungen angeordnet, während etwaige Kippmomente durch zwei weit auseinander liegende (großer Hebelarm) Flachführungen aufgenommen werden können, so daß die dort auf das Bett wirkenden Kräfte verhältnismäßig gering sind.
Die Querschnitte des Bettes und des Tisches ergeben eine äußerst steife Konstruktion, die den freien Spänefall nicht behindert.

Die geschweißte Bauart eines Fräsmaschinengestelles sei an dem Beispiel der Maschine (Abb. 339, s. a. Abb. 133 und 134) gezeigt.
Dabei ist zu bemerken, daß die geschweißte Stahlbauweise nicht bedingungslos und nur, wenn sie als technisch oder wirtschaftlich vorteilhaft befunden war, angewendet wurde. Das Bett, die Ständer, der Spindelstock und der Gegenhalter sind geschweißt, der Querschlitten, der wegen der vielen eingebauten Steuer-

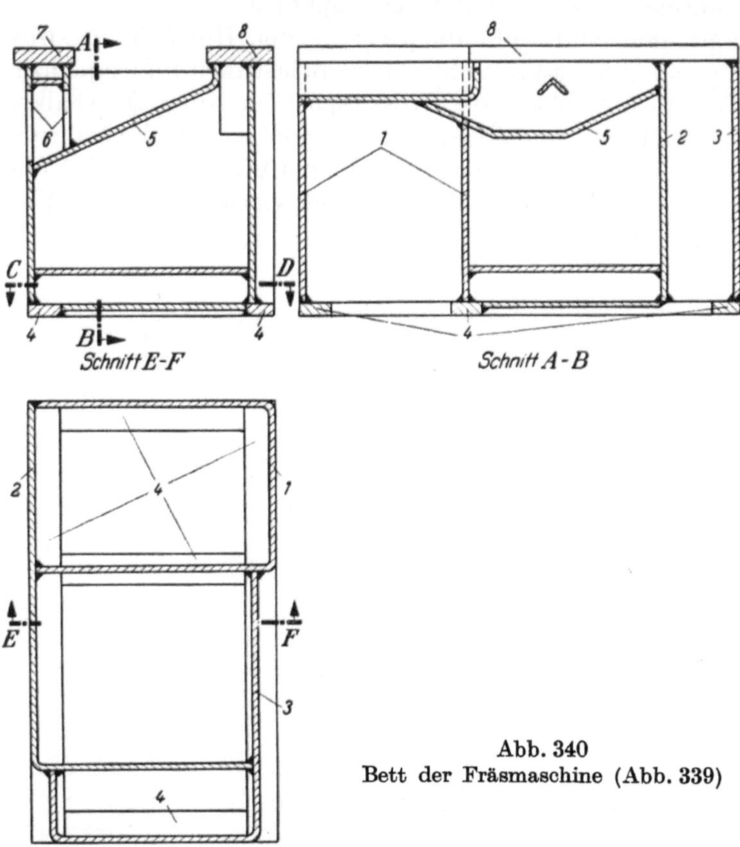

Abb. 340
Bett der Fräsmaschine (Abb. 339)

und Getriebemechanismen für eine Schweißkonstruktion zu kompliziert ist (s. S. 212),
ist aus Gußeisen und die Gegenhalter sind Leichtmetallgußstücke und dadurch an
Gewicht leichter und einfacher zu handhaben. Das Bett (Abb. 340) ist in der Hauptsache aus drei 10 mm dicken Blechen 1, 2, 3, die in die verlangten Formen gebogen sind,
hergestellt und auf einem aus 85 × 25 mm Flacheisen 4 gebildeten Rahmen gelagert.
Das Biegen der 3 Bleche erspart fünf kostspielige Schweißnähte. Die in die anderweitig
geschlossenen Kästen eingelassene schräge Platte 5 läßt Späne und Kühlmittel frei
durch die Öffnungen 6 in die Auffangwanne (s. Abb. 133) fallen. Wie bereits erwähnt,
sind die Führungen 7 und 8 aus 0,4% Kohlenstoffstahl hergestellt und nach Fertigstellung brenngehärtet und geschliffen.

Die Wandung des Hauptständers (Abb. 341) ist aus einem 10 mm starken Stahlblech 1 gebogen und durch Diagonalrippen 2 versteift. Die Führungsleisten 3 für den
Spindelstock sind, wie bereits erwähnt (s. S. 210), auf die bearbeiteten Leisten 4 auf
geschraubt und durch Paßstifte in ihrer Lage gesichert. Die Grundplatte 5 ist 25 mm
stark, da sie bearbeitet und auf das Bett aufgepaßt werden muß.

Die Notwendigkeit, bei dem Entwerfen geschweißter Teile für gute Zugänglichkeit der Schweißnähte zu sorgen, ist bereits erwähnt worden. Ein Beispiel ist der Querschnitt durch den Gegenhalterständer (Abb. 342) der oben erwähnten Fräsmaschine. Die T-Nute für die Klemmschraube des Gegenhalters ist durch Walzprofile erzeugt. Falls man aber ein U-Profil verwendet (Abb. 342a), ist eine der Schweißnähte *1, 2* oder *3* am Schluß des Zusammenbaues unzugänglich. Wenn man nun das U-Eisen durch 2 Winkeleisen (Abb. 342b) ersetzt, dann kann die Schwierigkeit behoben und der Querschnitt durch Schweißnaht *4* am Ende des Zusammenbaues geschlossen werden.

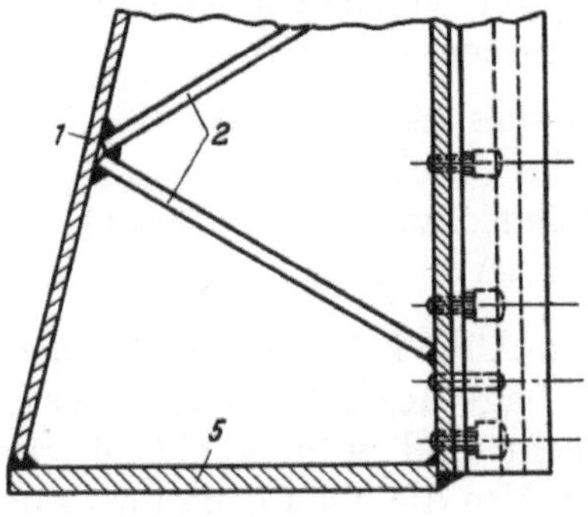

Zum Schluß sei noch erwähnt, daß auch bei dem Zusammenbau des Bettes (Abb. 340) Schwierigkeiten auftreten können, falls es nicht von oben nach unten, d. h. auf den Kopf gestellt, zusammengeschweißt wird. Wenn die Seitenwände *1, 2* und *3* nicht zuerst an die Führungsplatten *7* und *8* angeschweißt, das schräge Blech *5* dann eingesetzt und die Flacheisen *4* erst zum Schluß angesetzt werden, dann sind die Innenkehlnähte, die die Platten *7* und *8* mit Blechen *1, 2* und *3* verbinden, unzugänglich, und die Verbindung der Führungen mit dem

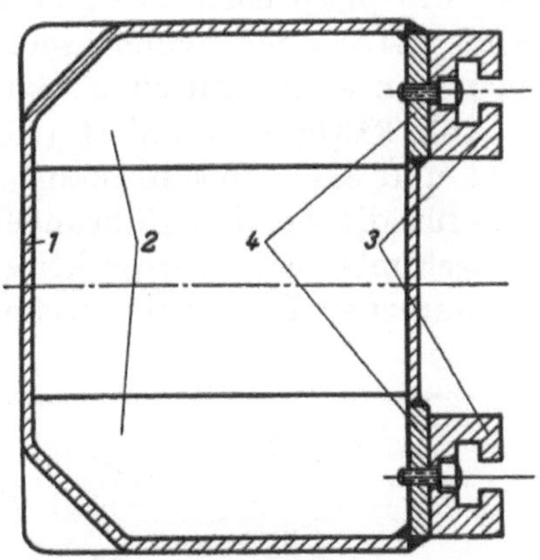

Abb. 341. Hauptständer der Fräsmaschine (Abb. 339)

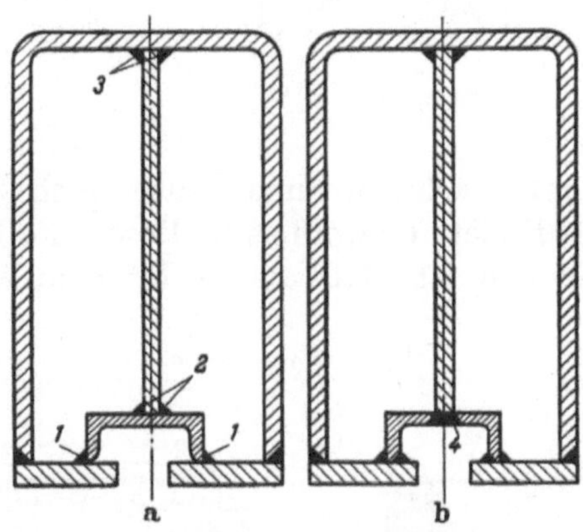

Abb. 342a u. b. Schnitt durch den Gegenhalterständer der Fräsmaschine (Abb. 339)

Bett entspricht nicht den durch die Belastungsbedingungen gestellten Anforderungen. Hier muß sich der Konstrukteur den Zusammenbau beim Entwurf außerordentlich sorgfältig vor Augen halten und in der Zeichnung genaue Anweisungen für die Werkstatt festlegen.

2. Geradführungen

Die Konstruktion der Führungen für Tische, Schlitten, Schieber usw. soll von folgenden Gesichtspunkten aus betrachtet werden:

A. Formen der Führungselemente und Anordnung ihrer Kombinationen,

B. Einfluß von Werkstoff und Arbeitsbedingungen auf die Arbeitsgenauigkeit (Verschleiß),

C. Reibungsverhältnisse und Tragfähigkeit (Wälzlager, Schmierung von Gleitführungen usw.).

Zu A. Folgende Forderungen müssen erfüllt werden:

1. Genaue Lagebestimmung der geführten Teile in allen Stellungen und unter Einwirkung der Arbeitskräfte,

2. Möglichkeit des Ausgleiches etwaigen Verschleißes,

3. Möglichkeit leichten Zusammenbaues und Billigkeit der Herstellung, d. h. Einstellmöglichkeit zum Ausgleich etwaiger Herstellungstoleranzen,

4. zwangfreier Lauf,

5. Spanfreiheit, d. h. Vermeiden der Möglichkeit von Spananhäufung und leichte Entfernung etwaig angesammelter Späne,

6. Möglichkeit wirksamer Schmierung.

Im allgemeinen werden Geradführungen auf einem oder mehreren der folgenden Elemente in den verschiedensten Lagen und Kombinationen aufgebaut:

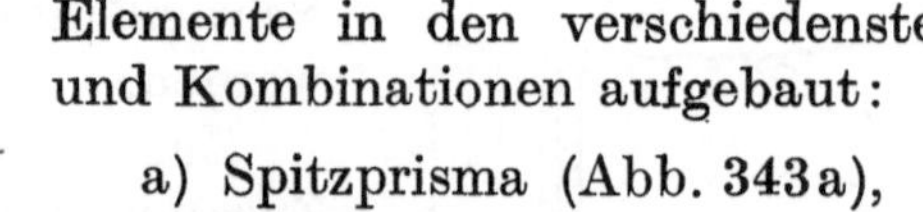

a) Spitzprisma (Abb. 343a),
b) Planfläche (Abb. 343b),
c) Schwalbenschwanz (Abb. 343c),
d) Zylinder (Abb. 343d).

Abb. 343a—d

Zu a) Das Spitzprisma (Abb. 343a) kann nach außen (s. Abb. 344) oder nach innen liegend (s. Abb. 345) angeordnet werden und bestimmt die Lage des geführten Teiles in 2 Richtungen, im Falle des Beispieles (Abb. 343a) senkrecht und waagerecht in der Bildebene. Um die oben genannte Forderung zwangfreien Laufens zu erfüllen, wird meist ein Spitzprisma, das gleichseitig (Abb. 344a) oder ungleichseitig (Abb. 344b) sein kann, mit einer Planführung (Abb. 343b) kombiniert (Abbildung 344 und 345), obwohl man bei

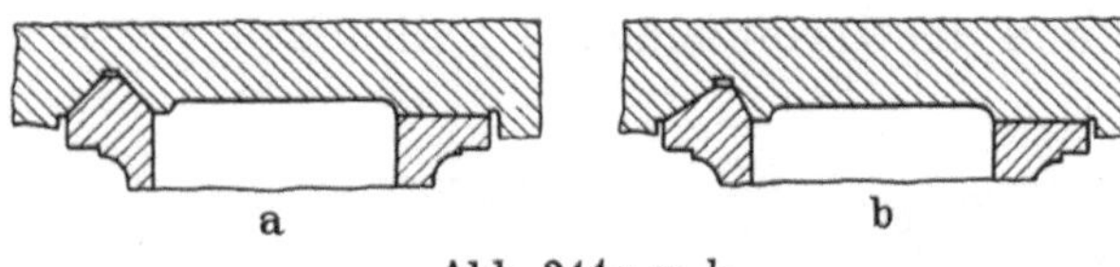

Abb. 344a u. b

manchen Drehmaschinen auch heute noch 2 Spitzprismen für die Schlittenführungen (s. Abb. 321) findet. Obwohl es in diesem Falle zwar theoretisch möglich, aber praktisch unwahrscheinlich ist, daß alle 4 Prismenflächen in vollkommener Berührung stehen

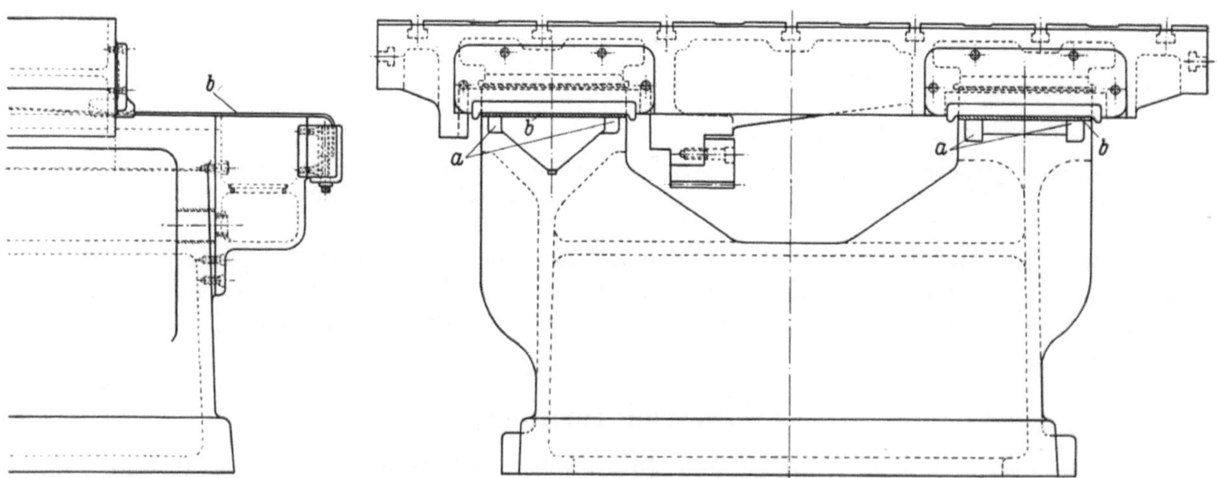

Abb. 345
Abgedeckte Schleifmaschinentischführung (The Churchill Machine Tool Co. Ltd., Manchester, England)
a Ölkanäle; *b* Schutzband für die Führung

und die auf sie wirkenden Kräfte ihrer Lage entsprechend voll aufnehmen, ziehen manche Konstrukteure diese Anordnung wegen des geringeren Einflusses von Verschleiß (s. S. 238) auf die Arbeitsgenauigkeit vor.[1]

Ein Vorteil des Spitzprismas ist die Tatsache, daß es sich unter dem Gewicht des geführten Teiles bei Verschleiß od. ä. selbsttätig nachstellt, so daß kein Spiel entstehen

[1] Siehe A. LAPIDUS: Wahl des Materials und der Konstruktion von Werkzeugmaschinen-Führungen, aus Stanki i instrument, wiedergegeben in Industrie-Anz., 30. Oktober u. 2. November 1956.

kann. Das nach oben gerichtete Spitzprisma verhindert Spananhäufung auf den Führungsflächen. Das meist in Hobel- und Schleifmaschinen verwendete, nach unten gerichtete Spitzprisma hält das Schmieröl besser, muß aber wegen der Gefahr der Späneansammlung entweder durch eine gute Schutzvorrichtung abgedeckt werden (Abb. 345), es sei denn, daß es durch die Bettkonstruktion selbst außerhalb des Spänefallbereiches und durch andere Teile des Bettes geschützt angeordnet ist (s. Abb. 321).

Zu b) Eine Kombination von Flachführungen wird zur Übertragung hoher Auflagekräfte und für lange Führungen verwendet (Abb. 346). Die Lagebestimmungen in der waagerechten und senkrechten Richtung sind getrennt, und das Ausrichten und Einpassen von Schlitten und Führung ist erleichtert, da eine Lageveränderung in einer Richtung keine gleichzeitige Änderung in der

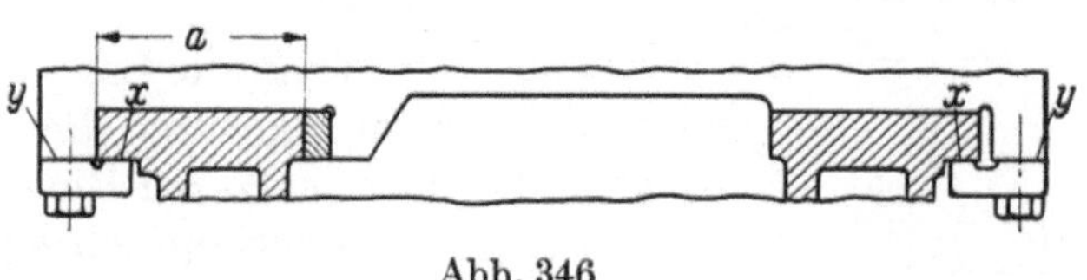

Abb. 346

anderen Richtung zur Folge hat, wie es bei dem Spitzprisma der Fall ist. Flächen zur Führung in der Sekundärrichtung (senkrechte Flächen in Abb. 346) werden zweckmäßig so nahe wie möglich zueinander angeordnet (Abstand *a*), um Klemmen zu vermeiden. Spieleinstellung bzw. Verschleißausgleich erfolgt nicht selbsttätig wie bei dem Spitzprisma, und es ist notwendig, eine einstellbare Leiste vorzusehen. Diese Leiste kann entweder mit parallelen Flächen versehen und durch seitlich angeordnete Schrauben einstellbar sein (Abb. 347a), oder sie kann keilförmig ausgebildet und durch Längsverschiebung eingestellt werden (Abbildung 347b). Die Schrauben in Abb. 347a müssen einzeln angezogen werden, und der Anzug hängt deshalb von dem Gefühl des zustellenden Arbeiters ab und wird schwerlich gleichmäßig sein. Da die Leiste außerdem an den Druckstellen der Schrauben durchgebogen wird, trägt sie meist schlecht. Außerdem müssen die Spann-

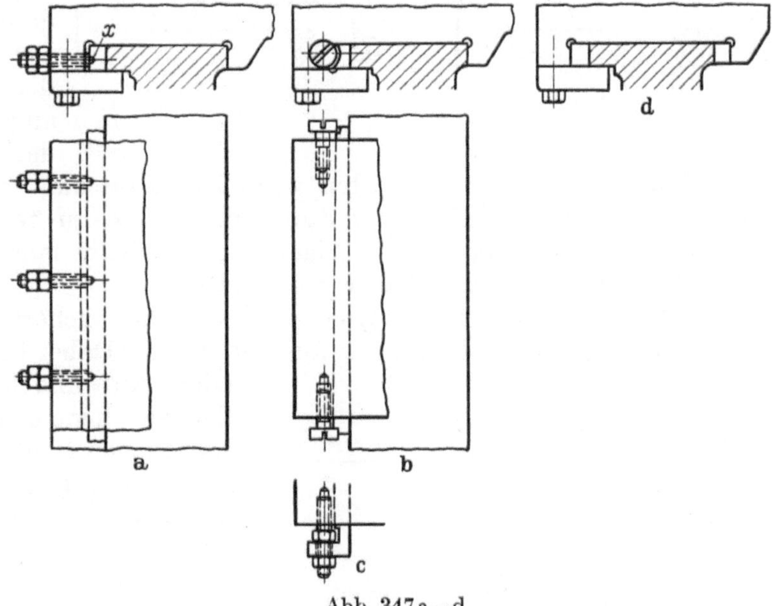

Abb. 347a—d

schrauben gleichzeitig die Lage der Leiste in der senkrechten und der Längsrichtung sichern (Dimpel *x*, Abb. 347a). Es ist daher möglich, daß sie sich bei der Längsbewegung des beweglichen Teiles lockern, und sie müssen deshalb durch Gegenmuttern gesichert werden. Um eine unnötige Belastung der Stellschrauben zu vermeiden, wird die Leiste möglichst auf der Seite der Führung, die nicht der größtmöglichen Querbelastung ausgesetzt ist, angeordnet.

Die in der Herstellung etwas teurere Keilleiste (Abb. 347b) liegt auf der ganzen Länge an und gibt eine weit bessere Anlage. Die Anlage wird durch die Nachstellung nicht beeinflußt, und die Einstellung ist bei den üblichen Keilneigungen von 1:60 bis 1:100 sehr fein. Allerdings kann die durch die Keilwirkung erzeugte hohe Übersetzung sehr große, quer zur Führungsrichtung wirkende Kräfte erzeugen. Das Anziehen muß daher mit Vorsicht erfolgen, um ein Brechen der Führungswange zu vermeiden. Außerdem muß die Leiste gegen unerwünschte Längsverschiebung, z. B. durch Reibungskräfte in der Führung, gesichert sein. Das kann durch Anordnung von 2 Stellschrauben (an jedem Ende eine) (Abb. 347b) oder durch Verwendung eines Stehbolzens mit Mutter und Gegenmutter (Abb. 347c) erzielt werden.

Bei langen Keilleisten von gegebener Mindeststärke am dünnen Ende muß dafür Sorge getragen werden, daß die Wange des geführten Teiles am dicken Ende der Leiste nicht unzulässig geschwächt wird. Bei einer Keilneigung von 1 : 60 und einer Schlittenlänge von 480 mm beträgt der Dickenunterschied zwischen den beiden Enden der Leiste bereits 8 mm!

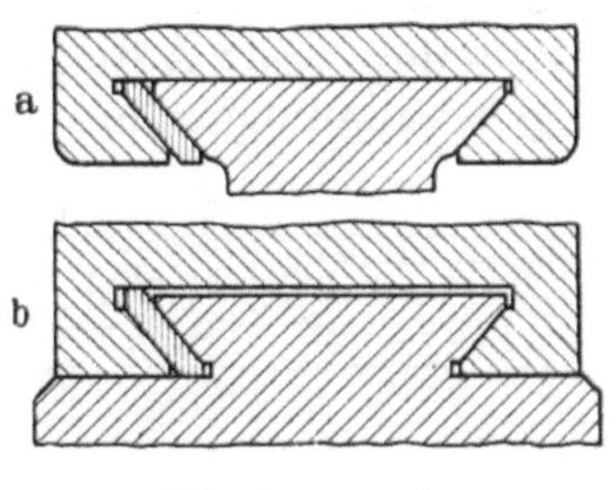
Abb. 348a u. b

Wenn die Lage eines Schlittens quer zu seiner Bewegungsrichtung durch die Spielnachstellung nicht beeinflußt werden darf, z. B. bei Revolverkopfschlitten, bei denen die Lage der Revolverkopfachse in bezug auf die Spindelachse unverändert bleiben muß, sieht man 2 Nachstelleisten vor (Abb. 347d).

Sowohl das in Abb. 321 und 344 gezeigte Prisma als auch die in Abb. 346 gezeigte Flachführung sichern die Senkrechtlage nur nach unten, d. h. unter der Einwirkung des Gewichtes der geführten Teile. In vielen Fällen, z. B. bei Hobel- und Schleifmaschinentischen von hohem Gewicht, dürfte das genügen. Wenn dagegen Kräfte bzw. Momente auftreten, die eine Abhebe- oder Kippwirkung ausüben (s. S. 203), dann müssen Halteelemente in Form von Leisten vorgesehen werden (Abb. 346). Da diese sorgfältig angepaßt werden müssen, damit das zulässige Spiel in der Senkrechtrichtung nicht überschritten wird, ist es ratsam, die Paßfläche x einer solchen

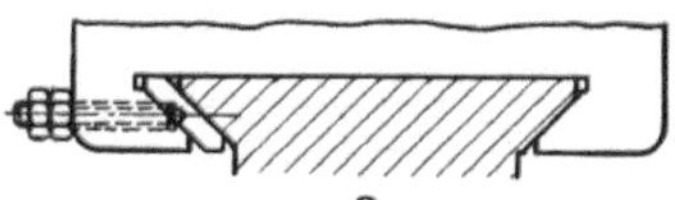
Abb. 349a u. b

Leiste von der Spannfläche y durch eine Nute zu trennen, so daß der Arbeiter nur die eine oder die andere Fläche schabt bzw. feilt und einen genauen Anhalt hat, wie weit er auf jeder Fläche gehen darf.

Zu c) Die Form der Schwalbenschwanzflächen sichert die Lage der geführten Teile sowohl aufwärts und abwärts als auch seitwärts. Dabei können die Innen- (Abb. 348a) oder Außenflächen (Abb. 348b) als Tragflächen dienen. Zum Spielausgleich in zwei Richtungen (senkrecht und waagerecht) ist nur eine Leiste nötig (s. Abb. 348). Nachstellung der Leiste durch Schrauben (Abb. 349a) hat die oben erwähnten Nachteile. Durch Ausbildung der Leiste als „Hakenleiste" (Abb. 349b) kann ihre Höhenlage festgelegt werden.

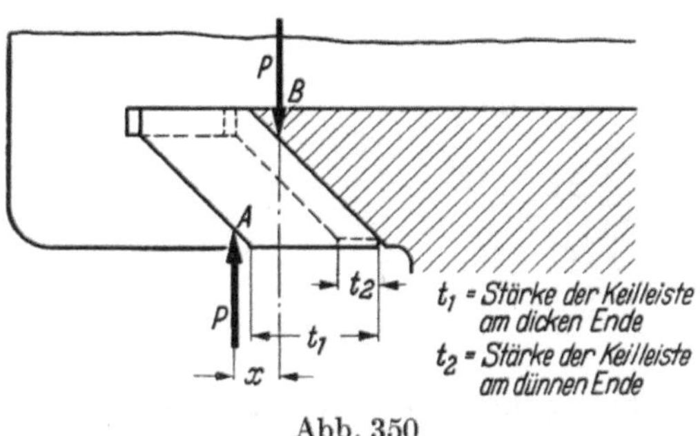

Abb. 350

Bei langen Keilleisten für Flachführungen (s. o.) müssen die Wandstärken des führenden und geführten Teiles sorgfältig geprüft werden, damit sie am stärkeren Ende der Leiste nicht unzulässig schwach ausfallen. Bei Keilleisten für lange Schwalbenschwanzführungen ergibt sich eine weitere Schwierigkeit, da die Stärke der Leiste derart wachsen kann, daß die Stabilität der Führung leidet (Abb. 350). Wenn Punkt A weit außerhalb der senkrechten Linie, die durch Punkt B geht, liegt, wird durch die Kippkraft P und die von dem Führungsprisma ausgeübte Reaktionskraft ein kippendes Moment $P \cdot x$, das Instabilität erzeugt, auf die Leiste ausgeübt.

Für lange Führungen werden deshalb oft 2 Leisten vorgesehen (Abb. 351). Eine Lösung, die für Schwalbenschwanzführungen günstiger ist, verwendet einen keilförmigen (Abb. 352) und nicht parallelen (Abb. 348) Querschnitt der Leiste, der dem oben genannten Kippmoment $P \cdot x$ entgegenwirkt.

Der Zusammenbau von Teilen der oben genannten Konstruktionen kann auf zwei Arten erfolgen.

1. Zusammenschieben der Teile in Richtung der geführten Arbeitsbewegung;
2. Einkippen des geführten Teiles (Abb. 353).

Der Zusammenbau nach 1. ist nur möglich, wenn genügend Auslauf außerhalb der Führung vorhanden ist und nur für verhältnismäßig leichte Teile anwendbar. Die Kon-

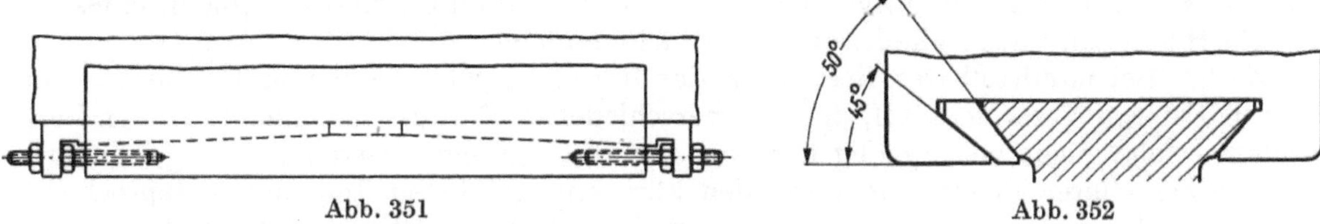

Abb. 351Abb. 352

struktion für einen Zusammenbau nach 2. ist nur zulässig, wenn die Unterkante der Keilleiste dabei nicht zu weit nach außen gelegt werden muß (Abb. 350).

Für schwerere Teile, bei denen Zusammenbau nach 1. und 2. nicht anwendbar ist (z. B. Fräsmaschinenkonsole), wird die Querkeilleiste (Abb. 354) verwendet. Der verschiebbare Teil (z. B. das Fräsmaschinenkonsol) a kann an einer beliebigen Stelle der Führung b ohne schwierige Manipulation aufgesetzt und Leiste c danach eingelegt werden.

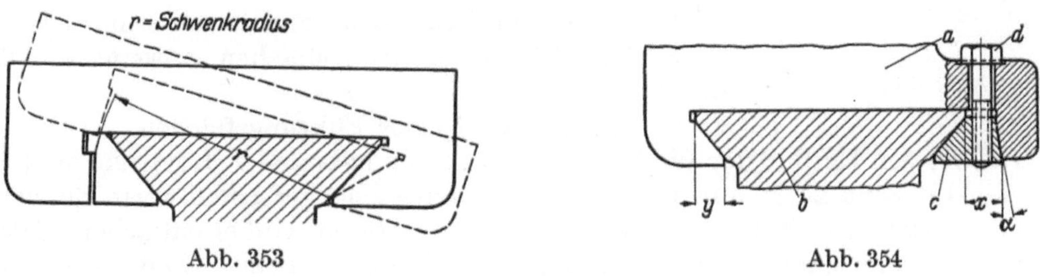

Abb. 353Abb. 354

Um einen solchen Zusammenbau möglich zu machen, müssen der Winkel α und das Maß x derart gewählt werden, daß x größer als y wird. Durch Anziehen der Schrauben d kann das Spiel eingestellt und durch Vorsehen zweier Spannschrauben der geführte Teil gegebenenfalls festgeklemmt werden. Da die steile Seite außen geneigt ist ($\alpha = 5$ bis $10°$), wandert die Leiste beim Nachstellen von rechts nach links. Es muß also

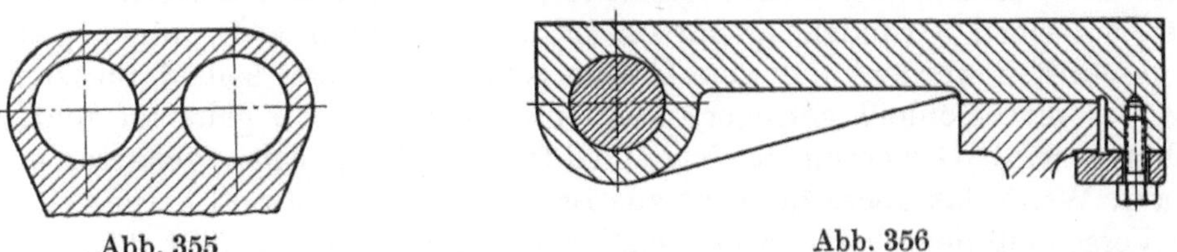

Abb. 355Abb. 356

entsprechendes Spiel in den im geführten Teil liegenden Spannschraubenlöchern vorgesehen werden. Die Einpaßarbeit muß genau sein, damit die Leiste auch nach dem Nachstellen des Verschleißes gut anliegt.

Zu d) Das zylindrische Führungselement ermöglicht die Anwendung kinematisch bestimmter und zwangfreier Führungen. Allerdings muß die Bearbeitung der Einzelteile sehr genau sein, da Schaben oder Einpassen für Geradführungen dieser Art schwer möglich ist. Die außerordentlich steifen Führungen werden z. B. für Gegenhalter an Fräsmaschinen verwendet. Andere Beispiele sind die Radialbohrmaschinensäule, die Bohrspindelhülse, die Reitstockpinole usw. Eine Führung mit 2 Zylindern (Abb. 355) ist nicht zwangfrei und muß außerordentlich sorgfältig hergestellt werden. Dagegen ergibt die bei optischen Instrumenten oft angewendete Kombination eines Zylinders und einer Flachführung (Abb. 356) eine einwandfrei zwangfreie Führung, solange die Oberfläche der Flachführung radial zu der Zylinderführung liegt. Eine solche Anordnung kann allerdings nicht für beliebige Längen verwendet werden, da der Durchmesser der Zylinderführung bei zu großer Länge aus Starrheitsgründen unzulässig groß werden müßte. Größere Durchmesser erfordern außerdem größere Traglängen der geführten Teile, wodurch die Schwierigkeiten weiter erhöht werden. Die Anordnung eines über eine ganze Länge gestützten Zylinders (Abb. 357)[1] überkommt dieses Problem, indessen ist die Herstellung des Zylinderelementes nicht einfach.

Zu B. Bei unmittelbarer Berührung der führenden und geführten Fläche tritt in beiden Flächen Verschleiß auf, der von verschiedenen Einflüssen abhängt. Dieser Verschleiß erfolgt nicht gleichmäßig über die ganze Länge einer festen Führung, sondern entsprechend ihrer Benutzung durch den kürzeren, geführten Teil, der, entsprechend seiner jeweils erforderlichen Arbeitsstellung, bestimmte Teilstrecken der Führung belastet. Dadurch werden unterschiedliche Verschleißbedingungen erzeugt, die zusammen mit den Herstellungsungenauigkeiten und den Verformungen der Maschinenteile unter Last die Arbeitsgenauigkeit der Maschine beeinflussen. Folgende Faktoren beeinflussen den Verschleiß:

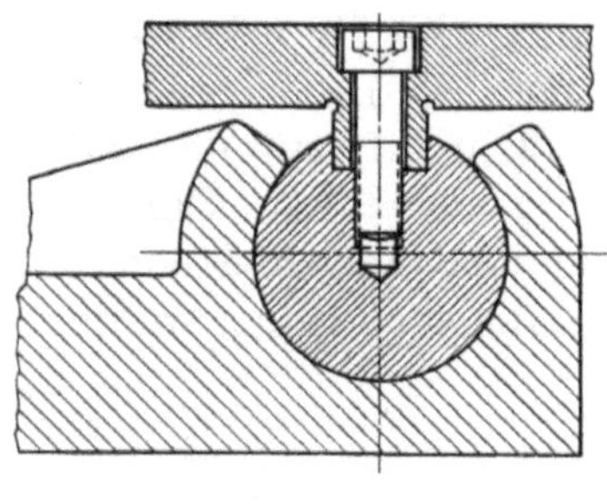

Abb. 357

1. Die Werkstoffeigenschaften der festen und beweglichen Führungselemente,
2. die Oberflächenbeschaffenheit der Führungsflächen,
3. der auf die Führungsflächen ausgeübte Flächendruck,
4. Verschmutzung der Führungsflächen.

Zu 1. Über den Einfluß der Werkstoffeigenschaften haben u. a. LAPIDUS[2] und SALJÉ[3] berichtet. Abb. 358a zeigt einige von LAPIDUS gemessene Verschleißwerte für verschiedene Kombinationen von gehärteten und ungehärteten Gußeisenflächen. Die Versuche wurden unter einer Flächenpressung von 10 kg/cm² bei einer Gleitgeschwindigkeit von 7 m/min durchgeführt und der Verschleiß nach einem zurückgelegten Gesamtgleitweg von 3 km festgestellt. Der Verschleiß der Führungsfläche ist für das geführte (im allgemeinen bewegliche) obere Element mit f_1 für das führende (im allgemeinen feste) untere Element mit f_2 bezeichnet. Die gesamte Verlagerung des geführten Teiles in der normal zur Führungsfläche liegenden Richtung, der Summenverschleiß $f_1 + f_2$, ist am größten bei einer Paarung von Elementen aus ungehärtetem Gußeisen, wobei der größte Verschleiß in der Führungsfläche des oberen Teiles auftritt. Wenn aus herstellungstechnischen Gründen (gehärtete Flächen können z. B. nicht geschabt und müssen geschliffen werden) nur eine Fläche gehärtet werden soll, dann ist nach LAPIDUS der Gesamtverschleiß geringer, wenn die obere Fläche gehärtet und die untere nicht gehärtet wird. Der geringste Verschleiß tritt bei beiderseitig gehärteten Führungsflächen auf. Wenn das obere Element aus Bronze oder Kunststoff hergestellt ist, ändert sich der Verschleiß der oberen Führungsfläche wenig, indessen fällt der Verschleiß der unteren gußeisernen Führung ($H_B = 210$ bis 255) des festen Elementes erheblich (Abb. 358b).[4] Zu beachten ist dabei auch, daß beim Einsatz von Kunststoffgleitflächen die Freßgefahr sehr viel geringer ist.

Um harte Oberflächen zu erzielen, kann man die Führungsflächen auf Bett- oder Schlittengußstücken flammenhärten (s. S. 210). Wenn gesonderte Stahlführungsleisten

---

[1] Siehe F. KOENIGSBERGER: The Design of Automatic Machine Tools for Electronic Control. J Instn. Production Engrs., Oktober 1958.

[2] LAPIDUS, A.: s. Fußn. 1, S. 228.

[3] SALJÉ, E.: Gleitführungen an Werkzeugmaschinen. Industrie-Anz., 6. November 1956.

[4] Nach A. LAPIDUS: Die Kunststoffgleitführungen an Werkzeugmaschinen. Stanki i instrument, 1955, Nr. 11, und berichtet von E. SALJÉ: s. Fußn. 3.

vorgesehen werden (s. Abb. 319), können diese gehärtet und geschliffen oder maßhartverchromt und auf die betreffenden Maschinenteile aufgeschraubt werden[1] (s. a. S. 217).

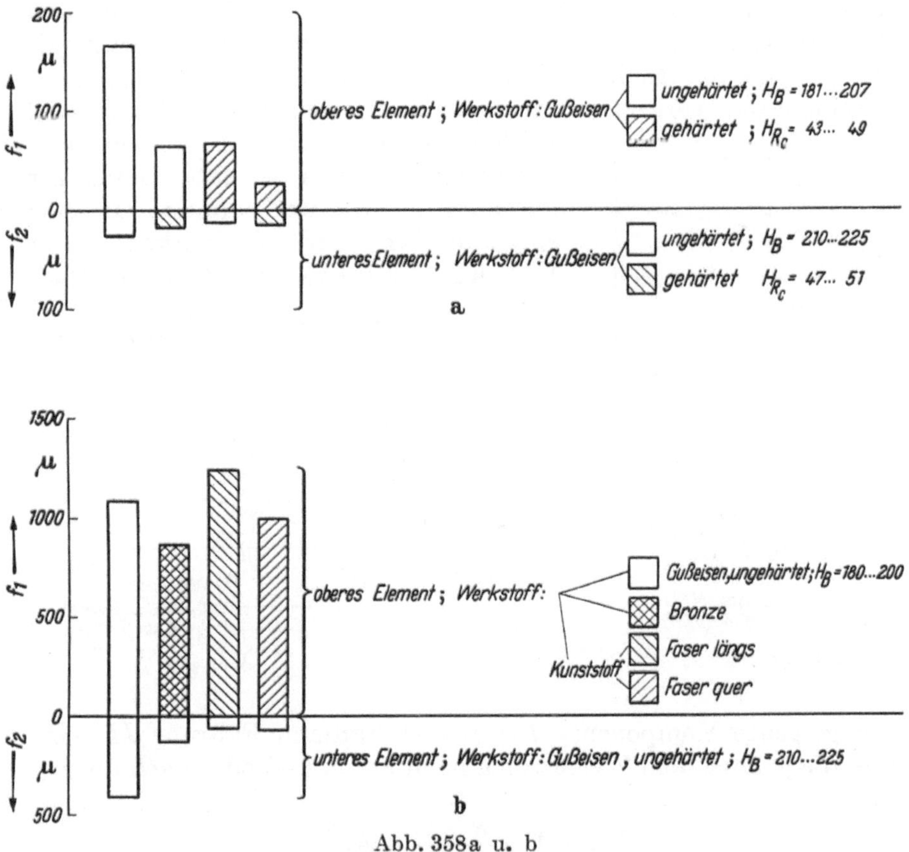

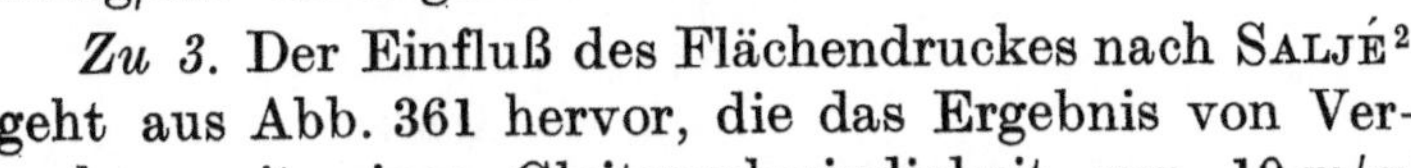

Abb. 358a u. b

Zu 2. Die Rauheit der Führungsflächen nimmt mit wachsendem Verschleiß ab (Abb. 359)[2]. Nach einem „Einlaufweg" von etwa 100 km unterscheiden sich die Rauheiten der ursprünglich verschiedenen Flächen wenig. Die Verschleißgeschwindigkeit, d. h. der Anstieg der Verschleißkurven, während des Einlaufens hängt von der ursprünglichen Rauheit ab (Abb. 360)[2], danach ist sie für die drei Fälle etwa gleich. Allerdings ist dabei zu beachten, daß infolge der höheren Verschleißgeschwindigkeit während des Einlaufens der Gesamtverschleiß der gefrästen Oberfläche größer bleibt als der der anderen. Die in Abb. 359 und 360 gezeigten Verhältnisse sind das Ergebnis von Versuchen, die mit festen und beweglichen Führungselementen aus Gußeisen (G G–26, ungehärtet) bei einer Gleitgeschwindigkeit von 7 m/min und einem Flächendruck von 11 kg/cm² durchgeführt wurden.

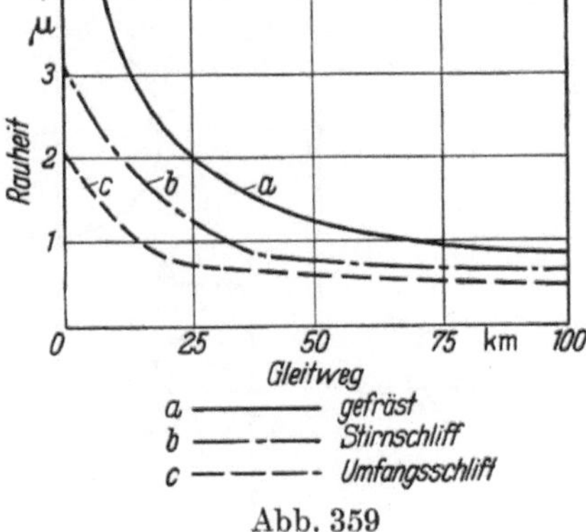

Abb. 359

Zu 3. Der Einfluß des Flächendruckes nach SALJÉ[2] geht aus Abb. 361 hervor, die das Ergebnis von Versuchen mit einer Gleitgeschwindigkeit von 10 m/min mit festen und beweglichen Führungselementen aus Gußeisen (G G–26, ungehärtet) zeigt. Die Führungsflächen

---

[1] Siehe J. ROLOFF u. R. STIEHL: Die Entwicklung maßhartverchromter Führungsbahnen an Drehbankbetten. Werkst. u. Betr., Mai 1959.

[2] Nach E. SALJÉ: s. Fußn. 3, S. 232.

sollen im allgemeinen so bemessen sein, daß die mittleren Flächendrücke etwa 4 bis 6 kg/cm² nicht übersteigen. Allerdings muß dabei beachtet werden, daß die auf die Führungen ausgeübten Kräfte und daher auch die Flächendrücke in vielen Fällen nicht konstant sind und von der jeweiligen Stellung der Werkzeugschneide abhängen.

Abb. 362 zeigt die auf die Schlittenführungen einer Drehmaschine wirkenden, durch die Schnittkraftkomponenten P_1 und P_3 hervorgerufenen Kräfte, deren Größen von der jeweiligen Stellung der Werkzeugschneide, d. h. von dem Drehdurchmesser d, abhängen.

In dem Beispiel sind eine Prismen- und eine Flachführung vorgesehen, so daß die Waagerechtkomponente P_3 nur von der vorderen (Prismen-) Führung aufgenommen wird. Es wirken an der vorderen Führung I: Eine senkrechte Komponente

$$P_I = P_1 \cdot \frac{B+d}{2B} + P_3 \cdot \frac{h}{B}$$

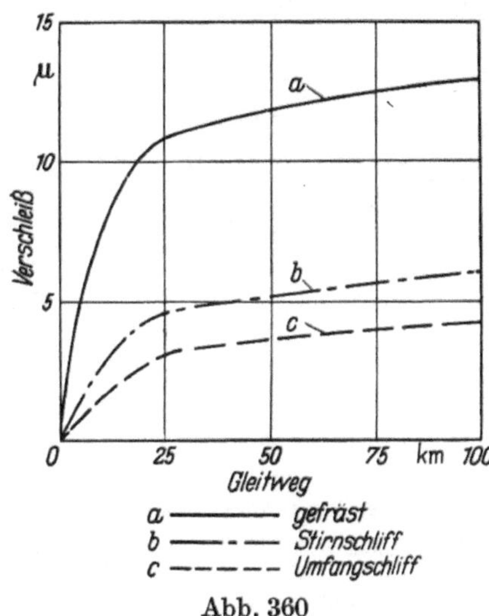

Abb. 360

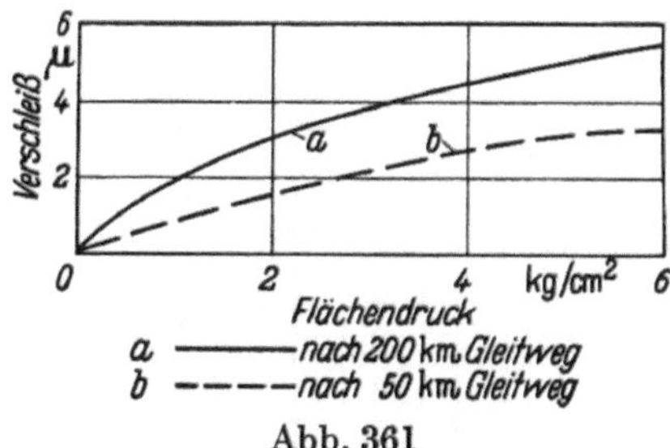

Abb. 361

und eine waagerechte Komponente P_3; an der hinteren Führung II: eine senkrechte Komponente, die je nach dem Werte von d nach unten $(+)$ oder nach oben $(-)$ gerichtet ist.

$$P_{II} = P_1 \cdot \frac{B-d}{2B} - P_3 \cdot \frac{h}{B}.$$

Der Verlauf dieser Auflagerkräfte in Abhängigkeit von dem Drehdurchmesser ist in Abb. 363 gezeigt.

Zur Bestimmung der Flächendrücke müssen die auf die Führungsflächen wirkenden Normalkräfte ermittelt werden. Unter der Annahme, daß der Winkel zwischen Füh-

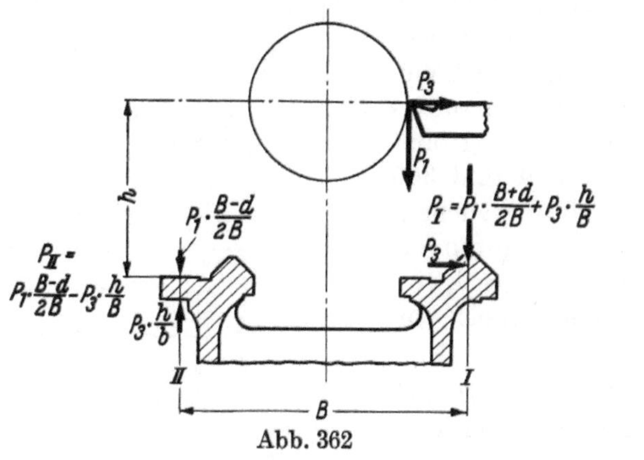

Abb. 362

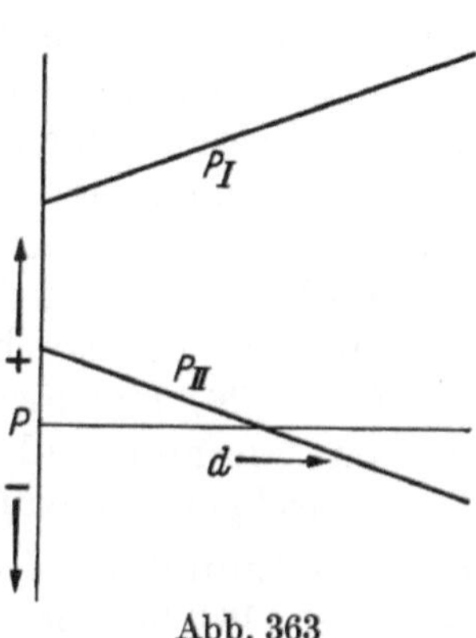

Abb. 363

rungsflächen a und b 90° beträgt und daß Führungsfläche a um α gegen die Waagerechte geneigt ist (Abb. 364), wird

$$P_a = P_I \cos\alpha - P_3 \sin\alpha$$

und

$$P_b = P_I \sin\alpha + P_3 \cos\alpha.$$

Durch Einsetzen der oben erhaltenen Werte für P_I erhält man

$$P_a = P_1 \cdot \frac{B+d}{2B} \cdot \cos\alpha - P_3 \cdot \left(\sin\alpha - \frac{h}{B}\cos\alpha\right),$$

$$P_b = P_1 \cdot \frac{B+d}{2B} \cdot \sin\alpha + P_3 \cdot \left(\cos\alpha + \frac{h}{B}\sin\alpha\right).$$

Die Größen der auf die Führungsflächen wirkenden Normalkräfte ändern sich also auch mit dem Drehdurchmesser und hängen von der Größe des Winkels α ab.

Um Abheben von der Führungsfläche des Prismas zu vermeiden, darf P_a nicht negativ werden (P_b ist immer positiv). Daher muß bei kleinstem Drehdurchmesser ($d = 0$) die Grenzbedingung herrschen

$$\frac{P_1}{2}\cos\alpha > P_3\left(\sin\alpha - \frac{h}{B}\cos\alpha\right).$$

Unter der ungünstigen Annahme, daß $P_3 \approx 0{,}4 P_1$ ist und für $\frac{h}{B} = 0{,}6$ erhält man $\tan\alpha < 1{,}85$, so daß man als abgerundeten Wert $\alpha < 60°$ annehmen kann.

Bei gegebener Traglänge L der Führung und gleichmäßig verteilter Belastung sind die Flächendrücke den auf die Führungsflächen

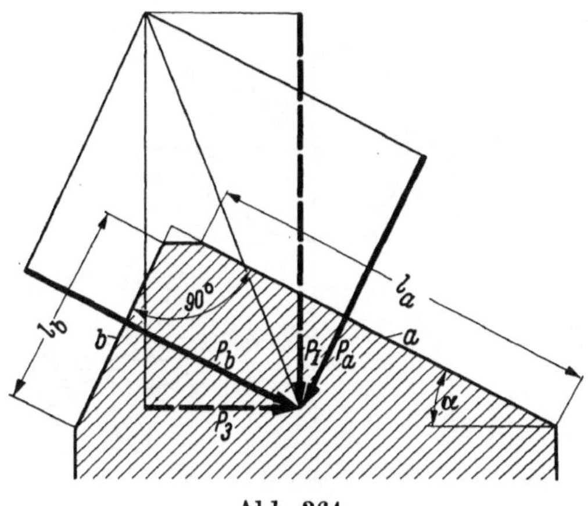

Abb. 364

wirkenden Normalkräften P_a und P_b proportional und den Breiten der Führungsflächen l_a und l_b (s. Abb. 364) umgekehrt proportional, so daß der auf Fläche a wirkende Druck

$$p_a = \frac{P_a}{L \cdot l_a}$$

und der auf Fläche b wirkende Druck

$$p_b = \frac{P_b}{L \cdot l_b}$$

wird.

Daraus ergibt sich

$$\frac{p_a}{p_b} = \frac{P_a}{P_b} \cdot \frac{l_b}{l_a}.$$

Da

$$\frac{l_b}{l_a} = \tan\alpha,$$

ist

$$\frac{p_a}{p_b} = \frac{P_a}{P_b} \cdot \tan\alpha.$$

Der auf Fläche II wirkende Druck ist

$$p_{II} = \frac{P_{II}}{L \cdot l_{II}} \quad \text{(s. Abb. 365)},$$

so daß

$$\frac{p_a}{p_{II}} = \frac{P_a}{P_{II}} \cdot \frac{l_{II}}{l_a}$$

ist.

Zur Vereinfachung sei hier angenommen, daß

$$l_{II} = l_a$$

ist, so daß

$$\frac{p_a}{p_{II}} = \frac{P_a}{P_{II}}$$

wird.

Die Führungsbahnen werden wohl niemals über ihre Gesamtlänge gleichmäßig ausgenutzt, und der Verschleiß ist deshalb ungleichmäßig über die Länge verteilt. Auf die Arbeitsgenauigkeit der Drehmaschine würde gleichmäßig über die Länge der Führungen verteilter Verschleiß keinen Einfluß haben, und aus diesem Grunde ist dessen Größenordnung als solche nicht so wichtig wie die durch die Ungleichmäßigkeit des Verschleißes über die Länge der Führungsbahnen erzeugte Abweichung der Schlittenbahn von ihrer ursprünglich hergestellten Form. So würde z. B. bei größerer Abnutzung in der Mitte der Bettlänge ein tonnenförmiges Werkstück erzeugt werden.

Während eine senkrechte Abweichung der Werkzeugschneide von der geraden Bahn nur einen verhältnismäßig geringen Einfluß auf die Arbeitsgenauigkeit ausübt, ist der durch waagerechte Verlagerung erzeugte Durchmesserfehler doppelt so groß wie die Verlagerung selbst.

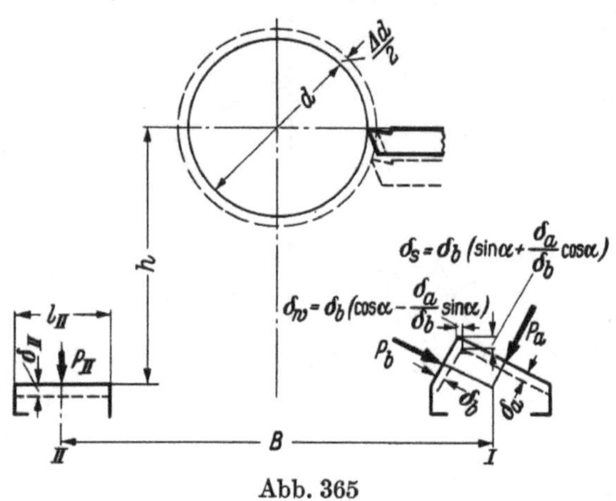

Abb. 365

Die durch Verschleiß hervorgerufene waagerechte Verlagerung des Schlittens ist von LAPIDUS untersucht worden.[1] Sie ist zurückzuführen auf:

1. Eine waagerechte Verschiebung des Schlittens δ_w (Abb. 365),

2. eine Schwenkbewegung des Schlittens, die durch ungleichen Verschleiß in der senkrechten Richtung auf der vorderen (δ_s) und hinteren (δ_{II}) Führung erzeugt wird.

Die durch 2 hervorgerufene Waagerechtverlagerung der Werkzeugschneide ist angenähert

$$\frac{h}{B}(\delta_s - \delta_{II}).$$

Die Gesamtverschiebung der Werkzeugschneide, die dem halben Durchmesserfehler Δd gleich ist, ist also

$$\frac{\Delta_d}{2} = \delta_w + \frac{h}{B}(\delta_s - \delta_{II}),$$

so daß der Durchmesserfehler

$$\Delta d = 2\left[\delta_w + \frac{h}{B}(\delta_s - \delta_{II})\right]$$

wird.

Wenn man

$$\frac{\delta_a}{\delta_b} = \xi_1$$

und

$$\frac{\delta_a}{\delta_{II}} = \xi_2$$

setzt, dann erhält man

$$\Delta d = 2\delta_b\left[\cos\alpha - \xi_1\sin\alpha + \frac{h}{B}\left(\xi_1\cos\alpha + \sin\alpha - \frac{\xi_1}{\xi_2}\right)\right].$$

Die durch den Verschleiß hervorgerufene Ungenauigkeit des gedrehten Durchmessers kann nur für eine bestimmte Beziehung zwischen ξ_1 und ξ_2 gleich Null werden. Diese besteht, wenn

$$\Delta d = 0,$$

d. h.

$$\cos\alpha - \xi_1\sin\alpha + \frac{h}{B}\left(\xi_1\cos\alpha + \sin\alpha - \frac{\xi_1}{\xi_2}\right) = 0$$

ist.

---

[1] LAPIDUS, A.: s. Fußn. 1, S. 228.

Daraus ergibt sich, daß der Durchmesserfehler nur Null wird, wenn

$$\xi_1 = \frac{\xi_2\left(\cos\alpha + \dfrac{h}{B}\sin\alpha\right)}{\xi_2\left(\sin\alpha - \dfrac{h}{B}\cos\alpha\right) + \dfrac{h}{B}}$$

ist.

Diese Gleichung ist in Abb. 366 für den Fall $\dfrac{h}{B} = 0{,}6$ und für $\alpha = 30°$, $45°$ und $60°$ graphisch dargestellt.

Wenn man als erste Annäherung annimmt, daß der Verschleiß dem Flächendruck proportional ist, dann kann man die Verhältnisse der Verschleißwerte gleich denen der Flächendrücke setzen,

$$\xi_1 = \frac{p_a}{p_b},$$

$$\xi_2 = \frac{p_a}{p_{II}}$$

und mit

$$\frac{p_a}{p_b} = \frac{P_a}{P_b}\cdot\tan\alpha$$

(s. S. 235) und

$$\frac{p_a}{p_{II}} = \frac{P_a}{P_{II}} \qquad \text{(s. S. 235)},$$

$$\xi_1 = \frac{P_a}{P_b}\cdot\tan\alpha,$$

$$\xi_2 = \frac{P_a}{P_{II}}.$$

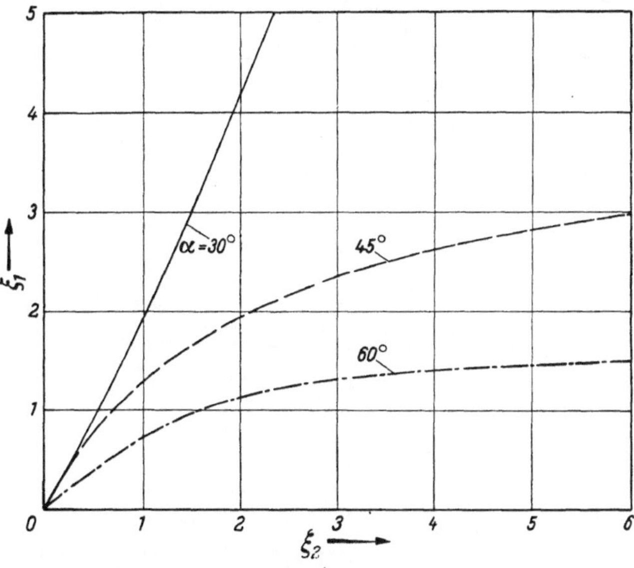

Abb. 366

Da P_a, P_b und P_{II} vom Drehdurchmesser abhängen, zeigt Abb. 367 Werte für ξ_1 und ξ_2, die für das Beispiel einer Drehmaschine $\left(\dfrac{h}{B} = 0{,}6\right)$ und ein Verhältnis der Schnittkraftkomponenten $\dfrac{P_3}{P_1} = 0{,}4$ für $\alpha = 30°$, $45°$ und $60°$ in Abhängigkeit von dem Verhältnis Durchmesser/Breite aufgetragen sind.

Die Beziehung von ξ_2 und ξ_1 läßt sich aus den oben aufgestellten Gleichungen berechnen:

Mit

$$\xi_1 = \frac{P_a}{P_b}\cdot\tan\alpha \quad \text{und}$$

$$\xi_2 = \frac{P_a}{P_{II}}$$

wird

$$\frac{\xi_1}{\xi_2} = \frac{P_{II}}{P_b}\cdot\tan\alpha$$

und mit

$$P_{II} = P_1\cdot\frac{B-d}{2B} - P_3\cdot\frac{h}{B},$$

$$P_b = P_1\cdot\frac{B+d}{2B}\cdot\sin\alpha + P_3\left(\cos\alpha + \frac{h}{B}\cdot\sin\alpha\right) \quad \text{(s. S. 235)}$$

und für

$$\frac{h}{B} = 0{,}6 \quad \text{und} \quad P_3 = 0{,}4\,P_1$$

wird

$$\frac{\xi_1}{\xi_2} = \frac{0{,}52 - \dfrac{d}{B}}{1{,}48\sin\alpha + 0{,}8\cos\alpha + \dfrac{d}{B}\cdot\sin\alpha}\cdot\tan\alpha$$

und

$$\xi_1 = \xi_2\tan\alpha\cdot\frac{0{,}52 - \dfrac{d}{B}}{1{,}48\sin\alpha + 0{,}8\cos\alpha + \dfrac{d}{B}\sin\alpha}.$$

Die Beziehung von ξ_1 und ξ_2 entspricht also nicht den in Abb. 366 gestellten Forderungen, da sie von dem Drehdurchmesser abhängig ist und im Falle von $\frac{d}{B} > 0{,}52$ sogar negativ werden kann.

Der Einfluß der Abnutzung auf den Durchmesserfehler kann durch Anordnung zweier Prismenführungen (Abb. 368) verringert werden.

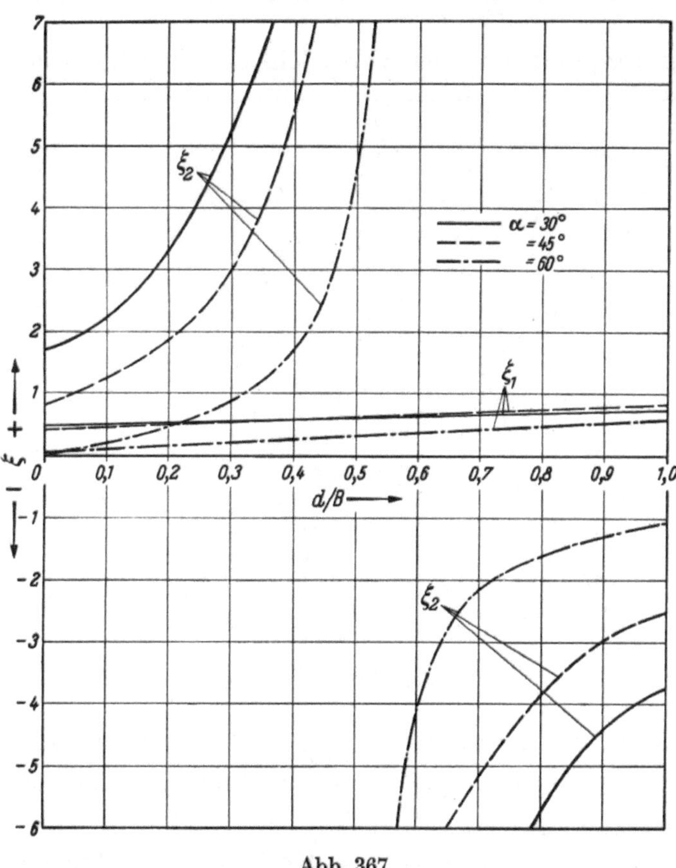

Abb. 367

In der Gleichung für den Durchmesserfehler (s. S. 236) ist der Anteil der reinen Waagerechtverschiebung $\delta_w = 2\delta_b (\cos\alpha - \xi_1 \sin\alpha)$, der Anteil der Schwenkbewegung des Schlittens

$$\delta'_w = 2\,\delta_b\,\frac{h}{B}\left(\xi_1 \cos\alpha + \sin\alpha - \frac{\xi_1}{\xi_2}\right),$$

$$\frac{\delta'_w}{\delta_w} = \frac{h}{B} \cdot \frac{\xi_1 \cos\alpha + \sin\alpha - \dfrac{\xi_1}{\xi_2}}{\cos\alpha - \xi_1 \sin\alpha}.$$

Für eine 45°-Prismenführung $(\sin\alpha = \cos\alpha \approx 0{,}7)$ wird

$$\frac{\delta'_w}{\delta_w} = \frac{h}{B} \cdot \frac{\left(1 + \xi_1 - 1{,}4\,\dfrac{\xi_1}{\xi_2}\right)}{(1 - \xi_1)}.$$

Für den Fall $\frac{h}{B} = 0{,}6$ ist

$$\delta'_w = 0{,}6 \cdot \frac{1 + \xi_1 - 1{,}4\,\dfrac{\xi_1}{\xi_2}}{1 - \xi_1} \cdot \delta_w.$$

Bei Anordnung zweier Prismenführungen (Abb. 368) wird nicht nur P_1, sondern auch P_3 auf beide Prismen verteilt, und durch die zusätzliche Flächenabnutzung δ_{II} der hinteren Führung II kann der

Wert $\delta_s - \delta_{II}$ und damit $\delta'_w = \frac{h}{B}(\delta_s - \delta_{II})$ verringert werden. Aus diesem Grunde verwenden Konstrukteure diese zwar kinematisch nicht einwandfreie Anordnung auch heute noch für Drehbänke hoher Genauigkeit (s. Abb. 321).

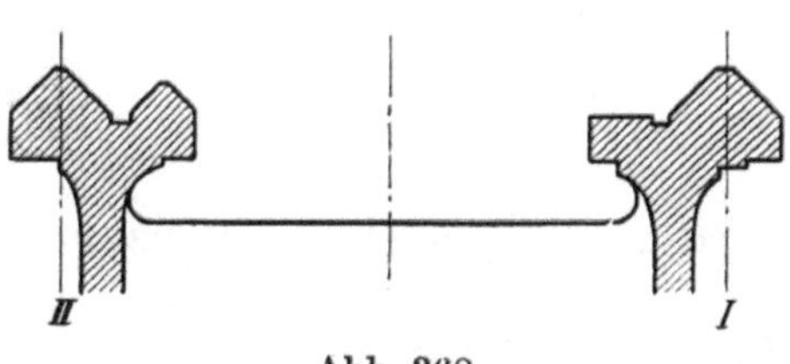

Abb. 368

Der Einfluß des Drehdurchmessers auf durch den Verschleiß hervorgerufene Durchmesserfehler kann durch zweckentsprechende konstruktive Anordnung der Führungselemente erheblich verringert werden.[1] Eine derartige Anordnung (Abb. 369) hat außerdem den Vorteil, daß die Führungen außerhalb des Spänefalles liegen. Während eine ausführliche Diskussion der Verhältnisse in der Veröffentlichung von SEYBOLD zu finden ist, sei hier annäherungsweise die für die Arbeitsgenauigkeit ausschlaggebende Waagerechtverlagerung der Werkzeugschneide als

$$\frac{1}{2}\frac{d}{} = \delta_w \cdot \frac{A}{B} - \delta_{II} \cdot \frac{B - A}{B}$$

---

[1] SEYBOLD, R.: Anordnung von Schlittenführungen an Drehbänken zur Ausschaltung des Verschleißeinflusses auf die Arbeitsgenauigkeit. Industrie-Anz., 4. April 1958.

und der daraus entstehende Durchmesserfehler als

$$\Delta d = \frac{2}{B} \cdot [A \cdot \delta_w - (B - A) \cdot \delta_{II}]$$

angenommen.

Wenn man weiterhin den Verschleiß dem Flächendruck verhältnisgleich (s. S. 237) und die Auflageflächen a, b und II als gleich lang und breit annimmt, so erhält man

$$\frac{p_a}{p_b} = \frac{\delta_a}{\delta_b} = \frac{P_a}{P_b} = \xi_1 \, ,$$

$$\frac{p_a}{p_{II}} = \frac{\delta_a}{\delta_{II}} = \frac{P_a}{P_{II}} = \xi_2$$

und

$$\Delta d = \frac{2}{B} \cdot [0{,}7\,A \cdot \delta_b\,(1 - \xi_1) - $$
$$- (B - A) \cdot \delta_{II}]$$
$$= \frac{2\,\delta_b}{B} \cdot \left[0{,}7\,A \cdot (1 - \xi_1) - $$
$$- (B - A) \cdot \frac{\xi_1}{\xi_2}\right].$$

Damit $\Delta d = 0$ wird, muß

$$0{,}7\,A \cdot (1 - \xi_1) = (B - A)\frac{\xi_1}{\xi_2}$$

sein.

Das heißt

$$\xi_1 = \frac{0{,}7A \cdot \xi_2}{0{,}7A \cdot \xi_2 + B - A} \, ,$$

$$\xi_1 = \frac{\xi_2}{\xi_2 + 1{,}4\,\dfrac{B}{A} - 1{,}4} \, .$$

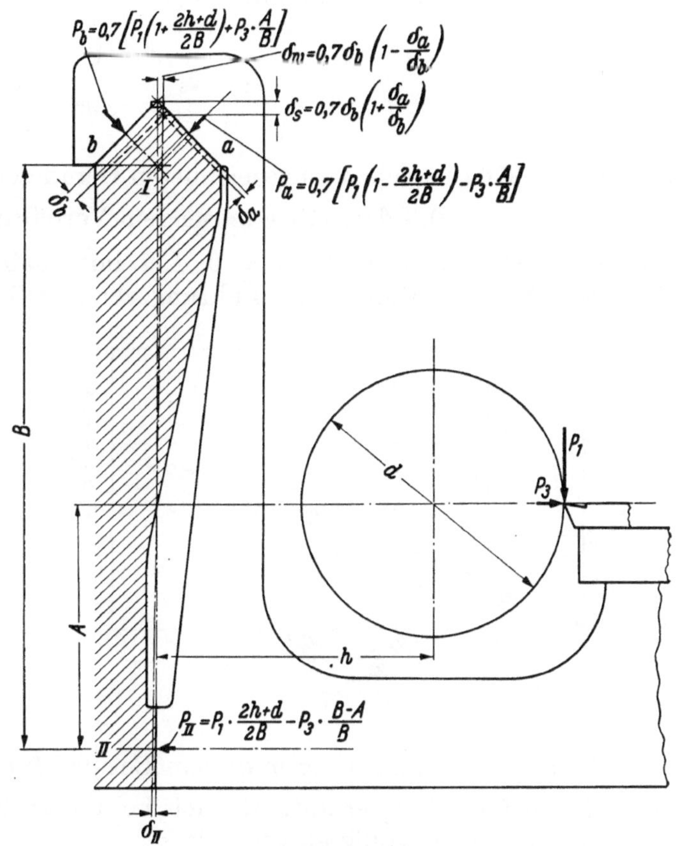

Abb. 369

Diese Beziehung ist in Abb. 370 für den Fall $\dfrac{B}{A} = 2{,}5$ dargestellt (vgl. Abb. 366). Mit

$$P_a = 0{,}7 \left[P_1\left(1 - \frac{2h+d}{2B}\right) - P_3 \cdot \frac{A}{B}\right],$$

$$P_b = 0{,}7 \left[P_1\left(1 + \frac{2h+d}{2B}\right) + P_3 \cdot \frac{A}{B}\right],$$

$$P_{II} = P_1 \cdot \frac{2h+d}{2B} - P_3 \cdot \frac{B-A}{B},$$

und für den Fall $\dfrac{h}{B} = 0{,}5$ und $P_3 = 0{,}4\,P_1$ (s. S. 235) wird

$$\xi_1 = \frac{P_a}{P_b} = \frac{1 - \dfrac{d}{B} - 0{,}8\,\dfrac{A}{B}}{3 + \dfrac{d}{B} + 0{,}8\,\dfrac{A}{B}},$$

$$\xi_2 = \frac{P_a}{P_{II}} = \frac{0{,}7 - 0{,}7\,\dfrac{d}{B} - 0{,}56\,\dfrac{A}{B}}{0{,}2 + \dfrac{d}{B} + 0{,}8\,\dfrac{A}{B}}.$$

Daraus ergibt sich

$$\frac{\xi_1}{\xi_2} = \frac{\left(1 - \dfrac{d}{B} - 0{,}8\,\dfrac{A}{B}\right)\left(0{,}2 + \dfrac{d}{B} + 0{,}8\,\dfrac{A}{B}\right)}{\left(3 + \dfrac{d}{B} + 0{,}8\,\dfrac{A}{B}\right)\left(1 - \dfrac{d}{B} - 0{,}8\,\dfrac{A}{B}\right)\cdot 0{,}7}.$$

Für den Fall $\dfrac{B}{A} = 2{,}5$ wird dann

$$\xi_1 = \xi_2 \cdot \frac{1{,}4 \cdot \left(0{,}52 + \dfrac{d}{B}\right)}{3{,}32 + \dfrac{d}{B}}.$$

Die in Abb. 370 gestrichelt eingezeichneten Geraden stellen diese Beziehung für $\dfrac{d}{B} = 0{,}1$, 0,2, 0,3, 0,4 und 0,5 dar. Mit wachsendem Verhältnis $\dfrac{d}{B}$ nähern sich also die Verhältnisse den Erfordernissen für $\Delta d = 0$, d. h. mit wachsendem Drehdurchmesser verringert sich der schädliche Einfluß des Führungsverschleißes auf die Arbeitsgenauigkeit.

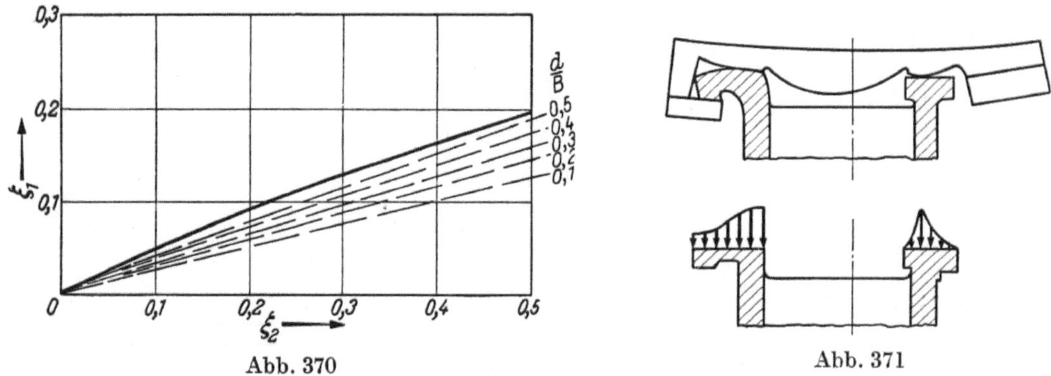

Abb. 370
Abb. 371

Während die Annäherung in diesem Beispiel für den Fall $\dfrac{d}{B} = 0{,}5$ die Erfordernisse für $\Delta d = 0$ fast völlig erfüllt, ist auch bei dieser Konstruktion der Einfluß des Drehdurchmessers nicht völlig ausgeschaltet.

Bei den vorangehenden Überlegungen wurde angenommen, daß der Flächendruck auf die Führungsflächen gleichmäßig verteilt ist. Eine solche Annahme ist nur dann zulässig, wenn der führende und der geführte Teil der Maschine genügende Steifigkeit besitzen.

SALJÉ[1] zeigt an dem Beispiel des Längsschlittens einer Drehmaschine den Einfluß der Verformungen auf die Druckverteilung (Abb. 371).

Die durch zu niedrige Steifigkeit der Maschinenelemente hervorgerufenen Druckspitzen können dabei derartig hohe Werte annehmen, daß Fressen entsteht. Die Gefahr solcher Druckspitzen kann durch Einsatz schmaler und dadurch steiferer Führungen verringert werden. Indessen muß dann dafür Sorge getragen werden, daß die mittleren Flächendrücke nicht zu hoch ausfallen. Außerdem zeigt sich auch hier die Bedeutung höchstmöglicher Steifigkeit. Insbesondere muß dabei auf die Gefahr einer weit überhängenden Vorderführung (Abb. 372)[2] und eines zu schwachen Querschnittes des Bettschlittens (Abb. 373)[2] hingewiesen werden. Die Mindesthöhe x des Schlittenquerschnittes über der Führung, die aus Gründen der Stabilität möglichst niedrig gehalten wird, ist vom Standpunkt der Steifigkeit von kritischer Bedeutung.

Zu 4. Verschmutzung der Führungsflächen erhöht den Verschleiß. Bei Verwendung von Abstreifern fand LAPIDUS[3] eine Reduktion des Verschleißes von über 60%. Wichtig

---

[1] SALJÉ, E.: s. Fußn. 3, S. 232.
[2] Nach H. KIEKEBUSCH: s. Fußn. 1, S. 22.
[3] LAPIDUS, A.: s. Fußn. 1, S. 228.

ist also sorgfältiger Schutz der Führungen gegen das Eindringen von Fremdkörpern (Spänen, Schmutz usw.). Drei Lösungen dieses Problems werden in der Praxis angewendet:

a) Abdecken der Führungsflächen,

b) Abdichtungen und Abstreifer, die das Eindringen von Fremdkörpern zwischen führender und geführter Fläche verhindern,

c) Einschalten eines auswechselbaren Zwischengliedes (Stahlband) zwischen führender und geführter Fläche.

a) Wenn Überhängen des beweglichen Teiles keine unzulässigen Durchbiegungen hervorruft, kann man die feste Führung (A, Länge L_A) um die Länge l der geführten

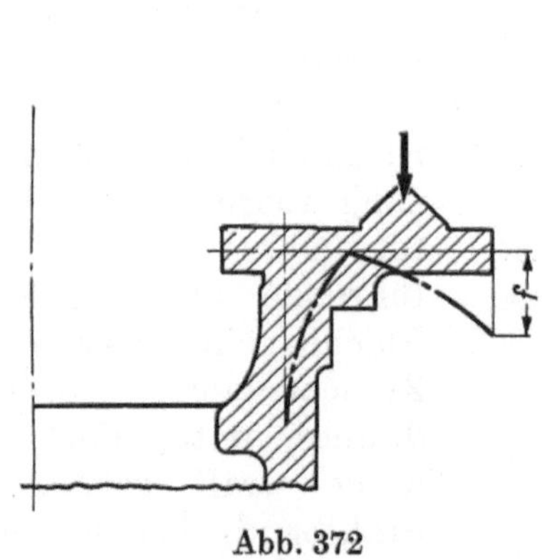

Abb. 372

f Durchbiegung der Außenkante der Führung

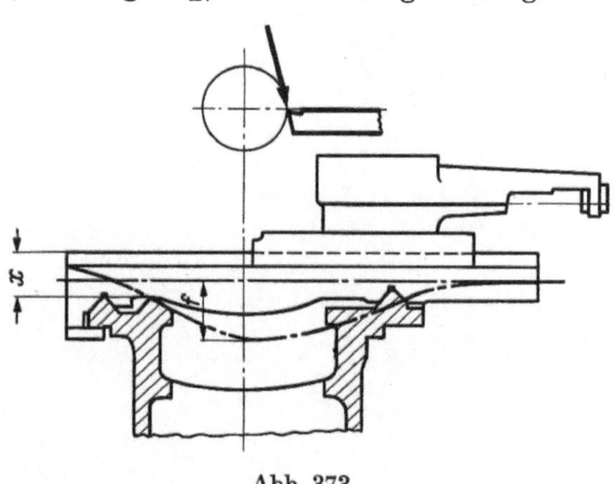

Abb. 373

f Durchbiegung des Schlittens; *x* Mindesthöhe des Schlittens

Bewegung kürzer als den Schlitten (B, Länge L_B) machen (Abb. 374), so daß die nach oben liegenden Führungsflächen von dem beweglichen Schlitten in jeder Stellung völlig bedeckt bleiben. Falls es nicht möglich ist, Schlitten und Führung auf diese Weise zu kon-struieren, dann kann der bewegliche Teil durch Abdeckplatten, die, ohne zu arbeiten, eine Fortsetzung der beweglichen Führungsfläche bilden, verlängert werden. Diese Lösung wird z. B. bei der Tischführung von Fräsmaschinen oft angewendet (s. Abb. 133 und 134). Allerdings ist eine solche Abdeckung nur dann völlig wirksam, wenn die abdeckende Fläche die feste

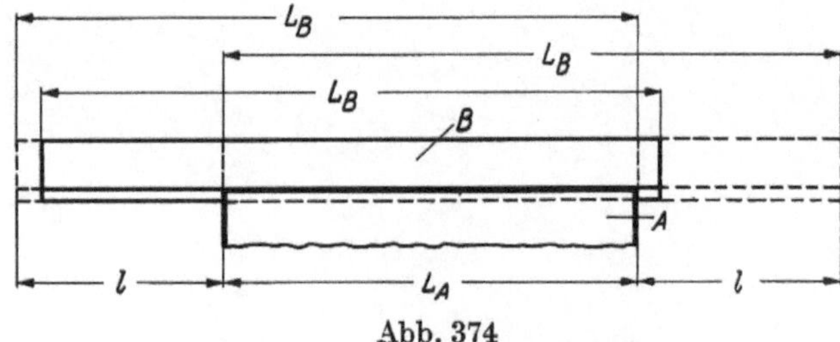

Abb. 374

Führungsfläche innig berührt, da andererseits Schmutz unter die Deckfläche und von dort zwischen die arbeitenden Flächen geraten kann.

Eine andere konstruktive Lösung ist die Anordnung von Abdeckvorrichtungen, die die sonst freiliegenden Führungselemente gewissermaßen umgreifen und gegen die Umgebung hermetisch abschließen. Wegen der Schlittenbewegung müssen diese Geräte entweder teleskopisch, der wechselnden freiliegenden Länge des festen Führungselementes entsprechend sich ineinanderschiebend oder streckend (s. Abb. 377), oder harmonikamäßig ausgebildet sein (Abb. 375), so daß sie sich der verlangten Länge anpassen können. Obwohl völlig hermetischer Abschluß nicht möglich ist, werden auch Bänder über den Führungsflächen angeordnet, die entweder durch Federrollen über die freiliegenden Führungsbahnen gespannt sind (Abb. 376) oder sich über die ganze Länge des festen Führungselementes erstrecken und von der Führungsfläche über die von dem Arbeitsschlitten jeweils eingenommene Länge abgehoben werden (s. Abb. 345). Die Anwendung von teleskopisch angeordneten Deckplatten zeigt Abb. 377.

b) Die Anordnung einfacher Filzdichtungen nach Abb. 378 ist nicht ratsam, da diese sich auch abnutzen und ihre Wirkung verlieren. Besser ist es, die Filzdichtung a mit einer Gummidichtung b zu kombinieren (Abb. 379).[1] Um den erforderlichen Anpreßdruck zwischen den Dichtungsstreifen und der Führungsfläche zu gewährleisten, kann zwischen dem Halteblech a und dem Dichtungsstreifen eine Blattfeder b angeordnet werden (Abb. 380).[1] Ein noch wirksamerer Schutz des Dichtungsstreifens kann durch Anordnung eines federbelasteten Messingstreifens (a, Abb. 381)[1] erzielt werden.

c) Anstatt die genau bearbeitete (geschliffene oder geschabte) Führungsbahn der Abnutzung auszusetzen, schaltet man zwischen die führende und geführte Fläche ein elastisches Zwischenglied, z. B. ein dünnes, unter Vorspannung straff gehaltenes Stahlband, das sich bei den Flächen innig anschmiegt und, da es genau parallel kalibriert und gehärtet ist, den Abstand zwischen ihnen konstant hält. In der Bohrkatzenführung (Abb. 336) ist ein solches Stahlband unter den Laufrollen der Bohrkatze angeordnet.

Abgesehen von dem Schutz der gußeisernen Führungsfläche gegen Verschmutzung hat die Zwischenschaltung des gehärteten Stahlbandes einen doppelten Zweck:

1. Der Verschleiß ist geringer als der einer gewöhnlichen gußeisernen Führungsfläche, und der auf diese wirkende Flächendruck wird durch das Stahlband auf eine größere Länge verteilt und daher reduziert.

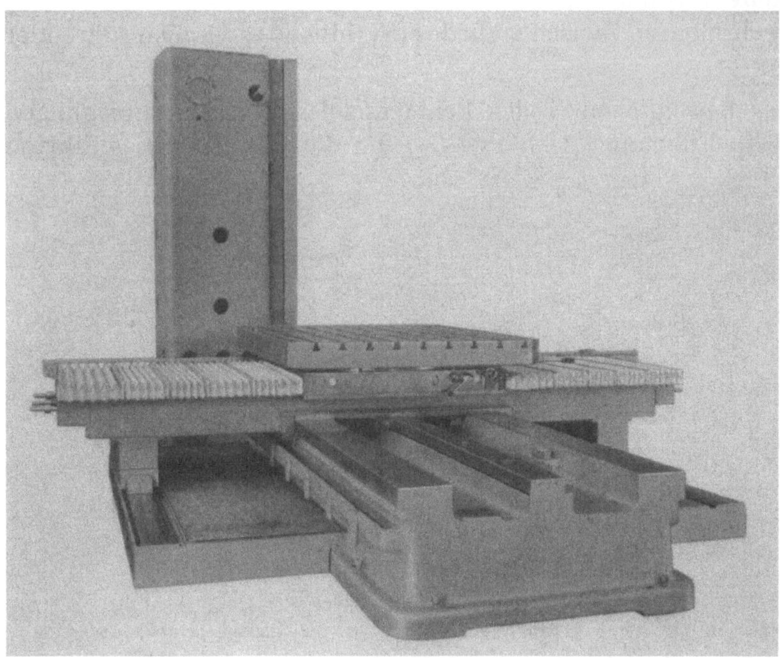

Abb. 375
Abdeckung der Tischführung eines PLAUERT-WETZEL-Waagerechtbohr- und Fräswerks (Vereinigte Werkzeugmaschinenfabriken, Frankfurt/Main)

Abb. 376. Portal-Fräsmaschine mit abgedeckten Tischführungen (Kendall & Gent Ltd., Manchester, England)

[1] Aus A. LAPIDUS: s. Fußnote 1, S. 228.

2. Falls das Stahlband beschädigt werden sollte, kann es leichter als eine gußeiserne Führung ausgewechselt werden.

Bei der Führung (Abb. 382) wird außerdem die obere Fläche des schützenden Stahlbandes a, das die gußeiserne Führungsfläche b deckt und zwischen zwei seitlichen Stahlleisten c liegt, durch einen Federstahlabstreifer d und eine als Abstreifer ausgebildete Dichtung e gegen Verschmutzung gesichert.

Zu C. Die Reibungsverhältnisse in den Führungen sind nicht nur vom Standpunkte des Verschleißes von Bedeutung. Die zur Bewegung notwendigen Kräfte und Antriebsleistungen und die Genauigkeit der Steuerung werden von der Art und Größe der Reibungswiderstände entscheidend beeinflußt. Besondere Beachtung verdient dabei der unter dem englischen Namen „stick-slip" bekannte

Abb. 377. Durch teleskopische Deckplatten geschützte Tisch- und Bettführungen eines PLAUERT-WETZEL-Waagerechtbohr- und Fräswerks (Vereinigte Werkzeugmaschinenfabriken, Frankfurt/Main)

Effekt, der dadurch hervorgerufen wird, daß in vielen Fällen die Haftreibungszahl (Reibungszahl bei Geschwindigkeit $v = 0$) größer ist als die bei langsamer Bewegungsgeschwindigkeit $v < v_a$ herrschende Reibungszahl μ, die allerdings mit wach-

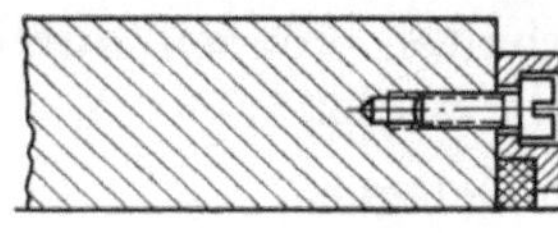

Abb. 378

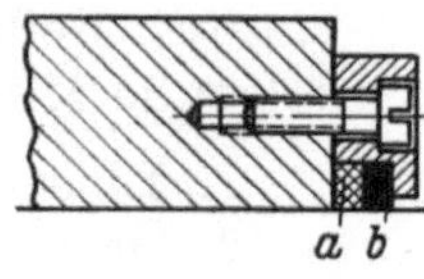

Abb. 379

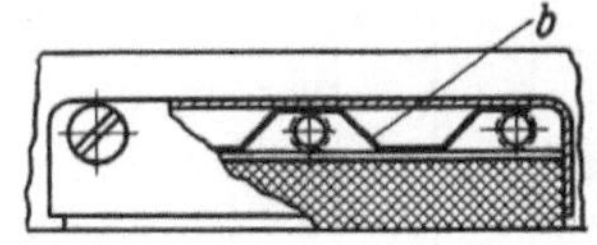

Abb. 380

sender Geschwindigkeit $v > v_a$ wieder steigt (Abb. 383). Über die Spanne $v < v_a$ übt die Reibung also einen negativen Dämpfungseffekt aus. Wenn zu Beginn von Verstellbewegungen die Antriebsglieder so lange unter Spannung gesetzt werden, bis die zur Überwindung der Haftreibung (bei $v = 0$) notwendige Verstellkraft erreicht ist, und wenn der Reibungswiderstand fällt, sobald die Bewegung einsetzt, dann wird die vorher in den unter Spannung gehaltenen Antriebsgliedern gespeicherte Energie plötzlich frei und treibt den zu bewegenden Schlitten oft über das verlangte Maß hinaus vorwärts. Genaue Einstellung, insbesondere wenn die verlangte Verstellbewegung klein ist, ist daher schwierig, wenn nicht unmöglich.

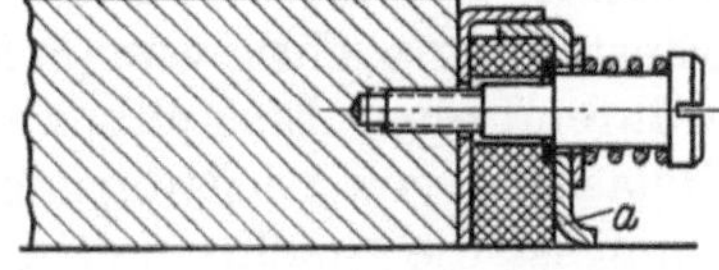

Abb. 381

Abgesehen von dem Einsatz verschiedener Werkstoffe für die Führungen (Gußeisen, Stahl, Bronze, Kunststoffe usw., s. S. 232) und der Verwendung geeigneter Schmiermittel können die Reibungsverhältnisse durch konstruktive Maßnahmen stark beeinflußt werden. Bei den im allgemeinen im Werkzeugmaschinenbau vorkommenden Schlittengeschwindigkeiten ist ein hydrodynamischer Schmierungszustand selten zu erzielen.[1] Wenn der Konstrukteur indessen dafür sorgt, daß entweder durch den Bedienungsarbeiter oder automatisch eine gewisse Ölmenge den verschiedenen Reibungsflächen zugeführt werden kann, wenn Schmiernuten derart angeordnet sind, daß sie das Öl auf die Reibungsflächen verteilen, ohne etwa sich bildende Ölfilme zu brechen (Abb. 384), dann läßt sich oft ein Zustand halbflüssiger Reibung erzielen, der zwar nicht vollkommen zufriedenstellende, aber doch erträgliche Arbeitsbedingungen ermöglicht. Dabei ist allerdings zu beachten, daß bei einer derartigen Schmierung die Haftreibungszahl μ von der Zeitspanne t abhängt, die zwischen der letzten Ölzufuhr und der Einleitung der Antriebsbewegung vergangen ist. Das zwischen die Führungsflächen gebrachte Schmieröl wird nämlich allmählich durch das Gewicht des ruhenden Schlittens herausgedrückt, so daß mit wachsender Zeitspanne t die Haftreibungszahl μ_0 steigt (Abb. 385).[3]

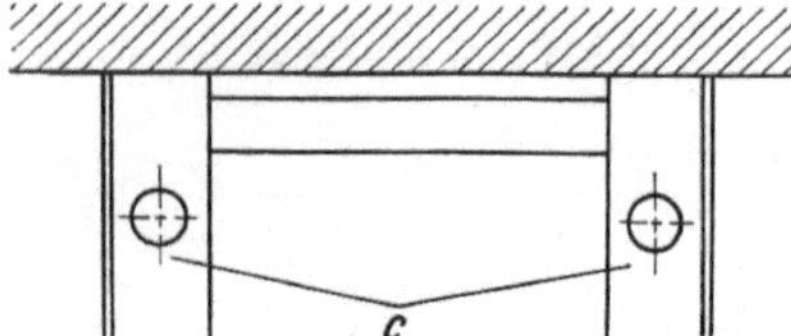

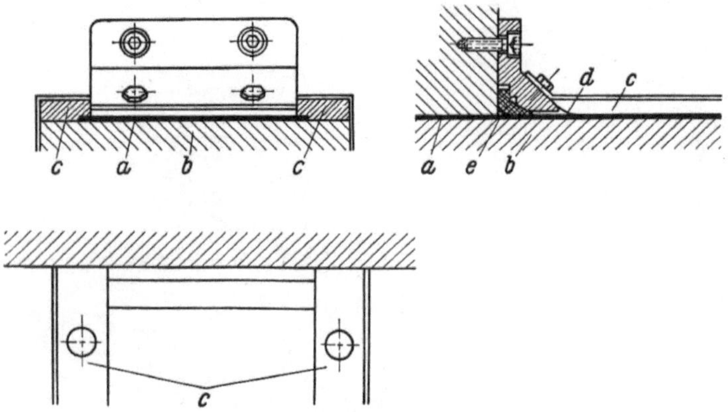

Abb. 382. Anordnung des Abstreifers in der Führungsbahn von Flachführungen (Scharmann)[2]

a kalibriertes Stahlband, gehärtet;   *b* Gußwange;   *c* seitliche Stahlleisten; *d* Federstahl-Abstreifer, zwischen *c* ohne Luft eingepaßt;   *e* „Hydrofit"-Abstreifband

Die Höhe des Reibungswiderstandes ist also unter diesen Bedingungen nicht konstant und hängt von der Bewegungsgeschwindigkeit und von der Zeitspanne zwischen Ölzufuhr und Beginn der Arbeitsbewegung ab. Diese Veränderlichkeit des Reibungswiderstandes kann größere Schwierigkeiten verursachen als die absolute Größe der Reibungszahl.

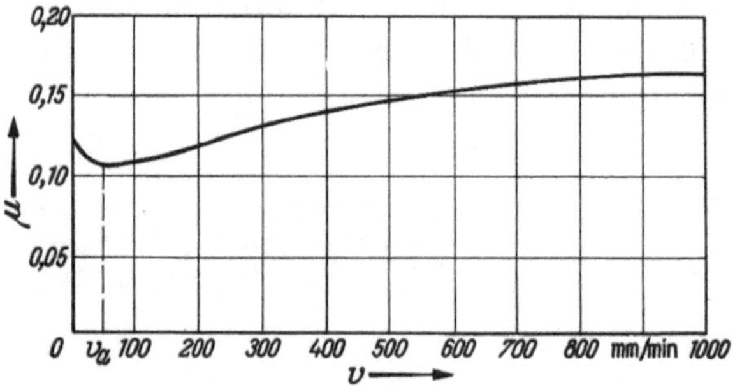

Niedriger Reibungswiderstand und konstantes Reibungsverhalten können durch folgende Mittel erzielt werden:

1. Einsatz von Wälzlagern,
2. Drucköschmierung von Gleitführungen.

Abb. 383. Reibungszahl zwischen Bett und Bettschlitten eines Waagerechtbohrwerks in Abhängigkeit von der Schlittengeschwindigkeit[4]

Zu 1. Wälzlager für Geradführungen sind schon seit einiger Zeit für Konstruktionen der Feinmechanik, bei denen niedrige Belastungen auftreten, angewendet worden. Im Werkzeugmaschinenbau fand man sie entweder, wenn leichte feinfühlige Einstellung wichtig war (Schleifmaschinen, Abb. 386) oder wenn der Reibungswiderstand während einer Einstellbewegung ohne Last niedrig gehalten werden sollte und die volle Belastung von Gleitführungen aufgenommen wurde (Abb. 387). Bei der letzten Anordnung ist die Spielfreiheit der Führung nicht von kritischer Bedeutung, da die Arbeitsgenauigkeit durch die Gleitführung bestimmt wird. Soll indessen die Wälzlagerung

---

[1] Dieser Fall ist von V. E. Push: Stanki i instrument, 1952, Nr. 9, untersucht worden.

[2] Aus A. Schatz: Der technische Stand der Abspanung von metallischen Werkstücken. Werkstatttechnik u. Maschinenbau, September 1957.

[3] Nach F. Koenigsberger: The Design of Automatic Machine Tools for Electronic Control. Instn. Prod., Engrs. J., Oktober 1958.

[4] Nach C. A. Sparkes: Design and Development of Machine Tools. The Institution of Mechanical Engineers London 31. 1. 1959.

als Hauptführung dienen, dann muß den Genauigkeitsanforderungen voll Rechnung getragen werden, was durch Nachstellbarkeit, Vorspannung u. ä. erreicht werden kann.

Wälzlagerführungen können in 2 Gruppen eingeteilt werden[1]:

    a) Führungen für begrenzte Bewegungslängen,

    b) Führungen für unbegrenzte Bewegungslängen.

a) Bei diesen Führungen (Abb. 388) legen die Wälzkörper, die gegebenenfalls in einer Käfigleiste gehalten werden, nur den halben Weg des auf dem festen Führungselement A sich bewegenden Schlittens B zurück. Die Käfigleiste C muß deshalb um die Hälfte der Gesamtweglänge l kürzer sein als das feste Führungselement $\left(L_C = L_A - \dfrac{l}{2}\right)$ (Abb. 388a) und muß sich bei der Mittelstellung des Schlittens B in der Mitte der festen Führung (im Abstande $l/4$ von beiden Enden) befinden (Abb. 388b).

Abb. 384. Schmiernutenanordnung in den Führungsflächen des Spindelstockes eines Waagerechtbohrwerks (H. W. Kearns & Co. Ltd., Altrincham, England)

Tiefe der Nuten..... 3 mm,
Breite der Nuten.... 10 mm

Als Wälzkörper werden Kugeln, Nadeln oder für höhere Belastungsfähigkeit Rollen verwendet, die zwischen zweckmäßig geformten, gehärteten ($R_C = 60$ bis 62) Führungsleisten laufen. Um etwaiges Spiel ausschalten zu können, ist im allgemeinen eine der Führungsleisten einstellbar. Die Führungen können in offener (Abb. 389) oder geschlossener Anordnung (Abb. 390 und 391) eingesetzt werden. Während bei der für leichte Belastungsbedingungen geeigneten Kugellagerung (Abb. 389a und 390) die Lagerdrücke in zwei zueinander senkrecht liegenden Richtungen gleichzeitig aufgenommen werden können, müssen bei Nadel- und Rollenlagerung andere Vorkehrungen getroffen, z. B. die Achsen der Wälzkörper gegen die Belastungsrichtung um $45°$ versetzt werden (Abb. 389b und 391). Der Durchmesser derart angeordneter Nadeln kann dann gegenüber dem der senkrecht zu ihrer Achse belasteten Nadeln der Belastung entsprechend verringert werden (s. Abb. 389b).

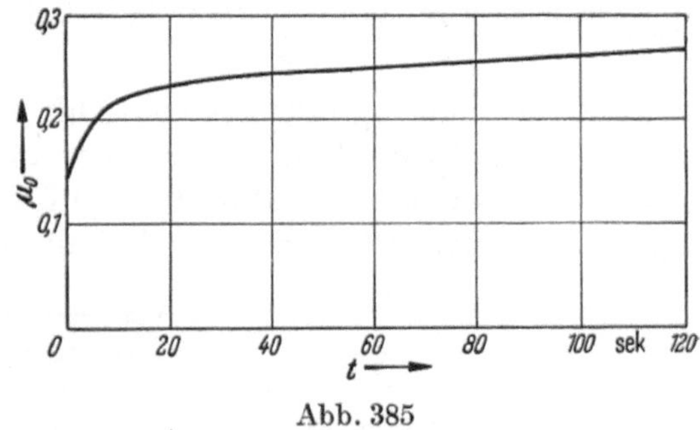

Abb. 385

Anstatt um $90°$ versetzte Nadeln unabhängig in zwei verschiedenen Käfigleisten laufen zu lassen (Abb. 389b), kann man derartig angeordnete Rollen in einer Käfigleiste kreuzweise anordnen (Abb. 391, s. a. Abb. 394).

b) Wenn die Bewegungslängen im Verhältnis zu der Schlittenlänge zu groß werden, dann wendet man entweder normale, auf gehärteten Schienen laufende Kugel- bzw. Rollenlager an, oder man bedient sich des Gedankens des Wälzkörperumlaufes, der bereits im Zusammenhang mit der Kugelumlaufmutter (s. S. 139) erwähnt worden ist.

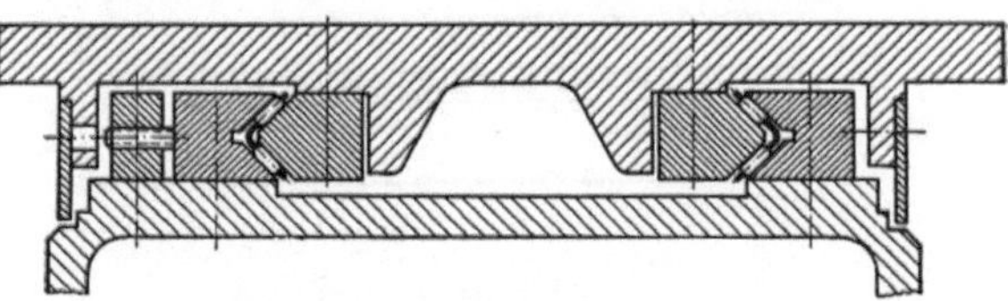

Abb. 386. Hohe Beistellgenauigkeit durch Rollenführung des Vorschubscheibenschlittens der spitzenlosen Rundschleifmaschine SR 4 (Herminghausen)[2]

---

[1] Müller, K.: Wälzkörpergelagerte Längsführungen. Werkst. u. Betr., Februar 1958.

[2] Aus G. Matthée: Erkenntnisse aus der 5. Europäischen Werkzeugmaschinenausstellung in Hannover für den Einsatz spanender Werkzeugmaschinen, Werkstatttechnik u. Maschinenbau, Dezember 1957.

Eine Kombination dieser beiden Gedanken ist in der Führung (Abb. 392)[1] gezeigt, bei der zur Führung in der waagerechten Richtung 2 Kugellager a und b und in der senkrechten Richtung zwei umlaufende Rollensätze c und d dienen. Die Rollensätze werden in je einer als umlaufender Käfig wirkenden Kette e und f, die über Spannrollen g läuft, vom Ende ihres Eingriffes mit den Führungsflächen zum Einlaufende zurückgeführt, um dort erneut die Führung zu übernehmen. Zur Feineinstellung bzw. Nachstellung der seitlichen Führungselemente werden die Kugellager auf exzentrischen Bolzen gehalten. Allerdings können normale Kugellager, deren Außenringe nur Linienberührung mit der Führungsleiste haben, nicht sehr große Belastungen aufnehmen.

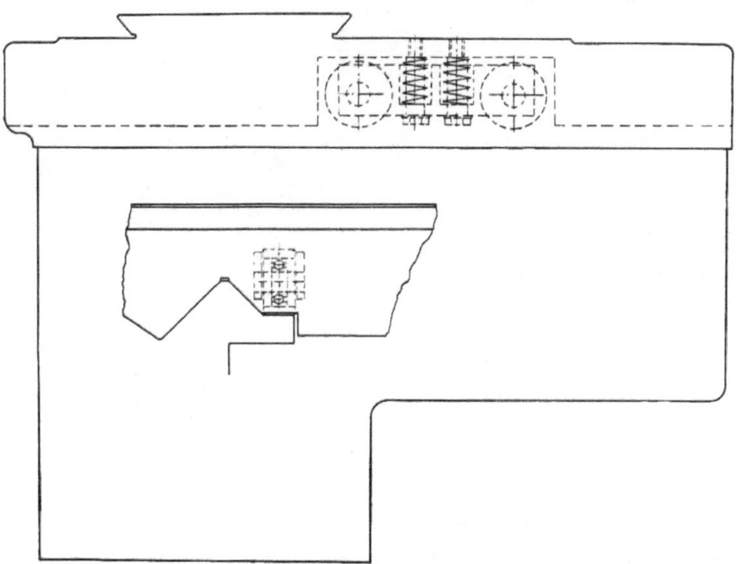

Abb. 387. Gefederte Rollen tragen den Drehbankschlitten, während die Schnittkraft die Federn zusammenpreßt und von dem Prisma aufgenommen wird (Dean, Smith & Grace Ltd., Keighley, England)

Um wiederum die hohe Belastbarkeit von Rollen bei einer in 2 Richtungen wirkenden Führung ausnutzen zu können, hat die SKF die sogenannte Kreuzrollenkette entwickelt, die im Gegensatz zu den normalen Rollenketten (Abb. 392) abwechselnd Rollen mit um 90° versetzter Achse trägt (Abb. 393). Die Rollen werden über ihre ganze Länge (nicht nur an dem Umkehrpunkt wie in Abb. 392) auf einer in der Länge einstellbaren Umlaufschiene (Abb. 394) geführt, die als Einheit (a, Abb. 393) mit dem beweglichen Schlitten (A, Abb. 393) fest verbunden ist. Die Rollen laufen auf den beiden um 90° versetzten Flächen der Führungsschiene b des Bettes B, deren Länge unbegrenzt sein kann. Spielausgleich kann durch genaues Einstellen der Umlaufschiene a auf dem beweglichen Schlitten A erfolgen.

Zu 2. In den „hydrostatisch" geschmierten Führungen können zusammendrückbare (Preßluft) oder praktisch nicht zusammendrückbare (Öl) Mittel zur Kraftübertragung zwischen den Führungsflächen verwendet werden. Steifigkeit, d. h. geringstmögliche Änderung der Schmierschichtstärke unter wechselnder Belastung, ist von entscheidender Wichtigkeit, und in Fällen, in denen die Arbeitskräfte schwanken, bietet die Verwendung eines nicht zusammendrückbaren Tragmittels geringere Schwierigkeiten. Außerdem muß bei der Verwendung von Preßluft als Tragmittel die Luftfeuchtigkeit auf ein Minimum beschränkt gehalten werden, um Rostgefahr der Führungsflächen zu verhüten.

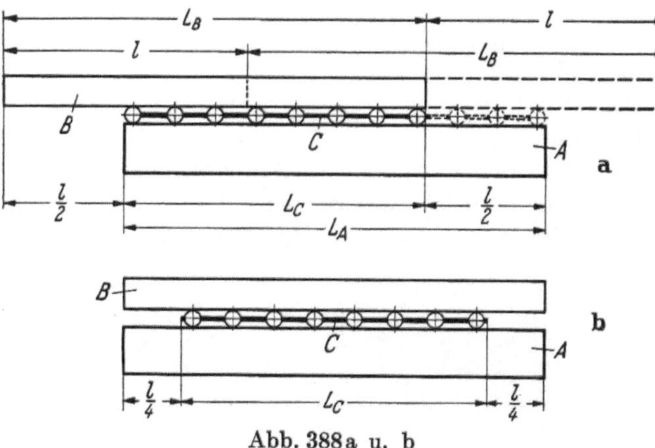

Abb. 388a u. b

---

[1] Siehe Fußn. 1, S. 245.

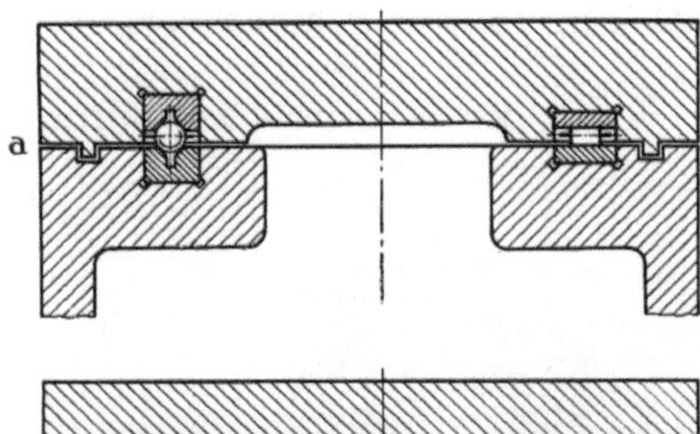

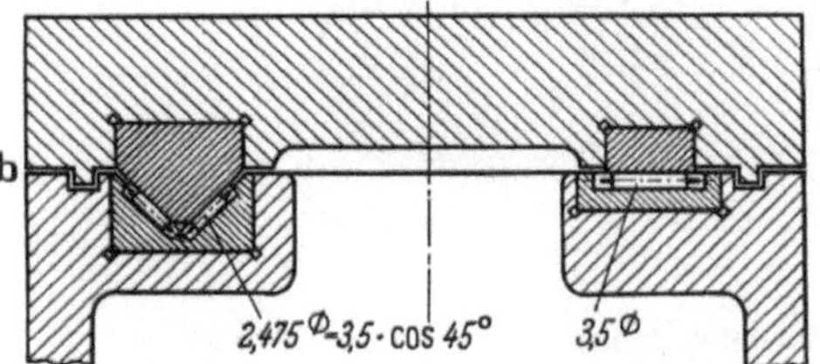

Abb. 389. Offene Schlittenführungen [2]
a) auf Kugeln und Walzen gelagert (Robert
Kling, Wetzlar G. m. b. H.); b) auf Nadeln
verschiedener Durchmesser gelagert (Industrie-
werke Schaeffler, Herzogenaurach bei Nürnberg

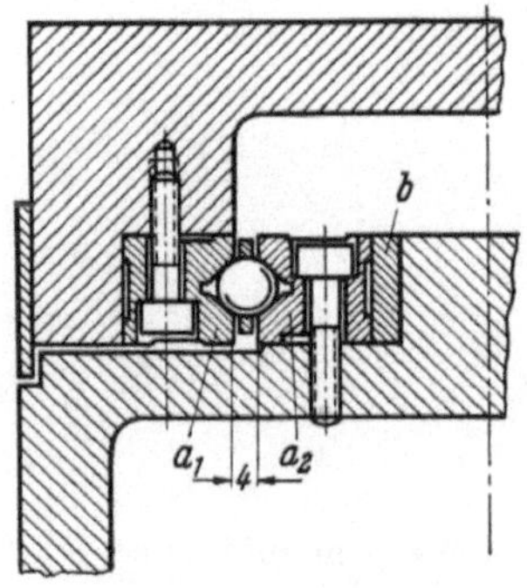

Abb. 390. Kugelgelagerte
Längsführung (W. Schnee-
berger A. G., Bern,
Schweiz) [2]

a_1 und a_2 gehärtete und geschliffene Führungsschienen; b Ein-
stelleiste

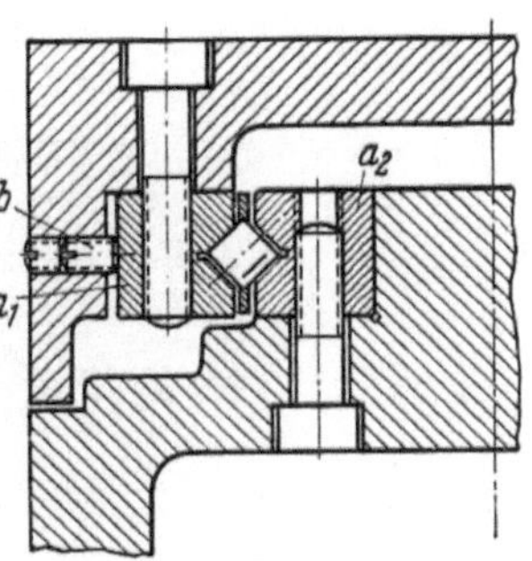

Abb. 391. Rollengelagerte
Längsführung (W. Schnee-
berger A. G., Bern,
Schweiz) [2]

a_1 und a_2 gehärtete und geschliffene Führungsschienen; b Einstellschraube

Obwohl interessante Entwicklungsarbeit auf
dem Gebiete der preßluftgeschmierten Führungen
geleistet worden ist,[1] dürfte für hohe und stark

schwankende Belastungen der mit Öl geschmierten Führung der Vorzug zu geben sein.
Bei dieser trägt der Ölfilm die auf die Führung ausgeübte Last (Schlittengewicht plus
Arbeitskräfte). Dadurch wird ein Zustand
flüssiger Reibung, bei dem der Reibungswiderstand mit der Ölzähigkeit und der Gleitgeschwindigkeit wächst, gewährleistet. Solange metallische Berührung der beiden Führungsflächen vermieden wird, sind sie keinem
Verschleiß ausgesetzt. Allerdings muß dafür
Sorge getragen werden, daß

a) das unvermeidlich abfließende Öl jederzeit nachgeliefert wird,

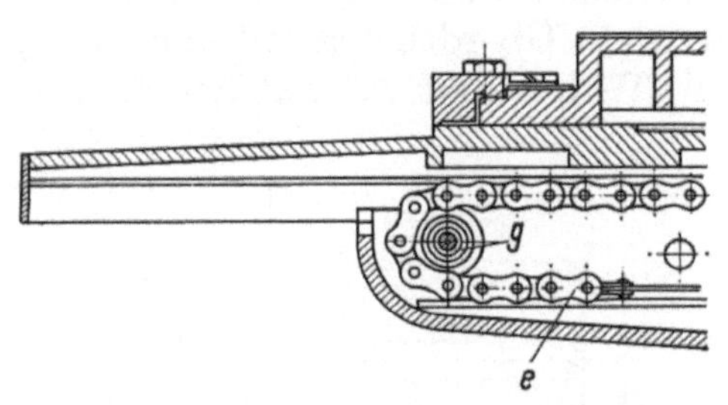

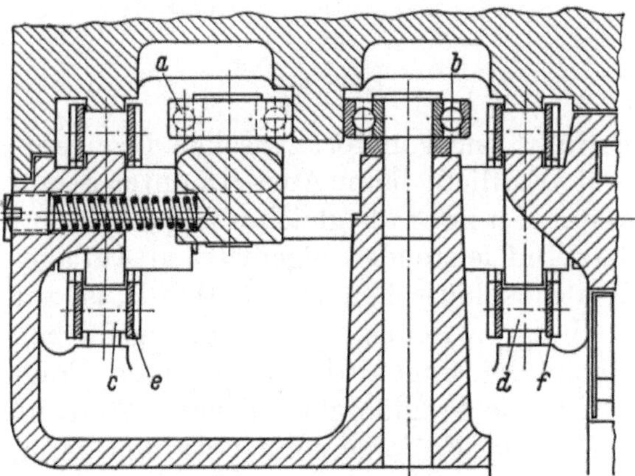

Abb. 392. Kugellager- und rollengelagerte Längsführung mit Präzisionsrollenkette
(Ludw. Loewe & Co. A. G., Berlin) [2]

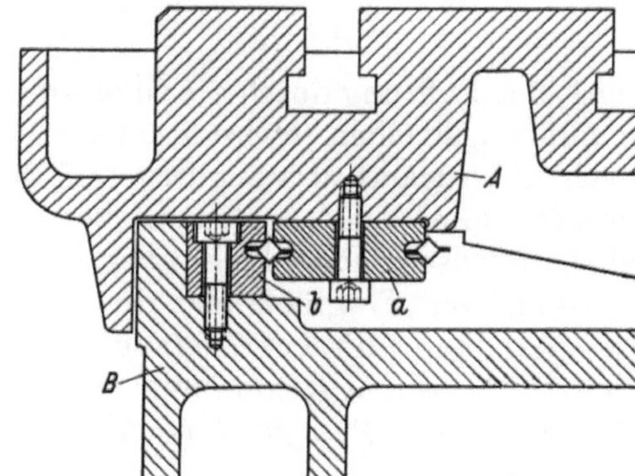

Abb. 393. Rollenschlitten für große Hübe (SKF) [3]

---

[1] Siehe z. B. S. K. GRINELL u. M. H. RICHARDSON: Design Study of a Hydrostatic Gas Bearing with
Inherent Orifice Compensation. A. S. M. E., 55-A-177. — WUNSCH, H. L.: Design Data for Flat Air Bearings
unter Steady Load Conditions. Engineer, Lond., 12. September 1958.

[2] Siehe Fußn. 1, S. 245.

[3] Aus SCHENK: Kreuzrollenketten im Werkzeugmaschinenbau. Industrie-Anz., 4. 6. 1954.

b) weder von außen kommender noch durch das Öl eingeführter Schmutz zwischen die Führungsflächen gerät,

c) eine Bewegung erst eingeleitet werden kann, wenn der erforderliche Öldruck zwischen den Führungen erreicht ist.

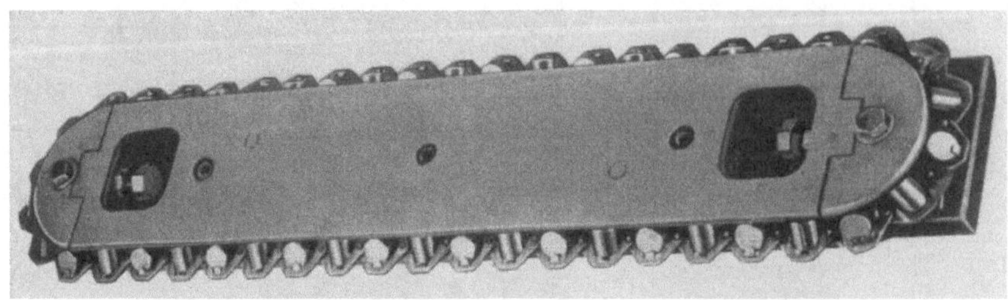

Abb. 394. Umlaufschiene für SKF-Kreuzrollenkette

Die folgenden Punkte müssen bei der Konstruktion solcher Führungen in Erwägung gezogen werden[1]:

a) Belastung,
b) Form der Tragfläche,
c) Größe der Tragfläche,
d) Abstand der Führungsflächen (Dicke der Ölfilmschicht),
e) von der Pumpe gelieferter Öldruck,
f) Ölverbrauch,
g) Herstellungsprobleme der Führungsflächen, Ölkammern usw.,
h) Wirtschaftlichkeitsfragen.

Bei der einfachsten Anordnung einer hydrostatischen Führung (Abb. 395) liefert eine Pumpe das Öl unter einem Druck p_0, der durch ein Überdruckventil konstant gehalten wird. Das Öl wird durch ein Reduzierventil (Widerstand R_0) auf den Druck p_1

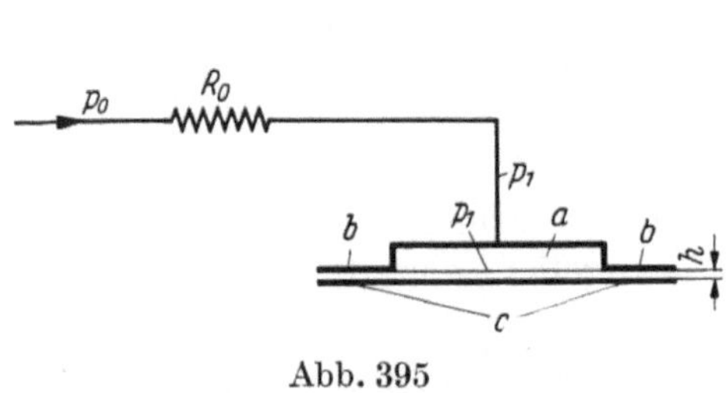

Abb. 395

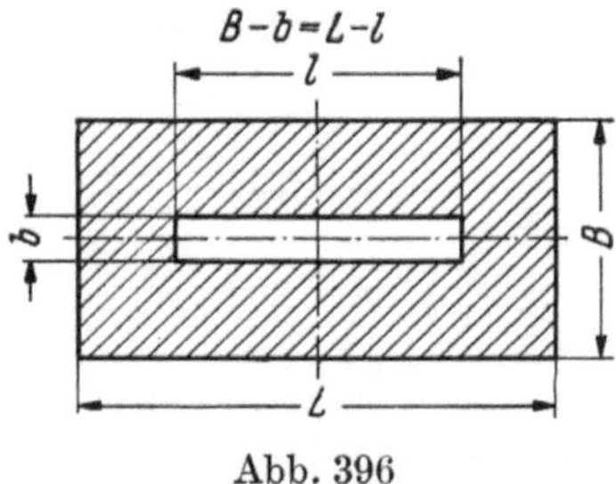

Abb. 396

reduziert, der Führung durch die Ölkammer a zugeführt und von dort zwischen die eigentlichen Führungsflächen (obere b, untere c) gepreßt. Es fließt beim Austritt unter atmosphärischem Druck ab. Da der Druck in der Ölkammer a zwar als gleichmäßig angenommen werden kann, in dem dem Ölaustritt Widerstand leistenden eigentlichen Auflageflächenspalt (Ölschichtstärke h) aber von p_1 auf atmosphärischen Druck abfällt, ist zur Bestimmung der Tragfähigkeit die Druckverteilung zwischen den Führungsflächen wichtig. Man kann diesem Zustand dadurch Rechnung tragen, daß man einen Tragfähigkeitskoeffizienten f_F annimmt, mit dessen Hilfe die Tragfähigkeit P einer Führung von der Oberfläche $F = B \cdot L$ (s. Abb. 396) als $P = p_1 \cdot F \cdot f_F$ berechnet werden kann.

Der Tragfähigkeitskoeffizient ist also $f_F = \dfrac{F_{\text{eff}}}{F}$, wobei F_{eff} die Größe einer effektiven Tragfläche darstellt, die bei gleichmäßig verteiltem Druck p_1 die Last P tragen würde.

Typische Werte für Tragfähigkeitskoeffizienten, die für eine rechteckige Führungsfläche mit zentraler Ölkammer (Abb. 396) gelten, sind in Abb. 397[2] gezeigt.

---

[1] Koenigsberger, F.: Forschungsbericht über Probleme hydrostatisch geschmierter Führungen für genaue Positionierung. Maschinenmarkt, 5. Febr. 1960.

[2] Ferguson, R. F.: The Performance of Hydrostatic Thrust Bearings with Special Reference to their Use on Machine Tool Slideways. Dissertation, Universität Manchester, Mai 1959.

Die Form und der Abstand h der Führungsflächen bestimmt den dem Durchfluß des Öles zum atmosphärischen Druck entgegengesetzten Widerstand, der mit R_1 bezeichnet sei.

Wenn unter einer Belastung P die Ölschicht um Δh zusammengedrückt wird, dann läßt sich die Beziehung aufstellen[1]:

$$P = \frac{p_0 \cdot F \cdot f_F \cdot \dfrac{R_1}{R_0}}{\left(1 - \dfrac{\Delta h}{h}\right)^3 + \dfrac{R_1}{R_0}}.$$

Wenn das von den Führungen aufgenommene Schlittengewicht mit G und die unter dieser Belastung bestehende Ölschichtstärke als Ausgangspunkt der Berechnung gilt $(\Delta h = 0)$, dann wird

$$G = \frac{p_0 \cdot F \cdot f_F \cdot \dfrac{R_1}{R_0}}{1 + \dfrac{R_1}{R_0}}.$$

und

$$\frac{P}{G} = \frac{1 + \dfrac{R_1}{R_0}}{\left(1 - \dfrac{\Delta h}{h}\right)^3 + \dfrac{R_1}{R_0}} \qquad \text{(Abb. 398)}$$

Höchste Steifigkeit wird für $R_1 = R_0$, d. h. $\dfrac{R_1}{R_0} = 1$ erzielt, so daß

$$G = \frac{p_0 \cdot F \cdot f_F}{2}$$

wird.

Daraus ergibt sich, daß die beste Steifigkeit für $p_0 = 2\,p_1$, d. h. bei einem Lieferdruck, der doppelt so groß wie der Arbeitsdruck ist, erzielt wird.

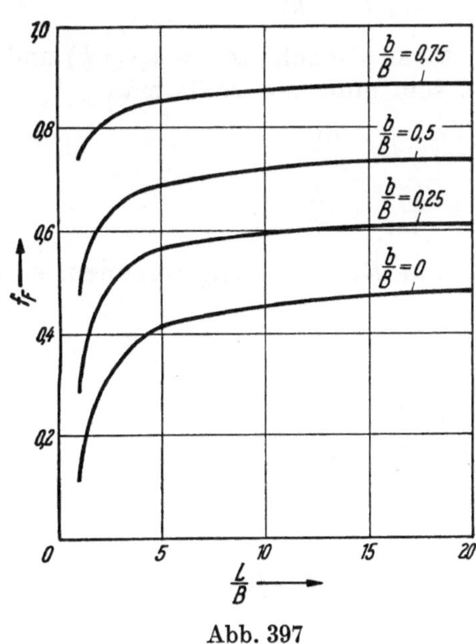

Abb. 397

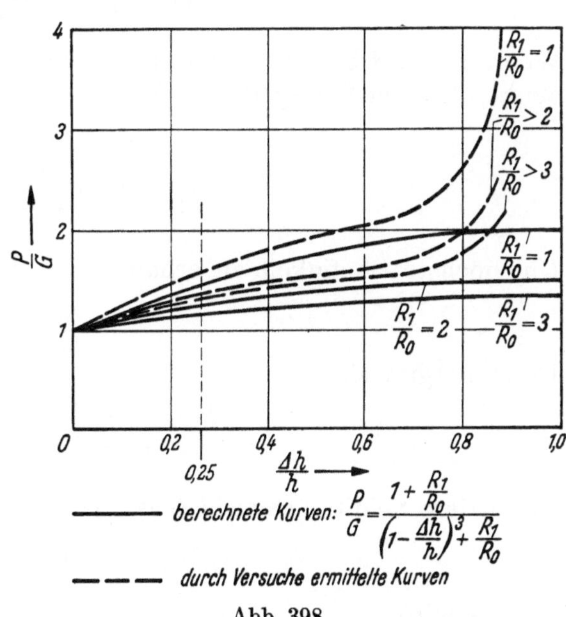

Abb. 398

Wenn der Wert h sich unter der zusätzlichen Arbeitskraft P um Δh verringert, dann wächst der Widerstand R_1 und damit das Verhältnis R_1/R_0, wodurch der Druck p_1 und die Tragfähigkeit steigen.

Bei sehr kleinen Ölschichtstärken zeigt sich eine Abweichung von der obigen Gleichung, die durch hydrodynamische Effekte verursacht wird und ein außerordentlich

---

[1] Siehe Fußn. 2, S. 248.

starkes Ansteigen der Belastungsfähigkeit (Abb. 398)[1] bewirkt, so daß metallische Berührung der beiden Führungsflächen auch bei hoher Überlastung fast ausgeschlossen ist.

Die Arbeitsbedingungen der Werkzeugmaschinen verlangen hohe Steifigkeit (möglichst niedrige Werte von $\varDelta h$). Der Wert $\varDelta h/h$ hängt ab:

a) Von der Schmierschichtstärke h unter dem Schlittengewicht G,

b) von der zulässigen Zusammendrückung $\varDelta h$ der Schmierschicht unter der Wirkung der Arbeitskräfte.

h muß derart gewählt werden, daß bei einer Verminderung der Schmierschichtstärke auf $(h - \varDelta h)$ trotz der Herstellungsungenauigkeiten der Führungsflächen keine metallische Berührung erfolgt. Wenn also z. B. $h - \varDelta h$ nicht kleiner als $6\,\mu$ und $\varDelta h$ nicht größer als $2\,\mu$ sein soll, dann muß $\dfrac{\varDelta h}{h} < 0{,}25$ sein.

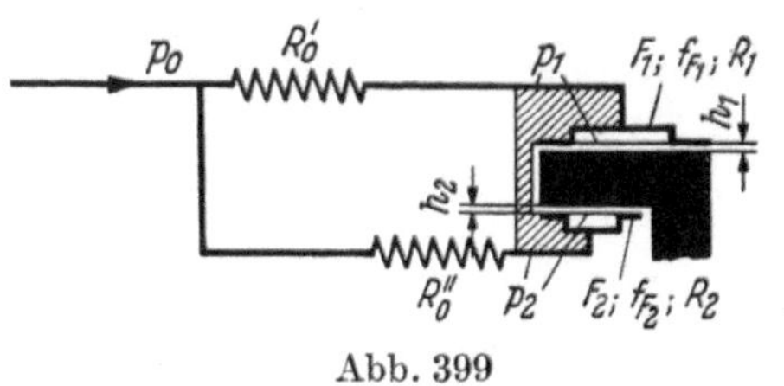

Abb. 399

Die in Abb. 395 gezeigte Anordnung läßt sich dann nur anwenden, wenn P/G nicht größer als etwa $1{,}6$ wird, d. h. wenn die Arbeitskräfte nicht mehr als etwa 60% des Schlittengewichtes ausmachen (s. Abb. 398).

Wenn die Arbeitskräfte größer werden und wenn Wechselkräfte auftreten, wird eine ebenfalls unter Druck stehende Gegenhalterleiste (Abb. 399) hinzugefügt. Bei dieser Anordnung erfolgt der Druckausgleich derart, daß die Filmschichtstärke beinahe konstant bleibt.

Entsprechend der auf S. 249 gezeigten Gleichung ist bei der Anordnung (Abb. 399) die senkrecht nach unten auf den geführten Schlitten wirkende Kraft

$$P = \frac{p_0 \cdot F_1 \cdot f_{F_1} \cdot \dfrac{R_1}{R_0'}}{\left(1 - \dfrac{\varDelta h_1}{h_1}\right)^3 + \dfrac{R_1}{R_0'}} - \frac{p_0 \cdot F_2 \cdot f_{F_2} \cdot \dfrac{R_2}{R_0''}}{\left(1 - \dfrac{\varDelta h_2}{h_2}\right)^3 + \dfrac{R_2}{R_0''}}\,.$$

Wenn man auf beiden Seiten die gleiche Ölschichtstärke vorsieht ($h_1 = h_2 = h$) und bedenkt, daß bei Verlagerung $\varDelta h_1 = -\varDelta h_2 = \pm \varDelta h$ sein muß, so erhält man

$$P = \frac{p_0 \cdot F_1 \cdot f_{F_1} \cdot \dfrac{R_1}{R_0'}}{\left(1 - \dfrac{\varDelta h}{h}\right)^3 + \dfrac{R_1}{R_0'}} - \frac{p_0 \cdot F_2 \cdot f_{F_2} \cdot \dfrac{R_1}{R_0''}}{\left(1 + \dfrac{\varDelta h}{h}\right)^3 + \dfrac{R_2}{R_0''}}\,.$$

Um höchste Steifigkeit zu erhalten, sei $R_1 = R_0'$ und $R_2 = R_0''$ angenommen, so daß

$$\frac{R_1}{R_0'} = \frac{R_2}{R_0''} \approx 1\,.$$

Daraus ergibt sich

$$P = \frac{p_0 \cdot F_1 \cdot f_{F_1}}{\left(1 - \dfrac{\varDelta h}{h}\right)^3 + 1} - \frac{p_0 \cdot F_2 \cdot f_{F_2}}{\left(1 + \dfrac{\varDelta h}{h}\right)^3 + 1}\,.$$

Unter dem Schlittengewicht G ist $\varDelta h = 0$ und

$$G = \frac{p_0 \cdot F_1 \cdot f_{F_1}}{2} - \frac{p_0 \cdot F_2 \cdot f_{F_2}}{2} = \frac{p_0}{2}\left(F_1 \cdot f_{F_1} - F_2 \cdot f_{F_2}\right).$$

Daraus wird

$$\frac{P}{G} = \frac{2 \cdot F_1 \cdot f_{F_1}}{(F_1 \cdot f_{F_1} - F_2 \cdot f_{F_2}) \cdot \left[\left(1 - \dfrac{\varDelta h}{h}\right)^3 + 1\right]} - \frac{2 \cdot F_2 \cdot f_{F_2}}{(F_1 \cdot f_{F_1} - F_2 \cdot f_{F_2}) \cdot \left[\left(1 - \dfrac{\varDelta h}{h}\right)^3 + 1\right]}$$

$$= 2 \cdot \left[\frac{1}{\left(1 - \dfrac{F_2 \cdot f_{F_2}}{F_1 \cdot f_{F_1}}\right) \cdot \left[\left(1 - \dfrac{\varDelta h}{h}\right)^3 + 1\right]} - \frac{1}{\left(\dfrac{F_1 \cdot f_{F_1}}{F_2 \cdot f_{F_2}} - 1\right) \cdot \left[\left(1 - \dfrac{\varDelta h}{h}\right)^3 + 1\right]}\right].$$

---

[1] Nach R. F. Ferguson: s. Fußn. 2, S. 248.

Wenn man nun

$$\frac{F_1 \cdot f_{F_1}}{F_2 \cdot f_{F_2}} = \varphi$$

setzt, so erhält man

$$\frac{P}{G} = 2 \cdot \left[\frac{1}{\left(1 - \dfrac{1}{\varphi}\right) \cdot \left[\left(1 - \dfrac{\varDelta h}{h}\right)^3 + 1\right]} - \frac{1}{(\varphi - 1) \cdot \left[\left(1 - \dfrac{\varDelta h}{h}\right)^3 + 1\right]} \right].$$

Diese Beziehung ist in Abb. 400 dargestellt. Dabei ist die Änderung von R_1/R_0' und R_2/R_0'' mit wechselndem $\varDelta h/h$ nicht berücksichtigt. Innerhalb der zulässigen Werte $\left(\dfrac{\varDelta h}{h} < 0{,}25,\ \text{s. o.}\right)$ ist diese Änderung in-dessen gering. Außerdem sind Vorschläge für eine Art hydraulischer Servomechanis-men gemacht worden,[1] bei denen durch Messung des auf die Führung ausgeübten Druckes die Ventile und damit die Wider-stände R_0' bzw. R_0'' in Abhängigkeit von den in den Ölschichten herrschenden Drücken zweckmäßig geregelt werden können. In jedem Falle ist die Fähigkeit der Anord-nung (Abb. 399), weit höhere Schlitten-gewichte aufzunehmen, als es bei der Anordnung (Abb. 395) der Fall ist, aus Abb. 400 klar ersichtlich.

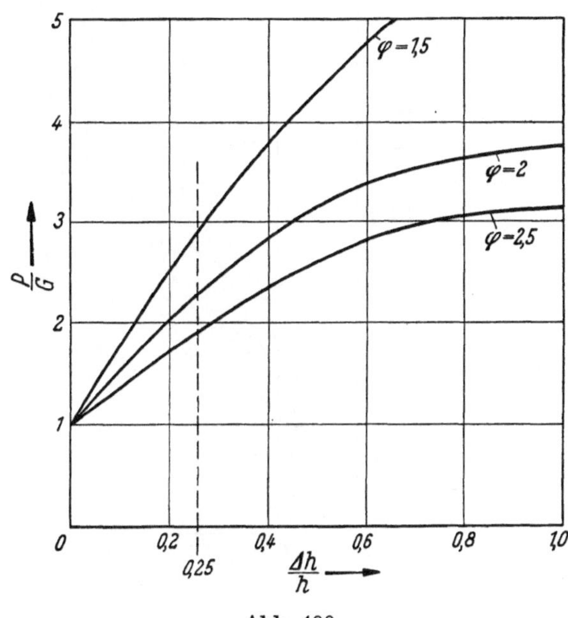

Abb. 400

Die obigen Beziehungen beziehen sich auf Steifigkeit unter statischer Belastung. Es kann indessen gezeigt werden, daß die Steifigkeit $P/\varDelta h$ mit der Frequenz der Be-lastungsschwankungen so stark ansteigt, daß im allgemeinen bei einer Anordnung, die die verlangte statische Steifigkeit besitzt, zumindest das gleiche unter dynamischer Belastung der Fall ist (Abb. 401)[2].

In Abb. 402[3] sind die Beziehungen zwischen Tragfähigkeit P, Steifigkeit $\varDelta P/\varDelta h$, Öl-verbrauch Q, Öldrücken p und Abmessungen der Führung (s. Skizze in der rechten oberen Ecke von Abb. 402) in dimensionslosen Einheiten auf Grund folgender Gleichungen gezeigt:

$$\frac{Q}{\dfrac{h^3}{12\eta} \cdot \dfrac{F}{B} \cdot \dfrac{p_0}{B}} = \frac{\dfrac{p_1}{p_0}}{1 - \dfrac{b}{B}},$$

$$\frac{\dfrac{\varDelta P}{\varDelta h} \cdot h}{p_0 \cdot F} = \frac{3}{2} \cdot \left(1 + \frac{b}{B}\right) \cdot \frac{p_1}{p_0} \cdot \left(1 - \frac{p_1}{p_0}\right),$$

$$\frac{P}{p_0 \cdot F} = \frac{1}{2} \cdot \left(1 + \frac{b}{B}\right) \cdot \frac{p_1}{p_0},$$

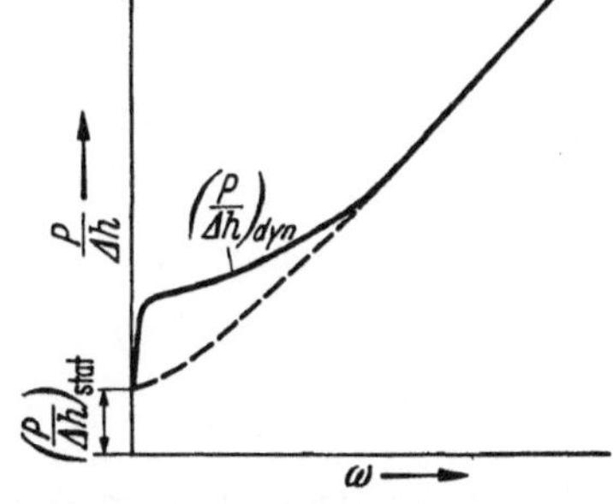

Abb. 401

wobei η die absolute Zähigkeit des Schmieröles ist. Zum Ver-ständnis des Diagramms sei folgendes Beispiel betrachtet:

Eine rechtwinklige Führung (Tragfläche $F = 100\ \text{cm}^2$) soll eine Belastung von $P = 1000\ \text{kg}$ bei einer Ölfilmsteifigkeit $\dfrac{\varDelta P}{\varDelta h} = 1\,000\,000\ \text{kg/cm}$ tragen. Es stehe ein Öl-

---

[1] Siehe G. R. Carroll u. A. H. Dall: A Brief Discussion of Bearing Design for Machine Tools, Confe-rence on Technology of Engineering Manufacture. Instn. Mech. Engrs., Lond. 1958, und J. K. Royle: Britische Patent-Anmeldung.

[2] Nach R. F. Ferguson: s. Fußn. 2, S. 248.

[3] Dieses Schaubild ist von J. K. Royle entworfen worden.

druck von $p_0 = 25\ \text{kg/cm}^2$ zur Verfügung. Um günstigste Werte für das Verhältnis von Steifigkeit (Ordinate) zu Belastung (Abszisse) zu erhalten, muß man in der Nähe der

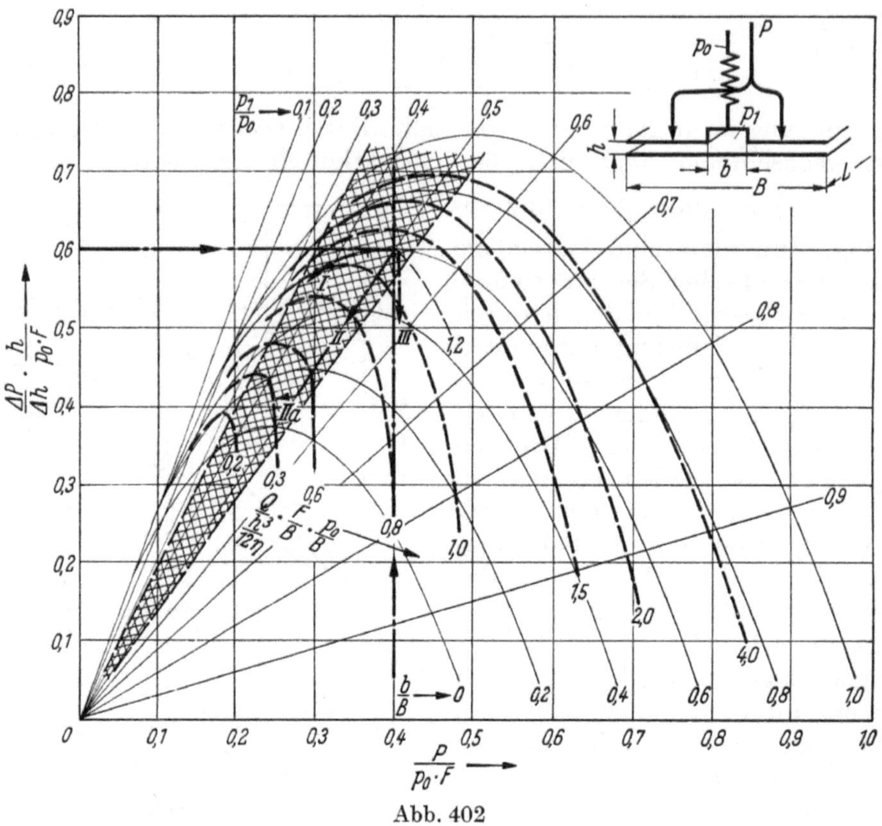

Abb. 402

Höchstwerte der Parabeln, d. h. in dem schraffierten Gebiet des Diagramms, arbeiten. In diesem Gebiet liegt das Verhältnis

$$\frac{\text{Ordinate}}{\text{Abszisse}} = \frac{\Delta P}{P} \bigg/ \frac{\Delta h}{h}$$

zwischen 1,4 und 2,0. Wählt man nun einen Wert von 1,5, dann ergibt sich für

$$\frac{\Delta P}{\Delta h} = 1\,000\,000\ \text{kg/cm}$$

und

$$P = 1000\ \text{kg},$$

$$\frac{1\,000\,000}{1000} \cdot h = 1{,}5,$$

$$h = 0{,}0015\ \text{cm},$$

$$= 0{,}015\ \text{mm},$$

welches ein brauchbarer Wert zu sein scheint.

Da nun

$$p_0 \cdot F = 25 \cdot 100 = 2500\ \text{kg},$$

wird

$$\frac{P}{p_0\cdot F} = \frac{1000}{2500} = 0{,}4$$

(senkrechte strichpunktierte Linie in Abb. 402) und

$$\frac{\Delta P \cdot h}{\Delta h \cdot p_0 \cdot F} = 0{,}6$$

(waagerechte strichpunktierte Linie in Abb. 402).

Für diese Werte ergibt sich ein Breitenverhältnis $\frac{b}{B} = 0,6$ und ein Druckverhältnis $\frac{p_1}{p_0} = 0,5$. Der den Ölverbrauch darstellende Wert von 1,2, der hoch erscheint, kann auf drei verschiedene Arten verringert werden:

a) Man geht auf der $\frac{b}{B} = 0,6$-Linie waagerecht nach links (Pfeil *I*),

b) man geht auf der $\frac{p_1}{p_0} = 0,5$-Linie nach links unten auf den Nullpunkt zu (Pfeil *II*),

c) man geht auf der Belastungslinie senkrecht nach unten (Pfeil *III*).

Während c) eine unzulässige Verringerung der Steifigkeit zur Folge haben würde, ist die Verringerung des Ölverbrauches durch a) unerheblich. Dagegen muß man, um mittels b) bei konstantem Wert von p_1/p_0 die Tragfähigkeit nicht zu verringern, die Tragfläche vergrößern, wodurch man bei gleicher Steifigkeit den Ölverbrauch erheblich verringern kann. Wenn man dann noch z. B. bei ungefähr $\frac{\varDelta P}{\varDelta h} \cdot \frac{h}{p_0 \cdot F} = 0,45$, d. h. bei gleichbleibender Steifigkeit einen kleinen Teil der Tragfähigkeit opfern kann (Pfeil *IIa*), dann kann man den Ölverbrauch noch weiter verringern.

In der Praxis wird wahrscheinlich ein Kompromiß zwischen all diesen Bedingungen die brauchbarste Lösung ergeben.

3. Arbeitsspindeln und Spindellager

Die Arbeitsspindel muß das Werkzeug (Bohren, Schleifen, Fräsen) oder das Werkstück (Drehen) unter der Wirkung von Eigengewichten und Schnittkräften einerseits und Antriebskräften und Momenten andererseits

a) zentrieren und halten,

b) während der Arbeitsbewegung (Rotation und gegebenenfalls Axialvorschub) mit der verlangten Genauigkeit und Starrheit antreiben und führen.

Zu a) Als Zentrierungselemente, die am vorderen Spindelende, dem Spindelkopf, außen oder innen angeordnet sind, dienen Zylinder oder Kegel. Während bei zylindrischer Zentrierung Bundflächen zur Bestimmung der axialen Lage vorgesehen werden müssen, legt der Kegel, der allein völlig spielfreie Zentrierung ermöglicht, auch die axiale Lage fest, obwohl ihr Absolutwert nicht positiv bestimmt ist, sondern von der relativen Größe von Kegel und Bohrung abhängt.

Metrische (1 : 20) und Morsekegel (angenähert 1 : 20) sind praktisch selbsthemmend, können Drehmomente bis zu einer gewissen Höhe durch Reibung übertragen und sind im allgemeinen durch axiale Ausstoßbewegung ohne große Schwierigkeit lösbar. Durch Einsatz von Zwischenstücken können Kegel verschiedener Größe in einer Arbeitsspindel verwendet werden. Abb. 403 bis 405 zeigen Köpfe von Drehmaschinenspindeln mit derartigen Kegelbohrungen *1*, Zwischenstücken *2* und Spitzen *3*.

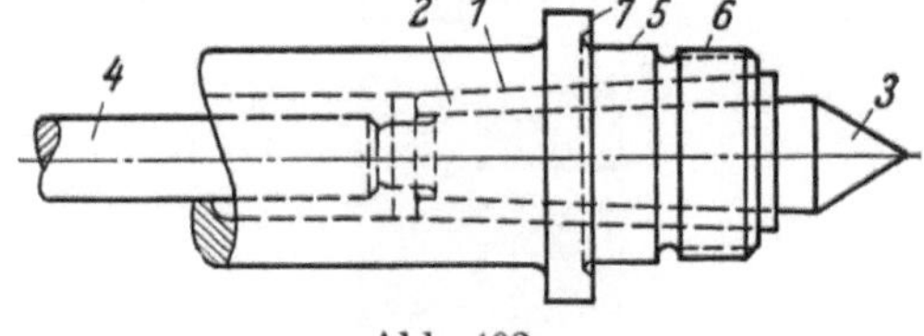

Abb. 403

Für die Drehmaschinenspindel ist dieser lange Kegel besonders geeignet, da die Spitze nicht nur axial, sondern auch radial belastet ist (s. Abb. 297). Bei den Spindeln von Bohrmaschinen und Bohrwerken (Abb. 406 bis 407) kann er bis zu einem gewissen Grade zur Übertragung des Drehmomentes herangezogen werden. Indessen dienen bei leichter Belastung von Bohrspindelkegeln *1* die hinteren Anflächungen (*2*, Abb. 406, 407), bei schwerer Belastung eigens vorgesehene Anflächungen am Vorderende (*3*, Abb. 407) zur Sicherung gegen Lockern unter der Wirkung von hohen Drehmomenten und etwaigen Erschütterungen. Das ist wichtig, da ein Lockern und Rutschen eines solchen Kegels zur Beschädigung der Kegeloberfläche und damit zu Ungenauigkeiten der Lagebestimmung oder zum Fressen führen kann. Kegel verhältnismäßig kleiner Abmessungen können durch einen axialen leichten Schlag in ihrer selbsthemmenden Lage gesichert werden, bei Kegeln schwererer Bauart werden oft besondere Anzugsvorrichtungen (a, Abb. 407) vorgesehen. Wenn die Arbeitsspindel eine Bohrung besitzt, kann der Kegel durch einen scharfen axialen Schlag (Stange 4, Abb. 403) gelöst werden. Andernfalls können Keiltreiber (4, Abb. 407) durch die Schlitze (2, Abb. 406, 407), die die zum Mitnehmen dienenden Anflächungen bilden, zum Lösen des Kegels verwendet werden.

Als Zentrierungselement für Mitnehmerscheibe oder Futter auf der Spindel einer Drehmaschine wird oft der Außenzylinder (5, Abb. 403) verwendet, wobei der Mitnehmer bzw. das Futter axial durch ein Gewinde 6 gegen einen Bund 7 gehalten wird. Dabei ist es

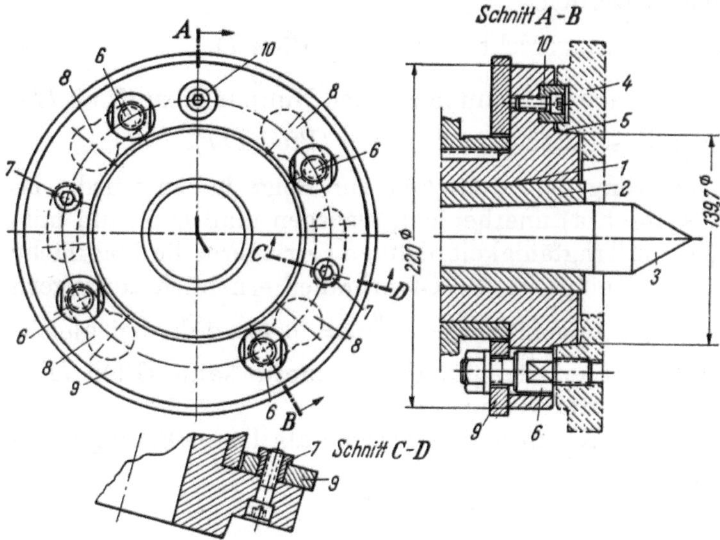

Abb. 404. Spindelkopf nach DIN 55022 mit Mitnehmer (Schaerer-Drehmaschine, Industrie-Werke, Karlsruhe)

wichtig, daß das Gewinde 6 die durch Zylinder 5 gesicherte Zentrierung nicht beeinflußt bzw. verfälscht und daher eher lose als zu stramm ist. Etwaiges Gewindespiel wird ja in jedem Fall durch den Andruck an Bund 7 auf eine Seite verlegt und Lockern dadurch verhindert. Ferner ist zu beachten, daß die Zentrierung durch Außenzylinder nicht spielfrei und das Aufsetzen eines schweren Futters auf einen mit

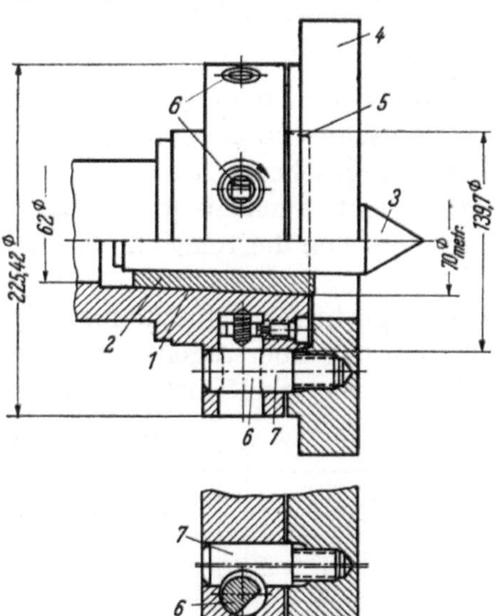

Abb. 405. Spindelkopf mit Kurzkegel und Camlock-Spannung für den Mitnehmerflansch (Schaerer-Drehmaschine, Industrie-Werke, Karlsruhe)

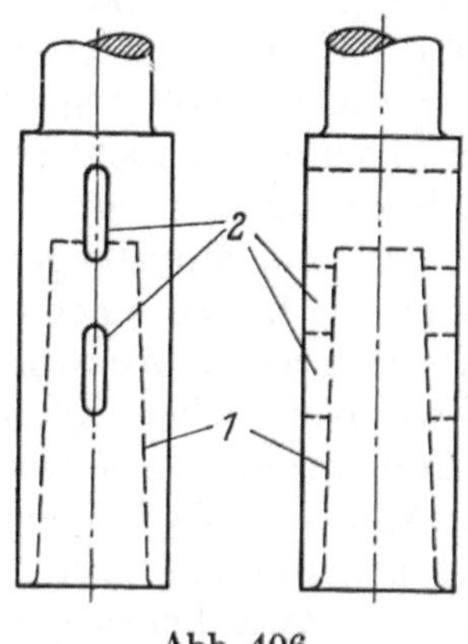

Abb. 406

eng passender Zylinderführung und Gewinde versehenen Spindelkopf ermüdend und zeitraubend ist.

Bei schweren Drehmaschinen wird daher oft der Außenkegel mit Überwurfmutter verwendet (s. Abb. 424). Eine Außenkegelzentrierung mit Bajonettanzug ist in Abb. 404 gezeigt. Die Adapterplatte für das Futter bzw. die Mitnehmerscheibe 4 wird auf den Zentrierkegel 5 des Spindelkopfes aufgesetzt und axial durch 4 Bolzen 6 in Schlitzen 8 und durch die mittels zweier Bolzen 7 geführte Bajonettscheibe 9 gehalten. Das Drehmoment wird durch Buchse 10 übertragen.

Eine noch schneller arbeitende Axialspannung der Mitnehmerscheibe *4* auf Außenkegel *5* ermöglicht die Anordnung (Abb. 405), bei der mehrere Exzenterbolzen *6* in halbrunde Schlitze der Haltebolzen *7* eingreifen.

Bei der Aufnahme von Schleifscheiben (Abb. 408, s. a. Abb. 433) ist Konzentrizität von höchster Wichtigkeit. Die auf einem Halter *1* ausgerichtet gehaltene Scheibe wird auf der Spindel *2* durch Ringmutter *3* axial auf den Außenkegel *4* aufgepreßt und zentriert.

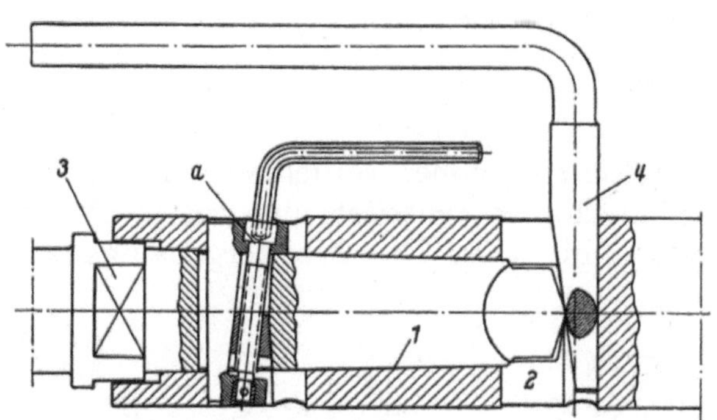
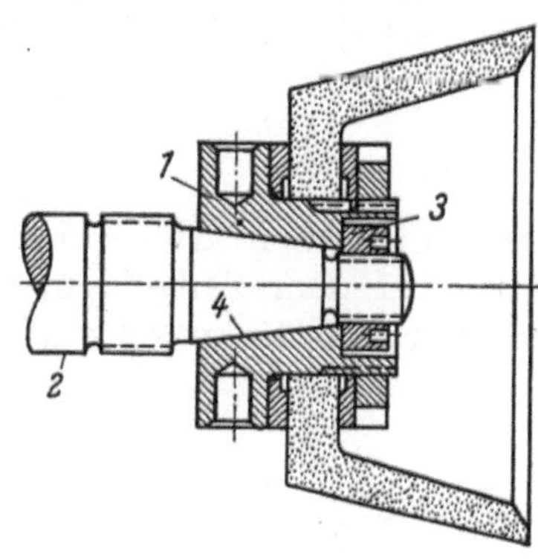

Abb. 407. Patentierter Spindelkopf eines Waagerecht-Bohrwerks (Collet & Engelhard, Maschinenfabrik A. G. Offenbach/Main)   Abb. 408

Die Zentrierung und Befestigung von Zentrierdornen und Messerköpfen zum Fräsen muß der auftretenden Wechselbelastung und den oft hohen Schnittkräften Rechnung tragen. Da selbst der flache Kegel (1 : 20) die auftretenden Drehmomente nicht durch Reibung übertragen kann und außerdem mehr zum Fressen neigt als ein steilerer Kegel, ist man zu dem ursprünglich in Amerika eingeführten Steilkegel (7 : 24) (Abb. 409), der jetzt allgemein genormt ist, für die Innenzentrierung im Frässpindelkopf übergegangen. Hier wird das Drehmoment mittels zweier durch Schrauben in dem Spindelkopf gehaltener Nutensteine übertragen. Da dieser Kegel nicht selbsthemmend ist, wird der Dorn axial durch das Gewinde einer durch die Spindelbohrung gehenden Stange (*1*, Abb. 410) gehalten, deren Bund *2* am Spindelende nicht nur zum Anziehen gegen

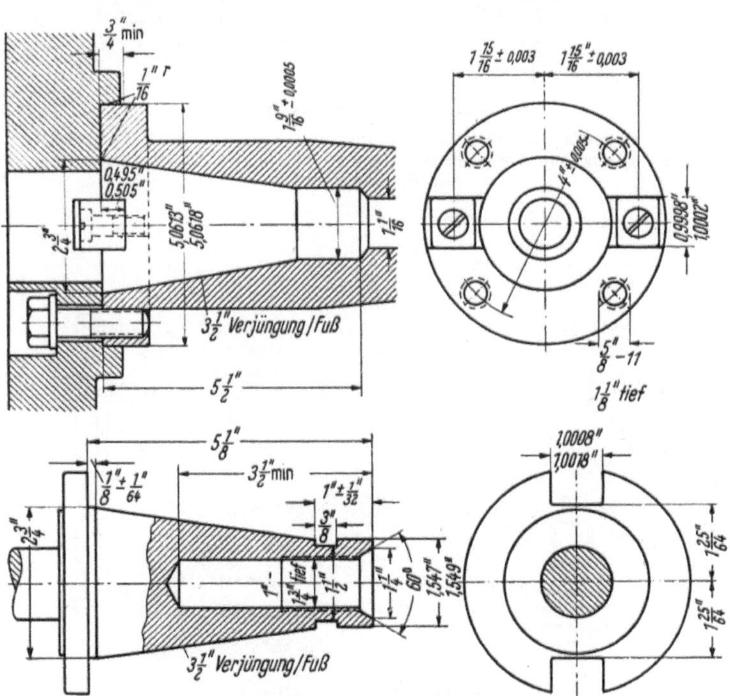

Abb. 409. Frässpindelkopf mit Innensteilkegel

Bundfläche *3* der Spindelbohrung, sondern auch im Falle zu festen Sitzens des Dornes im Kegel zum Ausstoßen gegen die Stirnfläche der Überwurfmutter *4* dienen kann.

Bei langen Spindeln kann allerdings die Dornbefestigung mittels Anzugsstangen umständlich und zeitraubend werden und sogar zu Unfällen Anlaß geben. Dies ist bei dem von Cincinnati entwickelten Schnellwechselfutter (Abb. 411) vermieden worden. An die Stelle des Halteflansches und der Mitnehmerlappen, die aus dem Vollen gearbeitet sind und daher die Werkstoff- und Herstellungskosten für den Dorn stark erhöhen, können mit angeschliffenen Anlageflächen versehene, in den Dorn eingesetzte Stifte treten (Abb. 412).

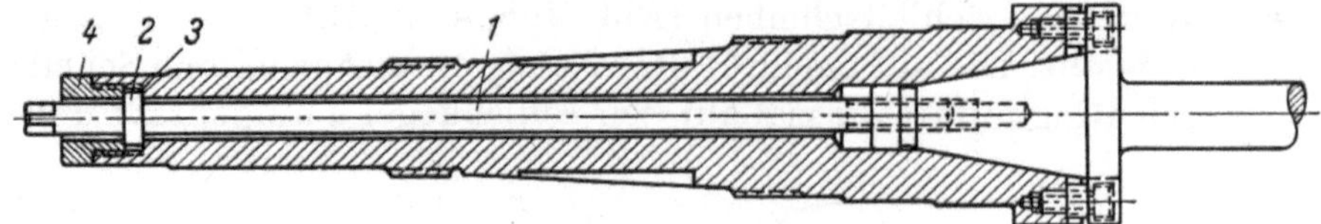

Abb. 410. Fräsmaschinenspindel

Wie die bereits in Abb. 411 und 412 gezeigten Mitnehmer werden Messerköpfe im allgemeinen auf dem Außenzylinder des Spindelkopfes zentriert und gegen die Stirnflächen durch 4 Spannschrauben gehalten (Abb. 413). Die Zentriergenauigkeit, die

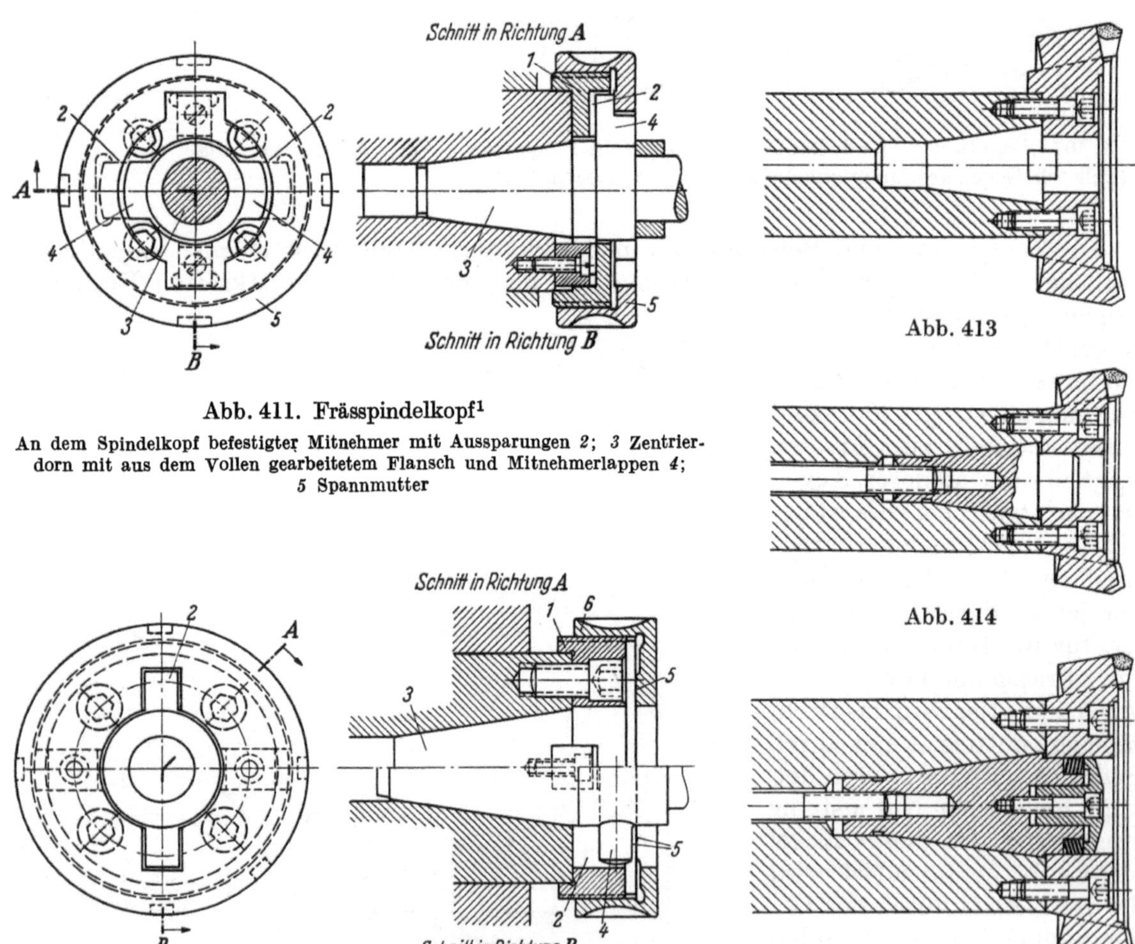

Abb. 411. Frässpindelkopf[1]

An dem Spindelkopf befestigter Mitnehmer mit Aussparungen 2; 3 Zentrierdorn mit aus dem Vollen gearbeitetem Flansch und Mitnehmerlappen 4; 5 Spannmutter

Abb. 412. Frässpindelkopf[1]

1 An dem Spindelkopf befestigter Mitnehmer mit Aussparungen 2; 3 Zentrierdorn mit Mitnehmerstift 4; 5 Angeschliffene Spannflächen; 6 Spannmutter

Abb. 413

Abb. 414

Abb. 415

Abb. 413—415. ISO-Aufnahmen für Frässpindeln nach DIN 2079[2]

auf diese Weise erzielt werden kann, entspricht oft nicht den Anforderungen des Feinfräsens mit großen Messerköpfen, und daher wird Innenzentrierung (Abb. 414) vor-

---

[1] Aus E. WITTWER: Erfahrungen mit einer Steilkegelbefestigung ohne Anzugsstange für Fräsmaschinen Werkstattstechnik u. Maschinenbau, Januar 1956.

[2] Aus A. MÄRKLE: Vorbedingungen zum Feinfräsen. Industrie-Anz., 3. 5. 1957.

gezogen. Schnellerer Werkzeugwechsel ist durch Verwendung eines Zentrierdornes mit einem Spreizelement (Ringspannelement, Abb. 415) möglich. Da die Spannschrauben durch ungleichmäßige Anlage unzulässige Verlagerungen des Messerkopfes verursachen können, werden in Fällen, in denen höchste Genauigkeit verlangt wird, kugelige Unterlegscheiben (Abb. 416) verwendet.

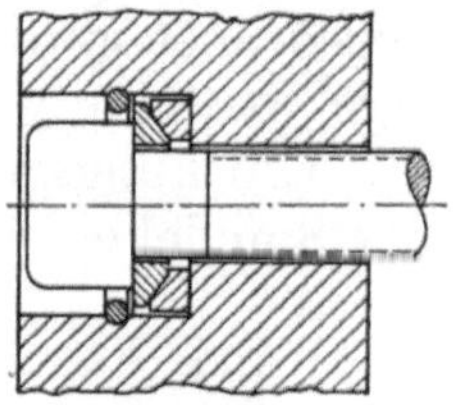

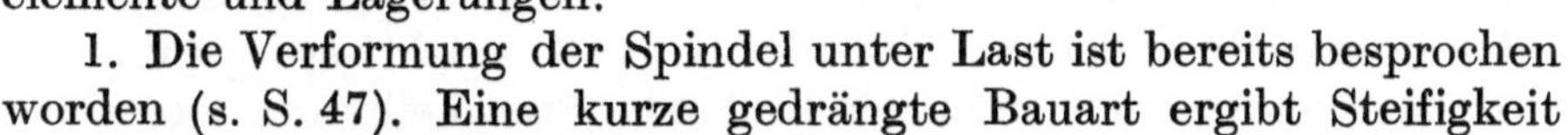

Zu b) Die Arbeitsbewegung der Spindel kann entweder rein drehend (Drehmaschinen, Schleifmaschinen) oder drehend und axial schiebend (Bohrmaschinen, Bohrwerke, manche Fräsmaschinen) sein. Unzulässige Belastungen, Verformungen und Schwingungen werden vermieden durch

Abb. 416
Spannschraube mit kugeligen Unterlegscheiben zur Messerkopfbefestigung[1]

1. Festigkeit und Steifigkeit,

2. gute Auswuchtung,

3. zweckmäßige Anordnung und Konstruktion der Antriebselemente und Lagerungen.

1. Die Verformung der Spindel unter Last ist bereits besprochen worden (s. S. 47). Eine kurze gedrängte Bauart ergibt Steifigkeit gegen biegende und verdrehende Momente und, falls erforderlich, Widerstand gegen Knickung unter der Wirkung von Axialkräften. Die Größe des Spindeldurchmessers ist dabei allerdings durch die Abmessungen der Antriebselemente und Lager begrenzt. Vorkehrungen zur Entlastung der Spindel von Riemenzug und Zahnkräften durch getrennte Lagerung der Antriebselemente (s. Abb. 142 und 425) verringert die auf die Spindel wirkenden Querkräfte.

Da die durch Verformungen hervorgerufenen Verlagerungen der Spindel in ihren Lagern zum Ecken führen können, kann Mangel an Steifigkeit die Ursache zusätzlicher, auf die Spindel indirekt wirkender Wechselkräfte werden und zu Schwingungserscheinungen führen.

Da die Arbeitsspindel zu den teuersten Teilen der Werkzeugmaschine gehört, werden für ihre Herstellung Werkstoffe, die hohe Festigkeit, gute Laufeigenschaften und lange Lebensdauer gewährleisten, verwendet. Die Spindeln müssen meist gehärtet werden, und um Schwierigkeiten, die beim Härten langer Hohlzylinder auftreten können, zu vermeiden, bohrt man sie oft erst nach dem Härten aus. Dazu werden die Lagerstellen vorgeschliffen, um später als Bezugsflächen für die Bohrarbeiten zu dienen. Die als Spindelwerkstoffe verwendeten Einsatzstähle ermöglichen die Erzeugung einer harten Außenfläche mit einem verhältnismäßig weichen, bearbeitbaren Kern.

2. Bei schnellaufenden Spindeln können durch Unwuchten erzeugte Fliehkräfte zu Verformungen und zu unruhigem Lauf führen. Unbearbeitete und unregelmäßig geformte Gußteile, einseitige Keile, Öllöcher u. ä. müssen daher vermieden werden. Um Spiel zwischen der Spindel und den das Drehmoment übertragenden Elementen (Zahnräder, Kettenräder, Riemenscheiben), das zu ungleichmäßiger Kraftübertragung, hoher Belastung der Keile und unruhigem Lauf beitragen kann, zu vermeiden, werden die Antriebselemente für Hochleistungsspindeln entweder aufgeschrumpft oder, um Ein- und Ausbau leichter zu gestalten, auf kegelförmige Zentrierflächen aufgepreßt (s. Abb. 339 b).

Ein- und Ausbau der Arbeitsspindel kann durch zweckmäßige Durchmesserabstufung der verschiedenen Absätze erleichtert werden, wobei der Möglichkeit, alle Keile vor dem Einbau einzupressen, besondere Beachtung geschenkt werden muß.

3. Von größter Bedeutung für zufriedenstellende Arbeiten ist die Anordnung und Konstruktion der Antriebselemente und der Spindellager.

a) Anordnung

Außer bei Verwendung von Schrägrollen- und kombinierten Längs- und Querkugellagern kann die Aufnahme von Axial- und Querkräften getrennt werden. Bei der Anordnung der dafür verwendeten Lager ist ein gewisser Kompromiß unvermeidlich, da

---

[1] Siehe Fußn. 2, S. 256.

sowohl die Hauptquerlager vom Standpunkte der Spindelverbiegung als auch die Längslager vom Standpunkte der Knickung so nahe wie möglich am Kraftangriffspunkt, d. h. am Spindelkopf, liegen sollten. Im allgemeinen entscheiden daher andere konstruktive Erwägungen, ob die Längslager vorn, hinten oder auf beiden Seiten des Hauptquerlagers angeordnet werden. Indessen dürfte wohl kein Zweifel darüber bestehen, daß das Längslager so nahe wie möglich am vorderen (Haupt-) Querlager angeordnet werden sollte. Die Knickungsgefahr ist dabei im allgemeinen nicht so wichtig wie die durch Erwärmen der Spindel erzeugte Längsdehnung, die nicht gegen das Werkzeug (nach vorn), sondern von dem Spindelkopf aus nach hinten gerichtet sein sollte.

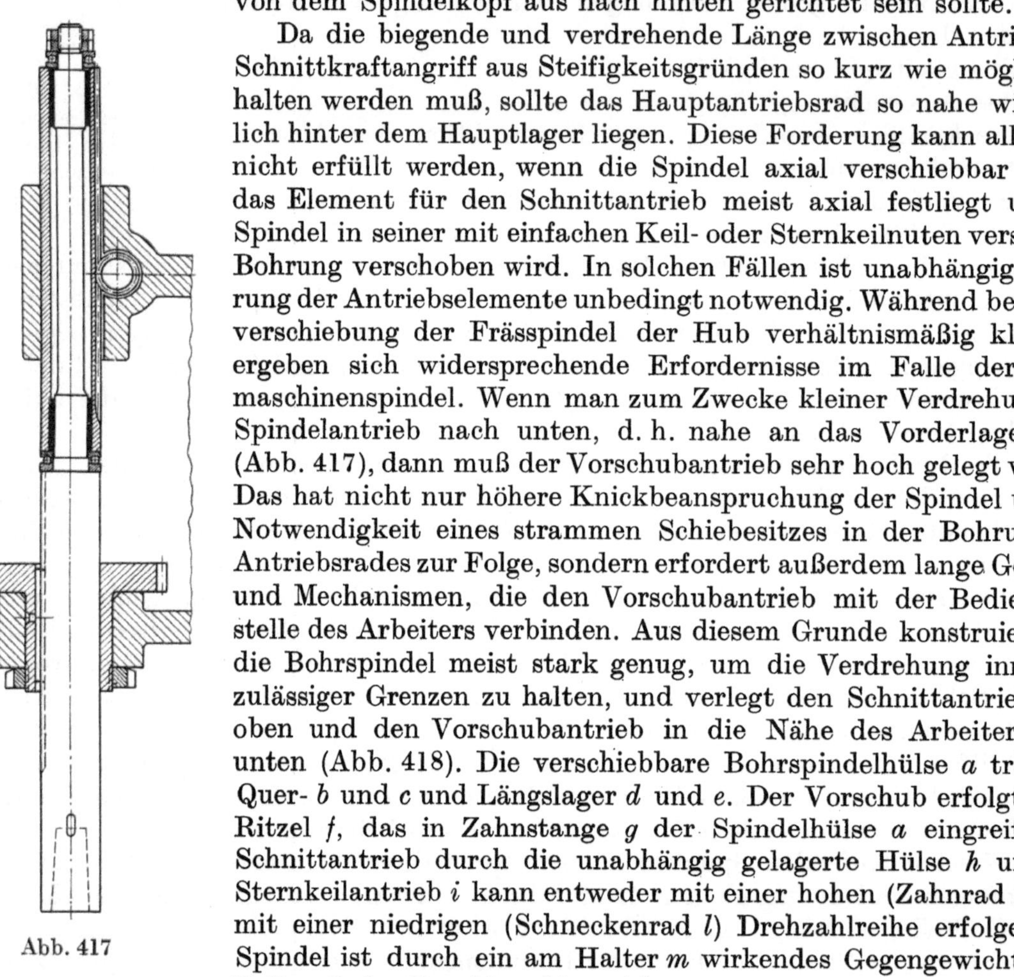

Abb. 417

Da die biegende und verdrehende Länge zwischen Antrieb und Schnittkraftangriff aus Steifigkeitsgründen so kurz wie möglich gehalten werden muß, sollte das Hauptantriebsrad so nahe wie möglich hinter dem Hauptlager liegen. Diese Forderung kann allerdings nicht erfüllt werden, wenn die Spindel axial verschiebbar ist, da das Element für den Schnittantrieb meist axial festliegt und die Spindel in seiner mit einfachen Keil- oder Sternkeilnuten versehenen Bohrung verschoben wird. In solchen Fällen ist unabhängige Lagerung der Antriebselemente unbedingt notwendig. Während bei Axialverschiebung der Frässpindel der Hub verhältnismäßig klein ist, ergeben sich widersprechende Erfordernisse im Falle der Bohrmaschinenspindel. Wenn man zum Zwecke kleiner Verdrehung den Spindelantrieb nach unten, d. h. nahe an das Vorderlager, legt (Abb. 417), dann muß der Vorschubantrieb sehr hoch gelegt werden. Das hat nicht nur höhere Knickbeanspruchung der Spindel und die Notwendigkeit eines strammen Schiebesitzes in der Bohrung des Antriebsrades zur Folge, sondern erfordert außerdem lange Gestänge und Mechanismen, die den Vorschubantrieb mit der Bedienungsstelle des Arbeiters verbinden. Aus diesem Grunde konstruiert man die Bohrspindel meist stark genug, um die Verdrehung innerhalb zulässiger Grenzen zu halten, und verlegt den Schnittantrieb nach oben und den Vorschubantrieb in die Nähe des Arbeiters nach unten (Abb. 418). Die verschiebbare Bohrspindelhülse a trägt die Quer- b und c und Längslager d und e. Der Vorschub erfolgt durch Ritzel f, das in Zahnstange g der Spindelhülse a eingreift. Der Schnittantrieb durch die unabhängig gelagerte Hülse h und den Sternkeilantrieb i kann entweder mit einer hohen (Zahnrad k) oder mit einer niedrigen (Schneckenrad l) Drehzahlreihe erfolgen. Die Spindel ist durch ein am Halter m wirkendes Gegengewicht gegen Fallen (beim Durchbruch) gesichert.

Bei Waagerechtbohrwerken ist die Frage der Zugänglichkeit des Vorschubantriebes weniger wichtig, da Schwanz- und Kopfende der Bohrspindel auf gleicher Höhe liegen. Dagegen muß der Schnittantrieb oft erhebliche Leistungen übertragen, wenn außer Bohr- auch Fräsarbeiten ausgeführt werden müssen. Aus diesem Grunde wird der Schnittantrieb der Spindel (Keile a, Abb. 419) soweit wie möglich nach vorn verlegt, während der Vorschubantrieb (Vorschubspindel b, Mutter c, Schlitten d) am hinteren Ende eingeleitet wird. Die notwendige Ineinanderschaltung der Lagerungen für Bohrspindelpinole e und Planscheibenträger f erfordert hochgradig genaue und steife Lager (s. S. 47), da die Überlagerungen von Lagerungenauigkeiten und Lagerspielen unzulässige Lauffehler verursachen können. Das Einpassen solcher Lager kann durch Vorsehen gesonderter Lagertragbuchsen g (s. a. Abb. 339 und 425) erleichtert werden.

Der Schnittantrieb der Planscheibe h erfolgt an der dafür günstigsten Stelle, d. h. am größtmöglichen Durchmesser, durch Ritzel i und Innenverzahnung k. Außerdem kann

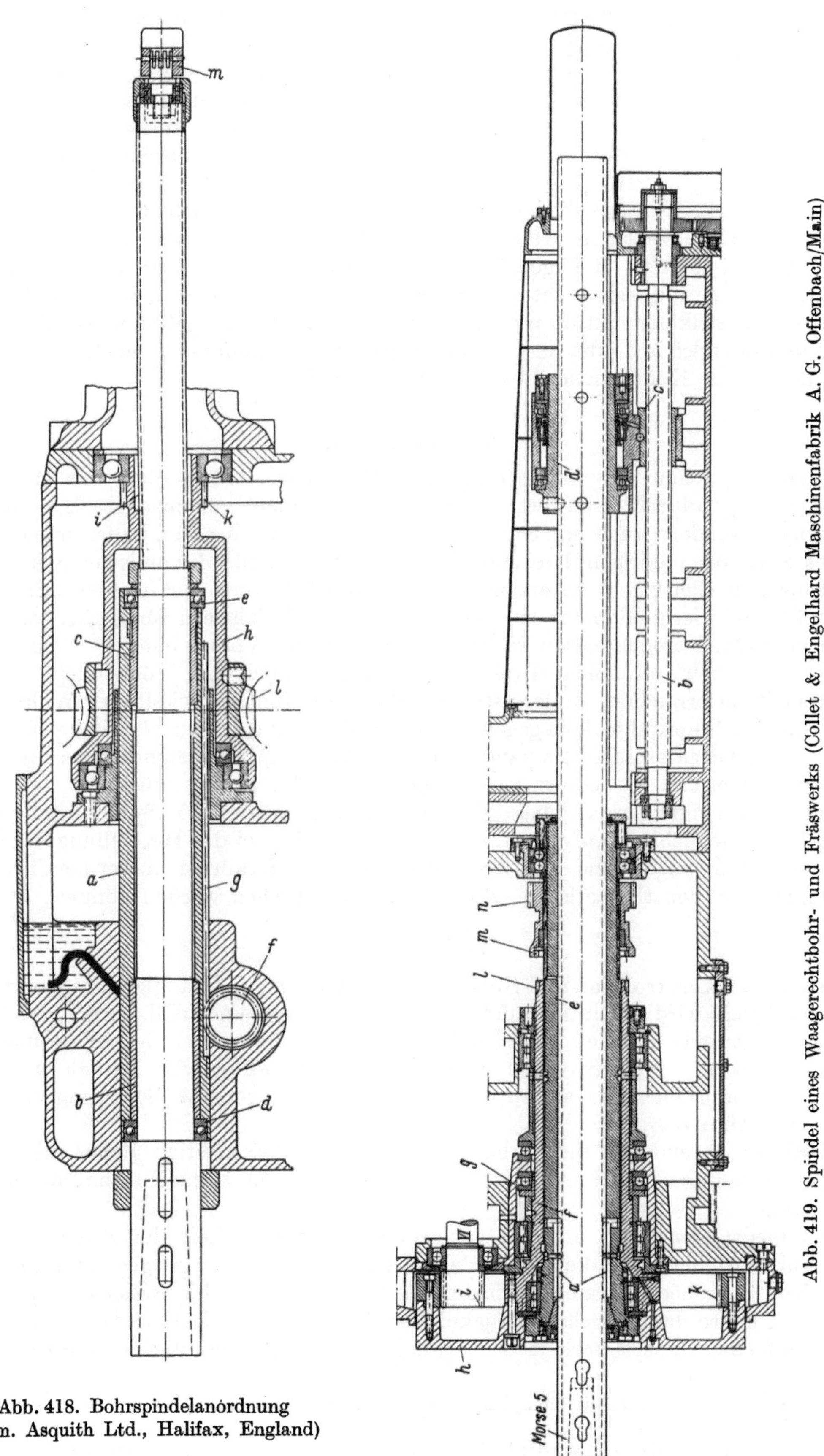

Abb. 418. Bohrspindelanordnung
(Wm. Asquith Ltd., Halifax, England)

Abb. 419. Spindel eines Waagerechtbohr- und Fräswerks (Collet & Engelhard Maschinenfabrik A. G. Offenbach/Main)

der Planscheibenträger *f* mittels Zahnkranz *l* und Innenverzahnung *m* des Schieberades *n* mit der Spindelpinole *e* gekuppelt werden.

Zur Erhöhung der Steifigkeit werden Arbeitsspindeln oft, trotz der Herstellungsschwierigkeiten, in mehr als 2 Stellen gelagert. Eine Untersuchung der Steifigkeiten von zweifach (statisch bestimmt) und dreifach (statisch unbestimmt) gelagerten Spindeln[1] zeigt den zu erwartenden erheblichen Steifigkeitsgewinn durch die dreifache Lagerung, die oft wie eine feste Einspannung, im Vergleich zu der durch zwei einfache Lagerstellen gegebenen freien Auflagerung (s. S. 47), wirkt. Abgesehen davon, daß Fluchtungs- und andere Fehler mehrfacher Lagerungen, die nicht in einem Arbeitsgang hergestellt werden können, oft Lagerklemmungen und Schwingungserscheinungen zur Folge haben, sollte man indessen nicht versuchen, eine vom Standpunkte der Steifigkeit unzureichende Spindelkonstruktion durch die von den Lagern ausgeübten „rückbiegenden" Momente auszugleichen, die man verständlicherweise anderswo im Lagerbau durch selbsteinstellende Konstruktionen zu vermeiden sucht.

b) Konstruktion[2]

Die Konstruktion der Lager und ihrer Elemente, insbesondere für Mehrzweckmaschinen, ist dadurch erschwert, daß die Spindeln nicht nur unter stark wechselnden Belastungen, sondern auch mit einer weiten Reihe von Drehzahlen laufen müssen. Während es z. B. bei niedrigen Drehzahlen schwierig ist, hydrodynamische Schmierungsverhältnisse in Gleitlagern zu erzielen, können die bei hohen Drehzahlen auftretenden Fliehkräfte Schwierigkeiten in der Verwendung von Wälzlagern für große Lagerdurchmesser bereiten. Dagegen bieten Wälzlager nicht nur den Vorteil einfacher Schmierungserfordernisse auch bei hohen Drehzahlen, sondern auch die Möglichkeit, praktisch Spielfreiheit zu erreichen. Andererseits ist die Dämpfungsfähigkeit der Wälzlager geringer und die Empfindlichkeit gegen stoßweise Belastung größer als die der Gleitlager. Ferner ist zu beachten, daß die handelsüblichen Wälzlager für Spindellagerungen meist nicht ausreichen und oft teurere Sonderlager verwendet werden müssen.

Um die verlangte Arbeitsgenauigkeit zu erzielen, müssen die Spindellager eine gewisse Einstellmöglichkeit aufweisen, mit deren Hilfe die bei der Herstellung der sie aufnehmenden Bohrungen und der sie tragenden Zylinderkörper unvermeidlichen Abweichungen von den theoretischen Sollmassen ausgeglichen werden können.

α) Wälzlager

Die von der Konstruktion und Herstellung der Wälzlager abhängige axiale und radiale Laufgenauigkeit wird durch Formfehler der Laufflächen und Wälzkörper, Radialspiel und Lagerluft zwischen den zusammenarbeitenden Elementen, die radiale und axiale Abstützung u. a. beeinflußt. Eine Trennung der Aufnahme von Radial- und Axialkräften ist vorzuziehen, da sie optimale Verhältnisse für beide Belastungsaufnahmen ermöglicht (Abb. 420).

Allerdings vereinfacht die verhältnismäßig hohe gleichzeitige Belastungsfähigkeit der Kegelrollenlager durch Axial- und Radialkräfte die Konstruktion oft erheblich (Abb. 421).

Dem niedrigeren Preis und der geringeren Empfindlichkeit der Kugellager gegen kleine Ausrichtfehler steht die höhere Belastbarkeit der Rollenlager gegenüber, bei denen die Gefahr zu hoher Pressungen an den Berührungsstellen der Rollenkanten mit den Laufringen heute durch leichte Balligkeit der Rollen vermindert wird. Der verhältnismäßig einfachen Einstellbarkeit des Radialspieles der Kegelrollenlager durch axiales

---

[1] PITTROFF, H.: Neuere Entwicklung bei Hauptspindellagerungen von Werkzeugmaschinen Konstruktion, März 1959.

[2] Siehe G. RÖHLKE: Die Lagerung der Hauptspindel von Werkzeugmaschinen. Maschinenmarkt, 18. März 1955.

Verschieben der Laufringe gegeneinander (Abb. 421) steht die Schwierigkeit entgegen, die verlangte Laufgenauigkeit zu erzielen. Diese hängt von der Genauigkeit ab, mit der sich die Achsen mehrerer Kegel (der Außenlaufbahn, der Innenlaufbahn und der Rollen) und der Paßzylinder des Außen- und Innenringes in einem Punkte schneiden.

Bei der Anordnung (Abb. 421) wird von der versteifenden Wirkung des dritten Lagers (s. S. 260) Gebrauch gemacht. Wenn allerdings die Spindelsteifigkeit so niedrig ist, daß die „rückbiegende" Wirkung der Mittellager zur vollen Geltung kommt, dann besteht die Gefahr, daß die Achsen der Rollen und Laufringe über die Herstellungsungenauigkeit hinaus gegeneinander verschoben werden. Außerdem dürfen die beiden Kegelrollenlager nicht so weit voneinander entfernt sein, daß bei Erwärmung und Ausdehnung der Spindel das eingestellte Lagerspiel unzulässig wächst.

In der Drehmaschinenspindel-Konstruktion (Abb. 422) wird ein Doppel-Kegelrollenlager am Spindelkopf verwendet, bei dem diese Gefahren vermieden sind. Die Spieleinstellung der Kegelrollenlager hoher Präzision erfolgt für die Zwillingsanordnung am Kopflager der Drehspindel mittels Mutter a und am Schwanzende durch Federvorspannung b des Einzelrollensatzes.

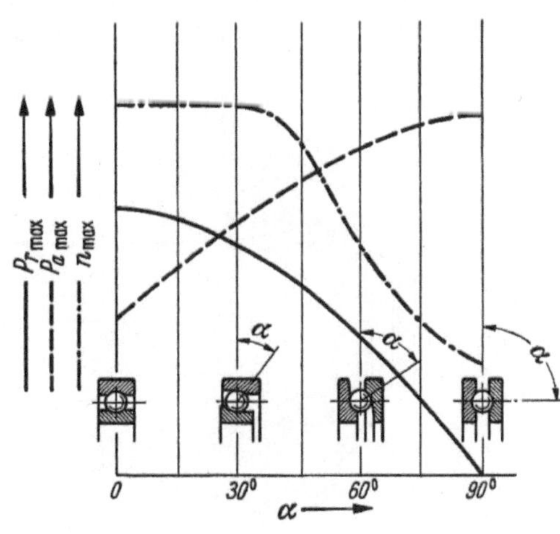

Abb. 420

Belastungsfähigkeit von Kugellagern[1]

$P_{r\,\text{max}}$ Radiale Tragfähigkeit; $P_{a\,\text{max}}$ Axiale Tragfähigkeit; n_max Grenzdrehzahl

Für die Schmierung von Kegelrollenlagern ist es wichtig, daß die pumpende Wirkung der mit wechselnden Umlaufkreisdurchmessern angeordneten Rollen der Ölzufuhr nicht entgegenarbeitet. Das Schmieröl wird zweckmäßig am kleineren Umlaufdurchmesser d_1

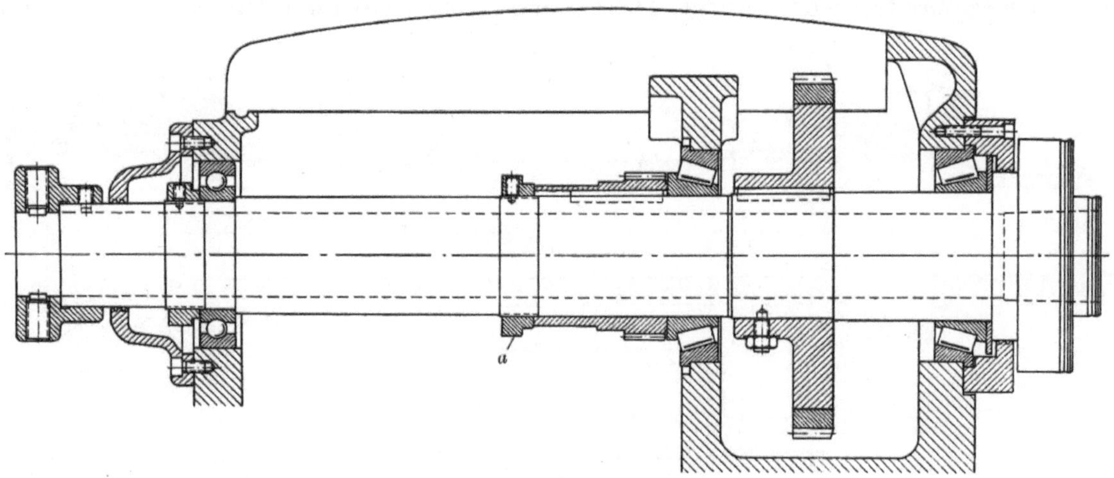

Abb. 421. Spindellagerung einer Drehmaschine (Dean, Smith & Grace Ltd., Keighley, England)
a Einstellmutter für die Kegelrollenlager

zugeführt (c), durch die Pumpwirkung der Kegelrollen nach dem größeren Durchmesser d_2 gefördert und von dort zum Tank abgeführt (e).

Das Zylinderrollenlager ermöglicht es, die Radialbelastung unabhängig von der Axialbelastung aufzunehmen. Es verlangt indessen besondere konstruktive Maßnahmen, um Spieleinstellung und gegebenenfalls Vorspannung zu ermöglichen. Bei der Spindellagerung für eine Revolverdrehmaschine (Abb. 423) ist je ein Doppelrollenlager am Kopf-

---

[1] Aus W. VÖLKENING: Wälzlager in Werkzeugmaschinen. Industrie-Anz., 9. Mai 1958.

und Schwanzende vorgesehen. Die äußeren Laufringe sind axial unverschiebbar im Gehäuse gehalten. Die Bohrungen der inneren Laufringe sind konisch und können auf entsprechenden Kegelabsätzen der Spindel axial verschoben werden (Muttern a und b am Kopflager, c und d am Schwanzlager). Die Feinfühligkeit der Einstellung könnte allerdings dadurch behindert werden, daß zu Beginn der Verschiebung die Haftreibung zwischen der Bohrung des Innenringes und der Spindelkegeloberfläche überwunden werden muß,

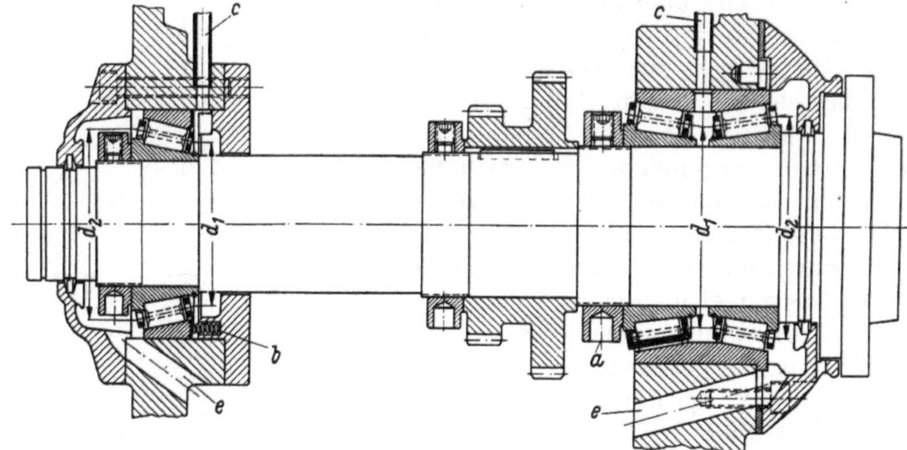

Abb. 422. „GAMET"-Lager-Anordnung (La Précision Industrielle Rueil-Malmaison, Frankreich)

bevor der innere Laufring auf der Spindel axial zu gleiten beginnt. Aus diesem Grunde sind Schmierkanäle e vorgesehen, die es ermöglichen, mittels eines Injektors einen Ölfilm zwischen die gegeneinander gleitenden Flächen zu pressen, so daß ruckartige und schwer zu beherrschende Einstellbewegungen vermieden werden. Nach erfolgter Einstellung muß natürlich das Öl wieder abgelassen werden, damit der Innenring sich auf der gesamten Kegelbreite wieder auflegt. Diese Vorkehrung ist bei der Drehmaschinenspindel

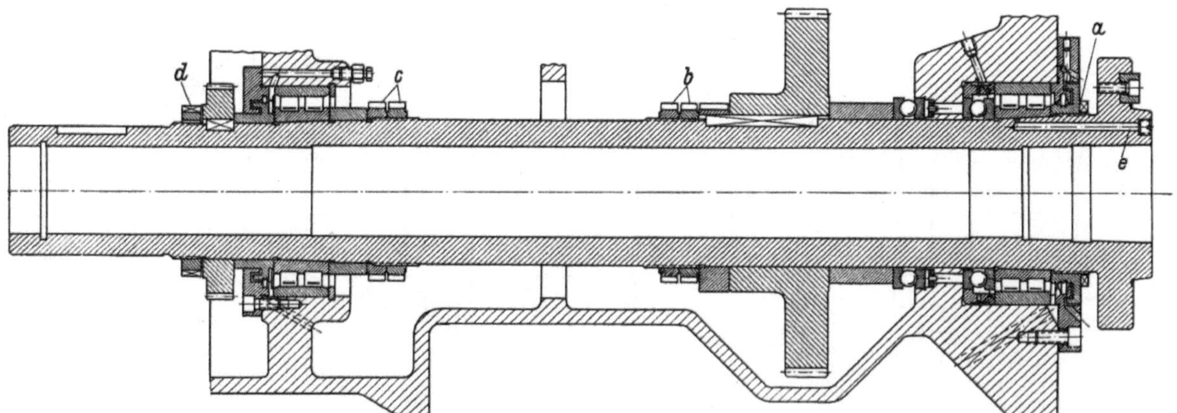

Abb. 423. Spindel einer Revolverdrehmaschine (Gebr. Heinemann A. G., St. Georgen, Schwarzwald)

(Abb. 424) nicht getroffen, indessen ist hier die gedrungene Bauart zu beachten sowie die Möglichkeit, die Rollenlager und die beiden (nach rechts und links wirkenden) Längslager auf der Spindel zu montieren, bevor diese in die vordere Spindelkastenbohrung eingeführt wird. Längsdruckflächen, die zur axialen Einstellung a, b oder zur bloßen Aufnahme von Axialbelastungen c, d, e dienen, sind kugelförmig geläppt und daher selbsteinstellend, so daß die auf die entsprechenden Teile der Spindel ausgeübten Axialkräfte gleichmäßig auf den Umfang verteilt werden und, falls die Stirnflächen der gespannten Teile (Ringe, Zahnräder usw.) nicht rechtwinklig zur Achse liegen, kein Verbiegen der Spindel verursachen.

Die Fräsmaschinenspindel (Abb. 425) vereinigt außerordentliche Steifigkeit mit leichter Einbaumöglichkeit. Der gesamte Lagersatz am Spindelkopf, 2 Doppelrollenlager a und b und 2 Längslager c und d, kann auf der Spindel e und in der Gehäuse-

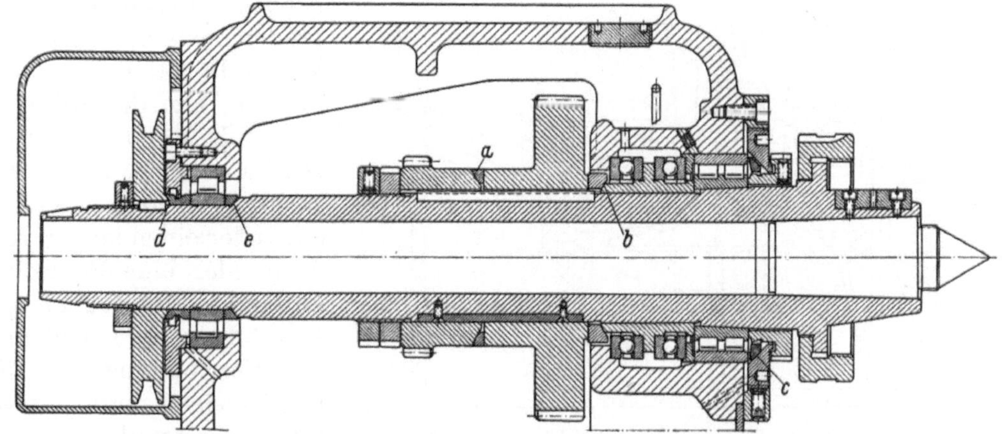

Abb. 424. Spindel einer Nachformdrehmaschine (Georg Fischer A. G., Schaffhausen, Schweiz)

buchse f montiert werden, bevor alles als Einheit in den Spindelkasten g eingebaut und festgeschraubt (Schrauben h) wird. Ölkanäle i für die Schmierung der Kugel- und Rollenlager und k für das Aufspannen und Vorspannen der Innenringe (s. S. 262) sind vorgesehen. Die Keilriemenscheibe l ist unabhängig in 2 Kugellagern m und n gelagert,

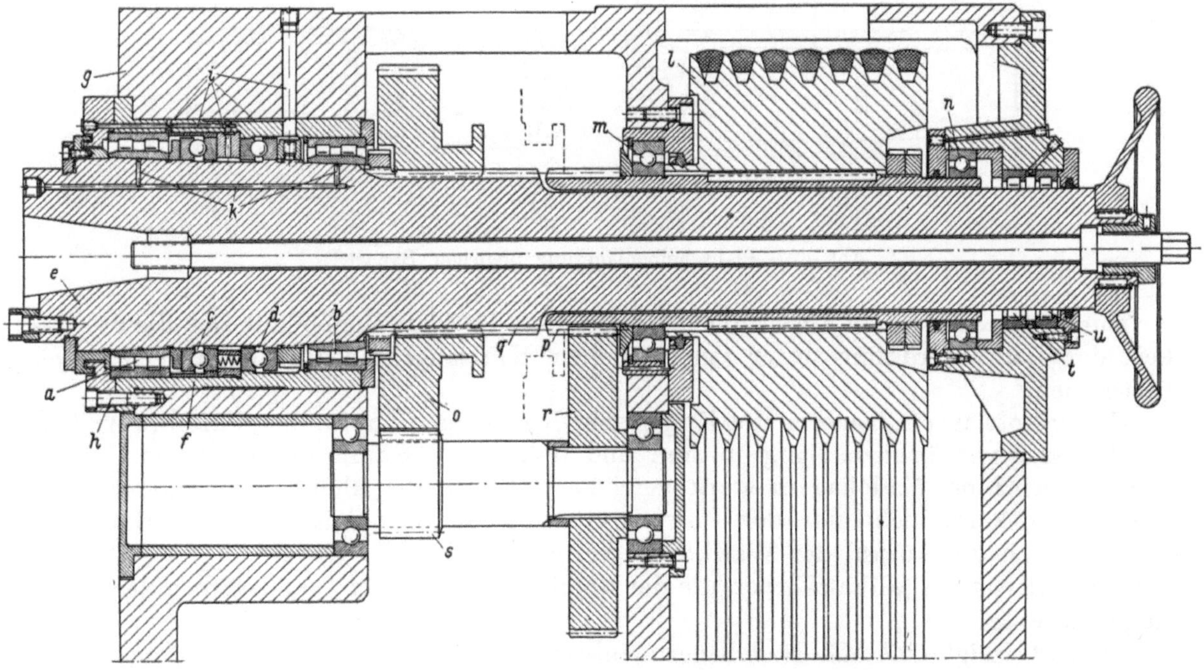

Abb. 425. Frässpindel (Gebr. Heller Maschinenfabrik G. m. b. H. Nuertingen/Württemberg)

so daß die Spindel vom Riemenzug entlastet ist. Der Antrieb der Spindel erfolgt auf dem vollen Umfang mittels Innenverzahnung des Schieberades o, das die Verzahnungen p der Riemenscheibe und q der Spindel verbindet, es sei denn, daß die Spindel durch Verschieben des Schieberades o nach links über das Vorgelege p-r-s-o angetrieben wird. Interessant ist die Spindellagerung am Schwanzende, die nur wenig belastet und von geringer

Wichtigkeit für den ruhigen Lauf der Spindel ist. Hier laufen die Zylinderrollen t und u direkt auf der Spindeloberfläche.

Besondere Probleme bietet die Lagerung der Planscheiben von Karuselldreh-maschinen[1], bei denen nicht nur die Radialkräfte, sondern auch die an verhältnismäßig

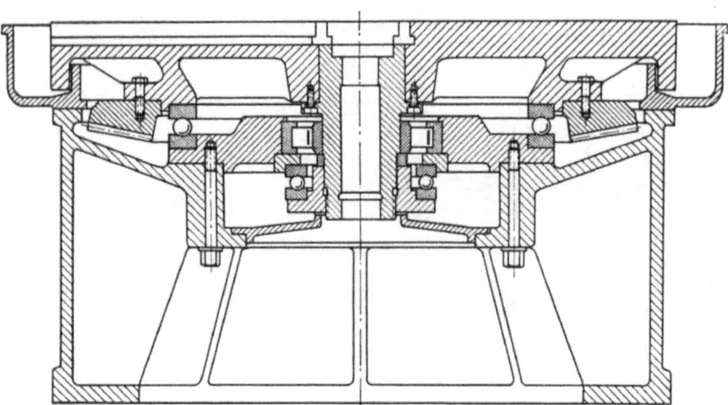

Abb. 426. Patentierte Starrlagerung der Planscheibe[2]

großen Durchmessern angreifenden Axialkräfte erhebliche kippende Momente ausüben können. Um die durch solche kippende Momente verursachten Lagerkräfte so niedrig wie möglich zu halten, kann man entweder einen langen Königsdorn oder eine Planscheibenauflage (Längslager) großen Durchmessers vorsehen. Bei der Verwendung von Kegelrollen- oder Schrägrollenlagern muß aber gerade ein zu weiter Abstand (langer Königsdorn) der beiden einstellbaren Kegelrollenlager vermieden werden, damit keine Spielvergrößerung durch Erwärmung auftritt (s. S. 261). Andererseits verlangt die Verwendung großer Durchmesser für Radiallager größere Toleranzen in Dornen und Bohrungen, die sich auf die Laufgenauigkeit der Planscheibe auswirken können.

Die Trennung von Radial- und Axiallager (Abb. 426) ist also auch hier von Vorteil. Eine besonders niedrige Bauart für Planscheiben großen Durchmessers zeigt Abb. 427.

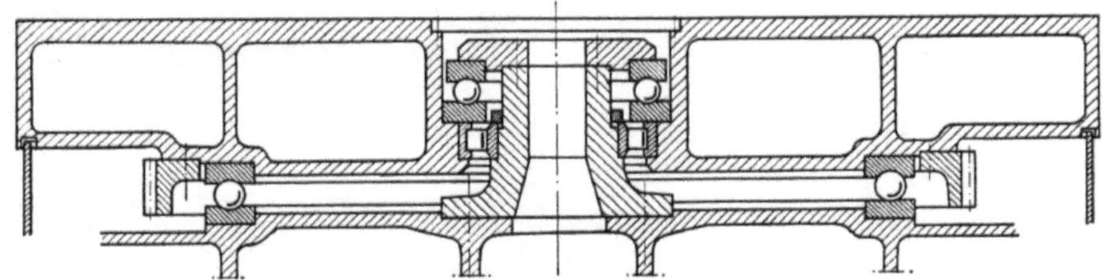

Abb. 427. Planscheibenlagerung niedriger Bauart[3]

Durch Berechnung der Elastizität der Lager und der Planscheibe läßt sich die Steifigkeit der Lageranordnung unter verschiedenen Kraftangriffsbedingungen rechnerisch bestimmen.[3]

Es wird oft als ein Nachteil der Kugel- und Rollenlager empfunden, daß ihre Außendurchmesser verhältnismäßig groß sind und daher viel Raum beanspruchen. Dieser Nachteil wird bei Nadellagern stark verringert. Durch die kleinen Durchmesser der Wälzkörper kann nicht nur der Bohrungsdurchmesser des Außenringes verkleinert, sondern auch die Anzahl der Wälzkörper vergrößert werden. Daraus ergibt sich eine geringere Belastung je Wälzkörper, die die Möglichkeit kleinerer Wandstärken der Laufringe zur Folge hat.

Abb. 428 zeigt eine mit Nadellagern ausgerüstete Drehspindelkonstruktion. Interessant ist hier wieder die Anordnung der Kopflagereinheit (Nadellager und beide Längslager) und des Schwanzlagers in je einer Buchse, die vormontiert und als Ganzes in den

---

[1] DAHLHEIMER, W., u. F. W. LOHR: Planscheibenlagerungen von Einständer-Karuselldrehbänken. — W. STORCK: Führungen und Lagerungen an Karuselldrehbänken. Vorträge und Diskussionen zum 6. Aachener Werkzeugmaschinenkolloquium 1953. Essen: Girardet.

[2] Aus W. DAHLHEIMER: Die Automatisierung einer Karuselldrehmaschine. Werkst. u. Betr., Mai 1957.

[3] Aus I. NOVOTNY: Berechnung der Tisch-Wälzlagerung von Karuselldrehbänken. Die Schwerindustrie der Tschechoslowakei, Juli 1958.

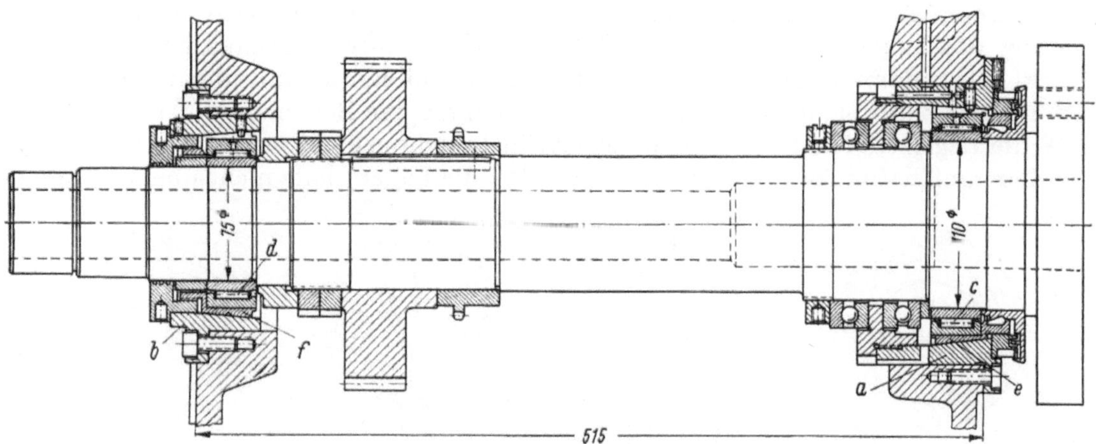

Abb. 428. Arbeitsspindel der „FRONTOR"-Drehmaschine (J. G. Weisser Söhne, St. Georgen/Schwarzwald)[1]

Spindelkasten (*a* bzw. *b*) eingesetzt werden kann. Die Außenringe der beiden Nadellager (*c* am Kopf- und *d* am Schwanzende) liegen in geschlitzten konischen Ringen *e* und *f*, die in den Gehäusebuchsen *a* und *b* axial verstellt werden können und dadurch radiale Spieleinstellung ermöglichen.

Eine andere Methode der Spieleinstellung von Nadellagern, die die Möglichkeit einer durch konische Stellringe erzeugbaren Konizität der Laufbahnen vermeidet, ist die Verwendung eines elastisch gestalteten äußeren Laufringes, dessen Innendurchmesser durch axiale Pressung verkleinert werden kann (Abb. 429)[2]. Wegen der Elastizität des Laufringes muß die Aufnahme im Gehäuse außerordentlich steif sein, damit die verlangte Starrheit der Gesamtanordnung nicht leidet.

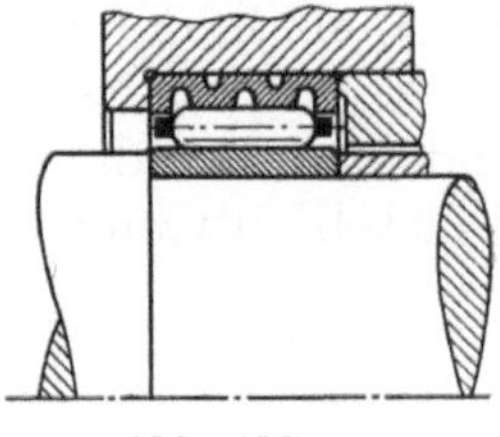

Abb. 429

β) Gleitlager[3]

Wegen der stark wechselnden Arbeitsbedingungen läßt sich bei vielen Gleitlagern ein Zustand der Grenzschmierung, bei dem metallische Berührung stattfindet, nicht vermeiden. Dabei klettert bekannterweise die Spindel an der inneren Lagerschalenwand entgegen der Drehrichtung hoch, um von einer gewissen Höhe, die durch den Gleitwinkel bestimmt ist, wieder herunterzugleiten (Abb. 430a). Mit wechselnden Schmierverhältnissen ändert sich auch der Gleitwinkel, und dementsprechend schwankt die Verlagerung der Spindelachse, wodurch unruhiger Lauf der Arbeitsspindel hervorgerufen wird. Während geringes Lagerspiel die Größe dieser Bewegung bei reiner Grenzschmierung innerhalb zulässiger Grenzen halten kann, tritt bei Übergang von Grenzschmierung zu hydrodynamischer Schmierung, und umgekehrt, ein Wechsel des Reibungswiderstandes und der Verlagerungsrichtung auf (Abb. 430b), der wiederum unruhigen Lauf der Spindel mit sich bringen kann. Als erste Forderung sollten daher Gleitlager derart arbeiten, daß sich der Schmierungszustand bei einmal eingestellter Geschwindigkeit nicht ändert.

Die Einstellung des Lagerspieles ist dabei von besonderer Bedeutung. Die noch immer verwendeten außenkegeligen Buchsen mit zylindrischer Bohrung, deren Nachstellbarkeit durch Schlitze erzeugt wird (Abb. 431), erfordern außerordentlich erfahrene Hand-

---

[1] Aus S. Lüder: Stirnseitenbediente Futter-, Teil- und Vollautomaten. Werkst. u. Betr., März 1958.
[2] Nach E. Bensch: Nadellager im Werkzeugmaschinenbau. Industrie-Anz., 9. Mai 1958.
[3] Grundsätzliche Berechnung hydrodynamisch geschmierter Lager, s. E. Falz: Grundzüge der Schmiertechnik. Berlin: Springer 1931.

habung, wenn sie den heutigen Anforderungen gerecht werden sollen. Wenn zur Verringerung des Lagerspiels eine solche Buchse in die konische Gehäusebohrung hineingedrückt wird, dann biegen sich die Segmente und bilden anstatt der ursprünglichen kreisförmigen Bohrung, je nach der Anzahl der Schlitze, ein Bogendreieck, Viereck od. ä., so daß die Lagerschale eigentlich nach jeder Einstellung neu eingeschabt werden müßte. Außerdem muß dafür Sorge getragen werden, daß die Lagerschale nicht über der Spindel

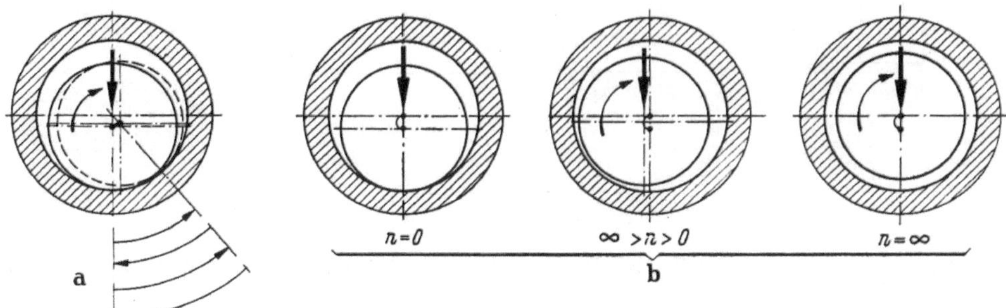

Abb. 430a u. b

„zusammenklappt" und diese festklemmt. Zu diesem Zwecke werden nach erfolgter Einstellung Sprengschrauben vorgesehen oder Paßstreifen (a, Abb. 431) aus Leder oder Hartholz in den durchgehenden Schlitz gelegt.

Es liegt nahe, den Schlitz nach oben zu legen, damit das Schmieröl nicht abläuft. Indessen darf die aufzunehmende Lagerkraft nicht gegen den Schlitz gerichtet sein. Die Einstellmuttern b_1 und b_2 an beiden Enden der Buchse, mit deren Hilfe die Axialverstel-

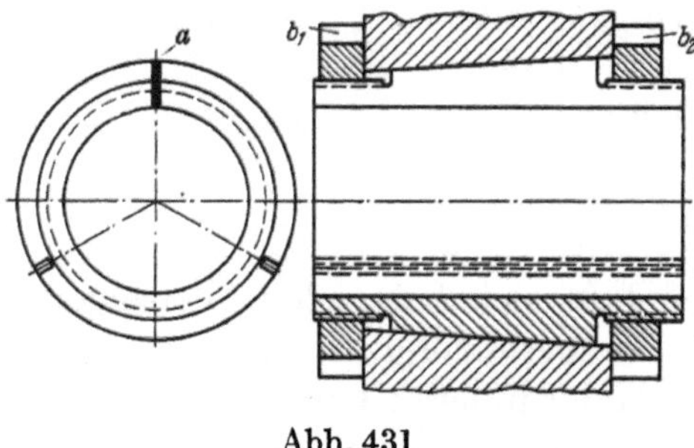

Abb. 431

lung erfolgt, müssen mit Flachgewinden versehen sein, da geneigte Flankenwinkel Radialkräfte verursachen, unter deren Wirkung die Buchse zusammenfallen kann.

Ungeschlitzte Lagerbuchsen mit konischer Bohrung, deren Spiel durch axiales Verschieben auf einer konischen Spindel einstellbar ist, sind in der Herstellung teurer und erfordern große Sorgfalt bei der Nachstellung, da sie nicht zu weit auf die Spindel aufgepreßt werden dürfen. Ihre Belastungsfähigkeit ist indessen höher als die der geschlitzten Buchsen, und sie behalten ihre Rundheit. Ein derartiges Lager, das mit einer Spülschmierung ausgerüstet ist und vom Verfasser in einer schweren Revolverdrehmaschine verwendet wurde, zeigt Abb. 432. Die Spieleinstellung erfolgt mittels Mutter a, die in ihrer jeweiligen Stellung durch Sperrstück b gesichert werden kann. Diese Einstellung des Radialspieles hat keinerlei Einfluß auf die Spieleinstellung der Längslager, die durch Mutter und Gegenmutter c erfolgt. Durch eine Pumpe wird aus einem Tank, der etwa 50 l Öl enthält und im Fuße der Maschine untergebracht ist, Schmieröl (etwa 15 l/min) durch die Einlaßbohrung d geliefert. Dieses Öl umspült das Lager dauernd (Ringkanal e) und läuft durch die Schauglasbohrung f ab. Dadurch wird der Ölspiegel auf der verlangten Höhe gehalten und kann durch Schauglas g beobachtet werden. Das Öl fließt dann durch Auslaßbohrung h zum Tank zurück. Durch Bohrungen i_1 und i_2 wird der Lagerfläche Öl zur Verfügung gestellt, das nach Bedarf aus Ringkanal e entnommen und durch Nuten k_1 und k_2 auf die Lagerlänge verteilt wird. Je nach der Spindelgeschwindigkeit wird ein Grenz- oder Mischschmierzustand erzeugt. Gleichzeitig hält das frische, die Lagerbuchse dauernd umspülende Öl das Lager auf konstanter Temperatur.

Ein Gleitlager mit selbsttätiger Spieleinstellung ist das „Hydrauto"-Lager (Abb. 433), dessen loses Schalensegment a über Kolben b mittels Federn c dauernd mit kleinstmöglichem Lagerspiel gegen die Spindel d gehalten wird. Um ein Lüften der Spindel gegen den Druck der Federn c zu verhindern, wird Drucköl durch ein Rückschlagventil e über

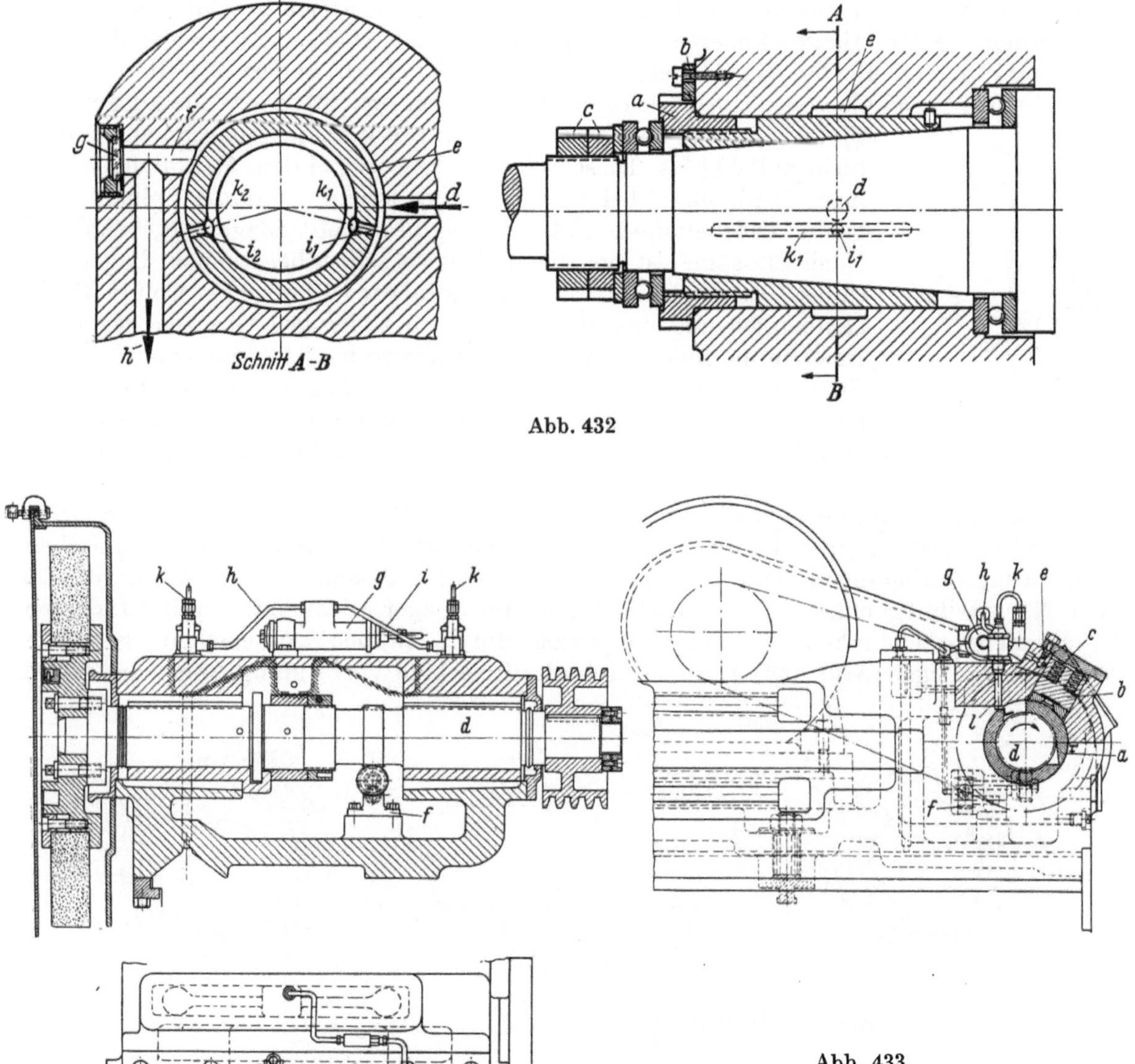

Abb. 432

Abb. 433
Schleifspindellager „Hydrauto" (The Churchill Machine Tool Co. Ltd., Manchester, England)

den unter dem Druck der Federn c stehenden Kolben b, der dadurch ein Abheben des Segmentes und Zurückgehen der Spindel verhindert, geliefert. Pumpe f fördert durch Filter g und Rohrleitungen h und i sowohl das Drucköl für die Lagereinstellung (Rohrleitung k) als auch das Schmieröl für die Lagerung (Bohrung l)[1].

---

[1] Dieses Lager ist für Schleifarbeiten, bei denen das Gewicht von Schleifspindel und Schleifscheibe erheblich größer als die aufwärts gerichtete Schleifkraftkomponente ist, vorzüglich geeignet. In letzter Zeit sind indessen die Anforderungen hinsichtlich Produktivität und Arbeitsgeschwindigkeit stark gestiegen, wobei auch bei höchster Spanleistung eine hochgradige Oberflächengüte erzeugt werden muß. Nach Ansicht der Firma Churchill ist unter diesen Bedingungen, bei denen erheblich größere Schleifkräfte auftreten, eine ungeteilte Lagerbuchse vorzuziehen, und solche Buchsen werden daher heute in allen Churchill-Maschinen verwendet.

Die wachsenden Anforderungen an die Laufgüte der Arbeitsspindeln, die Höhe der Drehzahlen und die Lebensdauer der Lager unterstreichen die Notwendigkeit hydrodynamisch oder hydrostatisch geschmierter Lager, bei denen die Lage der Spindelachse sich wenig oder gar nicht ändert. Die Konstruktion hydrostatisch geschmierter Lager, die ähnlich wie derartig geschmierte Führungen (s. S. 246) arbeiten, ist noch in der Entwicklung begriffen. Bei den Einflächengleitlagern (s. Abb. 430b) ändert sich die Lage der Welle in Abhängigkeit von der Spindeldrehzahl und von der auf die Welle ausgeübten

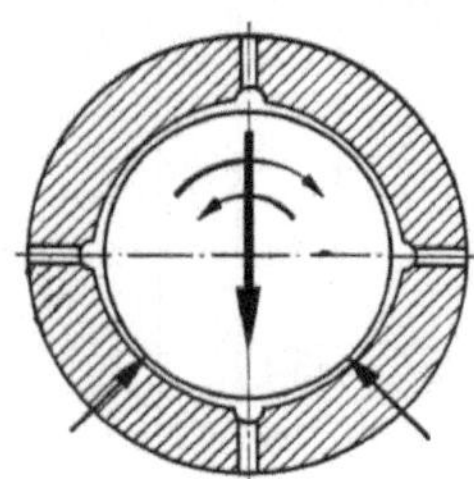

Abb. 434

Querkraft, ein Lagenwechsel, der für Werkzeugmaschinenspindeln nicht zulässig ist. Diese Schwierigkeit ist bei dem Mehrgleitflächenlager (Abb. 434), bei dem der von 4 Seiten auf die Spindel ausgeübte Öldruck diese kraftschlüssig in der Mittellage hält, behoben.[1] Nach FRÖSSEL[2] ist bei diesen Lagern selbst bei kleinem Lagerspiel (5 bis 10 μ) hydrodynamische Schmierung über einen weiten Drehzahlbereich und mit einer innerhalb zulässiger Grenzen liegenden Erwärmung möglich. Wenn bei waagerecht gelagerten Spindeln das Spindelgewicht den Hauptanteil an der Lagerbelastung hat, dann ist es vorteilhaft, die Lager derart anzuordnen, daß das Gewicht von zwei unter 45° zur Belastungsrichtung liegenden Gleitflächen aufgenommen wird (s. Abb. 434).

Um die mit Mehrgleitflächenlagern möglichen kleinen Lagerspiele zu erhalten, werden die Wellen durch Läppen in die Lagerschale eingepaßt. Da unter hydrodynamischen Schmierungsbedingungen keine metallische Berührung und kein Verschleiß auftritt, ist eine Nachstellmöglichkeit der einmal eingepaßten Lager nicht notwendig. Indessen ist Einstellbarkeit manchmal dem Einpassen durch Läppen vorzuziehen. Bei dem MACKENSEN-Lager (Abb. 435) werden durch die dreieckige Verformung einer elastischen

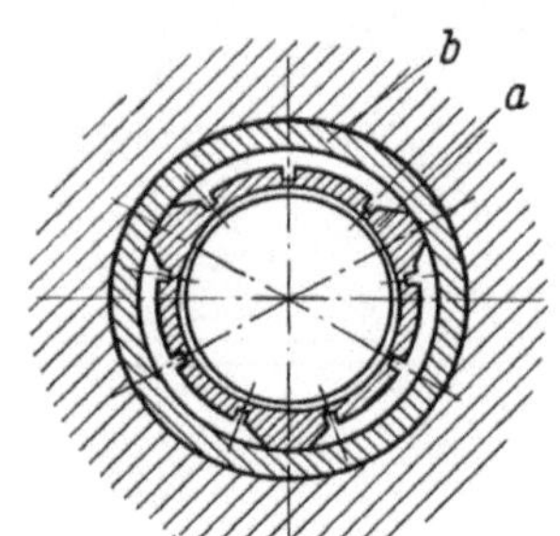
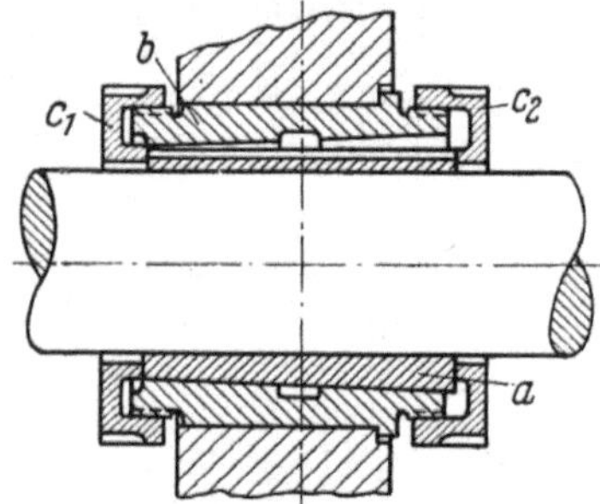
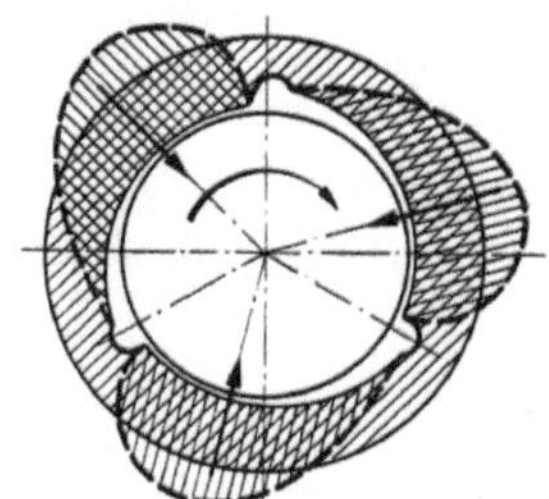

Abb. 435. MACKENSEN-Lager   Abb. 436

Lagerbuchse a, die zur Erhöhung der Nachgiebigkeit an 9 Stellen eingekerbt ist, 3 Öltaschen mit keilförmigem Profil erzeugt, die die Bildung der tragenden Schmierschichtkeile einleiten. Die radiale Lage der 3 Stützpunkte im Gehäuse b kann durch axiales Verschieben (Muttern c_1 und c_2) in einer konischen Bohrung geändert und das Spiel an der engsten Stelle der Lagerschale bis auf etwa 1μ herunter, bei einem Gesamtlagerspiel von etwa 4μ, eingestellt werden. Die Verwendung von 3 Laufflächen ergibt eine statische bestimmte Anordnung (Abb. 436).

Bei den oben gezeigten steifen Lagerbauarten können trotz günstigster Schmierungsbedingungen unzulässige Kantenpressungen auftreten, wenn die Steifigkeit der Spindel so niedrig ist, daß die unter Last auftretenden Durchbiegungen größer als das Lagerspiel sind. Selbsteinstellende Lager, deren Schalen in Zapfen oder Kugelpfannen schwenkbar

[1] REUTHE, W.: Mehrgleitflächenlager für Präzisionswerkzeugmaschinen. Industrie-Anz., 19. Oktober 1956 u. 23. Oktober 1956, s. a. H. PEEKEN: Der Einsatz von mehrflächigen Gleitlagern in Werkzeugmaschinen höchster Genauigkeitsansprüche. Werkst. u. Betr., Oktober 1959.
[2] FRÖSSEL, W.: Kritische Betrachtung der Gleitlagerung im Werkzeugmaschinenbau. Industrie-Anz., 6. September 1957.

sind, so daß sie sich der Biegelinie der Spindel anpassen, üben allerdings kein „rück-biegendes" Moment aus. Es soll hier aber noch einmal betont werden, daß es besser ist, Spindeln der verlangten Biegesteifigkeit zu konstruieren, anstatt zu niedrige Biege-steifigkeit der Spindel durch Einspannmomente in den Lagern auszugleichen.

Selbsteinstellung der Lagertragflächen, ähnlich der von MICHELL für axiale Stützlager vor über 50 Jahren vorgeschlagenen Bauweise, erfolgt in dem „Filmatic"-Lager (Abb. 437). Fünf kippbare Lagerschalensegmente a sind um die Spindel an-geordnet, und der gesamte Lagerraum wird mit Öl, das unter leichtem Druck steht, gefüllt gehalten (Ölleitung b). Unter der Wirkung der Spindel-drehung hebt das Öl die Einlaufkanten a_1 der Seg-mente an, so daß diese kippen und mit ihren Aus-laufenden a_2 die Spindel fest umklammern und gewissermaßen hydrodynamisch einspannen.

Die Möglichkeit, Wälzlager als einbaufertige Einheiten beziehen zu können, bietet dem Kon-strukteur nicht nur Entlastung von der nur mit erheblicher Sonderkenntnis und Erfahrung mög-lichen Arbeit, die die Konstruktion solcher Lager

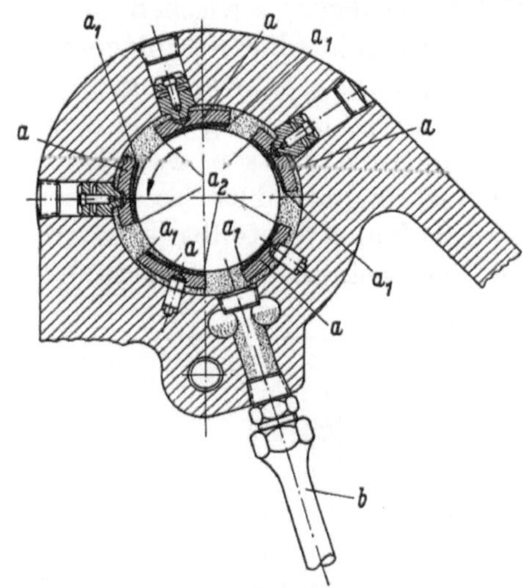

Abb. 437 Schleifspindellager „Filmatic"
(Cincinnati)[1]

erfordert, sondern auch die Möglichkeit, von Sonderfirmen hergestellte Teile bester Konstruktion und Güte zu geringerem Preise für seine Maschine zu erhalten.

Eine ähnliche Entwicklung findet jetzt im Gleitlagerbau statt.[2] Unter den verschie-denen zur Verfügung stehenden Lagern ist ein Expansionslager (Abb. 438) interessant, bei dem eine besonders geformte Lagerbüchse a gegen einen Tragkörper b abgestützt

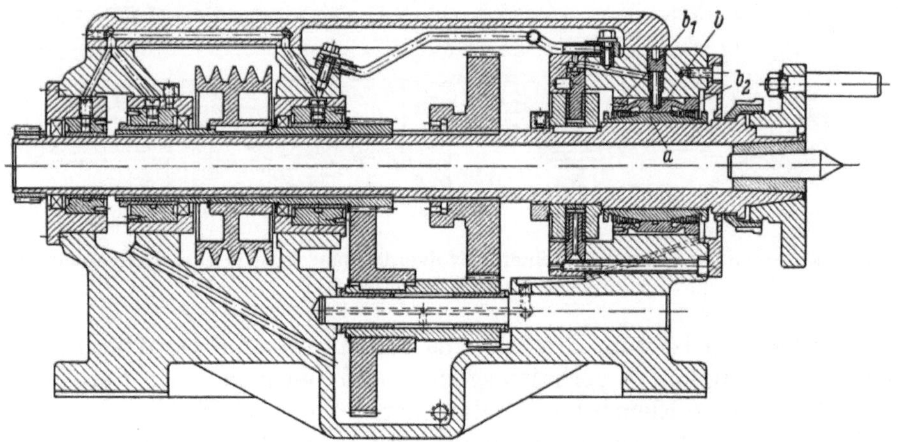

Abb. 438. Drehmaschinenspindellagerung mit Einbau-Gleitlagern[2]

ist, der sich seinerseits nur an den beiden Enden b_1 und b_2 gegen die Spindelkasten-bohrung stützt. Die Konstruktion erlaubt, kleine durch Wärmeausdehnung hervor-gerufene Aufweitungen sowie Anpassung der Lagerschale an die Biegelinie der Spindel. Die Bohrung ist mit 4 Keilflächen (s. Abb. 434) zur Erzeugung hydrodynamischer Schmierung versehen.

---

[1] Aus G. H. ASBRIDGE: Design of Precision Grinding Machines. The Institution of Mechanical Engineers 1953.

[2] GERSDORFER, O.: Einbaugleitlager für Werkzeugmaschinen. Werkst. u. Betr., Februar 1957.

4. Schnittantriebe

Der Schnittantrieb muß die für den jeweiligen Zerspanungsvorgang erforderliche Relativbewegung zwischen Werkzeugschneide und Werkstoff mit der verlangten Geschwindigkeit (der Schnittgeschwindigkeit, s. S. 2) erzeugen und dabei die erforderliche Leistung schwingungsfrei übertragen. Die von dem Antrieb erzeugte Schnittgeschwindigkeit hängt von der Geschwindigkeit des Antriebsmotors und den Übersetzungsverhältnissen zwischen Antriebsmotorwelle und Abtriebselement ab. Diese Übersetzungsverhältnisse können mit Hilfe von Wechselgetrieben (s. S. 103) gestuft oder stufenlos verstellbar konstruiert (s. S. 112) und die Schnittgeschwindigkeiten dadurch den wechselnden Arbeitsverhältnissen angepaßt werden.

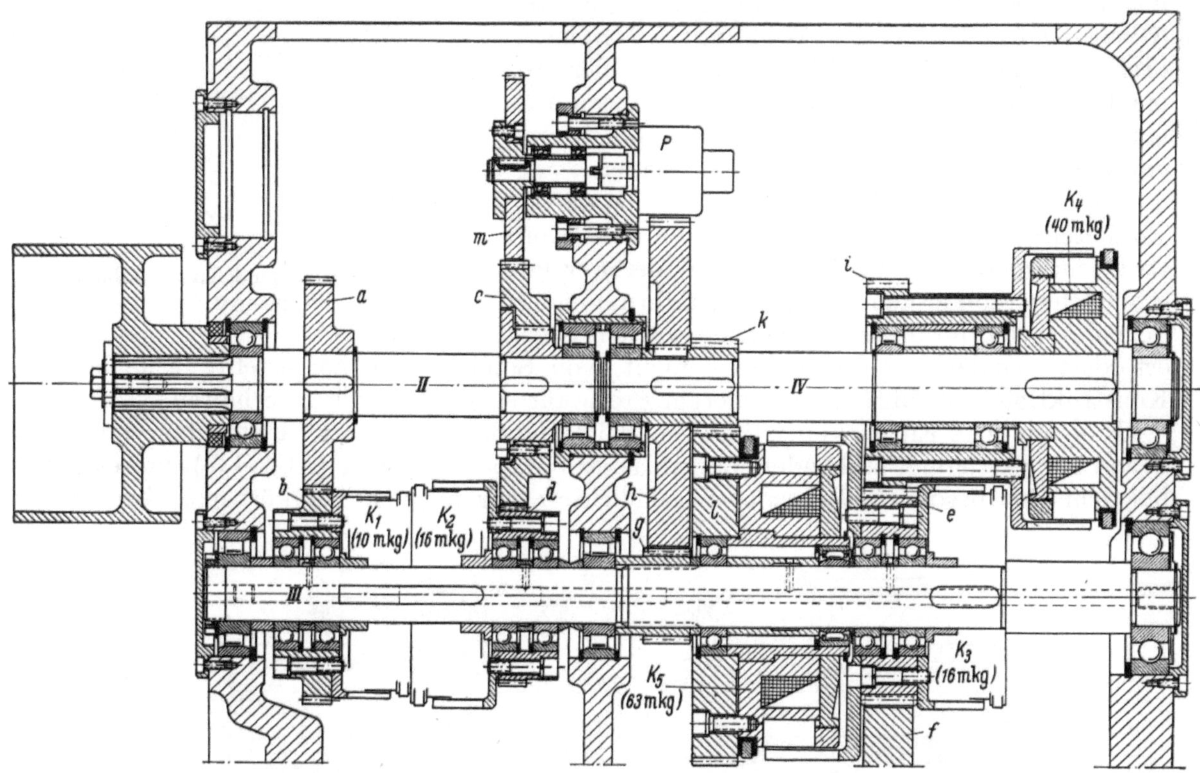

Abb. 439. Spindelkastengetriebe einer Revolverdrehmaschine (Gebr. Heinemann A. G., St. Georgen/Schwarzwald)

Die Schnittleistung ist dem Produkt aus der Hauptschnittkraftkomponente P_1 und der Schnittgeschwindigkeit v verhältnisgleich, und bei gegebener Leistung können die von langsamlaufenden Elementen, Zahnrädern, Schneckenrädern, Gewindespindeln usw. zu übertragenden Kräfte und Momente und damit die Verformungen der Antriebselemente erheblich werden. Bei Wechselbelastungen können diese Verformungen außerdem zu störenden Schwingungserscheinungen, die die Güte der bearbeiteten Oberfläche ungünstig beeinflussen, führen. Aus diesem Grunde müssen die Elemente der Schnittantriebe und ihre Lagerung stark, steif und schwingungsstarr konstruiert werden. Dabei ist es ratsam, die oft erforderlichen hohen Übersetzungen zur Erzeugung niedriger Geschwindigkeiten soweit wie möglich in der Nähe der letzten Glieder der Antriebskette anzuordnen, so daß nur diese letzten Glieder hoch und die vorherliegenden schnelllaufenden Glieder verhältnismäßig niedrig belastet werden.

Das Spindelkastengetriebe (Abb. 439) wird über einen Flachriementrieb von einem polumschaltbaren Motor mit 2 Geschwindigkeiten (Lastdrehzahlen 1400 und 2800 U/min) angetrieben. Die Schaltung mittels elektromagnetischer Kupplungen K_1

bis K_5 ermöglicht Geschwindigkeitswechsel unter Last. Die durch die 5 Kupplungen übertragbaren Drehmomente sind in Abb. 439 in Klammern angegeben. Abb. 440 zeigt das Drehzahlbild für 12 Geschwindigkeiten. Die vor der festen Übersetzung e/f durch die verschiedenen Kupplungen K_1 bis K_5 übertragbaren Drehmomente (s. Abb. 439)

sind in Abb. 440 eingetragen. Interessant ist die Tatsache, daß die auf Welle *III* sitzende Kupplung K_1 ein kleineres Drehmoment als die auf der gleichen Welle sitzende Kupplung K_2 übertragen kann. Auf diese Weise wird das bei der niedrigsten Drehzahl übertragbare Drehmoment, das außerdem über die volle Länge der Welle *III* übertragen werden muß, innerhalb zulässiger Grenzen gehalten und Überlastung vermieden. Die Anordnung der auf den Wellen auf Kugel-, Rollen- und Nadellagern frei laufenden Räder b, d, e, i und l sowie

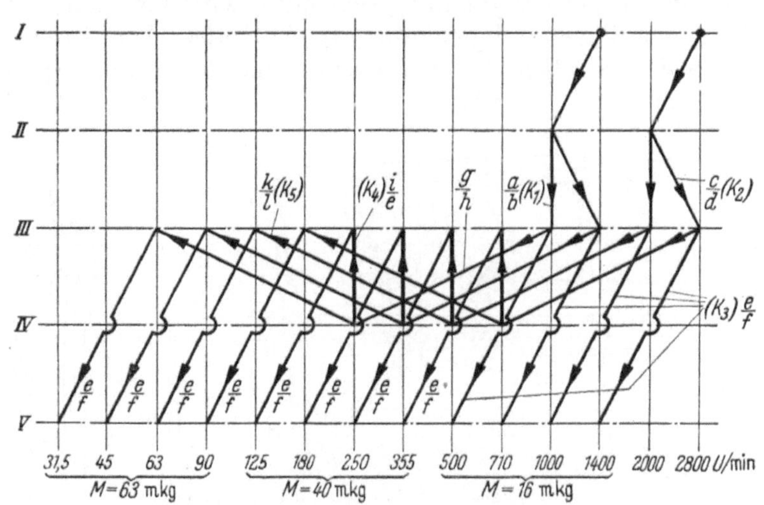

Abb. 440. Drehzahlbild für den Getriebekasten (Abb. 439)

I Motorwelle (Polumschaltbarer Motor mit 2 Geschwindigkeiten, in Abb. 439 nicht gezeigt); *II* Riemenscheibenwelle im Spindelkasten; *V* Arbeitsspindel.
Die bei den verschiedenen Drehzahlen von den Kupplungen übertragbaren Drehmomente sind unter den Drehzahlwerten angegeben.

die Montage der Kupplungskörper auf den Zahnrädern ist interessant. Der Antrieb der Ölpumpe P erfolgt direkt von der ersten Welle im Spindelkasten *II* über Räder c und m.

Bei dem mit Schieberädern (s. S. 109) ausgerüsteten Spindelgetriebe (Abb. 441), einer Nachformdrehmaschine, ist zwischen der Antriebswelle *I* mit der Keilriemen-

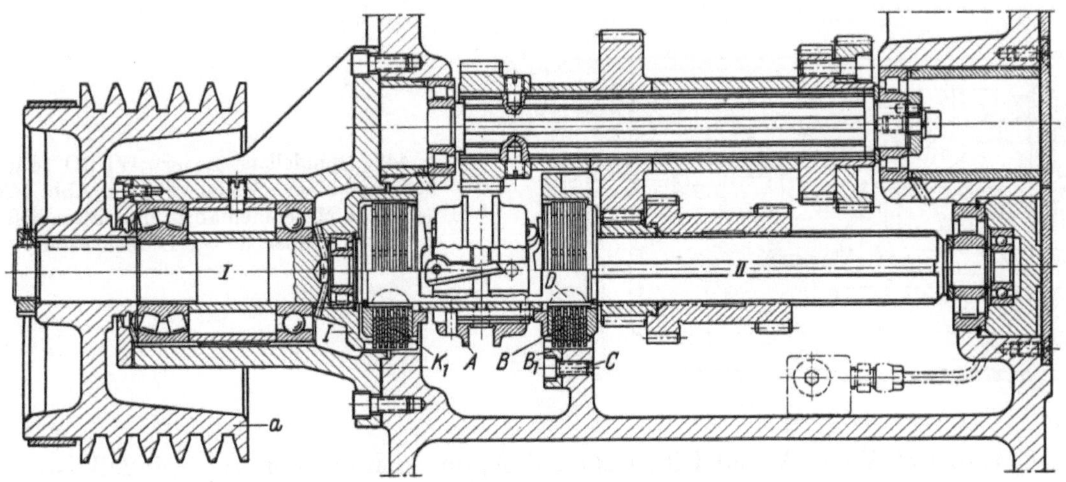

Abb. 441. Spindelkastengetriebe einer Nachformdrehmaschine (Georg Fischer A. G., Schaffhausen, Schweiz)

scheibe a und der ersten Getriebewelle *II* eine Lamellenkupplung K_1 vorgesehen, die durch Verschiebemuffe A betätigt wird. Bei Ausschalten der Kupplung K_1 betätigt die Verschiebemuffe A die Bremse B, mit deren Hilfe die Spindel schnell stillgesetzt werden kann. Die Bremse hat die Form einer Lamellenkupplung, deren Außenkörper B_1 mit dem Spindelkasten-Gußstück fest verbunden ist (Schrauben C), während der Innenkörper auf der Welle *II* verkeilt (Keil D) ist.

Der Spindelantrieb (Abb. 442) der Säulenbohrmaschine (Abb. 443) enthält ein Reibscheibengetriebe a/b zur stufenlosen Drehzahlverstellung über einen Drehzahlbereich von $3:1$, der durch Schieberäder e/f, g/h und i/k auf einen Drehzahlbereich von 22,5 für die Bohrspindeldrehzahlreihe erweitert wird (Abb. 444). Der Spindelvorschub, der von der Spindeldrehzahl positiv abhängig sein muß, wird von dem auf der Bohrspindelantriebshülse sitzenden Ritzel 1 abgenommen (s. Abb. 454). Die stufenlose Drehzahleinstellung erfolgt durch Verschieben des Motorschlittens A entlang Spindelkasten B auf Führung B_1

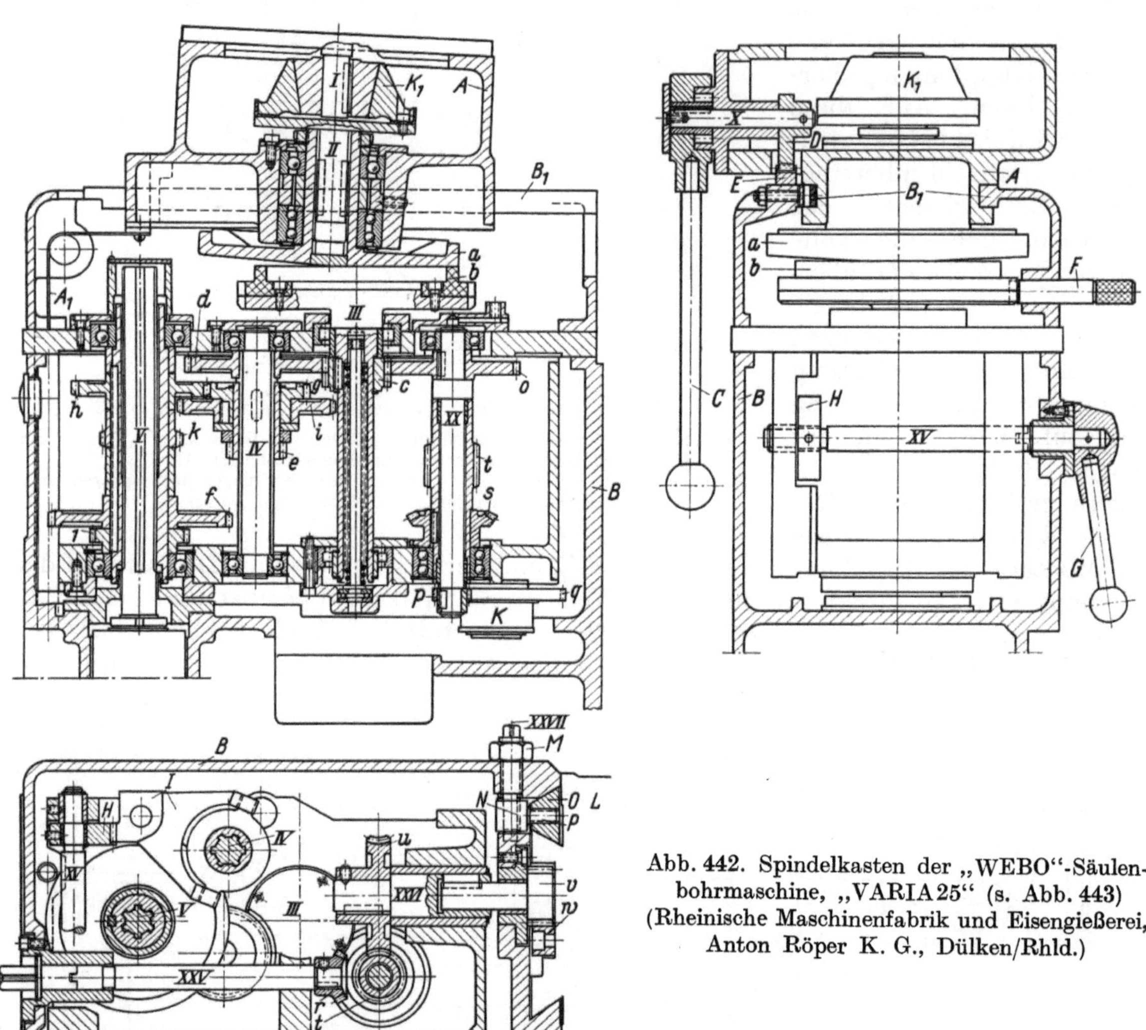

Abb. 442. Spindelkasten der „WEBO"-Säulenbohrmaschine, „VARIA 25" (s. Abb. 443) (Rheinische Maschinenfabrik und Eisengießerei, Anton Röper K. G., Dülken/Rhld.)

mittels Hebel C, Welle X und Ritzelsegment D, das sich auf der am Spindelkasten befestigten Zahnstange E abwälzt. Die jeweilige Schlittenstellung wird über Band A_1 an der Vorderseite des Spindelkastens angezeigt. Um die Reibscheiben unter dem notwendigen Druck gegeneinandergepreßt zu halten, werden das Ritzel c und Rad d mit Schrägverzahnung versehen, deren Axialkraftkomponente, unterstützt von einer in der Wellenbohrung liegenden Druckfeder, die Reibscheibe b gegen die Antriebsscheibe a drückt. Um bei etwaigen Instandhaltungsarbeiten die Reibscheiben zu trennen, kann Scheibe b durch Haltebolzen F gegen Drehung gesichert und durch Drehen der Bohrspindel von Hand unter der Wirkung der Schrägverzahnung von Rädern c, d nach unten und außer Eingriff mit Reibscheibe a bewegt werden.

Die Schieberäder e, g, i werden durch Handhebel G, Welle XV, Zahnradsegment H und Gabel I verstellt.

Ritzel c treibt außerdem über Zahnrad o, Welle XX, Ritzel p und Zahnrad q die Ölpumpe K.

Interessant ist die Betätigung der Höhenverschiebung des Spindelkastens durch eine auf Vierkantwelle XXV aufgesetzte Kurbel. Welle XXV treibt die Kegelräder r und s und die auf Welle XX frei laufende Schneckenwelle t, die ihrerseits über Schneckenrad u Welle XXVI und Ritzel v dreht. Ritzel v läuft auf der an dem Ständer L befestigten Zahnstange w ab und verschiebt dadurch den Spindelkasten B. Die Vierkantschraube XXVII mit Gegenmutter M, Exzenter N dient zur Feineinstellung, Gewinde P zur Grobeinstellung der Leiste O.

Der Spindelantrieb von Fräsmaschinen muß oft einen großen Drehzahlbereich decken und daher in der Lage sein, einerseits große Drehmomente und andererseits Drehmomentschwankungen hoher Frequenz schwingungsfrei zu übertragen. Die Verwendung eines schwungradartigen Elementes (siehe S. 65) kann Torsionsschwingungserscheinungen ausgleichen, und die Lagerung der Arbeitsspindel (siehe S. 263) sowie die Montage der Antriebselemente (Zahnräder) auf der Spindel (s. S. 257) erfordern besondere Beachtung. Außerdem ist für niedrige Spindelgeschwindigkeiten die Anordnung einer sehr hohen Übersetzung ins Langsame zwischen der letzten Getriebewelle und der Spindel ratsam, da auf diese Weise alle Getriebewellen außer der Spindel selbst mit verhältnismäßig hohen Drehzahlen laufen (s. Abb. 124). Der Gedanke, durch konstruktive Vorkehrungen den Bau zweier verschiedener Getriebe durch Einsatz einiger auswechselbarer Räder und ohne kostspielige Änderungen zu ermöglichen (s. S. 76), ist für die Spindelantriebe (Abb. 445) von Planfräsmaschinen weitgehend entwickelt worden. Zum Drehzahlwechsel (Stufensprung 1,25) innerhalb der einzelnen Drehzahlreihen dienen Wechselräder a/b. Für die niedrigsten Drehzahlen (7 bis 90 U/min) wird ein Schneckengetriebe c/d verwendet (Abb. 445a), während die höheren Spindelgeschwindigkeiten (bis 355 U/min) durch Zahnräder e/f erzeugt werden. Zum Umschalten von der hohen auf die niedrige Drehzahlreihe, d. h.

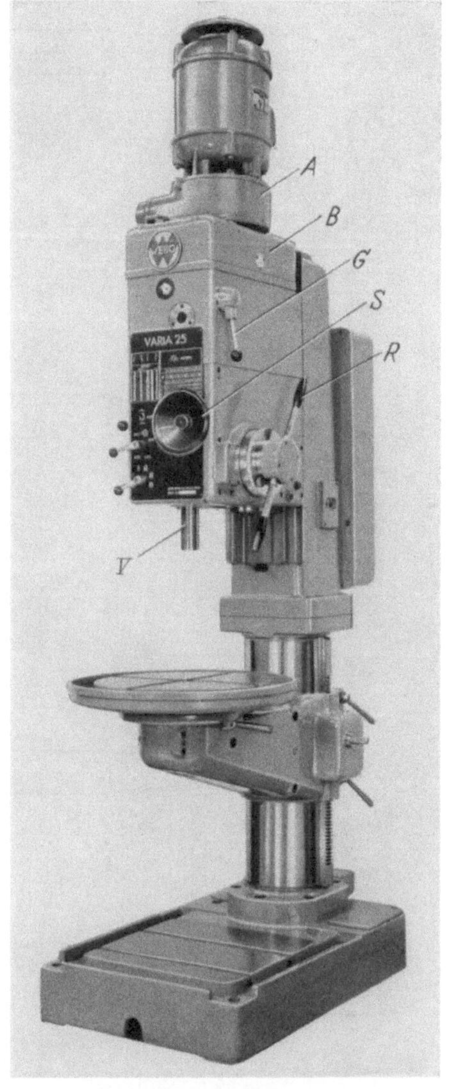

Abb. 443. „WEBO" Säulenbohrmaschine VARIA 25" (Rheinische Maschinenfabrik und Eisengießerei, Anton Röper K. G., Dülken/Rhld.) (s. Abb. 442 u. 454)

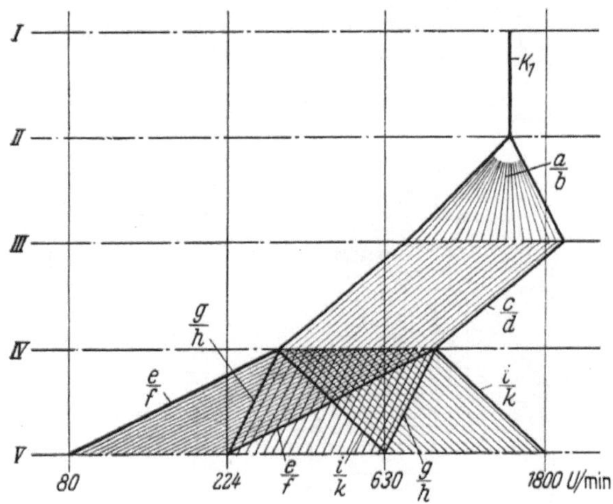

Abb. 444. Drehzahlbild des Getriebes Abb. 442

I Antriebsmotorwelle; II Antriebsreibscheibenwelle; III Abtriebsreibscheibenwelle; IV Schieberadwelle; V Bohrspindel; K_1 Elastische Kupplung

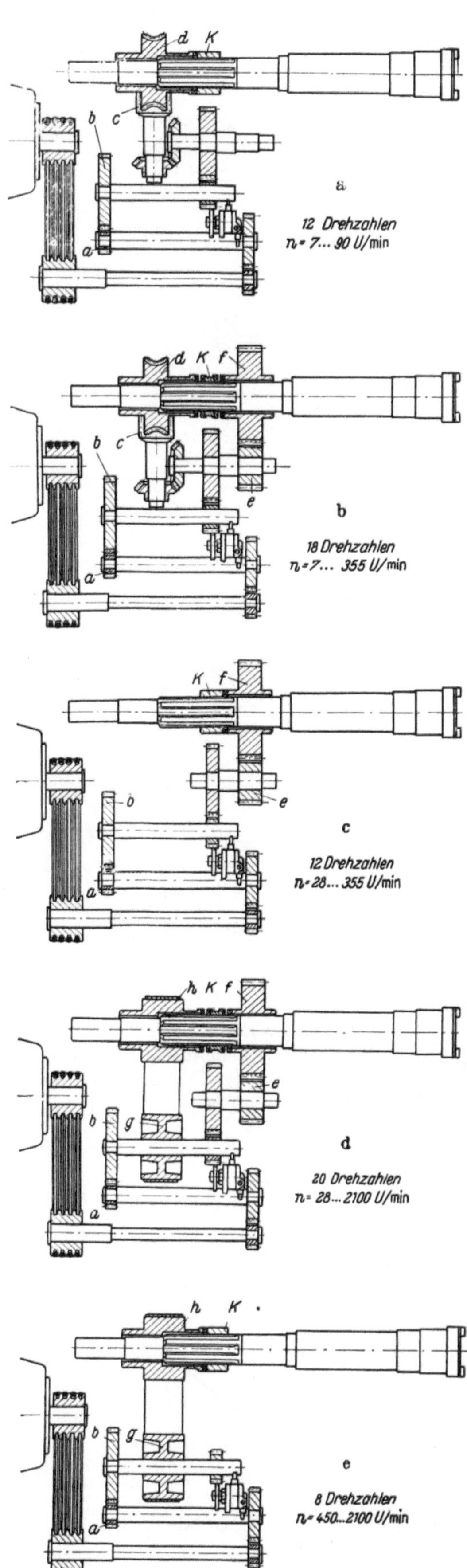

vom Zahntrieb zum Schneckentrieb oder umgekehrt, dient die Kupplung K (Abbildung 445b). Falls die niedrige Drehzahlreihe nicht erforderlich ist, wird nur der Zahnradantrieb e/f vorgesehen (Abb. 445c).

Bei hohen Drehzahlen sind endlose Riementriebe vorzuziehen, da Zahnradantriebe schon bei sehr geringen Verzahnungsfehlern störende Schwingungen erzeugen können. Allerdings dürfen die zu übertragenden Kräfte nicht zu groß und die Riemengeschwindigkeiten, besonders wegen der verhältnismäßig kleinen, in Spindelkästen verwendbaren Riemenscheibendurchmesser, zu klein sein. Bei der Anordnung (Abbildung 445d) ist für die niedrigen Geschwindigkeiten der Zahnradantrieb e/f beibehalten, während zur Erzeugung der höheren Drehzahlen die Kupplung K auf den Riementrieb g/h umgeschaltet werden kann, da die bei diesen Drehzahlen auftretenden Riemengeschwindigkeiten hoch genug sind und die bei gegebener Motorleistung auftretenden Drehmomente von der zulässigen Riemenkraft übertragen werden können. Für die höchste Drehzahlreihe genügt der Riementrieb allein (Abb. 445e).

Bei der Konstruktion schwerer Spindelantriebe für Senkrechtfräsmaschinen muß der Ausrichtmöglichkeit der Antriebselemente, insbesondere bei Kegelradantrieben, der Axialverschiebung der Spindel und der Schmierung der Lager besondere Beachtung geschenkt werden. Das Kegelradgetriebe a/b der Senkrechtfrässpindel (Abb. 446) wird in dem mit dem Maschinenständer fest verschraubten Gehäuse A getragen, wobei die Waagerechtwelle I in einer gesonderten, im Gehäuse A zentrierten Buchse B gelagert ist. Buchse B dient gleichzeitig zur Zentrierung des Antriebsgehäuses A im Maschinenständer C. Spindel II ist in Kegelrollen- und Kugellagern in dem senkrecht verschiebbaren Spindelkasten D, der in seiner höchsten Stellung gezeichnet ist, gelagert und gleitet bei der Senkrechtbewegung in der Sternkeilbohrung des Kegelrades b.

Die Schmierung der Kegelräder und Lager erfolgt durch die von einer zentralen

Abb. 445a—e. Spindelantriebe für die „Autoplan"-Planfräsmaschine
(Wanderer-Werke A. G., Haar bei München)

Ölpumpe belieferte Rohrleitung E, wobei Wanne F ein Abfließen des Öles in den Spindelkasten verhindert. Zu beachten ist auch der Ring G zwischen den beiden Kegelrollenlagern des Spindelhauptlagers, der den Ölverlust von dem oberen Kegelrollenlager innerhalb zulässiger Grenzen hält.

Für leichte Arbeiten ist oft ein Universalfräskopf, der auf normale Waagerechtfräsmaschinen aufgesetzt werden kann, nützlich. Neben der bekannten, um zwei rechtwinklig zueinander liegende Achsen I und II schwenkbaren Anordnung (Abb. 447) sei die interessante und außerordentlich steife Bauart (Abb. 448) erwähnt, bei der die Schwenkbewegungen um zwei um 45° gegeneinander geneigte Achsen I und II erfolgen.

Die Ausbildung der geradlinigen Schnittantriebe für die Tischbewegung von Hobelmaschinen muß nicht nur den oft auftretenden hohen Schnittkräften, sondern auch den bei der Umsteuerung auftretenden Massenkräften Rechnung tragen. Für eine alte Hobelmaschine hatte schon

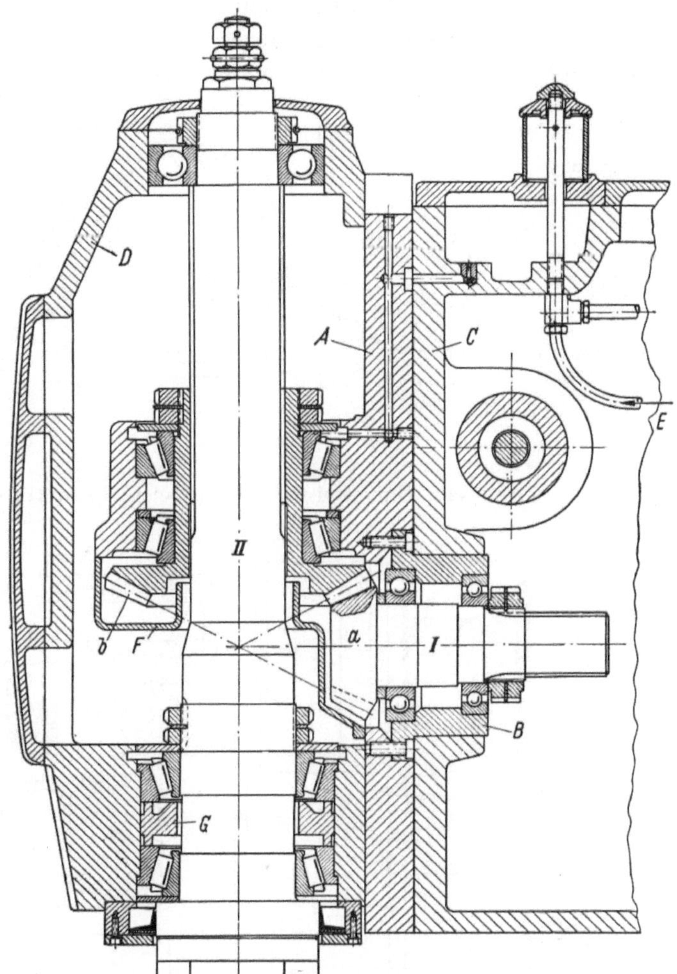

Abb. 446. Spindelkasten einer Senkrechtfräsmaschine
(Wm. Asquith Ltd., Halifax, England)

SCHLESINGER im Jahre 1910 eine ausführliche Berechnung durchgeführt, aus der sich außer der Größe der bei der Arbeit auftretenden, auf die Antriebsräder und die Zahnstange wirkenden hohen Kräfte, die Tatsache ergab, daß die Größenordnung der zur Umsteuerung der schnellaufenden kreisenden Massen notwendigen Energie etwa 30 mal so groß war wie die zur Umsteuerung der geradlinig bewegten Massen erforderliche Energie.

Bei Zahnantrieben des Tisches verwendet man zur Erzielung ruhigen Laufes und gleichförmiger Kraftübertragung zwischen kreisendem Antriebselement und Tischzahnstange entweder eine Antriebsschnecke verhältnismäßig kleinen Durchmessers und eine Schrägzahnstange (Abb. 449) oder ein Antriebszahnrad, meist mit Schrägverzahnung, dessen großer Durchmesser den gleichzeitigen Eingriff einer größeren Anzahl Zähne gewährleistet (Abbildung 450).

Bei dem Schneckenantrieb (Abb. 449) treibt der Antriebsmotor a über Kupplung K Welle I

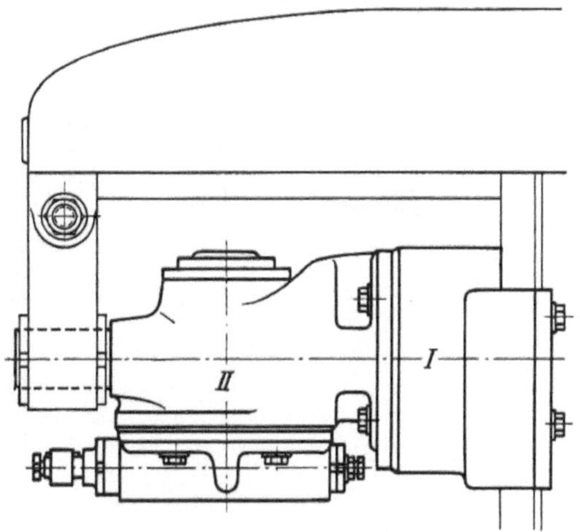

Abb. 447. Universal-Fräskopf
(Wanderer-Werke A. G., Haar bei München)

18*

mit Schnecke b, die die am Tisch A befestigte Zahnstange c bewegt. Die Einfachheit dieses Schnittantriebes, der keinerlei Zwischenräder zwischen Motor und verhältnismäßig kurzer Schneckenwelle erfordert, ist klar ersichtlich.

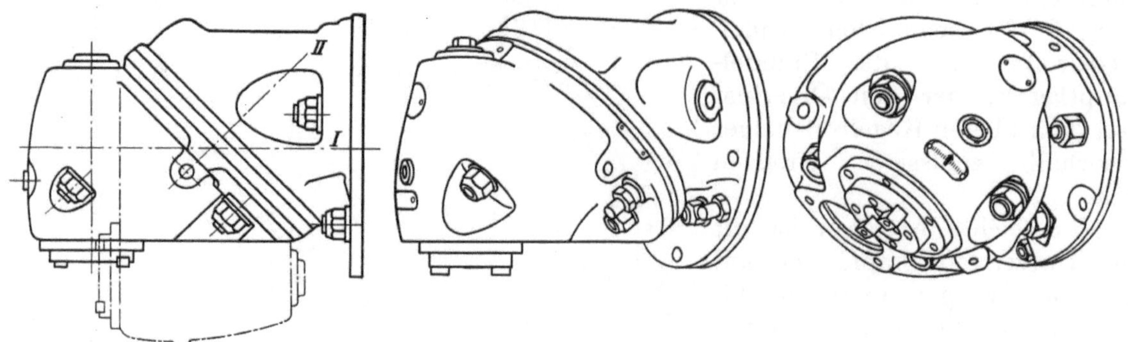

Abb. 448. Universal-Fräskopf (Societé Léon Huré & Cie., Paris, Frankreich)

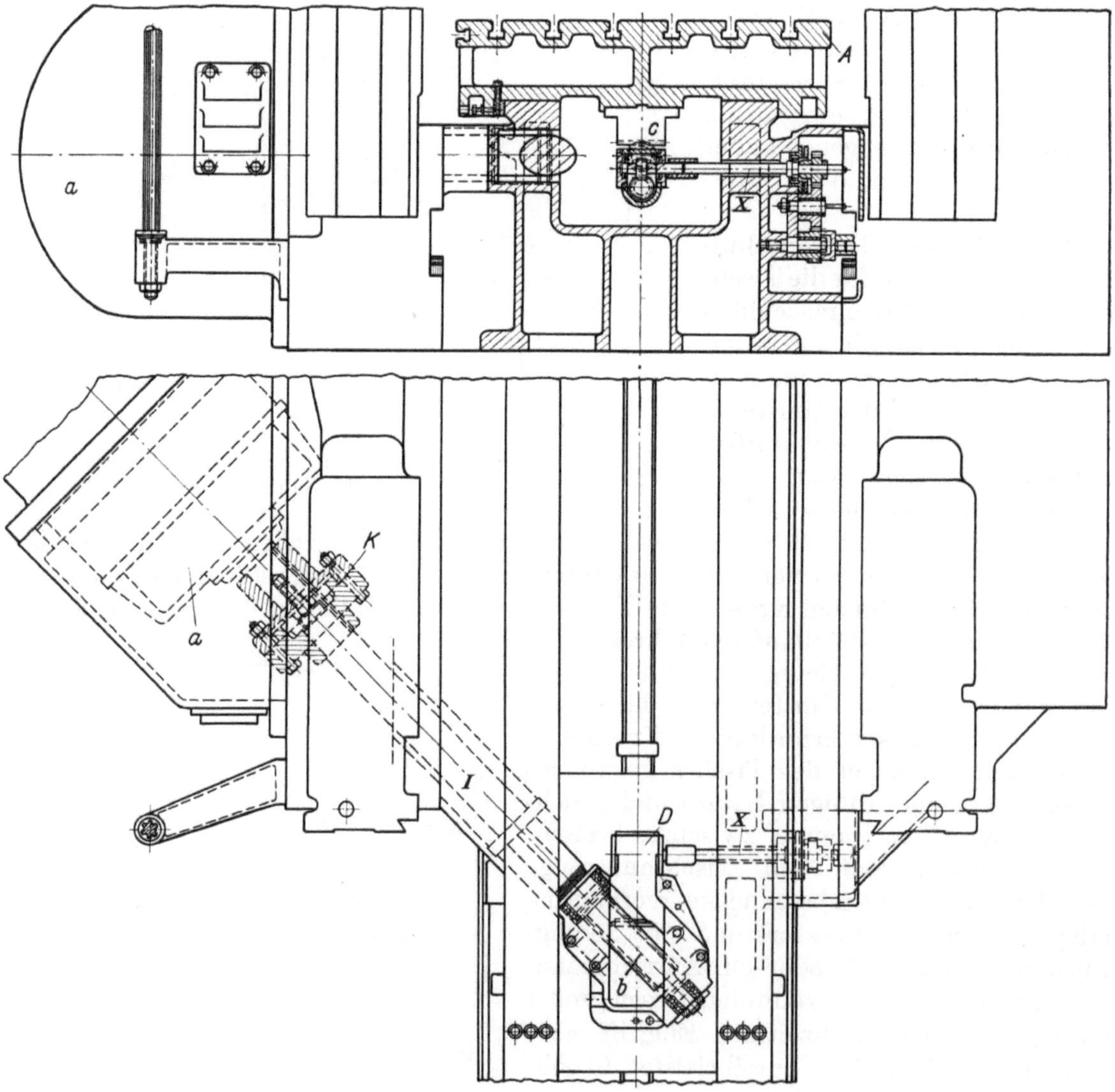

Abb. 449. Hobelmaschinentisch-Antrieb mittels Schnecke und Schrägzahnstange
(John Stirk & Sons Ltd., Halifax, England)

Wenn ein Schrägzahnradantrieb mit den erforderlichen Zwischenübersetzungen verwendet wird, dann erzielt man die notwendige Torsionssteifigkeit durch Ausschaltung langer Wellen und Anordnung der Zahnräder in Blöcken. Bei dem Getriebe (Abb. 450) treibt der Antriebsmotor a über Kupplung K Welle I und Zahnräder b/c, d/e und f/g die Zahnstange h, die den Tisch A bewegt. Die Zahnradblöcke $c + d$ und $e + f$ und die

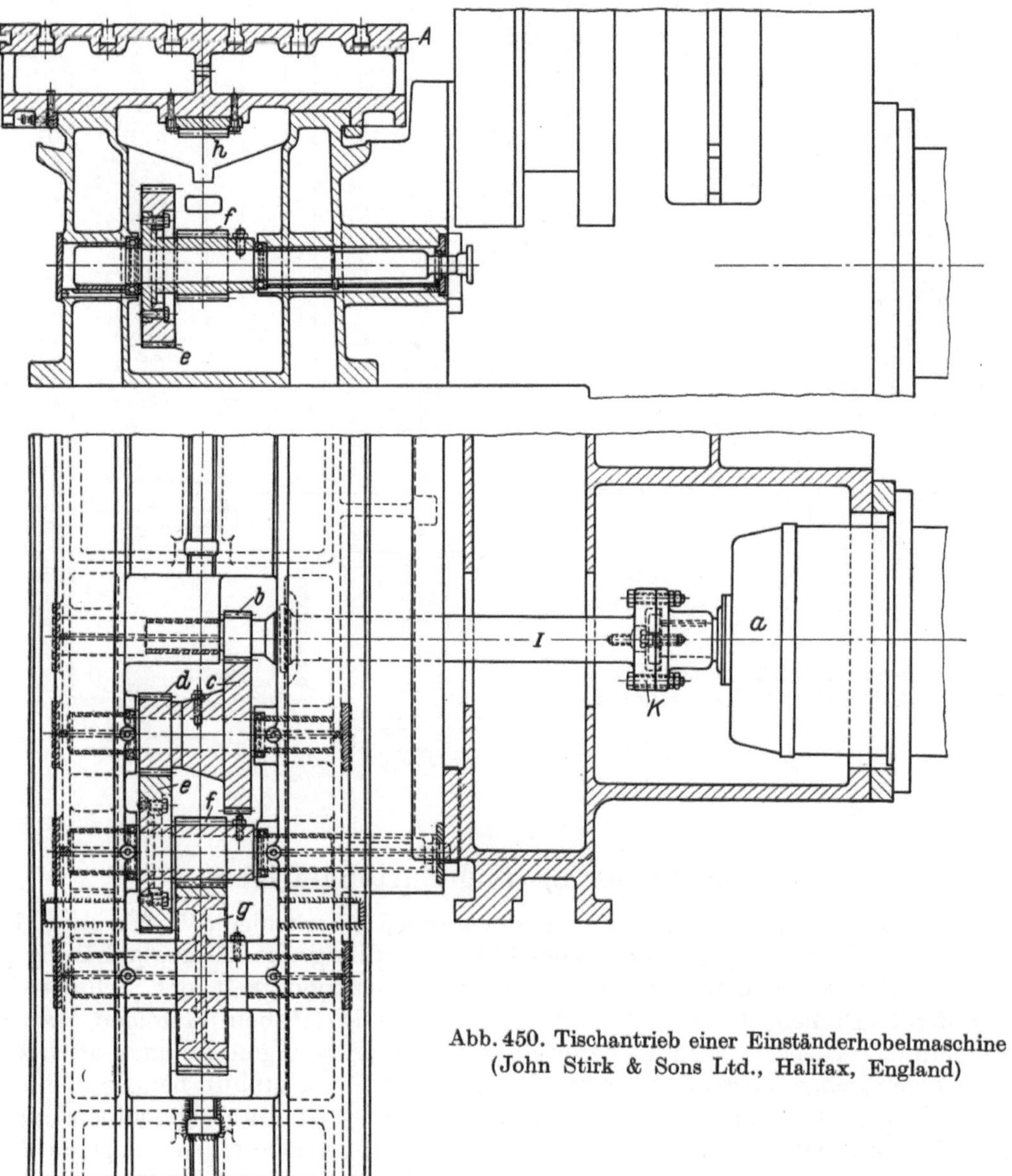

Abb. 450. Tischantrieb einer Einständerhobelmaschine
(John Stirk & Sons Ltd., Halifax, England)

kurzen Lagerabstände aller Wellen ergeben die erforderliche Steifigkeit der Übertragungsglieder. Zahnrad g ist nur ein Zwischenrad großen Durchmessers, das guten Zahneingriff mit der Zahnstange h gewährleisten soll.

Die Umsteuerung erfolgt elektrisch (s. S. 138), und die Umkehrpunkte der Tischbewegung werden durch einstellbare Endanschläge B_1 und B_2 auf einer mit der Tischbewegung kreisenden Scheibe C bestimmt (Abb. 451). Der Antrieb der Scheibe C wird direkt von dem Tischantrieb (s. Getriebe D und Welle X, Abb. 449) abgeleitet.

Bei der Anordnung (Abb. 451) erfolgt der Antrieb der Umsteuerscheibe C über Welle XX, Kegelräder 1, 2, 3 und 4, die mit Universalgelenken versehene Welle XXI und Schraubenräder 5 und 6.

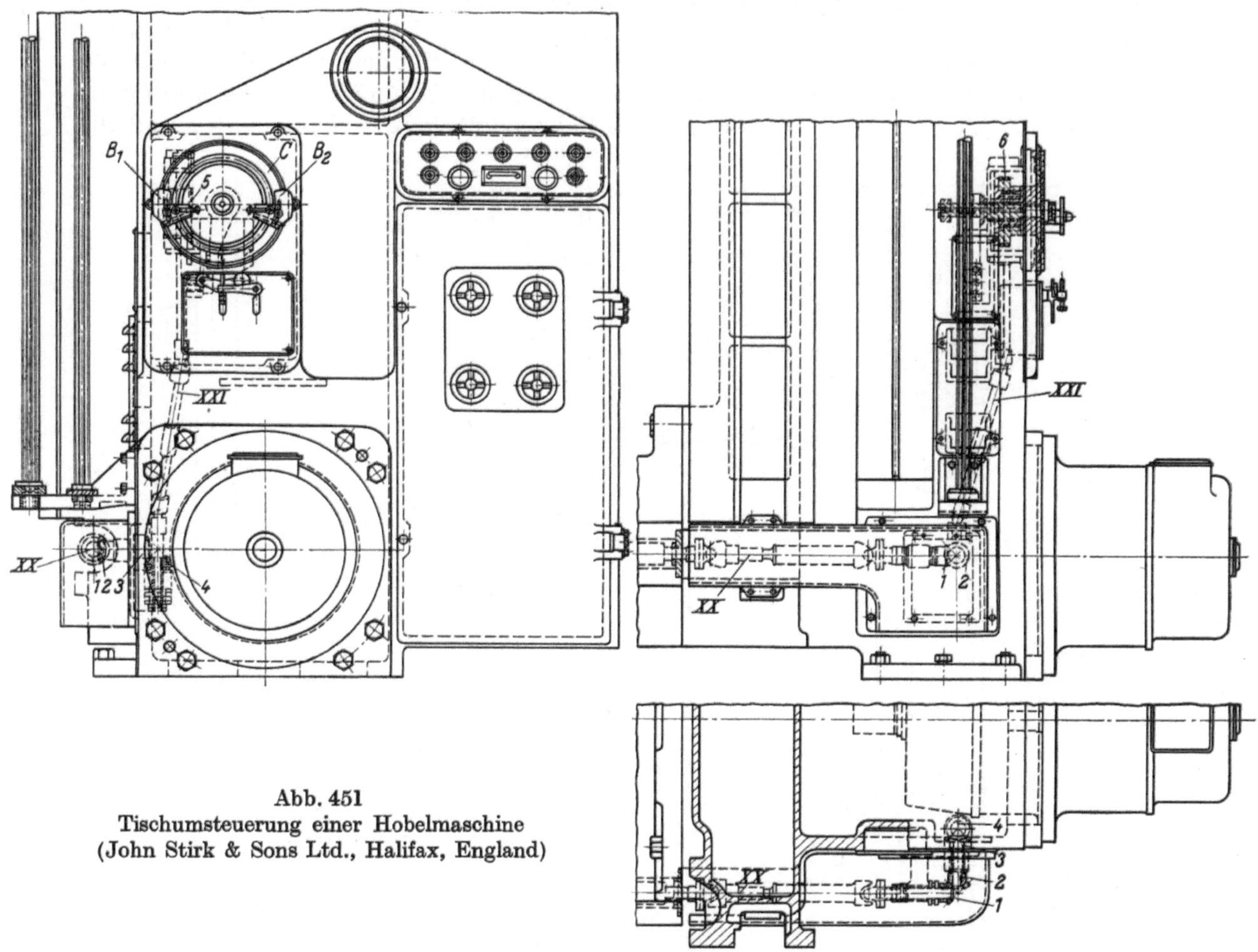

Abb. 451
Tischumsteuerung einer Hobelmaschine
(John Stirk & Sons Ltd., Halifax, England)

5. Vorschub- und Zustellgetriebe

Die Vorschubbewegungen sind, mit Ausnahme der bei einigen Verfahren, z. B. Rundfräsen und Schleifen, verwendeten Vorschübe, geradlinig. Sie können abhängig (Drehen, Bohren) oder unabhängig (Fräsen) von der Geschwindigkeit der Schnittbewegung, fortlaufend (Drehen, Bohren, Fräsen) oder stoßartig (Hobeln) erfolgen. Im letzteren Falle handelt es sich tatsächlich bereits um Zustellbewegungen, die man auch zusätzlich zu der eigentlichen Vorschubbewegung nach jedem Vorschubhub beim Schleifen findet.

Die Vorschubleistung an der Werkzeugschneide ist im allgemeinen nicht hoch (s. S. 35), und obwohl die oft verwickelten Vorschubgetriebe einen niedrigen Wirkungsgrad haben (s. S. 35), sind die zu übertragenden Leistungen nicht schwierig zu beherrschen. Dagegen sind Steifigkeit und Starrheit der Antriebsglieder wichtig, insbesondere, wenn der Hub einer Vorschub- bzw. Zustellbewegung sehr genau begrenzt sein muß (s. S. 66).

Am wichtigsten ist die Gruppierung der Vorschubbewegungen in solche, die von den Schnittbewegungen

    a) abhängig,   b) unabhängig sind.

In beiden Fällen muß die Übertragung des Antriebes gleichmäßig und ruhig erfolgen, damit die erzeugte Oberflächengüte des bearbeiteten Werkstückes den verlangten Bedingungen entspricht. Im Falle *a* muß indessen außerdem die Vorschubgeschwindigkeit innerhalb bestimmter Genauigkeitsgrenzen im Verhältnis zu der Geschwindigkeit der

Schnittbewegung gehalten werden, damit nicht nur ein gleichmäßiges Oberflächenmuster (Drehen, Bohren), sondern auch darüber hinaus (z. B. bei Gewinden) die verlangte Steigungsgenauigkeit erzeugt wird.

Zur genauen Einstellung und Einhaltung der vielen Vorschubgrößen, die beim Drehen und Gewindeschneiden erforderlich sein können, müssen sehr fein gestufte Getriebe verwendet werden. Das NORTON-Getriebe (s. Abb. 144) und das Ziehkeilgetriebe (s. Abb. 147) ergeben eine gedrängte Bauart für vielstufige und feingestufte Geschwindigkeitswechsel, indessen haben beide durch den Schwenkarm bzw. den Ziehkeil bedingte Schwächen (s. S. 104, 106). Ein Schieberadgetriebe für den Vorschubantrieb einer Drehmaschine, das die Belastbarkeit des Schieberadgetriebes mit der gedrängten Bauweise des NORTON-Getriebes vereint, ist in Abb. 452 gezeigt. Der von der Arbeitsspindel abgeleitete Antrieb

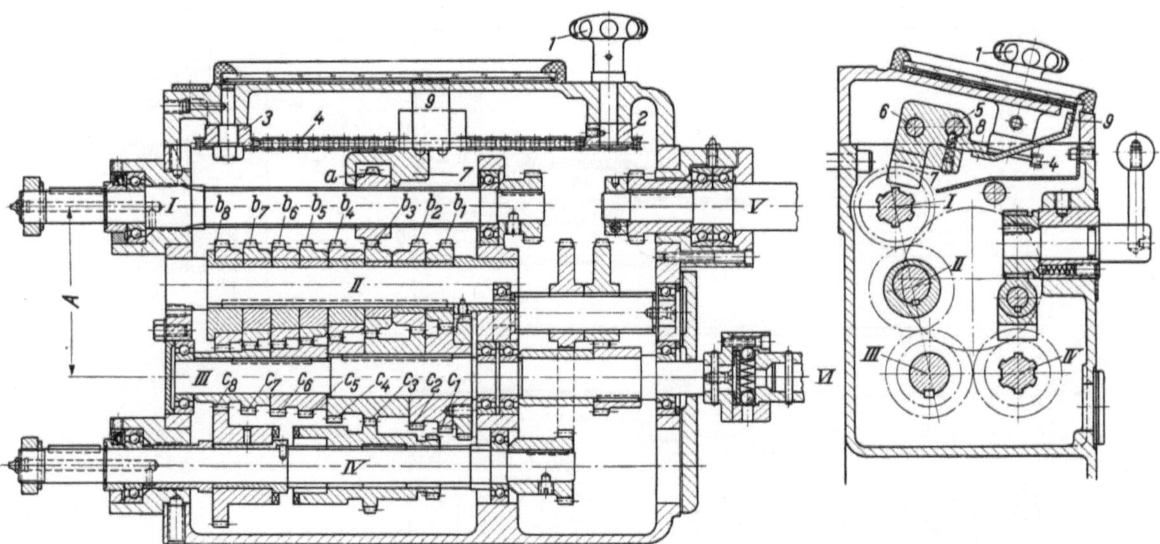

Abb. 452. Vorschubräderkasten für eine Drehmaschine (Dean, Smith & Grace, Ltd., Keighley, England)

wird durch Wechselräder entweder durch Welle I oder Welle IV eingeleitet und von dort zu der Leitspindel V oder der Zugspindel VI weitergeleitet. Das Wechselgetriebe zwischen Wellen I und III besteht aus einem auf Sternkeilwelle I gleitenden Schieberad a, acht auf exzentrischen Buchsen auf der feststehenden Welle II frei laufenden Zwischenrädern b_1 bis b_8 und acht auf der Abtriebswelle III verkeilten Zahnrädern c_1 bis c_8. Die Exzentrizität der die Räder b_1 bis b_8 tragenden Buchsen entspricht den Unterschieden ihrer Teilkreisdurchmesser derart, daß die Summe der Achsabstände zwischen Rad a und Rädern b_1 bis b_8 einerseits und Rädern b_1 bis b_8 und c_1 bis c_8 andererseits konstant bleibt. In anderen Worten, wenn der Modul der Zahnräder mit m und ihre Zähnezahl mit z_a, z_{b_1}, z_{b_2}, z_{b_3} usw. bzw. z_{c_1}, z_{c_2}, z_{c_3} usw. bezeichnet werden, dann ist

$$m \cdot z_a + m \cdot z_{b_1} + m \cdot z_{c_1} = m \cdot z_a + m \cdot z_{b_2} + m \cdot z_{c_2}$$
$$= m \cdot z_a + m \cdot z_{b_3} + m \cdot z_{c_3}$$
$$= \cdots \cdots \cdots \cdots$$
$$= m \cdot z_a + m \cdot z_{b_n} + m \cdot z_{c_n}$$
$$= \mathrm{const} = 2A,$$

wobei A der Achsabstand der Wellen I und III ist. Da Rad b_1 auf einer konzentrischen Buchse läuft, ist der Achsabstand zwischen Wellen I und II: $A_1 = \frac{m}{2} \cdot (z_a + z_{b_1})$ und der Achsabstand zwischen Rädern a und b_n: $A_n = \frac{m}{2}(z_a + z_{b_n})$, so daß die Exzentrizität der Buchse für ein beliebiges Rad b_n: $e_n = A_n - A_1 = \frac{m}{2}(z_{b_n} - z_{b_1})$ wird.

18a*

Interessant ist der Antrieb der Verschiebebewegung des Rades *a*. Ein Handrad *1* betätigt über Kettenrad *2* eine durch Rad *3* gespannte Kette *4*, an der eine auf Wellen *5* und *6* gleitende Verschiebegabel *7* befestigt ist. Die unter Federdruck in Kerben auf Welle *5* einspringende Kugel *8* bestimmt die Stellungen der Gabel *7* und damit die des Schieberades *a*. Die entsprechende Größe der eingestellten Vorschubgeschwindigkeit wird durch den mit Gabel *7* beweglichen Zeiger *9* auf der Deckplatte des Räderkastens angezeigt.

Zum Schneiden genauer Gewinde wird die Längsbewegung des Drehmaschinenschlittens direkt durch die mit der erforderlichen Geschwindigkeit laufende Leitspindel (*V*, s. Abb. 452) und die Vorschubmutter erzeugt. Um die Leitspindel zu schonen, wird dagegen der Vorschubantrieb für die im allgemeinen nicht so hohen Genauigkeitsanfor-

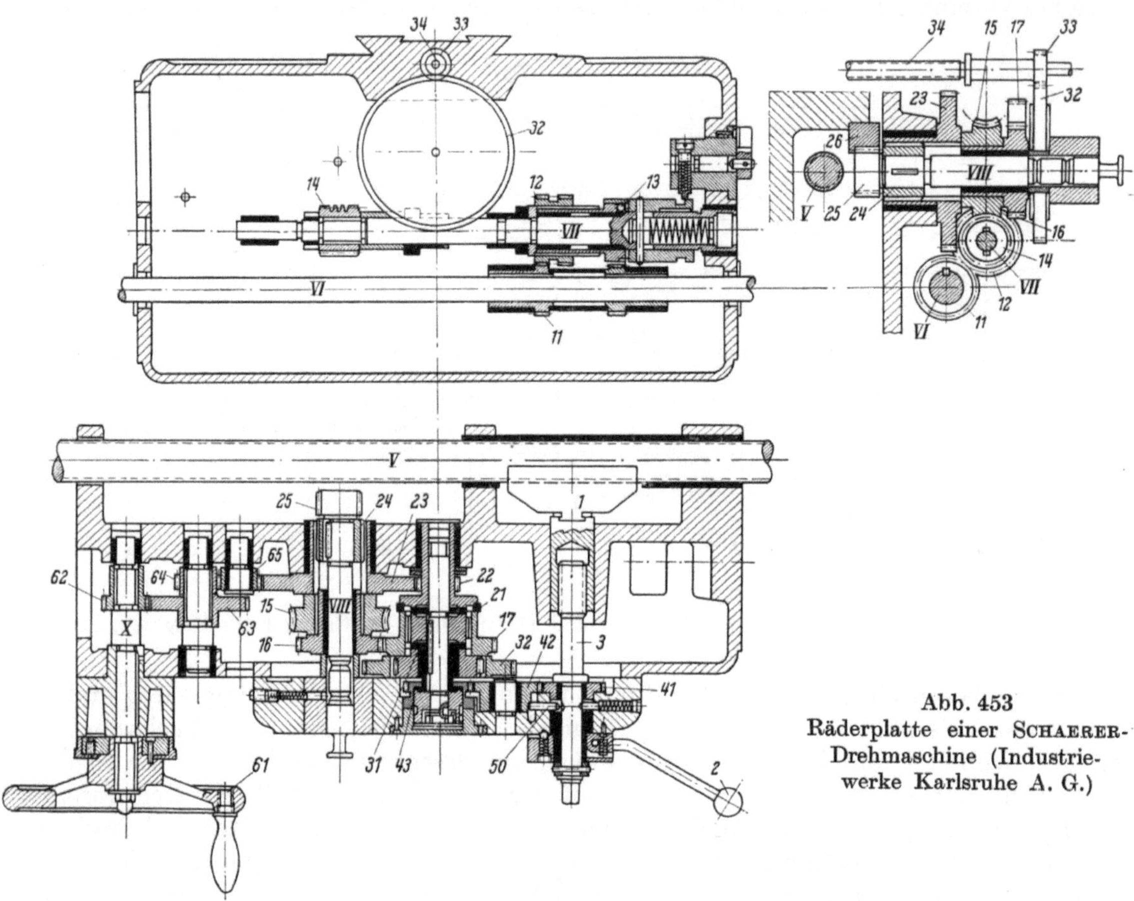

Abb. 453
Räderplatte einer SCHAERER-Drehmaschine (Industriewerke Karlsruhe A. G.)

derungen des Längsdrehens durch die Zugspindel (*VI*, s. Abb. 452) auf die Räderplatte und von dort über Zahn- und Schneckengetriebe auf ein in der Räderplatte gelagertes Ritzel, das auf einer Zahnstange am Bett der Drehmaschine abläuft, übertragen.

Bei der Räderplatte (Abb. 453) treibt die Leitspindel *V* die Halbmutter *1*, die durch Schraubenspindel *3* mit der Leitspindel in oder außer Eingriff gebracht werden kann. Der Antrieb durch die Zugspindel *VI* geht über Räder *11/12*, Überlastungskupplung *13* (s. Abb. 260), Welle *VII*, Schnecke und Schneckenrad *14/15* und Zahnräder *16/17*. Hier kann entweder Kupplung *21* für Längszug mit Zahnrädern *22/23*, Kupplungsstück *24*, Welle *VIII*, Ritzel *25* und am Bett befestigte Zahnstange *26* oder Kupplung *31* für Planzug mit Rädern *32/33* und Quervorschubspindel *34* eingeschaltet werden. Zu beachten ist, daß alle langen Wellen vor dem Schneckentrieb *14/15* angeordnet sind und daß zwischen den mit niedrigen Drehzahlen laufenden, d. h. durch hohe Drehmomente belasteten Rädern die Kraftübertragung nicht durch Wellen, sondern durch die Räderblöcke selbst *15-16*, *17-21-22*, *17-31-32*, *23-24-25* erfolgt.

Zur Schaltung von Längs- auf Planzug dient Hebel *2*, der Kupplungen *21* bzw. *31* über Räder *41, 42, 43* betätigt. Durch Stift *50* werden Leit- und Zugspindelantrieb für Längszug gegeneinander verriegelt. Das ist notwendig, da verständlicherweise beide nicht gleichzeitig eingeschaltet werden dürfen.

Längsvorschub von Hand erfolgt über Handrad *61*, Welle *X*, Zahnräder *62/63, 64, 65, 23* und von dort wieder über Kupplungsteil *24*, Ritzel *25* und Zahnstange *26*. Welle *VIII* kann mittels Handgriff herausgezogen und Ritzel *25* aus dem Eingriff mit Zahnstange *26* gebracht werden, so daß beim Leitspindelantrieb das Ritzel und damit das Getriebe nicht leer mitzulaufen braucht.

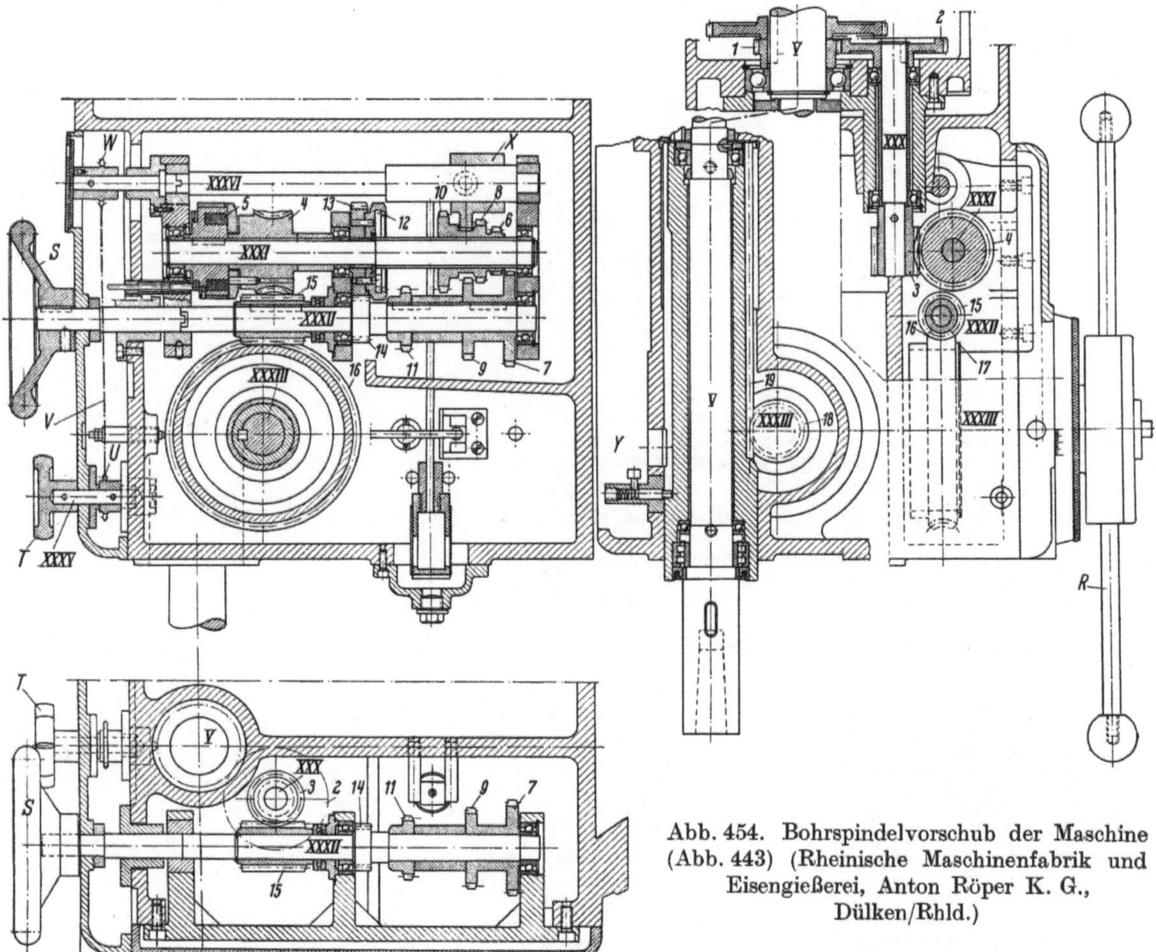

Abb. 454. Bohrspindelvorschub der Maschine (Abb. 443) (Rheinische Maschinenfabrik und Eisengießerei, Anton Röper K. G., Dülken/Rhld.)

Der Antrieb (Abb. 454) für die Axialverschiebung der Bohrspindelhülse der Maschine (Abb. 443) wird von dem auf dem Bohrspindelantriebsblock (Zahnräder *f, h, k*) sitzenden Zahnrad *1* abgenommen (s. Abb. 442) und über Zahnrad *2*, Welle *XXX*, Schneckentrieb *3/4* und elektromagnetische Lamellenkupplung *5* auf Welle *XXXI* übertragen. Welle *XXXI* ist eine Sternkeilwelle, die einen Schieberadblock *6, 8, 10* trägt und auf der ein mit Innenverzahnung *12* versehenes Zahnrad *13* frei läuft. Mit Hilfe der Schieberäder lassen sich 4 Vorschubgeschwindigkeiten *6/7, 8/9, 10/11* und *10/12, 13/14* erzeugen, die über Welle *XXXII*, Schneckentrieb *15/16*, durch Hebel *R* betätigte Kupplung *17*, Welle *XXXIII* und Ritzel *18* auf Zahnstange *19* der Bohrspindelbüchse übertragen werden.

Schneller Handvorschub zur Einstellung kann durch den auf Welle *XXXIII* sitzenden Handhebel *R* betätigt werden, wobei die Kupplung *17* wegen der Selbsthemmung des Schneckentriebes *15/16* ausgerückt werden muß. Langsamer Handvorschub für schwerere

Bohrarbeiten ist mit dem auf Schneckenwelle *XXXII* sitzenden Handrad *S* möglich, da mit der Übersetzung des Schneckentriebes *15/16* verhältnismäßig hohe Vorschubwiderstände überwunden werden können. Allerdings muß bei Vorschub mittels Handrad *S* der Schieberadblock *6, 8, 10* bzw. Kupplung *5* wegen der Selbsthemmung des Schneckentriebes *3/4* außer Eingriff gebracht werden.

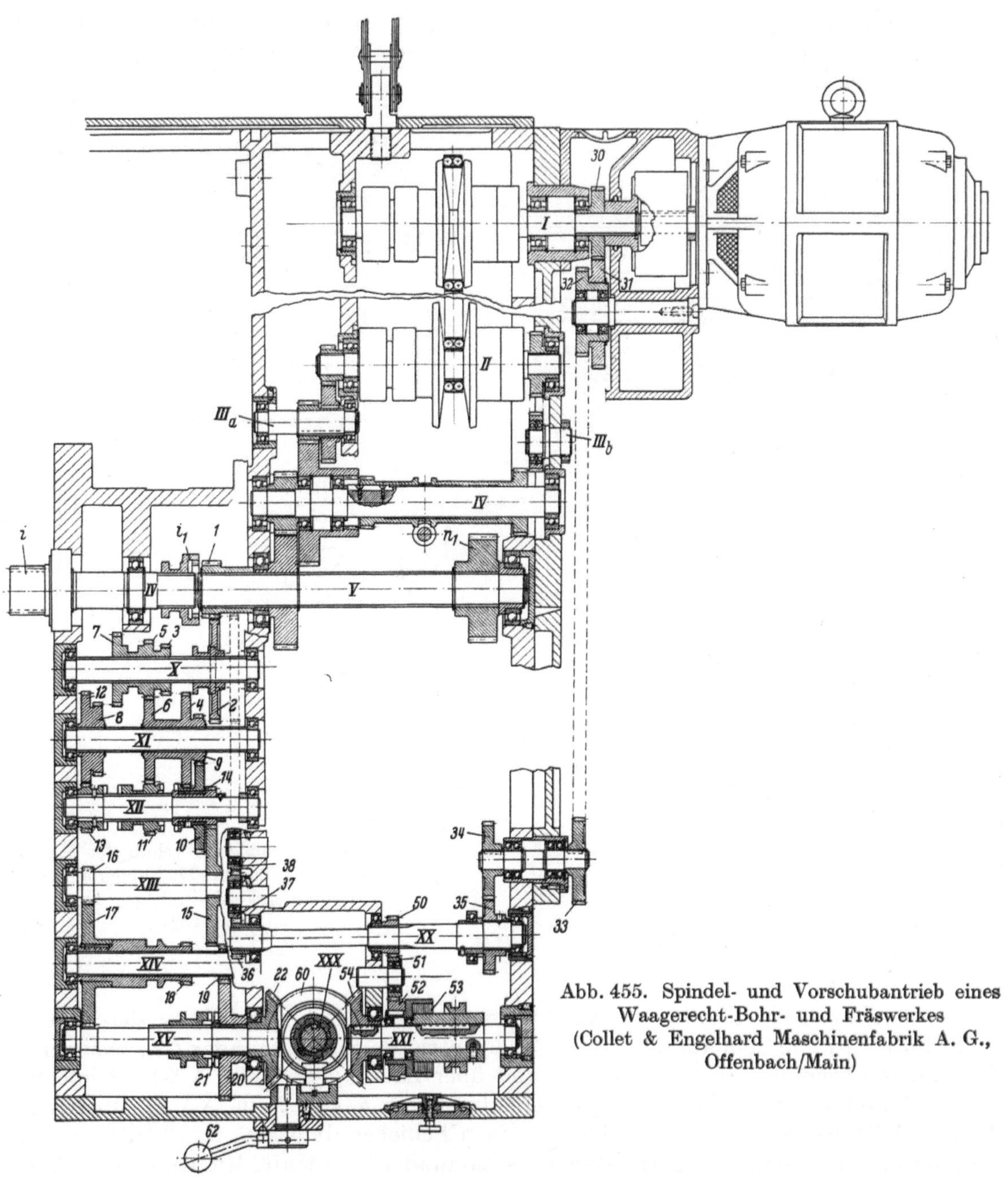

Abb. 455. Spindel- und Vorschubantrieb eines
Waagerecht-Bohr- und Fräswerkes
(Collet & Engelhard Maschinenfabrik A. G.,
Offenbach/Main)

Interessant ist die Vorschubeinstellung mittels Handrad *T*, das in einer für den Bedienungsarbeiter leicht zugänglichen Höhe liegt. Sie erfolgt über Welle *XXXV*, Kettenrad *U*, Kette *V*, Kettenrad *W*, Welle *XXXVI* mit Steuerkurve und Verschiebegabel *X*.

In der höchsten und tiefsten Stellung der Bohrspindelhülse wird der Vorschubantrieb durch Ausrücken der auf Welle *XXXI* sitzenden elektromagnetischen Lamellenkupplung *5* mittels Endschaltern *Y* außer Betrieb gesetzt.

Bei Waagerecht-Bohr- und Fräswerken muß der Vorschub für Bohr- und Gewindeschneidearbeiten in Abhängigkeit von der Spindeldrehung (mm/U), der Vorschub für Fräsarbeiten dagegen in mm/min einstellbar sein. Dazu kommt oft die Notwendigkeit, für Planarbeiten einen auf der Planscheibe sitzenden Werkzeughalter in Abhängigkeit von den Planscheibenumdrehungen radial zu verschieben.

In dem Bohrwerkspindelkasten (Abbildung 455) erfolgt der Schnittantrieb für Spindel und Planscheibe (s. Abb. 419) von der Welle I des Flanschmotors über ein stufenlos verstellbares P. I. V.-Getriebe (s. S. 116) auf die Zahnradgetriebewelle II, über Zwischenwellen $IIIa$ und $IIIb$, Schieberadwelle IV auf Spindelantriebswelle V, die über Rad n_1 Rad n auf der Spindel (s. Abb. 419) und über Kupplungsrad i_1 und Welle VI Planscheibenritzel i (s. Abb. 419) antreibt.

Da der Spindelkasten während Einstell- oder Vorschubbewegungen an der Säule senkrecht verschiebbar ist, werden die Vorschubantriebe für Spindel, Spindelkasten und Tisch von einer zentralen senkrechten Welle XXX abgenommen, über die das Spindelkastengetriebe gleitet und die in jeder Stellung des Spindelkastens durch Kegelräder mit dem Vorschubantrieb gekuppelt ist. Räder $60a$ und $60b$ auf Welle XXX sind oberhalb bzw. unterhalb der antreibenden Kegelräder angeordnet (Abb. 456), so daß die Drehrichtung der Welle XXX durch Verschieben von Kupplungsmuffe 61 mittels Hebel 62 bestimmt werden kann.

Der Vorschubantrieb in Abhängigkeit von der Spindeldrehzahl wird von Welle V abgenommen, die durch Rad n_1 in festem Übersetzungsverhältnis mit der Spindel (Rad n, s. Abb. 419) läuft. Rad 1 treibt über Rad 2 Sternkeilwelle X mit Schieberädern 3, 5, 7, die über Räder 4, 6 bzw. 8 den Antrieb auf Welle XI mit 3 Geschwindigkeiten übertragen. Die kombinierte Schieberad- und Kupplungsanordnung auf Welle XII ergibt über Räder $9/10$, $6/11$ bzw. $12/13$ drei weitere Geschwindigkeitswechsel von Welle XI auf Welle XII. Von hier geht der Antrieb über Räder $14/15$ auf Welle XIII und über zwei weitere Schieberadüberset

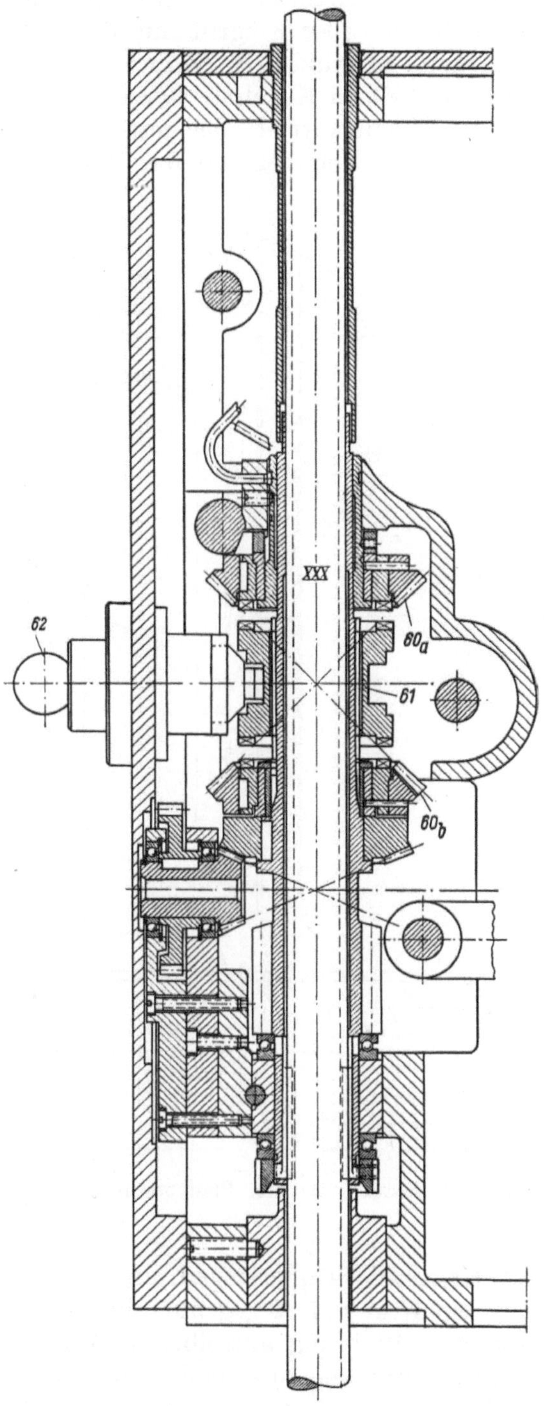

Abb. 456
Vorschubumkehrgetriebe der Maschine (Abb. 455)

zungen $16/17$ oder $15/18$ auf Welle XIV, die über die feste Übersetzung $19/20$ und Kupplung 21 das Kegelrad 22 und damit die Senkrechtwelle XXX (s. o.) antreibt.

Wenn die Vorschubgeschwindigkeit von der Spindeldrehzahl unabhängig sein soll, dann wird der Antrieb vor dem PIV-Getriebe, d. h. von der mit dem Motor direkt gekuppelten Welle *I* mit konstanter Drehzahl, mittels Rad *30* abgenommen und mit konstanter Übersetzung durch Räder *30/31, 32/33, 34/35* auf Welle *XX* übertragen. Von dort kann der Antrieb durch feste Übersetzung *36/37, 37/38* und durch Verschieben des Rades *2*, das dadurch außer Eingriff mit Rad *1* kommt, mit der Übersetzung *38/2* auf Welle *X* übertragen und über das vorher besprochene Wechselgetriebe mit der verlangten Geschwindigkeit zu Kegelrad *22* weitergeleitet werden.

Der Eilgangantrieb, der mit konstanter Geschwindigkeit erfolgen muß, wird von Welle *XX* abgenommen und über Räder *50/51, 51/52*, Lamellenkupplung *53* und Welle *XXI*

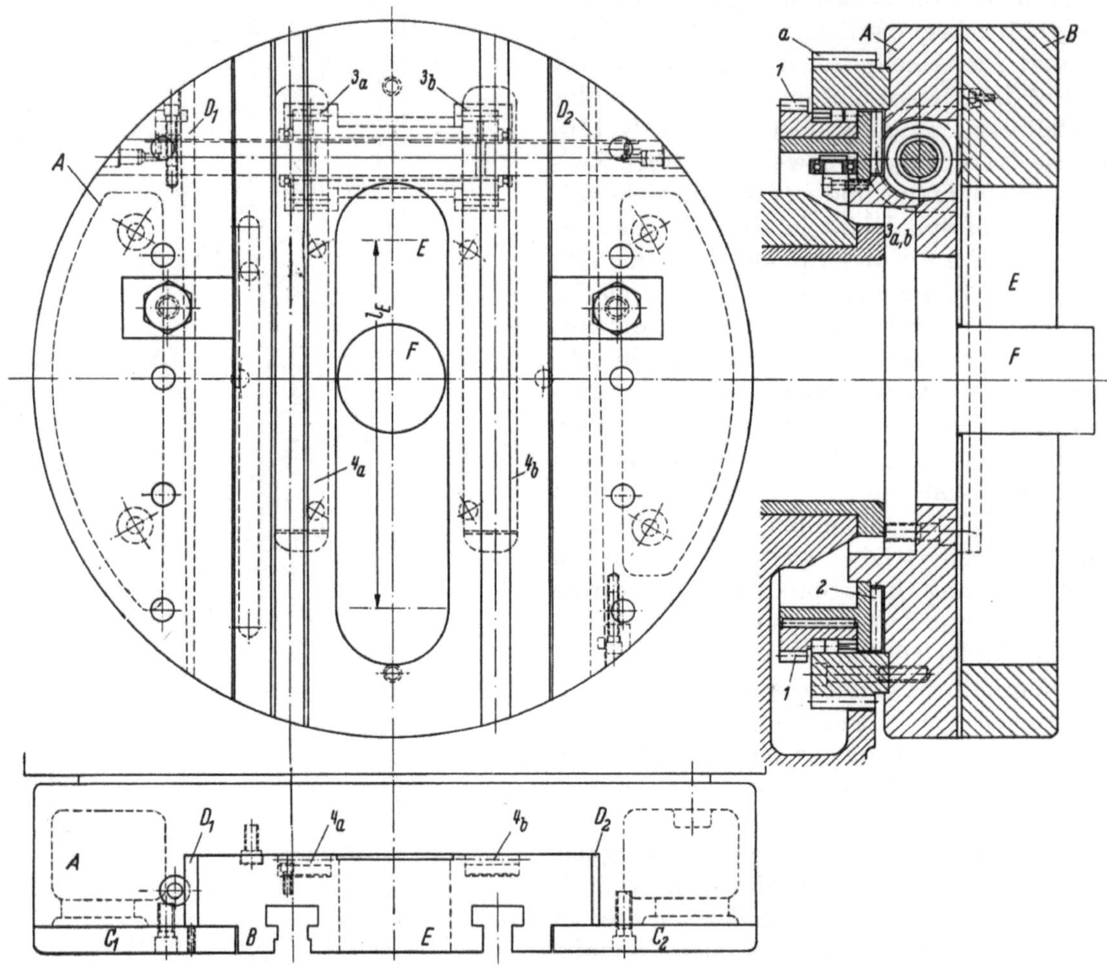

Abb. 457. Antrieb für den Planvorschub eines Waagerecht-Bohr- und Fräswerks (H. W. Kearns & Co. Ltd., Manchester, England)

auf Kegelrad *54* übertragen, das Kegelräder *60a* und *60b* und damit Welle *XXX* von der dem Kegelrad *22* gegenüberliegenden Seite in einer dem Vorschubantrieb entgegengesetzten Richtung antreibt, so daß bei fester Stellung der Kupplungsmuffe *61* der Eilgangantrieb einen schnellen Rücklauf bewirkt.

Einen patentierten Planzugantrieb für ein Waagerecht-Bohr- und -Fräswerk zeigt Abb. 457. Die Planscheibe *A*, deren Schnittantrieb über Zahnkranz *a* erfolgt, trägt einen Schieber *B* mit Werkzeughalter, der in einer Geradführung mit Halteleisten C_1 und C_2 und Zentrierkeilleisten D_1 und D_2 (s. S. 230) radial bewegt werden kann. Der Vorschubantrieb wird durch Zahnkranz *1* eingeleitet und über Spiralzähne *2* auf Schraubenräder *3a* und *3b* übertragen, die ihrerseits zwei am Schieber *B* sitzende Schrägzahnstangen *4a* und *4b* antreiben. Die Aussparung *E* ermöglicht es, den Werkzeughalterschieber *B* bei durchgehender Bohrspindel *F* um die Länge l_E radial zu verstellen und somit Bohr-

und Planarbeiten gleichzeitig auszuführen. Die Konstruktion der Planscheibe, die außerordentlich wenig von dem Hauptlager auskragt, verbindet mit größter Einfachheit einen ausgeglichenen Antrieb, der für Planscheiben besonders wichtig ist.

Für Fräsarbeiten muß der Vorschub, auch unter der Wirkung manchmal stark schwankender Schnittkräfte an der Fräserschneide, den verlangten Bedingungen entsprechend gleichmäßig und ruhig erfolgen. Die erforderliche Steifigkeit und Starrheit des Antriebes kann durch mechanische (Vorschubspindeln großen Durchmessers, kurze Ritzelwellen usw.) oder hydraulische Mittel (hydraulisch blockierter Kolben, s. S. 147)

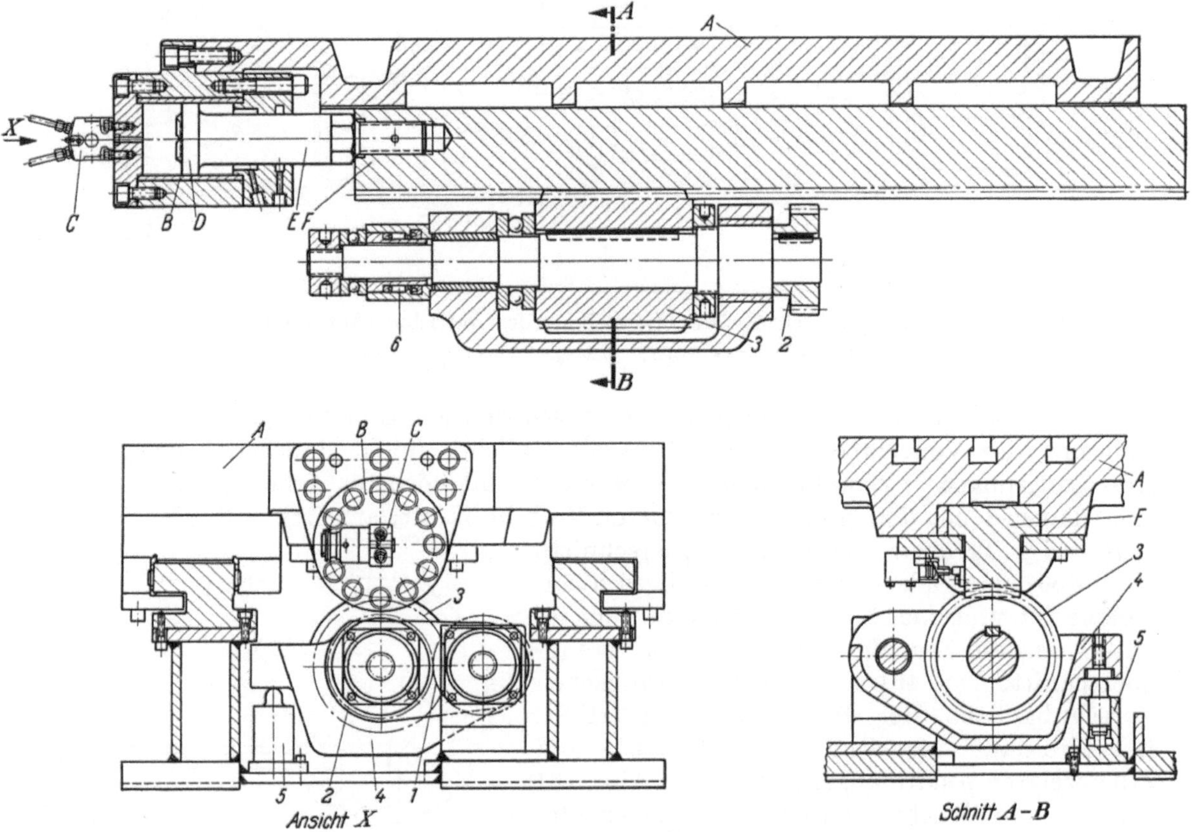

Abb. 458. Fräsmaschinentisch-Vorschubantrieb

erzielt werden. Der rein hydraulische Antrieb, der leicht und genau zu steuern ist, verliert mit wachsendem Hub an Steifigkeit, die durch die Elastizität der Ölsäule (s. S. 119), des Zylinders und der Kolbenstange bedingt ist. Ein Antrieb, der selbst bei großen Hüben den Vorteil der hydraulischen Steuerempfindlichkeit, besonders bei elektronischen Steuerungen, mit der Steifigkeit des kurzhubigen hydraulischen Antriebes verbindet, ist in Abb. 458[1] dargestellt. Der Frästisch A trägt den kurzhubigen Vorschubzylinder B, in dem ein durch ein Ventil C steuerbarer Kolben D normalerweise in der Mittelstellung gehalten wird. Die Kolbenstange E für Kolben D ist allerdings nicht fest am Maschinenbett, sondern an einer verschiebbaren Zahnstange F befestigt, die ihrerseits durch einen Elektromotor über Zahnräder 1, 2 und Schnecke 3 angetrieben wird. Dieser Antrieb dient nur dazu, den Kolben dauernd in seine Mittelstellung im Zylinder zu bringen, so daß also die Zahnstange jeder Verschiebung des Kolbens, die durch die Feinsteuerung des Ventils bewirkt wird, gewissermaßen folgt. Solange der elektromechanische Antrieb spielfrei ist, braucht er keine besondere Genauigkeit aufzuweisen. Diese Spielfreiheit wird dadurch erzeugt, daß die Schnecke in einer schwenkbaren Wiege 4 unter hydrau-

---

[1] Britisches Patent, J. K. ROYLE: National Research Development Corporation.

lischem Druck (Zylinder *5*) gegen die Zahnstange gedrückt wird und die Längslager der Schnecke und der Wiege hydraulisch (Zylinder *6*) vorgespannt sind. Abb. 459 zeigt schematisch die Anordnung dieses Antriebes für elektronische Vorschubsteuerung mittels Magnettonband und „feed-back" von einem optischen Gitter (s. S. 188).

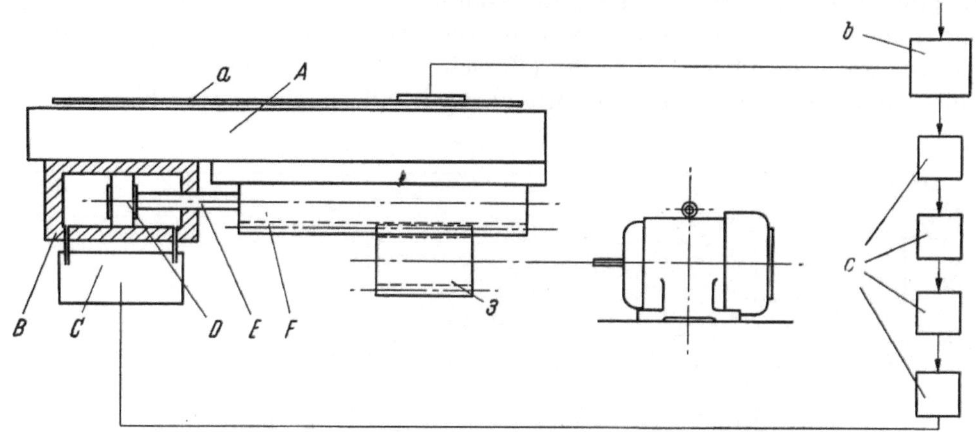

Abb. 459. Schematische Darstellung des Antriebes (Abb. 458)[1]
a Am Tisch befindliches optisches Gitter;   *b* Magnettonband;   *c* Elektronische Steuergeräte

Bei Kreissägearbeiten, die zwar in ihrer Natur den Fräsarbeiten ähneln, ist eine Veränderung des Vorschubes im Verhältnis allmählicher (nicht dauernd schwankender) Kraftänderungen erwünscht, wenn die Maschine mit höchster Arbeitsgeschwindigkeit, d. h. dauernd mit der größten verfügbaren Vorschubkraft, arbeiten soll. Das bedeutet z. B. beim Trennen wechselnder Querschnitte (Abb. 460) eine Änderung der Vorschubgeschwindigkeit im umgekehrten Verhältnis zu dem jeweils von dem Sägeblatt durchlaufenen Trennquerschnitt. Abb. 461 zeigt einen hydraulischen Vorschubantrieb, der diese Bedingung erfüllt. Der Kreislauf entspricht den in Abb. 217 und 219 gezeigten Anordnungen, und die in Abb. 461 verwendeten Zeichen entsprechen denen der Abb. 217 und 219. Der verlangte Öldruck für

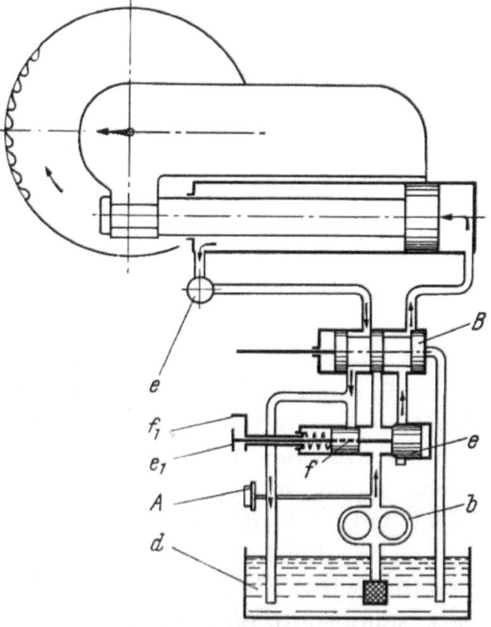

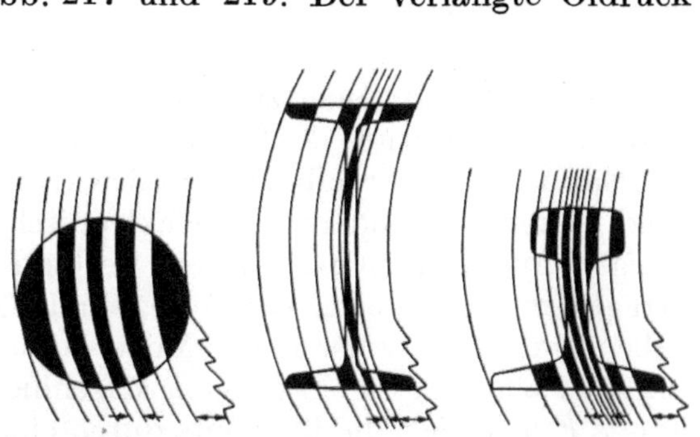

Abb. 460. Anpassung des Vorschubes während des Schnittes entsprechend der Änderung des von dem Sägeblatt durchlaufenen Trennquerschnittes

Abb. 461. Schema des hydraulischen Vorschubes einer Kaltkreissäge[2] (Gustav Wagner, Reutlingen)

den Vorschub wird mittels Überdruckventil *f*, Handkurbel f_1 eingestellt und kann am Manometer *A* abgelesen werden. Mit fallendem Querschnitt steigt die Vorschubgeschwindigkeit, bis der Schnittwiderstand dem durch den eingestellten Vorschubdruck

---

[1] Siehe Fußn. 1, S. 232.   [2] Aus G. Schlesinger: siehe Fußn. 2, S. 6.

und die Kolbenfläche bestimmten Werte entspricht und umgekehrt. Die mögliche Höchstgeschwindigkeit wird durch das untere Drosselventil e und Handrad e_1 eingestellt. Ventil f regelt außerdem selbsttätig Druck und Durchlaß in Abhängigkeit von der Öltemperatur, damit der Vorschub trotz steigender Temperatur und damit fallender Viskosität des Öles konstant bleibt. Für den schnellen Rücklauf fließt die gesamte geförderte Ölmenge unter Umgehung des oberen Drosselventils e über den Umsteuerschieber B ab.

Anstatt der mechanischen und hydraulischen Vorschubantriebe werden auch elektronische Antriebe in Form von Schrittmotoren verwendet. Die Beschreibung ihrer konstruktiven Einzelheiten geht indessen über den Rahmen dieses Buches hinaus.[1]

Für schritt- und stoßweise Vorschubbewegungen, wie sie bei Schleif-, Hobel- und Stoßmaschinen vorkommen, wird z. B. die Rückbewegung einer Antriebswelle zur Betätigung einer Sperrklinke benutzt, die dann eine Vorschubspindel bei jedem Rücklauf um einen bestimmten Winkel verstellt.

Für besonders feine und genaue Zustellbewegungen, insbesondere wenn die Gefahr des „stick-slip" besteht, dient die sogenannte „Inchworm"-Stelleinheit (Abb. 462), die auf der Magnetostriktion von ferromagnetischen Werkstoffen beruht.

Die Grobeinstellung des vorzuschiebenden Teiles a erfolgt mittels Handrad c und Gewindespindel d, die in einer in den Magnetostriktor b eingebauten Kugelumlaufmutter (s. Abb. 203) läuft. Die in dem Maschinenbett e gelagerte Elektromagnetspule f

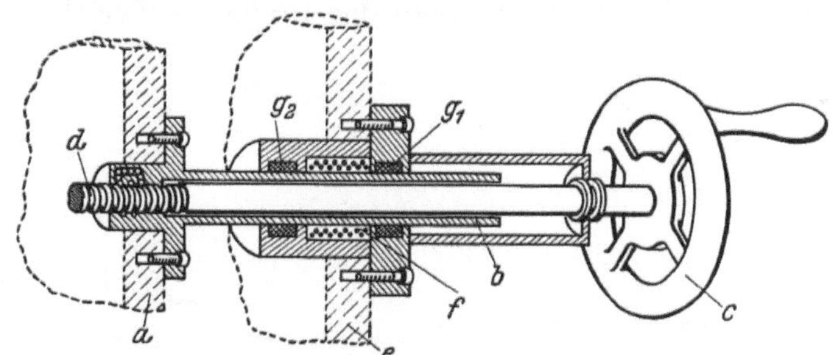

Abb. 462. „Inchworm" Stelleinheit[2]

dient zur Magnetisierung der Hohlspindel b, die durch hydraulische Schrumpflager g_1 und g_2 zusammengespannt und zusammen mit Spindel d festgeklemmt werden kann.

Das rechte Klemmlager g_1 wird nun entspannt, das linke g_2 gespannt und der Magnetspule f Strom zugeführt, so daß sich die Nickelspule b zusammenzieht. Jetzt wird Lager g_1 gespannt, Lager g_2 entspannt und das Magnetfeld abgeschaltet, worauf sich die Spindel b wieder auf ihre ursprüngliche Länge ausdehnt und die Kugelumlaufmutter und damit Teil a um einen entsprechenden Betrag, der zwischen $0,13\mu$ und $2,5\mu$ liegen kann, nach links verschiebt.

6. Bedien- und Steuermechanismen

Die Anordnung der Bedienhebel, Handräder usw., die es dem Arbeiter ermöglichen, die Maschine leicht, schnell und zuverlässig einzustellen und zu steuern, ist bereits erwähnt worden (s. S. 37). In vielen Fällen kann indessen eine einfache direkte Übertragung durch Hebel und Wellen eine oder alle der obengenannten Bedingungen für leichte, schnelle und zuverlässige Betätigung nicht erfüllen, so daß entweder selbsttätige Steuerungen vorgesehen oder bei Handbedienung durch den Arbeiter optische, elektrische oder mechanische Hilfsmittel eingeschaltet werden müssen.

Die von solchen Hilfsmitteln auszuführenden Aufgaben sind allerdings so verschiedenartig und die konstruktiven Lösungen so zahlreich, daß hier nur eine Auswahl typischer Beispiele besprochen werden kann, die sich auf folgende Operationen bezieht:

a) Messen,
b) Geschwindigkeitswechsel,
c) Schalten und Verriegeln von Maschinenteilen,

d) Einstellen und Festspannen von Maschinenteilen,
e) Schmierung.

---

[1] Siehe z. B. A. Schatz: Schrittmotoren als Mittel zur Verbilligung numerischer Wegesteuerung von Werkzeugmaschinen. Werkstatttechnik, Mai 1959.

[2] Aus I. S. Spizig: Magnetostriktive Stelleinheit zum Maß-Regeln von Spitzenlos-Schleifmaschinen. Werkst. u. Betr., Mai 1957.

Zu a) Optische Instrumente sind schon seit langem zum Messen genauer Einstellbewegungen verwendet und ausführlich beschrieben worden[1]. Das Problem, sie als organische Teile an die Maschine anzupassen und in sie hineinzubauen, wird am besten von Fall zu Fall durch enge Zusammenarbeit der Konstrukteure der Werkzeugmaschinen und der Optik gelöst. Dabei muß besonders der Einfluß der durch Licht und andere Wärmequellen hervorgerufenen Temperaturschwankungen auf die Montage- und Ablesegenauigkeit auf ein Mindestmaß beschränkt werden. Trotz aller Vorkehrungen setzt indessen die Unzulänglichkeit des menschlichen Auges und die Reaktionsfähigkeit des Arbeiters der mit solchen Instrumenten erzielbaren Ablese- und Meßgenauigkeit gewisse Grenzen. Hier kann der Einsatz der Elektronik von Vorteil sein.

Der Maßstab in dem Meßsystem (Abb. 463)[2] des LINDNER-Lehrenbohrwerkes ist ein axial festliegender, aber drehbarer polierter Zylinder *1*, auf dem eine Schraubenlinie hoher Steigungsgenauigkeit aufgerissen ist. Das Bild dieses Maßstabes wird über ein Linien- und Prismensystem auf einen Bildschirm *2* geworfen und durch ein optisch-elektrisches Gerät in einer Meßgabel *3* aufgefangen. Die Anzeige des elektrischen Meßgerätes geht auf Null, wenn der anvisierte Strich des Maßstabes sich genau in der Mitte

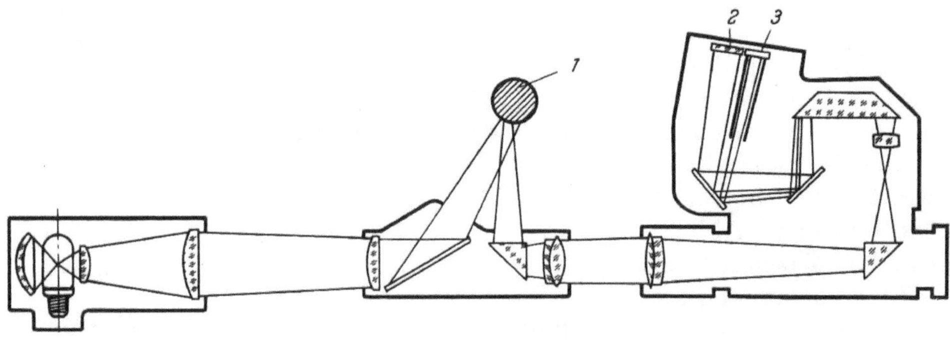

Abb. 463

der Meßgabel befindet. Da die Ablesung des elektrischen Meßinstrumentes leichter als die Beobachtung des Maßstabes im Okular ist, kann auf diese Weise eine Ablesegenauigkeit von 3μ erzielt werden.

Zu b) Die Bewegung von Schieberädern und Kupplungsmuffen mittels Gabeln, die durch Schwenkhebel, Kurven oder Ritzel und Zahnstange betätigt werden, ist bereits aus verschiedenen Beispielen ersichtlich gewesen (s. z. B. Abb. 442, 452, 454, 455 und 456). Wenn indessen die zu bewegenden Teile schwer zugänglich, die Bewegung schwierig oder die Einstellung zeitraubend wird, dann ist der Einsatz von hydraulischen, mechanischen oder elektrischen Mitteln von Vorteil.

Abb. 464 zeigt die Schaltvorrichtung für das in Abb. 124 gezeigte Getriebe, mit dem mittels dreier Schieberadblöcke 18 Spindelgeschwindigkeiten eingestellt werden können. Zur Drehzahleinstellung dient ein einziges Handrad *1*, das die Betätigung von 3 Hebeln ersetzt und die dabei möglichen irrtümlichen Fehlschaltungen vermeidet. Das Handrad *1* treibt über Ritzel und Innenverzahnung *2* eine Kurventrommel, die derart ausgebildet ist, daß alle 18 Geschwindigkeiten während einer Umdrehung der Kurventrommel je einmal eingeschaltet werden, so daß in jeder Schaltstellung eine der entsprechenden Ziffern *3* auf der Trommel in einem Fenster *4* des Maschinengehäuses erscheint und die eingestellte Spindeldrehzahl direkt ablesbar ist. Die Kurve *5* auf Kurventrommel *2* bewegt über Zahnstange *6* und 2 Zahnräder *7a* und *7b* zur Verdoppelung

---

[1] Siehe H. OPITZ: Optik an der Werkzeugmaschine. Industrie-Anz., 5. Dezember 1958, und K. RÄNTSCH: Messen und Positionieren an Werkzeugmaschinen. Industrie-Anz., 5. April 1960.

[2] Aus G. MATHÉE: Erkenntnisse aus der 5. Europäischen Werkzeugmaschinenausstellung in Hannover für den Einsatz spanender Werkzeugmaschinen. Werkstattstechnik u. Maschinenbau, Dezember 1957.

des Kurvenhubes (der Durchmesser von Rad *7b* ist doppelt so groß wie der von *7a*) Zahnstange *8* und diese somit die Verschiebegabel für den Schieberadblock auf Welle *VI* (s. Abb. 129), der sich während einer Hälfte der Drehzahlreihe in der einen, während der anderen Hälfte in der entgegengesetzten äußersten Stellung befinden muß (s. Abb. 125). Kurventrommel *2* treibt außerdem über Schraubenzahnkranz *9* ein Schraubenrad *10* (Übersetzung 6 : 1), das über Zahnräder *11/12* Kurventrommel *13* mit der Steuerkurve für Verschiebegabel *14* und damit einen Räderblock schaltet. Die durch Malteserkreuz *15* und Zahnradübersetzung *16/17* gesteuerte Trommel *18* macht bei jeder vollen Umdrehung von Trommel *13* eine drittel Umdrehung und verschiebt dadurch den anderen Schieberadblock nach einem vollen Arbeitshub von Gabel *14* um ein Drittel des Arbeitshubes von Gabel *19*.

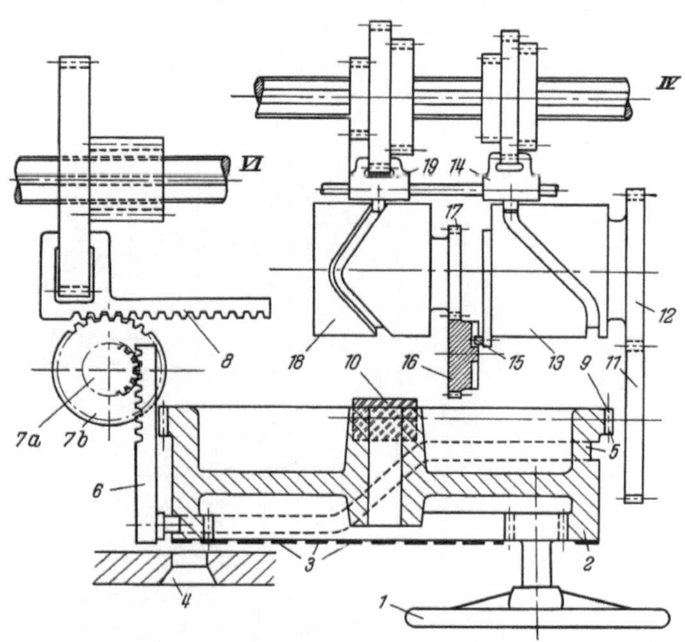

Abb. 464. Drehzahl-Schaltvorrichtung für das Getriebe (Abb. 124)

IV, VI = Wellen nach Abb. 124

An Stelle einer Handradschaltung dieser Art kann eine motorisierte Schaltung treten, wie sie z. B. für das PIV-Getriebe im Spindelantrieb (Abb. 455) verwendet wird (Abb. 465). Hier treibt ein Elektromotor *80* über Reduktionsgetriebe *81*, Schraubenräder *82/83* und Kupplung *84* die Schraubenspindel *85*, die die Hebel *86a* und *86b* zur Einstellung des PIV-Getriebes (s. S. 116) verstellt.

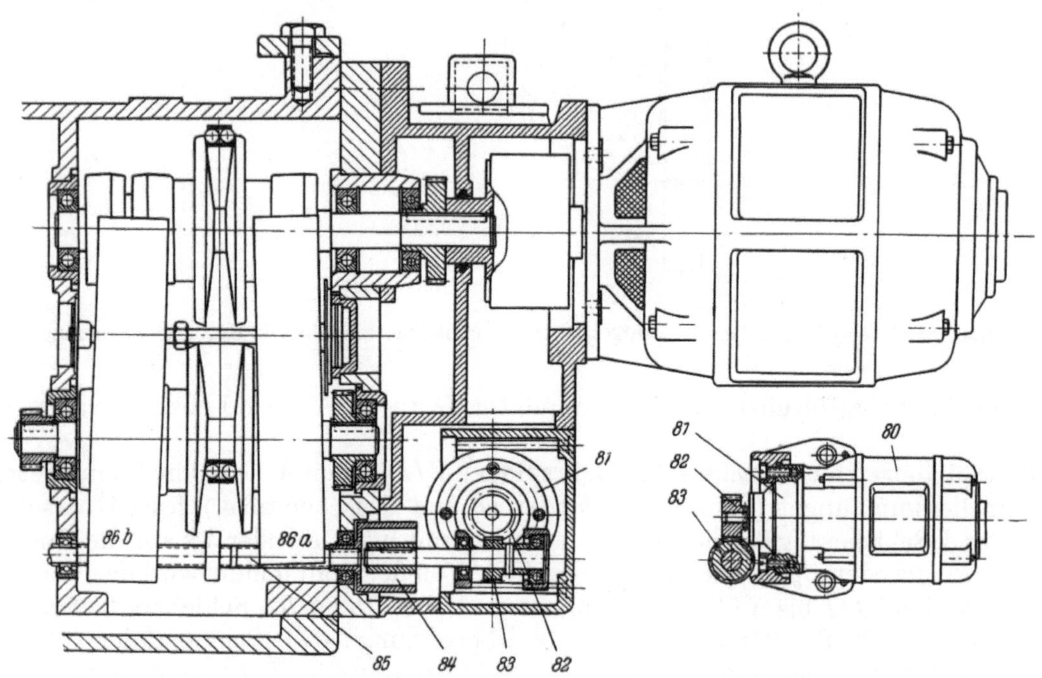

Abb. 465. Motorisierter Geschwindigkeitswechsel für das Bohr- und Fräswerk (Abb. 455)
(Collet & Engelhard, Maschinenfabrik A. G., Offenbach/Main)

Bei der Raboma-Radialbohrmaschine wird eine hydraulische Einstellung und Vorwählschaltung für das Spindel- und Vorschubgetriebe verwendet (Abb. 466). Das Drucköl wird von Pumpe A geliefert, die durch Zahnräder B/C von der Motorwelle I angetrieben

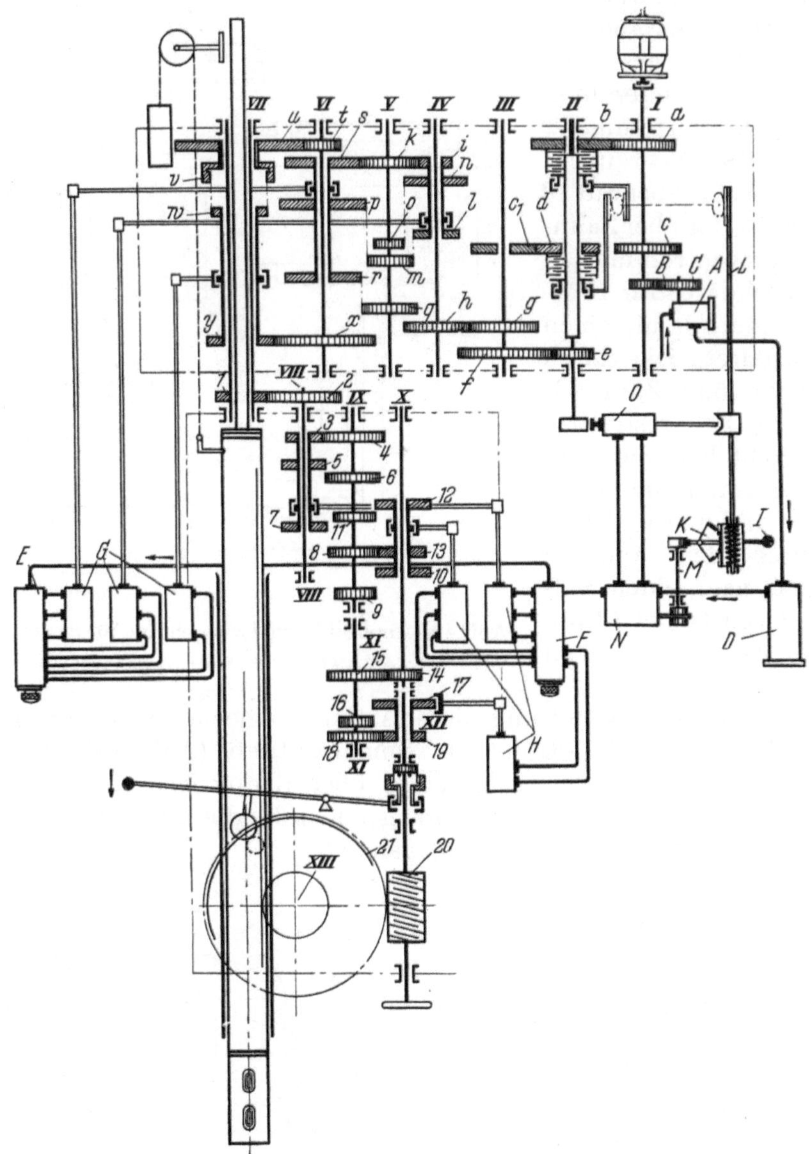

Abb. 466. Schema eines hydraulischen Vorwählgetriebes (Raboma Maschinenfabrik, Hermann Schoening, Berlin)

wird und das Schaltöl über einen Akkumulator D an die Vorwähl- bzw. Schaltventile liefert.

Das Spindelgetriebe (Welle I bis Bohrspindel VII) arbeitet über ein Wendegetriebe mit Lamellenkupplungen (Zahnräder a/b oder c/d und Zwischenrad c_1), feste Übersetzung $e/f \cdot g/h$ und Schieberadgetriebe i/k, l/m oder n/o und m/p, q/r oder k/s auf die Endübersetzung $t/u \cdot v/w$ oder x/y für die Bohrspindel VII. Von der Bohrspindel wird der Vorschubantrieb (Wellen VIII bis XIII) abgenommen und über Räder $1/2$, Schieberadgetriebe $3/4$, $5/6$ oder $7/8$ und $9/10$, $11/12$ oder $8/13$, feste Übersetzung $14/15$, Schieberäder $16/17$ oder $18/19$ und Schneckentrieb $20/21$ auf die Vorschubritzelwelle XIII übertragen. Mittels zweier Vorwählventile (E für die Spindeldrehzahlen und F für die Vorschübe), die ihrerseits die entsprechenden Schaltzylinder G bzw. H steuern, werden die verlangten Geschwindigkeiten eingestellt. Sobald nun durch Senkrechtschwenkung von Hebel I über Segment K und Gestänge L die Kupplung auf Welle II ausgerückt wird, kann durch Waagerechtschwenkung über Welle M der Schaltschieber N, der seinerseits den Ölstrom zu den Vorwähl-(Verteiler-)Ventilen freigibt, betätigt werden. Darauf bringen die Zylinder G und H die Schieberäderblöcke in die verlangten Stellungen. Wenn die Kupplung danach wieder völlig im Eingriff ist, wird der Ölstrom zu den Vorwählventilen durch Anschlagventil O abgeschaltet, so daß die Vorwähler für den folgenden Arbeitsgang neu eingestellt werden können.

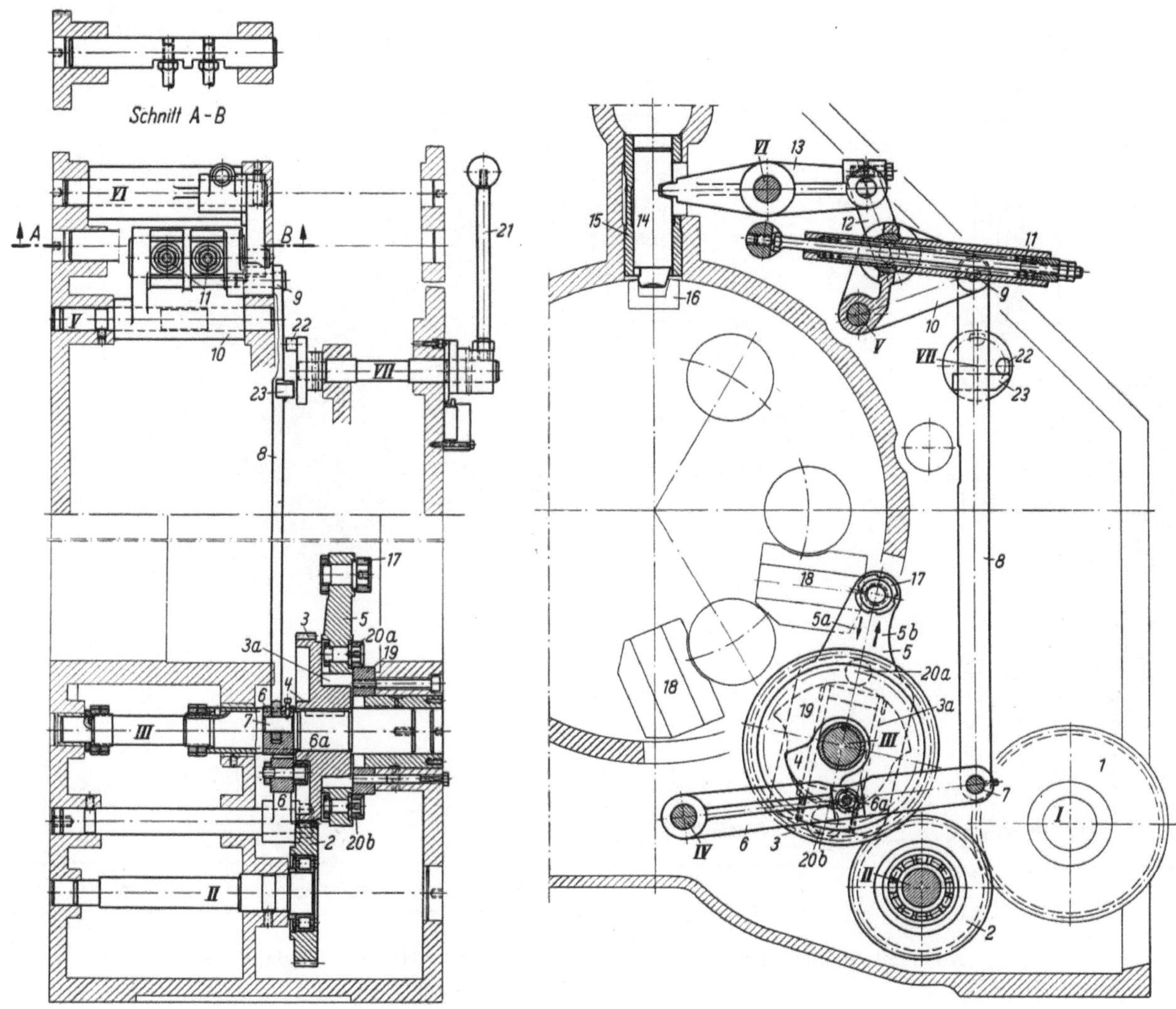

Abb. 467. Trommelschaltung und Verriegelung eines Sechsspindelautomaten
(Alfred H. Schütte, Köln-Deutz)

Zu c) Die Schaltung und Verriegelung verhältnismäßig leichter Revolverköpfe durch Malteserkreuz oder Anschläge ist auf S. 162 u. 173 besprochen worden. Das Problem wird schwieriger, wenn schwerere Massen, wie z. B. die Trommel eines sechsspindligen Automaten, geschaltet werden müssen. Bei der Konstruktion (Abb. 467) wird zur schnellen und stoßfreien Schaltung ein Malteserkreuz verwendet, bei dem der ohne Zwischenräder in die Trommel eingreifende Schalthebel eine zu seiner Drehachse rechtwinklig gerichtete Zusatzbewegung erhält und dadurch den Stoßeffekt vermindert. Der Antrieb erfolgt über Zahnräder *1, 2* und *3* auf Wellen I, II und III. Zahnrad *3*, das eine Kulissenführung *3a* und Kurve *4* trägt, ist auf Welle III aufgekeilt. Der Schalthebel *5* kann auf der Kulissenführung in den Pfeilrichtungen *5a* und *5b* gleiten.

Kurve *4* drückt über Rolle *6a* Hebel *6*, der um Achse *IV* schwenkbar ist, nach unten und schwenkt dadurch über Stift *7*, Schaltstange *8* und Stift *9* den Winkelhebel *10* um Achse *V* gegen die Wirkung der Feder *11* nach rechts. Glied *12* schwenkt dadurch Hebel *13* um Achse *VI*. Dieser hebt Riegel *14*, der in einer gehärteten Buchse *15* gleitet, aus der Raste *16* der Trommel heraus, wodurch die Trommel frei drehbar wird. Gleichzeitig greift Hebel *5* mittels Rolle *17* in einen der Malteserkreuzschlitze *18* der Trommel

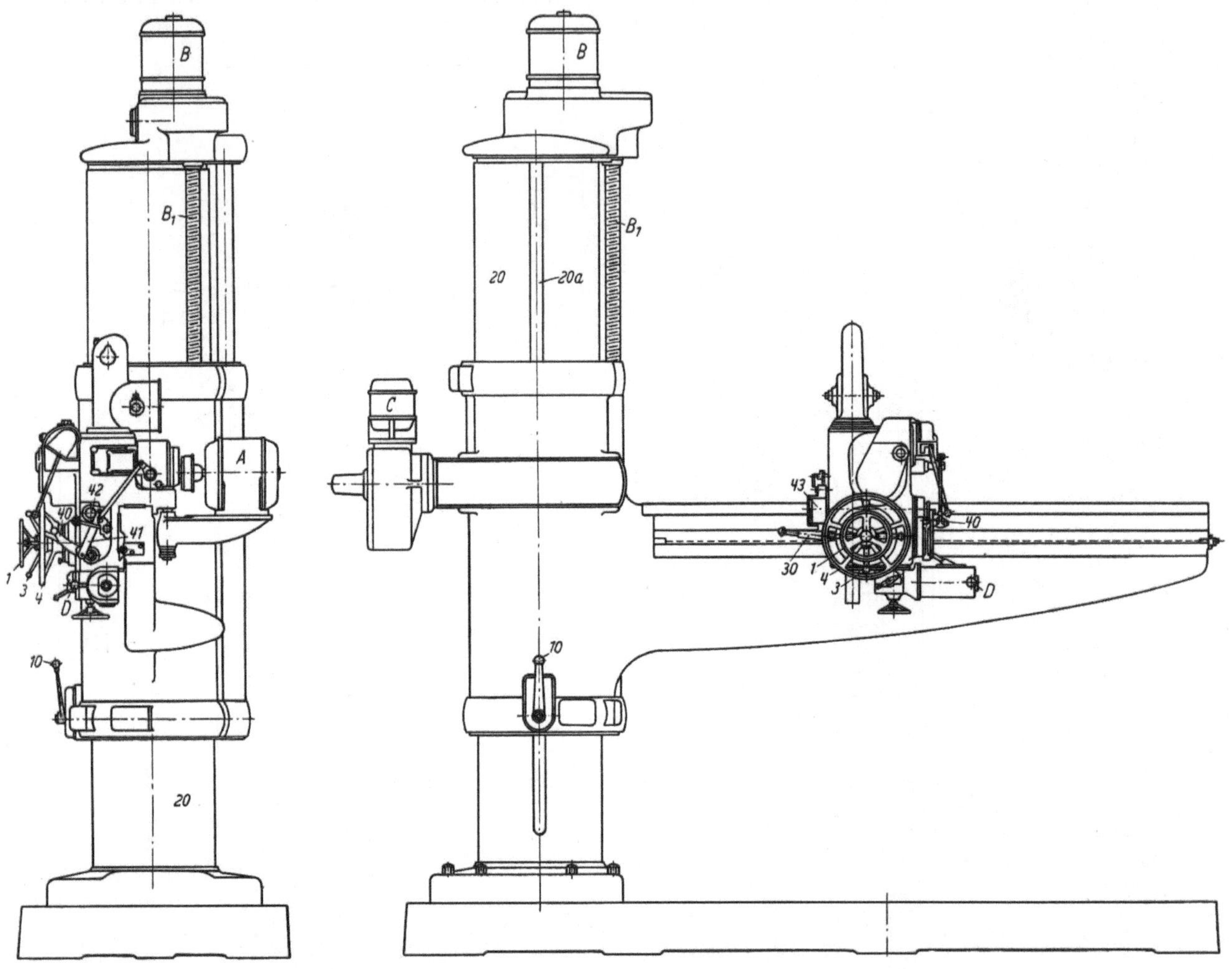

Abb. 468. Radialbohrmaschine (Wm. Asquith Ltd., Halifax, England)

ein und erzeugt durch seine gleichzeitig erfolgende, von der feststehenden Kurve *19* über Rollen *20a* und *20b* gesteuerte schiebende Bewegung eine stoßfreie Schaltung.

Entriegelung und Schaltung gehen im allgemeinen selbsttätig vor sich. Indessen ist es möglich, zum Zwecke des Einrichtens der Maschine die Entriegelung von Hand mittels Hebel *21* vorzunehmen, der über Welle *VII* und Kurbelzapfen *22*, Anschlag *23* und damit Schaltstange *8* nach unten drückt, so daß die Trommel von Hand gedreht werden kann.

Zu d) Es ist meist von Vorteil, alle Bedienungshebel und Handräder einer Maschine derart anzuordnen, daß der Arbeiter sie von einer Stellung aus bequem erreichen und betätigen kann. Wenn außerdem mehrere Operationen, z. B. das Festspannen verschiedener Teile, gleichzeitig durch Betätigung eines einzigen Hebels ausgeführt werden können, dann kann wiederum wertvolle Zeit gespart werden. Indessen gibt es Fälle, in denen die Möglichkeit der unabhängigen Ausführung solcher Operationen, insbesondere beim Einrichten der Maschine, die Arbeit erleichtern kann.

Die Konstruktion der Radialbohrmaschine (Abb. 468) ist ein Beispiel für die Anwendung dieser Gedankengänge. Außer dem Motor A für den Spindelantrieb sind ein Motor B für die Höhenverstellung des Auslegers (Schraubenspindel B_1) und ein Motor C zum Festklemmen des Auslegers auf der Säule vorgesehen. Hebel D dient zum Schalten der Motoren A und B. Die Elemente für die Bohrschlittenbewegung auf dem Ausleger (Handrad *1*, Welle *I*, Kettenrad *2*) zur Vorschubkupplung (Hebel *3*), für schnellen Handvorschub (Handrad *4*) und für die Tiefeneinstellung (Anschlag *5*) sind konzentrisch auf drei ineinanderliegenden Wellen angeordnet (Abb. 469).

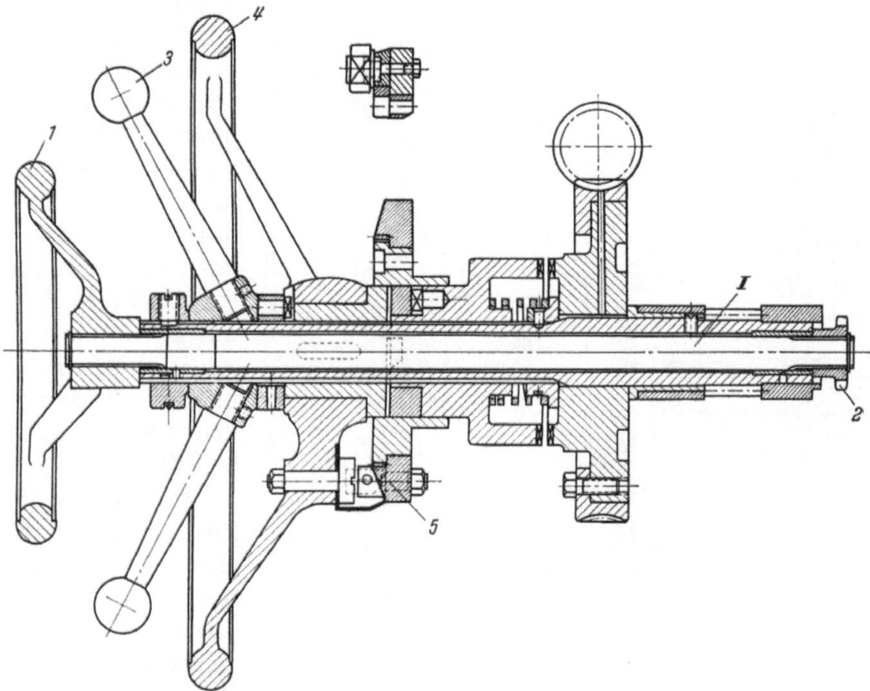

Abb. 469. Steuerelemente der Radialbohrmaschine (Abb. 468)

Folgende Möglichkeiten der Festklemmung von Ausleger und Bohrschlitten sind vorgesehen:

1. Ausleger leicht geklemmt (Hebel *10*),
   a) gegen schwingende Bewegung um die Säulenachse (Hebel *10* nach links),
   b) gegen schwingende Bewegung wie unter a) und gegen Höhenverstellung (Hebel *10* nach rechts).
2. Bohrschlitten gegen Verschiebung auf dem Ausleger (Hebel *30*) geklemmt.
3. Ausleger auf der Säule gegen schwingende Bewegung und Höhenverstellung und Bohrschlitten gegen Verschiebung auf dem Ausleger durch eine einzige Hebelbetätigung (Hebel *40*) festgespannt.

1. und 2. werden beim Einrichten verwendet, während 3. unmittelbar vor der eigentlichen Bohroperation, die der Bedienungsarbeiter, ohne seinen Platz verlassen zu müssen, einleitet, betätigt wird.

Zu 1 (Abb. 470 a). a) Hebel *10*, dessen Mittelstellung (ungeklemmt) durch Index *11* bestimmt ist, dreht über Hohlwelle *12* Exzenter *13* und hebt über Stange *14* Leiste *15*, die dadurch Laufring *16* gegen Bund *17* in der Auslegerschelle *18* klemmt. Laufring *16*, auf dem sich die ungeklemmte Auslegerschelle frei drehen kann, ist durch Keil *19*, der in Keilnute *20a* der Säule *20* (s. Abb. 468) läuft, gegen Drehung auf der Säule gesichert, so daß nach dem Festklemmen der Leiste *15* Ausleger und Ring *16* zwar axial, d. h. in der Höhe, verstellt, aber nicht um die Säulenachse geschwungen werden können.

b) Wenn Hebel *10* nach rechts bewegt wird, dann wird Hohlwelle *12* mit Einstell-schraube *21* und Stift *22* durch Gewinde *23* in Mutter *24* nach rechts verschoben und damit Klemmstück *25* gegen Säule *20* gepreßt. Dadurch wird der Ausleger gegen jede Bewegung auf der Säule gehalten. Gleichzeitig betätigt Kurve *26* über Stift *27* den Schalter *28*, der die Stromzufuhr zum Motor *B* (s. Abb. 468) unterbricht und dadurch den Antrieb der Höhenverstellung außer Betrieb setzt.

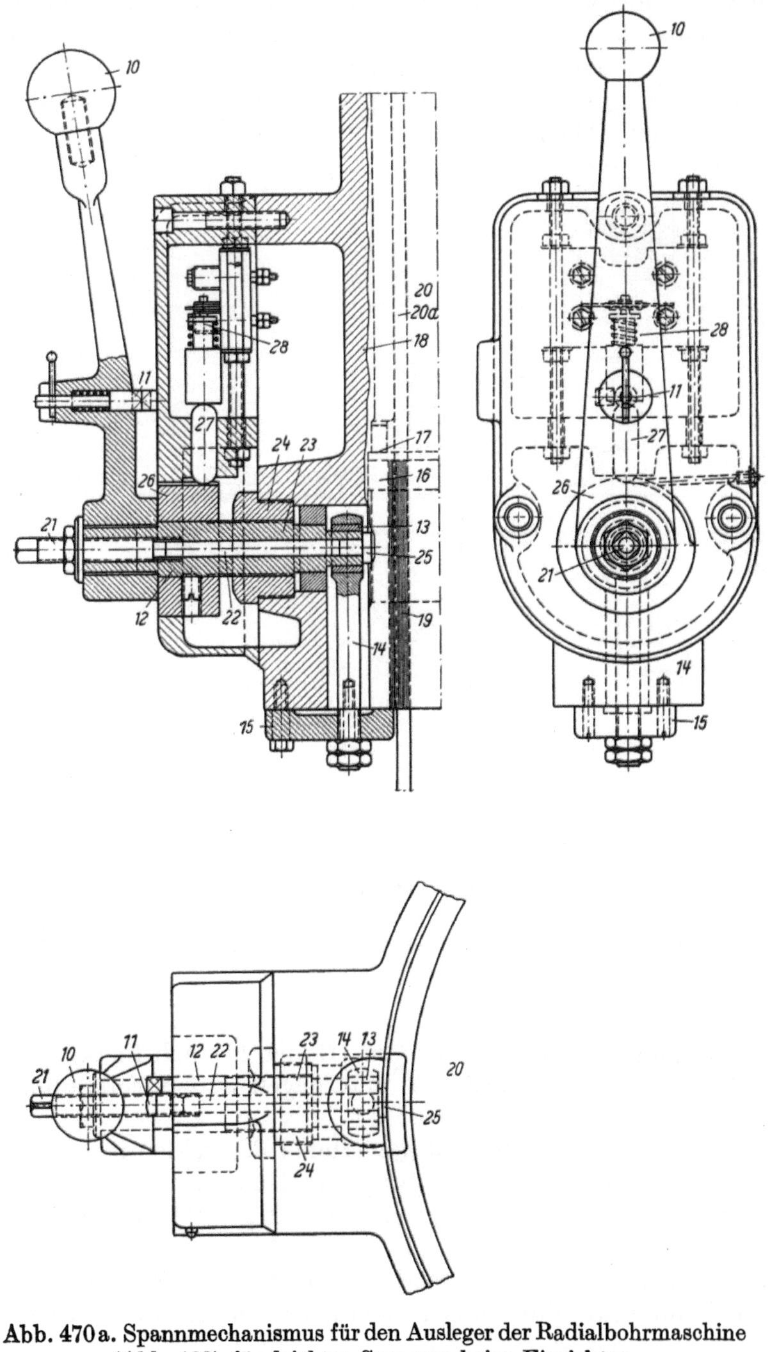

Zu 2 (Abb. 470b). Bei herausgezogenem Index-stift *30a* zieht Hebel *30* über Welle *31* und Ge-winde *32* Keilmutter *33* nach rechts und drückt da-durch gegen die Abstützung des Winkelstückes *34* über Keilfläche *35* Backe *36* nach unten, die ihrerseits Bohr-schlitten *37* nach oben, d. h. in der Richtung des Bohr-druckes zieht und gegen Aus-legerführung *38* verklemmt.

Zu 3 (Abb. 470b und c). Sowohl Hebel *40* als auch Hebel *30* (mit eingefallenem Indexstift *30a*) können für diese Operation benutzt werden, indessen ist die Spannung durch Hebel *40* fester, da er über ein Knie-hebelgestänge *41* (s. Abbil-dung 468) arbeitet und da-durch eine größere Schlit-tenklemmkraft auszuüben ermöglicht. Stange *41* dreht Welle *42* in Schaltkasten *43*, die die folgenden Funktio-nen ausübt:

a) Sie verschiebt über Zahnräder *44/45* Zahn-stange *46*, die über Ge-stänge *47* und Indexstift *30a* Hebel *30* und damit die Schlittenklemmung (s. o.) betätigt.

Abb. 470a. Spannmechanismus für den Ausleger der Radialbohrmaschine (Abb. 468) für leichtes Spannen beim Einrichten

b) Sie leitet über Kurve *48*, Stift *49* und Schalter *50* für Motor *C* (s. Abb. 468) die kraftbetätigte Klemmung der Säule ein.

Zu diesem Zwecke treibt Motor *C* über Schneckentrieb *51/52* Kurvenscheibe *53*, die über Kurbel *54*, Kurbelstange *55*, Hebel *56*, Hohlwelle *57* und Rutschkupplung *58* Welle *59* dreht und dadurch die beiden Klemmbacken *60a* und *b* symmetrisch gegen die Säule *20* preßt. Sobald das zum Klemmen verlangte Drehmoment an der Motorwelle erreicht ist, schaltet ein Überlastungsschalter den Motor ab. Kurve *61* betätigt Schalter *62*, der wiederum die Stromzufuhr zu Motor *B* unterbricht, damit die Höhenverstellung bei festgeklemmtem Ausleger nicht in Betrieb gesetzt werden kann.

Beim Entspannen veranlaßt die Überlastung, die durch die von Kurve *63* und Hebel *64* betätigte Bremse *65* entsteht, das Abschalten des Motors *C*.

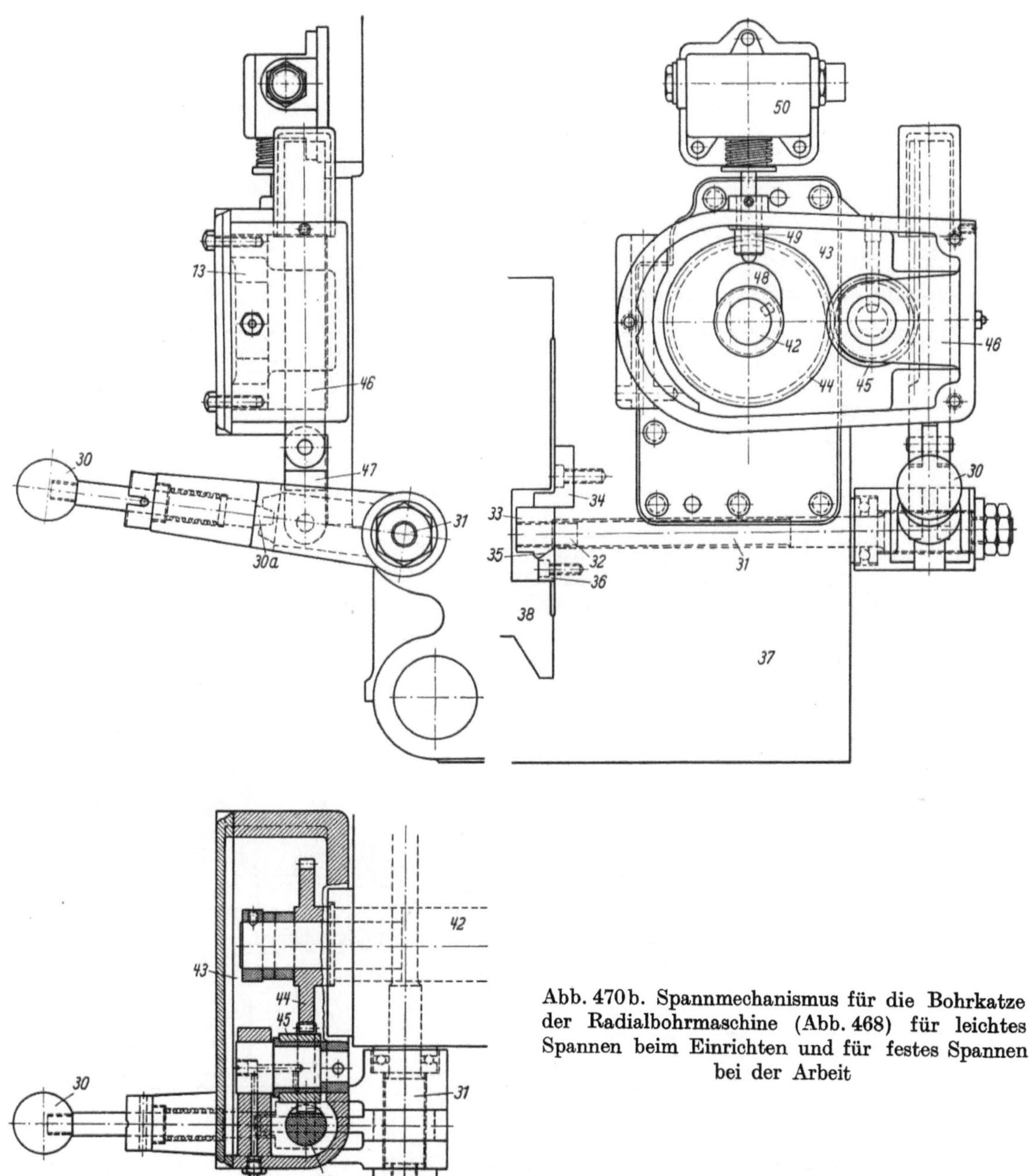

Abb. 470b. Spannmechanismus für die Bohrkatze der Radialbohrmaschine (Abb. 468) für leichtes Spannen beim Einrichten und für festes Spannen bei der Arbeit

Zu e) Trotz der außerordentlichen Bedeutung der mehr oder weniger selbsttätigen Schmierung von Lagern und unter hydrostatischem Druck arbeitenden Führungen muß auch die Schmierung anderer, gegeneinander bewegter Flächen von dem Konstrukteur wohl erwogen und nicht dem Zufall oder dem Gutdünken des Bedienungsarbeiters überlassen werden. Auch die Methode, in einem Betriebshandbuch alle Schmierstellen aufzuzählen, ist nicht zuverlässig, da oft eine oder mehrere in der Praxis übersehen oder vernachlässigt werden können. Es ist weit besser, eine zentrale Stelle vorzusehen,

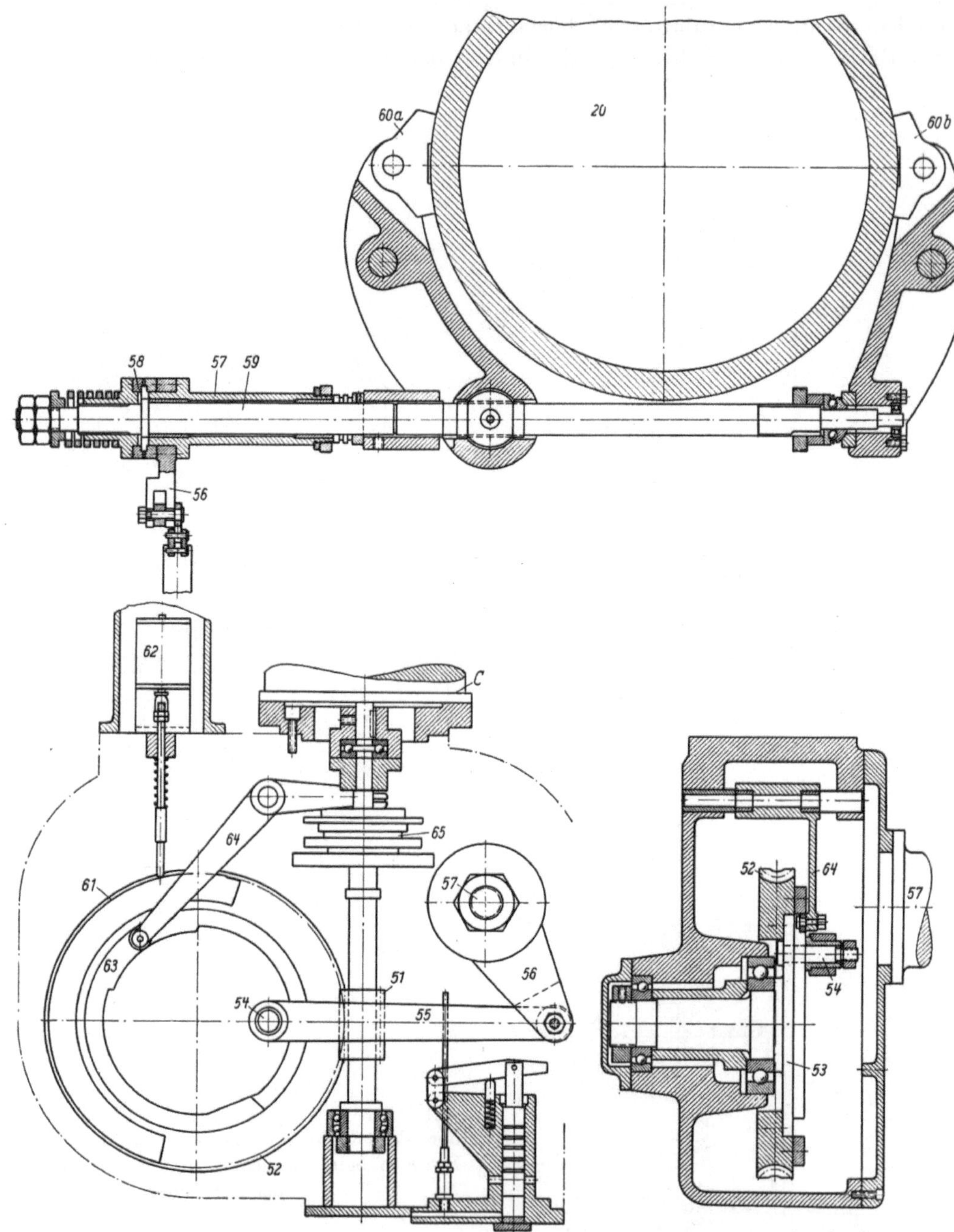

Abb. 470c. Motorisierte Spannung des Auslegers auf der Säule der Radialbohrmaschine (Abb. 468)

von der aus alle Schmierstellen gleichzeitig durch eine einzige Schaltbewegung versorgt werden.

Abb. 471 zeigt den Schlitten eines Waagerechtbohrwerkes, der mit einer Handpumpe *A* zur Versorgung aller Schmierstellen versehen ist. Der Ölstand des durch Füller *1* gefüllten Ölbehälters kann am Ölstandglas *2* geprüft werden. Die mit Handgriff *3* betätigte Pumpe *A* liefert Öl durch Rohrleitung *4* und Verteiler *5* an die mit zweckmäßigen Ölnuten versehenen Führungsflächen.

Anstatt sich auf den Bedienungsarbeiter zu verlassen, wird in dem Fräsmaschinenkonsol (Abb. 472) die jeweils erforderliche Ölmenge durch eine Pumpe A an die Schmierpunkte geliefert, sobald der Vorschubmotor im Konsol eingeschaltet ist. Als Ölbehälter

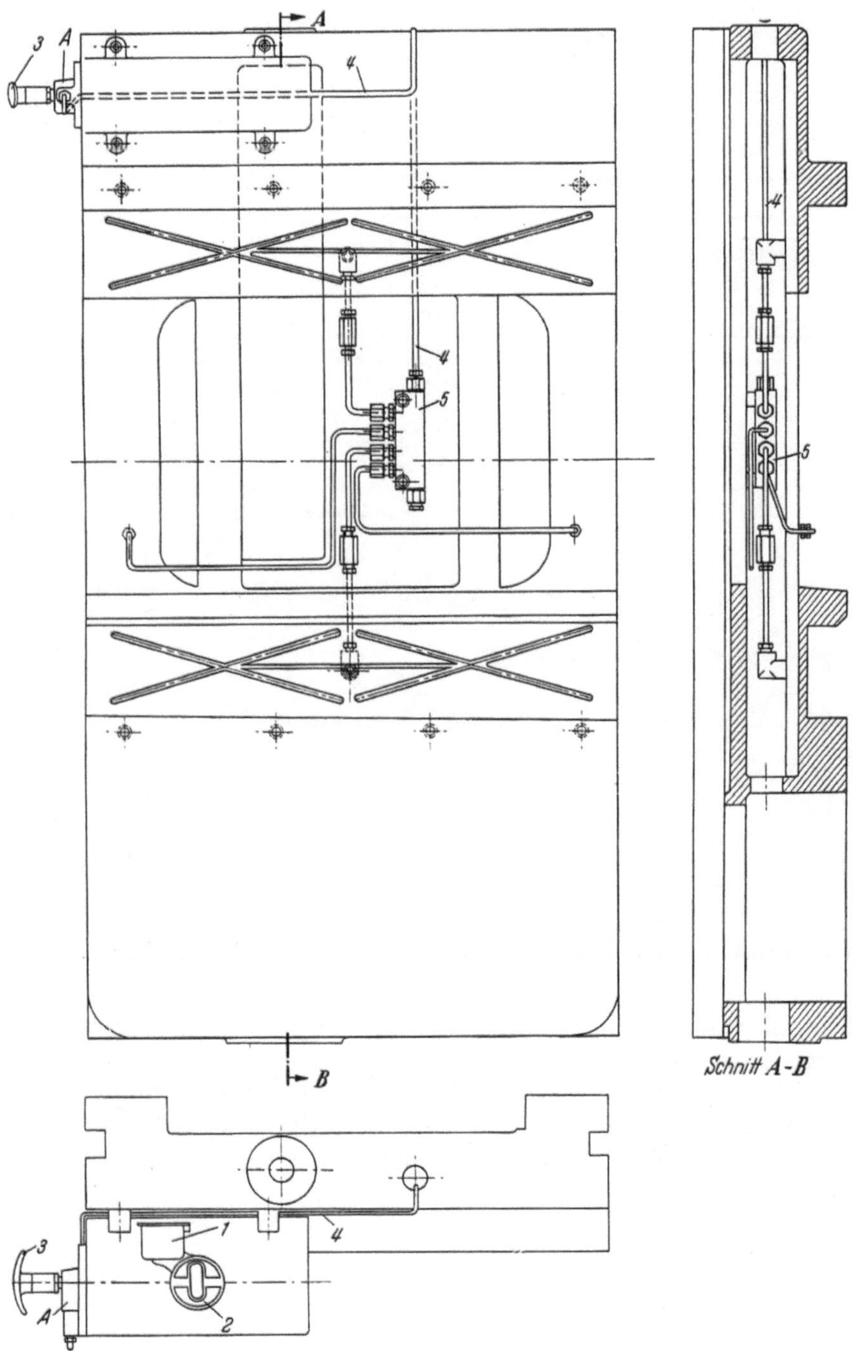

Abb. 471. Zentralisierte Schmierung der Schlittenführungen eines Waagerecht-Bohr- und Fräswerkes
(H. W. Kearns & Co., Ltd., Manchester, England)

dient das Konsol, in dem der Ölstand mittels Ölstandglas B geprüft werden kann. Die Pumpe A wird durch Exzenter 1 über Hebel 2 angetrieben und liefert das Öl durch Rohrleitung 3 an Ventil 4. Ein federbelasteter Kolben im Ventil 4 wird durch den Öldruck derart verschoben, daß er den Ausgang nach Rohrleitung 5 freigibt, von wo aus das Öl das Vorschubgetriebe durchspült und bei Abfluß in Fenster C zur Kontrolle sichtbar ist.

Sobald der Vorschubmotor abgeschaltet wird, drückt die Feder in Ventil *4* den Kolben langsam zurück, schließt allmählich den Auslaß nach Rohrleitung *5* und öffnet einen Auslaß nach Rohrleitung *6*. Dadurch wird eine bestimmte Ölmenge an den Verteiler *7*

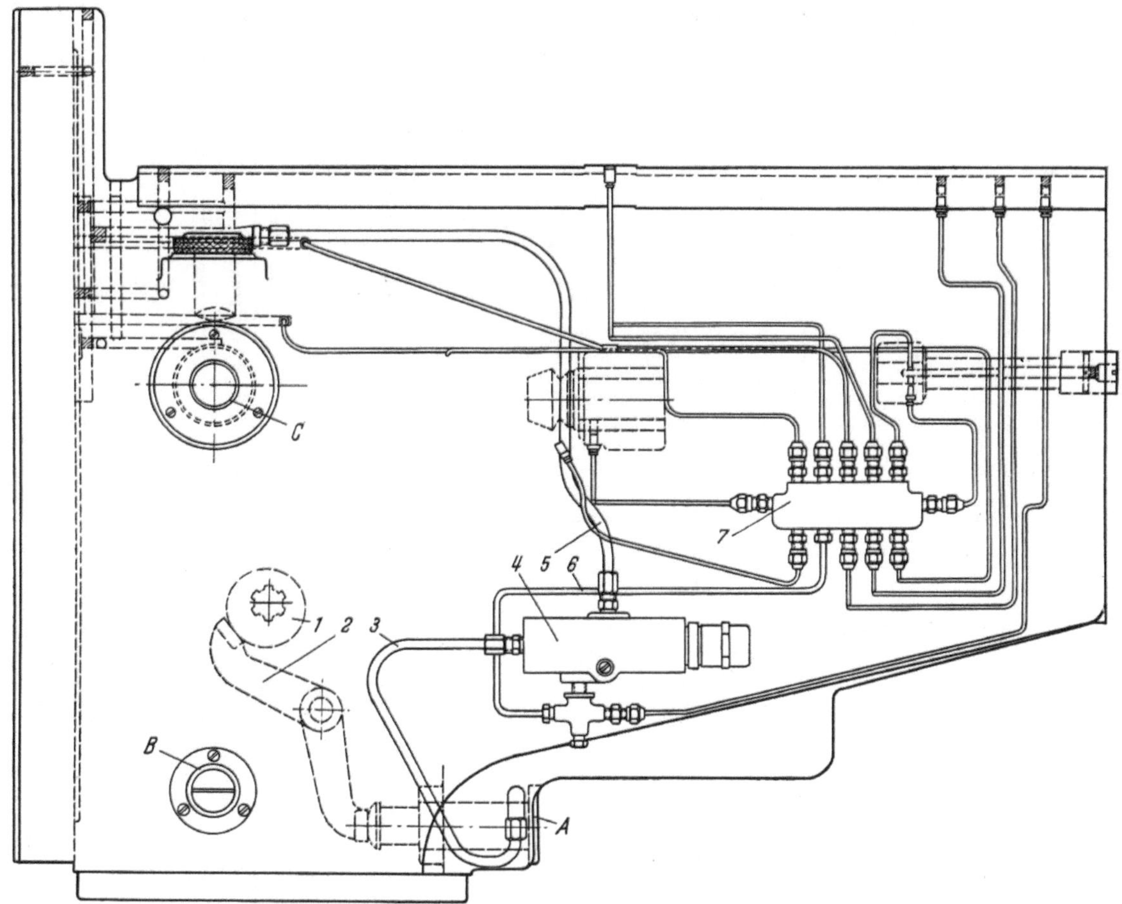

Abb. 472. Pumpenschmierung im Konsol einer Fräsmaschine (Brown & Sharpe Mfg. Co., Providence, USA)

und von dort an elf verschiedene Wellen und Lager, Führungsflächen und Betätigungsmechanismen im Konsol geliefert.

Diese Hintereinanderschaltung von laufender und unterbrochener Schmierung ermöglicht es, die für günstigste Arbeitsbedingungen notwendigen Ölmengen bestmöglichst an die verschiedenen Schmierstellen zu verteilen.

Namenverzeichnis

Sachverzeichnis